Introdução a Hidráulica, Hidrologia e Gestão de Águas Pluviais

Dados Internacionais de Catalogação na Publicação (CIP)
(Câmara Brasileira do Livro, SP, Brasil)

Gribbin, John E.
Introdução a hidráulica, hidrologia e gestão de águas pluviais / John E. Gribbin; [revisor técnico Marcelo Libânio; tradutora Andrea Pisan]. São Paulo : Cengage Learning, 2017.

3. reimpr. da 2. ed. brasileria de 2014.
Título original: Introduction to hydraulics and hydrolgy with applications for stormwater management 4. ed. norte-americana.
Bibliografia.
ISBN 978-85-221-1634-8

1. Escoamento urbano - Administração 2. Hidráulica 3. Hidrologia I. Título.

4-01731 CDD-628.21

Índice para catálogo sistemático:

1. Hidráulica, hidrologia e gestão de águas pluviais: Engenharia sanitáia 628.21

Introdução a Hidráulica, Hidrologia e Gestão de Águas Pluviais

Tradução da 4ª edição norte-americana

John E. Gribbin
Professor associado de Engenharia Civil na Universidade de Essex

Revisor Técnico: Marcelo Libânio
Professor titular do Departamento de Engenharia Hidráulica e Recursos Hídricos da Universidade Federal de Minas Gerais

Tradutora: Andrea Pisan Soares Aguiar

CENGAGE

Austrália • Brasil • México • Cingapura • Reino Unido • Estados Unidos

CENGAGE

Introdução a hidráulica, hidrologia e gestão de águas pluviais – Tradução da 4ª edição norte-americana
John E. Gribbin

Gerente editorial: Noelma Brocanelli

Editora de desenvolvimento: Viviane Akemi Uemura

Supervisora de produção gráfica: Fabiana Alencar Albuquerque

Título original: Introduction to Hydraulics and Hydrology with Applications for Stormwater Management – 4th edition

ISBN-13: 978-1-133-69183-9
ISBN-10: 1-133-69183-8

Tradução: Andrea Pisan Soares Aguiar

Revisão técnica: Marcelo Libânio

Copidesque: Andrea Pisan Soares Aguiar

Revisão: Iara Arakaki Ramos e Rosângela Ramos da Silva

Diagramação: Triall Composição Editorial

Capa: Ale Gustavo I Blenderhead Ideias Visuais

Imagem da capa: Pidgen/Shutterstock

Editora de direitos de aquisição e iconografia: Vivian Rosa

Analista de conteúdo e pesquisa: Javier Muniain

ISBN 13: 9 978-85-221-1634-8
ISBN 10: 85-221-1634-2

Cengage Learning
Condomínio E-Business Park
Rua Werner Siemens, 111 – Prédio 11 – Torre A – Conjunto 12
Lapa de Baixo – CEP 05069-900 – São Paulo – SP
Tel.: (11) 3665-9900 Fax: 3665-9901
SAC: 0800 11 19 39

Para suas soluções de curso e aprendizado, visite
www.cengage.com.br

Impresso no Brasil
Printed in Brazil
3 reimpr. – 2017

Em memória de meu pai,

John B. Gribbin,

Professor Associado de Engenharia Civil da Manhattan College

Prefácio

Este texto foi originalmente escrito para suprir a antiga necessidade de abordar os tópicos *escoamento de águas pluviais e hidráulica* em um único livro, dedicado a estudantes e profissionais de engenharia civil. Os tópicos apresentados são relevantes em trabalhos de infraestrutura urbana, de uso e ocupação do solo e de planejamento – na verdade, a todo projetista (engenheiro ou técnico) que precisa lidar com transporte de águas pluviais em qualquer aspecto de seu trabalho.

O livro traz tópicos que tornam o processo de aprendizado mais acessível e racional. Por exemplo:

- muitos exemplos de fácil compreensão;
- vários diagramas, gráficos e mapas topográficos de fácil compreensão, para ilustrar os conceitos desenvolvidos no texto;
- estudos de caso baseados em projetos reais;
- uma lista de objetivos no início dos capítulos, para ajudar o leitor a se concentrar no assunto;
- gráficos de projetos nos apêndices, para relacionar exemplos e problemas a situações reais;
- inclusão do item "Foco adicional", que aprofunda tópicos específicos;
- um abrangente glossário de termos importantes.

A quarta edição traz melhorias significativas no texto em virtude da nova disposição das informações e da adição de novos conteúdos. Vários tópicos foram ampliados, entre eles, empuxo, fluxo de escoamento, hidrograma unitário e cálculo de deflúvio pelo Método Racional. O desenvolvimento do tópico hidrograma unitário inclui o hidrograma unitário adimensional NRCS.

Um novo tópico denominado "Foco adicional" auxilia o leitor a direcionar a atenção a vários assuntos e fornece informações adicionais, bem como aguça o interesse.

Um estudo de caso de projeto de bueiro foi adicionado e um dos estudos de caso de projeto de detenção foi substituído por um exemplo mais relevante. Novas imagens foram incluídas e a quantidade de problemas no final dos capítulos aumentou.

Os temas de hidráulica e hidrologia incluem muito mais tópicos do que os apresentados neste texto. Há textos de hidráulica que discutem com maior abrangência a engenharia hidráulica, e há textos de hidrologia que lidam apenas com os aspectos de engenharia da hidrologia, mas este livro limita os vários tópicos de hidráulica e hidrologia às áreas mais básicas e comuns relacionadas à gestão de águas pluviais e com as quais os projetistas lidam no dia a dia.

Os tópicos principais incluem:

- conceitos primordiais, como visão histórica e noções básicas de cálculo e de projeto;
- mecânica dos fluidos;
- fundamentos de hidrostática e hidrodinâmica;

- escoamento através de estruturas hidráulicas normalmente empregadas em gestão de águas pluviais;
- hidráulica de canais abertos;
- conceitos fundamentais de precipitação e de deflúvio (*runoff*);
- métodos de cálculo de deflúvio (métodos Racional e NRCS);
- projetos de bueiros;
- projetos de galerias de águas pluviais;
- projetos de bacias de detenção.

Um dos grandes tópicos do livro consiste na abordagem do cálculo computacional de deflúvio superficial. Uma completa análise e prática do delineamento de uma bacia hidrográfica reforça os conhecimentos nessa área, que, apesar de essencial na análise do deflúvio superficial, é frequentemente precária no treinamento de projetistas.

Outro relevante tópico do livro é o apêndice detalhado, que inclui extratos de vários e relevantes manuais de projetos atualmente em uso. Estudantes e outros usuários do texto consultarão continuamente os gráficos de projetos nos apêndices A a D quando estudarem exemplos e problemas. Dominar o uso dos gráficos é uma vantagem indispensável para aprender as técnicas de solução de problemas no mundo real. O estudante aprenderá não apenas o uso dos gráficos, mas também a teoria e a análise racional usadas para criá-los.

Por exemplo, ao analisar um problema de bueiro, o estudante aprende a reconhecer o gráfico correto no Apêndice B e, então, o emprega para derivar os principais valores numéricos necessários para a solução do problema. Referências a seções específicas dos apêndices aparecem no texto para guiar o leitor em seu uso adequado.

Uma das principais premissas aplicadas na produção deste texto é a crença na necessidade de os estudantes aprenderem os princípios da engenharia solucionando problemas à mão, sem a ajuda de um computador. Quando se tornarem praticantes do trabalho, eles poderão usar softwares, conhecendo os processos para o cálculo das respostas. E, tendo solucionado os problemas à mão, saberão distinguir respostas significativas de respostas erradas.

Além de apresentar a teoria hidráulica e as técnicas do cálculo de deflúvio superficial para o leitor, um dos objetivos do livro é introduzir parte dos processos de projetos rudimentares de gestão de águas pluviais usados na prática da engenharia civil. Para isso, são usados problemas realistas de projeto e estudos de casos baseados em gráficos de projetos reais. No entanto, o texto não deve ser visto como um completo manual de projetos a ser usado no trabalho – nem é essa a intenção. A boa prática da engenharia requer o uso de uma variedade de fontes abrangentes encontradas em publicações profissionais e em manuais de projetos preparados por agências governamentais.

Hoje os manuais de projetos são publicados primeiro *on-line* e mudam constantemente. Um bom profissional deve rever esses manuais periodicamente para garantir que está utilizando dados e temas de projetos atualizados.

Ao desenvolver os vários tópicos do livro, o autor considerou que o leitor possui determinados conhecimentos. Isso inclui os conceitos fundamentais do estudo de solo, da interpretação de mapas topográficos, dos perfis, das seções transversais e do uso da escala. Outros conceitos da engenharia – como a formação de diagramas de corpo livre e a determinação de forças e de momentos – são pré-requisitos para uma completa compreensão do texto.

Agradecimentos

Gostaríamos de agradecer aos profissionais que revisaram o texto e o plano de revisão para nos ajudar a publicar esta nova edição:

Dr. Leslie Brunell
Stevens Institute of Technology
Hoboken, NJ

Dr. Roy Gu
Iowa State University
Ames, IA

Dr. Todd Horton
Parkland College
Champaign, IL

Dr. Shafiqul Islam
Tufts University
Medford, MA

Dr. Charles Patrick
Morehead State University
Morehead, KY

Dr. Richard Vogel
Tufts University
Medford, MA

Um agradecimento especial a Dr. Pete Scarlatos, da Florida Atlantic University, em Boca Raton, Flórida, pela revisão técnica nos capítulos novos e nos reescritos.

O autor reconhece o apoio de sua família, bem como o futuro apoio de suas netas Meredith e Charlotte.

Sumário

1. Hidráulica e hidrologia na engenharia 1

Objetivos 1

1.1 História da engenharia de águas 1

1.2 Prática moderna da gestão de águas pluviais 2

1.3 Questões legais e ambientais 3

1.4 Projeto de engenharia 4

1.5 Cálculos de engenharia 6

1.6 Sistemas de unidades 10

Exercícios propostos 11

Bibliografia complementar 12

2. Mecânica dos fluidos 13

Objetivos 13

2.1 Conceitos fundamentais 13

2.2 Peso específico e densidade 15

2.3 Viscosidade 17

Exercícios propostos 19

Bibliografia complementar 20

3. Fundamentos de hidrostática 21

Objetivos 21

3.1 Pressão hidrostática 21

3.2 Pressão em superfícies planas 24

3.3 Pressão em superfícies curvas 29

3.4 Medindo a pressão 33

3.5 Empuxo 36

Exercícios propostos 41

Bibliografia complementar 44

4. Fundamentos de hidrodinâmica 45

Objetivos 45

4.1 Deslocamento da água 45

4.2 Tipos de escoamento 47

4.3 Energia 48

4.4 Leis de conservação 49

4.5 Medindo a vazão 61

Exercícios propostos 67

Bibiografia complementar 72

5. Dispositivos hidráulicos 73
Objetivos 73
5.1 Escoamento através de orifícios 73
5.2 Escoamento sobre vertedores 77
5.3 Fluxo sob uma comporta 84
5.4 Escoamento por sifão 85
Exercícios propostos 87
Bibliografia complementar 91

6. Hidráulica de canais abertos 93
Objetivos 93
6.1 Conceitos fundamentais 93
6.2 Tipos de canais 96
6.3 Profundidade normal 98
6.4 Profundidade crítica 98
Exercícios propostos 103
Bibliografia complementar 106

7. Escoamento uniforme em canais 107
Objetivos 107
7.1 Equação de Manning 107
7.2 Escoamento em canal 109
7.3 Escoamento em tubulações 113
7.4 Escoamento em cursos d'água 119
Exercícios propostos 123
Bibliografia complementar 125

8. Escoamento variado em canais 127
Objetivos 127
8.1 Conceitos fundamentais 127
8.2 Perfil de remanso 131
8.3 Entrada em um canal 136
8.4 Ressalto hidráulico 139
Exercícios propostos 142
Bibliografia complementar 144

9. Hidráulica de bueiros 145
Objetivos 145
9.1. Conceitos fundamentais 145
9.2 Tipos de escoamento 148
9.3 Controle de montante 150
9.4 Controle de jusante 152
9.5 Eficiência na entrada 156
Exercícios propostos 157
Bibliografia complementar 159

10. Hidrologia fundamental 161
Objetivos 161
10.1 Ciclo hidrológico 161
10.2 Área de drenagem 163
10.3 Tempo de concentração 168
10.4 Precipitação 172
10.5 Hidrogramas de escoamento 176
10.6 Sub-bacias 184
10.7 Propagação 186
Exercícios propostos 189
Bibliografia complementar 201

11. Cálculos de vazão 203
Objetivos 203
11.1 Método Racional 203
11.2 Método Racional Modificado 215
11.3 Método NRCS 217
11.4 Cálculos pelo método NRCS 221
11.5 Método NRCS *versus* Método Racional 236
Exercícios propostos 237
Bibliografia complementar 247

12. Projeto de drenagem de águas pluviais 249
Objetivos 249
12.1 Conceitos fundamentais 250
12.2 Investigação de projeto 253
12.3 Esboço do sistema de drenagem 255
12.4 Projeto hidráulico 258
12.5 Lançamento de águas pluviais no corpo receptor 272
12.6 Estudo de caso 282
Exercícios propostos 298
Bibliografia complementar 304

13. Projeto de bueiros 305
Objetivos 305
13.1 Conceitos fundamentais 305
13.2 Investigação de projeto 312
13.3 Projeto de um novo bueiro 313
13.4 Substituição de bueiro 320
13.5 Estudo de caso 1 328
13.6 Estudo de caso 2 335
Exercícios propostos 341
Bibliografia complementar 351

14. Retenção de águas pluviais 353

Objetivos 353

14.1 Reservatório de águas pluviais 353

14.2 Estrutura de saída 358

14.3 Vertedor de emergência 366

14.4 Propagação de cheia em reservatório 368

Exercícios propostos 375

Bibliografia complementar 378

15. Projeto de unidades de detenção de águas pluviais 379

Objetivos 379

15.1 Conceitos fundamentais 380

15.2 Projeto de detenção local 387

15.3 Estudo de caso 1 390

15.4 Estudo de caso 2 401

Exercícios propostos 410

Bibliografia complementar 415

Conteúdo dos apêndices...417

APÊNDICE A

Gráficos de Projetos para Escoamento em Canais Abertos.....................419

APÊNDICE B

Gráficos de Projetos para Bueiros..457

APÊNDICE C

Gráficos de Projetos para o Método Racional................................469

APÊNDICE D

Gráficos de Projetos para o Método NRCS.....................................477

APÊNDICE E

Símbolos 501

APÊNDICE F

Conversões de Unidades...505

Glossário 507

Respostas para os exercícios propostos...................................515

Índice remissivo...519

CAPÍTULO

1

Hidráulica e Hidrologia na Engenharia

Os engenheiros não podem evitar o confronto com problemas causados pelas chuvas e seu consequente escoamento. Parte dos mais antigos esforços da humanidade concentrou-se na velha batalha contra as forças da natureza em forma de água. Por muito tempo em nossa história, os engenheiros e seus antecessores lidaram com os problemas da água utilizando várias soluções empíricas, ou seja, qualquer coisa que parecesse dar certo. Recentemente é que os esforços tomaram uma forma sistemática de leis e fórmulas quantitativas.

Neste capítulo, faremos uma breve viagem pelo mundo da hidráulica e da hidrologia na engenharia de ontem e de hoje. Veremos os vários aspectos da moderna gestão de águas pluviais e revisaremos alguns princípios gerais do projeto de engenharia.

OBJETIVOS

Ao concluir este capítulo, o leitor deverá ser capaz de:

- Inserir a engenharia hidráulica e a hidrológica em uma perspectiva histórica.
- Definir a gestão de águas pluviais.
- Reconhecer os fatores envolvidos no projeto de engenharia.
- Realizar cálculos usando as figuras significativas adequadas.
- Fazer a conversão entre sistema internacional de unidades e unidades inglesas.

1.1 HISTÓRIA DA ENGENHARIA DE ÁGUAS

O ser humano começou a manipular água em grande escala em resposta à necessidade de irrigação, na antiga sociedade agrária. O primeiro projeto conhecido de irrigação em grande escala foi realizado no Egito, aproximadamente 5 mil anos atrás. Nos milênios seguintes, muitos outros projetos de águas surgiram no Mediterrâneo e no Oriente Médio. Os projetos incluíam represas, canais, aquedutos e sistemas de esgoto. O transporte de água por meio de tubos foi também desenvolvido há muito tempo. Na China, tubos de bambu foram usados em 2500 a.C., e os romanos utilizaram tubos de chumbo e de bronze por volta de 200 a.C.

A capacidade dos romanos como engenheiros foi amplamente demonstrada em seus sistemas hidráulicos. Os famosos aquedutos estavam entre as maravilhas do mundo e permaneceram em uso durante dois milênios. Os gregos, embora não fossem engenheiros da categoria dos romanos, deram importantes contribuições às teorias sobre hidráulica. Arquimedes é considerado o primeiro a contribuir com a hidráulica baseando-se em trabalhos realmente científicos. Por volta de 250 a.C., ele publicou um trabalho escrito sobre hidrostática que apresentou os princípios do empuxo (Princípio de Arquimedes) e da flutuação. Ele é geralmente considerado o pai da hidrostática.

De 500 a.C. até a Idade Média, a irrigação e os sistemas de abastecimento de água foram construídos e mantidos em locais diversos, como China, Império Romano e América do Norte. Tal engenharia foi projetada e construída por artesãos que usavam regras baseadas meramente em observações – artesãos que, apesar dos trabalhos de Arquimedes, careciam dos benefícios da pesquisa científica. Os grandes engenheiros romanos, por exemplo, não entendiam o conceito de velocidade, e somente depois de 1500 d.C. a relação entre precipitação e escoamento foi considerada seriamente.

Com o declínio do Império Romano, muitos dos avanços feitos durante o período greco-romano foram esquecidos, e depois redescobertos na Renascença. Foi nesse período que a hidráulica começou a se desenvolver como ciência.

O primeiro esforço para organizar os conhecimentos da engenharia foi a fundação, em 1760, da *École des Ponts et Chaussées*, em Paris. Em 1738, Daniel Bernoulli publicou sua famosa **equação Bernoulli**, formulando a conservação de energia na hidráulica. Nos séculos XVIII e XIX, chamados de período clássico da hidráulica, avanços na engenharia hidráulica lançaram as bases para outros desenvolvimentos durante o século XX.

Apesar da preponderância francesa durante o período clássico, trabalhos em hidráulica foram também conduzidos em outros países. Na Inglaterra, por exemplo, John Smeaton foi muito ativo em vários aspectos da engenharia hidráulica e foi o primeiro a se denominar **engenheiro civil**.

No final de 1850, entretanto, os projetos de engenharia ainda se baseavam principalmente em regras empíricas, desenvolvidas com base na experiência e ajustadas com fatores liberais de segurança. A partir daí, a utilização de teorias aumentou rapidamente. Hoje, a maioria dos projetos é constituída de uma vasta quantidade de cálculos meticulosos.

1.2 PRÁTICA MODERNA DA GESTÃO DE ÁGUAS PLUVIAIS

Engenheiros civis trabalham com água onde quer que ela afete as estruturas e a infraestrutura da civilização. As funções dos engenheiros civis e dos técnicos, em relação aos efeitos diversos da água, podem ser agrupadas em três categorias principais:

1. Controle de inundações: gerenciar o escoamento natural das águas da chuva para prevenir danos a propriedades e a perda de vidas.
2. Recursos hídricos: explorar os recursos hídricos disponíveis para propósitos benéficos, como abastecimento de água, irrigação, hidroeletricidade e navegação.
3. Qualidade da água: administrar o uso da água para prevenir a degradação causada pelos poluentes naturais e antrópicos.

Embora a primeira categoria dessa lista, controle de inundações, constitua o foco primário deste livro, os outros dois não são menos importantes. Todas as três áreas constituem projetos criados e levados a cabo por profissionais dos setores público e privado.

Como exemplo de esforço da iniciativa privada no controle de inundações, imagine que um empresário deseja construir uma fábrica cercada por um estacionamento. Ele deve requisitar a um engenheiro civil um projeto para o adequado preparo do terreno e um sistema de águas pluviais para transportar as águas da chuva que caírem no local. Adicionalmente, uma bacia de detenção pode ser necessária para evitar qualquer efeito adverso do escoamento gerado na área da fábrica às propriedades adjacentes.

Embora tais problemas possam ser resolvidos por uma firma de engenharia contratada diretamente pelo proprietário, agências governamentais também se envolvem no assunto, pois todos os projetos que afetam o bem-estar público precisam ser revisados e aprovados pelas respectivas agências municipais e estaduais.

Exemplos de esforços públicos no controle de inundações são muitos e podem ser tão simples quanto o projeto de um bueiro sob uma estrada recém-construída, para permitir a livre passagem de um córrego, ou complexos como o extenso dique e o sistema de recalque que circunda a cidade de Nova Orleans, na Louisiana. A desastrosa inundação, consequência do furacão Katrina, em 2005, mostrou como o controle de enchentes pode ser importante. Cada um desses projetos públicos pode ser elaborado por engenheiros de agências públicas ou por engenheiros particulares contratados diretamente pela agência pública apropriada.

Em um desenvolvimento de projeto comum para propriedade de terra particular, o engenheiro que representa o incorporador trabalha com o engenheiro que representa a agência regulatória para solucionar qualquer problema de escoamento de águas pluviais. O relacionamento entre os engenheiros é, ao mesmo tempo, adverso e cooperativo, pois eles trabalham para proteger os respectivos interesses do incorporador e do público. Nesse sentido, criam o melhor projeto possível.

O termo **gestão de águas pluviais** usado neste livro refere-se às práticas de engenharia e às políticas regulatórias aplicadas para abrandar os efeitos adversos do escoamento de águas pluviais. Esses esforços usualmente estão associados a problemas de escoamento resultantes de vários tipos de uso e ocupação dos solos.

1.3 QUESTÕES LEGAIS E AMBIENTAIS

Nas últimas três décadas, questões legais e ambientais mudaram drasticamente a maneira como engenheiros civis praticam a sua arte, e a engenharia hidráulica/hidrológica não é exceção. A gestão de águas pluviais já se baseou nos princípios das boas práticas de engenharia, mas hoje o projeto deve também satisfazer a uma variedade de regras impostas por vários níveis de agências públicas.

Quando o projeto hidráulico e hidrológico afeta o público, há uma questão legal; quando ele afeta o ambiente, há uma questão ambiental. Essas duas questões geralmente se sobrepõem, pois qualquer coisa que afeta o ambiente quase sempre afeta também o público. Apesar da abundância de questões legais e ambientais em todas as áreas da engenharia civil, veremos apenas algumas que envolvem a gestão de águas pluviais no dia a dia.

Quando cai do céu, a chuva atinge a terra e segue em declínio, impelida pela gravidade, cruzando o solo até alcançar riachos e rios que a carregam para o mar. Nossa sociedade considera naturais todos esses deslocamentos da água, e, se a água causar algum estrago em seu caminho, como erosão ou enchente, ninguém é apontado como responsável legal. Mas, no momento em que as pessoas alteram a superfície do terreno da mesma maneira como mudam o curso das águas pluviais, elas tornam-se responsáveis por qualquer dano resultante dessa alteração. Os dois modos como o uso e a ocupação do solo afetam à jusante a capacidade de escoamento consistem em concentrar o escoamento de águas pluviais e aumentar a vazão desse escoamento.

A prática da gestão de águas pluviais deve considerar esses problemas e abrandá-los. O abrandamento é possível por meio de vários métodos, incluindo mudança de rota do escoamento, dispersão do escoamento, delineamento da área com proteção contra erosão e a providência de uma bacia de detenção.

Outro problema que ocorre em projetos hidráulicos e hidrológicos é a poluição das águas pluviais. O uso e a ocupação do solo podem resultar, e geralmente resultam, em vários poluentes indesejados misturando-se às águas pluviais conforme elas escoam para fora do local. Isso inclui sais e óleos de áreas pavimentadas, ou fertilizantes, pesticidas e partículas de silte de áreas de vegetação. A gestão de águas pluviais reduz esses problemas com filtros de vegetação, desarenadores, caixas de retenção e bacias de recarga de aquífero.

Os pântanos destacaram-se no aspecto ambiental nas duas últimas décadas. Trata-se de áreas de terra, geralmente de origem natural, que retêm água durante boa parte do ano. São benéficos ao ecossistema e particularmente sensíveis a rupturas por causa dos efeitos do desenvolvimento. Um cuidado extra deve ser tomado para identificar, delinear e proteger essas áreas quando estão inseridas em ou adjacentes a um projeto de desenvolvimento territorial.

1.4 PROJETO DE ENGENHARIA

Todos os engenheiros e técnicos, elétricos, mecânicos ou civis, estão compromissados com o projeto. O projetista civil trabalha em projetos que podem ser tão intimidadores no seu escopo quanto uma barragem de aproximadamente 150 metros de altura, associada a uma usina hidrelétrica, ou tão rotineiros quanto uma tubulação de concreto instalada em uma vala.

Independentemente do tamanho do projeto, o processo de desenho requer uma especificação completa de todos os aspectos da estrutura, para que ela possa ser construída com base nas especificações resultantes. O engenheiro ou o técnico, portanto, devem pensar em todos os detalhes da estrutura e transmitir com sucesso suas ideias ao construtor.

Projeto

Ao projetar uma estrutura, muitas etapas importantes são necessárias para transformar uma ideia inicial em um documento claro e completamente desenvolvido, pronto para construção. O exemplo de uma galeria de águas pluviais pode ser usado para ilustrar os passos gerais do desenvolvimento de um projeto comum:

1. **Conceito.** Determine o conceito básico do projeto. Neste caso, é transportar águas pluviais de um lugar a outro.

2. **Mapa básico.** Prepare um mapa básico que mostre os recursos topográficos do local do projeto, junto com quaisquer demarcações pertinentes da propriedade. Uma boa base cartográfica é essencial ao sucesso do projeto.

3. **Desenvolvimento do projeto.** Elabore *layouts* alternativos da tubulação no mapa básico. Além disso, pesquise outros fatores que afetem o desenho, como condições do solo, carga estrutural sobre a tubulação, potencial de interferência com outros serviços de utilidade pública no subsolo, área de drenagem e dados meteorológicos.

4. **Cálculos.** Efetue os cálculos apropriados das grandezas mais relevantes ao projeto – neste caso, a magnitude das águas pluviais a serem transportadas pela tubulação e o tamanho resultante da tubulação. Os cálculos devem ser escritos e conter quaisquer suposições feitas. Devem ainda ser conferidos por outro projetista.

5. **Prepare desenhos e especificações.** Prepare desenhos que mostrem o *layout* em plano e em perfil, incluindo quaisquer detalhes e observações necessários para descrever a estrutura, para uso pelo construtor ao concretizar o projeto. Inclua especificações por escrito, se necessário.

Resultado do Projeto

O projeto é uma complexa tarefa que se enriquece com a experiência. Conforme mais e mais projetos se completam, os bons profissionais começam a ter uma visão mais ampla e profunda do quadro que compõe o projeto e somam essa maior perspectiva a seus trabalhos. Não é o bastante imaginar apenas o funcionamento adequado da estrutura; outros fatores também devem ser considerados, como a manutenção apropriada, o custo, a segurança durante a construção e a disponibilidade dos materiais. Por ser o processo de projeto um esforço intelectual complexo e crescente, uma definição completa é virtualmente impossível. No entanto, alguns elementos básicos podem ser identificados.

Projeto é o processo de determinar a especificação completa da estrutura, por isso ele deve:

1. Conceber a estrutura capaz de executar a função pretendida sob quaisquer circunstâncias previstas, sem falhar.
2. Ser construído por um custo que se encaixa no orçamento do proprietário/contratante.
3. Ser fácil e eficazmente mantido.
4. Adequar-se a todas as leis e todos os regulamentos municipais, estaduais e federais.
5. Não interferir em outras estruturas ou serviços de utilidade pública que podem ser feitos futuramente nas imediações.
6. Ser construído de maneira segura.
7. Permanecer intacto e funcional durante toda a sua vida útil.
8. Não pôr em risco a segurança do público durante a sua existência.
9. Não degradar excessivamente o ambiente durante a construção nem depois, em toda a sua vida útil.
10. Ser esteticamente agradável.

Cada estrutura precisa ser projetada usando-se todos esses fatores, mesmo que seja visivelmente simples. Em capítulos subsequentes, veremos como aplicar os princípios do projeto, listados aqui, em alguns projetos comumente encontrados e que têm relação com a engenharia hidráulica e hidrológica.

1.5 CÁLCULOS DE ENGENHARIA

Quase todos os projetos de engenharia requerem algum tipo de cálculo. Embora o uso de calculadoras e computadores torne relativamente fácil o cálculo, a compreensão de certos princípios básicos é importante para o êxito de um processo de projeto.

Algarismos Significativos

O conceito de algarismos significativos deve ser familiar a qualquer pessoa empenhada nos vários aspectos do projeto. O número de algarismos significativos de uma grandeza é o número de dígitos usados para formar a quantia (exceto os zeros em algumas circunstâncias, como explicado a seguir). Assim, as quantias 429, 1,02 e 0,00315 têm cada uma três algarismos significativos. Três zeros no terceiro exemplo não são significativos porque simplesmente ocupam espaços. Zeros também podem ser usados para reservar espaços no final à direita de uma quantia quando ela não tem vírgula decimal. Portanto, as quantias 450, 1.500 e 92.000 têm, cada uma, dois algarismos significativos. Se, no entanto, uma vírgula decimal for inserida no final de uma dessas quantias, os zeros tornam-se significativos. Assim, as quantias 450, 1.500 e 92.000 têm três, quatro e cinco algarismos significativos, respectivamente.

Números sujeitos às regras dos algarismos significativos geralmente são grandezas que foram medidas. Por exemplo, se o comprimento de um tubo for medido como 229 pés, diz-se que foi medido pelo valor mais próximo de 1 pé e que a medida tem três algarismos significativos. Um tubo medido como 229,0 pés foi medido pelo número mais próximo de um décimo de 1 pé, e a medida tem quatro algarismos significativos. Um tubo de 230 pés foi medido pelo número mais perto de 10 pés, e a medida tem apenas dois algarismos significativos. No entanto, um tubo de 230 pés foi medido pelo número mais próximo de 1 pé, e a medida tem três algarismos significativos.

Números não sujeitos às regras dos algarismos significativos são números puros, que não podem variar em nenhuma extensão. Eles incluem números inteiros e quantias presumidas. Por exemplo, na fórmula $c = 2\pi r$, o número 2 é um número inteiro e, portanto, perfeitamente preciso. Seria a mesma coisa se ele fosse expresso como 2,00000. Além disso, se o raio, r, tiver um valor assumido hipoteticamente como 4 pés e não for medido, a quantia 4 também será perfeitamente precisa, sendo a mesma coisa se fosse escrita como 4,00000 pés. (Evidentemente, se r for medido, deve ser expresso com o número de algarismos significativos correspondentes à precisão da medida.)

As regras para os cálculos são estas:

1. **Multiplicação e divisão.** A resposta para o cálculo de uma multiplicação ou divisão não deve ter mais algarismos significativos que o menor número de algarismos significativos de uma das grandezas envolvida no cálculo.

2. **Adição e subtração.** A resposta para o cálculo de uma adição ou subtração não deve ter, à direita da vírgula decimal, mais dígitos que o menor número de dígitos à direita da vírgula decimal de uma das grandezas envolvida no cálculo.

3. **Cálculos em série.** Se, em uma série de cálculos, a resposta de um cálculo é usada como quantia na próxima, apenas a resposta final do último cálculo deve ser arredondada para algarismos significativos. Nesse caso, o número de algarismos significativos se baseará em todas as quantias usadas em todos os cálculos.

Exemplo 1-1

Problema
Determine a circunferência de um tubo cujo diâmetro foi medido em 4,00 pés.

Solução
Como o diâmetro foi medido com uma precisão de três algarismos significativos, ele é expresso com três algarismos significativos. A fórmula para a circunferência é $c = \pi d$.

$$\begin{aligned} c &= \pi d \\ &= (\pi)\,(4{,}00) \\ &= 12{,}6 \text{ pés} \quad \text{(Resposta)} \end{aligned}$$

Embora a calculadora mostre 12,566371, apenas três algarismos significativos podem ser usados na resposta.

Observação: se a medida fosse de 4,0 pés, a circunferência calculada seria de 13 pés.

Exemplo 1-2

Problema
Determine a circunferência de um tubo típico com diâmetro de 4 pés.

Solução
Neste caso, o diâmetro é um valor teórico e não está sujeito aos algarismos significativos.

$$\begin{aligned} c &= \pi d \\ &= (\pi)\,(4) \\ &= 12{,}566371 \text{ pés} \quad \text{(Resposta)} \end{aligned}$$

Por razões práticas, embora todos esses algarismos exibidos possam ser usados na resposta, geralmente apenas três ou quatro o são. Se, no entanto, a circunferência for utilizada em outro cálculo, o máximo de algarismos possível deve ser usado, e apenas a resposta final estará sujeita a arredondamento para algarismos significativos. Veja o Exemplo 1-3.

Exemplo 1-3

Problema
Determine o volume de um cilindro que tem diâmetro medido como 2,3 pés e comprimento como 8,25 pés.

Solução
Primeiro cálculo:

$$\begin{aligned} a &= \pi d^2/4 \\ &= \pi(2{,}3)^2/4 \\ &= 4{,}1547563 \text{ pés}^2 \quad \text{(Exibido na calculadora)} \end{aligned}$$

Segundo cálculo:

$V = aL$
$= (4{,}1547563)\ (8{,}25)$
$= 34{,}276739\ \text{pés}^3$ (Exibido na calculadora)
$= 34\ \text{pés}^3$ (Resposta)

A resposta final é arredondada para dois algarismos significativos, porque a quantia 2,3 no primeiro cálculo tem dois algarismos significativos.

Observação: se a primeira resposta fosse arredondada para dois algarismos significativos antes do segundo cálculo, a resposta final seria 35 pés^3.

Acurácia e Precisão

Uma maneira de estimar a importância dos algarismos significativos é compreender a diferença entre acurácia e precisão. O termo *acurácia* significa um valor que está próximo ao valor real. Assim, se o tamanho real de um tubo é de 230 pés, então um valor de comprimento de 231 pés está exato em 0,4%. Por outro lado, um valor de comprimento de 232,15 pés é menos acurado, apesar de mais preciso. O termo *precisão* refere-se à exatidão, à excelência de uma medida. Uma extensão de 232,15 pés é precisa em 0,01 pé, ou seja, implica um valor de extensão em algo entre 232,145 pés e 232,155 pés. É comum as pessoas presumirem que o comprimento real esteja incluído nessa margem de valores, mas isso não é necessariamente correto. Precisão não garante acurácia.

Às vezes é tentador pensar que aumentar a precisão de uma resposta aumentará também a sua acurácia. Portanto, é tentador expressar a resposta ao Exemplo 1-3 como 34,28 pés^3 em vez de 34 pés^3. A verdadeira resposta ao Exemplo 1-3 ampara-se em um intervalo entre 33,5 pés^3 e 34,5 pés^3. Portanto, determinar a resposta como 34,28 pés^3 não faria sentido e seria enganoso.

Os cálculos de engenharia devem sempre ser exatos. Mas a exatidão provém de medidas cuidadosas e da aplicação correta de princípios científicos, não de um exagero na precisão ao escrever muitos algarismos significativos na resposta.

Exemplo 1-4

Problema

Determine a área da seção transversal, *a*, de um tubo circular cujo diâmetro você não conhece. (Diâmetro real = 2,500 pés.)

Solução

1. Solução acurada: suponha que o diâmetro seja medido o mais acuradamente possível como 2,4 pés.

$a = \pi d^2/4$
$= \pi(2{,}4)^2/4$
$= 4{,}5\ \text{pés}^2$ (Resposta)

A resposta é informada com dois algarismos significativos, porque o valor de *d* tinha dois algarismos significativos.

2. Solução precisa: suponha que o diâmetro seja medido de maneira superficial, chegando-se ao valor 2,7 pés.

$$\begin{aligned} a &= \pi d^2/4 \\ &= \pi(2{,}7)^2/4 \\ &= 5{,}726 \text{ pés}^2 \quad \text{(Resposta)} \end{aligned}$$

A resposta é exibida com quatro algarismos significativos, porque a calculadora mostrou ao menos esse número de dígitos.

Embora a solução *precisa* pareça mais exata, na verdade, ela difere da solução teórica de 4,909 pés^2 em uma porcentagem maior que a da solução *acurada*; portanto, não é aceitável, apesar de parecer mais precisa.

Para garantir que os cálculos tenham o maior grau possível de acurácia, algumas técnicas devem ser sempre usadas:

1. Sempre tente verificar todos os cálculos ou medidas repetindo-os com o uso de um método alternativo.

   Por exemplo, se uma distância entre duas posições em uma linha de base for calculada matematicamente como 350 pés, verifique a resposta graficamente medindo com uma escala a distância em seu mapa.

   Outro exemplo é a medição de uma área em um mapa. Se a área for medida com um planímetro, chegando-se ao valor de 2,35 acres, verifique a resposta medindo aproximadamente, com uma escala, um comprimento e uma largura, e depois calculando a área aproximada com o uso de $a = L \times W$. Compare, então, com a área medida, para uma combinação aproximada.

2. Sempre verifique o cálculo avaliando se ele parece razoável.

   Por exemplo, se o volume de uma piscina for calculado como 150.000 pés^3, um pouco de reflexão sobre o número revelará que ele está muito distante da realidade. Nesse ponto, o cálculo deverá ser revisado para a identificação de erros.

3. Quando for possível, solicite um outro engenheiro ou técnico a revisar todo o cálculo para ver se concorda com as suposições adotadas.

Muitos cálculos são realizados com o uso de computadores. Na maioria dos casos, isso envolve software relativamente barato instalado em um computador pessoal. No entanto, antes que um computador seja usado com êxito, os princípios do projeto e do cálculo devem ser totalmente compreendidos.

Computadores

O computador é uma ferramenta, da mesma forma que a calculadora, a escala e todos os outros recursos de projeto usados pelos engenheiros. Mas é importante lembrar de que o computador não é um substituto para julgamentos seguros nos projetos de engenharia. É essencial, para a boa prática da engenharia, resistir à tentação de se basear em respostas dadas por computadores, como se os softwares tivessem capacidade de fazer julgamentos sobre projetos. Todos os cálculos via computador devem ser profundamente verificados, como quaisquer outros cálculos realizados por calculadora ou à mão.

Os princípios do projeto apresentados nos capítulos posteriores usam a mesma metodologia empregada pela maioria dos softwares. O uso de aplicativos de computador deve ser aprendido *depois* que os princípios básicos forem assimilados.

Cálculo e Memória de Cálculo

Neste livro, o termo *cálculo* refere-se à manipulação matemática de números, enquanto o termo *memória de cálculo* se refere à apresentação total, incluindo não apenas os cálculos, mas também as premissas adotadas para sua realização.

Além de serem exatas, as memórias de cálculo para projetos de engenharia devem ser preparadas em formulários específicos criados para cada tipo de cálculo usado, ou em papéis de cálculo, com cada folha mostrando o nome do projeto, a data e o nome do projetista e do coordenador do projeto.

Também devem estar incluídas na memória de cálculo todas as suposições feitas sobre o projeto, a identificação da metodologia de cálculo e o software usado, bem como uma clara descrição dos resultados, inclusive diagramas, se necessário. Em geral, a memória de cálculo deve incluir todas as informações necessárias para que outro engenheiro não familiarizado com o projeto possa compreender o processo de concepção e os resultados.

1.6 SISTEMAS DE UNIDADES

Tradicionalmente, cálculos hidráulicos e hidrológicos são feitos nos Estados Unidos com o uso do sistema de unidades inglesas. Nesse sistema incluem-se pés, libras e segundos como unidades-base, com uma variedade de unidades derivadas. No entanto, no início dos anos 1970, houve tentativas, nos Estados Unidos, de converter a nação ao uso do sistema métrico, também conhecido como sistema de unidades internacionais (SI), do qual fazem parte os metros, os quilogramas e os segundos como unidades-base. A maioria dos países do mundo está orientada às unidades SI.

Tentativas anteriores de "passar para o sistema métrico" logo perderam o ímpeto, e a conversão nunca se concretizou. Outra importante tentativa foi organizada no final dos anos 1980 e início da década de 1990. A legislação federal norte-americana ordenava o uso de unidades SI para projetos em certas agências. Uma ordem executiva em 1991 exigia que todas as novas construções de prédios federais adotassem o sistema métrico e fixou o ano 2000 como prazo para a conversão de trabalhos relacionados a rodovias.

Embora o prazo do ano 2000 tenha sido subsequentemente eliminado, a maioria dos trabalhos referentes às rodovias estaduais adotou o sistema métrico, como reportado em janeiro de 2000 no *Civil Engineering,* publicação da Sociedade Norte-Americana de Engenheiros Civis. Em Nova Jersey, por exemplo, todos os projetos de rodovias para o Departamento de Transportes foram elaborados em unidades SI.

Apesar do progresso alcançado, o futuro da definição do sistema de unidades nos Estados Unidos é incerto. Ainda há oposição a construções estaduais e federais com o Sistema Internacional, e alguns estados, incluindo Nova Jersey, voltaram ao sistema de unidades inglesas.

Para uma visão prática mais ampla, a apresentação da teoria do projeto e dos exemplos é feita, neste livro, com o uso dos dois sistemas. Equações empíricas são apresentadas nas unidades inglesas e do SI. Equações derivadas racionalmente e válidas para qualquer sistema consistente de unidades são apresentadas em uma forma seguida de uma explicação sobre as unidades inglesas e SI apropriadas. Unidades inglesas são mostradas inicialmente, seguidas por unidades SI entre parênteses – por exemplo, V = volume, pés^3 (m^3). Conversões de unidades são apresentadas no Apêndice F, para facilitar a compreensão do leitor.

Exemplo 1-5

Problema

Determine a circunferência (em metros) de um tubo cujo diâmetro foi medido em 4,00 pés.

Solução

Primeiro, converta o diâmetro em metros.

$$4{,}00\text{ pés} \times \frac{1\text{ m}}{3{,}28\text{ pés}} = 1{,}2195\text{ m}$$

Em seguida, calcule a circunferência:

$$\begin{aligned} c &= \pi d \\ &= (\pi)\,(1{,}2195) \\ &= 3{,}83\text{ m} \quad \text{(Resposta)} \end{aligned}$$

Três algarismos significativos são usados na resposta final, de acordo com as regras dos algarismos significativos.

EXERCÍCIOS PROPOSTOS

1. Determine a área da seção transversal de um tubo cujo diâmetro mede 3,04 pés. Expresse a resposta com os algarismos significativos apropriados.
2. Calcule o volume de pavimento de uma rodovia cujas medidas são 22,0 pés de largura e 1,0 milha de comprimento. A espessura medida de pavimento é de 0,650 pé. Expresse a resposta em jardas cúbicas, usando os algarismos significativos apropriados.
3. Se a lâmina d'água em um córrego é medida em 6,5 polegadas, calcule o valor em pés, usando os algarismos significativos apropriados.
4. Determine o volume de um cilindro com diâmetro de 1,30 pé e comprimento de 60 pés. Expresse a resposta em pés cúbicos, usando os algarismos significativos apropriados.
5. Três comprimentos diferentes de uma sarjeta são medidos por três inspetores diferentes: 12,25 pés, 151 pés e 25,0 pés. Encontre o comprimento total da sarjeta usando algarismos significativos apropriados.
6. Determine a área da seção transversal de um tubo com diâmetro de 36 polegadas. Expresse a sua resposta em unidades métricas, usando os algarismos significativos apropriados.
7. Uma área retangular tem dimensões de 45,00 pés por 125,00 pés. Encontre a área usando os algarismos significativos apropriados expressos como (a) pés quadrados, (b) acres, (c) metros quadrados e (d) hectares.
8. Uma pista será projetada para comportar um tráfico regular de veículos entre duas pistas paralelas que estão separadas por uma distância de aproximadamente 250 pés. Usando a sua imaginação, considere e faça um esboço de todos os fatores possíveis desse projeto.

9. Uma calçada será construída ao longo de um lado de uma rua pavimentada. Esquematize todos os fatores possíveis a serem considerados nesse projeto.
10. Um bueiro será projetado para transportar um pequeno curso de água através do aterro de uma estrada. Considere todos os fatores possíveis para o projeto.

BIBLIOGRAFIA COMPLEMENTAR

AMERICAN SOCIETY FOR TESTING AND MATERIALS. *Standard practice for use of the international system of units (SI)*. Filadélfia: ASTM, 1993.

CABRERA, Enrique (Ed.) *Water engineering and management through time:* learning from history. CRC Press, 2010.

FAGAN, Brian. *Elixer: a history of water and humankind.* Bloomsbury Press, 2011.

ROGERS, Jerry R. *Environmental and water resources:* milestones in engineering history. ASCE, 2007.

SCHODEK, D. *Landmarks in American civil engineering*. Cambridge: MIT Press, 1987.

TEISCH, Jessica. *Engineering nature:* water, development, and the global spread of american environmental expertise. The University of North Carolina Press, 2011.

CAPÍTULO

2

Mecânica dos Fluidos

Fluido é um termo que descreve gases e líquidos. As forças que mantêm unidas as moléculas de fluidos são muito mais fracas que as forças que mantêm os sólidos, permitindo que os fluidos se deformem facilmente sob a ação de forças externas. Na linguagem da mecânica de materiais, os fluidos não podem suportar as forças de cisalhamento. Portanto, um fluido escoará sob a influência de uma mínima tração.

Embora a maioria dos princípios desenvolvidos para os fluidos se aplique a gases e a líquidos, o nosso maior interesse neste livro são os líquidos, em particular a água. Neste capítulo, você aprenderá alguns dos conceitos fundamentais que descrevem o comportamento da água como um fluido.

OBJETIVOS

Ao concluir este capítulo, o leitor deverá ser capaz de:

- Descrever as diferenças entre sólidos, líquidos e gases.
- Descrever as propriedades da água, como coesão, adesão e capilaridade.
- Calcular o peso específico e a gravidade específica de vários líquidos.
- Calcular a viscosidade de um fluido.

2.1 CONCEITOS FUNDAMENTAIS

Todas as substâncias encontradas no dia a dia apresentam-se em uma destas três formas: sólida, líquida ou gasosa. Geralmente, essas formas distinguem-se pelas ligações entre as moléculas adjacentes (ou átomos) que as compõem. Assim, as moléculas que constituem um sólido estão relativamente mais próximas e se mantêm na mesma posição pelas ligações eletrostáticas entre as moléculas. Portanto, os sólidos tendem a manter a sua forma, mesmo quando estão sob a ação de uma força externa.

Em comparação, moléculas de gás apresentam-se tão distantes que as ligações são muito fracas para mantê-las coesas. Um gás é muito compressível e sempre toma a forma do recipiente que o contém. Se o recipiente de um gás for removido, as moléculas se expandirão indefinidamente.

Entre os extremos dos estados sólido e gasoso está a forma líquida da matéria. Em um líquido, as moléculas estão ligadas com força suficiente para prevenir uma expansão ilimitada, mas sem força o bastante para se manterem no lugar. Os líquidos conformam-se ao formato de seu recipiente. Os líquidos tendem a ser incompressíveis, e a água, apesar de sua mínima compressibilidade, é tida como incompressível na maioria dos problemas em hidráulica.

Além da água, vários óleos e até metais fundidos são exemplos de líquidos e compartilham as características básicas dos líquidos.

Todos os líquidos têm uma **tensão superficial**, que se manifesta diversamente em diferentes líquidos. A tensão de superfície resulta de uma condição diferente de ligação molecular na superfície livre, em comparação às ligações dentro do líquido. Na água, a tensão superficial resulta em propriedades chamadas **coesão** e **adesão**.

A coesão permite à água resistir a uma mínima tração; a adesão permite aderência a outro corpo. A Figura 2-1 mostra alguns exemplos familiares de coesão e adesão da água em um recipiente. Na Figura 2-1(a), a adesão faz a água no tubo de ensaio molhar a lateral a uma pequena distância acima da superfície. A Figura 2-1(b) mostra um menisco no alto do tubo de ensaio, causado pela tensão superficial, que resulta da coesão das moléculas na superfície da água.

A **capilaridade** é uma propriedade dos líquidos que resulta da tensão superficial na qual o líquido se eleva ou baixa em um fino tubo. Se a adesão predominar sobre a coesão em um líquido, como na água, o líquido molhará a superfície do tubo e se elevará. Se a coesão predominar sobre a adesão em um líquido, como no mercúrio, o líquido não molhará o tubo e baixará. A Figura 2-2 mostra finos tubos capilares colocados em água e em mercúrio. Observe que, no caso da água, o menisco é côncavo e se eleva acima do nível ao redor; o menisco do mercúrio é convexo e está abaixo do nível ao redor.

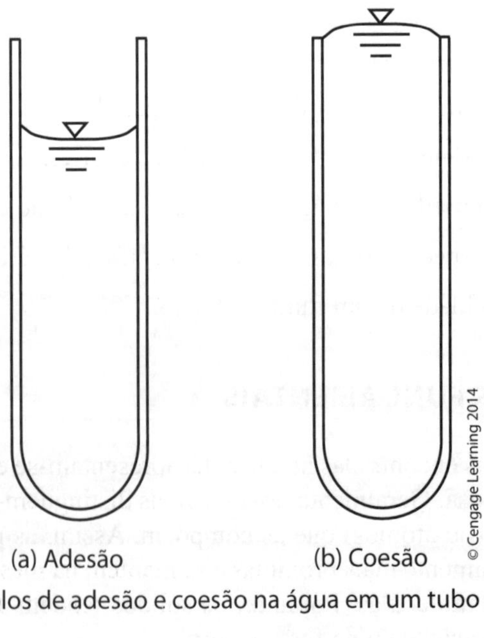

FIGURA 2-1 Exemplos de adesão e coesão na água em um tubo de ensaio de vidro.

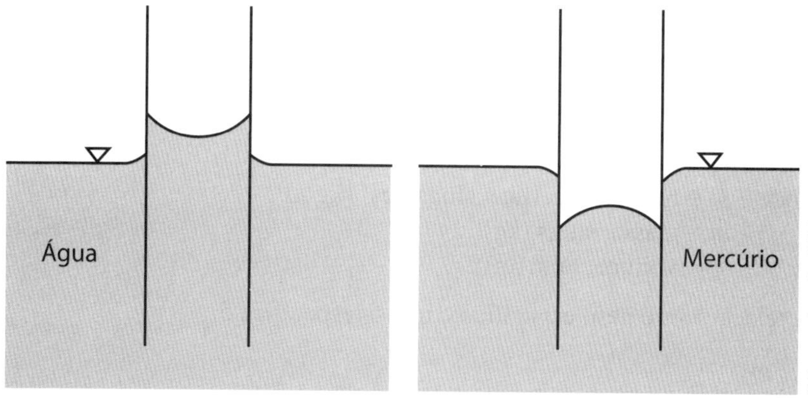

FIGURA 2-2 Capilaridade da água *versus* capilaridade do mercúrio.

A quantidade de água que se eleva em um tubo depende da temperatura e da pureza da água e, especialmente, do diâmetro do tubo. Um tubo com um diâmetro interno de 0,25 polegada causará maior capilaridade de água que um tubo com diâmetro interno de 0,50 polegada. A Figura 2-3 ilustra esse fenômeno.

Alguns dispositivos de medida, como manômetros e piezômetros, empregam tubos verticais nos quais a água possa se elevar. É importante, portanto, usar um tubo que tenha um diâmetro largo o bastante para minimizar o efeito da capilaridade, que poderia causar um erro na medida.

2.2 PESO ESPECÍFICO E DENSIDADE

Todos os materiais apresentam **peso específico**, γ, definido como peso por volume unitário. Assim,

$$\gamma = \frac{W}{V} \tag{2-1}$$

onde γ = peso específico, lb/pés^3 (N/m^3)

W = peso, lb (N)

V = volume, pés^3 (m^3)

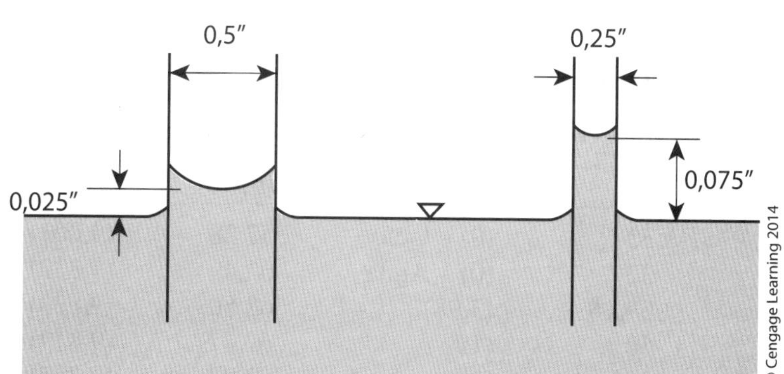

FIGURA 2-3 O efeito do diâmetro do tubo na capilaridade da água de torneira.

Peso específico não deve ser confundido com **massa específica**, que é definida como massa por volume unitário. Massa específica, ρ, é calculada a partir da expressão

$$\rho = \frac{m}{V} \tag{2-2}$$

onde ρ = massa específica, slugs/pés³ (kg/m³)
m = massa, slugs (kg)
V = volume, pés³ (m³)

A relação entre peso específico e massa específica é

$$\gamma = \rho g \tag{2-3}$$

onde g = aceleração por causa da gravidade, 32,2 pés/s² (9,81 m/s²).

Massa específica e peso específico costumam variar com a temperatura de um material, porque a expansão térmica resulta em menos massa em um dado volume. A água não é exceção a essa regra.

Na Tabela 2-1, valores de peso específico de água no nível do mar são fornecidos para várias temperaturas. Observe que o peso específico geralmente diminui aproximadamente 4% entre 32°F e 212°F, o que representa os limites da fase líquida da água. No entanto, na variação de temperatura normalmente encontrada nas águas pluviais (32°F-80°F), o peso específico da água é praticamente uniforme. O valor geralmente aceito é γ = 62,4 lb/pés³ (9,81 kN/m³).

Na Tabela 2-1, é interessante notar que um pequeno aumento no peso específico ocorre a aproximadamente 39°F (4°C). A causa é uma reorganização das posições relativas das moléculas a que a água é submetida ao passar da fase líquida para a sólida. Tal fenômeno é específico da água, resultando em um peso específico muito mais baixo para o gelo. Portanto, a água expande-se quando se congela, fazendo cubos de gelo flutuarem sobre a superfície da água.

A expansão da água quando ela muda para gelo pode ser problemática se ela se congela em um recipiente como um tubo. A expansão pode impor uma tensão excessiva no recipiente, algumas vezes resultando em ruptura.

Essa discussão sobre peso específico se refere à água pura. Quando impurezas são encontradas na água, o peso específico é afetado. Por exemplo, a água de mar, que apresenta sal e outras impurezas, tem um peso específico de aproximadamente 64 lb/pés³, perto de 3% superior em relação à água pura na mesma temperatura.

A densidade de um líquido é a proporção de seu peso específico em relação ao da água pura a uma temperatura padrão, e não deve ser confundida com o termo *peso específico*. A densidade é adimensional. A densidade da água sob condições normais, encontrada na gestão de águas pluviais, é de aproximadamente 1,0.

Tabela 2-1 Peso específico da água

Temperatura		**Peso Específico, γ**	
°F	**(°C)**	**lb/pés³**	**(kN/m³)**
32	(0) Gelo	57,28	(9,003)
32	(0) Água	62,49	(9,822)
39,16	(3,98)	62,50	(9,823)
50	(10)	62,47	(9,819)
100	(38)	62,00	(9,745)
212	(100)	59,89	(9,413)

2.3 VISCOSIDADE

Quando um fluido está sujeito a uma tensão externa, suas moléculas rapidamente cedem e deslizam próximas umas das outras, resultando em uma ação de cisalhamento. No entanto, um fluido resistirá à tensão de cisalhamento mais que um outro, dando origem à propriedade dos fluidos chamada **viscosidade**. A viscosidade pode ser descrita como a resistência de um fluido à tensão de cisalhamento. Também pode ser vista como a influência do movimento de uma camada de um fluido em uma outra camada a uma pequena distância. Portanto, a viscosidade não tem sentido em um fluido sem movimento.

Algumas vezes, viscosidade é confundida com massa específica, mas é muito diferente. Enquanto a massa específica se refere simplesmente à quantidade de massa por volume unitário, a viscosidade refere-se à capacidade de as moléculas de fluido escoarem próximas umas das outras. Assim, um líquido muito denso pode ter baixa viscosidade, e vice-versa.

As propriedades da viscosidade e da massa específica são bem ilustradas pelo exemplo do óleo e da água. A maioria dos óleos, como sabemos, são menos densos que a água, portanto flutuam na superfície da água. Apesar de sua menor massa específica, o óleo é mais viscoso que a água. Essa propriedade da viscosidade é chamada **viscosidade absoluta**. É designada como μ e tem unidades de lb-s/pés^2 (kg-s/m^2). Em muitos problemas hidráulicos, a densidade é um fator, por isso uma outra forma de viscosidade, chamada **viscosidade cinemática**, foi definida como viscosidade absoluta dividida pela densidade. A viscosidade cinemática é designada por υ e tem unidades de pés^2/s (m^2/s). A viscosidade cinemática da água é tida como 1×10^{-5} pés^2/s ($9{,}29 \times 10^{-7}$ m^2/s).

A viscosidade cinemática é proporcional à temperatura. Para uma temperatura da água de 20°C – usual no Brasil –, esse parâmetro vale $1{,}0 \times 10^{-6}$ m^2/s.

O conceito de viscosidade pode ser ilustrado adiante com o viscosímetro de placas paralelas. Esse dispositivo, mostrado na Figura 2-4, é usado para medir a viscosidade absoluta. Considere que a placa inferior fique imóvel e que a superior se mova a certa velocidade, *v*, aplicando uma força. A porção de fluido em contato com a placa superior desloca-se com velocidade *v*, enquanto o fluido em contato com a placa inferior tem velocidade nula. Portanto, um gradiente de velocidade será induzido pela camada de fluido. Se você pensar nesse fluido existindo em finas camadas paralelas às placas, verá que essas camadas deslizarão próximas umas das outras, em uma ação de cisalhamento. Fluidos diferentes produzem diferentes tensões de cisalhamento entre camadas a uma dada velocidade. Então, fluidos diferentes apresentam viscosidades diferentes.

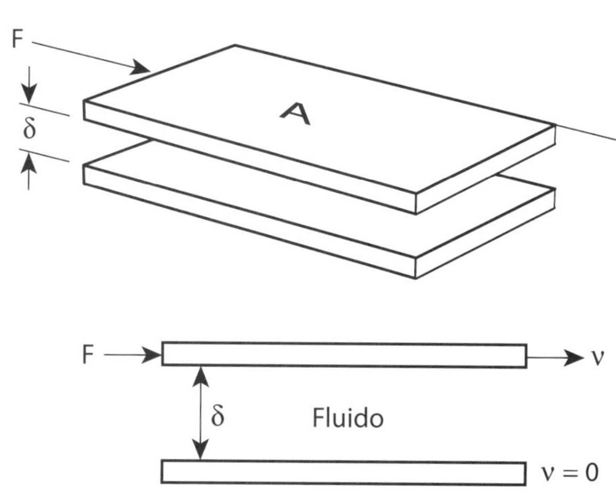

FIGURA 2-4 Viscosímetro de placas paralelas.

Na Figura 2-4, observe que a tensão de cisalhamento, τ, é a força por área unitária, ou

$$\tau = \frac{F}{A} \tag{2-4}$$

onde τ = tensão de cisalhamento, lb/pés² (N/m²)
F = força aplicada, lb (N)
A = área de placa, pés² (m²)

Observe também que a variação de velocidade na separação das placas é v/δ. A experiência mostra que a força aplicada necessária para manter a velocidade v é proporcional à velocidade e à área das placas, e inversamente proporcional à distância entre as placas, δ. Assim,

$$F \propto \text{(proporcional a)}\ \frac{v\,A}{\delta} \tag{2-5}$$

Reajustando a Equação 2-5, obtemos

$$\frac{F}{A} \propto \frac{v}{\delta} \tag{2-6}$$

ou

$$\tau \propto \frac{v}{\delta} \tag{2-7}$$

A constante de proporcionalidade é chamada viscosidade absoluta, μ. Então,

$$\tau = \mu \frac{v}{\delta} \tag{2-8}$$

Fluidos que se comportam de acordo com a Equação 2-8 são chamados fluidos newtonianos. A viscosidade de um fluido newtoniano não varia com a tensão de cisalhamento ou com o gradiente de velocidade resultante. A viscosidade depende apenas da condição do fluido, como a temperatura. A maioria dos fluidos encontrados na engenharia, como água e óleo, é fluido newtoniano.

Exemplo 2-1

Problema

A viscosidade de um fluido será determinada com o uso de um viscosímetro de placas paralelas. A área das placas é de 0,16 pés², e a separação entre as placas é de 0,070 pés. Uma força de 0,00020 lb move a placa superior a uma velocidade de 6,0 pés/s. Qual é a viscosidade absoluta?

Solução

Pela Equação 2-4, a tensão de cisalhamento é

$$\tau = \frac{F}{A}$$
$$= \frac{0,0002}{0,16}$$
$$= 0,00125 \text{ lb/pés}^2$$

A viscosidade absoluta é, então, encontrada reajustando-se à Equação 2-8. Assim,

$$\mu = \tau\frac{\delta}{v}$$
$$= (0,00125)(0,07)/6,0$$
$$= 0,000015 \text{ lb-s/pés}^2 \quad \text{(Resposta)}$$

A viscosidade absoluta encontrada no Exemplo 2-1 corresponde ao óleo cru. Para determinar a viscosidade cinemática, divida pela densidade do óleo cru, 1,66 slugs/pés^3. Portanto, a viscosidade cinemática para o Exemplo 2-1 é 0,000015/1,66 = 9×10^{-6} pés^2/s.

EXERCÍCIOS PROPOSTOS

1. Qual é o peso de 1,0 pé cúbico de água?
2. Qual é a massa específica da água?
3. Uma vasilha de 4,0 polegadas de diâmetro e 6,0 polegadas de altura é preenchida com um líquido. Se o peso líquido é de 2,0 libras, qual é o peso específico do líquido?
4. Um recipiente de 10,0 cm por 20,0 cm por 15,0 cm é preenchido com um líquido. Se o peso do volume desse líquido é 450 N, qual é o peso específico?
5. Qual é a densidade do óleo SAE 30, que tem um peso específico de 57,4 lb/pés^3?
6. Qual é a densidade do querosene, que tem um peso específico de $7,85 \times 10^3$ N/m^3?
7. Dois tubos capilares são colocados verticalmente em um recipiente aberto e com água. Um tubo tem diâmetro de 2,0 mm, e o outro, diâmetro de 1,0 polegada. Em qual tubo a água se elevará mais?
8. Um viscosímetro de placas paralelas, como mostrado a seguir, é usado para medir a viscosidade de um fluido. A área das placas é de 0,75 pés^2. Uma força de $1,5 \times 10^{-4}$ lb move a placa superior a uma velocidade de 10,0 pés/s. Qual é a viscosidade absoluta do fluido?

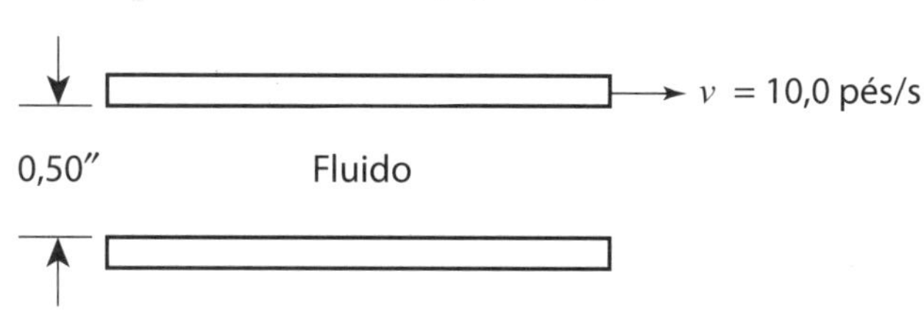

9. Um líquido tem uma viscosidade absoluta de $2,2 \times 10^{-5}$ lb-s/pés^2. Seu peso é de 45 lb/pés^3. Qual é sua viscosidade cinemática?
10. Um líquido tem uma viscosidade absoluta de $2,4 \times 10^{-3}$ N-s/m^2. Seu peso é de $7,85 \times 10^3$ N/m^3. Qual é sua viscosidade cinemática?

BIBLIOGRAFIA COMPLEMENTAR

BRATER, E. F.; KING, H. *Handbook of hydraulics*. 7. ed. Nova York: McGraw-Hill, 1996.

CROWE, Clayton T. et al. *Engineering fluid mechanics*. 9. ed. Nova York: John Wiley & Sons, 2008.

DOUGLAS, J. F. *Fluid mechanics*. Englewood Cliffs: Prentice Hall, 2000.

FOX, Robert W. et al. *Introduction to fluid mechanics*. 7. ed. Nova York: John Wiley & Sons, 2008.

FRANZINI, J. B.; FINNEMORE, E. J. *Fluid mechanics with engineering applications*. 9. ed. Nova York: McGraw-Hill, 1997.

GRANGER, Robert A. *Fluid mechanics*. Mineola: Dover Publications, 1995.

LINDBURG, M. R. *E.I.T. Review Manual*. Belmont: Professional Publications, 1995.

MASSEY, B. *Mechanics of fluids*. Boca Raton: CRC Press, 2005.

MOTT, R. L. *Applied fluid mechanics*. 4. ed. Englewood Cliffs: Prentice Hall, 1994.

MUNSON, B. R. *Fundamentals of fluid mechanics*. Nova York: John Wiley & Sons, 2005.

CAPÍTULO

3

Fundamentos de Hidrostática

O termo **hidrostática** refere-se ao estudo da água em repouso. É fundamental, para esse estudo, o conceito de pressão resultante do peso da água.

Neste capítulo, você aprenderá a quantificar a pressão exercida pela água em uma superfície submersa imaginária ou em paredes de um recipiente. Aprenderá também sobre a pressão exercida pela água em um objeto submerso, que dá origem ao conceito de empuxo.

OBJETIVOS

Ao concluir este capítulo, o leitor deverá ser capaz de:

- Calcular a pressão na água a várias profundidades.
- Calcular a pressão em uma superfície vertical submersa.
- Calcular a pressão em uma superfície inclinada submersa.
- Calcular a pressão em uma superfície curva submersa.
- Calcular a força de empuxo em um objeto submerso.

3.1 PRESSÃO HIDROSTÁTICA

Pressão é definida como força por área unitária. Portanto,

$$p = \frac{F}{A} \tag{3-1}$$

onde p = pressão, libras/pés^2 (N/m^2)
F = força, libras (N)
A = área, pés^2 (m^2)

Água em um recipiente exerce pressão a um ângulo reto, ou normal, nas paredes do recipiente ou em qualquer superfície submersa. Esse fenômeno, exclusivo dos fluidos, ocorre porque as moléculas de água não resistem à força de cisalhamento. Portanto, em qualquer superfície submersa, há apenas força normal (pressão), sem força de cisalhamento. Em um sólido, as forças normal e de cisalhamento existem sob qualquer superfície, por causa da natureza das moléculas que compõem o sólido.

Como consequência da ausência de força de cisalhamento na água, a pressão em qualquer ponto na água em repouso é igual em todas as direções. A Figura 3-1 mostra elementos infinitesimais da água em várias formas. Em cada caso, a pressão que atua na superfície dos elementos tem a mesma magnitude.

Para calcular a pressão em qualquer ponto em um recipiente de água, podemos usar a Equação 3-1, mas precisamos encontrar um meio de avaliar a força F. Para determinar a força, considere uma superfície ou plano imaginário horizontal localizado a uma distância z abaixo da superfície, como exibido na Figura 3-2.

O peso de uma coluna vertical de água acima da superfície equipara-se à força exercida. Mas o peso, W, da água é expresso como

$$W = \gamma V$$

onde γ = peso específico, lb/pés³ (N/m³) e
V = volume, pés³ (m³)

O peso específico da água é tido como 62,4 lb/pés³ (9,81 kN/m³). O volume, V, é igual à área da base vezes a altura, ou $V = Az$. Portanto, a pressão pode ser escrita como

$$p = \gamma \frac{Az}{A} = \gamma z \tag{3-2}$$

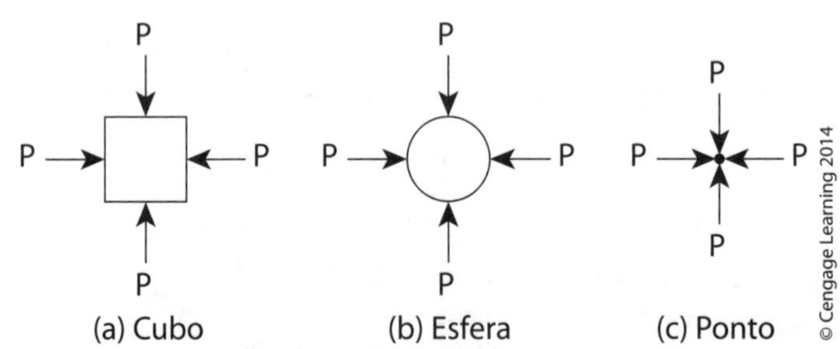

FIGURA 3-1 Para cada elemento infinitesimal de água em repouso, a pressão atuando em cada superfície, em qualquer direção, tem a mesma magnitude.

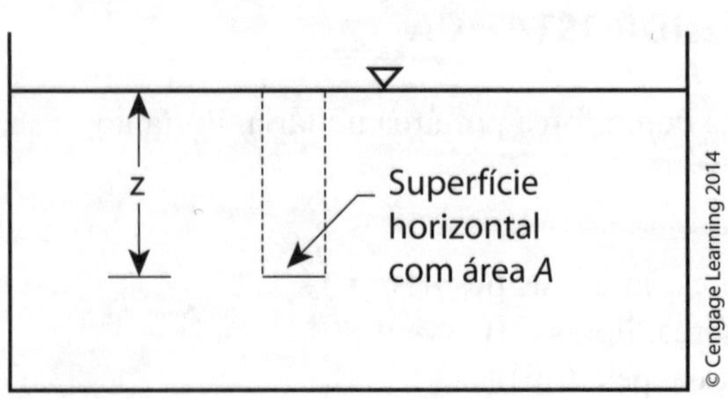

FIGURA 3-2 Pressão a uma profundidade z em um volume de água.

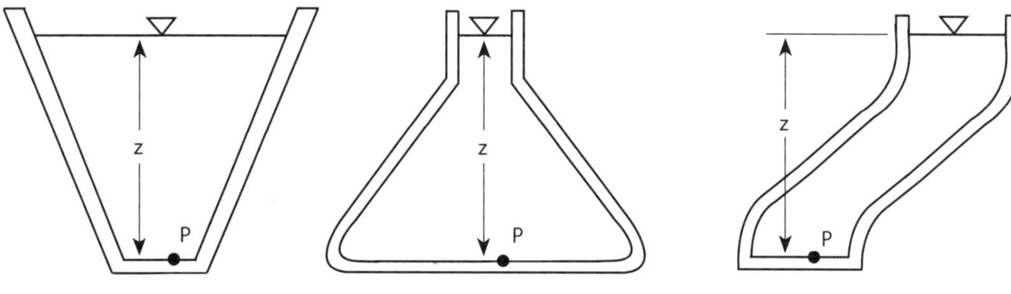

FIGURA 3-3 A pressão no ponto *P* é a mesma em cada recipiente, desde que a profundidade vertical *z* seja a mesma.

Desse modo, a pressão da água a uma profundidade, z, abaixo de uma superfície livre é calculada pela Equação 3-2. É importante notar também que a pressão em qualquer profundidade depende apenas da altura da coluna d'água, e não do volume ou da forma do recipiente. Assim, as pressões são iguais nos três exemplos da Figura 3-3.

Na Figura 3-3(c), a pressão no ponto *P* é igual a γz, apesar de não haver uma verdadeira coluna vertical de água de P até a superfície. A pressão é a mesma, *como se* uma fictícia coluna vertical de água com altura z estivesse ali.

Exemplo 3-1

Problema

Um reservatório de água está conectado a um tubo, como mostrado na figura a seguir. O registro da extremidade está fechado, impedindo o fluxo. Determine a pressão da água no registro referente ao eixo do tubo. A cota da superfície do reservatório é de 550,0 pés (acima do plano de referência, *datum*) e do eixo da válvula, 525,0 pés.

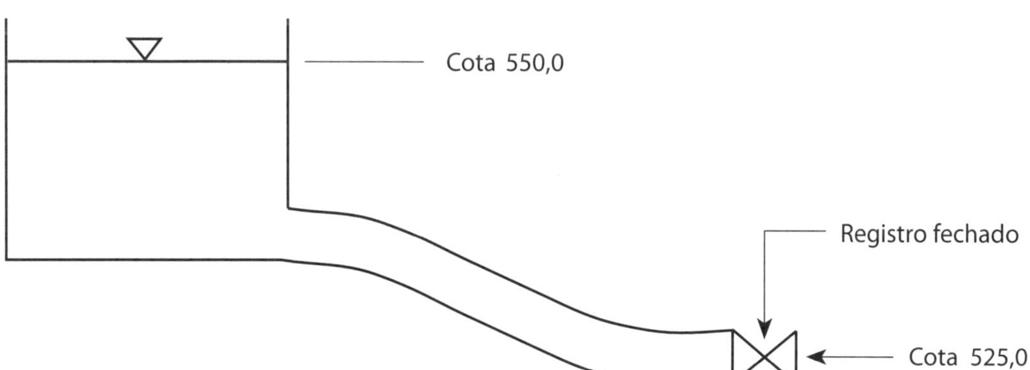

Observação: todas as alturas medidas em pés usadas neste texto se reportam ao plano de referência.

Solução

A profundidade vertical a partir da superfície até o ponto em questão é a diferença entre as alturas:

$$z = 550{,}0 - 525{,}0$$
$$= 25{,}0 \text{ pés}$$

Portanto, usando a Equação 3-2, temos

$$p = \gamma z$$
$$= (62{,}4)\,(25{,}0)$$
$$= 1.560 \text{ lb/pés}^2 \quad \text{(Resposta)}$$

Essa pressão discutida é denominada pressão **efetiva** – pressão que *efetivamente* ocorre descontado o valor da pressão atmosférica. Na superfície de água exposta à atmosfera (denominada **superfície livre**), a pressão real é igual à pressão exercida pela atmosfera, e aumenta com a profundidade abaixo da superfície. No entanto, por convenção, a pressão efetiva é considerada nula na superfície líquida. Todas as referências à pressão neste texto serão em termos de pressão efetiva, como aqui definida.

3.2 PRESSÃO EM SUPERFÍCIES PLANAS

Considere uma superfície horizontal plana localizada a uma profundidade, z, abaixo da superfície livre de um recipiente com água. A pressão age perpendicularmente ao plano e tem magnitude γz, e pode ser representada como uma carga uniformemente distribuída, como exibido na Figura 3-4.

Ao interpretar a Figura 3-4(a), lembre-se de que a superfície plana horizontal e a distribuição de pressão se estendem para fora do plano do papel. Portanto, a distribuição de pressão forma um desenho tridimensional, como mostrado na Figura 3-4(b).

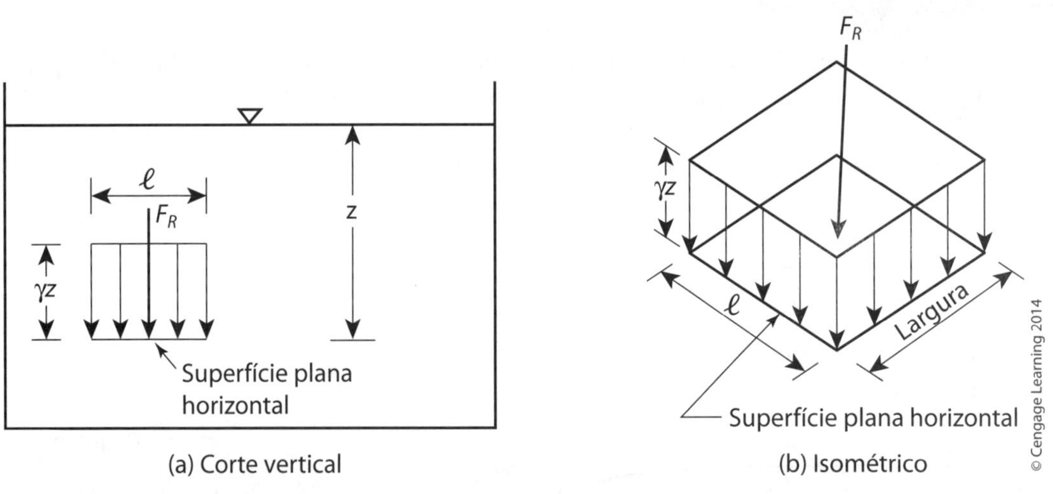

FIGURA 3-4 Distribuição de pressão em uma superfície plana horizontal submersa.

A força resultante, F_R, atuando sobre a superfície plana é igual a pA, onde $A = lw$ é a área da superfície. A força resultante age no centro de gravidade do diagrama de distribuição de pressão. O local da força resultante é denominado **centro de pressão**. Portanto,

$$F_R = pA \tag{3-3}$$
$$F_R = \gamma z l w$$

onde z = profundidade abaixo da superfície, pés (m)
l = comprimento da superfície, pés (m)
w = largura da superfície, pés (m)

Observe que a Equação 3-3 pode ser interpretada desta maneira: a força resultante é igual à "área" do diagrama de distribuição de pressão multiplicada pela largura da superfície horizontal, w. O diagrama de distribuição de pressão mostrado na Figura 3-4(a) tem altura γz e comprimento l, portanto, uma "área" igual a $\gamma z l$. A "área" descrita aqui é apenas aquela do diagrama de distribuição de pressão, e não uma grandeza física.

Superfície Vertical

Se a superfície plana submersa for vertical, a distribuição de pressão assume uma das formas mostradas na Figura 3-5. Neste caso, a magnitude da força aumenta com a profundidade abaixo da superfície livre. Se o plano vertical se estende até a superfície livre, como mostrado na Figura 3-5(a), a distribuição de pressão é triangular. Se ele começa a certa distância abaixo da superfície livre, como mostrado na Figura 3-5(b), a distribuição de pressão é trapezoidal.

As superfícies verticais mostradas na Figura 3-5 projetam-se para fora do plano do papel, como acontece com a superfície na Figura 3-4. Portanto, a superfície é representada como uma linha vertical, e a distribuição tridimensional de pressão aparece na forma bidimensional. Para facilitar a análise, assumiremos que a largura é uniforme e igual a w.

Os centros de pressão e as forças resultantes para as superfícies mostradas na Figura 3-5 aparecem na Figura 3-6. Para cada caso, (a) e (b), a magnitude da força resultante é igual à área da distribuição de pressão multiplicada por w, a largura da superfície. Portanto, no caso (a),

$$F_R = \frac{1}{2}(z)(\gamma z)w = \frac{\gamma z^2}{2}w \qquad (3\text{-}4)$$

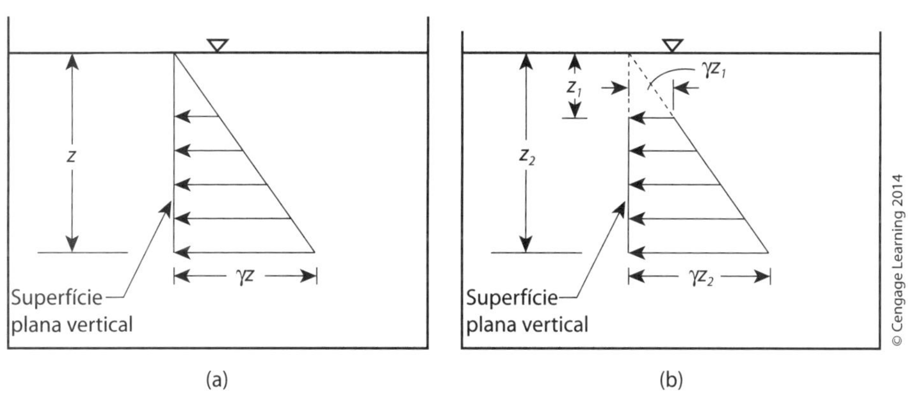

FIGURA 3-5 Distribuição de pressão em uma superfície plana vertical submersa.

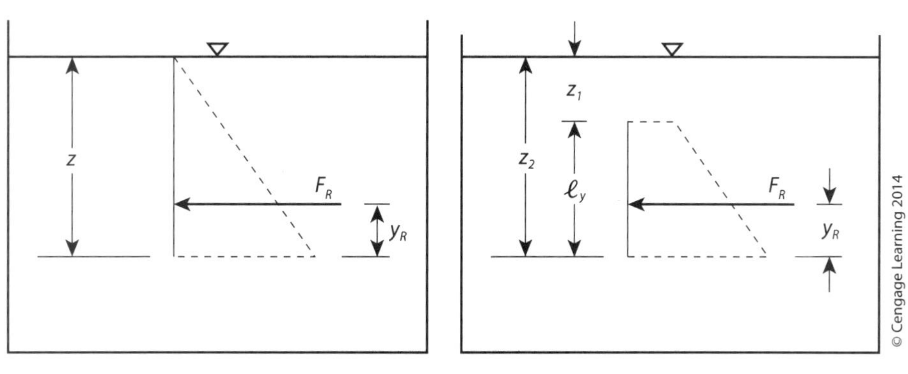

FIGURA 3-6 Força resultante e centro de pressão para uma superfície plana vertical, (a) cruzando a superfície e (b) completamente submersa.

A posição de F_R é o centro de pressão, que é o centro de gravidade da distribuição triangular de pressão. Então,

$$y_R = \frac{1}{3}z \tag{3-5}$$

Para o caso (b),

$$F_R = \left[\frac{\gamma z_1 + \gamma z_2}{2}\right] l_y w = \frac{\gamma l_y}{2} w(z_1 + z_2) \tag{3-6}$$

onde $l_y = z_2 - z_1$ é a altura da distribuição de pressão. A posição de F_R é determinada como o centro de gravidade de um trapezoide. Assim,

$$y_R = \frac{l_y}{3}\left[\frac{2z_1 + z_2}{z_1 + z_2}\right] \tag{3-7}$$

Exemplo 3-2

Problema

Uma superfície vertical com altura de 2,5 pés e largura de 2,0 pés está submersa em 1,0 pé abaixo da superfície da água. Determine a força hidrostática resultante e a posição do centro de pressão.

Solução

A força resultante é calculada a partir da Equação 3-6:

$$\begin{aligned} F_R &= \frac{(62{,}4)(2{,}5)(2{,}0)}{2}(1 + 3{,}5) \\ &= 702 \text{ lb} \quad \text{(Resposta)} \end{aligned}$$

A posição do centro de pressão é calculada a partir da Equação 3-7:

$$\begin{aligned} y_R &= \frac{2{,}5}{3}\left[\frac{(2)(1) + 3{,}5}{1 + 3{,}5}\right] \\ &= 1{,}02 \text{ pé} \quad \text{(Resposta)} \end{aligned}$$

Superfície Inclinada

Se a superfície plana submersa estiver inclinada, a pressão é perpendicular à superfície, e a distribuição de pressão apresenta-se como mostrado na Figura 3-7.

Para derivar a força resultante e sua posição no centro de pressão, vamos considerar três forças agindo na superfície inclinada *AB*, como exibido na Figura 3-8:

1. F_H, a força resultante que age na projeção horizontal, *BC*.
2. F_V, a força resultante que age na projeção vertical, *AC*.
3. *W*, o peso da água que ocupa o espaço triangular *ABC* entre a superfície e suas projeções.

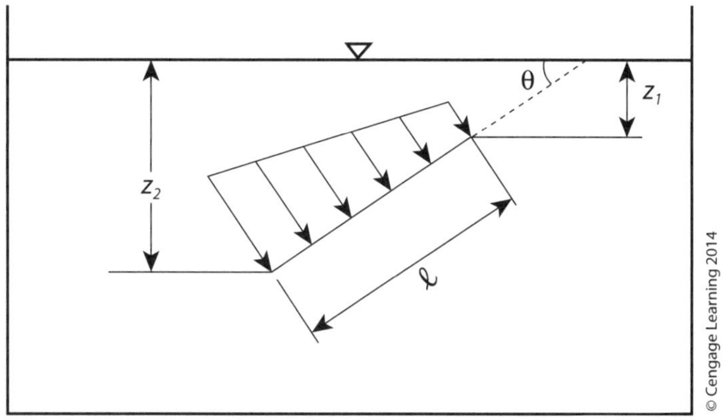

FIGURA 3-7 Distribuição de pressão em uma superfície plana inclinada submersa.

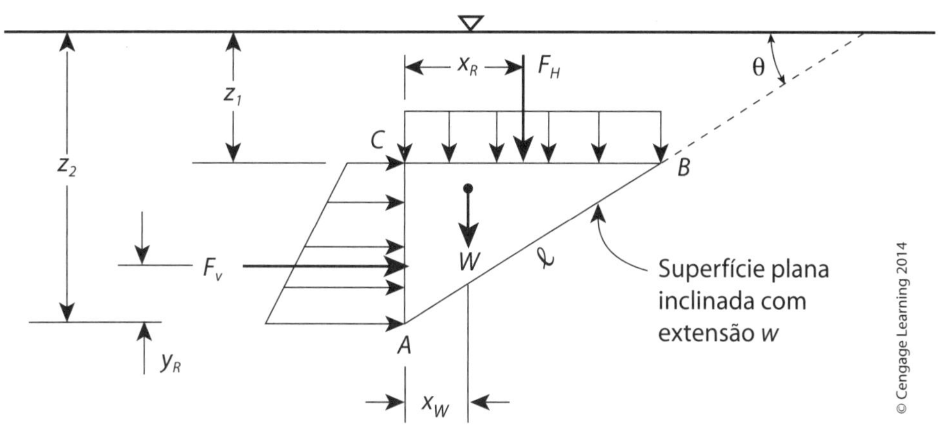

FIGURA 3-8 Diagrama de corpo livre usado para calcular a pressão em uma superfície plana inclinada submersa.

O valor de F_H é calculado a partir da Equação 3-3. Portanto,

$$F_H = \gamma z_1 wl \cos\theta \tag{3-8}$$

onde l é a extensão da superfície plana inclinada. Observe que $l_y = l$ sen θ. Por quê? O valor de F_V é calculado pela Equação 3-6. Portanto,

$$F_V = \frac{\gamma l_y w}{2}(z_1 + z_2)$$

que também pode ser escrita como

$$F_V = \frac{\gamma w}{2}(z_1 + z_2)l \text{ sen } \theta \tag{3-9}$$

O valor de W é

$$W = \gamma V = \gamma\left(\frac{1}{2}l \text{ sen}\theta\ l \cos\theta\right)w \tag{3-10}$$

$$= \frac{\gamma w l^2}{2} \text{ sen } \theta \cos\theta$$

Para determinar a força resultante F_R no centro de pressão, calcule primeiro a soma vetorial de F_H, F_V e W. Então, o componente x de F_R é F_V, e o componente y é $FH + W$. De acordo com isso, a magnitude de F_R é

$$F_R = \sqrt{F_V^{\,2} + (F_H + W)^2} \tag{3-11}$$

A posição de F_R é determinada pela soma dos momentos de todas as forças em A. Assim, usando as dimensões na Figura 3-8, temos

$$\sum M_A = -F_V(y_R) - W(x_W) - F_H(x_R)$$

Mas a soma dos momentos em A também pode ser expressa em termos de F_R a partir da Figura 3-9:

$$\sum M_A = -F_R(l_R)$$

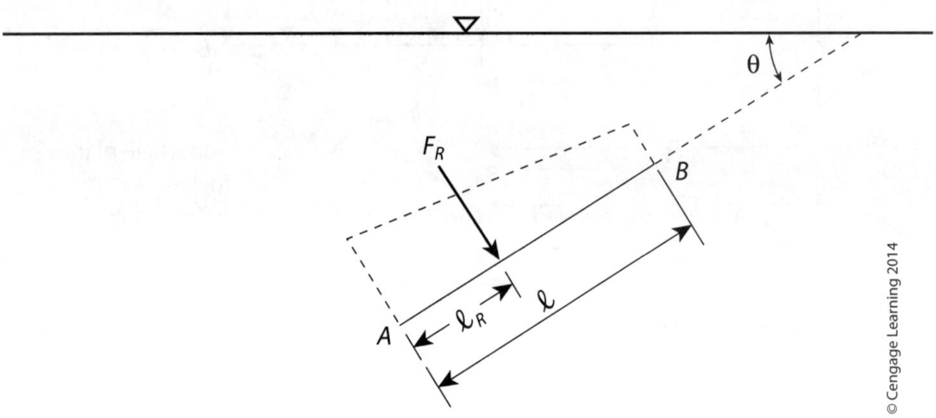

FIGURA 3-9 Força resultante e centro de pressão para uma superfície plana inclinada submersa.

onde l_R é a posição do centro de pressão. Equacionando os momentos, obtemos

$$F_R(l_R) = F_V(y_R) + W(x_W) + F_H(x_R)$$

ou

$$l_R = \frac{1}{F_R}[F_V(y_R) + W(x_W) + F_H(x_R)] \tag{3-12}$$

Exemplo 3-3

Problema

Uma superfície plana com comprimento de 4,0 pés e largura de 3,0 pés está inclinada 30 graus com a horizontal e submersa 1,0 pé abaixo da superfície livre de um recipiente de água. Determine a força hidrostática resultante e a posição do centro de pressão.

Solução

Primeiro, calcule as forças F_H, F_V e W usando as Equações 3-8, 3-9 e 3-10, respectivamente:

$$F_H = (62,4)(1,0)(3,0)(4,0)\cos 30° = 648 \text{ lb}$$

$$F_V = \frac{(62,4)(3,0)}{2}(1+3)(4,0)\ \text{sen } 30° = 749 \text{ lb}$$

$$W = \frac{(62,4)(3,0)(4,0)^2}{2}\ \text{sen } 30°\ \cos 30° = 648 \text{ lb}$$

Em seguida, calcule z_2:

$$z_2 = z_1 + l \text{ sen } 30° = 3,0 \text{ pés}$$

Depois, calcule as posições de F_H, F_V e w. A posição de F_H é x_R, que representa metade da projeção horizontal da superfície inclinada. Portanto,

$$x_R = \frac{1}{2} l \cos 30° = 1,73 \text{ pé}$$

A posição de F_V é y_R, calculada por meio da Equação 3-7. Desse modo,

$$y_R = \frac{2,0}{3}\ \frac{2(1)+3}{1+3} = 0,83 \text{ pé}$$

A posição de W é x_W, um terço da projeção horizontal da superfície inclinada. Portanto,

$$x_W = \frac{1}{3}(4,0)\cos 30° = 1,15 \text{ pé}$$

Em seguida, calcule F_R usando a Equação 3-11. Assim,

$$F_R = \sqrt{749^2 + (648+648)^2}$$
$$= 1.497 \text{ lb} \quad \text{(Resposta)}$$

Finalmente, calcule l_R, a posição de F_R, usando a Equação 3-12:

$$l_R = \frac{1}{1.497}\left[749(0,83) + 648(1,15) + 648(1,73)\right]$$
$$= 1,66 \text{ pés} \quad \text{(Resposta)}$$

3.3 PRESSÃO EM SUPERFÍCIES CURVAS

Para pressão hidrostática em uma superfície curva submersa, valem as regras gerais desenvolvidas na seção anterior no que se refere aos fatos de a pressão ser perpendicular à superfície em todos os pontos, e o centro de gravidade de pressão estar localizado no centro de gravidade do diagrama de distribuição de pressão. No entanto, a determinação desses parâmetros é dificultada pela geometria que descreve as forças. A típica distribuição de pressão para uma superfície curva circular é mostrada na Figura 3-10. Observe que, como nas seções anteriores, estamos considerando um caso simplificado de superfícies curvas submersas: a superfície é perpendicular em relação ao papel. A superfície pode ser orientada em côncavo ou convexo no que diz respeito à superfície da água.

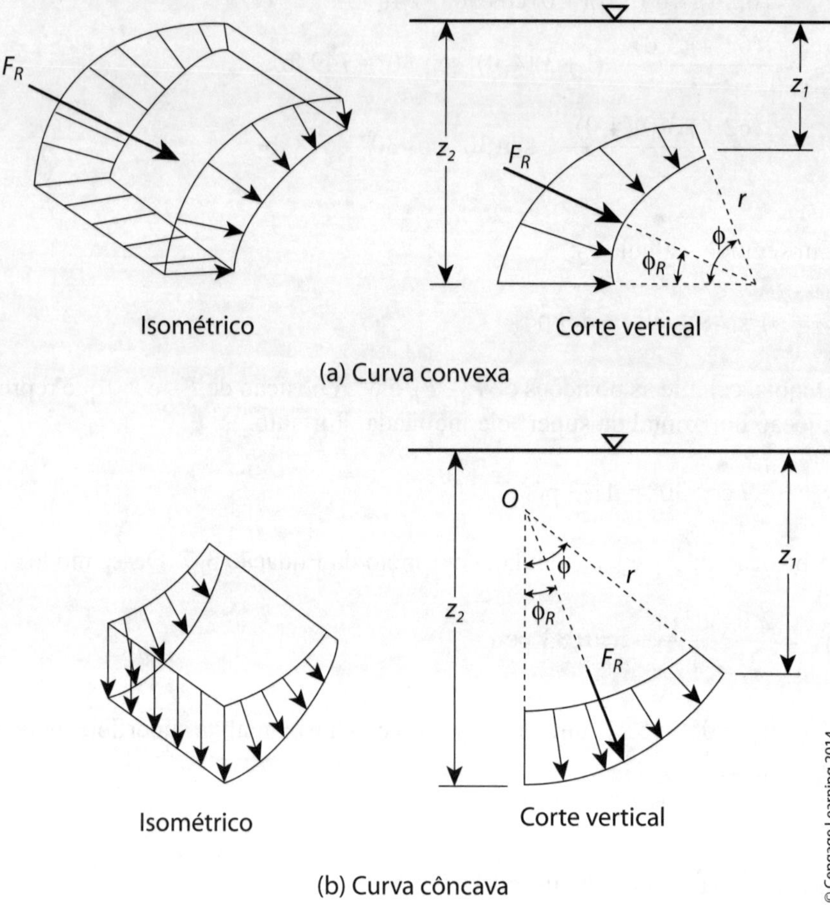

FIGURA 3-10 Distribuição de pressão em uma superfície curva submersa.

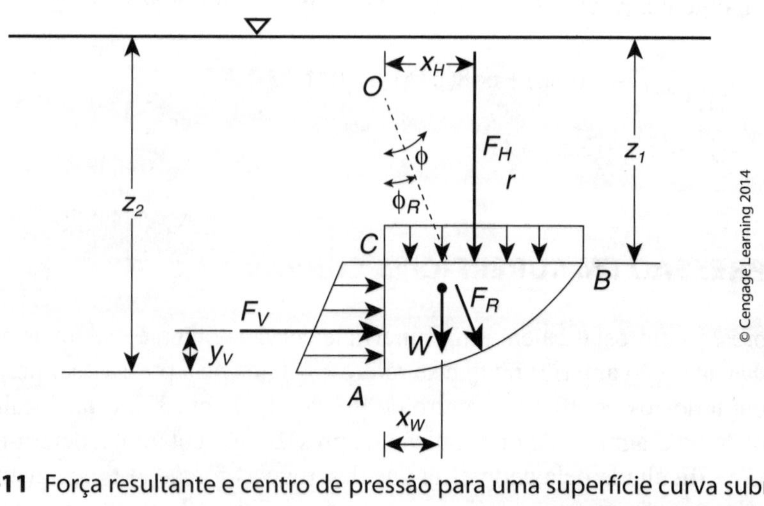

FIGURA 3-11 Força resultante e centro de pressão para uma superfície curva submersa.

Para calcular a força resultante e a posição do centro de pressão, use a Figura 3-11. A superfície curva *AB* mostrada na Figura 3-11 tem um raio constante, *r*, e extensão constante, *w*, projetados para fora do papel. A linha *AO* é vertical. As três forças que agem na superfície, F_H, F_V e *W*, são definidas como no item "superfície inclinada" da Seção 3.2.

A força F_H é a resultante da pressão que age na projeção horizontal *BC* da superfície curva. F_H está posicionada no centro de gravidade da distribuição de pressão, o centro da linha *BC*. A força F_V é a resultante da pressão que age na projeção vertical *AC* da superfície curva. F_V está posicionada no centro de gravidade da distribuição de pressão. A força *W* é o peso da cunha de água que ocupa o volume em *ABC*. *W* está posicionado no centro de gravidade de *ABC*.

A força F_H é a área da distribuição de pressão horizontal multiplicada pela largura, *w*. Portanto,

$$F_H = \gamma z_1 w r \text{ sen } \phi \tag{3-13}$$

A força F_V é a área da distribuição de pressão vertical multiplicada pela largura, *w*, que pode ser calculada por meio da Equação 3-9 ou por uma outra equação que use a geometria da superfície curva. A outra possibilidade além da Equação 3-9 é

$$F_V = \frac{\gamma w}{2}(z_1 + z_2)(r - r\cos\phi) \tag{3-14}$$

O valor de *W* é γV, onde *V* é o volume da cunha de água. Portanto,

$$W = \gamma V = \gamma w\left[\frac{\phi}{360}\pi r^2 - \frac{r^2}{2}\text{ sen }\phi\cos\phi\right] \tag{3-15}$$

onde w = largura da superfície que se projeta para fora do papel.

Para determinar a força resultante F_R, calcule a soma vetorial de F_H, F_V e *W*. A magnitude de F_R é calculada a partir da Equação 3-11.

A posição de F_R é determinada pela soma dos momentos de todas as forças em *A*. Assim, usando as dimensões que aparecem na Figura 3-11, temos

$$\sum M_A = -F_V(y_V) - W(x_W) - F_H(x_H)$$

Mas a soma dos momentos em *A* pode ser expressa também em termos de F_R a partir da Figura 3-10:

$$\sum M_A = -F_R(r \text{ sen } \phi_R)$$

onde ϕ_R é o ângulo feito por F_R com a vertical. Equacionando os momentos, obtemos

$$F_R(r\text{ sen }\phi_R) = F_V(y_V) + W(x_W) + F_H(x_H)$$

ou

$$\phi_R = \text{sen}^{-1}\left\{\frac{1}{rF_R}[F_V(y_V) + W(x_w) + F_H(x_H)]\right\} \tag{3-16}$$

As dimensões y_V e x_H são as posições dos centros de gravidades das respectivas distribuições de força, e x_W é a posição do centro de gravidade da cunha de água *ABC* sobre a superfície.

Exemplo 3-4

Problema

Determine a força hidrostática resultante e a posição do centro de pressão na porção circular, *AB*, do tanque mostrado aqui. O tanque tem uma largura de 8,0 pés, projetando-se para fora do papel.

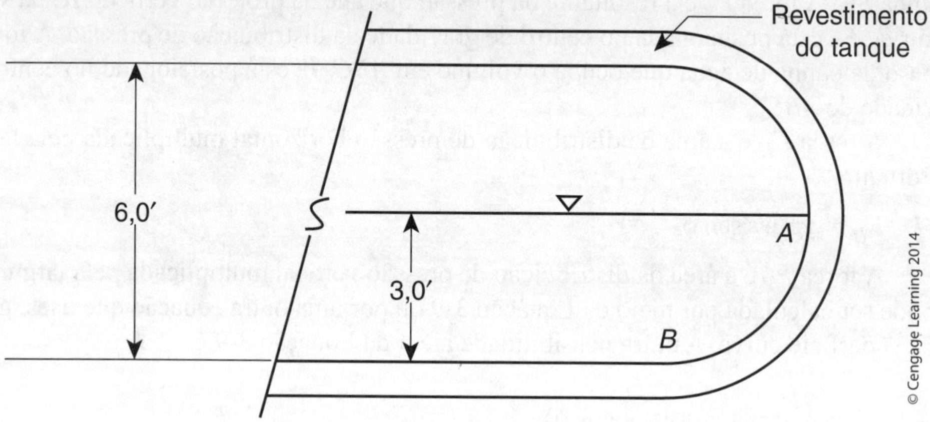

Solução

Pela geometria do problema, a profundidade até o fundo da superfície, z_2, é de 3,0 pés. Além disso, $z_1 = 0$, r = 3,0 pés e $\phi = 90°$. As forças F_H, F_V e W são calculadas por meio das Equações 3-13, 3-14 e 3-15, respectivamente:

$$F_H = 0$$

$$F_V = \frac{(62,4)(8,0)}{2}(3,0)(3,0 - 3,0\cos 90°) = 2.246 \text{ lb}$$

$$W = (62,4)(8,0)\left[\frac{90}{360}\pi\,(3,0)^2 - \frac{(3,0)^2}{2}\ \text{sen } 90°\ \cos 90°\right] = 3.529 \text{ lb}$$

Em seguida, calcule x_H, y_V e x_W, as posições das forças:

$$x_H = 0$$

$$y_V = \frac{1}{3}(3,0) = 1,0 \text{ pé}$$

$$x_W = \frac{4(3,0)}{3\pi} = 1,27 \text{ pé}$$

Observação: neste caso, a distância x_W baseia-se no centro de gravidade de um quarto de círculo, como mostrado a seguir.

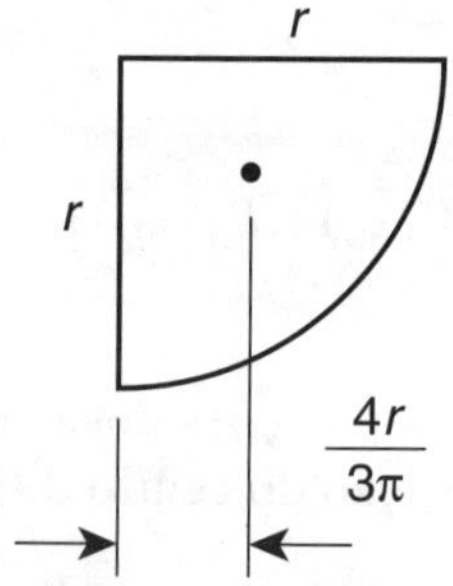

Depois, calcule F_R a partir da Equação 3-11:

$$\begin{aligned} F_R &= \sqrt{F_V{}^2 + (F_H + W)^2} \\ &= \sqrt{2.246^2 = 3.529^2} \\ &= 4.183 \text{ lb} \quad \text{(Resposta)} \end{aligned}$$

Finalmente, compute ϕ_R usando a Equação 3-16:

$$\phi_R = \text{sen}^{-1}\left\{\frac{1}{(3,0)\,(4.183)}\left[(2.246)(1,0) + (3.529)(1,27) + 0\right]\right\}$$

$$= 32,4° \quad \text{(Resposta)}$$

Um outro procedimento para localizar F_R é calcular o ângulo de inclinação ϕ_R por simples análise vetorial. Considerando que o componente x de F_R é F_V e que o componente y é $F_H + W$, o ângulo entre F_R e o eixo vertical é

$$\varphi_R = \tan^{-1}\frac{F_V}{F_H + W}$$

$$\varphi_R = \tan^{-1}\frac{2.246}{3.529}$$

$$\varphi_R = 32,5° \quad \text{(Resposta)}$$

Observação: esse procedimento é aplicável apenas a superfícies curvas porque o ângulo φR determina a posição exata de F_R – o que não vale para superfícies planas.

3.4 MEDINDO A PRESSÃO

Muitos dispositivos para medir pressão hidrostática foram desenvolvidos no decorrer dos anos. Eles vão de dispositivos simples – como o piezômetro e o manômetro – a dispositivos mais complexos – como os manômetros de Bourdon e os sensores piezoelétricos. Alguns são descritos a seguir.

Piezômetro

Um **piezômetro** é um tubo simples conectado a um corpo d'água (normalmente uma tubulação) com a sua outra extremidade aberta para a atmosfera, como se pode ver na Figura 3-12. A água entra no piezômetro e eleva-se até alcançar uma altura proporcional à pressão. (Um piezômetro não mede pressão diretamente em lb/pol²; mas uma quantidade relativa denominada carga de pressão – ou simplesmente carga –, um termo definido no Capítulo 4.)

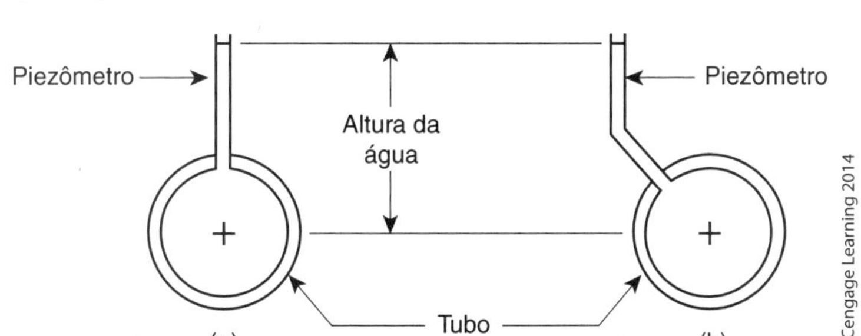

FIGURA 3-12 Piezômetro usado para medir a pressão em um tubo. Em (a) e em (b), se as pressões forem iguais, os níveis de água nos piezômetros serão iguais.

Como mostrado na Figura 3-13, em um sistema hidráulico estático, um piezômetro colocado no ponto B mostra um nível igual ao nível do reservatório no ponto A. Em um sistema dinâmico, um piezômetro colocado no ponto B com água em movimento mostra um nível menor que o nível d'água do reservatório no ponto A. Essa queda da pressão por causa do movimento da água e o uso de piezômetros para medir pressão serão abordados no Capítulo 4.

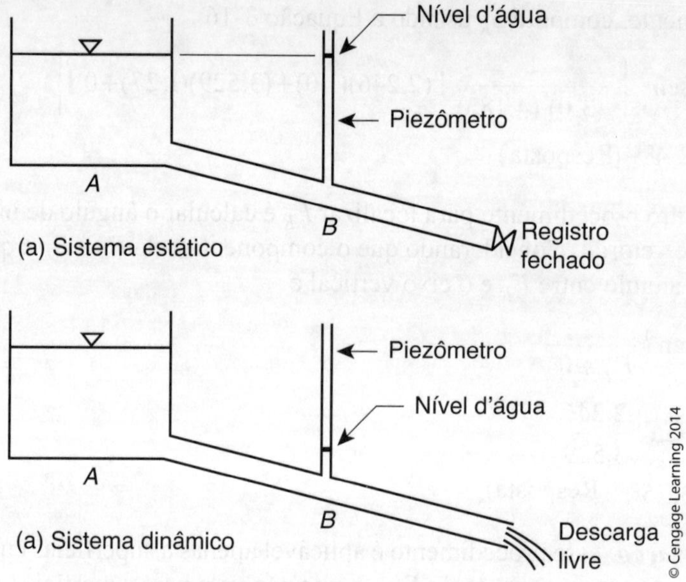

FIGURA 3-13 Piezômetros usados para medir pressão em sistema hidráulico (a) estático e (b) dinâmico.

Para construir corretamente um piezômetro, seu comprimento precisa ser suficiente para acomodar o aumento previsto da água sem transbordar. Além disso, o diâmetro deve ser suficiente para prevenir distorção decorrente da adesão às paredes do piezômetro. Geralmente, um diâmetro de 0,5 polegada (12 mm) é o bastante. Além disso, se o piezômetro tiver que medir água em movimento em um tubo, a interface entre o piezômetro e a parede da tubulação deve ser feita cuidadosamente para evitar quaisquer efeitos no escoamento de água. Isso geralmente significa instalar o piezômetro perpendicularmente ao tubo e fazer a interface se nivelar.

Manômetro

Quando a pressão de água a ser medida é relativamente alta, um piezômetro pode ser inadequado, e um manômetro deve então ser usado. Uma alta pressão traria a necessidade de um longo piezômetro, mas um manômetro soluciona esse problema com o uso de um líquido pesado e imiscível com a água, como o mercúrio.

Como mostrado na Figura 3-14, a pressão da água no cano empurra a água para cima no tubo *AB*, que então força o mercúrio para cima no tubo *CD*. O desequilíbrio de mercúrio entre os pontos *C* e *D* é uma medida da força que causa o desequilíbrio. Portanto, a distância vertical entre *C* e *D* é a leitura do manômetro, que, junto com a distância *y*, é usada para determinar a pressão da água no tubo.

Uma válvula colocada no ponto mais alto da montagem do tubo é usada para liberar o ar preso na água.

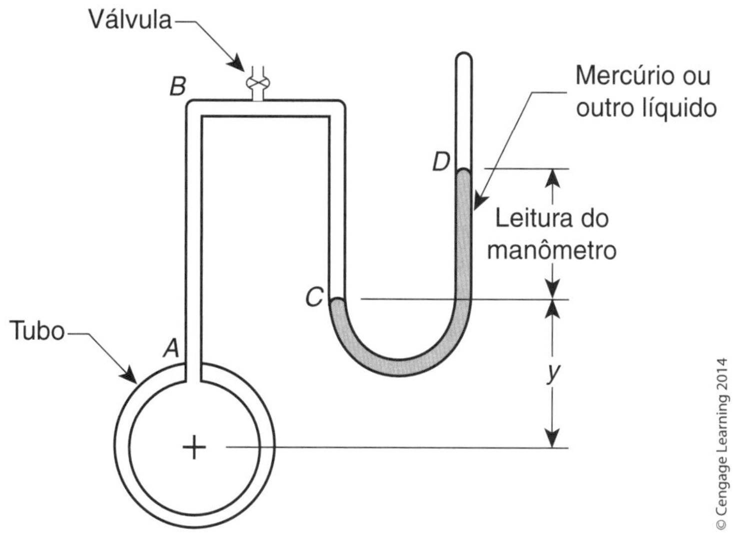

FIGURA 3-14 Manômetro usado para medir pressão de água em um tubo.

Manômetros também podem ser usados para medir pressão negativa (vácuo) em um tubo. Neste caso, o nível de mercúrio em *C* seria mais alto que o nível em *D*. Pressão negativa ocorre usualmente em instalações de bombeamento.

Manômetros Mecânicos

A pressão da água é convenientemente medida diretamente em lb/pol^2 com o uso de manômetros mecânicos, como o manômetro de Bourdon mostrado esquematicamente na Figura 3-15. No manômetro de Bourdon, um tubo fino e curvo, conectado ao ponto de medição, flexiona-se sob a influência da pressão da água e faz um mostrador girar. O mostrador é, então, calibrado em lb/pol^2. Manômetros de Bourdon podem também ser calibrados para medir pressão negativa.

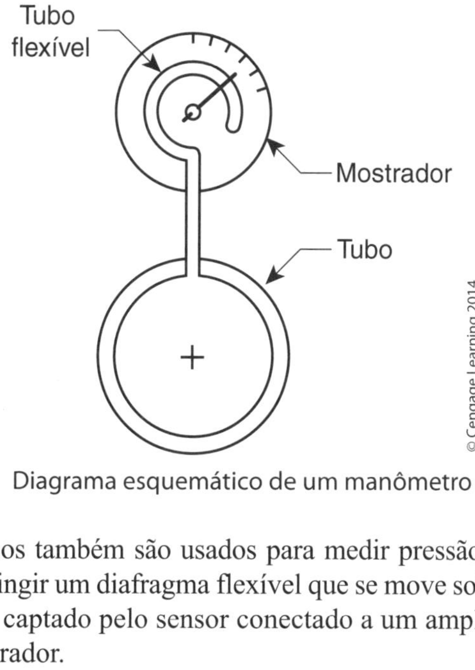

FIGURA 3-15 Diagrama esquemático de um manômetro de Bourdon.

Sensores piezoelétricos também são usados para medir pressão de água. Nesse caso, a água a ser medida pode atingir um diafragma flexível que se move sob a influência da pressão variável. O movimento é captado pelo sensor conectado a um amplificador e a um mostrador digital e/ou um registrador.

3.5 EMPUXO

Empuxo é a força de elevação exercida pela água em um objeto sólido submerso. A experiência comum nos indica que uma rocha pesada parece mais leve quando a seguramos debaixo d'água. Isso se explica pelo empuxo da água.

Para compreender o empuxo, considere o objeto mostrado na Figura 3-16. Essencialmente, três forças verticais agem no objeto: pressão para baixo pela água acima do objeto, pressão para cima pela água abaixo do objeto, e gravidade, ou o peso do objeto. Na superfície superior do objeto (linha *BEC*), o componente vertical da força é igual ao peso do volume de água acima do objeto, volume *ABECD* na Figura 3-16(a). Na superfície inferior (linha *BFC*), o componente vertical de força é igual ao peso do volume de água acima da superfície inferior do objeto, volume *ABFCD* na Figura 3-16(b). Esse é o volume imaginário de água que existiria se apenas a superfície inferior do objeto estivesse presente, e não o objeto verdadeiro. Isso segue a regra explicada na Seção 3.1: a pressão, em qualquer ponto, é determinada pela profundidade do ponto, não importa se uma coluna física de água estiver ou não diretamente acima, e a pressão em qualquer ponto é igual em todas as direções.

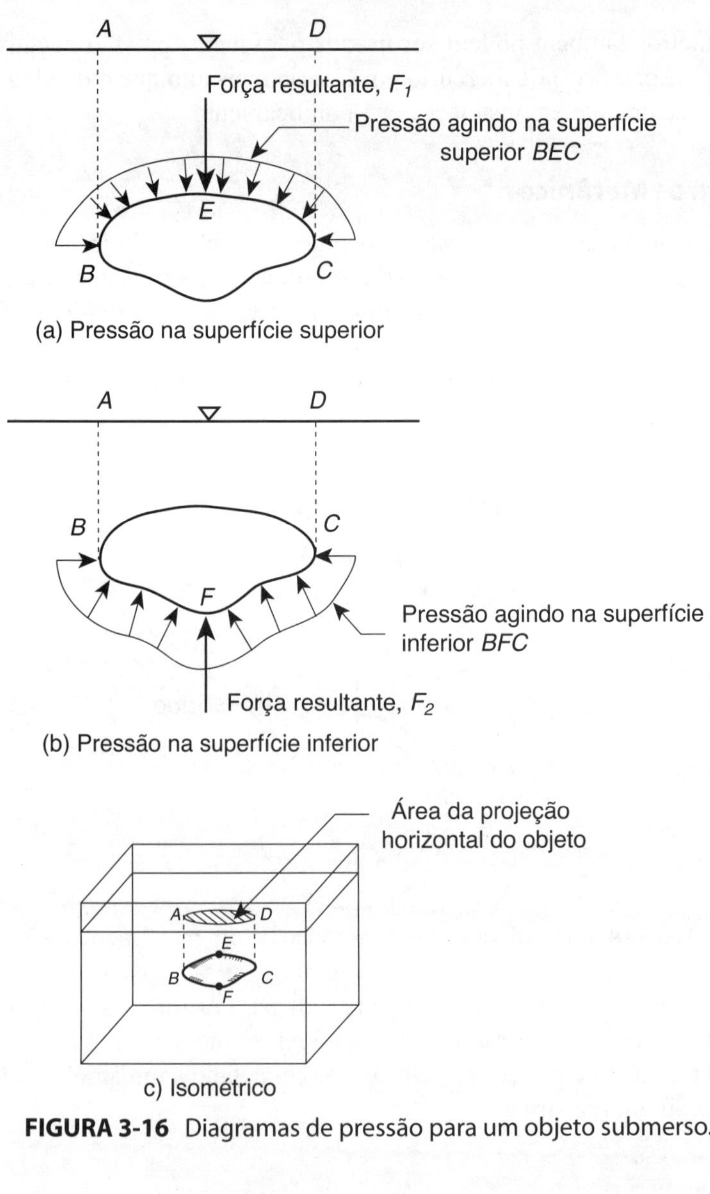

FIGURA 3-16 Diagramas de pressão para um objeto submerso.

Como o volume de água acima da superfície inferior é maior que o volume da superfície superior, a força que empurra o objeto para cima é maior que a força que empurra o objeto para baixo. O empuxo, F_B, é a diferença entre essas duas forças e igual ao peso da água que ocuparia o espaço deslocado pelo objeto. Portanto,

F_1 = peso do volume de água *ABECD*

F_2 = peso do volume de água *ABFCD*

e

$F_B = F_2 - F_1$

= peso do volume de água BECF

Portanto, o empuxo dado é

$$F_B = \gamma \quad V \tag{3-17}$$

onde V é o volume de água deslocado pelo objeto.

Se F_B for maior que o peso do objeto, este sobe até a superfície da água. Se F_B for menor que o peso do objeto, este imerge até o fundo.

Exemplo 3-5

Problema

Uma bola de plástico de 50 libras e diâmetro de 2,0 pés é colocada na água. Qual é a força do empuxo agindo sobre a bola? A bola vai flutuar ou afundar?

Solução

O empuxo é igual ao peso da água deslocado pela bola. Portanto,

$F_B = \gamma \quad V$

onde V é o volume da bola.

$$V = \frac{4}{3}\pi r^3$$

$$= \frac{4}{3}\pi(1)^3$$

$$= 4{,}19 \text{ pés}^3$$

Então,

$F_B = (62{,}4)(4{,}19)$

$= 261$ lb (Resposta)

O empuxo sobre a bola é de 261 libras. Como o peso da bola é menor que o empuxo, a bola vai flutuar. (Resposta)

Se um objeto flutua na superfície da água, é porque F_B é maior do que o peso do objeto. Mas quanto do objeto permanece na superfície? Sabemos que a ponta de um iceberg representa cerca de 10% de seu volume total. Mas, como calcular a porção exata que constitui a ponta do iceberg?

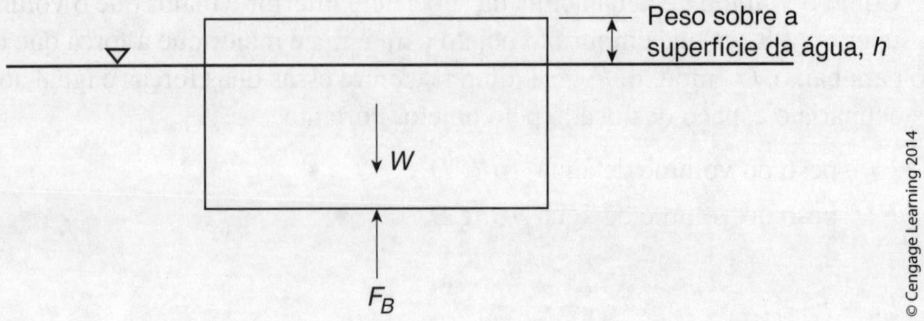

FIGURA 3-17 Diagrama de corpo livre de um objeto parcialmente submerso na água.

Para responder a essa questão, considere o diagrama de corpo livre apresentado na Figura 3-17. À medida que o corpo emerge após ser submerso e a porção projeta-se sobre a superfície, o empuxo torna-se menor. Isso se deve ao fato de o empuxo ser igual ao peso da água deslocada pelo objeto; conforme o objeto se move sobre a superfície, o volume de água deslocado torna-se menor. A redução do empuxo é denominado F_B'. Quando o objeto alcança o equilíbrio, o empuxo reduzido iguala-se ao peso do objeto. Então,

$$F_B' = W \tag{3-18}$$

Com base na Equação 3-18, podemos determinar a porção submersa do objeto. O peso do objeto sobre a superfície da água depende da forma do objeto. A seguir, apresentamos um exemplo de cálculo do peso sobre a água, *h*, de um objeto retangular.

Exemplo 3-6

Problema

Uma caixa de 100 libras, medindo 12″ × 18″ × 18″ é colocada na água. Se a caixa flutuar, qual é o peso da caixa sobre a superfície da água?

Solução

Primeiro, determine se a caixa vai flutuar. O empuxo é calculado com base na Equação 3-17, após o cálculo do volume da caixa.

$$\begin{aligned} V &= (1{,}0)(1{,}5)(1{,}5) - 2{,}25 \text{ pés}^3 \\ F_B &= \gamma\ V \\ &= (62{,}4)(2{,}25) \\ &= 140{,}4 \text{ libras} \end{aligned}$$

Em virtude de o valor de F_B ser maior que o peso da caixa, esta vai flutuar.

Agora determine o peso da caixa sobre a água. O volume da caixa embaixo da superfície da água desloca o peso da água igual ao peso da caixa. Vamos denominar esse volume de V'.

$$\begin{aligned} V' &= \frac{W}{\gamma} \\ &= \frac{100}{62{,}4} \\ &= 1{,}60 \text{ pés}^3 \end{aligned}$$

Considerando que o volume submerso seja 1,60 pés³, a espessura submersa é calculada com base nas dimensões da caixa.

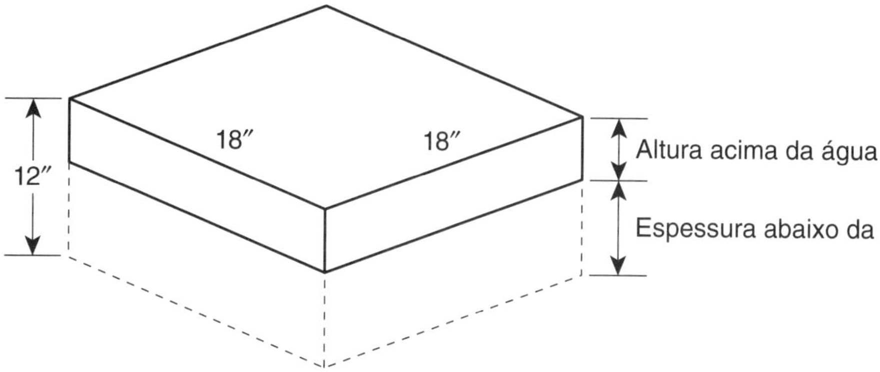

Volume = (1.5)(1,5)(espessura) = 1,60 pés³

espessura = 0,71 pé

A altura acima da água é 1,0 – 0,71 = 0,29 pé (resposta)

No Exemplo 3-6, vimos como calcular a altura acima da água no caso de um objeto simples. Se o objeto tiver uma forma mais complexa, como um cilindro ou uma pirâmide, os cálculos matemáticos tornam-se mais complicados. O exemplo a seguir mostra isso.

Exemplo 3-7

Problema

Um cilindro de 2 toneladas, medindo 4,0′ de diâmetro por 8,0′ de comprimento, é colocado na água. Se o cilindro flutuar, qual é o seu peso sobre a superfície da água?

Solução

Primeiro, determine se o cilindro vai flutuar. O empuxo é calculado com base na Equação 3-17, após o cálculo do volume do cilindro.

$$\begin{aligned} V &= \pi(2{,}0)^2(8{,}0) = 100{,}53 \text{ pés}^3 \\ F_B &= \gamma V \\ &= (62{,}4)(100{,}53) \\ &= 6{,}273 \text{ libras } (3{,}14 \text{ t}) \end{aligned}$$

Em virtude de o volume de F_B ser maior que o peso do cilindro, este vai flutuar.

Agora determine a altura do cilindro acima da água. Considere que o cilindro está flutuando de lado. O volume do cilindro abaixo da superfície da água desloca um peso de água igual ao peso do cilindro. Vamos denominar esse volume de V'.

$$\begin{aligned} V' &= \frac{W}{\gamma} \\ &= \frac{100}{62{,}4} \\ &= 64{,}10 \text{ pés}^3 \end{aligned}$$

Considerando que o volume submerso seja 64,10 pés³, o volume acima da água (V'') será

$$V'' = 100{,}53 - 64{,}10 = 36{,}43 \text{ pés}^3$$

A altura acima da água, h, está representada no esboço que segue.

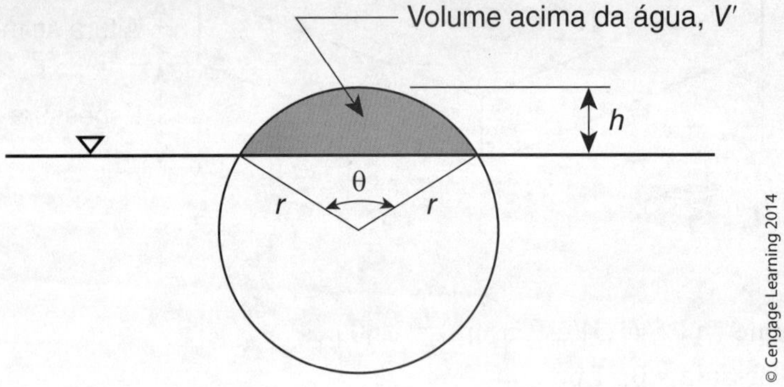

Para encontrar h, usamos a fórmula para o "segmento" do círculo. A área sombreada refere-se ao segmento do círculo que compreende uma seção transversal do cilindro. Vamos chamar essa área de a''.

$$a'' = \frac{r^2}{2}\left[\frac{\theta\pi}{180} - \text{sen}\,\theta\right]$$

onde θ é medido em graus. Um exame mais detalhado do triângulo revela o seguinte:

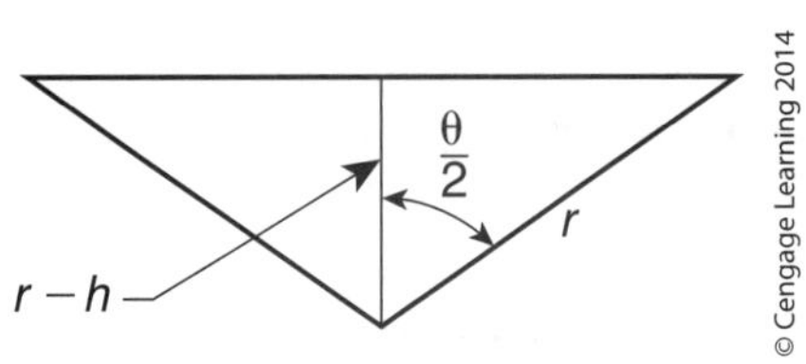

Usando o triângulo da direita, temos:

$$\cos\frac{\theta}{2} = \frac{r - h}{r}$$

esta é a equação que será usada para calcular h. Mas primeiro devemos encontrar o ângulo por meio da equação para o segmento. A área a'' pode ser calculada a partir do volume V''.

$$V'' = a''\, l$$
$$36{,}43 = a''\,(8{,}0)$$
$$a'' = 4{,}55 \text{ pés}^2$$

Desde que $r = 2{,}0$ pés, temos o seguinte segmento da equação

$$4{,}55 = \frac{(2{,}0)^2}{2}\left[\frac{\theta\pi}{180} - \text{sen}\,\theta\right]$$

que reduz para

2,275 = 0,0175 – sen θ

A solução para essa equação é θ = 154,5°.

Então, h é calculado como segue:

$$\cos\frac{\theta}{2} = \frac{r - h}{r}$$

$$\cos\frac{154{,}5}{2} = \frac{2{,}0 - h}{2{,}0}$$

h = 1,56 pés (Resposta)

EXERCÍCIOS PROPOSTOS

1. Qual é a pressão no fundo de um reservatório de profundidade de 350 pés?
2. Uma piscina tem profundidades de 4,0 pés e 12,0 pés nas extremidades rasa e funda, respectivamente. Encontre a pressão em lb/pés² em cada extremidade.
3. Um reservatório de água está conectado a um tubo de 12 polegadas de diâmetro e 50 pés de comprimento, tampado na extremidade. A cota da superfície da água do reservatório é de 82,5 pés, e a extremidade tampada do tubo está à cota de 38,0 pés. Encontre a pressão, em psf, na extremidade tampada do tubo.
4. Um recipiente cilíndrico de água mede 1,75 pé de diâmetro. A profundidade da água é de 8,50 pés. Encontre a pressão sobre o fundo.
5. Na piscina mostrada a seguir, determine a força hidrostática resultante e localize o centro de pressão na superfície AB. Largura = 10,0 pés.

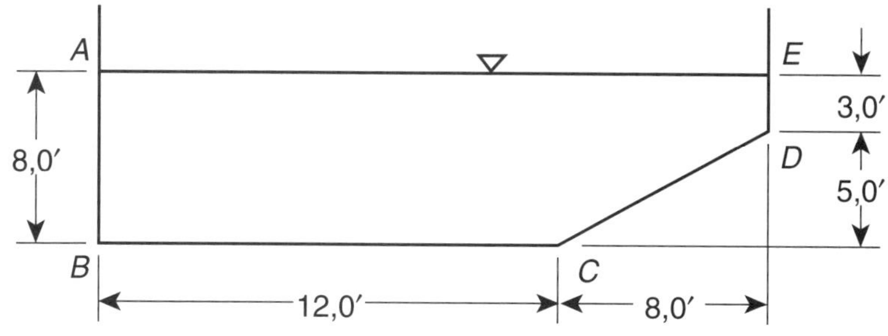

6. Na piscina exibida no Problema 5, determine a força hidrostática resultante e localize o centro de pressão na superfície BC.
7. Na piscina mostrada no Problema 5, determine a força hidrostática resultante e localize o centro de pressão na superfície CD.
8. Determine a força hidrostática resultante e localize o centro de pressão na superfície inclinada da represa mostrada a seguir.

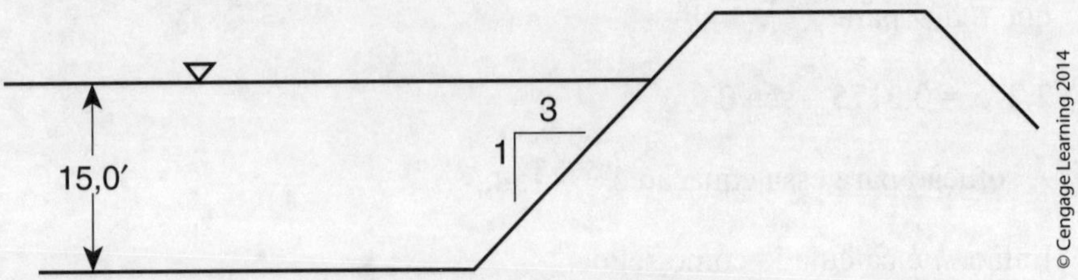

9. Para a comporta mostrada a seguir, de 2,5 pés por 4,0 pés, calcule a força hidrostática resultante e localize o centro de pressão.

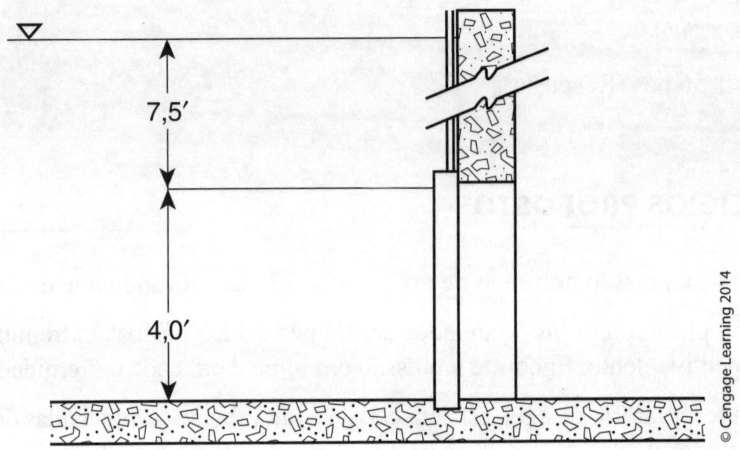

10. Veja a seguir uma parte de um tanque de água com 16 pés de largura. Calcule a força hidrostática resultante e localize o centro de pressão para a superfície *AB*.

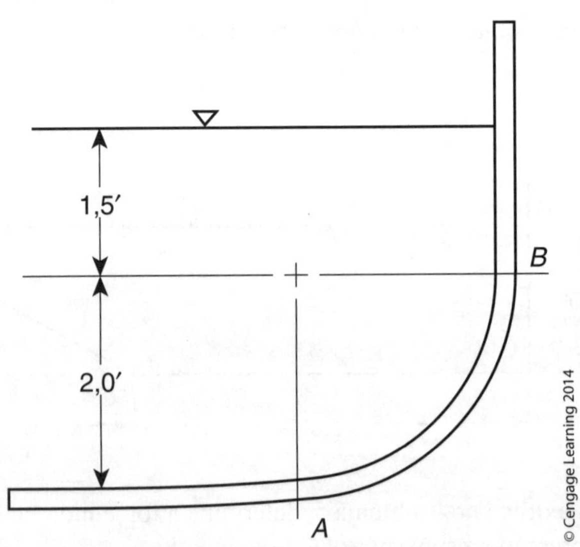

11. Esta figura mostra um vertedouro desenhado em escala. O tamanho da crista (projetando-se para fora do papel) é de 14,0 pés. Usando técnicas gráficas, determine, na estrutura, a força hidrostática resultante aproximada e a posição do centro de pressão.

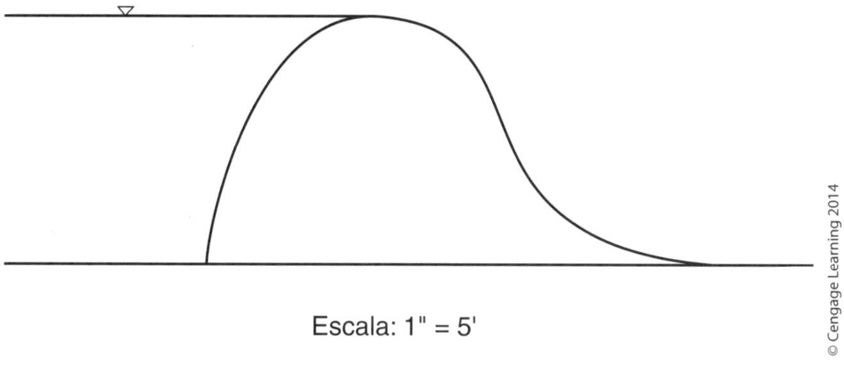

12. Calcule a força hidrostática resultante e a posição do centro de pressão na comporta circular mostrada a seguir.

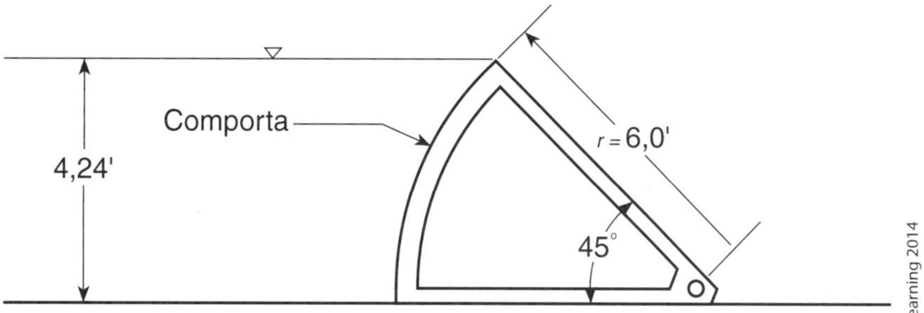

13. Uma lata de refrigerante, de 0,75 libra e dimensões de 2,5 polegadas por 5 polegadas, é colocada na água.

    (a) Qual é o empuxo que age na lata?

    (b) A lata vai flutuar ou afundar?

14. Uma escala de engenheiro, feita de plástico e pesando 0,25 libra, cai em um reservatório. A escala tem uma seção triangular com 1,0 polegada em cada lado e comprimento de 12,75 polegadas. A escala vai flutuar ou afundar?

15. Uma câmara de concreto, com dimensões de 8,0 8,0 e 6,0 pés, é colocada na água. Se a câmara pesa 10 tonelada, ela vai flutuar ou afundar?

16. Um pedaço de madeira de 2 × 4 e 2 pés de comprimento é colocada na água. A peça pesa 4 libras. Se a madeira flutuar, qual volume da peça estará submerso?

17. Uma câmara de concreto tem as seguintes dimensões: 4,0 × 4,0 × 4,0 pés. A câmara pesa 1,50 tonelada. Se ela flutuar, qual volume da peça estará submerso?

18. Uma peça cilíndrica de cortiça com 0,20 onças (5,67 g) é colocada na água. A cortiça mede 0,75 polegada de diâmetro por 1,75 polegada de comprimento. Se a peça flutuar, qual volume da peça estará submerso?

19. Tanque cilíndrico pesando 100 libras é colocado na água. O tanque apresenta diâmetro de 2,0 e 3,0 pés de comprimento. Se o tanque flutuar, qual volume da peça estará submerso?

20. Uma bola de diâmetro de 1,0 pé, pesando 25 libras, é colocada na água. Se a bola flutuar, qual volume da bola estará submerso?

BIBLIOGRAFIA COMPLEMENTAR

BRATER, E. F.; KING, H. *Handbook of hydraulics*. 7. ed. Nova York: McGraw-Hill, 1996.

FRANZINI, J. B.; FINNEMORE, E. J. *Fluid mechanics with engineering applications*. 9. ed. Nova York: McGraw-Hill, 1997.

HITA, C. E.; HWANG, N. H. C. *Hydraulic engineering systems*. 2. ed. Englewood Cliffs: Prentice Hall, 1987.

MERRITT, F. S. *Standard handbook for civil engineers*. 5. ed. Nova York: McGraw-Hill, 2004.

NEWTH, S. *The elements of mechanics:* including hydrostatics – with numerous examples. University of Michigan Library, 2009 (reimpressão).

PRASUHN, A. L. *Fundamentals of hydraulic engineering*. Nova York: Holt, Rinehart and Winston, 1987.

SIMON, A. L.; KOROM, S. F. *Hydraulics*. 4. ed. Englewood Cliffs: Prentice Hall, 1997.

WEBSTER, T. *The principles of hydrostatics*. University of Michigan Library, 2009 (reimpressão).

CAPÍTULO

4

Fundamentos de Hidrodinâmica

O termo *hidrodinâmica* refere-se ao estudo da água em movimento. O termo *hidrocinética* também é usado neste tópico. São fundamentais ao estudo os conceitos de **conservação de massa** e **conservação de energia.**

Neste capítulo, você aprenderá a descrever matematicamente o escoamento da água de uma cota mais alta até uma mais baixa, usando os conceitos mencionados. Nisso estará incluída uma análise da equação de Bernoulli. Você aprenderá também métodos de mensuração do escoamento de água.

OBJETIVOS

Ao concluir este capítulo, o leitor deverá ser capaz de:

- Reconhecer os tipos de fluxo de água que ocorrem em diferentes circunstâncias.
- Desenhar o gradiente de energia e o gradiente hidráulico para um sistema hidráulico simples.
- Calcular a descarga e a velocidade da água que escoa em um sistema hidráulico simples.
- Medir a descarga e a velocidade da água que escoa em um sistema hidráulico simples.

4.1 DESLOCAMENTO DA ÁGUA

A água pode movimentar-se em todas as direções (por exemplo, quando um copo de água é derramado no chão), ou ela pode ser canalizada em uma direção determinada, como o escoamento em um tubo. Quando a água flui em um tubo, todas as partículas tendem a seguir juntas o escoamento. No entanto, enquanto as partículas se movem à frente em direção uniforme, algumas se movem lateralmente e outras em velocidades diferentes. Essas variações serão discutidas na Seção 4.2. Apesar das variações, todas as partículas de água fluindo em um tubo seguem o curso geralmente na mesma direção e na mesma velocidade.

Dois parâmetros fundamentais são usados para descrever o deslocamento da água confinada em uma tubulação: velocidade, *v*, e descarga (ou vazão), *Q*. Velocidade descreve a taxa de mudança de posição das partículas de água, como definido na mecânica fundamental. Contudo, como todas as partículas escoando em um tubo se movem a velocidades ligeiramente diferentes, a velocidade do fluxo é a velocidade média de todas as partículas. A Figura 4-1 mostra uma típica distribuição de velocidade de água escoando em um tubo.

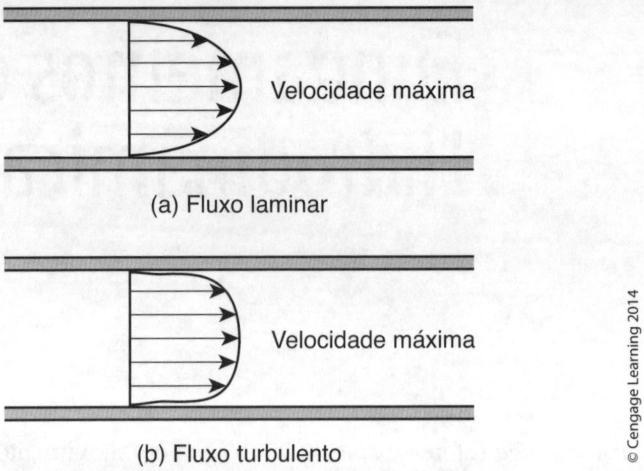

FIGURA 4-1 Distribuição de velocidade da água fluindo em um tubo.

A velocidade do escoamento, então, é definida como a velocidade média de todas as partículas de água cruzando um plano imaginário perpendicular à direção do deslocamento em uma posição específica ao longo do tubo. A Figura 4-2 ilustra esse conceito. O parâmetro *v* é expresso como pés por segundo (fps – *feet per second*) ou metros por segundo (m/s).

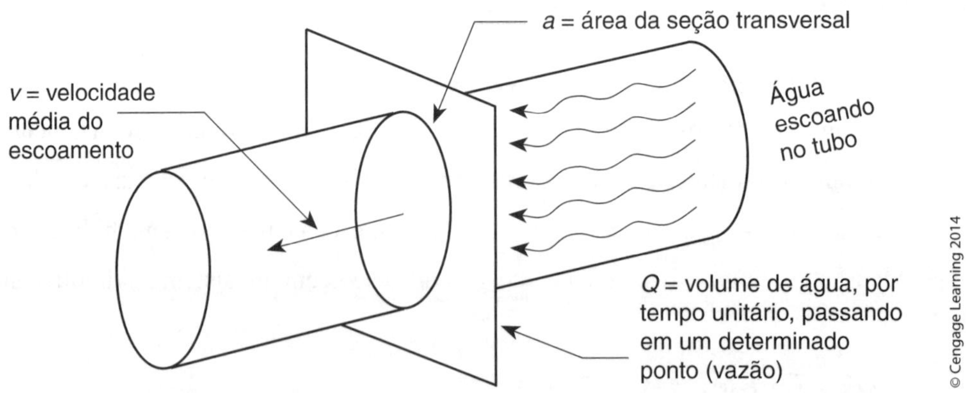

FIGURA 4-2 Definições de *Q*, *v* e *a* – parâmetros usados para descrever o deslocamento da água.

A descarga, ou mais usualmente vazão, *Q*, descreve a quantidade de água que passa em um plano imaginário por tempo unitário, em uma posição específica ao longo do tubo. O parâmetro *Q* é medido como volume por tempo unitário – normalmente, pés cúbicos por segundo (cfs – *cubic feet per second*) ou metros cúbicos por segundo (m^3/s).

O melhor conceito de fluxo relaciona-se ao transporte de uma determinada grandeza por unidade de tempo. O fluxo de água em um tubo pode ser comparado ao tráfego em uma rodovia. Se você se sentar no acostamento da pista com um cronômetro e contar o número de carros que passam durante um determinado tempo, terá a *descarga de automóveis*, ou o valor Q do tráfego. Se puder medir as velocidades de todos os carros que passarem por você em um determinado instante e então calcular a média, saberá a velocidade, ou valor v, do tráfego naquele local da pista.

4.2 TIPOS DE ESCOAMENTO

O escoamento da água em um tubo pode ser classificado de várias maneiras para ajudar na análise dos problemas hidráulicos. As categorias mais básicas são expressas como pares de opostos, como a seguir:

- Escoamento laminar *versus* escoamento turbulento.
- Escoamento permanente *versus* escoamento não permanente (ou transiente).
- Escoamento uniforme *versus* escoamento variado.

Um outro tipo de escoamento, subcrítico *versus* supercrítico, aplicável a canais abertos, será discutido no Capítulo 6.

O **escoamento laminar** descreve um fluxo regular de água com velocidade relativamente baixa. Ao fluir em um tubo, a água desloca-se em camadas paralelas, sem que as linhas de corrente se cruzem. Conforme a velocidade aumenta, o fluxo torna-se mais instável, com as linhas de corrente cruzando-se ao longo da seção transversal do tubo. Esse tipo de fluxo é chamado **escoamento turbulento**. Os escoamentos laminar e turbulento estão ilustrados na Figura 4-3.

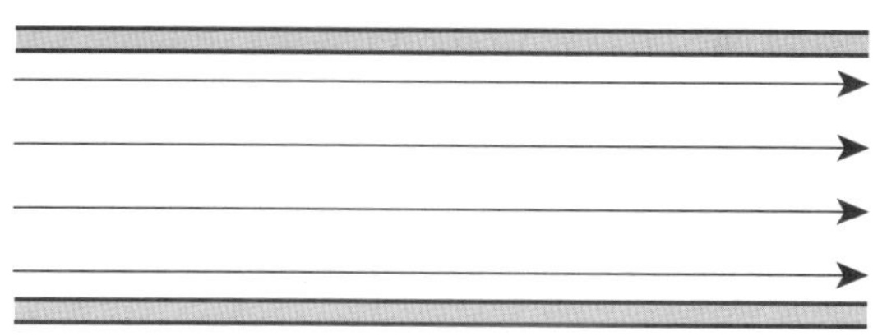

(a) Escoamento laminar

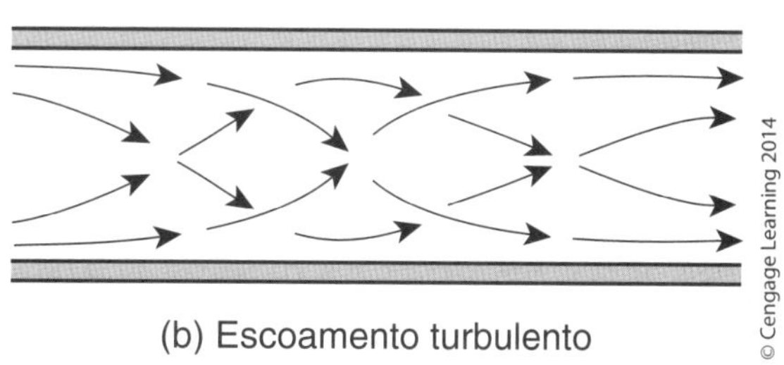

(b) Escoamento turbulento

FIGURA 4-3 Escoamento laminar e escoamento turbulento em um tubo.

O cruzamento das linhas de corrente associado ao escoamento turbulento resulta em uma distribuição de velocidade mais uniforme através da seção transversal do tubo. Assim, a velocidade máxima é aproximadamente 25% maior que a velocidade média, considerando que, para o fluxo laminar, a velocidade máxima é o dobro da velocidade média. Isso está ilustrado graficamente na Figura 4-1.

Outra diferença entre esses tipos de escoamento envolve a perda de energia (comumente denominada de perda de carga). Conforme a água se desloca ao longo de um tubo, energia é perdida por causa das interações entre a água e as paredes do tubo e entre as próprias partículas da água. No escoamento turbulento, a perda de energia é muito maior que a perda no escoamento laminar.

Um método matemático para distinguir escoamento laminar e turbulento foi desenvolvido pelo pesquisador Osborn Reynolds em 1883. O chamado número Reynolds, R_e, um parâmetro adimensional, é definido para tubos circulares como

$$R_e = \frac{Dv}{\upsilon} \tag{4-1}$$

onde D = diâmetro interno do tubo, pés (m)
v = velocidade média, pés/s (m/s)
υ = viscosidade da água, 1×10^{-5} pés²/s ($9{,}29 \times 10^{-7}$ m²/s)

Valores baixos de R_e (até 2.000) descrevem o escoamento suave ou laminar, e valores altos de R_e (acima de 10.000) indicam escoamento turbulento. A maioria dos escoamentos encontrados na engenharia hidráulica ocorre em regime turbulento.

O **escoamento permanente** ocorre quando a descarga (ou vazão) não muda ao longo do tempo. O **escoamento transiente** resulta de uma mudança relativamente rápida na descarga, como a abertura de uma comporta ou o fechamento de um registro. Outro exemplo de escoamento transiente é o esvaziamento de um reservatório, quando a descarga é uma função da profundidade remanescente.

Mesmo em escoamento permanente há algumas oscilações a ele associadas. No entanto, para fins práticos, o escoamento permanente é aquele em que as oscilações são mínimas e tendem a uma variação desprezível ao longo do tempo. Além disso, o escoamento que varia lentamente, como o encontrado em rios, geralmente pode ser analisado como escoamento permanente. Problemas hidráulicos de interesse neste livro são limitados ao escoamento permanente.

Antes de terminar o tópico sobre escoamento transiente, considere um exemplo desse tipo de escoamento, chamado **golpe de aríete**. O fenômeno do golpe de aríete consiste em extremas variações na pressão da água em um tubo causadas por uma interrupção abrupta do escoamento. Por exemplo, se um registro é rapidamente fechado, a pressão contra a válvula aumenta repentinamente por causa da colisão da água em movimento com a válvula fechada, enviando variações de pressão pelo tubo em consequência da conservação do *momentum*. Neste caso, o golpe de aríete pode ser reconhecido pelo som alto de golpes no tubo.

O **escoamento uniforme** ocorre quando a área de seção transversal do tubo permanece constante. Esse tipo de escoamento é facilmente ilustrado pelo escoamento em tubos ou em canais de seção transversal uniforme. No entanto, exemplos de escoamento não uniforme abundam, incluindo uma mudança no tamanho do tubo ou no fluxo de um reservatório até um canal.

4.3 ENERGIA

Na solução de problemas hidráulicos, conceitos de energia são usados extensivamente. Na Seção 4.4, de fato, a aplicação da lei da conservação de energia será apresentada em alguns detalhes. No entanto, quando pensamos em energia da água, um único problema é encontrado: a natureza fluida da água não permite que uma determinada quantidade permaneça convenientemente no lugar quando ela se desloca.

Você pode analisar facilmente a energia de um bloco de madeira conforme ele desliza para baixo em um plano inclinado, porque a massa do bloco permanece intacta durante o deslizamento. Mas a água em movimento muda de massa continuamente em todo o seu volume enquanto flui. Portanto, o conceito de **carga** ou **carga de energia** é usado para descrever a energia da água quando resolvemos problemas hidráulicos. O termo *carga* refere-se à energia da água por peso unitário da água e usa unidades de comprimento, como pés (metros). Isso pode ser facilmente mostrado observando-se que a energia pode ser expressa como pés--libras (N-m). Portanto,

$$\text{Carga} = \frac{\text{Energia}}{\text{Peso}} = \frac{\text{pé} - \text{lb}}{\text{lb}} = \text{pé}$$

O conceito de carga é usado para descrever energia mecânica, ou seja, potencial e cinética, da mesma forma que perda de energia, como atrito e turbulência. Assim, energia potencial é descrita como carga de energia potencial e tem unidades de comprimento (não como unidades de energia); energia cinética é descrita como carga de energia cinética, chamada carga de velocidade, e também tem unidades de comprimento.

É importante lembrar-se de que, apesar do uso de carga para descrever energia, carga não é energia, verdadeiramente, mas energia por peso unitário. Se você mantiver em mente essa distinção, verá que o conceito de carga é muito útil.

A seguir, veja descrições das formas mais comuns de carga de energia:

- **Carga de posição:** descreve a energia potencial por peso unitário de uma massa de água por causa da elevação da água acima de algum plano de referência.
- **Carga de pressão:** descreve a energia potencial por peso unitário de uma massa de água decorrente da pressão exercida de cima.
- **Carga de velocidade:** descreve a energia cinética por peso unitário de uma massa de água decorrente da energia cinética resultante de seu deslocamento.
- **Perda de carga:** descreve a perda de energia por peso unitário de uma massa de água decorrente do atrito e da turbulência.

4.4 LEIS DE CONSERVAÇÃO

Como qualquer outro objeto, a água que escoa de uma cota mais alta para uma baixa está de acordo com as leis da física. Algumas dessas leis são expressas como leis de conservação, como conservação de energia, quantidade de movimento (*momentum*) e massa.

Vamos considerar a conservação de energia e a de massa em nosso estudo sobre hidrodinâmica. A conservação da quantidade de movimento é usada para descrever fenômenos hidráulicos que estão além do objetivo deste livro, por isso não será discutida.

Conservação de Massa

Quando a água escoa em um conduto, a massa não é criada nem destruída. Isso significa que, para um fluido incompressível, como a água escoando em um córrego ou em um tubo, a quantidade de massa passando em uma seção transversal 1 por tempo unitário é igual à quantidade de massa passando em uma seção transversal 2, ou

$$a_1 v_1 = a_2 v_2 \tag{4-2}$$

onde a_1 = área de seção transversal 1, pés² (m²)
v_1 = velocidade média no ponto 1, pés/s (m/s)
a_2 = área de seção transversal 2, pés² (m²)
v_2 = velocidade média no ponto 2, pés/s (m/s).

A Equação 4-2 é denominada equação da continuidade e se aplica à água escoando em qualquer tipo de conduto (tubo, canal, curso d'água), desde que nenhum volume entre ou saia do conduto entre as seções 1 e 2. A equação da continuidade também é expressa como

$$Q = va \tag{4-3}$$

onde Q = vazão (fluxo de volume) de escoamento em pés cúbicos por segundo, cfs (m^3/s),

v = velocidade média através de uma determinada seção transversal do escoamento, pés/s (m/s),

a = área da seção transversal do ponto, pés² (m^2).

A Figura 4-2 ilustra esses parâmetros.

Conservação de Energia

A conservação de energia é muito importante para descrever o comportamento da água quando em escoamento permanente. Desprezando o atrito, a energia potencial no ponto mais alto dá lugar à energia cinética no ponto mais baixo, resultando na seguinte equação, que é familiar na física:

$$U_1 + K_1 = U_2 + K_2 \tag{4-4}$$

onde U_1 e K_1 representam as energias potencial e cinética, respectivamente, no ponto 1, e U_2 e K_2 representam, respectivamente, as energias potencial e cinética no ponto 2. No entanto, o que faz a água diferente em relação aos objetos familiares estudados na física é sua mencionada incapacidade em manter uma forma constante. Portanto, a equação de energia deve assumir uma nova forma para considerar a natureza fluida da água.

Para alterar a forma da Equação 4.4, a energia está representada como carga de energia. Então, a Equação 4-4 torna-se

$$\frac{U_1}{mg} + \frac{K_1}{mg} = \frac{U_2}{mg} + \frac{K_2}{mg} \tag{4-5}$$

onde mg representa o peso de um volume elementar de água, como mostrado na Figura 4-4, conforme ela se move por um sistema hidráulico. As Equações 4-4 e 4-5 são consistentes com as unidades inglesas e do SI.

Os pontos 1 e 2 são pontos ao longo do perfil do sistema hidráulico mostrado na Figura 4-4. Matematicamente, o sistema é considerado unidimensional – ou seja, a energia é considerada em qualquer estação ao longo do perfil, como se o sistema fluísse em uma linha reta.

No ponto 1, o volume elementar de água está a uma profundidade z_1 abaixo da superfície e a uma certa altura y_1 acima do plano de referência considerado. A carga de energia potencial U_1/mg é definida como

$$\frac{U_1}{mg} = \frac{mgy_1}{mg} + \frac{mgz_1}{mg} = y_1 + z_1 \tag{4-6}$$

onde o segundo termo, mgz_1/mg, deve-se à pressão exercida no volume elementar pela coluna de água acima dele. Esse termo pode ser explicado como o trabalho, em pés-libras (N-m), necessário para erguer a coluna de água a uma distância z_1 para cada libra (newton) de uma gota d'água elementar. A Equação 4-6 pode ser expressa em qualquer uma dessas formas:

$$\frac{U_1}{mg} = y_1 + z_1 = h_1 \tag{4-6a}$$

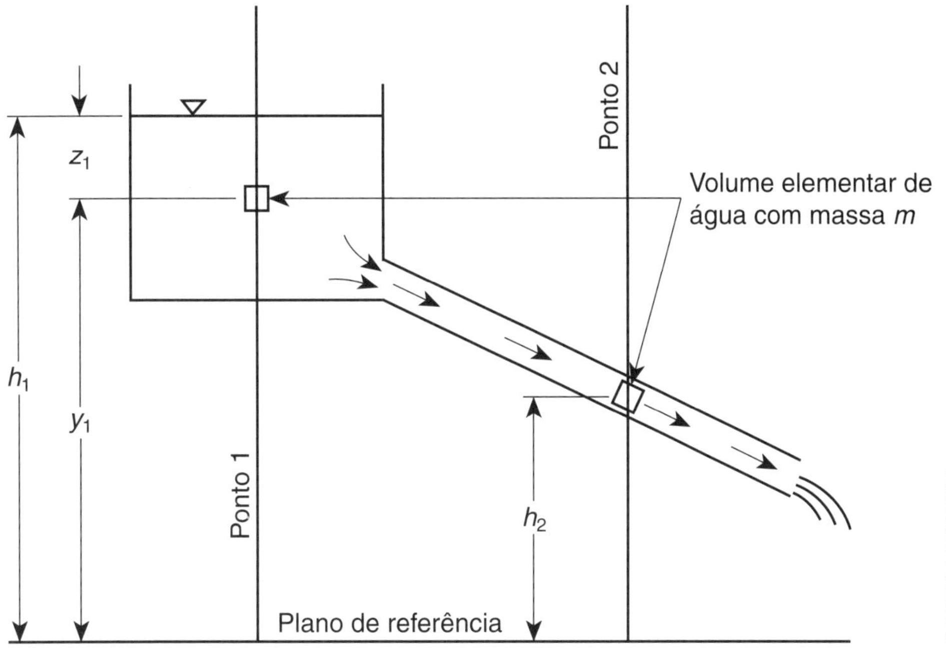

FIGURA 4-4 Perfil do escoamento de um reservatório através de um tubo.

$$\frac{U_1}{mg} = y_1 + z_1 = y_1 + \frac{p_1}{\gamma} \tag{4-6b}$$

A Equação 4-46a resulta da Figura 4-4, na qual se pode ver que $h_1 = y_1 + z_1$. A Equação 4-6b resulta da Equação 3-2. A carga de energia potencial para um reservatório com uma superfície livre costuma ser expressa como a Equação 4-6a.

A carga de energia cinética (carga de velocidade) no ponto 1 é

$$\frac{K_1}{mg} = \frac{\frac{1}{2}mv_1^2}{mg} = \frac{v_1^2}{2g}$$

onde v_1 é a velocidade de uma gota d'água elementar.

No ponto 2, a água fica em um tubo e não tem superfície livre. Portanto, para facilitar os cálculos, consideramos que o elemento de água está no centro do tubo. A carga de energia potencial no ponto 2 é expressa na forma da Equação 4-6b,

$$\frac{U_2}{mg} = h_2 + \frac{p_2}{\gamma}$$

onde h_2 é a altura em relação ao eixo do tubo acima do plano de referência, e p_2 é a pressão exercida pelo reservatório acima do ponto. O termo da carga de pressão, p_2/γ, pode ser visto como a energia potencial contida em cada libra (newton) de água na forma de pressão – ou seja, a pressão no ponto 2 tem a capacidade de fazer p_2/γ pés-libras (N-m) de trabalho em cada libra (newton) de água.

A carga de energia cinética (carga de velocidade ou carga cinética) no ponto 2 é

$$\frac{K_2}{mg} = \frac{\frac{1}{2}mv_2^2}{mg} = \frac{v_2^2}{2g}$$

onde v_2 é a velocidade do elemento de água no ponto 2.

Agora, a Equação 4-5 pode ser reescrita como

$$h_1 + \frac{v_1^2}{2g} = h_2 + \frac{p_2}{\gamma} + \frac{v_2^2}{2g} \tag{4-7}$$

onde h_1 representa a distância vertical do plano de referência arbitrário até a superfície livre, e $p_1 = 0$. A Equação 4-7 é consistente com os sistemas inglês e SI.

A Equação 4-7 é a "equação de energia" para uma condição ideal na qual o ponto 1 está em um reservatório com uma superfície livre e não há atrito ou outras perdas de energia no tubo.

Exemplo 4-1

Problema

Determine a velocidade da água no final do tubo mostrado na Figura 4-4, desprezando o atrito, se a cota do eixo da tubulação for de 525 pés, e a da superfície do reservatório, 550 pés (NGVD).

Solução

O escoamento no reservatório (na realidade, a variação decrescente do nível d'água) tem uma velocidade tão baixa que pode ser considerada nula. Portanto, $v_1 = 0$ pé/s. Além disso, considerando que o fluxo descarrega na superfície livre, o termo de pressão também se torna nulo. Substituindo na Equação 4-7, obtemos

$$550 + 0 = 525 + \frac{v_2^2}{(2)(32{,}2)}$$

$$\begin{aligned} v_2^2 &= (550 - 525)(2)(32{,}2) \\ &= 1.610 \\ v_2 &= \sqrt{1.610} \\ &= 40{,}1 \text{ pés/s (Resposta)} \end{aligned}$$

Nesse exemplo, é interessante observar que a velocidade no ponto 2 não depende da área superficial do reservatório, apenas de sua altura. Da mesma forma, a velocidade não depende da declividade ou do diâmetro da tubulação. A diferença de cota é o único fator determinante, pois o diâmetro vai influenciar na magnitude da vazão escoada através da tubulação.

Em geral, a carga de energia total em qualquer ponto ao longo de uma tubulação sem atrito pode ser expressa como o lado direito da Equação 4-7, ou

$$h + \frac{p}{\gamma} + \frac{v^2}{2g}$$

O princípio proposto por Daniel Bernoulli em 1738 é: para um fluido incompressível, escoando sem atrito, a carga de energia total permanece constante ao longo do escoamento. Portanto,

$$h + \frac{p}{\gamma} + \frac{v^2}{2g} = \text{constante} \tag{4-8}$$

representa o Princípio de Bernoulli e é conhecido como equação de Bernoulli. A equação de Bernoulli pode ser expressa na forma da equação de energia (uma versão dela é a Equação 4-7), equacionando-se a energia total em um ponto ao longo do sistema hidráulico com um outro ponto.

Em razão de todos os termos da equação de energia serem mensurados em pés (metros), uma representação gráfica da energia é conveniente para os sistemas hidráulicos. Então, o sistema descrito na Figura 4-4 pode ser redesenhado como mostrado na Figura 4-5 para mostrar duas linhas importantes usadas para analisar sistemas hidráulicos.

A **linha do gradiente de energia** (EGL, do inglês *energy grade line*; neste caso, também denominada plano de carga efetivo) representa a energia total (carga de energia total) ao longo do sistema. Neste caso hipotético, a linha de energia é horizontal, pois a energia total permanece constante (sem energia perdida por causa de atrito). A **linha do gradiente hidráulico** (HGL, do inglês *hydraulic grade line*; também denominada linha piezométrica) representa a energia potencial (posição mais carga de pressão) ao longo do sistema. A distância vertical entre as linhas de gradiente hidráulico e de energia é a carga de velocidade. Onde houver uma superfície livre, a linha de gradiente hidráulico será coincidente com ela. Por quê?

Uma análise cuidadosa da Figura 4-5 revela que a linha do gradiente hidráulico é coincidente com as superfícies livres de água nas duas extremidades. A linha do gradiente de energia é coincidente apenas com a superfície livre do reservatório, porque, como vimos, a velocidade da água no interior do reservatório é desprezível.

No entanto, para descrever melhor o escoamento real da água, outros fatores – como atrito – devem ser considerados. Como energia é perdida do sistema por causa de atrito e outros fatores, a energia total, ou carga, no ponto 2 será menor que a energia total, ou carga, no ponto 1, em uma razão igual a essas perdas. Portanto, a Equação 4-7 assume a forma

$$h_l + \frac{v_l^2}{2g} = h_2 + \frac{p_2}{\gamma} + \frac{v_2^2}{2g} + h_l \qquad (4\text{-}9)$$

onde h_l representa a carga perdida por causa de atrito e outros fatores. A Equação 4-9, então, representa uma forma mais realista da equação de energia para um sistema hidráulico com uma superfície livre no ponto 1. A Figura 4-6 representa o sistema hidráulico exibido na Figura 4-5, com as perdas de carga consideradas.

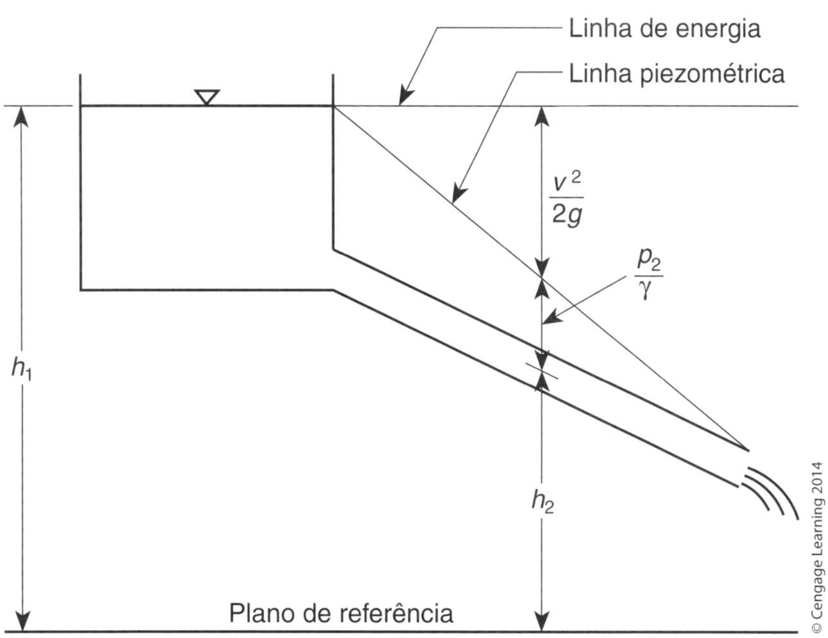

FIGURA 4-5 Linha de energia e linha do gradiente hidráulico para um sistema hidráulico hipotético sem atrito.

Uma observação atenta da Figura 4-6 revela que as perdas de energia acontecem pelo menos de duas maneiras. Primeiro, há uma pequena mas repentina queda da linha do gradiente de energia no ponto onde a água entra na tubulação a partir do reservatório. Essa queda, chamada **perda na entrada** (tipo de perda de carga localizada), deve-se à perda de energia causada pelo escoamento turbulento conforme a água sai do reservatório e entra no tubo. Segundo, uma redução constante na energia acontece ao longo de todo o comprimento da tubulação. Essa queda se deve a uma interrupção do fluxo, causada pela turbulência e pelo contato com a superfície interna do tubo, e é chamada **perda por atrito**. A perda de carga total, h_l, é a soma da perda na entrada, h_e, e a perda por atrito, h_f. Portanto, $h_l = h_e + h_f$. Na realidade, a perda de carga total será a soma da perda por atrito e das perdas localizadas por causa da entrada e das peças – registros, curvas etc. – existentes na tubulação.

Um outro exame minucioso da Figura 4-6 indica que a linha de energia e a linha piezométrica são paralelas ao longo da tubulação, exceto em uma distância muito curta na conexão com o reservatório. Isso acontece porque a água em movimento em um tubo de diâmetro constante, depois de uma breve aceleração, atinge uma velocidade terminal de forma muito parecida com a de um objeto solto no ar.

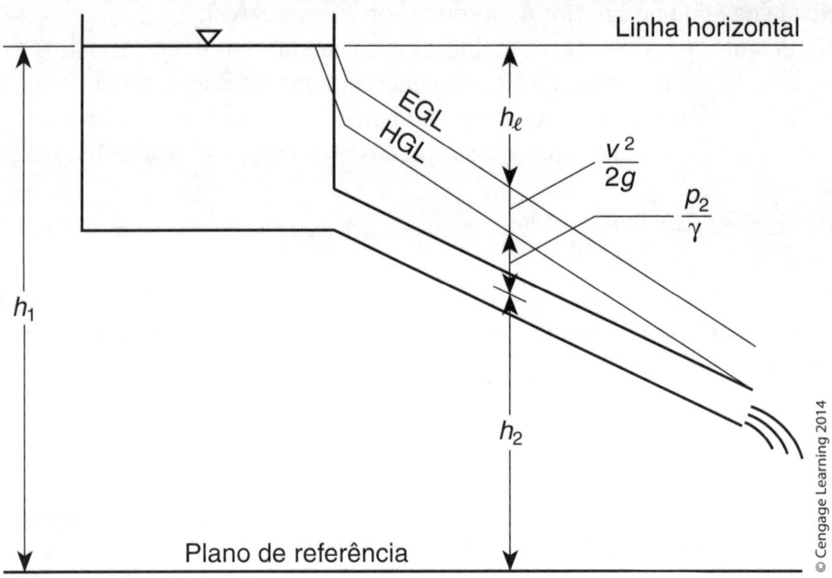

FIGURA 4-6 A linha de energia e a linha piezométrica para um sistema hidráulico real considerando as perdas por atrito.

A perda de carga por atrito depende da velocidade do escoamento e da rugosidade do tubo. A expressão para perda por atrito para escoamento turbulento em tubos circulares é dada pela equação de Darcy-Weisbach:

$$h_f = f\frac{Lv^2}{D2g} \tag{4-10}$$

onde h_f = perda de carga por atrito, pés (m)
f = fator de atrito
L = comprimento do tubo, pés (m)
D = diâmetro do tubo, pés (m)
v = velocidade média, pés/s (m/s)
g = aceleração da gravidade, 32,2 pés/s^2 (9,81 m/s^2)

O fator de atrito adimensional f é um parâmetro estimado empiricamente que depende de um conjunto complexo de condições de escoamento. A Figura 4-7 representa o diagrama

Moody, que é uma solução gráfica para f, dependendo de valores como viscosidade υ, rugosidade ε (também denominada rugosidade relativa), e o número Reynolds (R_E). Alguns valores selecionados de ε estão listados na Tabela 4-1.

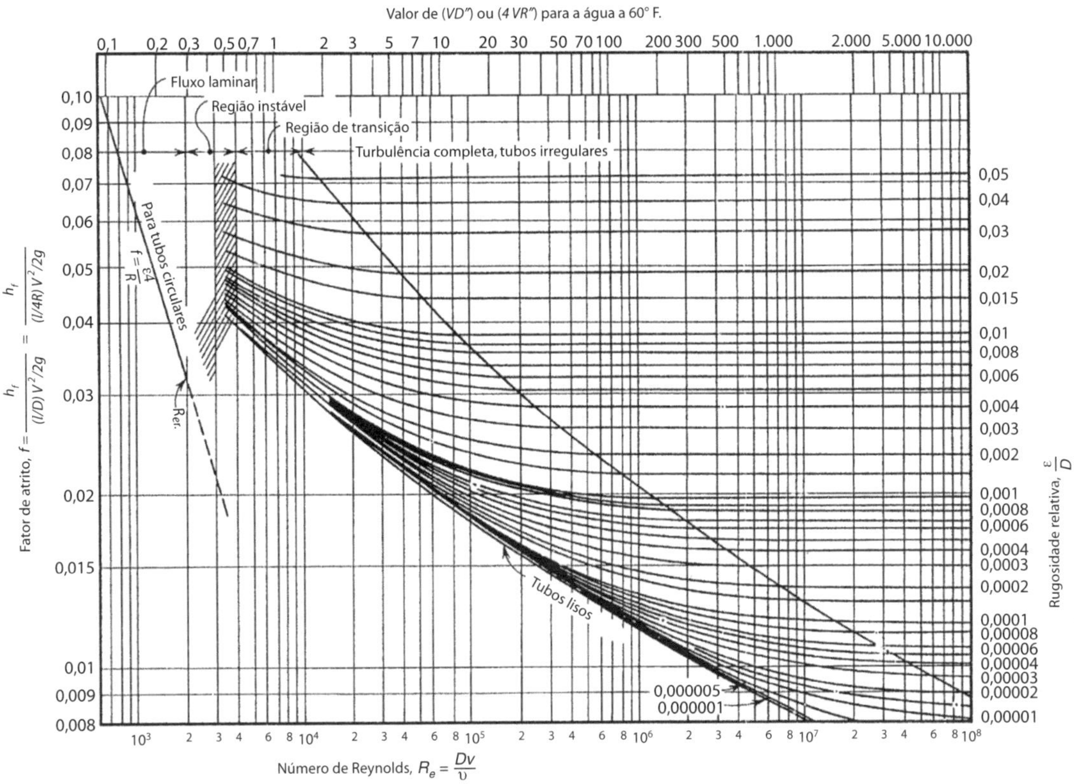

FIGURA 4-7 Diagrama Moody – fator de atrito para tubos. *(Cortesia de ASCE, Design and Construction of Sanitary and Storm Sewers)*

Tabela 4-1 Valores típicos de rugosidade absoluta, ε

Material do Tubo	ε (pés)
Aço rebitado, poucos rebites	0,003
Aço rebitado, muitos rebites	0,030
Concreto, superfície lisa	0,001
Concreto, superfície irregular	0,010
Madeira, superfície lisa	0,0006
Madeira, superfície irregular	0,003
Ferro fundido novo	0,00085
Ferro galvanizado novo	0,00050
Aço trefilado novo	0,000005

(Cortesia de ASCE, Design and Construction of Sanitary and Storm Sewers).

Exemplo 4-2

Problema

Determine a vazão, Q, na extremidade final do tubo mostrado na Figura 4-6, se a cota do eixo do tubo for de 525 pés e a cota da superfície do reservatório for de 550 pés. O tubo é de concreto liso e tem diâmetro de 2,0 pés e comprimento de 350 pés. Considere atrito.

Solução

Primeiro, calcule a velocidade, v, por meio de um processo de tentativa e erro, usando a Equação 4-9 e o Diagrama Moody.

Como no Exemplo 4-1, $v_1 = p_2/\gamma = 0$. Além disso, considere que $h_e = 0$. Portanto, a Equação 4-9 torna-se

$$h_1 + 0 = h_2 + 0 + \frac{v_2^2}{2g} + h_f$$

Substituindo na Equação 4-10, obtemos

$$h_1 = h_2 + 0 + \frac{v_2^2}{2g} + f\frac{Lv_2^2}{2gD}$$

que pode ser reajustada para

$$h_1 - h_2 = \left\{1 + f\frac{L}{D}\right\}\frac{v_2^2}{2g} \tag{4-11}$$

Substituindo os valores conhecidos, obtemos

$$25 = \left\{1 + f\frac{350}{2}\right\}\frac{v_2^2}{64,4}$$

$$1.610 = \{1 + 175f\}\, v_2^2$$

Essa equação com f e v_2 pode ser solucionada pelo uso de um processo de iteração:

Considere um valor para f – digamos, $f = 0,02$. Usando $f = 0,02$, $v_2 = 18,9$ pés/s, de acordo com a equação anterior. Pela Equação 4-1, o número de Reynolds é

$$R_e = \frac{(18,9)(2)}{10^{-5}} = 3,78 \times 10^6$$

Agora, observe o diagrama Moody na Figura 4-7 para encontrar o valor resultante de f. Se o valor de f encontrado no diagrama Moody combinar com o valor suposto, este está correto, e o valor resultante de v_2 também estará.

Para encontrar f no diagrama Moody, primeiro determine ε/D. De acordo com a Tabela 4-1, $\varepsilon = 0,001$. Portanto,

$$\varepsilon/D = 0,0005$$

No diagrama Moody, para $R_e = 3,78 \times 10^6$ e $\varepsilon/D = 0,0005$, obtém-se aproximadamente $f = 0,018$. Considerando que esse valor de f não corresponde ao valor suposto de 0,020, escolha outro valor de f.

Escolha $f = 0,018$.

Então, a partir da Equação 4-11, $v_2 = 19,7$ pés/s. O número de Reynolds resultante é

$$R_e = \frac{(2)(19,7)}{10^{-5}} = 3,9 \times 10^6$$

No diagrama Moody, repetindo o mesmo procedimento para $R_e = 3,9 \times 10^6$ e com $\varepsilon/D = 0,0005$, obtém-se aproximadamente $f = 0,018$. Portanto, $v_2 = 19,7$ pés/s está correto. Finalmente, usando a Equação 4-3, temos

$$
\begin{aligned}
Q &= v_2 a \\
&= (19{,}7)\,(3{,}14) \\
&= 61{,}9 \text{ cfs} \quad \text{(Resposta)}
\end{aligned}
$$

Uma comparação com o Exemplo 4-1 revela que a velocidade na seção transversal 2 era aproximadamente metade da velocidade calculada, supondo ausência de atrito. Além disso, observe que, neste exemplo, apesar de termos considerado o atrito no tubo, a perda de carga na entrada foi desprezada. Em geral, a perda de carga na entrada constitui uma porção relativamente menor da perda de carga total.

Exemplo 4-3

Problema

Determine a pressão, p, no eixo do tubo mostrado na Figura 4-6, em um ponto na metade do comprimento da tubulação entre o reservatório e a extremidade de descarga. As cotas e as dimensões são as mesmas do Exemplo 4-2. A cota do fundo do reservatório é de 540 pés. Considere atrito.

Solução

Primeiro, calcule a velocidade na extremidade de descarga do tubo, como no Exemplo 4-2. A velocidade era de 19,7 pés/s. Lembrando que a velocidade é constante em todo o tubo (diâmetro constante), a velocidade no ponto médio da tubulação também é de 19,7 pés/s.

Use a Equação 4-9 com o ponto 1 no reservatório e o ponto 2 na metade do comprimento da tubulação. Observe que a cota do eixo do tubo no reservatório é de 541 pés. Então, $h_1 = 550$ pés e $h_2 = 533$ pés. Além disso, $v_1 = 0$ e

$$h_f = (0{,}018)\frac{175}{2}\frac{(19{,}7)^2}{64{,}4} = 9{,}49 \text{ pés}$$

Substituindo esses valores na Equação 4-9, obtém-se

$$550 + 0 = 533 + \frac{p_2}{\gamma} + \frac{(19{,}7)^2}{64{,}4} + 9{,}49$$

Portanto,

$$\frac{p_2}{\gamma} = 1{,}48 \text{ pé}$$

e

$$
\begin{aligned}
P_2 &= (1{,}48)\,(62{,}4) \\
&= 93 \text{ lb/pés}^2 \quad \text{(Resposta)}
\end{aligned}
$$

É interessante notar que, se o sistema tivesse uma comporta no final, sendo, portanto, estático, a pressão no ponto 2 seria (de acordo com a Equação 3-2) 1.061 lb/pés^2. A grande diminuição para 93 lb/pés^2 deve-se à perda de energia potencial para a energia cinética e o atrito.

Exemplo 4-4

Problema

Determine a vazão, Q, no tubo que conecta os dois reservatórios do diagrama a seguir.

Considere atrito.

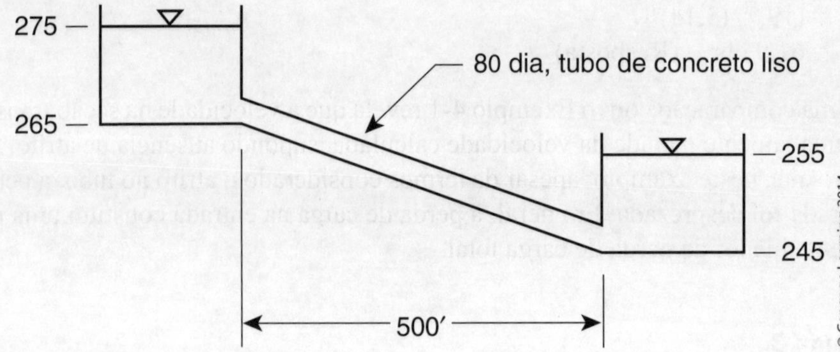

Solução

Use a Equação 4-9 com o ponto 1 no reservatório superior e o ponto 2 no reservatório inferior, mas localizada em sua conexão com o tubo. Portanto, v_2 será a velocidade do tubo e não será zero, como no caso de v_1. No entanto, h_2 será medido não no eixo do tubo, mas na superfície livre do reservatório inferior. A altura extra do eixo do tubo até a superfície livre é responsável pela carga de pressão nesse ponto.

Agora que os pontos estão definidos, o problema pode ser resolvido pelo método interativo, como no Exemplo 4-2. Suponha que $v_1 = 0$ e $p_2/\gamma = 0$. Começando com a Equação 4-11 e substituindo os valores conhecidos, obtemos

$$275 - 255 = \left\{1 + f\frac{500}{0,67}\right\}\frac{v_2^2}{64,4}$$

ou

$$1.288 = \{1 + 750f\}v_2^2$$

Essa equação com f e v_2 é solucionada pelo uso do diagrama Moody. Suponha um valor para f. Digamos, $f = 0,02$. Usando $f = 0,02$, $v_2 = 8,97$ pés/s, de acordo com a equação anterior. Pela Equação 4-1, o número de Reynolds é

$$R_e = \frac{(8,97)(0,67)}{10^{-5}} = 5,98 \times 10^5$$

Agora, observe o diagrama Moody na Figura 4-7 para encontrar o valor resultante de f. Se o valor de f encontrado no diagrama Moody combina com o valor suposto, este está correto, e o valor resultante de v_2 também estará.

Para encontrar f no diagrama Moody, primeiro determine ε/D. Pela Tabela 4-1, $\varepsilon = 0,001$. Portanto, $\varepsilon/D = 0,0015$. No diagrama Moody, novamente, para $R_e = 5,98 \times 10^5$ e $\varepsilon/D = 0,0015$, obtém-se aproximadamente $f = 0,022$. Como esse valor de f não está de acordo com o valor suposto de 0,020, escolha outro f.

Escolha $f = 0,022$.

Então, pela Equação 4-11, $v_2 = 8,58$ pés/s. O número de Reynolds resultante é

$$R_e = \frac{(8,58)(0,67)}{10^{-5}} = 5,72 \times 10^5$$

No diagrama Moody, $R_e = 5,72 \times 10^5$ cruza com $\varepsilon/D = 0,0015$ em aproximadamente $f = 0,022$. Portanto, $v_2 = 8,58$ pés/s está correto.

Finalmente, usando a Equação 4-3, obtemos

$$Q = v_2 a$$
$$= (8{,}58)\,(0{,}349)$$
$$= 3{,}0 \text{ cfs} \quad \text{(Resposta)}$$

Esse valor de descarga encontrado para o ponto 2 é o mesmo em todo o comprimento do tubo.

Foco adicional

Se desenharmos em escala o sistema hidráulico apresentado na Figura 4-6, notaremos que todos os valores de carga, como $v^2/2g$ e p/γ, podem ser medidos por meio de uma escala de engenheiro. Os valores de carga têm suas unidades em pés.

Considere a escala de um sistema hidráulico apresentada a seguir. Desde que a escala seja 1″ = 4′, podemos usar a escala de engenheiro para medir as distâncias e assim determinar valores essenciais, como a velocidade no tubo. Para chegar a essa velocidade, lembre que a distância vertical entre EGL e HGL representa a carga de velocidade, $v^2/2g$. Se medirmos essa distância, constataremos que é 0,6 pé. Agora sabendo o valor da carga de velocidade, podemos calcular a velocidade como segue.

$$\text{Carga de velocidade} = \frac{v^2}{2g}$$
$$0{,}6 = \frac{v^2}{2(32{,}2)}$$
$$v^2 = 38{,}6$$
$$v = 6{,}22 \text{ pés/s}$$

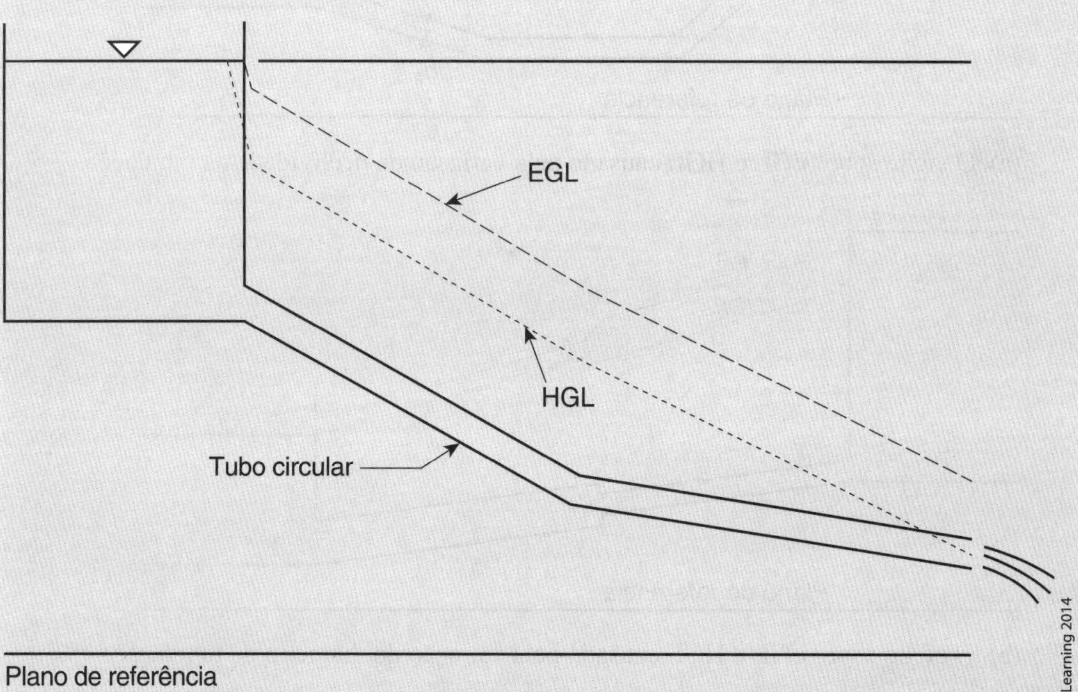

Sistema hidráulico
Escala: 1″ = 4′

Podemos também realizar a medição de outros valores essenciais, como h_1, h_1, h_2 e p_2/γ. Qual o valor de h_1 na figura anterior. Qual o valor de p_2 no ponto distante 5 pés do reservatório?

Alguns outros exemplos de sistemas hidráulicos são mostrados na Figura 4-8. Na Figura 4-8(a), a água escoa de um reservatório em nível superior para um reservatório em nível inferior por meio de um tubo. Observe que as linhas de gradiente hidráulico e de gradiente de energia são levemente afetadas pelo traçado do tubo. Onde a declividade do tubo é maior, as curvas de EGL e de HGL também são maiores, porque indicam perda de carga unitária, ou seja, perda de carga por polegada de comprimento do tubo. Portanto, um tubo inclinado tem mais comprimento por comprimento unitário ao longo do perfil, em comparação a um tubo horizontal.

Na Figura 4-8(b), a água que escoa em um tubo e conecta dois reservatórios passa por um abrupto aumento no diâmetro do tubo. A EGL e a HGL fornecem informações importantes descrevendo o fenômeno da expansão do fluxo. Primeiro, a separação vertical entre EGL e HGL é muito maior antes da expansão do que depois, indicando uma queda na velocidade (de acordo com a equação de continuidade, Equação 4-9). Segundo, a EGL inclina-se no ponto de transição, indicando uma perda de energia causada pela turbulência no local.

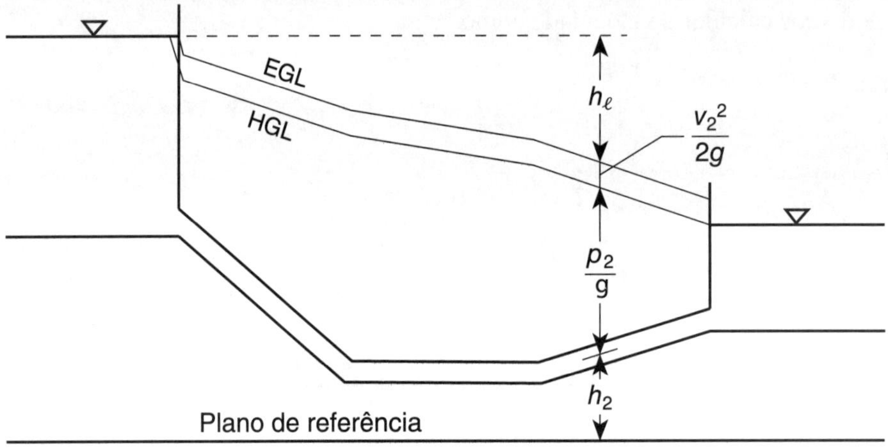

(a) O efeito sobre EGL e HGL causado pela variação da declividade da tubulação.

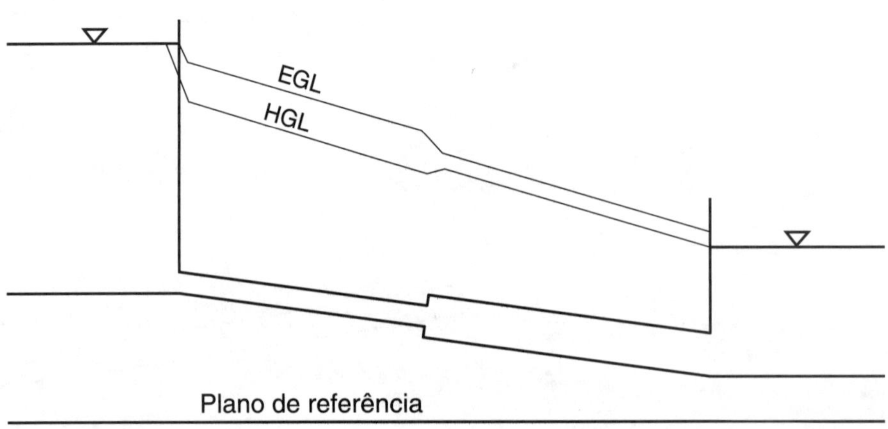

(b) O efeito sobre EGL e HGL causado pela variação do diâmetro da tubulação.

FIGURA 4-8 Exemplos de sistemas hidráulicos mostrando a linha do gradiente de energia (EGL, do inglês *energy grade line*) e a linha do gradiente hidráulico (HGL, do inglês *hydraulic grade line*).

4.5 MEDINDO A VAZÃO

Muitos métodos foram desenvolvidos, ao longo dos anos, para medir a vazão, Q, escoando em um tubo. A escolha do dispositivo de medição depende, em grande parte, do tipo de tubo que transporta o fluxo. Por exemplo, no caso de um canal aberto, vários tipos de vertedores são usados para medir a vazão. Conforme a água escoa sobre um vertedor, uma correlação direta é feita entre a altura da água e a vazão. (Esses dispositivos são descritos no Capítulo 5.) A calha de Parshall, que utiliza o conceito de profundidade crítica, também é usada para medir vazão. A profundidade crítica é discutida no Capítulo 6.

Um dos métodos mais fundamentais de medição de vazão consiste em medir a velocidade e então usar a Equação 4-3 para calcular a vazão. Os métodos mais comuns de medição de velocidade são o tubo de Pitot e o molinete.

Para fluxo em tubo, é usado o medidor de Venturi. Esse medidor utiliza o princípio de Bernoulli para medir a vazão diretamente.

Tubo de Pitot

Em sua forma mais simples, o **tubo de Pitot** consiste em um tubo com a extremidade final aberta, com uma curva de 90 graus perto da outra extremidade. Quando o tubo é colocado em um fluxo com a extremidade aberta direcionada a montante, como mostrado na Figura 4-9(a), a água ergue-se no tubo a uma altura acima da superfície igual a $h = v^2/2g$. Se a altura h pode ser medida, a velocidade v pode ser calculada. Nesse caso, v representa a velocidade na exata posição do tubo. Para calcular Q, a velocidade média através da seção transversal do escoamento deve ser obtida. Isso pode ser feito tomando-se várias medidas e depois calculando-se uma média, ou aplicando-se um fator de proporcionalidade para a velocidade medida para então se calcular a velocidade média diretamente, se esse fator for conhecido. A experiência indica que o valor de h não depende do diâmetro do tubo ou do tamanho da abertura.

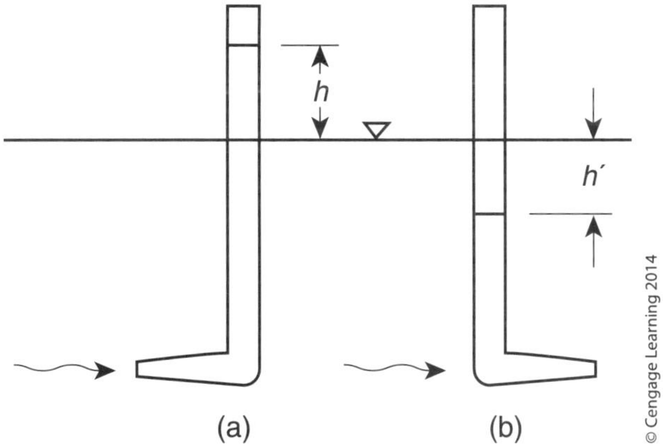

FIGURA 4-9 Tubo de Pitot dirigido a (a) montante e a (b) jusante.

Uma variação do tubo de Pitot, mostrada na Figura 4-9(b), consiste simplesmente em virar a extremidade curta do tubo para apontá-lo a jusante. Nesse caso, uma sucção é criada no tubo, resultando em um nível de água empurrado para baixo da superfície, a uma distância h'. A vantagem dessa forma é que a distância h' pode ser mais facilmente medida com precisão, em comparação com a distância h. Pesquisas têm mostrado uma relação aproximada entre h' e v, como a seguir:

$$h' \cong 0{,}43\frac{v^2}{2g}$$

Muitas versões do tubo de Pitot foram desenvolvidas com ajustes mais complexos. Essas variações fornecem adaptações a diferentes condições de fluxo, além de medições mais precisas.

Molinete

Um **molinete** consiste simplesmente em um conjunto de hélices imerso em um fluxo de água junto com um mecanismo calibrado para converter o giro da hélice em velocidade. Existem várias formas de molinete para adaptação a diferentes aplicações, de tubos de esgoto a canais abertos para grandes cursos d'água.

FIGURA 4-10 Molinete modelo Price Type AA.

Um exemplo de molinete usado para cursos d'água é o Price Type AA, mostrado na Figura 4-10. Esse medidor, que emprega taças rotativas em uma extremidade e aletas na outra, é usado pelo U.S. Geological Survey para medir velocidade em cursos d'água. O medidor pode ser baixado de uma ponte por um cabo, ou, quando o local é raso, pode ser anexado a uma vara, como mostrado na Figura 4-11.

Para medir a descarga em cursos d'água usando um molinete, o fluxo é dividido em uma série de linhas verticais, como exibido no Exemplo 4-5. Em cada linha vertical, uma medição de velocidade é feita a 60% da profundidade, posição aproximada da velocidade média. Então, a vazão é calculada para cada segmento da seção transversal, e todos os valores individuais de vazão são somados para fornecer a vazão total.

FIGURA 4-11 Molinete Price Type AA montado em uma vara para uso em condições rasas – até 4 pés de profundidade.

Exemplo 4-5

Problema

Determine uma estimativa da vazão no curso d'água representado a seguir, usando as informações destas tabelas.

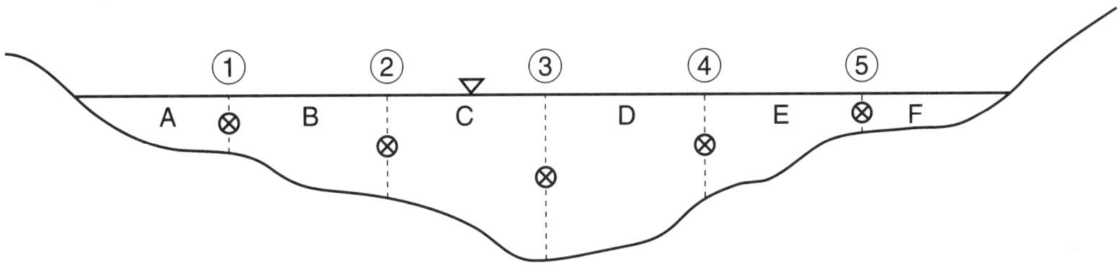

Medições de velocidade

Ponto	Velocidade (pés/s)
1	1,2
2	3,7
3	5,6
4	3,5
5	0,91

Área de cada setor da seção transversal

Setor	Área (pés)
A	9,8
B	23,2
C	31,0
D	34,8
E	19,6
F	8,5

Solução

A velocidade média no setor A é

$$v_A = \frac{0 + 1,2}{2} = 0,60 \text{ pé/s}$$

A velocidade média no setor B é

$$v_B = \frac{1,2 + 3,7}{2} = 2,45 \text{ pés/s}$$

De maneira similar, as outras velocidades médias são:

$v_C = 4,65$ pés/s
$v_D = 4,55$ pés/s
$v_E = 2,21$ pés/s
$v_F = 0,46$ pé/s

Usando a Equação 4-3, as vazões nos setores são:

$Q_A = (9{,}8)\,(0{,}60) = 5{,}88$ cfs

$Q_B = (23{,}2)\,(2{,}45) = 56{,}84$ cfs

$Q_C = (31{,}0)\,(4{,}65) = 144{,}15$ cfs

$Q_D = (34{,}8)\,(4{,}55) = 158{,}34$ cfs

$Q_E = (19{,}6)\,(2{,}21) = 43{,}32$ cfs

$Q_F = (8{,}5)\,(0{,}46) = 3{,}91$ cfs

Finalmente, a vazão total é a soma dessas descargas, ou

$Q = 412{,}44$ cfs

que é arredondada para

$Q = 410$ cfs (Resposta)

Medidor de Venturi

Usado para medir a descarga em um tubo funcionando como conduto forçado, o **medidor de Venturi** consiste em uma constrição cuidadosamente projetada no tubo, com o objetivo de aumentar a velocidade do fluxo de acordo com a equação de continuidade.

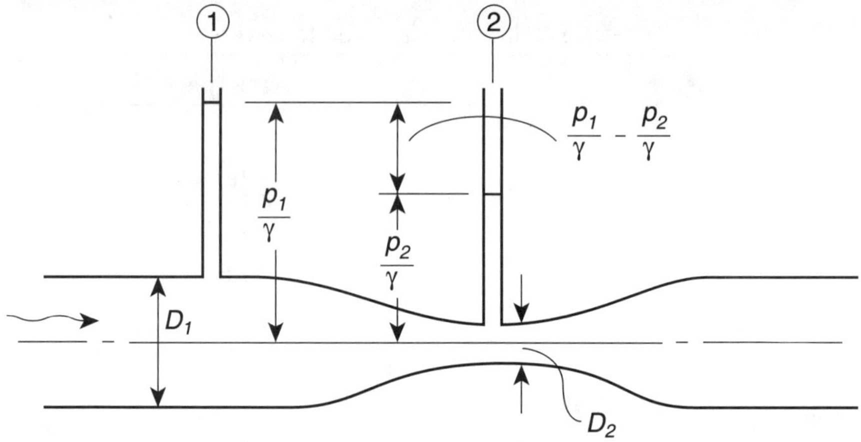

FIGURA 4-12 Medidor de Venturi.

A forma mais simples do medidor de Venturi é apresentada na Figura 4-12 por meio de piezômetros instalados na garganta e no trecho de tubulação logo a montante da garganta. Os piezômetros medem a queda da carga de pressão causada pelo aumento da carga de velocidade. A equação de energia, escrita entre os dois piezômetros, verificados na seção 1 e na seção 2, respectivamente, são

$$\frac{v_1^2}{2g} + \frac{p_1}{\gamma} = \frac{v_2^2}{2g} + \frac{p_2}{\gamma} + h_l \qquad (4\text{-}12)$$

TABELA 4-2 Valores de *c* para medidores de Venturi

	Velocidade da Garganta (pés/s)				
Diâmetro da Garganta (polegadas)	**3**	**4**	**5**	**10**	**15**
1	0,935	0,945	0,949	0,958	0,963
2	0,939	0,948	0,953	0,965	0,970
4	0,943	0,952	0,957	0,970	0,975
8	0,948	0,957	0,962	0,974	0,978
12	0,955	0,962	0,967	0,978	0,981

O plano de referência é considerado no eixo do tubo. Usando a equação de continuidade e reorganizando os termos, a Equação 4-12 pode ser escrita como

$$Q = ca_2 \sqrt{\frac{2g\left(\frac{p_1}{\gamma} - \frac{p_2}{\gamma}\right)}{1 - \left(\frac{D_2}{D_1}\right)^4}} \qquad (4\text{-}13)$$

onde c é um coeficiente entre zero e um, usado no lugar de h_l para considerar as perdas de energia. Valores experimentais de c para vários diâmetros de garganta estão na Tabela 4-2.

Para produzir resultados precisos, um medidor de Venturi deve ser colocado em uma seção reta e uniforme do tubo, livre de turbulência, e deve ter cantos arredondados o suficiente e transições graduais de diâmetro.

Exemplo 4-6

Problema

Um medidor de Venturi, como mostrado a seguir, está instalado em um tubo de 6 polegadas, para medir descarga. Estas são as leituras de piezômetro a partir do eixo do tubo:

$p_1/\gamma = 0{,}95$ pé

$p_2/\gamma = 0{,}52$ pé

Qual é a vazão escoada no tubo?

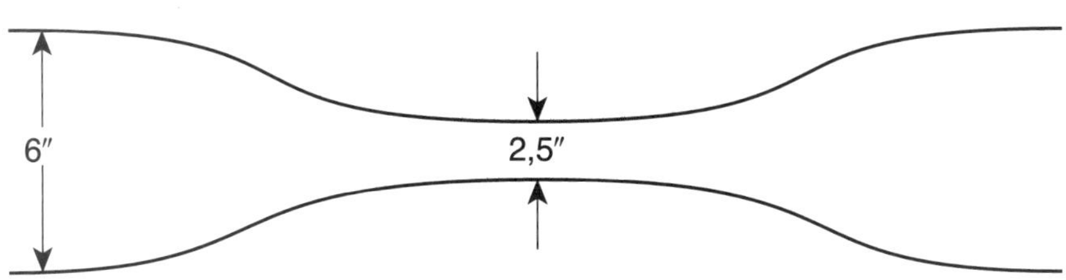

Solução

Substituindo os valores conhecidos na Equação 4-13, temos

$Q = 0{,}1817c$

e, usando a Equação 4-3, obtemos

$v = 5{,}343c$

O valor de c pode ser determinado pela Tabela 4-2, usando um processo de tentativa e erro. Primeiro, escolha um valor de v e calcule o correspondente valor de c. A partir do valor de c, calcule o valor resultante de v. Se o valor calculado de v combina com o valor suposto, esse valor está correto. Caso contrário, escolha outro valor de v e repita o processo.

Tentativa 1: escolha $v = 5$ pés/s. Usando a Tabela 4-2 e interpolando, $c = 0,9595$, e a velocidade resultante é 5,128 pés/s.

Tentativa 2: escolha $v = 5,128$ pés/s. Usando a Tabela 4-2, $c = 0,95982$, e a velocidade resultante é 5,128 pés/s.

Portanto, a velocidade é determinada a ser $v = 5,128$ pés/s e $c = 0,95982$, e

$$Q = (0,1817)\,(0,95982)$$
$$= 0,174 \text{ cfs} \quad \text{(Resposta)}$$

Medidor Parshall

Usado para medir descarga em um canal aberto, o medidor Parshall consiste em uma constrição no canal, feita para produzir profundidade crítica no escoamento. O conceito de profundidade crítica é explicado na Seção 6.4. O medidor Parshall é uma das muitas formas de calhas chamadas "medidores de regime crítico", feitas para medição de vazão. Um medidor Parshall é mostrado na Figura 4-13.

Com a contração do fluxo usando uma configuração precisa, ocorre o escoamento crítico, possibilitando a correlação da vazão e a profundidade, H. Como mostrado na Figura 4-13, realiza-se o monitoramento da profundidade (em muitas situações práticas por meio de um piezômetro) no trecho convergente a montante da garganta do medidor. A relação entre H e Q é descrita por diferentes equações para diferentes vazões e tamanhos da garganta. As diversas equações estão listadas na Tabela 4-3.

Um monitoramento adicional pode ser realizado a jusante da garganta para detectar eventual elevação da lâmina d'água, que poderia afogar o medidor. Se um medidor Parshall operar afogado, a relação entre H e Q deve ser ajustada.

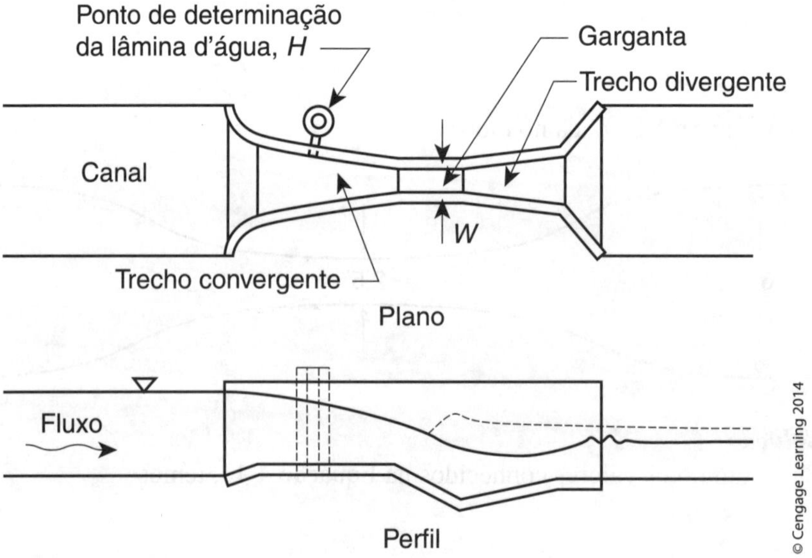

FIGURA 4-13 Medidor Parshall.

TABELA 4-3 Equações de descarga para medidores Parshall

Largura da Garganta (W)	Equação de Descarga	Vazão para Descarga Livre (cfs)
7,62 cm (3 pol)	$Q = 0{,}992H^{1{,}547}$	0,03–1,9
15,24 cm (6 pol)	$Q = 2{,}06H^{1{,}58}$	0,05–3,9
22,86 cm (9 pol)	$Q = 3{,}07H^{1{,}53}$	0,09–8,9
1 pé – 8 pés	$Q = 4WH^{1{,}522W^{0{,}026}}$	Até 140
10 pés – 50 pés	$Q = (3{,}6875W + 2{,}5)H^{1{,}6}$	Até 2.000

Para conseguir resultados precisos, o medidor Parshall deve ser instalado em uma seção uniforme e reta do canal, livre de obstruções a jusante.

EXERCÍCIOS PROPOSTOS

1. Qual é o número de Reynolds para a água que flui em um tubo circular de 24 polegadas, a uma velocidade de 6,21 pés/s? O escoamento é laminar ou turbulento?

2. A água flui em tubo de 2,5 polegadas, com vazão de 0,150 m³/s. Determine o número de Reynolds para esse fluxo. O escoamento é laminar ou turbulento?

3. A água escoa em um tubo de 4 polegadas de diâmetro, com vazão de 0,004 pés³/s. Calcule o número de Reynolds para esse escoamento. O escoamento é laminar ou turbulento?

4. A água flui em um tubo circular de 300 mm, com vazão de 0,250 m³/s. Determine o número de Reynolds para esse fluxo. O escoamento é laminar ou turbulento?

5. Qual é a carga de velocidade do fluxo na questão 1?

6. A água em um tubo tem pressão de 22,1 lb/pés². Qual é a carga de pressão?

7. A água escoa em um tubo com velocidade de 4,25 pés/s. Qual é a carga de velocidade?

8. A água flui em um tubo novo de ferro fundido, com 8 polegadas de diâmetro. A velocidade é 7,49 pés/s. O fator de atrito é 0,0215. Qual é a perda de carga em uma extensão de 115 pés?

9. A água flui em um tubo de concreto de 36 polegadas (superfície lisa), com uma velocidade de 12,5 pés/s. Qual é a perda de carga em uma extensão de 225 pés?

10. A água flui em uma tubulação de 2 polegadas, com uma velocidade de 1,35 pé/s. Qual é a perda de carga em uma extensão de 25 pés?

11. Um reservatório de água está conectado a um tubo de 8 polegadas de diâmetro e 50 pés de comprimento, com descarga livre. A cota do nível d'água no reservatório é de 410,0, e a cota do eixo do tubo em sua extremidade de descarga é 372,5. Desprezando o atrito, determine a velocidade, v, e a vazão, Q, na extremidade do tubo.

12. Encontre a velocidade, v, e a descarga, Q, para o tubo citado na questão 9, se o tubo for composto de ferro fundido novo e o atrito for considerado.

13. Dois reservatórios estão conectados por um tubo de concreto de 12 polegadas (superfície lisa), como mostrado a seguir. Determine a velocidade e a vazão no tubo. Considere o atrito e descarte as perdas menores.

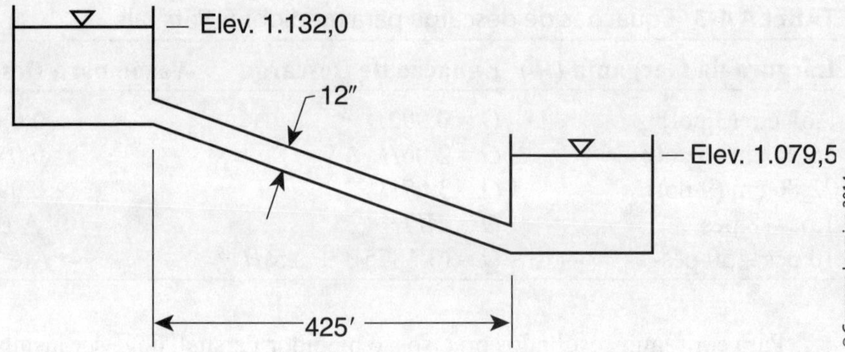

14. Um reservatório descarrega em um tubo de concreto de 60 polegadas (superfície rugosa) que descarrega livremente, como na figura a seguir. Qual é a pressão no tubo no ponto *A*? Considere o atrito e descarte as perdas menores.

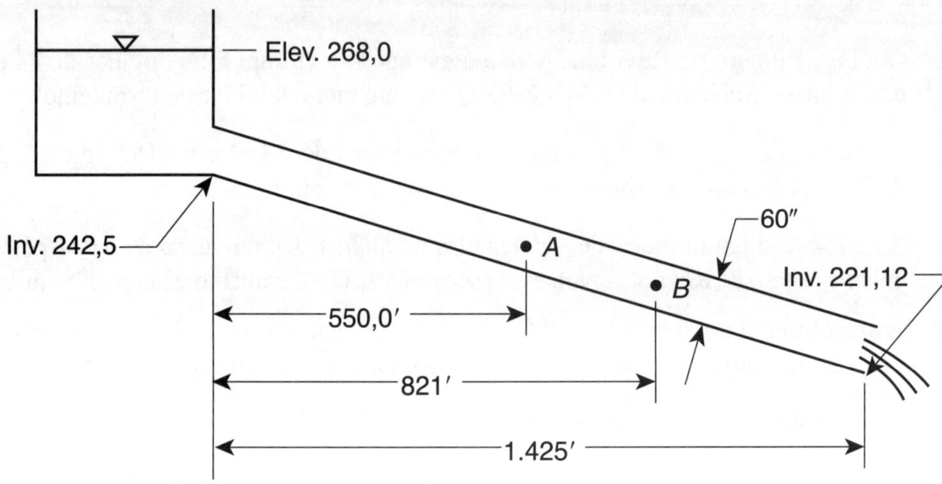

15. Na questão 14, se um piezômetro for instalado no topo do tubo no ponto *B*, qual será a cota do nível de água no piezômetro? Considere o atrito e descarte as perdas menores.
16. Na questão 14, qual a velocidade no ponto *A*?
17. Um reservatório descarrega em um tubo novo de ferro fundido que mede 4 polegadas, como aparece na figura a seguir. Determine a velocidade e a vazão no tubo. Considere o atrito e descarte as perdas menores.

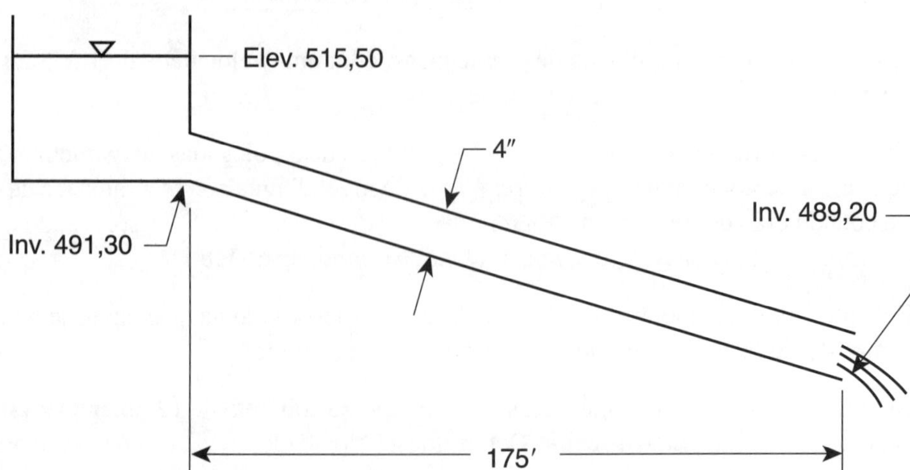

18. Um reservatório conectado a um tubo de concreto de 10 pés de diâmetro (superfície lisa) descarrega livremente na atmosfera à distância de 2250 pés do reservatório. A cota do nível d'água no reservatório é de 825,0 pés e a da geratriz inferior do tubo no ponto de descarga é 695,0 pés. Determine a velocidade e a vazão escoada no tubo. Considere o atrito, mas descarte as perdas menos relevantes.

19. Um reservatório conectado a um tubo de ferro galvanizado de 6 pés de diâmetro descarrega livremente na atmosfera à distância de 5.000 pés do reservatório. A cota do nível d'água no reservatório é de 615,0 pés e a da geratriz inferior do tubo no ponto de descarga é de 602,0 pés. Determine a velocidade e a vazão no tubo. Considere o atrito, mas descarte as perdas menos relevantes.

20. Trace a linha do gradiente de energia e a linha do gradiente hidráulico para este sistema hidráulico:

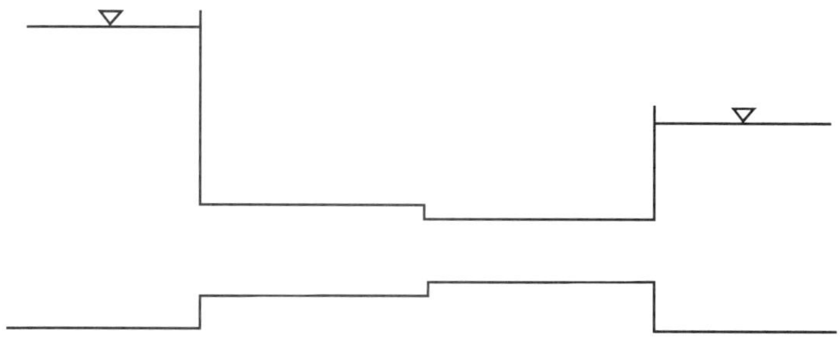

21. O sistema hidráulico apresentado a seguir está em escala.
    (a) Determine a velocidade no tubo no ponto distante 10,0 pés do reservatório.
    (b) Determine a pressão no tubo no ponto médio da tubulação (em relação ao comprimento).
    (c) Determine a perda de carga na entrada.
    (d) Determine a perda de carga no ponto distante 10,0 pés do reservatório.

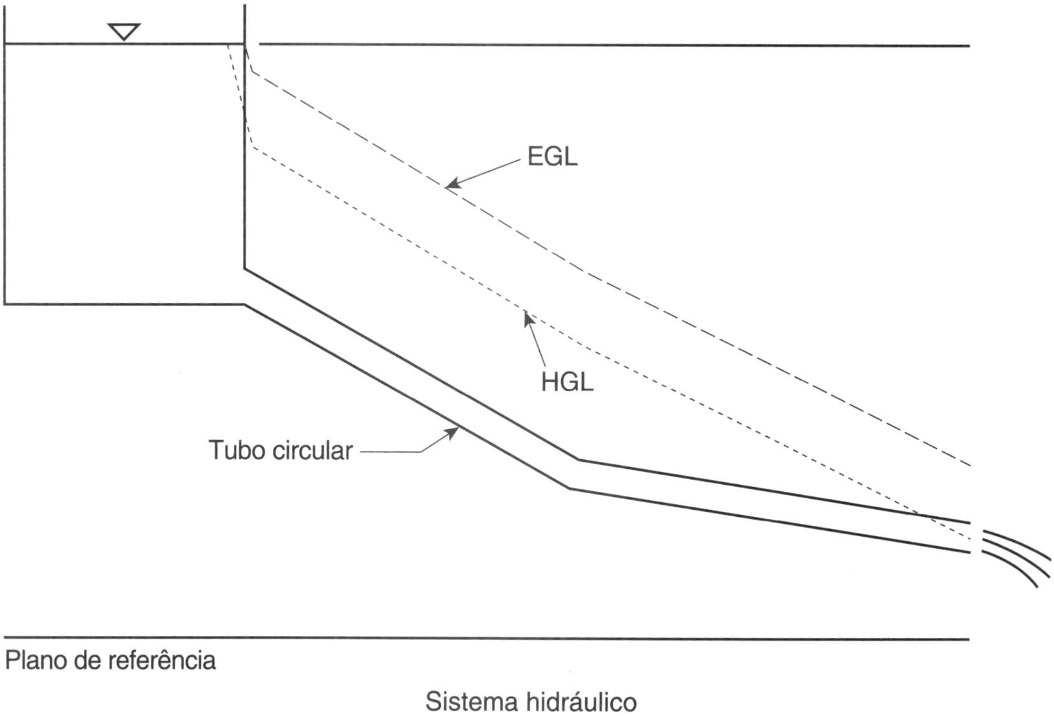

Sistema hidráulico
Escala: 1″ = 4′

22. O sistema hidráulico apresentado a seguir está em escala.
    (a) Determine a velocidade no tubo na entrada do Reservatório 2.
    (b) Determine a pressão no tubo na entrada do Reservatório 2.
    (c) Determine a velocidade no tubo no Ponto A.
    (d) Determine a pressão no tubo no Ponto A.

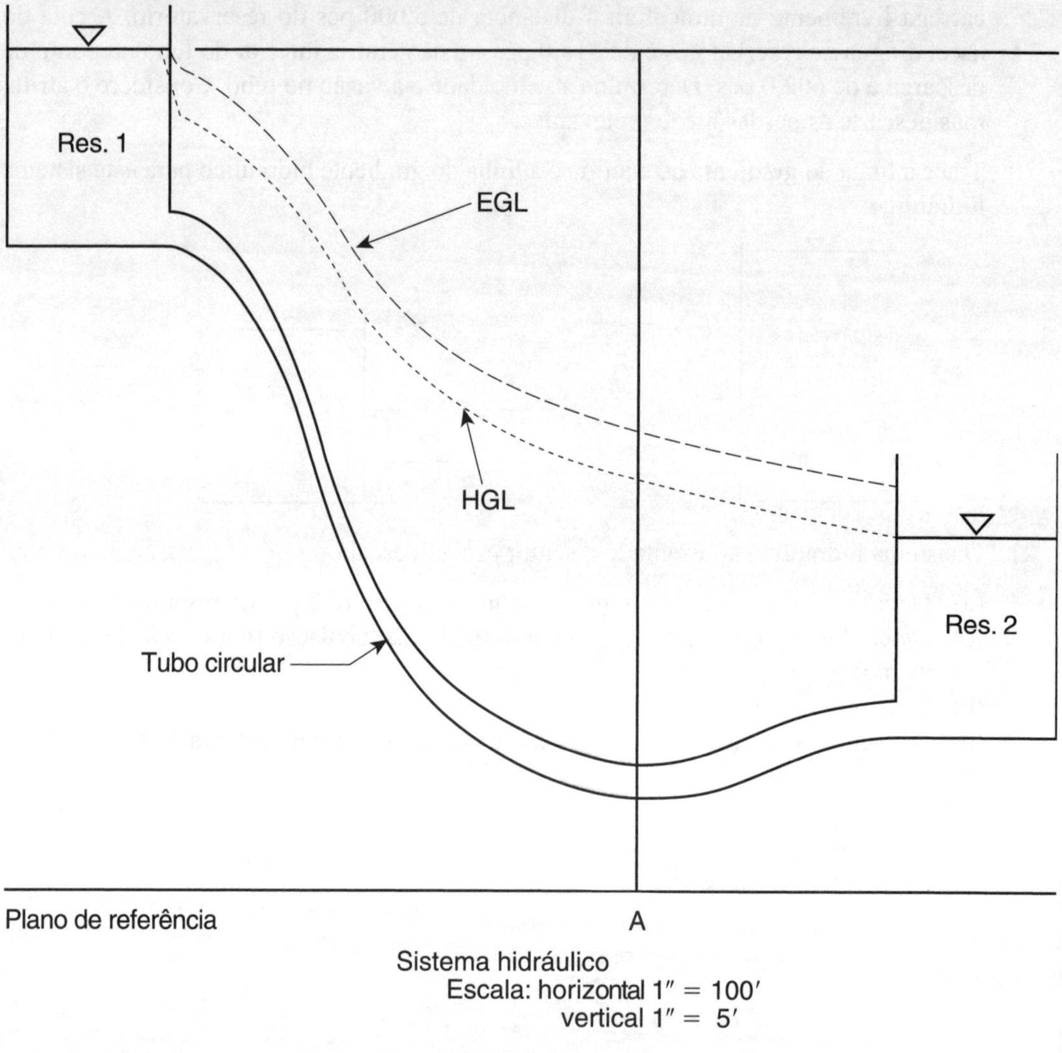

23. Estime a vazão na seção transversal do curso d'água mostrada a seguir, usando as informações fornecidas. Determine as dimensões por escala.

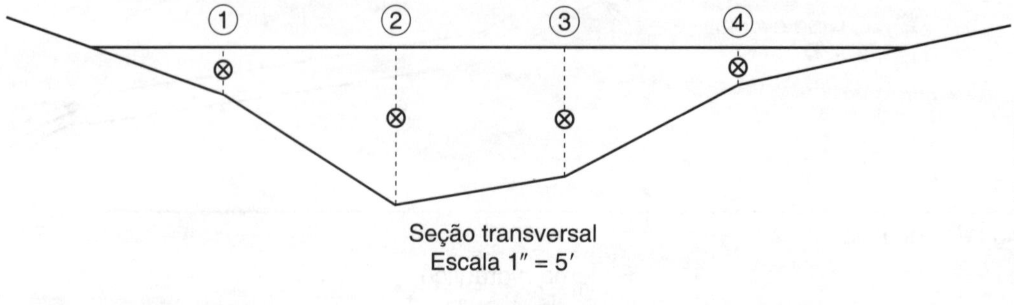

Seção	Velocidade (pés/s)
1	0,86
2	3,15
3	2,59
4	0,46

24. Estime a vazão na seção transversal do curso d'água apresentada a seguir, usando as informações fornecidas. Determine as dimensões do canal por escala.

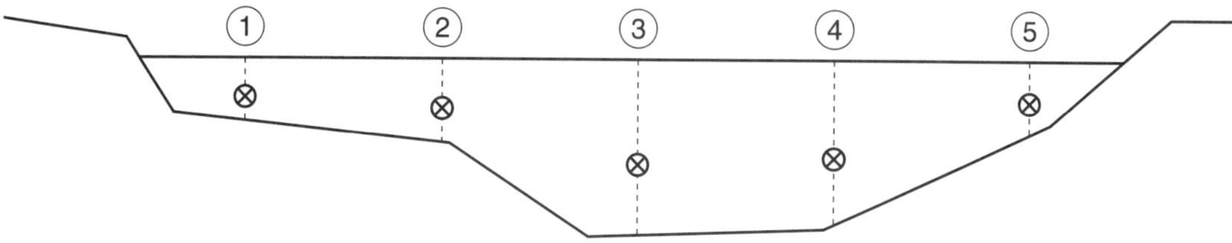

Seção transversal
Escala: horizontal 1″ = 50′
vertical 1″ = 5′

Seção	Velocidade (pés/s)
1	0,75
2	1,91
3	5,21
4	4,78
5	1,34

25. Um tubo de Pitot está instalado em um canal, como mostrado na figura a seguir. Estime a velocidade medida pelo tubo de Pitot. Verifique se a medição representa a velocidade média através da seção transversal. Determine as dimensões por escala.

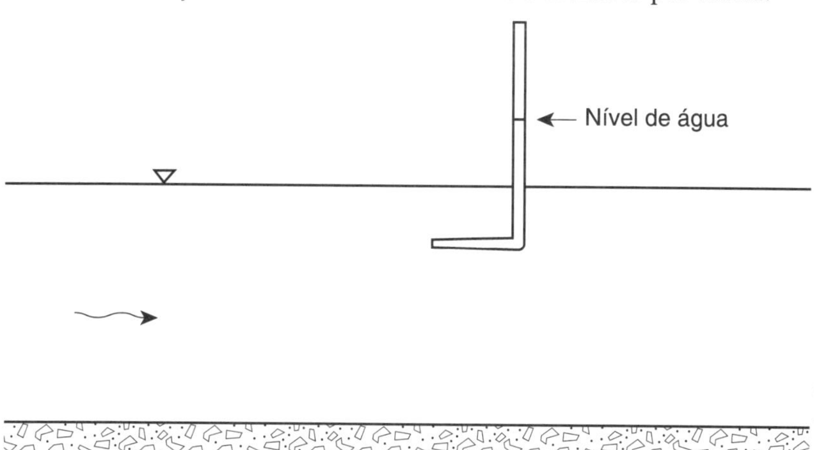

Perfil
Escala: 1″ = 2′

26. Se o fluxo do canal na questão 25 for invertido, movendo-se da direita para a esquerda, e a leitura do tubo de Pitot não se alterar, qual será a nova velocidade?

27. Um medidor Parshall é usado para medir a vazão em um canal. A largura da garganta é de 9,0 polegadas. Se a profundidade, H, for de 7,5 polegadas, qual será a vazão?

28. Um medidor Parshall com uma garganta de 2,50 pés de largura é usado para medir vazão. Se a profundidade, *H*, for de 1,8 pé, qual será a vazão?

29. Um medidor de Venturi, com diâmetro de garganta de 4,00 polegadas, é instalado em um tubo cujo diâmetro mede 8,00 polegadas. As leituras do piezômetro a partir do eixo do tubo são estas: a montante, $p_1/\gamma = 1{,}64$ pé, e garganta, $p_2/\gamma = 0{,}88$ pé. Qual é a vazão no tubo?

30. Um medidor de Venturi, cujo diâmetro da garganta mede 10,00 polegadas, é instalado em um tubo de 24,00 polegadas. As leituras do piezômetro a partir do eixo do tubo são estas: a montante, $p_1/\gamma = 2{,}36$ pés, e garganta, $p_2/\gamma = 0{,}63$ pé. Qual é a vazão no tubo?

BIBLIOGRAFIA COMPLEMENTAR

BRATER, E. F.; KING, H. *Handbook of hydraulics.* 7. ed. Nova York: McGraw-Hill, 1996.

DARRIGOL, O. *Worlds of flow*: a history of hydrodynamics from the Bernoullis to Prandtl. Nova York: Oxford University Press, 2009.

MOTT, R. L. *Applied fluid mechanics.* 6. ed. Englewood Cliffs: Prentice Hall, 2005.

PRASUHN, A. L. *Fundamentals of hydraulic engineering.* Nova York: Oxford University Press, 1995.

SIMON, A. L.; KOROM, S. F. *Hydraulics.* 4. ed. Simon Publications, 2002.

CAPÍTULO

5

Dispositivos Hidráulicos

Dispositivos hidráulicos são estruturas que usam princípios hidráulicos para controlar o fluxo de água. Neste capítulo, você aprenderá a calcular a vazão através de um orifício, sobre um vertedor, sob uma comporta e através de um sifão. Ao calcular a vazão, você poderá determinar outros parâmetros importantes, como o nível de água.

OBJETIVOS

Ao concluir este capítulo, o leitor deverá ser capaz de:

- Calcular a vazão através de um orifício.
- Calcular a vazão sobre um vertedor.
- Calcular a vazão sob uma comporta.
- Calcular a vazão em um sifão.

5.1 ESCOAMENTO ATRAVÉS DE ORIFÍCIOS

Um **orifício** é uma abertura na parede de um recipiente ou reservatório, através da qual a água pode escoar. Em geral, assume-se que a parede é fina e que as bordas da abertura são retas, mas pode haver muitas variações de geometria. A Figura 5-1 mostra exemplos de orifícios.

Quando a água flui através de um orifício circular de borda reta, ocorre uma contração, formando um jato com diâmetro mínimo a uma curta distância da borda interna do orifício. Como mostrado na Figura 5-2, as linhas do fluxo são paralelas e mais próximas na seção *a-a*. Esse ponto é chamado **veia contraída** (*vena contracta*).

A vazão, Q, pode ser calculada por meio do princípio de Bernoulli, tratando-se o orifício como um pequeno sistema hidráulico com o ponto 1 dentro do reservatório, e o ponto 2 na veia contraída. O plano de referência pode ser projetado horizontalmente através do centro do orifício. Assim, a partir da Equação 4-9,

$$h_1 + \frac{v_1^2}{2g} = h_2 + \frac{p_2}{\gamma} + \frac{v_2^2}{2g} + h_l$$

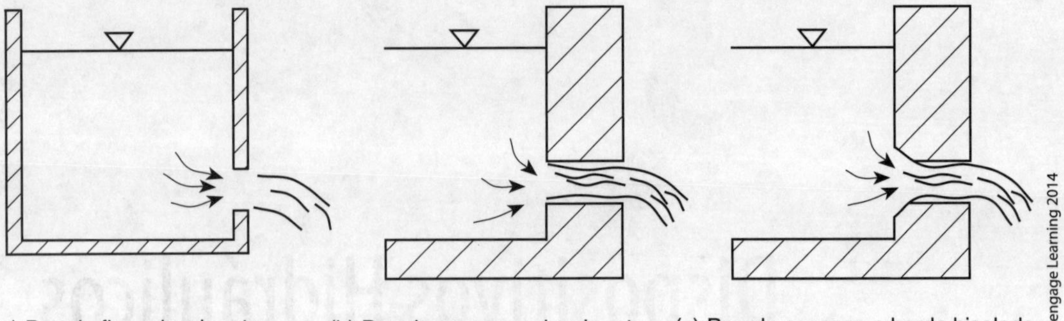

FIGURA 5-1 Exemplos de orifícios.

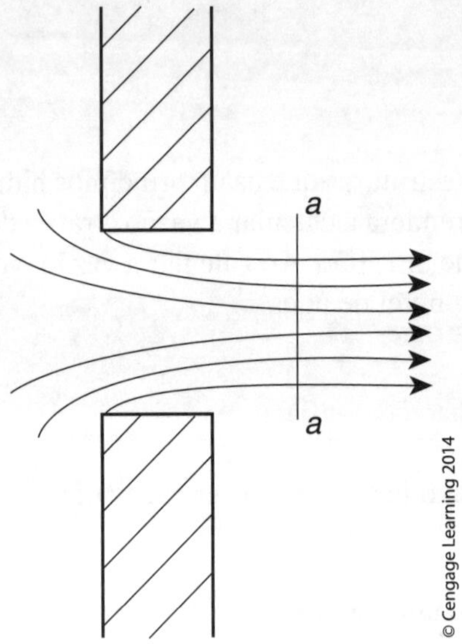

FIGURA 5-2 Contração de jato em um orifício circular de borda reta.

Como a velocidade é desprezível no ponto 1, $v_1 = 0$; como o ponto 2 está localizado em uma descarga livre, $p_2 = 0$; e, como o plano de referência cruza através do centro do orifício, $h_2 = 0$. Portanto, a Equação 4-9 passa a ser

$$h_l = \frac{v_2^2}{2g} + h_l$$

e

$$v_2 = \sqrt{2g\,(h_l - h_l)} \tag{5-1}$$

O termo h_1 representa a distância vertical do centro do orifício até a superfície livre do reservatório, e pode ser simplesmente h. A perda de carga de energia, h_l, pode ser considerada ao introduzirmos um coeficiente de velocidade, c_v. Portanto, a Equação 5-1 torna-se

$$v_2 = c_v\sqrt{2gh} \tag{5-2}$$

Uma observação atenta da Figura 5-2 revela que a área de seção transversal na seção *a-a* (ponto 2), a_2, é menor que a área de seção transversal do orifício, a. Portanto, $a_2 < a$. Estas podem ser relacionadas por um coeficiente de contração, c_c. Portanto, $c_c = a_2/a$.

A vazão, Q, através do orifício é igual à vazão na veia contraída (ponto 2). Então, com o uso da Equação 4-3, a Equação 5-2 pode ser escrita como

$$\frac{Q}{a_2} = c_v\sqrt{2gh}$$

ou

$$Q = a_2 c_v\sqrt{2gh}$$

Mas, substituindo a_2 por ac_c, temos

$$Q = ac_c c_v\sqrt{2gh}$$

Finalmente, substituindo $c_c c_v$ por um único coeficiente, c, chamado coeficiente de descarga, obtemos

$$Q = ca\sqrt{2gh} \tag{5-3}$$

onde Q = vazão, cfs (m³/s)
c = coeficiente de descarga (adimensional)
a = área de seção transversal do orifício, pés² (m²)
h = carga total, pés (m)

A Equação 5-3 é chamada *equação do orifício*. O coeficiente de descarga, c, é uma constante de proporcionalidade adimensional, responsável pela redução do fluxo em razão da perda de carga na entrada. O valor experimental de c para orifícios de borda reta varia de acordo com o tamanho e a forma do orifício e a quantidade de carga. No entanto, para a maioria das aplicações, resultados confiáveis podem ser obtidos com o uso de $c = 0{,}62$.

Exemplo 5-1

Problema

Calcule a vazão, Q, através de um orifício de borda reta com diâmetro de 6 polegadas, descarregando livremente. A cota do nível d'água do reservatório é 220,0, e a cota do centro do orifício é 200,0.

Solução

Primeiro, ache a área de seção transversal, convertendo 6 polegadas em 0,50 pé:

$$\begin{aligned} a &= \pi r^2 \\ &= \pi(0{,}25)^2 \\ &= 0{,}196 \text{ pé}^2 \end{aligned}$$

Em seguida, encontre a carga total como a diferença entre as elevações:

$$\begin{aligned} h &= 220{,}0 - 200{,}0 \\ &= 20{,}0 \text{ pés} \end{aligned}$$

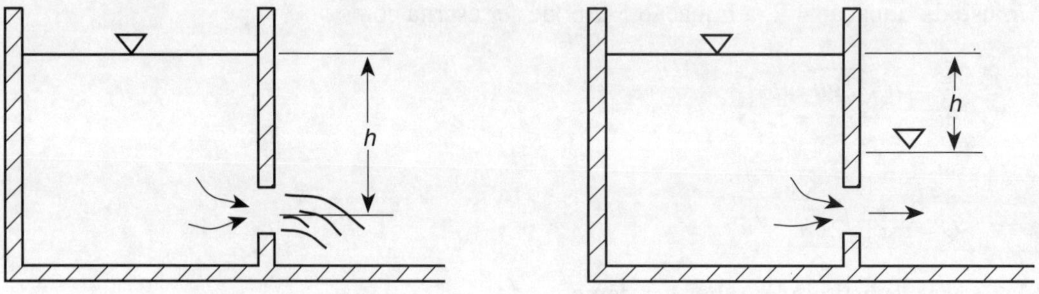

(a) Para descarga livre, *h* é medido até o centro do orifício.

(b) Para descarga submersa, *h* é medido até o nível d'água a jusante.

FIGURA 5-3 Definição de *h* para duas condições de fluxo de orifício.

Portanto, usando a Equação 5-3, temos

$$\begin{aligned} Q &= ca\sqrt{2gh} \\ &= (0,62)(0,196)\sqrt{(2)(32,2)(20)} \\ &= 4,4 \text{ cfs} \quad \text{(Resposta)} \end{aligned}$$

Se o nível d'água no lado da descarga do orifício subir, indo além da altura do orifício, ele é chamado *orifício submerso* ou *orifício afogado*. A Figura 5-3 ilustra a diferença entre orifício de descarga livre e orifício submerso.

A aplicação do princípio de Bernoulli em um orifício submerso resulta na mesma equação do orifício usada para orifícios de descarga livre – a Equação 5-3. Pesquisas têm mostrado que o coeficiente de descarga, *c*, varia muito pouco para o caso de submersão, e pode ser considerado o mesmo.

No entanto, usando a Equação 5-3 para um orifício submerso, a carga total, *h*, deve ser calculada como a distância vertical da superfície do reservatório até a superfície da jusante, como mostrado na Figura 5-3(b).

Exemplo 5-2

Problema

Calcule a vazão, *Q*, através de um orifício submerso retangular de 4 polegadas por 6 polegadas, com bordas retas. A cota do nível d'água do reservatório é 220,0, e a cota do nível d'água da jusante é 215,0. A cota do centro do orifício é 200,0.

Solução

Primeiro, encontre a área de seção transversal em pés quadrados:

$$\begin{aligned} a &= \left[\frac{4}{12}\right]\frac{6}{12} \\ &= 0,167 \text{ pé}^2 \end{aligned}$$

Em seguida, encontre a carga total como a diferença entre as cotas:

$$\begin{aligned} h &= 220,0 - 215,0 \\ &= 5,0 \text{ pés} \end{aligned}$$

Observe que a cota do orifício é irrelevante. Portanto, usando a Equação 5-3, temos

$$\begin{aligned} Q &= ca\sqrt{2gh} \\ &= (0{,}62)(0{,}167)\sqrt{(2)(32{,}2)(5)} \\ &= 1{,}9 \text{ cfs} \quad \text{(Resposta)} \end{aligned}$$

5.2 ESCOAMENTO SOBRE VERTEDORES

Um **vertedor** ou **vertedouro** é uma estrutura que, tal como um orifício, regula o fluxo de água para fora de um barramento ou reservatório. Em geral, um vertedor consiste em uma superfície horizontal sobre a qual a água pode escoar. São comumente empregados em estruturas de saída para represas e bacias de detenção, e, também, em unidades de decantação de estações de tratamento de águas e de esgotos. Além disso, vertedores são amplamente usados como dispositivos de medição de vazão com aplicações a pequenos cursos d'água e a unidades de estações de tratamento de águas e de esgotos.

A Figura 5-4 mostra um típico vertedor descarregando livremente em um canal a jusante. A energia que impulsiona a água para a crista é medida pela carga H acima da crista.

Vários tipos diferentes de vertedores foram desenvolvidos nos últimos anos com a variação da largura e do formato da crista. Os mais importantes são mostrados nas Figuras 5-5 e 5-6.

Uma análise atenta da Figura 5-4(a) revela que a superfície do reservatório começa a diminuir conforme ela se aproxima do vertedor. Isso ocorre por causa do aumento da velocidade, que é compensado por uma queda na área de seção transversal, de acordo com a equação de continuidade. Portanto, H deve ser medida a certa distância da crista do vertedor, onde a velocidade é virtualmente zero. Usualmente, esse local fica a uma distância de pelo menos $2{,}5H$ a montante da crista.

Vertedor Retangular

A vazão ou descarga sobre um vertedor retangular é calculada pela fórmula do vertedor,

$$Q = cLH^{3/2} \tag{5-4}$$

onde Q = descarga, cfs
c = coeficiente de descarga
L = comprimento efetivo da crista, pés
H = carga sobre a crista, pés

A Equação 5-4 é usada para a maioria dos cálculos de vazão sobre vertedores retangulares, usando-se o sistema inglês de unidades. O **coeficiente de descarga** é um multiplicador determinado empiricamente que considera um número de fatores hidráulicos difíceis de descrever matematicamente. Valores do coeficiente de descarga dependem do tipo de vertedor e da profundidade do fluxo. Para converter a Equação 5-4 para uso com o sistema métrico de unidades, são necessários valores apropriados de c. Os valores de c no Apêndice A-5 destinam-se a uso com o sistema inglês de unidades.

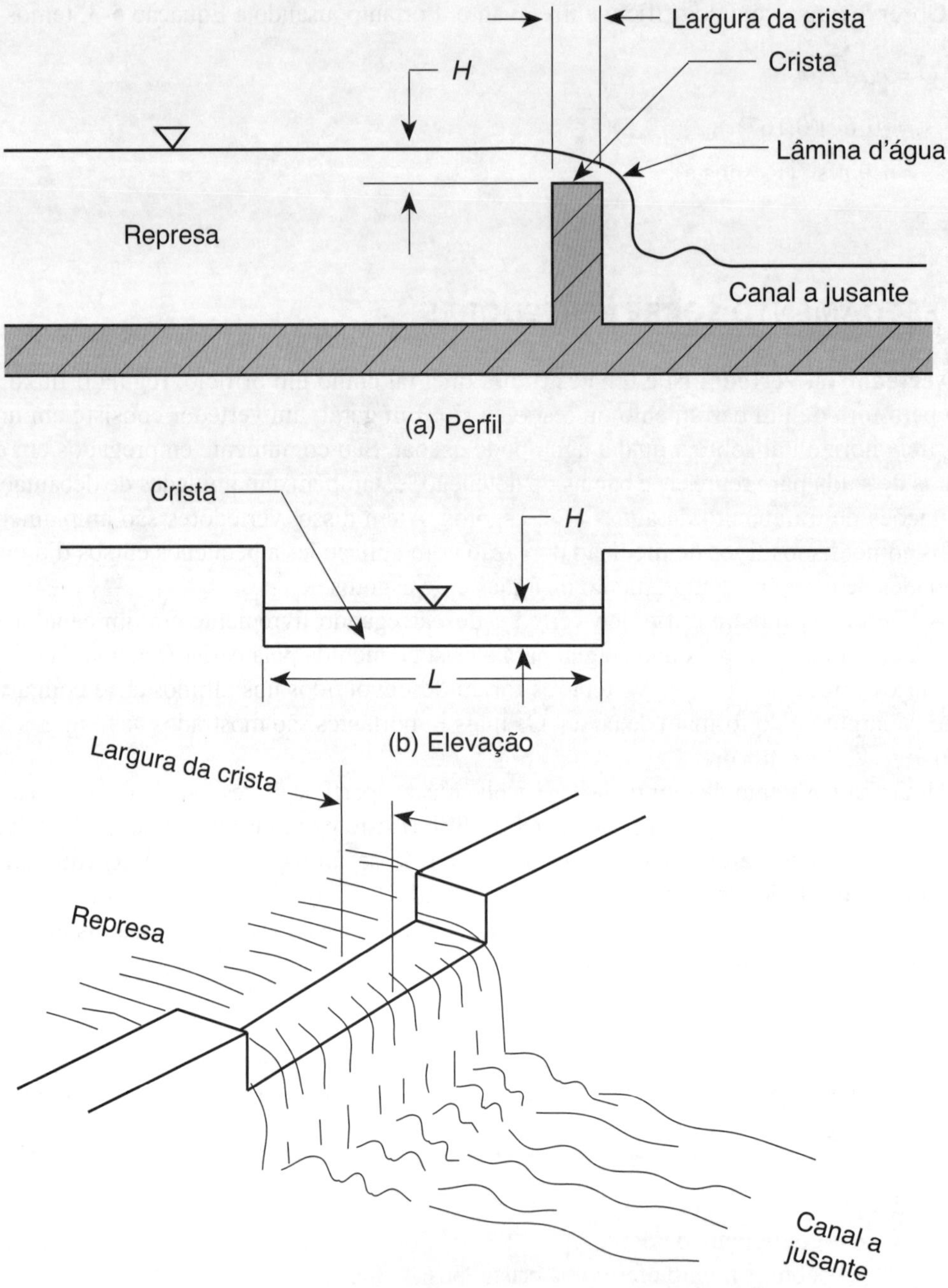

FIGURA 5-4 Vertedor retangular típico.

Vertedor de Parede Delgada

Um vertedor retangular de parede delgada é, talvez, o tipo mais básico, usado para medir o fluxo em um canal e como uma estrutura vertedora simples. O cálculo da vazão, Q, para esse tipo de vertedor depende das dimensões do vertedor em relação ao canal e à carga, H. A Figura 5-7 ilustra os parâmetros usados ao determinar-se Q para um vertedor de parede delgada.

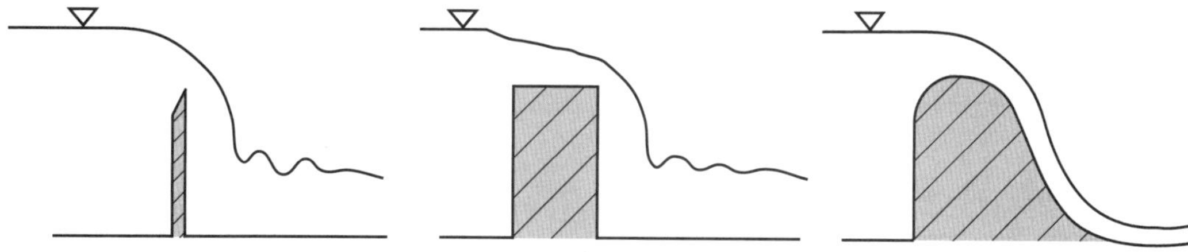

(a) Vertedor de parede delgada (b) Vertedor de parede espessa (c) Vertedor de ogiva

FIGURA 5-5 Classificação dos vertedores pela forma da seção transversal.

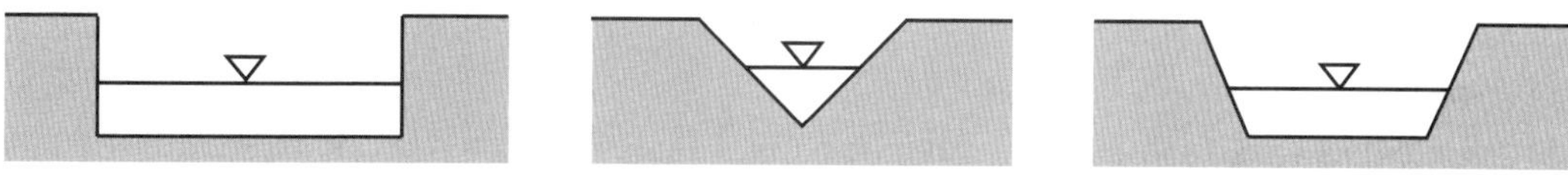

(a) Vertedor retangular (b) Vertedor triangular (c) Vertedor cipoletti

FIGURA 5-6 Classificação dos vertedores pela forma da visão frontal.

Conforme a água flui perto das superfícies laterais do vertedor, ocorre uma perda de energia, o que é chamado **contração**. Essa contração pode ser causada pela redução do real comprimento do vertedor para um valor menor, chamado *comprimento efetivo*. O comprimento efetivo, L, é computado por

$$L = L' - 0{,}1nH \tag{5-5}$$

onde L' = comprimento efetivo da crista, pés
n = número de contrações
H = altura sobre a crista, pés

Se o vertedor estiver centralizado no canal com L' menor que a largura do canal, B, haverá duas contrações laterais e $n = 2$. Se $L' = B$, não haverá contrações laterais e $n = 0$. Se a crista do vertedor estiver instalada em um dos lados do canal, haverá uma contração e $n = 1$.

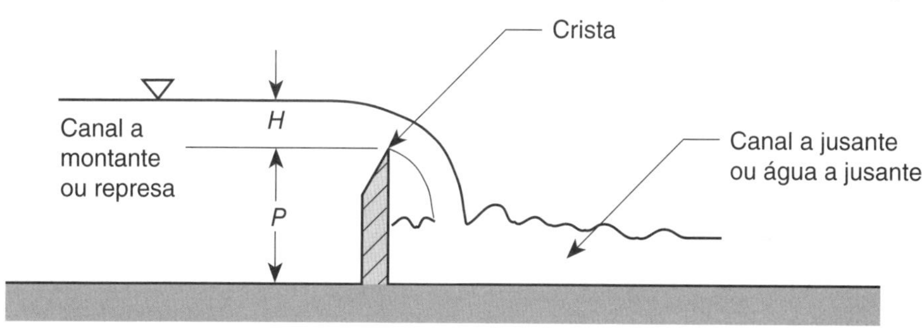

(a) Perfil

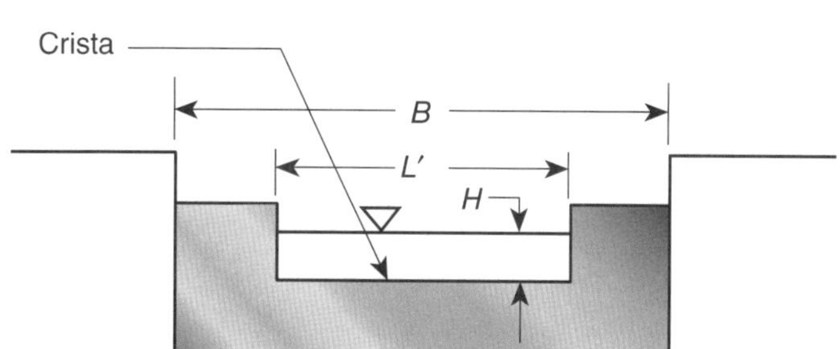

(b) Elevação

FIGURA 5-7 Elementos hidráulicos de um vertedor de parede delgada.

A altura do vertedor acima do fundo do canal exerce também um efeito sobre a vazão, *Q*. Esse efeito é causado pelo ajuste do coeficiente de descarga, *c*, de acordo com a altura, *P*. Portanto,

$$c = 3,27 + 0,40\frac{H}{P} \tag{5-6}$$

onde *P* = altura da crista acima do fundo do canal, pés

Exemplo 5-3

Problema

Calcule a vazão sobre um vertedor de parede delgada, como o exibido a seguir, se a cota da crista for 282,00, e a cota do nível d'água da represa, 283,75.

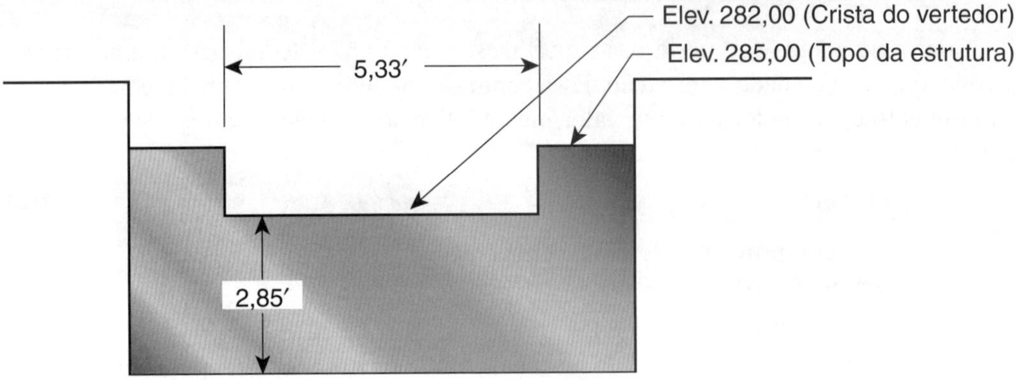

Solução

Primeiro, encontre *H* a partir das cotas fornecidas:

$$H = 283,75 - 282,00$$
$$= 1,75 \text{ pé}$$

Como o vertedor tem duas contrações, $n = 2$. Portanto, usando a Equação 5-5, temos

$$L = L' - 0,1nH$$
$$= 5,33 - (0,1)\,(2)\,(1,75)$$
$$= 4,98 \text{ pés}$$

Em seguida, calcule *c* usando a Equação 5-6:

$$c = 3,27 + 0,40\frac{H}{P}$$
$$= 3,27 + (0,40)\frac{1,75}{2,85}$$
$$= 3,516$$

Finalmente, calcule *Q* usando a Equação 5-4:

$$Q = cLH^{3/2}$$
$$= (3,516)\,(4,98)\,(1,75)^{3/2}$$
$$= 40,5 \text{ cfs} \quad \text{(Resposta)}$$

Vertedor Triangular

Uma variação do vertedor de parede delgada é o **vertedor triangular**, usado para medir escoamento quando a previsão é de vazões muito baixas. A vazão sobre um vertedor triangular é calculada por uma variação da Equação 5-4:

$$Q = c\left\{\tan\frac{\theta}{2}\right\}H^{5/2} \tag{5-7}$$

onde θ é o ângulo (em graus) feito pela abertura em V, como mostrado na Figura 5-8. Embora c varie sob diferentes condições, geralmente ele é considerado com o valor 2,5.

Vertedor Cipoletti

Um **vertedor Cipoletti**, mostrado na Figura 5-6(c), é uma variação trapezoidal do vertedor de parede delgada, feita para compensar perda de vazão causada por contrações nas bordas verticais de um vertedor retangular. Ao inclinar as bordas em aproximadamente 1:4 (horizontal para vertical), o aumento da área de seção transversal do escoamento, conforme H aumenta, compensa a perda causada pela contração lateral.

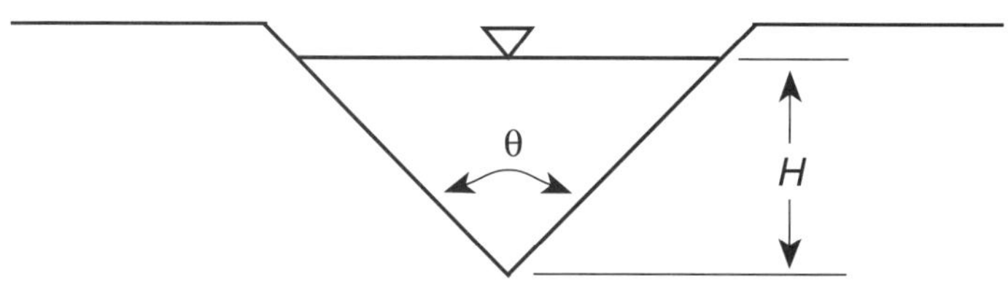

FIGURA 5-8 Elementos hidráulicos de um vertedor triangular.

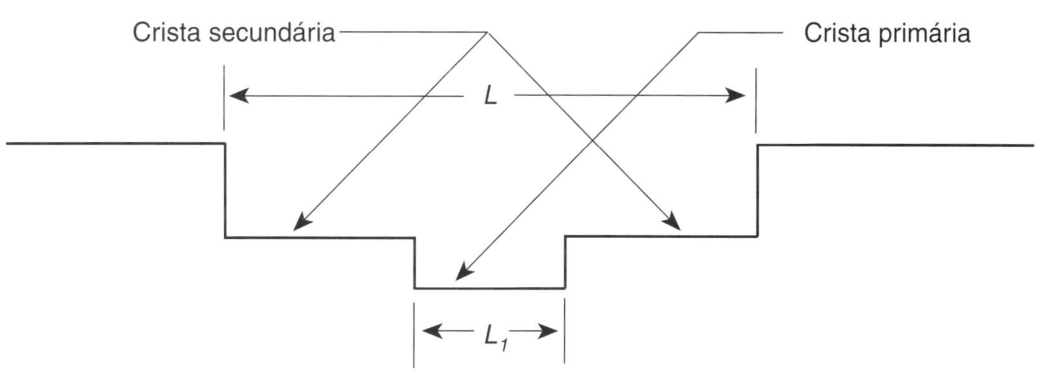

FIGURA 5-9 Visão frontal de um vertedor de dois estágios.

Vertedor de Parede Espessa

Um **vertedor de parede espessa**, retangular, é comumente empregado em estruturas de saída para represas e bacias de detenção. A vazão é calculada por meio da equação do vertedor, Equação 5-4, com valores de c encontrados no Apêndice A-5. Uma correção para as contrações laterais geralmente não é necessária para esse tipo de vertedor. Uma variação do vertedor de parede espessa usada para regular a vazão com mais precisão é o vertedor multiestágios, como mostrado na Figura 5-9.

A vazão para o vertedor de dois estágios, mostrado na Figura 5-9, é calculada adicionando-se a vazão para a crista primária e a vazão para a crista secundária, como detalhado no Exemplo 5-6.

Exemplo 5-4

Problema

Calcule a vazão que flui sobre um vertedor triangular de 60 graus se $H = 4{,}0$ polegadas.

Solução

Primeiro, calcule $\theta/2$:

$$\frac{\theta}{2} = \frac{60}{2} = 30°$$

Em seguida, calcule H em pés:

$H = 4{,}0$ pol $= 0{,}33$ pé

Depois, considera-se c como

$c = 2{,}5$

Finalmente, calcule Q a partir da Equação 5-7:

$$Q = c\left\{\tan\frac{\theta}{2}\right\}H^{5/2}$$
$$= (2{,}5)(\tan 30°)(0{,}33)^{5/2}$$
$$= 0{,}090 \text{ cfs} \quad \text{(Resposta)}$$

Exemplo 5-5

Problema

Calcule a vazão que escoa sobre um vertedor retangular de parede espessa com largura de 9,0 polegadas, comprimento de 4,0 pés e carga de 1,25 pé.

Solução

Primeiro, calcule c usando a tabela no Apêndice A-5:

$c = 3{,}215$

(O valor de c é encontrado pela interpolação entre valores para $H = 1{,}2$ e $H = 1{,}4$.) Então, calcule Q usando a Equação 5-4:

$$Q = cLH^{3/2}$$
$$= (3{,}215)\,(4{,}0)\,(1{,}25)^{3/2}$$
$$= 18 \text{ cfs} \quad \text{(Resposta)}$$

Exemplo 5-6

Problema

Calcule a vazão que flui sobre um vertedor de dois estágios, como o mostrado na Figura 5-9, se a cota do nível d'água da represa for de 235,50 pés. O comprimento total do vertedor é de 22,00 pés, e o comprimento da crista primária é de 4,00 pés. A largura da crista é de 1,00 pé. A cota da crista primária é de 233,00, e a da crista secundária, 233,50.

Solução

Etapa 1: calcule a vazão, Q_1, sobre a crista primária. A carga, H_1, é calculada a partir das cotas da superfície da água e da crista:

$$\begin{aligned} H_1 &= 235{,}50 - 233{,}00 \\ &= 2{,}50 \text{ pés} \end{aligned}$$

Então, usando a tabela no Apêndice A-5, encontramos c_1:

$$c_1 = 3{,}31$$

Portanto, a vazão Q_1 é

$$\begin{aligned} Q_1 &= c_1 L_1 H_1^{3/2} \\ &= (3{,}31)\,(4{,}00)\,(2{,}50)^{3/2} \\ &= 52{,}3 \text{ cfs} \end{aligned}$$

Etapa 2: calcule a vazão, Q_2, sobre a crista secundária. Primeiro, calcule a carga, H_2:

$$\begin{aligned} H_2 &= 235{,}50 - 233{,}50 \\ &= 2{,}00 \text{ pés} \end{aligned}$$

Então, usando a tabela no Apêndice A-5, encontre c_2:

$$c_2 = 3{,}30$$

O comprimento da crista secundária não inclui o comprimento da crista principal. Então, $L_2 = 22{,}0 - 4{,}00 = 18{,}0$ pés. Portanto, a vazão Q_2 é

$$\begin{aligned} Q_2 &= c_2 L_2 H_2^{3/2} \\ &= (3{,}30)\,(22{,}0 - 4{,}00)\,(2{,}00)^{3/2} \\ &= 168{,}0 \text{ cfs} \end{aligned}$$

Etapa 3: calcule a vazão total, Q:

$$\begin{aligned} Q &= Q_1 + Q_2 \\ &= 52{,}3 + 168{,}0 \\ &= 220{,}3 \text{ cfs} \\ &= 220{,}0 \text{ cfs} \quad \text{(Resposta)} \end{aligned}$$

Vertedor de Ogiva

Um tipo de vertedor retangular comumente usado como vertedor para uma represa é o **vertedor de ogiva**, mostrado na Figura 5-5(c). Sua superfície arredondada e lisa reduz perdas de energia por contração nas bordas conforme a água passa sobre a crista, aumentando, portanto, a vazão Q para uma dada carga H, em comparação com vertedores de parede delgada ou de parede espessa. O cálculo da vazão não é abordado neste texto, porque aplicações de vertedores de ogiva não são contempladas.

A forma geométrica de um vertedor cimáceo (ou vertedor de ogiva) é composta por curvas com raios dependentes de uma carga específica prevista. No entanto, o termo é comumente aplicado a vertedores que têm a forma geral mostrada na Figura 5-5(c).

5.3 FLUXO SOB UMA COMPORTA

Uma **comporta** é uma abertura em um reservatório, usada em geral para possibilitar a diminuição de volume ou o seu esvaziamento. Uma comporta é usada também para proporcionar maior vazão ao curso d'água alimentado pelo reservatório. As comportas são, geralmente, retangulares, e algumas vezes são chamadas de comporta de entrada, comporta de desvio e comporta plana. Uma comporta plana, mostrada na Figura 5-10, regula a vazão escoada em um canal. Nesse caso, uma das comportas retangulares é completamente aberta. O mecanismo de suspensão pode ser visto acima das comportas.

O fluxo sob uma comporta é modelado como um orifício, desde que a profundidade do reservatório seja grande, em comparação à altura da abertura da comporta. Portanto, o cálculo da vazão sob uma comporta é realizado por meio da equação do orifício, Equação 5-3. Mas, como as contrações que ocorrem nas bordas são diferentes de um orifício de bordas retas, o valor de c não é o usado na Seção 5-1, mas deve ser determinado para cada comporta, individualmente. Valores de c para várias comportas reais têm sido determinados experimentalmente e costumam variar de 0,70 a 0,85.

FIGURA 5-10 Comporta plana descarregando em um canal.

A maioria das comportas planas é construída no nível do fundo do reservatório, resultando em três contrações, com frequência, denominadas *descarga de fundo*. Se a comporta estiver acima do fundo, como mostrado na Figura 5-11(b), há quatro contrações, e o valor de c é reduzido.

Quando uma comporta plana se ergue, o escoamento resultante sob a comporta pode assumir uma das três formas exibidas na Figura 5-12. Dependendo de fatores como a largura e a declividade do canal a jusante e a vazão, o perfil da superfície líquida pode formar uma superfície plana, similar à exibida na Figura 5-12(a), ou pode ocorrer um ressalto hidráulico a uma pequena distância a jusante, como mostrado na Figura 5-12(b), ou então pode prevalecer uma condição submersa, como se vê na Figura 5-12(c). Se uma comporta estiver submersa, o valor de h na equação do orifício deve ser medido imediatamente a jusante da comporta, e não mais adiante, onde o nível da água é superior.

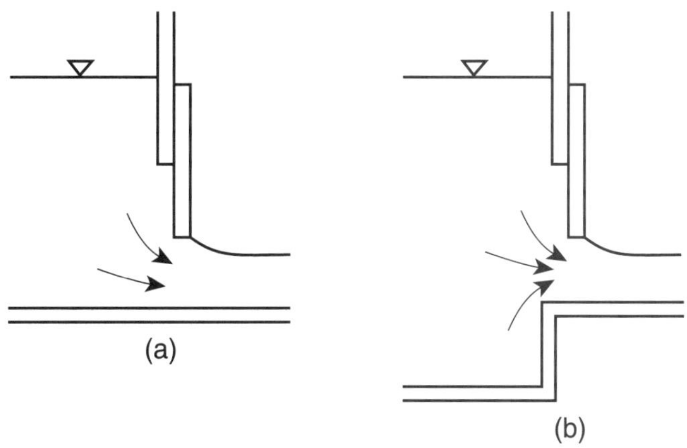

FIGURA 5-11 Comportas verticais (a) no mesmo nível do fundo do reservatório e (b) acima do fundo do reservatório.

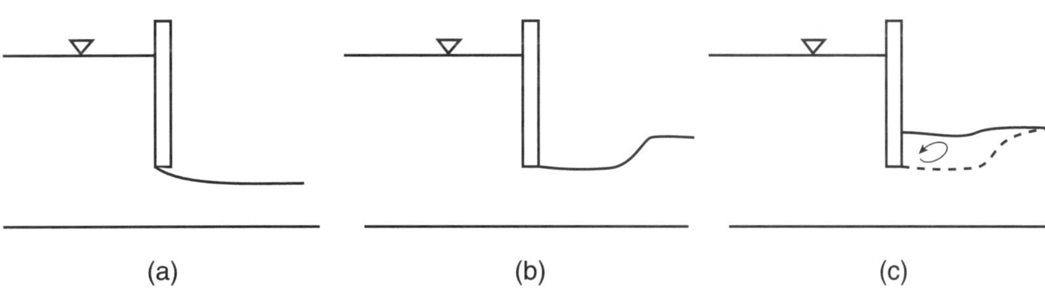

FIGURA 5-12 Tipos de escoamento sob uma comporta.

5.4 ESCOAMENTO POR SIFÃO

Um **sifão** é um tubo usado para esvaziar um reservatório, começando em um nível superior, na água represada, e seguindo a um nível inferior, no canal a jusante. Por exemplo, se o reservatório de uma represa tiver que ser esvaziado mas não houver comporta de fundo, um sifão pode ser usado, como se vê na Figura 5-13.

Quando a parte mais alta do tubo se enche de água, o escoamento no sifão ocorre de acordo com o princípio de Bernoulli, como ilustrado na Figura 5-14. A carga de energia total que conduz o escoamento é a distância vertical a partir da superfície do reservatório até o centro da extremidade de descarga do tubo (se estiver descarregando livremente na atmosfera). O escoamento sobre o alto da represa não prejudica a descarga, porque a energia necessária para impulsionar a água do ponto *A* até o ponto *B*, na Figura 5-14(a), é compensada pela sucção na seção do ponto *C* até o ponto *D*.

No entanto, o escoamento em um sifão experimenta as mesmas perdas de energia associadas a qualquer escoamento em um tubo. Perdas identificadas no exemplo da Figura 5-14(a) incluem perda na entrada, perdas nas quatro curvas e perda de atrito ao longo de toda a extensão do tubo.

Um sifão é, algumas vezes, citado como um conduto fechado que se eleva acima da linha do gradiente hidráulico. A Figura 5-14 mostra a HGL (desprezando a perda na entrada) para um sifão e uma descarga livre convencional. Observe que uma parte do sifão se localiza acima da HGL, indicando que a água sofre pressão negativa nesse trecho da tubulação.

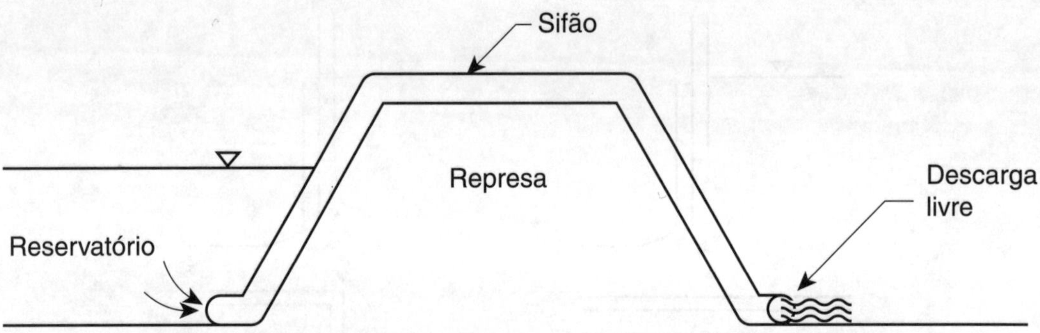

FIGURA 5-13 Um sifão usado para esvaziar um reservatório.

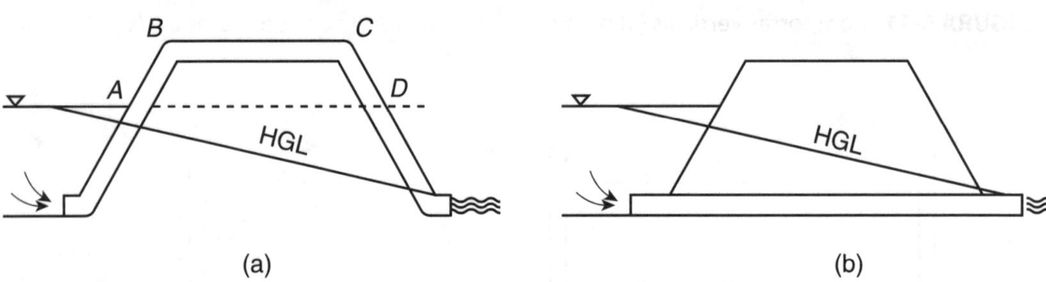

FIGURA 5-14 Comparação entre (a) um sifão com escoamento acima da HGL e (b) uma descarga com escoamento abaixo da HGL.

Alguns dos problemas práticos associados a sifões incluem o início e a interrupção do fluxo quando se alcança o esvaziamento desejado. Outro problema é o acúmulo de ar no ponto alto do tubo. Para ativar um sifão, usa-se uma bomba. A água é bombeada do reservatório até o ponto alto para carregar o sifão (denomina-se *escorvar* o sifão). Quando o sifão estiver escorvado, ele começará a funcionar e continuará por conta própria. Para interromper o escoamento, uma válvula pode ser fechada, ou pode ser introduzido ar no ponto alto para bloquear a ação do sifão. Se houver uma válvula na extremidade de descarga do sifão, seu fechamento o interromperá e o manterá carregado, desde que nenhum vazamento de ar comprometa a pressão negativa.

No ponto alto de um sifão, o ar pode acumular-se conforme a água flui durante um período. É o mesmo problema que ocorre com uma tubulação pressurizada escoando por gravidade e com uma tubulação de recalque. Para liberar o ar e prevenir um grande acúmulo, deve haver no ponto alto uma válvula de liberação de ar (comumente denominada *ventosa*).

Os sifões também são usados para permitir o ecoamento de um reservatório a outro se houver uma obstrução entre eles. A Figura 5-15 exibe um caso desses. Esse sifão, embora em uma escala maior, deve ser operado como descrito anteriormente.

Outra aplicação dos sifões é o vertedor em sifão para uma represa. Mostrado na Figura 5-16, um vertedor em sifão consiste em um tubo em forma de U invertido com uma entrada abaixo do nível normal de água, e a parte mais baixa do ponto alto coincide com o nível normal de água. Durante uma chuva, quando o nível de água se eleva, a água inicialmente flui pelo tubo sem pressão (como conduto livre), simulando um vertedor. Quando o nível da água se eleva o suficiente para escorvar o sifão, o tubo funciona como conduto forçado, e começa a ação do sifão.

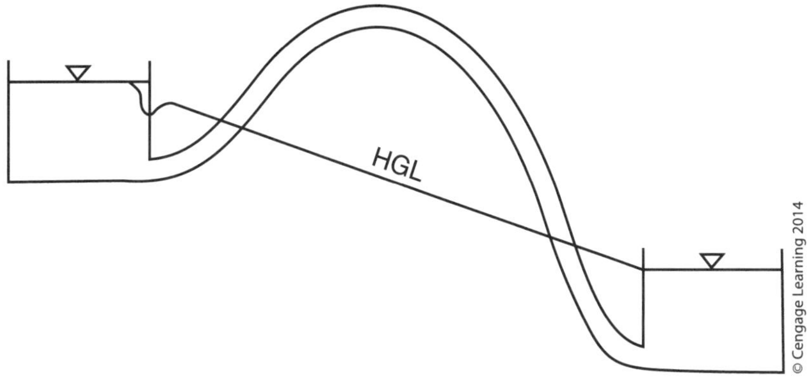

FIGURA 5-15 Um sifão conectando dois reservatórios.

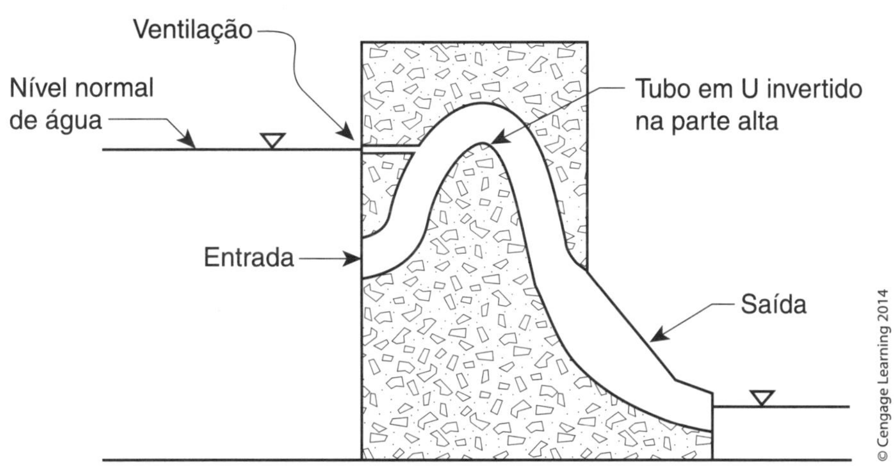

FIGURA 5-16 Vertedor em sifão.

Para prevenir que o vertedor em sifão eventualmente esvazie o reservatório a um nível abaixo do nível normal de água, um tubo de ventilação é colocado no nível normal de água. Assim, quando o nível de água retrocede, o respiradouro é exposto à pressão atmosférica, e a ação do sifão é interrompida.

EXERCÍCIOS PROPOSTOS

1. Calcule a vazão, Q, através de um orifício de 15 polegadas de diâmetro em uma parede vertical que represa água a uma profundidade de 7,5 pés acima do centro do orifício. O orifício tem bordas retas e descarrega livremente.

2. Um lago artificial é formado por uma barragem de terra com um orifício de bordas retas de 12 polegadas por 12 polegadas, para esvaziamento. A cota da superfície do lago é 928,75, e a do ponto mais baixo do orifício é 905,25. Quando o orifício é aberto, qual a vazão, em cfs, escoada?

3. Um reservatório é esgotado por um orifício de bordas retas de 10 polegadas de diâmetro, com centro na cota 289,12 que deságua diretamente em uma correnteza com a superfície da água na cota 293,59. A cota da superfície do reservatório é 296,85. Calcule a vazão através do orifício.

4. Por um orifício de 3 polegadas de diâmetro escoa água de uma bacia de detenção com nível de água na cota de 472,00 polegadas. O centro do orifício está na cota 467,50 pés. Calcule a vazão escoada.

5. Na questão 4, se a cota do nível d'água a jusante for 470,00 pés, qual será a vazão?

6. Um orifício de bordas retas e de 150 mm de diâmetro transporta o fluxo de um reservatório com nível de água na cota 79,25 m. O centro do orifício está na cota 66,10 m. Calcule a vazão para o fluxo livre.

7. Na questão 6, se a cota do nível d'água a jusante for 71,98 m, qual será a vazão?

8. Um tanque cujas medidas são 10,0 pés por 10,0 pés por 10,0 pés está completamente cheio de água. Se houver um orifício de bordas retas e de 4 polegadas de diâmetro 1,00 pé acima do fundo do tanque (em relação ao centro do orifício): (a) qual será a vazão? (b) Estime o tempo necessário para esvaziar metade do tanque.

9. Calcule a vazão escoada sobre um vertedor triangular de 90 graus se a cota for de 7,5 polegadas.

10. Calcule a vazão escoada sobre um vertedor triangular de 60 graus se a carga hidráulica sobre o mesmo for de 6,25 polegadas.

11. Calcule a vazão escoada sobre o vertedor retangular de parede delgada mostrado a seguir.

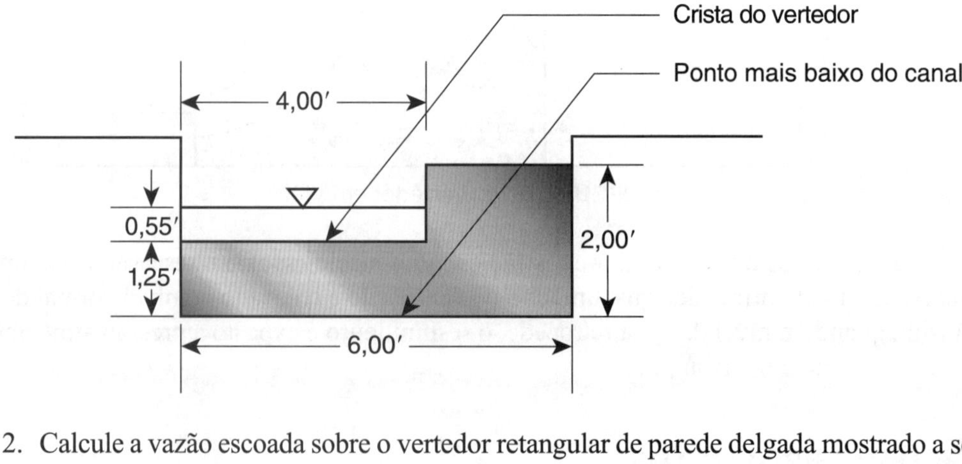

12. Calcule a vazão escoada sobre o vertedor retangular de parede delgada mostrado a seguir.

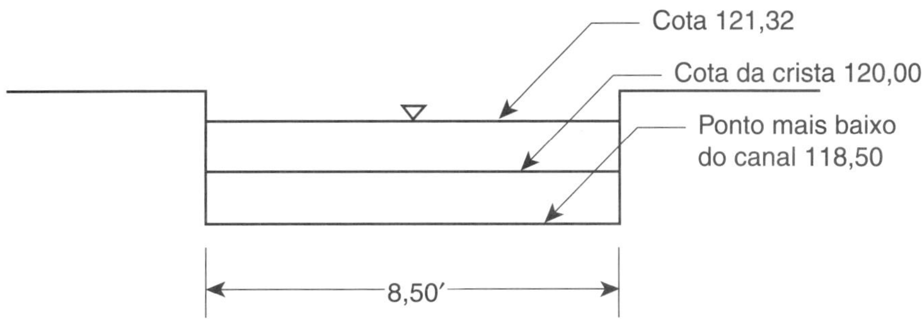

13. Calcule a vazão escoada sobre o vertedor de parede delgada mostrado a seguir.

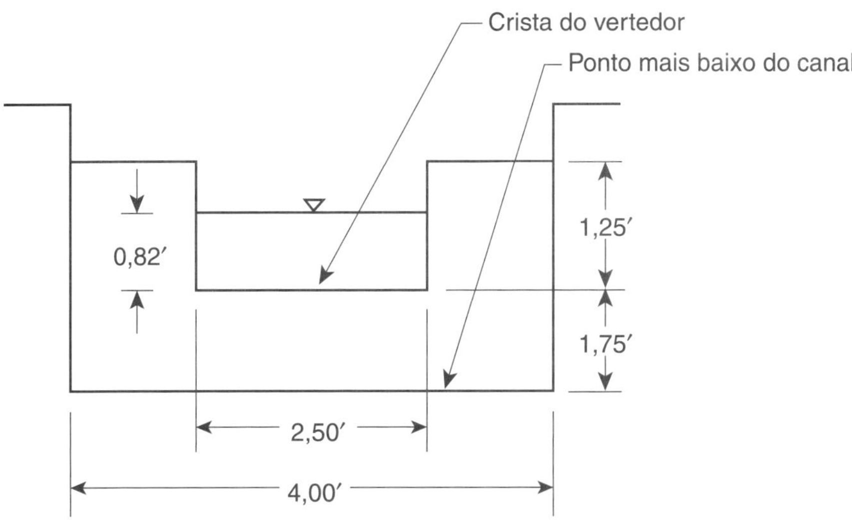

14. Calcule a vazão escoada sobre um vertedor de parede espessa com largura de crista igual a 18 polegadas e dimensões como as mostradas na questão 12.

15. Calcule a vazão escoada sobre o vertedor retangular de dois estágios mostrado a seguir, considerando que a largura de cada crista é de 2,00 pés.

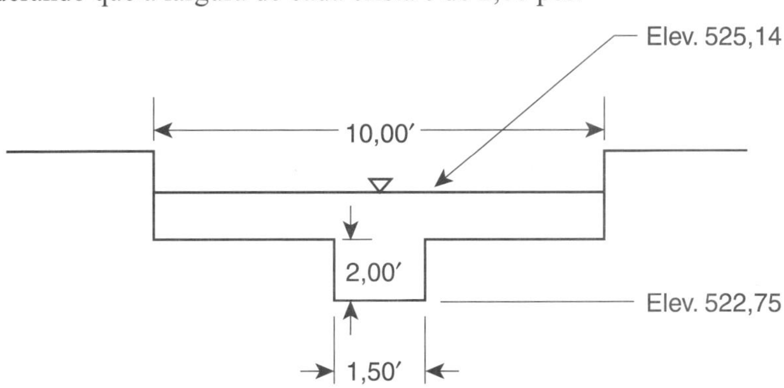

16. Um vertedor de parede espessa é formado a partir de um corte retangular de 1,0 pé de espessura em uma parede de concreto. O corte tem 2,0 pés de profundidade e 14,0 pés de comprimento. Se o nível d'água do reservatório subir até o topo da parede, qual será a vazão escoada sobre o vertedor?

17. Um vertedor curvo de parede espessa é mostrado a seguir. Qual é a vazão escoada quando o nível d'água do reservatório alcançar os seguintes níveis: (a) 322,10 pés, (b) 324,17 pés, e (c) 325,24 pés. Determine as dimensões por escala.

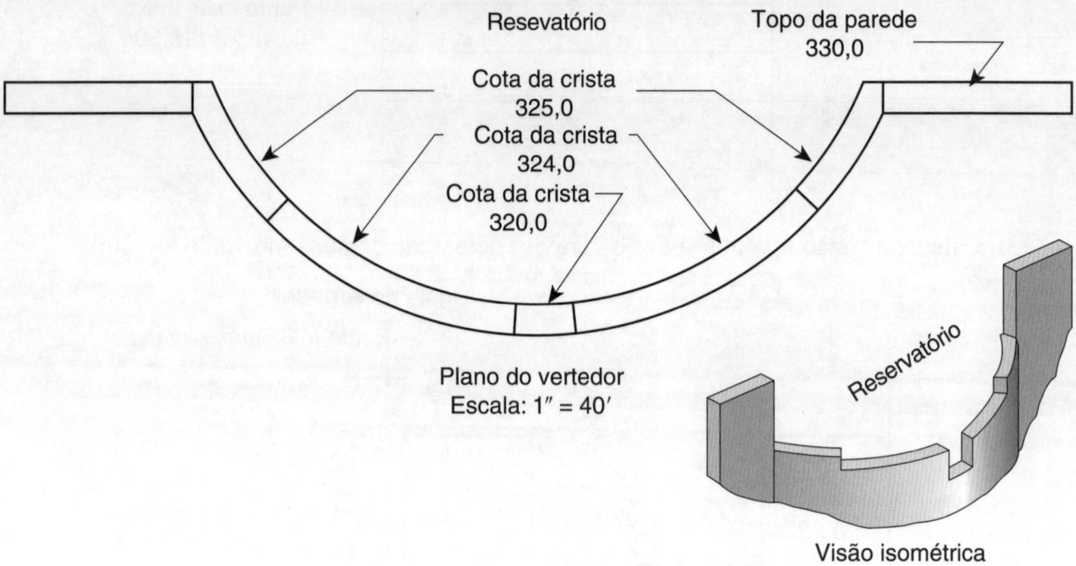

18. Uma comporta plana em uma represa é erguida em metade de sua altura para permitir o esvaziamento de um reservatório. A comporta mede 4,00 pés de largura por 6,25 pés de altura. A superfície da água do reservatório está 12,72 pés acima do fundo da abertura da comporta. O coeficiente de descarga, *c*, para a comporta é 0,77. Calcule a vazão escoada.

19. Um tubo flexível de 50 pés e 1 polegada de diâmetro é usado para esgotar uma piscina através de um sifão. A piscina mede 8,00 pés por 12,00 pés por 6,0 pés de profundidade. O tubo flexível descarrega livremente a 10,0 pés abaixo da superfície da piscina. Considere que o tubo tenha uma superfície lisa semelhante à de um tubo de aço trefilado novo. (a) Calcule a vazão escoada no tubo flexível. (b) Estime o tempo necessário para esvaziar a piscina até uma profundidade de 2,0 pés.

20. Um tubo de concreto é usado para desviar o fluxo de modo que possam ser realizados os reparos em uma barragem como mostrado a seguir. O tubo tem diâmetro de 15,0 pés e superfície lisa. Qual é a vazão no tubo?

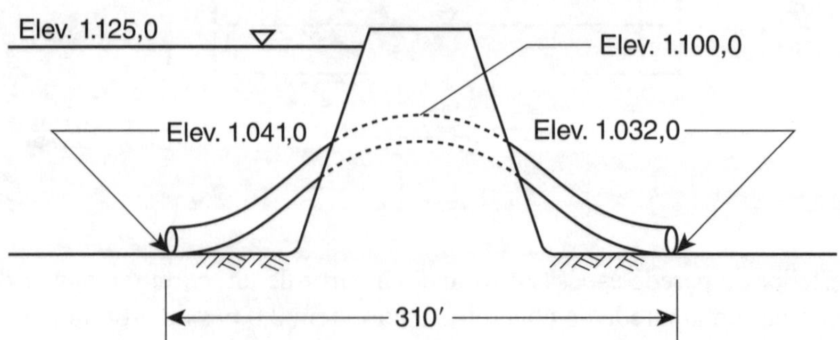

BIBLIOGRAFIA COMPLEMENTAR

BRATER, E. F.; KING, H. *Handbook of hydraulics*. 7. ed. Nova York: McGraw-Hill, 1976.

FRANCIS, J. B. *Lowell hydraulic experiments – being a selection from experiments on the flow of water over weirs, in open canals of uniform rectangular section, and through submerged orifices and diverging tubes*. Stokowski Press, 2011 (reimpressão).

MERRITT, F. S. (ed.). *Standard handbook for civil engineers*. 5. ed. Nova York: McGraw-Hill, 2004.

MOTT, R. L. *Applied fluid mechanics*. 46. ed. Englewood Cliffs: Prentice Hall, 2005.

PRASUHN, A. L. *Fundamentals of hydraulic engineering*. EUA: Oxford University Press, 1995.

SIMON, A. L.; KOROM, S. F. *Hydraulics*. 45. ed. Englewood Cliffs: Prentice Hall, 2002.

SMITH, H. *Hydraulics, the flow of water through orifices, over weirs, and through open conduits and pipes*. RareBooksClub.com, 2002 (reimpressão).

U.S. BUREAU OF RECLAMATION. *Design of small dams*. 3. ed. Denver: U.S. Department of the Interior, 2006.

CAPÍTULO

6

Hidráulica de Canais Abertos

Quando a água flui em declive em qualquer conduto com a superfície da água exposta à atmosfera (superfície livre), diz-se que ela está submetida a um **escoamento em canal aberto** ou, mais comumente, a um **escoamento livre**. Esse tipo de escoamento difere do realizado em conduto forçado (também denominado escoamento sob pressão), mas não é menos complexo. A hidráulica de canais abertos é o estudo das leis que regem o escoamento da água em condutos livres, o que geralmente inclui canais, cursos d'água e tubulações (excetuando-se as que operam sob pressão), como mostrado na Figura 6-1. Um exemplo de escoamento em canal aberto é mostrado na Figura 6-2, que apresenta um canal retangular construído para transportar um curso d'água através de um parque.

OBJETIVOS

Ao concluir este capítulo, o leitor deverá ser capaz de:

- Calcular a declividade de um canal.
- Calcular a área de seção transversal, o perímetro molhado e o raio hidráulico de um canal.
- Identificar a profundidade normal em um canal.
- Identificar e calcular a profundidade crítica em um canal.

6.1 CONCEITOS FUNDAMENTAIS

Para analisar o escoamento em canal aberto, vamos primeiro considerar um canal longo e uniforme, como o canal trapezoidal de concreto mostrado na Figura 6-1(a). Canal uniforme, ou **prismático**, é o que mantém constantes a forma e a declividade. O canal trapezoidal é mostrado em mais detalhes na Figura 6-3, incluindo um perfil e uma seção transversal. Os elementos essenciais do perfil são o fundo do canal, a superfície da água e a linha do gradiente de energia (EGL). Como discutimos na Seção 4.4, a linha do gradiente hidráulico (HGL) coincide com a superfície da água. A linha de gradiente de energia (EGL) está acima da superfície da água e pode ser paralela ou não, dependendo do tipo de escoamento.

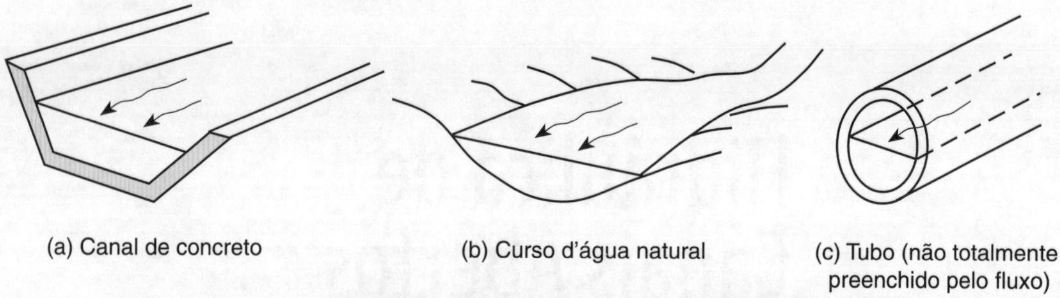

FIGURA 6-1 Exemplos de fluxo de canal aberto.

FIGURA 6-2 Canais abertos são frequentemente usados para transportar cursos d'água em áreas ocupadas. Este canal é retangular e tem paredes de pedra.

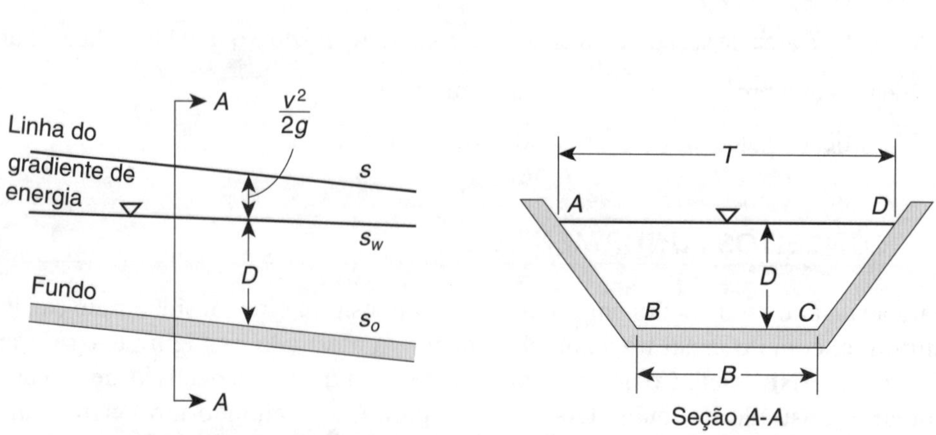

FIGURA 6-3 Canal de concreto com seção transversal trapezoidal.

A **declividade** do fundo do canal, s_0, é definida como o desnível vertical dividido pelo comprimento horizontal do fundo. Assim, o fundo de um canal que se rebaixa em 1,00 pé (m) em uma extensão de 20,0 pés (m) tem declividade de 0,050 pé/pé (m/m). Ou seja,

$$s_0 = \frac{\text{desnível}}{\text{comprimento}}$$
$$= \frac{1{,}00}{20{,}0} = 0{,}050 \text{ pé/pé (m/m)}$$

A declividade também pode ser expressa como uma porcentagem, multiplicando-se por 100. Dessa forma, a declividade calculada anteriormente, expressa como uma porcentagem, é 5,0%.

A Figura 6-3 revela duas outras declividades envolvidas com o escoamento em canais abertos: a declividade da lâmina d'água, s_w, e a da linha do gradiente de energia, s. Essas declividades também são definidas como desnível dividido pela extensão, como acontece com a declividade do fundo.

A **profundidade** do escoamento, D, é a distância vertical do fundo do canal até a superfície da água. A **área de seção transversal** do fluxo, a, é a área de uma seção transversal do escoamento. Na Figura 6-3, a área de seção transversal é a área do trapezoide, ou

$$a = \left(\frac{T + B}{2}\right) D$$

Um conceito importante na hidráulica de canais abertos é o **perímetro molhado**. O perímetro molhado, p, é a distância, ao longo da seção transversal do canal, que está em contato com a água em escoamento. Na Figura 6-3, o perímetro molhado é a soma das distâncias AB, BC e CD. Outro conceito importante é o **raio hidráulico**. O raio hidráulico, R, de um canal é definido como a área de seção transversal (também denominada área molhada) dividida pelo perímetro molhado, ou

$$R = \frac{a}{p} \tag{6-1}$$

O raio hidráulico não é verdadeiramente um "raio" no sentido geométrico; ele é simplesmente um termo definido para indicar a eficiência hidráulica de um canal. Esse conceito será explorado no Capítulo 7. O escoamento em canal aberto pode ser classificado em vários tipos de escoamento (também denominado *regime*), como definido na Seção 4.2. Uma dessas classificações trata-se de escoamento uniforme *versus* escoamento variado. A distinção entre esses tipos de escoamento é muito importante, por isso eles serão considerados em capítulos à parte: o escoamento uniforme no Capítulo 7 e o escoamento variado no Capítulo 8.

Outra classificação trata-se de escoamento laminar *versus* escoamento turbulento. Em problemas relacionados com canais abertos, encontrados na engenharia, o escoamento é quase sempre turbulento. No entanto, o escoamento laminar pode ocorrer quando a profundidade é muito rasa, como o encontrado em escoamento de águas pluviais (discutido no Capítulo 10).

Exemplo 6-1

Problema

Para o canal trapezoidal mostrado a seguir, calcule a declividade, s_o; a área de seção transversal, a; o perímetro molhado, p; e o raio hidráulico, R.

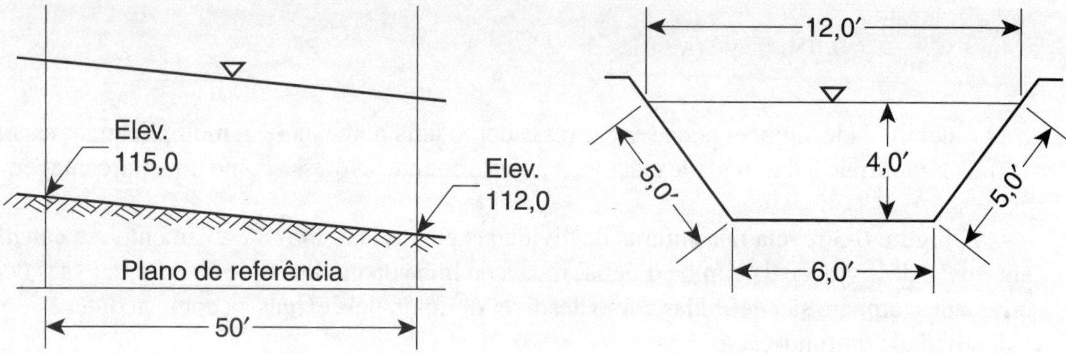

Solução

A declividade é calculada com o uso das cotas e do comprimento.

$$s_o = \frac{115{,}0 - 112{,}0}{50} = 0{,}060 \text{ pé/pé} = 6{,}0\%$$

A área de seção transversal e o perímetro molhado são calculados com o uso das dimensões da seção transversal. Assim,

$$a = \left(\frac{6{,}0 + 12{,}0}{2}\right) 4{,}0 = 36 \text{ s.f.}$$

$$p = 5{,}0 + 6{,}0 + 5{,}0 = 16 \text{ pés}$$

O raio hidráulico é calculado por meio da Equação 6-1. Portanto,

$$R = \frac{a}{p} = \frac{36}{16} = 2{,}25 \text{ pés}$$

Observação: quando aplicamos os algarismos significativos, o raio hidráulico é 2,3 pés.

6.2 TIPOS DE CANAIS

Canais construídos para o transporte de água podem ter muitas formas diferentes de seção transversal, assim como diferentes declividades e alinhamentos. Se um canal muda a forma, a declividade ou o alinhamento, ele é não prismático e as características do escoamento são também afetadas. Essas alterações modificam o escoamento uniforme e causam condições de escoamento variado, que requerem técnicas de cálculo especiais, como discutido no Capítulo 8. Seções transversais de canais típicas são exibidas na Figura 6-4.

Os canais são também construídos com muitos materiais diferentes – de solo revestido de grama, pedras ou concreto. O material usado para formar um canal é chamado de revestimento do canal. O tipo de material afeta o escoamento porque aumenta ou diminui a velocidade na superfície entre a água e o revestimento do canal. De acordo com a equação de continuidade (Equação 4-3), se a velocidade for afetada, a área de seção transversal e, consequentemente, a profundidade também serão.

A velocidade máxima ocorre logo abaixo da superfície livre no centro do canal e pode atingir uma magnitude de 2,0 a 2,5 vezes a velocidade média. A Figura 6-5 mostra típicas distribuições de velocidade para canais retangulares e trapezoidais. As velocidades mais baixas manifestam-se ao longo do revestimento do canal.

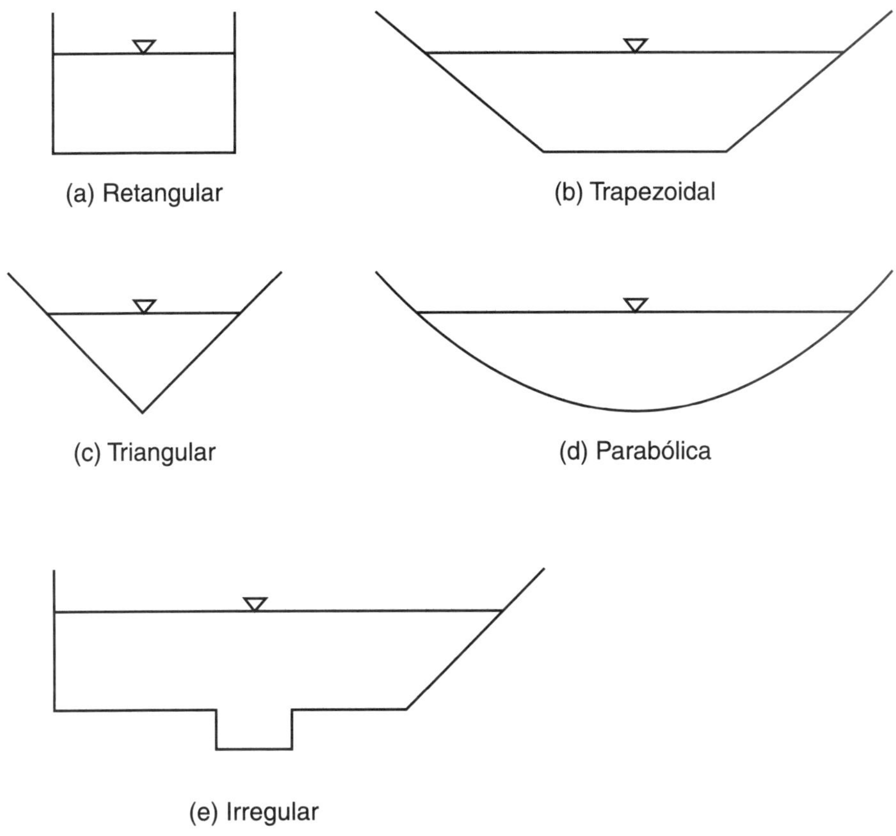

FIGURA 6-4 Formas típicas de seções transversais de canais.

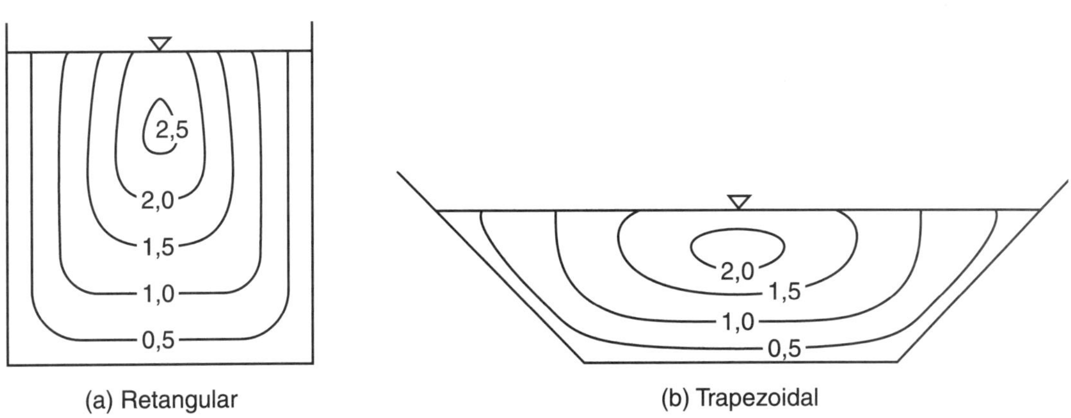

FIGURA 6-5 Distribuições de velocidade em canais retangulares e trapezoidais. Os valores são múltiplos da velocidade média.

6.3 PROFUNDIDADE NORMAL

Quando a água escoa em um canal prismático, depois de uma transição inicial, ela alcança e mantém uma velocidade constante e uma profundidade constante chamada **profundidade normal**, D_n. A água em escoamento é impulsionada a jusante por seu peso, especificamente o componente de seu peso na direção do canal. Mas a força de atrito produzida no revestimento das paredes e do fundo do canal é igual em magnitude e oposta em direção, criando um equilíbrio conduzindo a velocidade constante. A linha do gradiente de energia é paralela à superfície da água, porque a velocidade – e, portanto, a carga de velocidade – é constante. Ou seja, todas as três inclinações na Figura 6-3 são iguais, ou $s_o = s_w = s$ e $D = D_n$.

Outra exigência para a profundidade normal é vazão constante, Q. Para todo o nosso trabalho em escoamento de canais abertos, vamos assumir vazão constante.

A profundidade normal depende da declividade, da rugosidade do revestimento, das dimensões da seção transversal e da vazão escoada. Para declividades mais acentuadas, D_n é menor; para declividades menores, D_n é maior. Para canais mais rugosos, D_n é maior; para canais mais lisos, D_n é menor. Para canais mais largos, D_n é menor; para canais mais estreitos, D_n é maior. Para valores menores de Q, D_n é menor; valores maiores de Q resultam em valores maiores de D_n. Essas características serão quantificadas no Capítulo 7.

6.4 PROFUNDIDADE CRÍTICA

A **energia específica**, E, é definida como $E = D + v^2/2g$, ou a carga de energia total acima do fundo do canal. Se assinalarmos valores de E contra os valores correspondentes de D resultando das variações em profundidade para o mesmo valor de Q, obteremos uma curva como a mostrada na Figura 6-6.

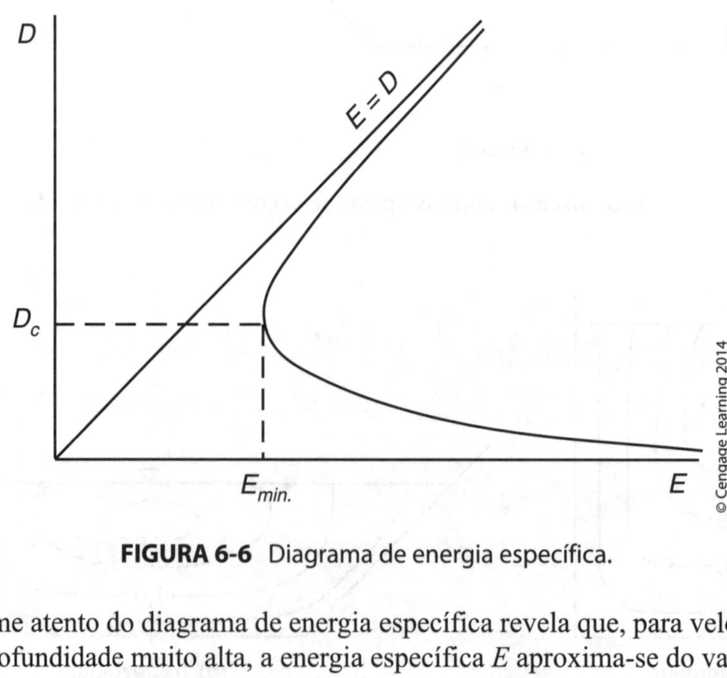

FIGURA 6-6 Diagrama de energia específica.

Um exame atento do diagrama de energia específica revela que, para velocidade muito baixa com profundidade muito alta, a energia específica E aproxima-se do valor de D. Para alta velocidade, a profundidade aproxima-se de zero, significando que E é composto quase completamente de $v^2/2g$. Um valor particular de D, chamado **profundidade crítica**, designado D_c, resulta no valor mínimo de E. A profundidade crítica é um conceito teórico que depende apenas da forma do canal e da vazão Q. Ela não depende da rugosidade do revestimento ou da declividade do canal. Em geral, profundidades de escoamento maiores que a profundidade crítica representam um escoamento mais tranquilo chamado **subcrítico**, e profundidades abaixo de D_c representam um escoamento mais rápido chamado **supercrítico**.

A velocidade de escoamento em profundidade crítica é chamada **velocidade crítica**. Quando um canal possui uma declividade que faz a profundidade normal coincidir com a profundidade crítica, a declividade é chamada **declividade crítica**. A profundidade crítica é calculada por meio da seguinte relação, que ocorre somente na energia específica mínima, E:

$$\frac{a^3}{T} = \frac{Q^2}{g} \qquad (6\text{-}2)$$

onde a = área de seção transversal do canal (área molhada), pés² (m²)
T = largura do canal na superfície líquida, pés (m)
Q = vazão, cfs (m³/s)
g = aceleração de gravidade, 32,2 pés/s² (9,81 m/s²)

A Equação 6-2 aplica-se a todas as formas de canal e deve, geralmente, ser resolvida por método de tentativa e erro. No entanto, ela é válida apenas se o escoamento for gradualmente variado ou paralelo ao fundo do canal e a declividade do canal for pequena (menos de 8%). Para canais retangulares, a Equação 6-2 se reduz a

$$D_c = \sqrt[3]{\frac{Q^2}{T^2 g}} \qquad (6\text{-}3)$$

Para quaisquer canal e vazão Q, há uma profundidade crítica correspondente. Usualmente, a profundidade normal em um canal não é igual à profundidade crítica. Apenas uma declividade em particular resulta em uma profundidade normal igual à profundidade crítica (conforme mencionado, denominada declividade crítica).

A ocorrência mais comum de profundidade crítica está no escoamento gradualmente variado, no qual a profundidade do escoamento varia sobre uma distância exata em razão de uma mudança em um ou mais atributos do canal. A mudança pode ser na declividade do canal ou na forma da seção transversal. Conforme a profundidade varia, a profundidade crítica pode ser alcançada dentro da região de transição. Por exemplo, a Figura 6-7 mostra um perfil de uma transição de canal de escoamento subcrítico para supercrítico. A profundidade do escoamento está na profundidade crítica perto do ponto de transição. Observe, na Figura 6-7, que a profundidade crítica teórica não se altera quando a declividade do canal muda.

Um parâmetro chamado **número Froude** pode ser usado para distinguir entre escoamento subcrítico e supercrítico. Para um canal retangular, o número Froude, $\boldsymbol{F}$, é definido como

$$\boldsymbol{F} = \frac{v}{\sqrt{gD}} \qquad (6\text{-}4)$$

onde $\boldsymbol{F}$ = número Froude (adimensional)
v = velocidade média, pés/s (m/s)
D = profundidade do escoamento, pés (m)
g = aceleração de gravidade, 32,2 pés/s² (9,81 m/s²)

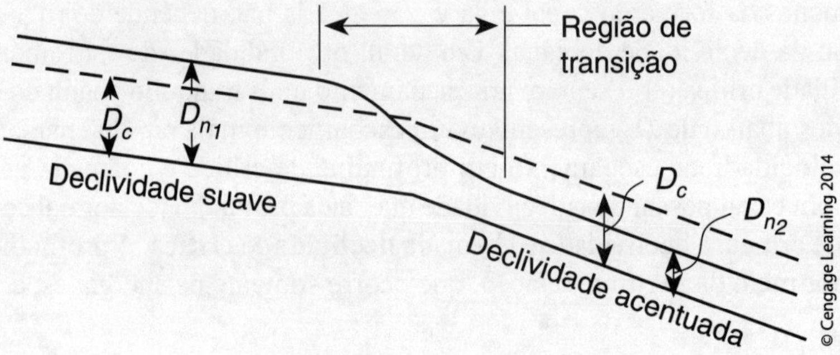

FIGURA 6-7 Transição de canal. Transições de escoamento subcrítico para supercrítico passando pela profundidade crítica.

Quando $\boldsymbol{F} = 1$, o escoamento é crítico. O escoamento subcrítico ocorre quando $\boldsymbol{F} < 1$, e o escoamento supercrítico ocorre quando $\boldsymbol{F} > 1$. Para canais não retangulares, o número Froude é definido como

$$\boldsymbol{F} = \frac{v}{\sqrt{gD_h}} \tag{6-5}$$

onde D_h = profundidade hidráulica, pés (m)

A profundidade hidráulica, D_h, é definida como

$$D_h = \frac{a}{T} \tag{6-6}$$

onde a = área de seção transversal, pés² (m²)
T = largura do canal na superfície líquida, pés (m)

O conceito de profundidade crítica, embora puramente teórico, oferece muitas aplicações na hidráulica de canais abertos. Duas grandes aplicações do princípio são o controle e a medição de vazão. No Capítulo 8, a profundidade crítica será usada na análise das curvas de remanso e do escoamento que entra em um canal. Então, no Capítulo 9, a profundidade crítica será usada na análise do escoamento através de bueiros.

Exemplo 6-2

Problema

Calcule a profundidade crítica em um canal trapezoidal cujo comprimento do fundo é de 6,00 pés, as declividades das paredes laterais são de 2:1, e a declividade longitudinal é de 1,00%. O canal é revestido de concreto em boas condições e a vazão escoada é 80,0 cfs.

Solução

A condição do concreto é irrelevante, pois D_c não depende da rugosidade. A declividade também é irrelevante pelo mesmo motivo. Portanto, determine primeiro o valor de Q^2/g, que é a parte direita da Equação 6-2.

$$\frac{Q^2}{g} = \frac{80^2}{32{,}2} = 199$$

(Esse valor possui unidades inexpressivas de pés^5, as quais não nos preocuparemos em escrever nos cálculos.) A seguir, escolha os valores de profundidade e utilize cada um para calcular a^3/T, que é o lado esquerdo da Equação 6-2. A profundidade que resulta de um valor de a^3/T igual a 199 é a profundidade crítica.

Tentativa 1: seja $D_c = 1{,}00$ pé. Então, $a = 8{,}00$ pés² e $a^3 = 512$. A geometria do canal nos fornece $T = 10{,}0$ pés.

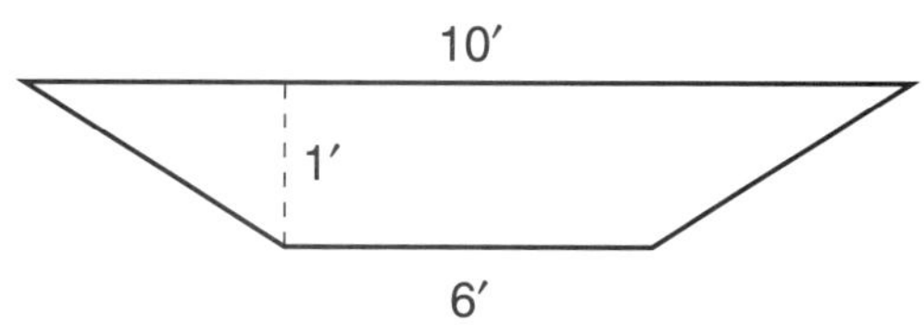

Portanto, $a^3/T = 512/10{,}0 = 51{,}2$. Esse valor é então comparado ao valor 199 já computado para Q^2/g. Como o valor de a^3/T é menor que 199, escolha um valor maior para a^3/T.

Tentativa 2: seja $D_c = 2{,}00$ pés. Então, $a = 20{,}0$ pés² e $a^3 = 8.000$. A geometria do canal nos fornece $T = 14{,}0$ pés.

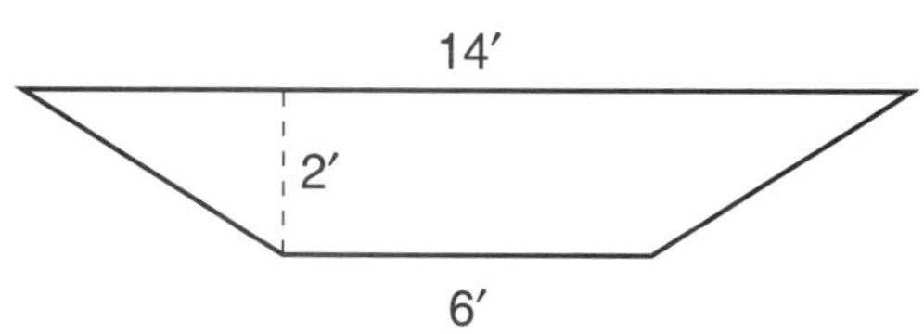

Portanto, $a^3/T = 8.000/14 = 571$. Como 571 é maior que 199, o valor correto de D_c está entre 1,00 pé e 2,00 pés. Uma estimativa pode ser feita com uma interpolação entre os dois conjuntos de números calculados até agora:

D_c	a^3/T
1,00	51,2
x	199
2,00	571

Interpolação: $$\frac{x-1}{2-1} = \frac{199-51{,}2}{571-51{,}2}$$

$$x-1 = \frac{147{,}8}{519{,}8}$$

$$= 0{,}284$$

$$x = 1{,}28$$

$$D_c = 1{,}28 \text{ pé}$$

Portanto, uma estimativa para D_c é 1,28 pé, que agora deve ser verificada.

Tentativa 3: seja D_c = 1,28 pé. Então, a = 11,0 pés², a^3 = 1.315 e T = 11,12 pés.

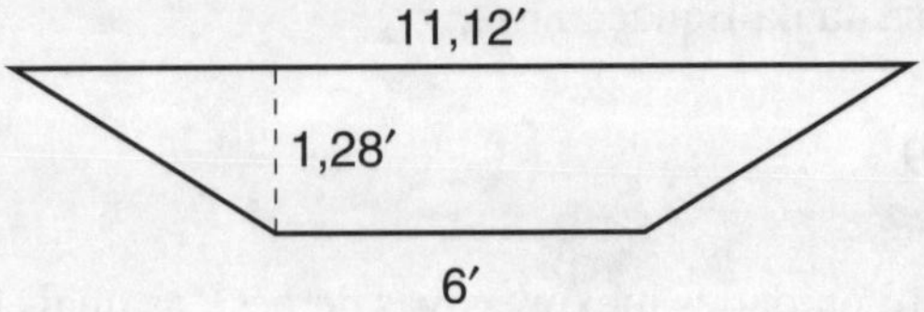

Portanto, a^3/T = 1.315/11,12 = 118. Como 118 difere de 199 em 41%, ele não é considerado uma aproximação adequada. Como 118 é menor que 119, escolha um valor maior para D_c — digamos, D_c = 1,50 pé.

Tentativa 4: seja D_c = 1,50 pé. Então, a = 13,5 pés², a^3 = 2.640 e T = 12,0 pés.

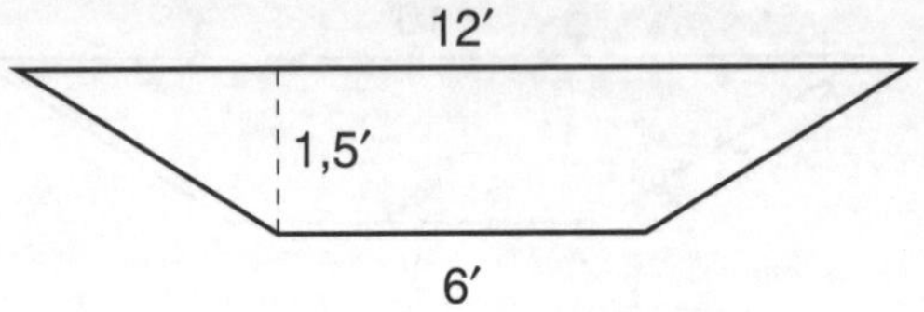

Portanto, a^3/T = 2.460/12 = 205. Como 205 difere de 199 em 3,0%, ele está na margem de uma aproximação adequada. Portanto, tente uma vez mais, com D_c = 1,49 pé.

Tentativa 5: seja D_c = 1,49 pé. Então, a = 13,38 pés², a^3 = 2.395 e T = 11,96 pés.

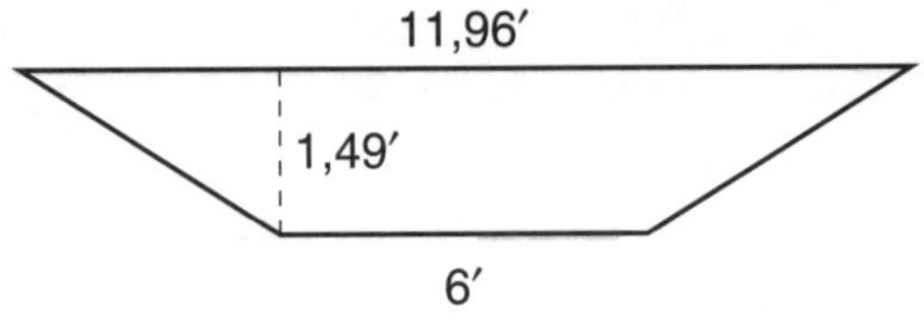

Portanto, a^3/T = 2.395/11,96 = 200. Como 200 difere de 199 em apenas 0,5%, ele é considerado uma aproximação adequada. Portanto, a profundidade crítica foi calculada como 1,49 pé. (Resposta)

Esse cálculo pode ser feito em formato tabular convencional, como a seguir: primeiro, calcule Q^2/g = 199. Em seguida, crie uma tabela com cada parâmetro a ser calculado disposto no topo, lado a lado, e proceda às tentativas:

Tentativa	D_c (pés)	a (pés²)	a^3	T (pés)	a^3/T
1	1,00	8,00	512	10	51,2
2	2,00	20,0	8.000	14	571
3	1,28	11,0	1.315	11,12	118
4	1,50	13,5	2.460	12	205
5	1,49	13,4	2.395	11,96	200

Essa tabela pode ser calculada por meio de um software de planilhas.

EXERCÍCIOS PROPOSTOS

1. Um topógrafo detecta que o fundo de um canal retangular se inclina 3,75 pés em uma distância de 200,0 pés. Qual é a declividade do canal?

2. A cota do fundo de um canal trapezoidal é 422,05 no ponto 1 + 00 e 423,92 no ponto 1 + 50. Qual é a declividade do canal?

3. Um canal retangular de 6,00 pés de largura tem uma profundidade normal de 2,45 pés. (a) Qual é a área de seção transversal do escoamento? (b) Qual é o perímetro molhado? (c) Qual é o raio hidráulico?

4. Um canal transporta vazão de 210 cfs a uma velocidade de 5,45 pés/s. Calcule a área de seção transversal do canal.

5. Considere a seguinte seção transversal de um canal. A profundidade normal é 1,50 pé. (a) Qual é a área de seção transversal do escoamento? (b) Qual é o perímetro molhado? (c) Qual é o raio hidráulico?

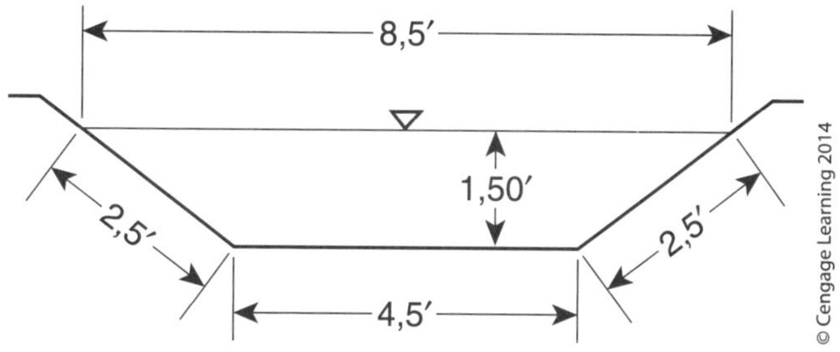

6. Considere a seguinte seção transversal de um canal. A profundidade normal é 3,0 pés. (a) Qual é a área de seção transversal do escoamento? (b) Qual é o perímetro molhado? (c) Qual é o raio hidráulico?

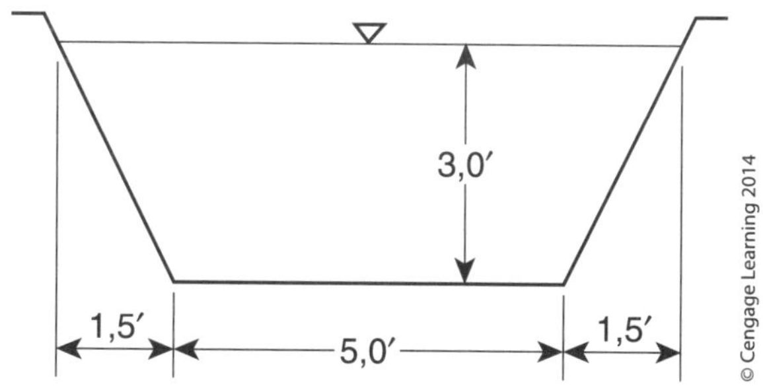

7. Considere a seguinte seção transversal de um canal. (a) Qual é a profundidade normal? (b) Qual é a área de seção transversal do escoamento? (c) Qual é o perímetro molhado? (d) Qual é o raio hidráulico?

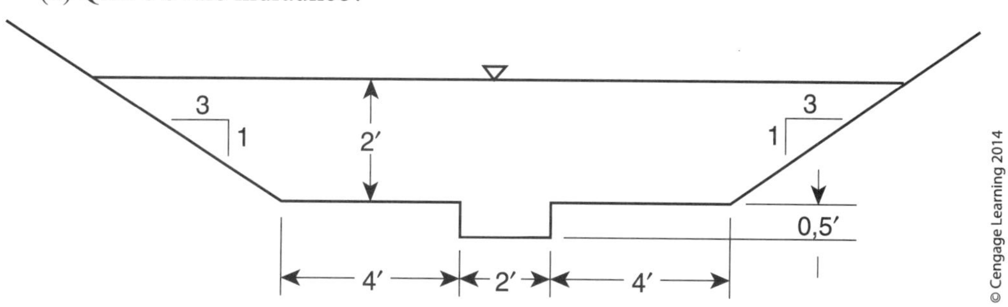

8. Um canal trapezoidal com comprimento de fundo de 4,00 pés e declividades laterais de 2 horizontal para 1 vertical possui uma profundidade normal de 5,00 pés. (a) Qual é a área de seção transversal do escoamento? (b) Qual é o perímetro molhado? (c) Qual é o raio hidráulico?

9. Considere a seguinte seção transversal de um canal. Determine por escala as dimensões do canal. (a) Qual é a profundidade normal? (b) Qual é a área da seção transversal do escoamento? (c) Qual é o perímetro molhado? (d) Qual é o raio hidráulico?

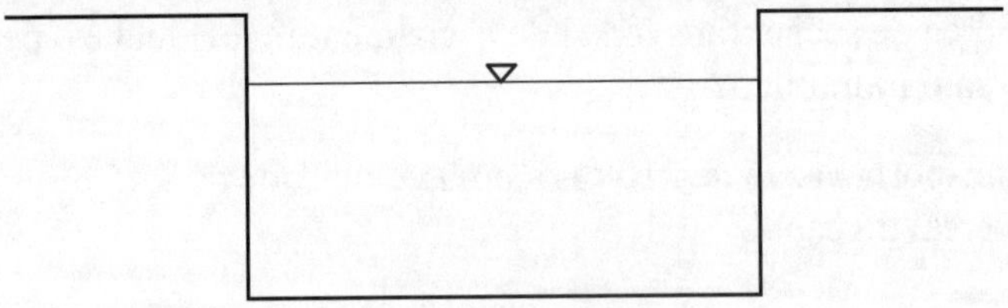

Seção transversal
Escala: 1″ = 4′

10. Considere a seguinte seção transversal de um canal. Determine por escala as dimensões do canal. (a) Qual é a profundidade normal? (b) Qual é a área da seção transversal do escoamento? (c) Qual é o perímetro molhado? (d) Qual é o raio hidráulico?

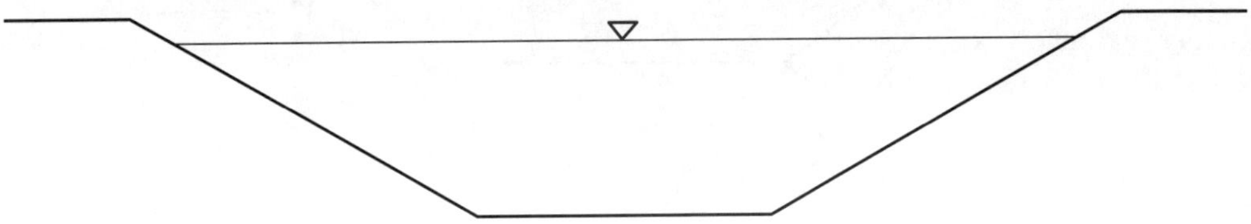

Seção transversal
Escala: 1″ = 5′

11. Considere a seguinte seção transversal de um canal. (a) Qual é a profundidade normal? (b) Qual é a área de seção transversal do escoamento? (c) Qual é o perímetro molhado? (d) Qual é o raio hidráulico? Determine por escala as dimensões do canal.

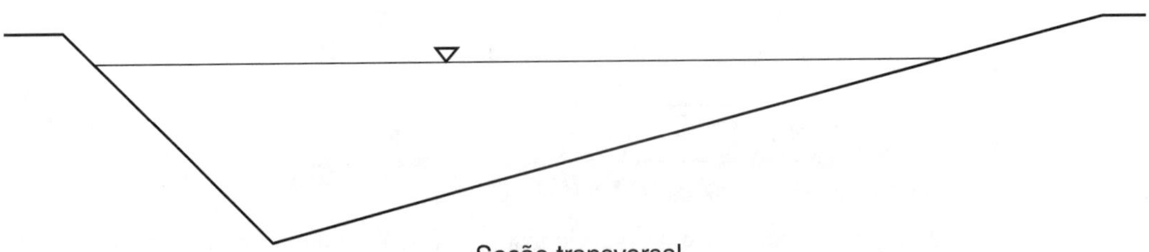

Seção transversal
Escala: 1″ = 4′

12. Considere a seguinte seção transversal de um canal. (a) Qual é a profundidade normal? (b) Qual é a área de seção transversal do escoamento? (c) Qual é o perímetro molhado? (d) Qual é o raio hidráulico? Determine por escala as dimensões do canal.

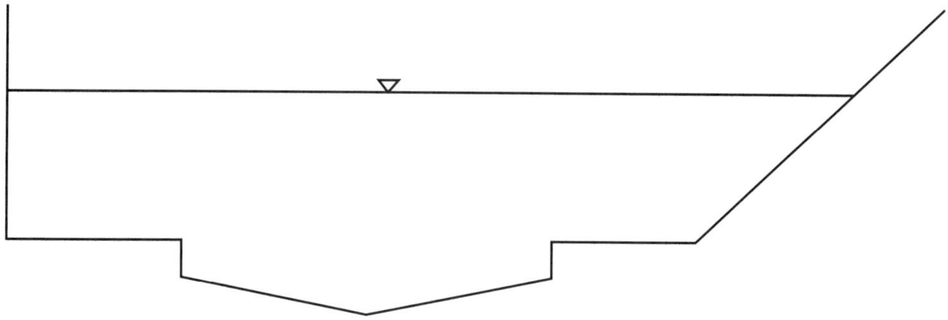

Seção transversal
Escala: 1″ = 4′

13. Considere a seguinte seção transversal de um canal. Determine por escala as dimensões do canal. (a) Qual é a profundidade normal? (b) Qual é a área da seção transversal do escoamento? (c) Qual é o perímetro molhado? (d) Qual é o raio hidráulico?

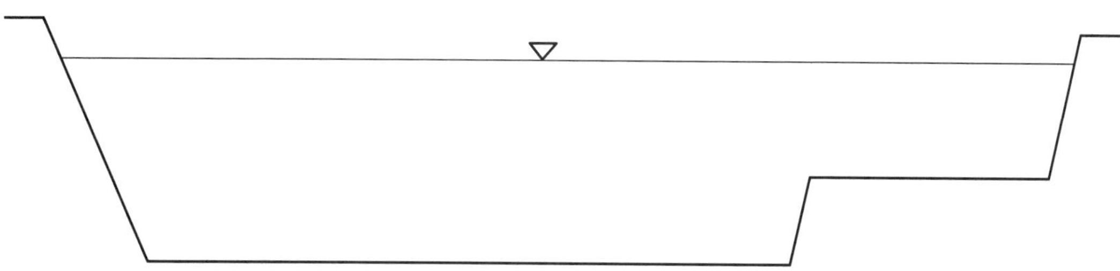

Seção transversal
Escala horizontal: 1″ = 50′
vertical: 1″ = 5′

14. Considere a seguinte seção transversal de um canal. Determine por escala as dimensões do canal. (a) Qual é a profundidade normal? (b) Qual é a área da seção transversal do escoamento? (c) Qual é o perímetro molhado? (d) Qual é o raio hidráulico?

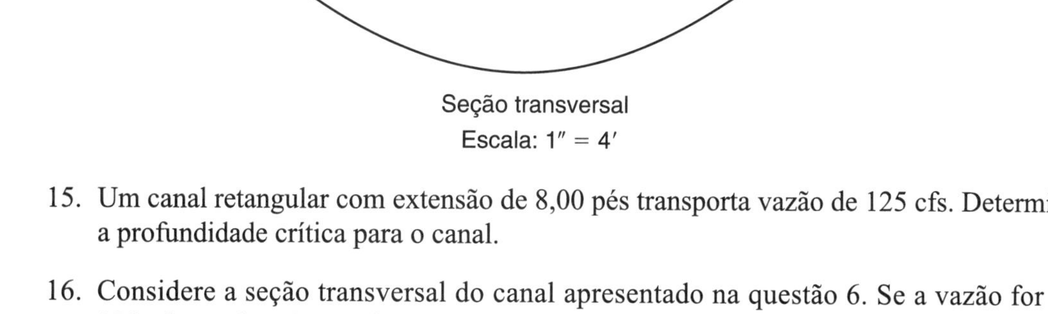

Seção transversal
Escala: 1″ = 4′

15. Um canal retangular com extensão de 8,00 pés transporta vazão de 125 cfs. Determine a profundidade crítica para o canal.

16. Considere a seção transversal do canal apresentado na questão 6. Se a vazão for de 100 cfs, qual será a profundidade crítica?

17. Considere a seção transversal do canal apresentado na questão 8. Se a vazão for de 200 cfs, qual será a profundidade crítica?

18. Considere a seção transversal do canal apresentado na questão 9. Se a vazão for de 350 cfs, qual será a profundidade crítica?

19. Um canal trapezoidal com largura de fundo de 10,0 pés e declividades laterais de 2 horizontal para 1 vertical tem vazão de 650 cfs. Qual é a profundidade crítica?

20. Um canal trapezoidal com largura de fundo de 5,0 pés e declividades laterais de 2 horizontal para 1 vertical tem vazão de 150 cfs. Qual é a profundidade crítica?

21. Um canal retangular com comprimento de 6,0 pés transporta vazão de 115 cfs. Se a profundidade for de 3,0 pés, qual será a velocidade? Qual será o número Froude? O escoamento será subcrítico ou supercrítico?

22. Um canal retangular com uma extensão de 15,0 pés transporta vazão de 180 cfs. Se a profundidade for de 1,2 pé, qual será o número Froude? O escoamento será subcrítico ou supercrítico?

23. Um canal trapezoidal com um fundo de comprimento de 4,00 pés e declividades laterais de 2 horizontal por 1 vertical transporta vazão de 300 cfs. Se a profundidade for de 2,25 pés, qual será o número Froude? O escoamento será subcrítico ou supercrítico?

24. Um canal trapezoidal com largura de fundo de 10,00 pés e inclinação das paredes laterais de 2 horizontal por 1 vertical transporta vazão de 450 cfs. Se a profundidade for de 2,50 pés, qual será o número Froude? O escoamento será subcrítico ou supercrítico?

25. A água flui em um canal retangular de 5,00 pés de largura, com uma quantidade de 100 cfs. Desenhe um gráfico de D_n *versus* E, escolhendo uma variedade de profundidades D_n, e, para cada profundidade de escoamento, calculando o valor correspondente de E, usando a Equação 4-3. Use o gráfico que você desenhou para determinar a profundidade crítica no canal.

BIBLIOGRAFIA COMPLEMENTAR

BRATER, E. F.; KING, H. *Handbook of hydraulics.* 7. ed. Nova York: McGraw-Hill, 1996.

CHADWICK, A. *Hydraulics in civil and environmental engineering.* 4. ed. Londres: E and FN Spon, 2004.

CHAUDHRY, M. H. *Open channel flow*. 2. ed. Springer, 2007. (reimpresso).

CHOW, V. T. *Open Channel Hydraulics*. The Black burn Press, 2009. (reimpressão).

HWANG, N. H. C.; HITA, C. E. *Fundamentals of hydraulic engineering systems.* 2. ed. Englewood Cliffs: Prentice Hall, 1987.

MERRITT, F. S. *Standard handbook for civil engineers.* 5. ed. Nova York: McGraw-Hill, 2004.

NALLURI, C.; FEATHERSTONE, R. E. *Civil engineering hydraulics.* 4. ed. Londres: Blackwell Science, 2001.

SIMON, A. L.; KOROM, S. F. *Hydraulics*. 5. ed. Simon Publications, 2002.

STRUM, T. W. *Open channel hydraulics*. Nova York: McGraw-Hill, 2001.

CAPÍTULO

7

Escoamento Uniforme em Canais

No Capítulo 6, vimos que, em canais uniformes (prismáticos), quando a água escoa à vazão constante, resulta-se um perfil da superfície da água paralelo ao fundo do canal. Esse tipo de escoamento é denominado **escoamento uniforme** e está relacionado com a maioria das situações comuns de projetos, como os canais e os tubos extensos e retos (desde que os tubos não estejam com escoamento sob pressão). O conceito pode também ser aplicado a correntezas naturais, embora as correntezas não sejam estritamente prismáticas. Além disso, se um canal sofrer uma alteração na declividade ou na seção transversal, pode-se geralmente assumir o escoamento uniforme para as seções retas entre as transições.

OBJETIVOS

Ao concluir este capítulo, o leitor deverá ser capaz de:

- Calcular a profundidade normal em um canal ou cano.
- Calcular a profundidade normal em um canal natural, incluindo as planícies de inundação (acima das margens).
- Usar apropriadamente os diagramas de projetos de canais e de tubos.

7.1 EQUAÇÃO DE MANNING

Muitas equações empíricas foram desenvolvidas para calcular a profundidade normal em um canal uniforme. Essas equações trazem os nomes de seus criadores e incluem, entre outras, as equações de Chézy, de Darcy, de Kutter e de Manning. A equação de Chézy, desenvolvida por volta de 1775 pelo engenheiro francês Antoine Chézy, é considerada a primeira equação para escoamento uniforme. Em 1889, o engenheiro irlandês Robert Manning apresentou outra equação, que se tornou a mais usada nos Estados Unidos. A equação de Manning para o escoamento uniforme é:

$$v = \frac{1{,}49}{n} R^{2/3} s_o^{\;1/2} \quad \text{(unidades inglesas)} \tag{7-1}$$

onde v = velocidade, pés/s
R = raio hidráulico, pés
s_o = declividade do canal, pés/m
n = coeficiente de rugosidade

$$v = \frac{1}{n} R^{2/3} s_o^{\;1/2} \quad \text{(unidades SI)} \tag{7-1a}$$

onde v = velocidade, m/s
R = raio hidráulico, m
s_o = declividade do canal, m/m
n = coeficiente de rugosidade

A equação de Manning é usada para determinar a velocidade quando a profundidade normal, D_n, for conhecida. A vazão, Q, pode então ser determinada com o uso da equação de continuidade, $Q = va$. Substituindo-se a equação de continuidade na equação de Manning, uma variação da equação é criada, envolvendo a vazão, Q, como a seguir:

$$Q = a\frac{1{,}49}{n} R^{2/3} s_o^{\;1/2} \quad \text{(unidades inglesas)} \tag{7-2}$$

onde a = área de seção transversal, pés²

$$Q = \frac{a}{n} R^{2/3} s_o^{\;1/2} \quad \text{(unidades SI)} \tag{7-2a}$$

onde a = área de seção transversal, m²

Essa variação da equação de Manning pode ser usada para calcular a profundidade normal se a vazão for conhecida. No entanto, uma rápida observação nas Equações 7-2 ou 7-2a revela que não há um termo para a profundidade normal, embora sejam usadas para calcular a profundidade normal. Essa aparente contradição é facilmente explicada: a profundidade normal é calculada indiretamente. A equação de Manning é usada em um processo de tentativa e erro para determinar a profundidade normal. Esse processo será mostrado no Exemplo 7-2.

O uso da equação de Manning envolve vários parâmetros introduzidos na Seção 6.1, mais um outro termo, o **coeficiente de rugosidade**, *n*, um número empírico que descreve a aspereza do revestimento do canal. Ele é similar a *f* usado na equação de Bernoulli, mas não é exatamente o mesmo. Valores usados para *f* não podem ser substituídos por valores de *n*. Muitos manuais de projeto contêm tabelas de valores de *n* para Manning a serem usados na aplicação da equação de Manning. Uma seleção de tais valores de *n* está listada no Apêndice A-1.

Como mencionamos na Seção 6.1, o raio hidráulico é uma medida da eficiência hidráulica de um canal. Quanto maior o valor de *R*, maior vazão transportada pelo canal para uma determinada área de seção transversal. Assim, um canal largo e raso possui perímetro molhado relativamente grande, em comparação com a área de seção transversal, e é, portanto, menos eficiente que um canal quadrado com a mesma área de seção transversal.

Exemplo 7-1

Problema

Calcule o raio hidráulico dos dois canais mostrados a seguir de mesma área de seção transversal, mas diferentes perímetros molhados. Em qual canal a vazão escoada é maior?

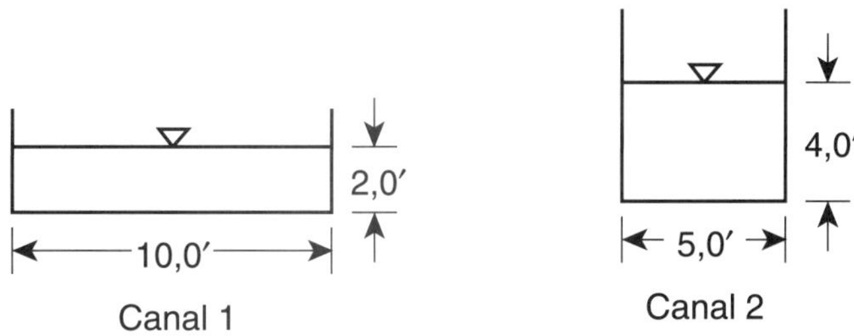

Solução

Canal 1

$a = (10,0)\ (2,0) = 20$ pés^2

$p = 2,0 + 100 + 2,0 = 14$ pés

$R = 20/14 = 1,4$ pé (Resposta)

Canal 2

$a = (5,0)\ (4,0) = 20$ pés^2

$p = 4,0 + 5,0 + 4,0 = 13$ pés

$R = 20/13 = 1,5$ pé (Resposta)

O canal 2 possui raio hidráulico maior que o canal 1. Portanto, transportará vazão maior, pois, de acordo com a equação de Manning, Q varia diretamente com $R^{2/3}$.

7.2 ESCOAMENTO EM CANAL

Problemas comuns na engenharia que envolvem escoamento uniforme em canais consistem em (1) calcular a vazão quando a profundidade normal é conhecida e (2) calcular a profundidade normal quando a vazão é conhecida. Esses dois casos são ilustrados nos Exemplos 7-2 e 7-3, respectivamente.

Exemplo 7-2

Problema

Calcule a vazão, Q, em um canal retangular de concreto com largura de 12,0 pés, declividade de 0,0200 pé/pé e profundidade normal, D_n, de 1,58 pé.

Solução

Quando se conhece D_n, Q pode ser calculada diretamente por meio da equação de Manning. Primeiro, escolha o valor apropriado de n no Apêndice A-1. Considere $n = 0,013$ para o concreto comum. Em seguida, calcule a:

$$a = TD = (12,0)\ (1,58) = 18,96 \text{ pés}^2$$

Depois, encontre p:

$$p = 1,58 + 12,0 + 1,58 = 15,16 \text{ pés}$$

Então, encontre R:

$$R = \frac{18,96}{15,16} = 1,25 \text{ pé}$$

Finalmente, encontre Q:

$$Q = a\frac{1,49}{n}R^{2/3}s^{1/2}$$
$$= (18,96)\frac{1,49}{0,013}(1,25)^{2/3}(0,02)^{1/2}$$
$$= 357 \text{ cfs} \quad \text{(Resposta)}$$

A velocidade do escoamento pode agora ser facilmente calculada com o uso da Equação 4-3:

$$v = \frac{Q}{a} = \frac{357}{18,96} = 18,8 \text{ pés/s}$$

Exemplo 7-3

Problema

Calcule a profundidade normal em um canal retangular de concreto de 10,0 pés de largura e declividade de 0,0150 pé/pé, transportando vazão de 400 cfs.

Solução

Quando Q é conhecido, D_n é determinado por tentativa e erro. Um valor para D_n é escolhido como tentativa, e então o valor correspondente de Q é determinado. Se o valor calculado de Q for maior que 400 cfs, é feita uma segunda tentativa, com um D_n menor; se Q for menor que 400 cfs, um D_n maior é escolhido. Por volta da terceira ou quarta tentativa, D_n pode ser razoavelmente aproximado.

Primeiro, escolha o valor apropriado de n. Considere $n = 0,013$.

Tentativa 1: seja $D_n = 2,00$ pés. Então, $a = 2,0$ pés², $p = 14,0$ pés e

$$R = \frac{20}{14} = 1,43 \text{ pé}$$

$$Q = (20)\frac{1,49}{0,013}(1,43)^{2/3}(0,015)^{1/2} = 356 \text{ cfs}$$

Como 356 é menor que 400 cfs, escolha um valor maior de D_n.

Tentativa 2: seja $D_n = 3,00$ pés. Então, $a = 30,0$ pés², $p = 16,0$ pés e

$$R = \frac{30}{16} = 1,88 \text{ pé}$$

$$Q = (30)\frac{1,49}{0,013}(1,88)^{2/3}(0,015)^{1/2} = 640 \text{ cfs}$$

O valor correto de D_n está entre 2,00 pés e 3,00 pés. Uma estimativa pode ser feita com uma interpolação entre os dois conjuntos de valores calculados. Para interpolar, faça uma tabela de valores já determinados, onde x representa o valor desejado de D_n:

D_n	Q
2,00	356
x	400
3,00	640

Interpolação: $$\frac{x-2}{3-2}=\frac{400-356}{640-356}$$

$$\frac{x-2}{1}=\frac{44}{287}$$

$$x-2=0,155$$
$$=2,15$$

$$D_n=2,15 \text{ pés}$$

Portanto, um valor estimado para D_n é 2,15 pés, que agora deve ser checado na tentativa 3.

Tentativa 3: seja $D_n = 2,15$ pés. Então, $a = 21,5$ pés, $p = 14,3$ pés e

$$R=\frac{21,5}{14,3}=1,50 \text{ pé}$$

$$Q=(21,5)\frac{1,49}{0,013}(1,50)^{2/3}(0,015)^{1/2}=396 \text{ cfs}$$

Como 396 cfs difere de 400 cfs em apenas 1,0%, ele é considerado uma boa aproximação. Portanto, a profundidade normal foi determinada como 2,15 pés. (Resposta)

Esses cálculos podem ser feitos em um conveniente formato tabular: inicialmente, calcule $(1,49/n)s^{1/2}$, porque essa é a parte da equação de Manning que não vai mudar de uma tentativa para outra:

$$\frac{1,49}{n}s^{1/2}=14,04$$

Em seguida, elabore uma tabela dispondo no topo cada parâmetro a ser calculado, e então proceda às tentativas:

Tentativa	**D_n (pés)**	**a (pés²)**	**p (pés)**	**R (pés)**	**$R^{2/3}$**	**Q (cfs)**
1	2,00	20	14	1,43	1,27	356
2	3,00	30	16	1,88	1,52	640
3	2,15	21,5	14,3	1,50	1,31	396

Essa tabulação pode ser facilmente calculada com o uso de um software padrão, como o MS Excel.

Gráficos para a solução da equação de Manning foram desenvolvidos para várias seções de canais. Gráficos para determinados canais trapezoidais e retangulares estão no Apêndice A-3. Softwares também foram desenvolvidos para a solução da equação de Manning. Programas computacionais específicos podem ser encontrados na internet.

Gráficos para Projetos Hidráulicos

Os gráficos de projeto apresentados no Apêndice A-3 são acompanhados de uma página explicativa. O leitor deve ler toda a explicação antes de usá-los. Para ajudar nessa utilização, leia a descrição a seguir que mostra como os gráficos podem ser usados para resolver os Exemplos 7-2, 7-3 e 6-2.

Para o Exemplo 7-2 (encontrar Q quando D_n é conhecido), use o Gráfico 10 no Apêndice A-3. Primeiro, localize a interseção das linhas da declividade e da profundidade normal. A linha para uma declividade de 0,0200 pé/pé é mostrada no gráfico, mas a profundidade normal de 1,58 pé, não. A profundidade normal precisa ser interpolada entre as linhas para 1,5 pé e 2,0 pés. Em seguida, o valor escolhido de n, 0,013, não corresponde à calibração do gráfico, que é 0,015. Portanto, a escala Qn deve ser usada. A partir da primeira interseção localizada, projete uma linha direto para baixo, para a escala Qn, e leia o valor 4,5. A vazão é encontrada pela solução da equação

$$Qn = 4{,}5$$
$$Q(0{,}013) = 4{,}5$$
$$Q = 346 \text{ cfs}$$
$$Q = 350 \text{ cfs} \quad \text{(usando algarismos significativos)}$$

Essa resposta está 2% do valor calculado de 357 cfs no Exemplo 7-2. Valores determinados por meio de gráficos de projeto geralmente são menos precisos que os obtidos diretamente pela equação de Manning. A menor precisão é aceitável se for precisa o bastante para a aplicação para a qual é usada.

Para o Exemplo 7-3 (encontrar D_n, quando Q é conhecido), use o Gráfico 9 no Apêndice A-3. Comece com a escala Qn no fundo. Como no exemplo anterior, a escala Qn é usada porque $n = 0{,}013$. Para esse exemplo,

$$Qn = (400)\,(0{,}013)$$
$$Qn = 5{,}2$$

Localize o valor 5,2 na escala Qn e projete direto para cima até a linha de declividade 0,015 pé/pé. Usando este ponto, interpole entre as linhas adjacentes de profundidade normal, de 2,0 pés até 2,5 pés. O valor interpolado é 2,2 pés. Essa resposta está 2,5% do valor calculado de 2,15 pés no Exemplo 7-3.

Para o Exemplo 6-2 (encontrar D_c, quando se conhece Q), use o Gráfico 19 no Apêndice A-3. Não use a escala Qn, porque a profundidade crítica é independente da rugosidade. Localize a vazão de 80 cfs na escala de vazão e projete direto para cima, até a linha da profundidade crítica. Usando esse ponto, interpole entre as linhas adjacentes de profundidade normal para encontrar a profundidade crítica. Nesse caso, o ponto cai na linha de 1,5 pé, por isso a profundidade crítica é de 1,5 pé. A resposta está 1% do valor calculado de 1,49 pé no Exemplo 6-2.

7.3 ESCOAMENTO EM TUBULAÇÕES

Quando a água flui por gravidade em um tubo parcialmente cheio (não sob pressão), ela se sujeita às leis do escoamento de canal aberto. A profundidade normal é calculada com o uso da forma apropriada da equação de Manning, e a profundidade crítica, a partir da Equação 6-2. A única diferença entre escoamento em tubulações e em canal retangular é a geometria da seção transversal.

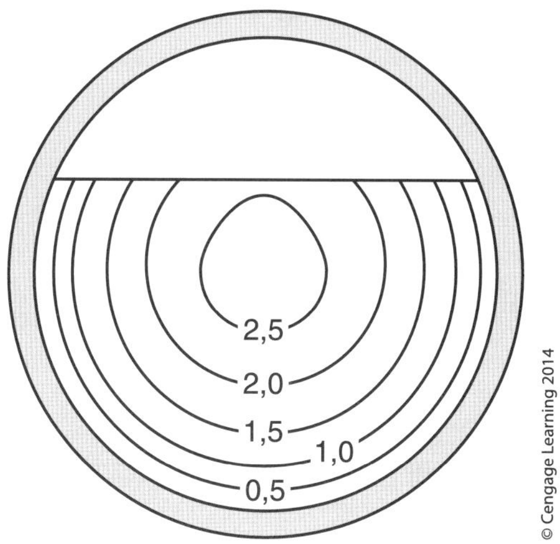

FIGURA 7-1 Distribuição de velocidade em um tubo parcialmente cheio. Os valores são múltiplos da velocidade média.

A distribuição de velocidade em um tubo é similar à de qualquer canal aberto, influenciada pela forma da seção transversal. A Figura 7-1 mostra a velocidade de distribuição típica em um tubo parcialmente cheio.

As principais aplicações do escoamento em tubulações são as galerias de águas pluviais, os coletores de esgoto sanitário e os bueiros. Os exemplos a seguir ilustram as características do escoamento em tubos.

Exemplo 7-4

Problema

Calcule a vazão e a velocidade média em um tubo de concreto de 18 polegadas de diâmetro cujo escoamento ocupa um quarto do diâmetro do tubo. O tubo tem uma declividade de 1,00%.

Solução

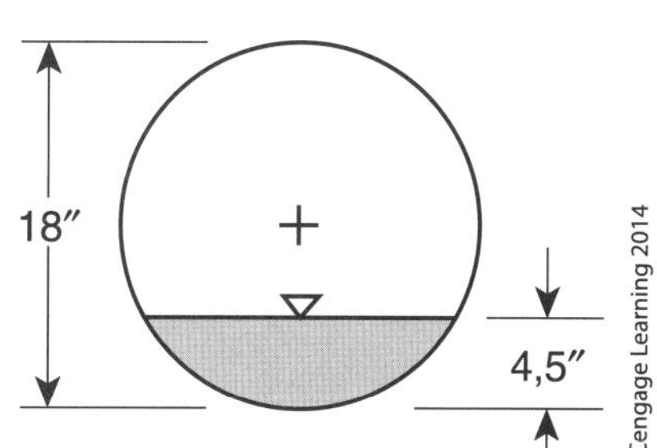

Primeiro, escolha um valor de n — digamos, $n = 0{,}015$. Em seguida, calcule a e p. Para calcular a, a área de seção transversal do escoamento é reconhecida como um segmento de um círculo, como descrito na análise geométrica após este exemplo. De acordo com a análise geométrica,

$a = 0{,}345$ pé²

Para encontrar p, calcule a extensão do arco do círculo que se intersecta com a superfície da água. De novo, a partir da análise geométrica, temos

$p = 1{,}57$ pé

Depois, calcule R:

$$R = \frac{a}{p} = \frac{0{,}345}{1{,}57} = 0{,}220 \text{ pé}$$

Finalmente, calcule Q:

$$\begin{aligned} Q &= a\frac{1{,}49}{n}R^{2/3}s^{1/2} \\ &= (0{,}345)\frac{1{,}49}{0{,}015}(0{,}220)^{2/3}(0{,}01)^{1/2} \\ &= 1{,}25 \text{ cfs} \quad \text{(Resposta)} \end{aligned}$$

Além disso, calcule v:

$$v = \frac{Q}{a} = \frac{1{,}25}{0{,}345} = 3{,}62 \text{ pé/s} \quad \text{(Resposta)}$$

Análise Geométrica do Escoamento em Tubos

A análise a seguir ilustra o cálculo da área molhada, a, e do perímetro molhado, p, para uso na equação de Manning empregada para o escoamento em tubos. Os números usados aplicam-se ao Exemplo 7-4, mas o procedimento é aplicável a todas profundidades e todos diâmetros de canos.

Para encontrar a e p, primeiro construa um triângulo isósceles usando a superfície da água como base; então, determine a medida do ângulo vértice, θ, como mostrado a seguir. Para determinar o ângulo vértice, θ, construa a altura do triângulo criando dois triângulos retos com ângulo $\theta/2$, como mostrado a seguir.

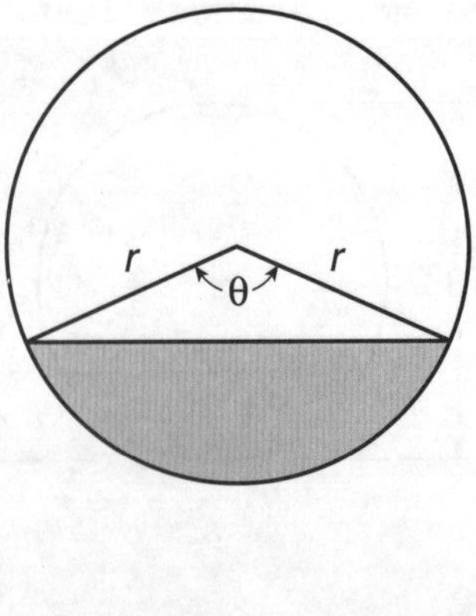

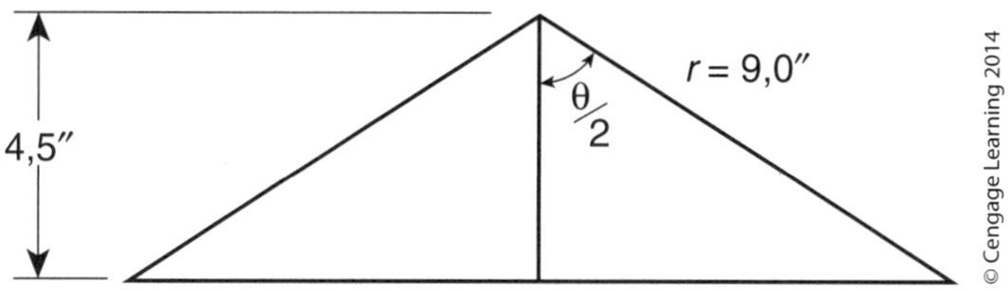

Assim, o ângulo $\theta/2$ é calculado como

$$\cos\frac{\theta}{2}=\frac{4,5}{9,0}$$

$$\frac{\theta}{2}=60°$$

e o ângulo vértice, θ, é

$$\theta = 120°$$

A área de seção transversal, a, pode agora ser calculada com o uso da equação para um segmento de círculo:

$$a=\frac{r^2}{2}\left(\frac{\theta\pi}{180}-\operatorname{sen}\theta\right)$$

onde θ é medido em graus. Então,

$$a=\frac{\left(\frac{9,0}{12}\right)^2}{2}\left[\frac{120\pi}{180}-\operatorname{sen}120°\right]$$
$$=0,345\text{ pé}^2$$

O perímetro molhado, p, pode ser calculado por

$$p=\frac{\theta}{360}(2\pi r)$$
$$=\frac{120}{360}(2\pi)\left(\frac{9}{12}\right)$$
$$=1,57\text{ pé}$$

Exemplo 7-5

Problema

Calcule a vazão e a velocidade média do escoamento em um tubo de concreto de 18 polegadas de diâmetro, escoando a meia seção. O tubo possui declividade de 1,00%.

Solução

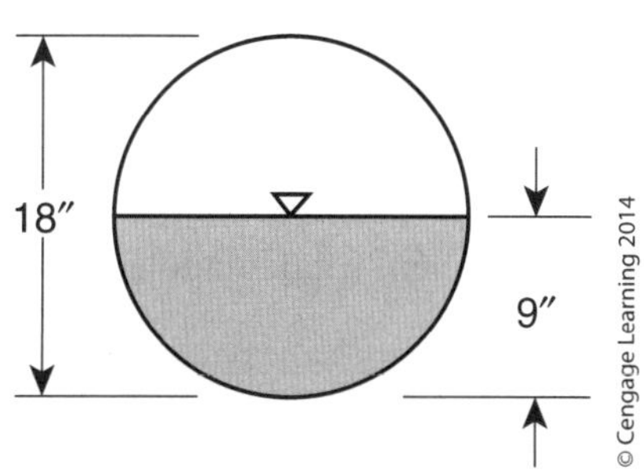

Considere $n = 0{,}015$. Calcule a e p:

$$a = 0{,}5\pi\,(0{,}75)^2$$
$$= 0{,}884 \text{ pé}^2$$
$$p = 0{,}5\pi\,(1{,}5)$$
$$= 2{,}36 \text{ pés}$$

Em seguida, calcule R:

$$R = \frac{a}{p} = \frac{0{,}884}{2{,}36} = 0{,}375 \text{ pé}$$

Finalmente, calcule Q:

$$Q = a\frac{1{,}49}{n}R^{2/3}s^{1/2}$$
$$= (0{,}884)\,\frac{1{,}49}{0{,}015}\,(0{,}375)^{2/3}\,(0{,}01)^{1/2}$$
$$= 4{,}56 \text{ cfs} \quad \text{(Resposta)}$$

Além disso, calcule v:

$$v = \frac{Q}{a} = \frac{4{,}56}{0{,}884} = 5{,}16 \text{ pés/s} \quad \text{(Resposta)}$$

Exemplo 7-6

Problema

Calcule a vazão e a velocidade média do escoamento em um tubo de concreto de 18 polegadas de diâmetro, escoando a 94% do diâmetro do tubo. O tubo possui declividade de 1,00%.

Solução

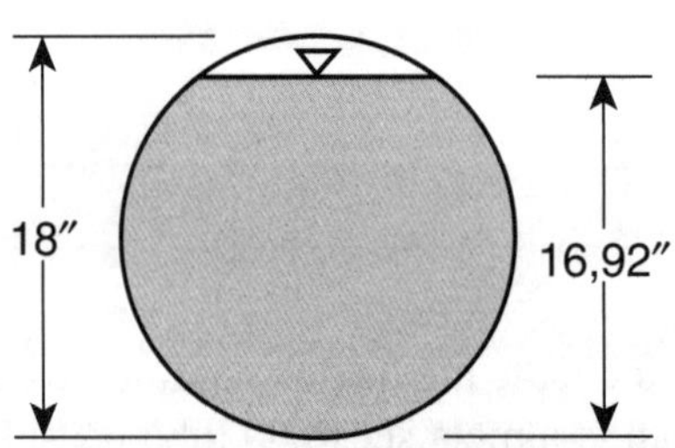

Considere $n = 0{,}015$; calcule a e p. A área de seção transversal, a, é calculada a partir da análise geométrica:

$$a = 1{,}72 \text{ pé}^2$$

O perímetro molhado, p, também é calculado a partir da análise geométrica:

$$p = 3{,}97 \text{ pés}$$

Em seguida, calcule R:

$$R = \frac{a}{p} = \frac{1,72}{3,97} = 0,433 \text{ pé}$$

Finalmente, calcule Q:

$$\begin{aligned} Q &= a\frac{1,49}{n}R^{2/3}s^{1/2} \\ &= (1,72)\frac{1,49}{0,015}(0,433)^{2/3}(0,01)^{1/2} \\ &= 9,78 \text{ cfs} \quad \text{(Resposta)} \end{aligned}$$

Além disso, calcule v:

$$v = \frac{Q}{a} = \frac{9,78}{1,72} = 5,69 \text{ pé/s (Resposta)}$$

Exemplo 7-7

Problema

Calcule a vazão e a velocidade média do escoamento em um tubo de concreto de 18 polegadas de diâmetro, escoando a seção plena (100% do diâmetro do tubo, sem pressão). O tubo possui declividade de 1,00%.

Solução

Neste caso, o escoamento a seção plena significa que a superfície da água atingiu a geratriz superior do tubo e nenhuma pressão resulta disso. O tubo pode ainda ser considerado um canal aberto por causa dessa condição.

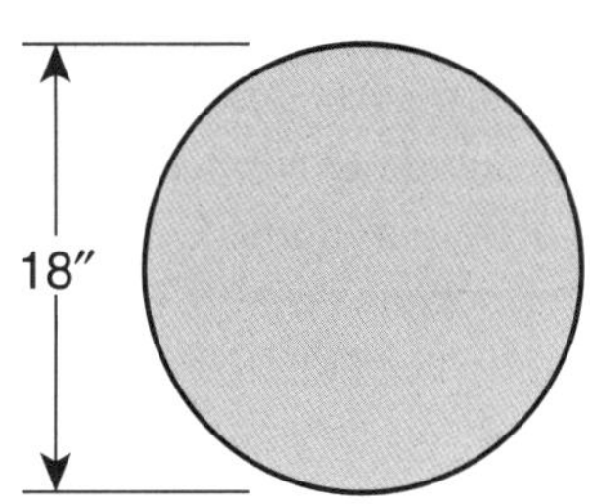

Considere $n = 0,015$. Calcule a e p:

$a = \pi r^2 = \pi(0,75)^2 = 1,77$ pé²
$p = \pi D = \pi(1,5) = 4,71$ pés

Depois, calcule R:

$$R = \frac{a}{p} = \frac{1,77}{4,71} = 0,375 \text{ pé}$$

Finalmente, calcule Q:

$$Q = a\frac{1{,}49}{n}R^{2/3}s^{1/2}$$

$$= (1{,}77)\frac{1{,}49}{0{,}015}(0{,}375)^{2/3}\ (0{,}01)^{1/2}$$

$$= 9{,}14 \text{ cfs } (\text{Resposta})$$

Além disso, calcule v:

$$v = \frac{Q}{a} = \frac{9{,}14}{1{,}77} = 5{,}16 \text{pés/s} (\text{Resposta})$$

Os Exemplos 7-4 a 7-7 ilustram vários fatos relacionados ao escoamento em tubulações. Primeiro, calcular a vazão escoada é complexo e tedioso. Por essa razão, muitos gráficos de projeto (incluindo softwares) foram feitos ao longo dos anos para resumir as soluções para a equação de Manning destinada ao escoamento em tubulações. O Apêndice A-4 apresenta um desses conjuntos de gráficos para ser usado em problemas deste livro, assim como em projetos em escala real.

Em segundo lugar, os exemplos mostram que a vazão máxima em um determinado tubo ocorre a uma profundidade de 94% do diâmetro. Esse curioso fenômeno é explicado pela eficiência hidráulica. Conforme a profundidade alcança a geratriz superior do tubo, o perímetro molhado (um retardador do escoamento) aumenta mais rápido que a área de seção transversal (que faz o escoamento aumentar). Portanto, os 6% restantes do diâmetro não contribuem para a capacidade do tubo; na verdade, diminuem a capacidade!

Observe, entretanto, que, quando os engenheiros se reportam à capacidade de escoamento de um tubo, geralmente eles se referem ao valor Q a seção plena, não a 94% do diâmetro, apesar do fato de ser um pouco inferior à vazão máxima. Isso fornece ao projetista um moderado fator de segurança incorporado no cálculo.

Outra característica do escoamento em tubulações mostrada nos exemplos é que a velocidade é a mesma para meia seção e seção plena. A velocidade geralmente aumenta com a profundidade do escoamento até alcançar o máximo a 94% do diâmetro. Então ela diminui até a seção plena, onde mais uma vez atinge o mesmo valor da meia seção.

A Figura 7-2 mostra um gráfico de Q *versus* profundidade e v *versus* profundidade, com valores dos Exemplos 7-4 a 7-7 demarcados. O padrão que se forma a partir das demarcações ilustra as únicas relações descritas para vazão e velocidade em tubos. Um gráfico que representa essas relações para tubos em geral é mostrado na Figura 7-3.

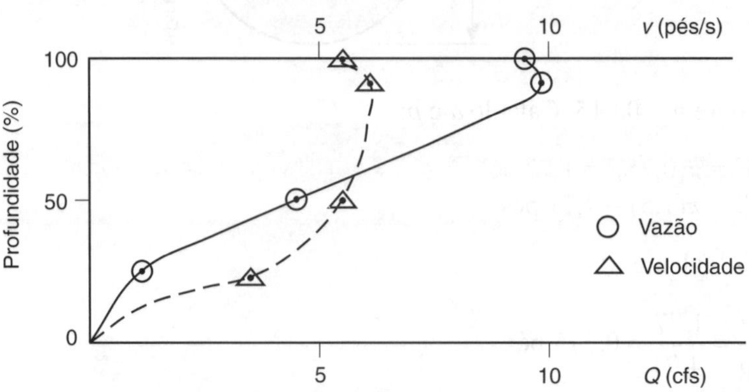

FIGURA 7-2 Gráfico de Q e de v relacionado com a profundidade do escoamento para o tubo usado nos Exemplos 7-4 a 7-7.

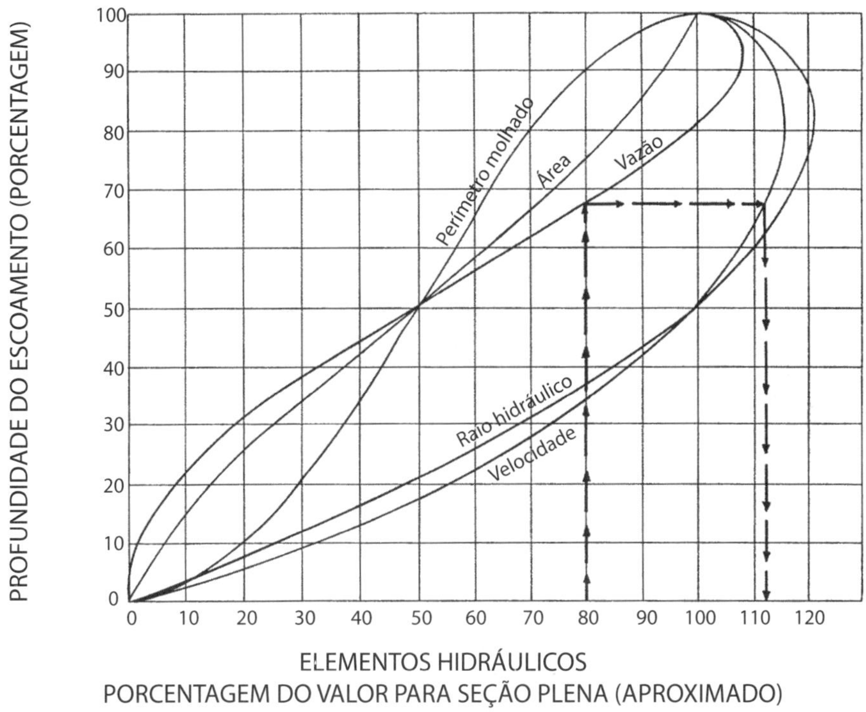

EXEMPLO: Dado: Vazão = 12 cfs através de um tubo que possui capacidade a seção plena de 15 cfs a uma velocidade de 7,0 pés/s. Necessário calcular V para Q = 12 cfs. ∴ Porcentagem da vazão total = $\frac{12}{15}$ = 80%. Entra no gráfico a 80% do valor para a seção plena dos Elementos Hidráulicos, calcular V = 112,5% x 7 = 7,9 pés/s.

FIGURA 7-3 Elementos hidráulicos do escoamento em tubulações.

A profundidade crítica em um tubo funcionando como um canal aberto é calculada a partir da Equação 6-2 ou obtida a partir dos gráficos de projeto no Apêndice A-4. Um tubo terá uma profundidade crítica em particular para cada vazão Q. O uso da Equação 6-2 como um processo de tentativa e erro é muito tedioso, portanto, a profundidade crítica é normalmente obtida a partir dos gráficos de projeto ou de softwares.

7.4 ESCOAMENTO EM CURSOS D'ÁGUA

Cursos d'água são canais naturais com seção transversal e aspereza variáveis. A Figura 7-4 exibe dois exemplos de canais naturais. A profundidade normal pode ser calculada para um canal natural por meio da equação de Manning quando o escoamento pode ser considerado uniforme e não há obstruções significativas. As obstruções, como uma ponte, causam uma variação no perfil da superfície líquida, chamada **curva de remanso**. Curvas de remanso são delineadas por um procedimento especial de cálculo por passos (ou etapas), normalmente realizado por computador. Tais cálculos serão descritos no Capítulo 8.

Vamos limitar nossa análise ao escoamento uniforme, no qual a equação de Manning é usada para calcular a profundidade e a vazão. Cursos d'água naturais frequentemente escoam em uma condição de inundação, ou seja, com profundidade acima da margem. Quando a inundação ocorre, devemos ainda ser capazes de calcular a profundidade, embora os fatores de rugosidade das margens sejam, normalmente, diferentes do fator de rugosidade das paredes do canal natural. A Figura 7-5 mostra uma típica seção transversal de um canal natural, incluindo as margens. A convenção usual para seções transversais de canais naturais é que elas são desenhadas voltadas a jusante.

(a) Curso d'água de montanha, com grandes margens rochosas.

(b) Curso d'água de planície, com margens planas.

FIGURA 7-4 Exemplos de canais naturais.

A vazão Q é calculada separadamente para todos os três componentes do curso d'agua: margem esquerda, canal e margem direita. O perímetro molhado para o canal é simplesmente a extensão ao longo do solo na seção transversal que vai do topo de uma margem até o topo da outra. Quando o nível de água se eleva acima do topo da margem, o perímetro molhado não aumenta. O exemplo a seguir ilustra o cálculo da profundidade em um canal natural.

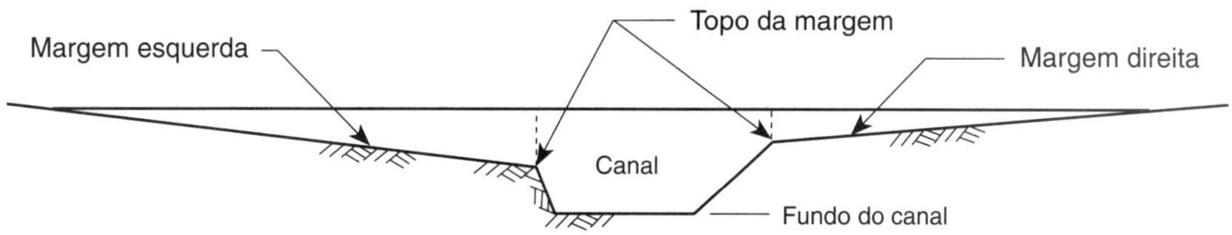

FIGURA 7-5 Seção transversal típica de canal natural (olhando a jusante).

Exemplo 7-8

Problema

Determine a cota da superfície líquida para o canal natural exibido a seguir. A vazão é de 425 cfs, e a declividade é de 0,400%. A rugosidade é assim descrita:

Margem esquerda: plantas (ervas) densas, moitas esparsas.
Canal: seção completamente regular, algumas plantas (ervas), pequenas moitas nas margens.
Margem direita: pequenas moitas e árvores.

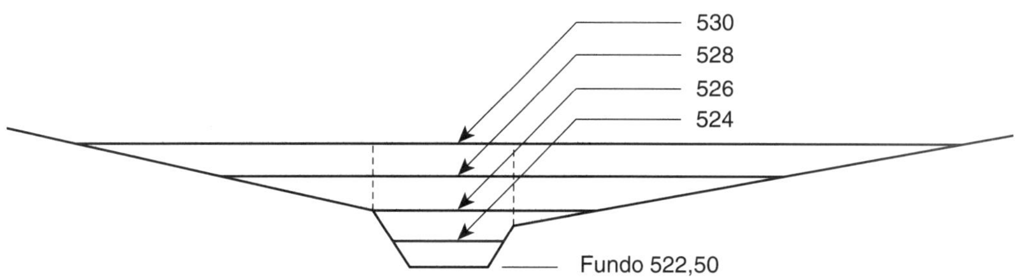

Solução

Primeiro, determine valores de *n*. Usando o Apêndice A-1, os valores de *n* são estimados desta maneira:

Margem esquerda: $n = 0{,}060$
Canal: $n = 0{,}042$
Margem direita: $n = 0{,}070$

Em seguida, calcule $\frac{149}{n}s^{1/2}$ para cada componente do canal:

Margem esquerda: $\frac{1{,}49}{n}s^{1/2} = \frac{1{,}49}{0{,}06}(0{,}004)^{1/2} = 1{,}57$

Canal: $\frac{1{,}49}{n}s^{1/2} = \frac{1{,}49}{0{,}042}(0{,}004)^{1/2} = 2{,}24$

Margem direita: $\frac{1{,}49}{n}s^{1/2} = \frac{1{,}49}{0{,}07}(0{,}004)^{1/2} = 1{,}35$

Finalmente, faça uma tabela dispondo ao longo do topo cada parâmetro a ser calculado, como mostrado a seguir, e proceda às tentativas.

Cálculo da Profundidade Normal para Canal Natural com Margens

		Margem esquerda					Canal					Margem direita					Total
Tentativa	Elev. (pés)	*a* (pés²)	*p* (pés)	*R* (pés)	$R^{2/3}$ —	*Q* (cfs)	*a* (pés²)	*p* (pés)	*R* (pés)	$R^{2/3}$ —	*Q* (cfs)	*a* (pés²)	*p* (pés)	*R* (pés)	$R^{2/3}$ —	*Q* (cfs)	*Q* (cfs)
1	524	—	—	—	—	—	9	8,3	1,08	1,06	21	—	—	—	—	—	21
2	526	—	—	—	—	—	25,3	12	2,11	1,64	93	3	6	0,5	0,63	3	96
3	528	10	10,2	0,98	0,99	15	42,9	12	3,58	2,34	225	26,5	17,5	1,51	1,32	47	287
4	530	40	21	1,9	1,54	97	60,5	12	5,04	2,94	399	73	29,5	2,47	1,83	180	676

A cota correspondente a $Q = 425$ cfs pode agora ser estimada pela interpolação entre as tentativas 3 e 4. Considere x = cota da superfície da água.

Elev.	*Q*
528	278
x	425
530	676

$$\frac{x-528}{530-528}=\frac{425-287}{676-287}$$

$$\frac{x-528}{2}=\frac{138}{389}$$

$$x-538=0,710$$

$$x=528,71 \quad \text{(Resposta)}$$

Portanto, 528,71 é considerado a cota da superfície da água correspondente a $Q = 425$ cfs.

Observação: ao realizar as tentativas, as áreas, *a*, são cumulativas, ou seja, cada valor para área inclui a área calculada anteriormente. Observe também que todos os perímetros molhados para o canal, para a tentativa 2 e acima, são de 12 pés. Isso acontece porque, conforme a água atinge o topo da margem, não há mais contato entre a água e o solo. Por exemplo, na tentativa 3, *a* e *p* são mostrados como a seguir:

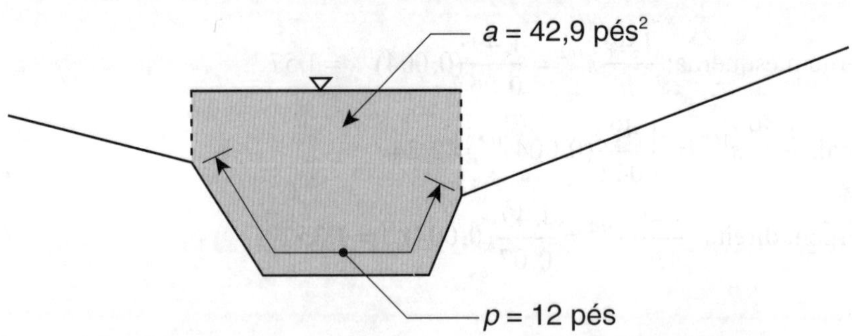

A água, na verdade, não escoa com lados verticais (não é possível) como mostrado, mas esse formato é assumido apenas para propósitos computacionais. Além disso, observe que as informações produzidas pelas tentativas podem ser usadas para desenhar um gráfico de vazão, Q, *versus* cota da superfície da água, mostrado na Figura 7-6.

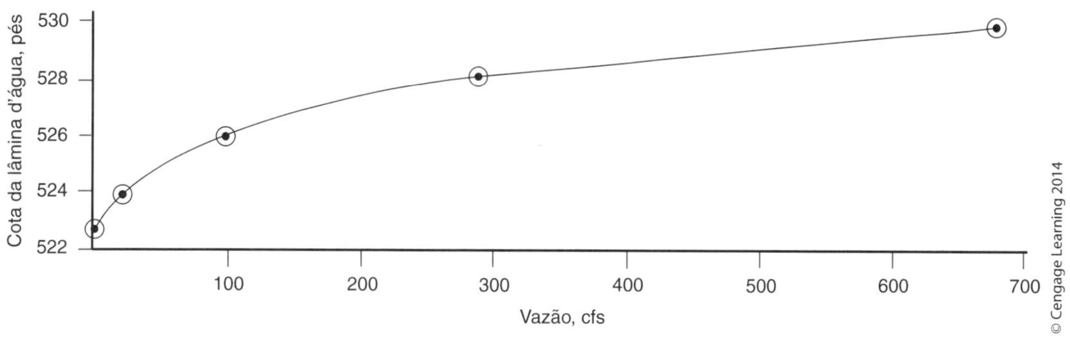

FIGURA 7-6 Curva de variação da vazão com a profundidade da lâmina d'água em um canal natural para o Exemplo 7-8.

EXERCÍCIOS PROPOSTOS

1. Um canal retangular revestido de concreto (n = 0,014) possui um fundo de 5,0 pés de largura e uma declividade de 2,5%. A água escoa a uma profundidade de 1,25 pé. (a) Qual é a vazão em cfs? (b) Qual é a velocidade média em pés/s?

2. Um canal retangular revestido de tijolos (n = 0,016) possui um fundo de 3,75 pés de largura e uma declividade de 0,47%. A água escoa a uma profundidade de 2,9 pés. (a) Qual é a vazão? (b) Qual é a velocidade?

3. Um canal trapezoidal revestido de grama (n = 0,027) possui um fundo de 4,25 pés de largura, inclinações laterais de 2 horizontal para 1 vertical e uma declividade de 1,1%. A água escoa a uma profundidade de 2,35 pés. (a) Qual é a vazão? (b) Qual é a velocidade?

4. Um canal trapezoidal revestido de pedras (n = 0,024) possui um fundo de 8,0 pés de largura, inclinações laterais de 2,5 horizontal para 1 vertical e uma declividade de 4,2%. A água escoa a uma profundidade de 3,0 pés. (a) Qual é a vazão? (b) Qual é a velocidade?

5. Encontre a profundidade normal para uma vazão de 350 cfs em um canal retangular cuja largura do fundo é de 20,0 pés. O canal é revestido de concreto (n = 0,013) e possui uma declividade de 0,75%. Use a equação de Manning.

6. Encontre a profundidade normal para uma vazão de 125 cfs em um canal trapezoidal cuja largura do fundo é de 3,00 pés e as inclinações laterais são de 2 horizontal para 1 vertical. O canal é revestido de enrocamento (pedras) (n = 0,024) e possui uma declividade de 1,0%. Use a equação de Manning.

7. Considere a seção transversal do canal mostrado na questão 7 do Capítulo 6. Se a declividade do canal for de 1,75% e o revestimento for de concreto rugoso, determine (a) a vazão e (b) a velocidade.

8. Por um canal retangular de 6,0 pés de largura escoa vazão de 56 cfs a uma profundidade de 1,50 pé. Qual é a velocidade média do escoamento?

9. Um canal transporta uma vazão de 210 cfs a uma velocidade de 5,45 pés/s. Encontre a área de seção transversal do canal.

10. Considere a seção transversal do canal mostrado na questão 10 do Capítulo 6. Se a declividade do canal for de 0,62% e o revestimento for de concreto rugoso, determine (a) a vazão e (b) a velocidade.

11. Encontre a profundidade normal para uma vazão de 225 cfs em um canal trapezoidal cuja largura do fundo é de 5,00 pés e as inclinações laterais são de 2 horizontal para 1 vertical. O canal é revestido de concreto (n = 0,012) e possui uma declividade de 2,0%. Use a equação de Manning.

12. Um canal trapezoidal com fundo de 4,00 pés de largura e inclinações laterais de 2 horizontal para 1 vertical carrega uma profundidade de escoamento de 2,25 pés a uma velocidade média de 7,32 pés/s. Qual é a vazão, Q, no canal?

13. Considere a seção transversal mostrada na questão 13 do Capítulo 6. Se o canal constitui-se de terra uniforme com grama baixa, pouca vegetação e declividade de 2,25%, determine (a) a vazão e (b) a velocidade de escoamento.

14. Considere a seção transversal mostrada na questão 14 do Capítulo 6. Se o canal tem uma seção de terra uniforme revestido de enrocamento (pedras) e declividade de 3,00%, determine (a) a vazão e (b) a velocidade de escoamento.

15. Considere a seção transversal do canal mostrado na questão 7 do Capítulo 6. Desconsidere o nível de água mostrado na seção transversal, e encontre uma nova profundidade normal se a declividade do canal for de 1,25% e a vazão for de 300 cfs. O revestimento é de concreto rugoso.

16. Considere a seção transversal do canal mostrado na questão 10 do Capítulo 6. Desconsidere o nível de água mostrado na seção transversal, e encontre uma nova profundidade normal se a declividade for de 2,0%, com vazão de 600 cfs. O revestimento é de concreto rugoso.

17. Um tubo de 36 polegadas de diâmetro com escoamento a meia seção transporta uma vazão de 15 cfs. Qual é a velocidade média do escoamento?

18. Encontre a capacidade de uma tubulação de 15 polegadas com n = 0,015 e s_o = 1,25%.

19. Encontre a capacidade de uma tubulação de 36 polegadas com n = 0,012 e s_o = 0,80%.

20. Calcule a capacidade de escoamento de um tubo de PVC de 8 polegadas de diâmetro com n = 0,009 e s_o = 2,50%.

21. Encontre a profundidade normal para uma vazão de 75 cfs em um tubo de concreto de 60 polegadas de diâmetro (n = 0,012). O tubo possui declividade de 1,20%. Use a equação de Manning.

22. Encontre a profundidade normal para uma vazão de 50 cfs em um tubo de concreto de 48 polegadas de diâmetro (n = 0,012). O tubo possui declividade de 1,90%. Use a equação de Manning.

23. Calcule a profundidade normal para uma vazão de 2,0 cfs em um tubo de concreto (n = 0,015) de 15 polegadas de diâmetro. O tubo tem declividade de 4,50%. Use a equação de Manning.

24. Para a seção transversal do canal natural mostrada a seguir, encontre a cota da superfície da água para vazão de 650 cfs. Determine por escala as dimensões do canal. O canal possui uma declividade de 0,110% e as seguintes características:

    Canal: seção completamente regular, algumas plantas (ervas), pequenas moitas nas margens.
    Margens: plantas (ervas) densas, moitas esparsas.

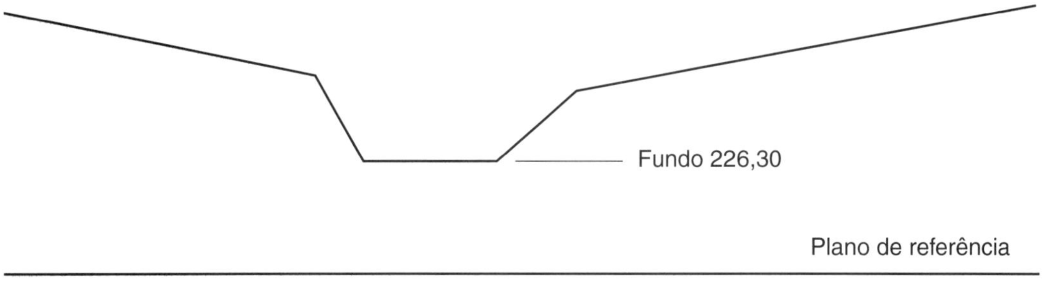

Seção transversal do canal natural
Escala: 1″ = 10′

25. Para a seção transversal do canal natural mostrada a seguir, elabore um gráfico que descreva a curva do canal natural. Utilize o gráfico para calcular a cota da superfície líquida para uma vazão de 1.250 cfs. Determine as dimensões do canal por escala. O canal natural tem uma declividade de 0,65% e as seguintes características:

    Canal: curso d´água de montanha, fundo com pedregulhos grandes.
    Margem esquerda: pequenas moitas e árvores (verão).
    Margem direita: moitas médias a densas (verão).
    Plano de referência.

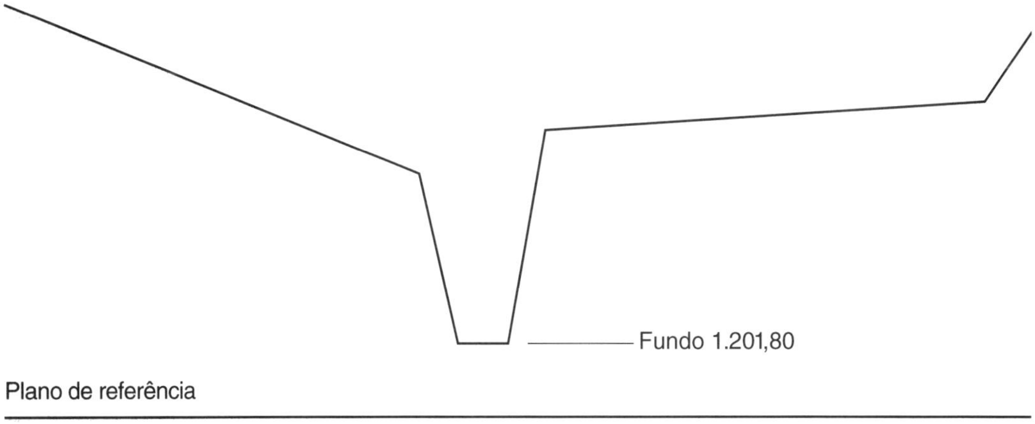

Seção transversal do canal natural
Escala: horizontal 1″ = 40′
vertical 1″ = 4′

BIBLIOGRAFIA COMPLEMENTAR

BRATER, E. F.; KING, H. *Handbook of hydraulic.* 7. ed. Nova York: McGraw-Hill, 1996.

CHADWICK, A. *Hydraulics in civil and environmental engineering.* 4. ed. Londres: E and FN Spon, 2004.

CHAUDHRY, M. H. *Open channel flow*. Englewood Cliffs: Prentice Hall, 1993.

CHOW, V. T. *Open channel hydraulics*. The Blackburn Press, 2009 (reimpressão).

HWANG, N. H. C.; HITA, C. E. *Fundamentals of hydraulic engineering systems*. 2. ed. Englewood Cliffs: Prentice Hall, 1987.

MERRITT, F. S. *Standard handbook for civil engineers*. 5. ed. Nova York: McGraw-Hill, 2004.

NALLURI, C.; FEATHERSTONE, R. E. *Civil engineering hydraulics*. 4. ed. Londres: Blackwell Science, 2001.

SIMON, A. L.; KOROM, S. F. *Hydraulics*. 5.ed. Simon Publications, 2002.

STRUM, T. W. *Open channel hydraulics*. Nova York: McGraw-Hill, 2001.

CAPÍTULO

8

Escoamento Variado em Canais

A água que flui em um canal aberto é submetida, algumas vezes, a variações em sua profundidade por causa de certas condições no canal. No Capítulo 7, vimos que, em canais uniformes, quando a água flui com a vazão constante, o perfil resultante da superfície líquida é paralelo ao fundo do canal. Neste capítulo, veremos que obstruções ao escoamento ou condições variáveis do canal resultam em um perfil da superfície líquida que não é paralelo ao fundo do canal. Dependendo do tipo de condição encontrado, o escoamento pode ser gradualmente variado ou bruscamente variado.

OBJETIVOS

Ao concluir este capítulo, o leitor deverá ser capaz de:

- Identificar perfis da superfície líquida para canais de declividade fraca e de declividade forte.
- Calcular um perfil de remanso usando o método de integração por passos.
- Calcular um perfil da superfície líquida na entrada de um canal.
- Calcular um ressalto hidráulico básico.

8.1 CONCEITOS FUNDAMENTAIS

Há muitas condições possíveis em um canal que resultam em escoamento variado – gradual ou brusco. O escoamento variado é gradual se ocorre em uma distância relativamente longa. Exemplos de condições que causam escoamento gradualmente variado são uma alteração na declividade de um canal; uma alteração na seção transversal de um canal, de estreita para larga ou de larga para estreita; e uma obstrução, como um bueiro ou uma ponte. Exemplos de escoamento bruscamente variado incluem um vertedor e um dissipador de energia.

Nesses casos, o escoamento em alta velocidade abruptamente se altera para escoamento em baixa velocidade em uma curta distância.

Os perfis da superfície líquida são categorizados de acordo com a declividade do fundo do canal e outras condições de escoamento. A declividade do fundo do canal pode ser fraca, forte, crítica, nula ou adversa. Essas inclinações serão descritas a seguir.

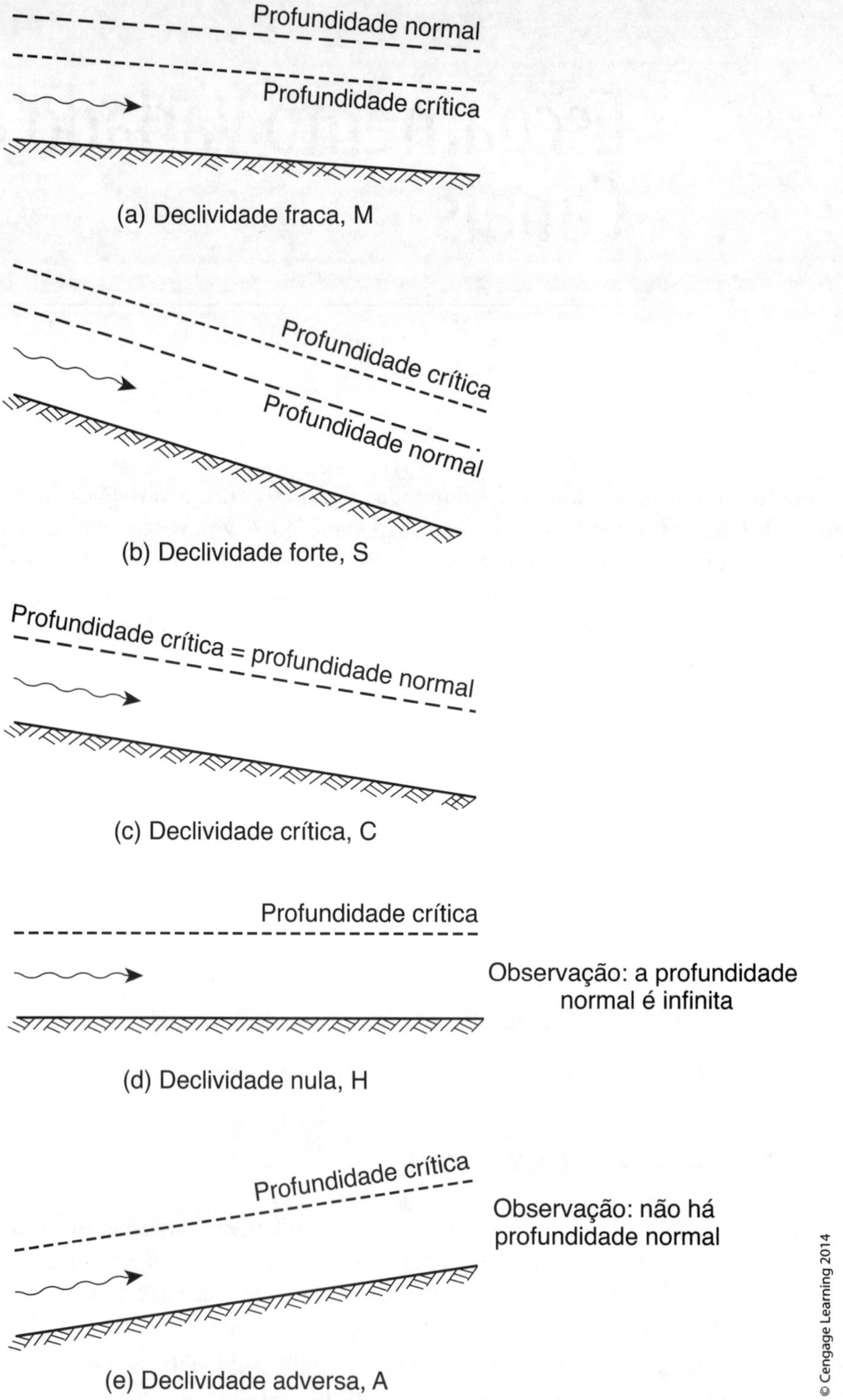

FIGURA 8-1 Classificação das declividades de canal para escoamento variado.

A declividade fraca (designada M do inglês *mild*, "suave") é uma declividade resultante em um escoamento subcrítico, em que a profundidade normal está acima da profundidade crítica. A declividade forte (designada S do inglês *steep*, "forte") é uma declividade resultante em um escoamento supercrítico, em que a profundidade normal está abaixo da profundidade crítica. A declividade crítica (designada C) é uma declividade resultante em um escoamento crítico, cuja profundidade normal coincide com a profundidade crítica. A declividade nula (designada H do inglês *horizontal*) é uma declividade perfeitamente plana. A declividade adversa (designada A) é uma declividade voltada à direção oposta à do escoamento (declividade negativa característica de trechos em aclive). Essas declividades são ilustradas na Figura 8-1.

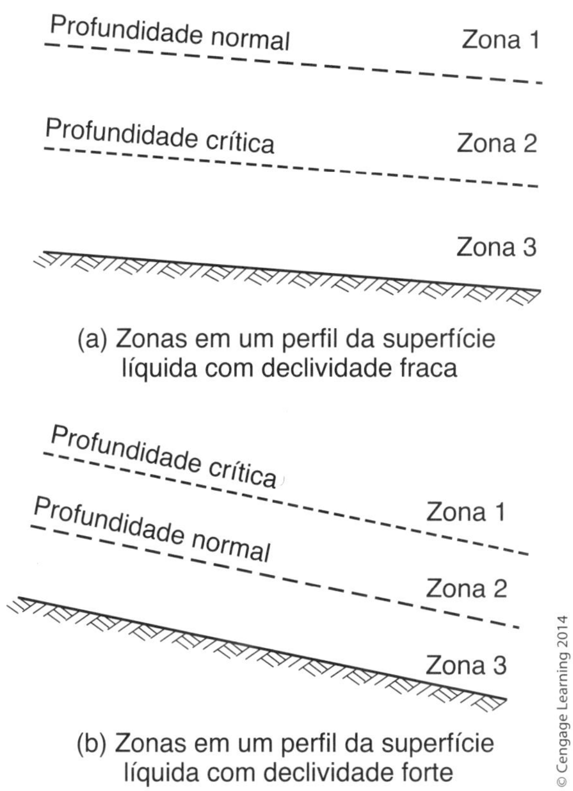

FIGURA 8-2 Definições de zonas em perfis da superfície líquida.

Um exame atento da Figura 8-1 revela que, em cada caso, a profundidade crítica é a mesma. Isso acontece porque, como descrito na Seção 6.4, a profundidade crítica depende apenas da vazão e da geometria do canal, não da declividade do canal. A profundidade normal varia com as condições da declividade. Neste texto, enfatizam-se apenas as primeiras duas condições mostradas na Figura 8-1: declividades fraca e forte. Uma discussão mais detalhada dessas condições virá a seguir.

Para aprofundar a análise dos perfis da superfície líquida em canais com declividades fraca e forte, considere três zonas no perfil, como definido na Figura 8-2.

Para as declividades fracas, a Zona 1 compreende a área acima da linha da profundidade normal, enquanto a Zona 2 é a área entre a linha da profundidade normal e a linha da profundidade crítica, e a Zona 3 consiste na área entre a linha da profundidade crítica e o fundo do canal. Para as declividades fortes, as zonas são definidas similarmente, exceto que as linhas de profundidades normal e crítica são reversas. Usando essas designações de zonas, vários perfis podem ser identificados para várias condições de escoamento.

A Figura 8-3 mostra exemplos de perfis de declividade suave. O perfil M1 exibido na parte (a) é a típica curva de remanso para uma obstrução em um canal. Essa é uma condição comum na hidráulica de canais abertos e será apresentada mais detalhadamente na Seção 8.2.

A Figura 8-4 mostra exemplos de perfis de declividade forte. A obstrução mostrada na parte (a) resulta em perfil S1 a montante e um perfil S3 a jusante. Se o canal tivesse uma declividade fraca, o perfil resultante seria semelhante ao exibido na Figura 8-3(a).

Uma **seção de controle** é uma seção transversal de um canal na qual a profundidade do escoamento pode ser facilmente determinada. O perfil da superfície líquida para o escoamento variado é traçado geralmente com o começo em uma seção de controle, prosseguindo então a montante ou a jusante, dependendo das condições do escoamento. Para o escoamento subcrítico, a seção de controle está sempre na extremidade a jusante da extensão do canal, e o perfil é traçado em uma direção a montante. Para o escoamento supercrítico, vale o oposto: a seção de controle está na extremidade a montante da extensão do canal, e o perfil é traçado em uma direção a jusante.

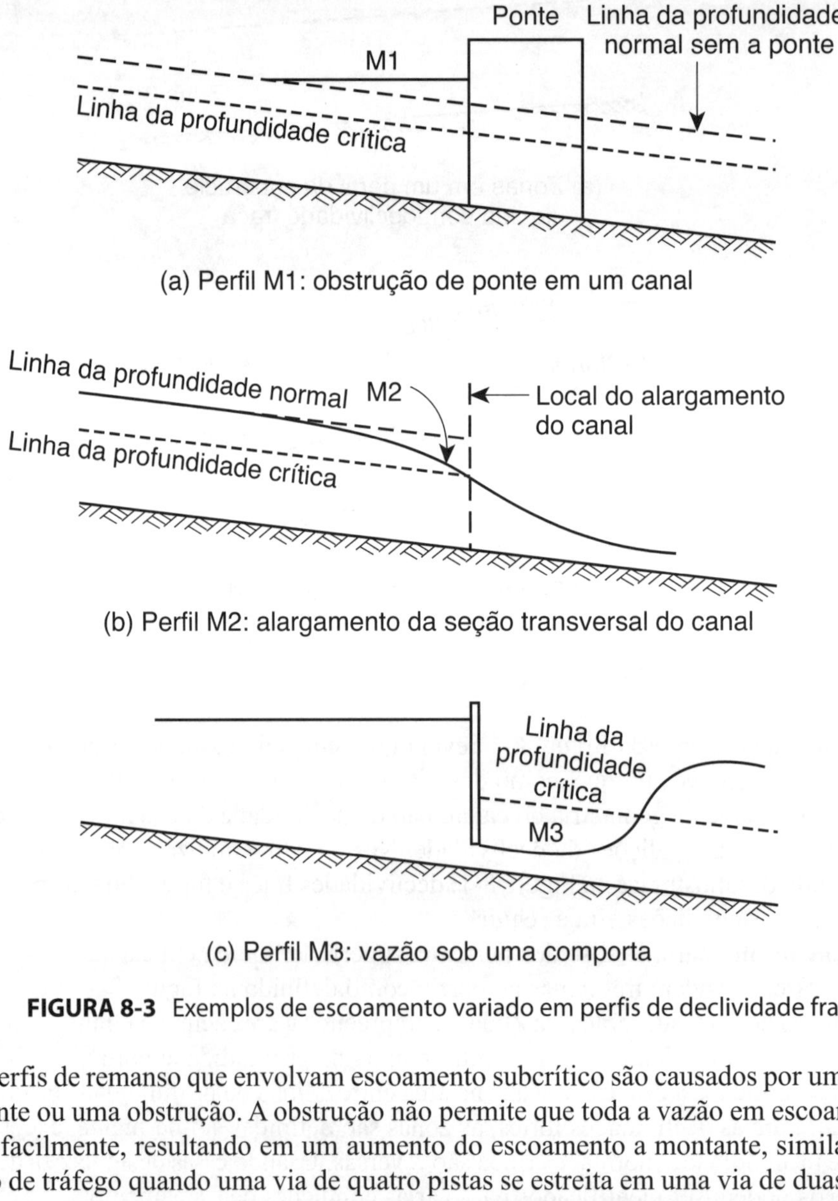

FIGURA 8-3 Exemplos de escoamento variado em perfis de declividade fraca.

Perfis de remanso que envolvam escoamento subcrítico são causados por uma condição a jusante ou uma obstrução. A obstrução não permite que toda a vazão em escoamento atravesse facilmente, resultando em um aumento do escoamento a montante, similar a um aumento de tráfego quando uma via de quatro pistas se estreita em uma via de duas pistas. No entanto, no caso do escoamento supercrítico, uma obstrução não afeta o escoamento a montante, porque a água é impulsionada a jusante rapidamente. Ao contrário, o escoamento a jusante é afetado pela obstrução.

8.2 PERFIL DE REMANSO

Um clássico **perfil de remanso**, ou curva de remanso, ocorre quando uma obstrução em um canal provoca um represamento a montante da obstrução, como mostrado na Figura 8-3(a).

O cálculo de um perfil de remanso pode ser realizado diretamente, pela integração da equação de energia, ou aproximadamente, pelos chamados métodos de passos padrão, que envolvem o cálculo de um número finito de pontos ao longo do perfil, usando a técnica de tentativa e erro. No método de integração por passos, a elevação da superfície líquida é conhecida na seção de controle, e a distância é calculada entre essa seção e uma outra elevação da superfície líquida conhecida. O cálculo é então repetido ao longo da extensão do canal. No **método de passos padrão**, a elevação da superfície líquida é conhecida na seção de controle, e a elevação da superfície líquida é calculada em uma outra seção de distância conhecida a partir da seção de controle. O cálculo é então repetido ao longo da extensão do canal. O método de passos padrão é o usado no HEC-RAS, software de perfil da superfície líquida desenvolvido pelo Corpo de Engenheiros do Exército dos Estados Unidos. Veja a seguir uma descrição desse método.

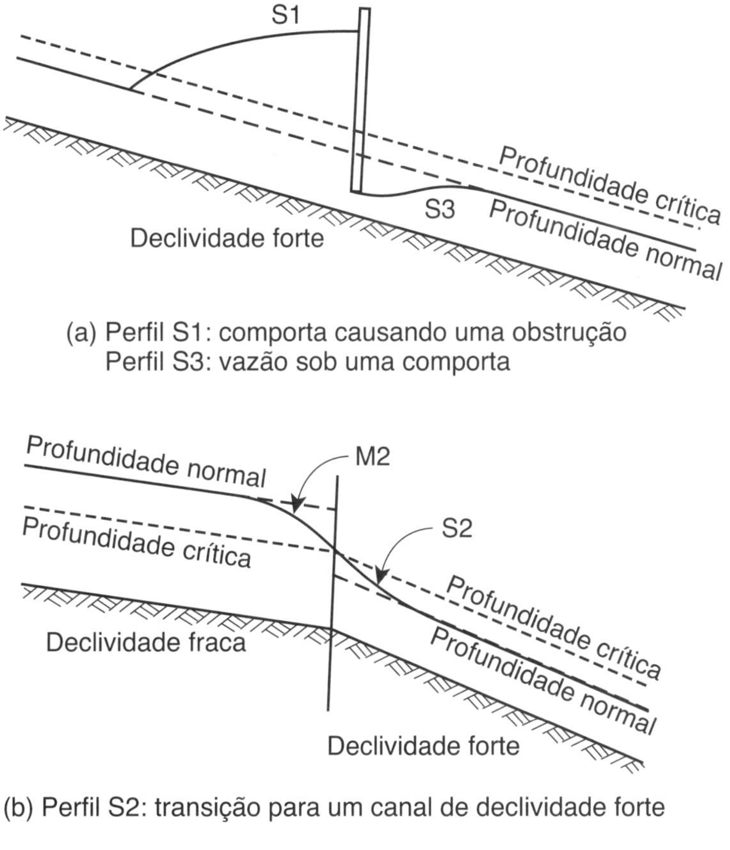

FIGURA 8-4 Exemplos de escoamento variado em perfis de declividade forte.

Método de Integração por Passos

O método de passos padrão pode ser usado para canais prismáticos e não prismáticos, incluindo cursos d'água naturais e canais construídos. Quando usado para cursos d'água naturais, os resultados são menos precisos que os resultados para canais regulares, mas precisos o bastante para serem úteis em projetos.

Em razão de o escoamento ser variado, ao longo do canal haverá locais causando o escoamento variado, como alterações na declividade, na rugosidade ou na seção transversal. Esses locais devem ser determinados por inspeção das informações de campo, e as seções transversais devem ser desenhadas para cada um. A distância entre as seções transversais não deve exceder a que resultaria de uma alteração na velocidade superior a 20%.

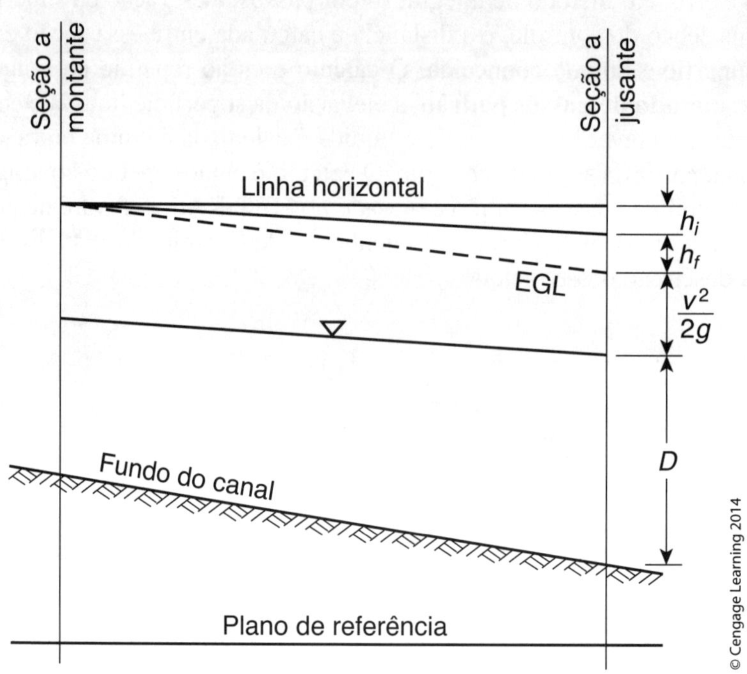

FIGURA 8-5 Perfil de canal de escoamento variado mostrando o equilíbrio de energia para o método de integração por passos.

O perfil da superfície líquida é calculado equilibrando-se a energia total de seção transversal em seção transversal. Começando na seção de controle, conhecendo-se a cota da superfície líquida, a energia total é calculada. Então, por tentativa e erro, a cota da superfície líquida é calculada na próxima seção transversal para corresponder à energia total na seção de controle. A superfície líquida seria então determinada de modo similar para as seções transversais remanescentes. A Figura 8-5 mostra um diagrama esquemático de equilíbrio de energia entre as seções. Observe que a carga de energia é perdida por causa do atrito (designado h_f) e aos turbilhões (designados h_i). As perdas decorrentes dos turbilhões devem-se à turbulência no canal causada por superfícies irregulares.

O exemplo a seguir ilustra o método.

Exemplo 8-1

Problema

Determine o perfil de remanso criado por uma obstrução em um canal, causando um represamento de 7,00 pés. O canal é retangular, como definido a seguir, e transporta uma vazão de 500 cfs. Use o método de integração por passos.

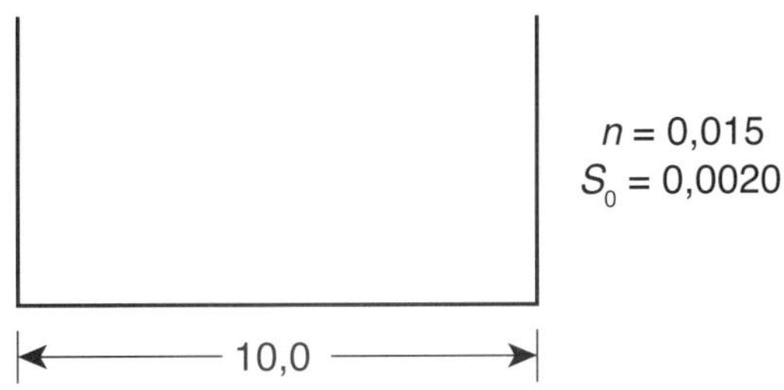

Solução

Primeiro, determine se o escoamento é subcrítico ou supercrítico, calculando a profundidade normal e a profundidade crítica. Usando o Gráfico 9 no Apêndice A-3, obtemos D_n = 5,8 pés e D_c = 4,3 pés. Portanto, o escoamento é subcrítico, e a seção de controle é a jusante na obstrução na extremidade do canal.

Em seguida, determine as posições das seções transversais e desenhe as seções transversais. Como o canal é uniforme (exceto para a obstrução), as seções transversais serão colocadas em intervalos regulares, separadas por uma distância resultante em uma alteração na velocidade menor que 20%. Use uma separação de 200 pés.

Para calcular o equilíbrio de energia de seção em seção, use uma tabela como a Tabela 8-1. Os resultados do cálculo são inseridos dessa maneira na tabela:

Coluna 1: localização da seção transversal do canal.

Coluna 2: cota da superfície líquida nesta seção. Na primeira seção (0 + 0), a cota é igual à cota do fundo do canal (102,00 pés) mais a profundidade do escoamento (7,00 pés).

Coluna 3: profundidade do escoamento na seção (igual à cota da superfície líquida na Coluna 2 menos a cota do fundo do canal nesta seção).

Coluna 4: área de seção transversal.

Coluna 5: velocidade média na seção (igual à vazão dividida pela área na Coluna 4).

Coluna 6: carga de velocidade na seção.

Coluna 7: carga total na seção (igual à soma dos valores nas Colunas 2 e 6).

Coluna 8: raio hidráulico na seção.

Coluna 9: raio hidráulico elevado à potência de quatro terços.

Coluna 10: declividade da linha do gradiente de energia. Usando a equação de Manning, temos

$$s = \frac{n^2 v^2}{2,22 R^{4/3}} \tag{8-1}$$

Coluna 11: declividade média ao longo do trecho, ou seja, entre esta seção e a seção anterior.

Coluna 12: comprimento do trecho (entre esta seção e a seção anterior).

Coluna 13: perda por atrito no trecho (igual ao produto dos valores nas Colunas 11 e 12).

Coluna 14: perda por causa dos turbilhões no trecho (neste caso, igual a zero).

Coluna 15: carga total na seção, calculada adicionando-se h_f e h_i à carga total na extremidade mais baixa do trecho, que é o valor na Coluna 15 na linha anterior. Se o valor assim obtido estiver razoavelmente de acordo com o da Coluna 7, a presumida cota da superfície líquida na Coluna 2 está correta, e o cálculo prossegue para a próxima seção. (Estar razoavelmente de acordo significa estar em 0,01 pé.) Se o valor obtido não estiver de acordo com o da Coluna 7, no entanto, a cota da superfície líquida na Coluna 2 está incorreta; um novo valor deve ser atribuído, repetindo-se então os cálculos.

O perfil de remanso resultante é desenhado com o uso dos valores mostrados nas Colunas 1 e 2 da Tabela 8-1. O perfil é exibido na Figura 8-6. Observe que o perfil é classificado como M1. Na Tabela 8-1, a seção 2 + 0 é inserida duas vezes, porque a primeira entrada, com uma cota da superfície líquida presumida de 107,40, estava incorreta, e uma segunda tentativa foi necessária. Além disso, veja que a mudança de velocidade entre as seções é menor que 3%, o que está muito bem no limite dos aceitáveis 20%.

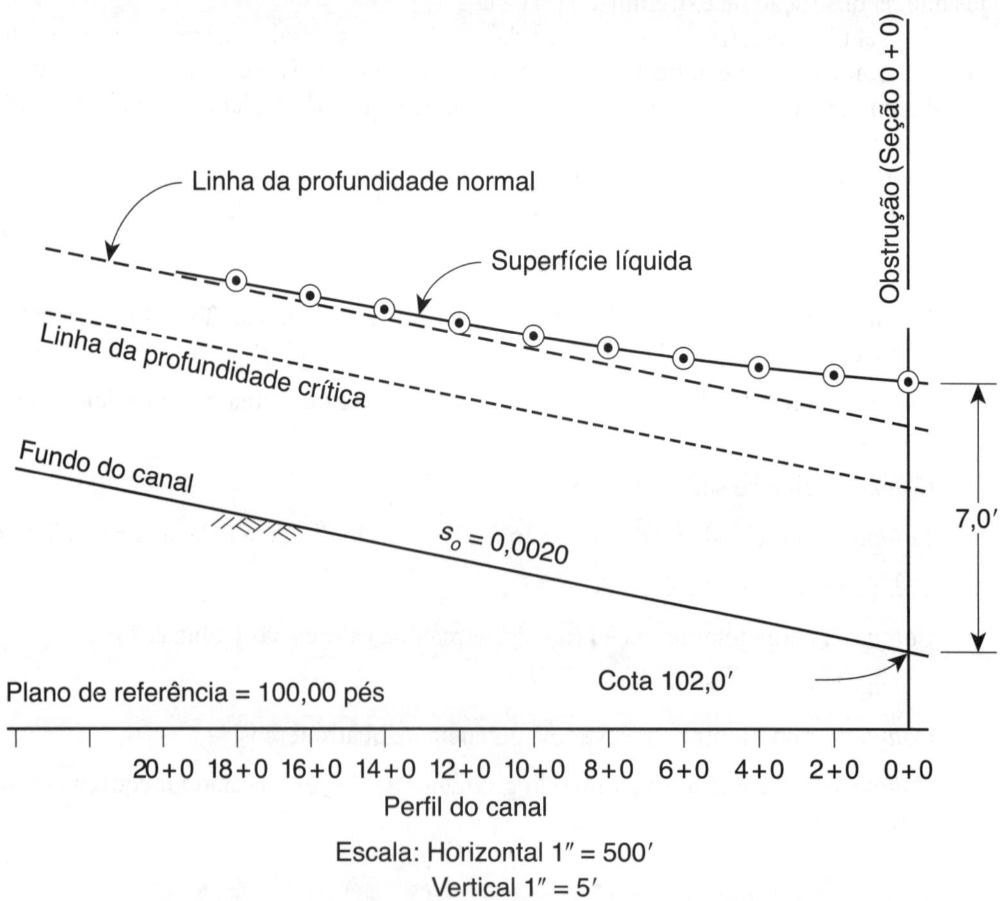

FIGURA 8-6 Perfil de remanso para o Exemplo 8-1.

TABELA 8-1 Cálculo do perfil de remanso para o Exemplo 8-1

(1) Seção	(2) Cota (pés)	(3) D (pés)	(4) a (pés^2)	(5) v (pés/s)	(6) $v^2/2g$ (pés)	(7) H (pés)	(8) R (pés)	(9) $R^{4/3}$	(10) s	(11) $\overline{s}$	(12) Comprim. (pés)	(13) h_f (pés)	(14) h_i (pés)	(15) H (pés)	(16) Correto ✓ e incorreto ✗
0 + 0	107,00	7,00	70,0	7,14	0,79	107,79	2,92	4,17	0,00124	—	—	—	—	107,79	✓
2 + 0	107,30	6,90	69,0	7,25	0,82	108,12	2,90	4,13	0,00129	0,00126	200	0,25	0	108,04	✗
2 + 0	107,22	6,82	68,2	7,33	0,83	108,05	2,88	4,11	0,00132	0,00128	200	0,26	0	108,05	✓
4 + 0	107,44	6,64	66,4	7,53	0,88	108,32	2,85	4,01	0,00142	0,00137	200	0,27	0	108,32	✓
6 + 0	107,68	6,48	64,8	7,72	0,92	108,60	2,82	3,99	0,00151	0,00147	200	0,29	0	108,61	✓
8 + 0	107,94	6,34	63,4	7,89	0,97	108,91	2,80	3,94	0,00160	0,00156	200	0,31	0	108,92	✓
10 + 0	108,25	6,25	62,5	8,00	0,99	109,24	2,78	3,90	0,00166	0,00163	200	0,33	0	109,25	✓
12 + 0	108,58	6,18	61,8	8,09	1,02	109,60	2,76	3,88	0,00171	0,00169	200	0,34	0	109,59	✓
14 + 0	108,91	6,11	61,1	8,18	1,04	109,95	2,75	3,85	0,00176	0,00174	200	0,35	0	109,94	✓
16 + 0	109,24	6,04	60,4	8,28	1,06	110,30	2,74	3,82	0,00182	0,00179	200	0,36	0	110,30	✓
18 + 0	109,57	5,97	59,7	8,38	1,09	110,66	2,72	3,80	0,00187	0,00185	200	037	0	110,67	✓

Para calcular um perfil de remanso em um curso d'água natural, o software HEC-RAS normalmente é usado. No entanto, as informações de campo são as mesmas que as necessárias para um cálculo à mão. O projetista deve ter cuidados adicionais ao escolher as posições das seções transversais, a extensão da margem incluída em cada seção transversal, os coeficientes de rugosidade e outros parâmetros essenciais. O uso do HEC-RAS, como acontece com outros softwares, pode facilmente iludir o usuário em uma falsa sensação de segurança, porque o resultado, esteja ou não correto, parece válido.

8.3 ENTRADA EM UM CANAL

Outro exemplo de escoamento variado ocorre quando a água flui de um recipiente amplo, como um reservatório, até um canal. Essa situação é frequentemente encontrada no projeto de um vertedor para um reservatório ou uma bacia de detenção.

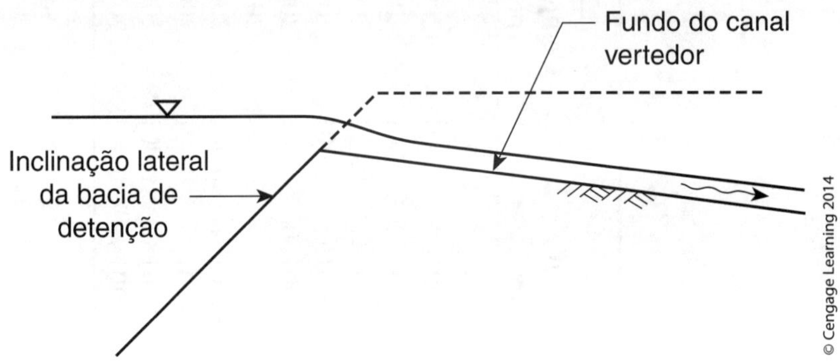

FIGURA 8-7 Perfil de uma entrada em um canal.

Como exemplo, considere a bacia de detenção descrita na Figura 14-7. Observe que o vertedor consiste em um canal com a abertura de sua entrada na lateral da bacia de detenção. A Figura 8-7 mostra um perfil de uma típica entrada em um canal de vertedor, como aquele descrito na Figura 14-7.

Para calcular a queda da superfície líquida conforme ela entra no canal, use a equação de Bernoulli (veja a seção 4.4) como ela foi aplicada para o reservatório e o canal. Para parâmetros de profundidade da água, consulte a Figura 8-8. Ao usar como plano de referência o fundo do canal na entrada, a equação de Bernoulli pode ser escrita como

$$D_r + \frac{v_r^2}{2g} = D_e + \frac{v_e^2}{2g} + h_e \tag{8-2}$$

onde D_r = profundidade do reservatório, pés
v_r = velocidade no reservatório, pés/s
D_e = profundidade do canal de entrada, pés
v_e = velocidade na entrada do canal, pés/s
h_e = perda de carga na entrada, pés

Se a velocidade no reservatório for presumida como zero, e as perdas menores na entrada forem consideradas insignificantes, a Equação 8-2 se tornará

$$D_r = D_e + \frac{v_e^2}{2g} \tag{8-3}$$

Substituindo a equação de continuidade, $Q = va$, na Equação 8-3 obtemos

$$D_r = D_e + \frac{Q^2}{2ga^2} \tag{8-4}$$

onde Q = vazão no canal, cfs
a = área de seção transversal na entrada, pés²

Se o escoamento no canal for subcrítico ($s_o < s_c$), a água entra no canal na profundidade normal, D_n. Portanto, a profundidade na entrada é igual à profundidade através do restante do canal, e a Equação 8-4 pode ser escrita como

$$D_r = D_n + \frac{Q^2}{2ga^2} \quad \text{(Subcrítica)} \tag{8-5}$$

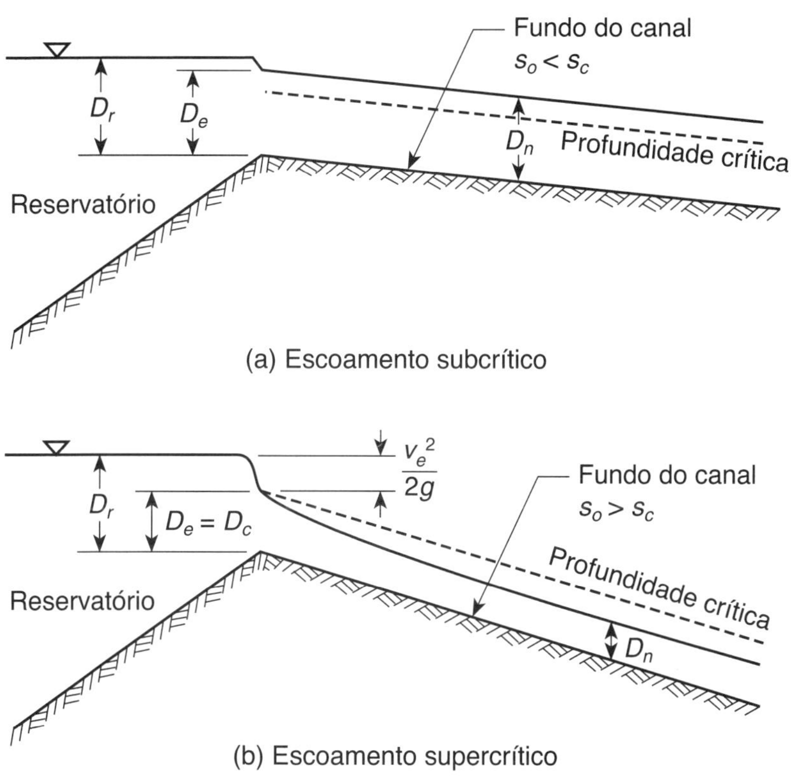

FIGURA 8-8 Entrada em um canal mostrando parâmetros usados no cálculo das profundidades do escoamento.

Valores de D_n podem ser escolhidos, encontrando-se então os valores correspondentes de Q por meio da equação de Manning. Então, os valores de D_n e de Q podem ser substituídos na Equação 8-5 para encontrar os valores correspondentes de D_r.

Se o escoamento no canal for supercrítico ($s_o > s_c$), a água entra no canal na profundidade crítica, D_c. Portanto, a Equação 8-4 pode ser escrita como

$$D_r = D_c + \frac{Q^2}{2ga^2} \quad \text{(Supercrítica)} \tag{8-6}$$

Valores de D_c podem ser escolhidos, e então os valores correspondentes de Q são encontrados por meio da Equação 6-2 ou da Equação 6-3 (para canais retangulares). Assim, os valores de D_c e de Q podem ser substituídos na Equação 8-6 para definir os valores correspondentes de D_r.

Exemplo 8-2

Problema

Um vertedor para uma bacia de detenção é construído como um canal retangular com fundo de 12,0 pés de largura, revestido de pedras para enrocamento (n = 0,025). A declividade do canal é 0,0050 pé. Elabore um gráfico que mostre a relação entre a cota do reservatório e a vazão no canal.

Solução

Primeiro, determine se o escoamento no vertedor será subcrítico ou supercrítico. Como Q ainda não é conhecido, teste alguns valores previstos de Q. Neste caso, valores de Q de até 150 cfs indicam $D_n > D_c$, ou escoamento subcrítico.

Em seguida, escolha uma lista de valores de D_n e encontre os valores correspondentes de Q usando a equação de Manning. Então, usando os valores de D_n e de Q, calcule os valores correspondentes de D_r usando a Equação 8-5. Veja a seguir uma tabela dos valores e a resposta ao problema. A tabela pode ser usada como uma classificação do escoamento para o vertedor quando calculamos a propagação de cheias quando há um reservatório, como apresentado no Capítulo 14.

D_n (pés)	Q (cfs)	D_r (pés)
0,5	15,1	0,60
1,0	45,6	1,22
1,5	85,7	1,85
2,0	133	2,48

Exemplo 8-3

Problema

Um vertedor para uma bacia de detenção é construído como um canal retangular com fundo de 12,0 pés de largura, revestido de pedras para enrocamento (n = 0,025). A declividade do canal é 0,020 pé/pé. Elabore um gráfico que mostre a relação entre a cota do reservatório e a vazão no canal.

Solução

Primeiro, determine se o escoamento no vertedor será subcrítico ou supercrítico. Como Q ainda não é conhecido, teste alguns valores previstos de Q. Neste caso, valores de Q até 150 cfs indicam $D_n < D_c$, ou escoamento supercrítico.

Em seguida, escolha uma lista de valores de D_c e encontre seus valores correspondentes de Q usando a Equação 6-3. Então, usando os valores de D_c e os de Q, calcule os valores correspondentes de D_r usando a Equação 8-6. Veja a seguir uma tabela dos valores e a resposta ao problema. A tabela pode ser usada como uma classificação do escoamento para o vertedor quando calculamos a propagação de cheias quando há um reservatório, como apresentado no Capítulo 14.

D_c (pés)	Q (cfs)	D_r (pés)
0,5	24,1	0,75
1,0	68,1	1,50
1,5	125	2,25
2,0	193	3,00

Observe que os Exemplos 8-2 e 8-3 apresentam o mesmo vertedor, com exceção para a declividade do canal. No Exemplo 8-2, a declividade é 0,50% (subcrítica); no Exemplo 8-3, a declividade é 2,0% (supercrítica). Em qual exemplo o nível do reservatório é maior para uma determinada vazão?

A resposta não é rapidamente perceptível com um olhar nos resultados dos exemplos. No entanto, se os valores de D_r *versus* Q forem desenhados em um gráfico, a resposta se tornará mais nítida. Observe, na Figura 8-9, que os valores de Q são ligeiramente mais altos (em torno de 10%) para o escoamento supercrítico, ou os valores de D_r são menores que os valores fornecidos de Q. Isso significa que, se o vertedor for construído com uma declividade de 2,0%, o nível da água no reservatório tenderá a se elevar menos que no caso de menor declividade do canal (0,5%). Isso seria algo a se considerar no projeto da bacia de detenção.

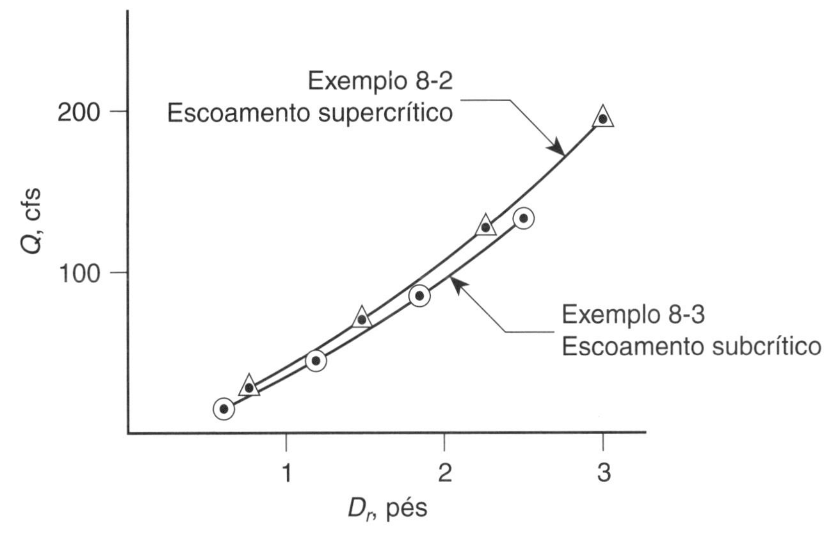

FIGURA 8-9 Desenho de D_r *versus* Q para os Exemplos 8-2 e 8-3.

8.4 RESSALTO HIDRÁULICO

Quando a água escoa sobre uma superfície íngreme, como um vertedor, e entra em um canal relativamente plano, o resultado é uma transição de um escoamento raso e rápido para um escoamento mais profundo e mais lento. Qualquer transição abrupta de um escoamento supercrítico de baixa lâmina d'água para um escoamento subcrítico de lâmina d'água mais alta é chamado **ressalto hidráulico**. A Figura 8-10 mostra um ressalto hidráulico.

FIGURA 8-10 Ressalto hidráulico.

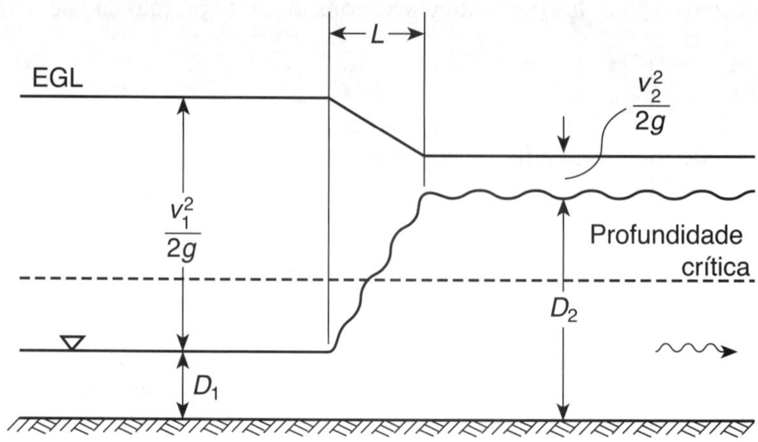

FIGURA 8-11 Um típico ressalto hidráulico mostrando os parâmetros essenciais.

Os ressaltos hidráulicos podem ocorrer onde quer que o escoamento em um canal seja muito rápido, como um canal de declividade elevada em transição para um canal plano, ou um escoamento descarregando sob uma comporta basculante em um canal. Ressaltos hidráulicos também podem ser induzidos em um ponto de escoamento rápido, para reduzir a velocidade e assim controlar a erosão a jusante. Estruturas típicas de indução de ressalto incluem bacias de amortecimento e dissipadores de energia que consistem em blocos de concreto agindo como obstruções ao escoamento.

Ressaltos hidráulicos podem ser fracos ou muito pronunciados, dependendo das condições do escoamento. Uma classificação dos diferentes tipos de ressaltos foi desenvolvida pelo U.S. Bureau of Reclamation, de acordo com o número Froude, ***F***, do escoamento de entrada. O número Froude é discutido na seção 6.4. O valor de ***F*** deve ser maior que 1,0 para que haja ressalto hidráulico, pois os ressaltos hidráulicos sempre ocorrem quando o escoamento se altera de supercrítico para subcrítico. De acordo com a classificação, quanto mais alto o valor de ***F***, mais forte é o ressalto hidráulico. Os ressaltos mais fortes acontecem quando $F > 9{,}0$. Para valores de F entre 1,0 e 9,0, os ressaltos hidráulicos que se formam têm várias características, incluindo fraco, oscilante e estacionário.

Os principais aspectos de um ressalto hidráulico aparecem na Figura 8-11. A profundidade do escoamento antes do ressalto, D_1, é chamada profundidade *de montante*; a profundidade após o ressalto, D_2, é chamada profundidade *de jusante*, também denominadas de profundidades conjugadas do ressalto. O comprimento, L, do ressalto não pode ser calculado matematicamente, em razão do complexo movimento da água no ressalto. No entanto, valores de L têm sido experimentalmente determinados e podem ser encontrados em muitos textos sobre hidráulica. Em geral, a profundidade de jusante é determinada pelo valor da profundidade normal no canal a jusante do ressalto hidráulico. O local do ressalto é determinado pela velocidade inicial e pela profundidade de montante relativa à profundidade de jusante. Um ressalto hidráulico se formará em um canal retangular quando a seguinte equação for satisfeita:

$$D_2 = \frac{1}{2} D_1 \left[\sqrt{1 + 2F_1^2} - 1 \right] \tag{8-7}$$

Para ilustrar o uso da Equação 8-7, consideremos o exemplo a seguir.

Exemplo 8-4

Problema

O escoamento no vertedor mostrado na Figura 8-12 possui uma vazão de 250 cfs. O vertedor tem 12,0 pés de largura e descarrega em um canal retangular de mesma largura.

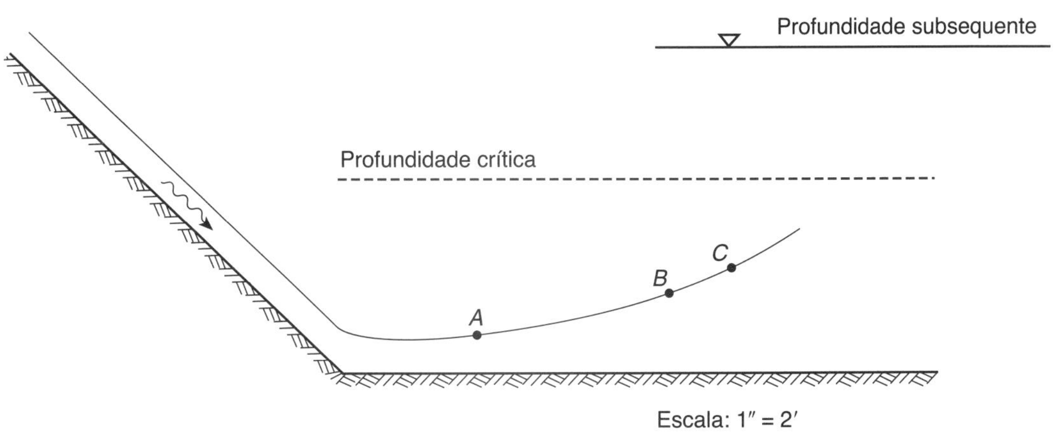

FIGURA 8-12 Perfil do ressalto hidráulico no Exemplo 8-4.

A profundidade normal no canal é de 4,0 pés. O perfil do escoamento a partir do vertedor é mostrado em escala na Figura 8-12. Determine a posição e a altura do ressalto hidráulico.

Solução

O perfil na Figura 8-12, que inclui os pontos A, B e C, é um perfil M3 calculado por um método como o método de integração por passos. Cada ponto representa uma possível profundidade de montante, D_1, para o ressalto hidráulico. Usando a Equação 8-7 com a Equação 6-4, a profundidade de jusante, D_2, pode ser calculada. O ponto que resulta em uma profundidade de jusante combinando com a profundidade normal (4,0 pés) corresponde à posição do ressalto hidráulico. A tabela a seguir mostra os cálculos.

Ponto	D_1 (pés)	a_1 (pés²)	v_1 (pés/s)	F_1	D_2 (pés)	
A	0,5	6	41,7	10,4	7,1	
B	1,0	12	20,8	3,67	4,7	
C	1,28	15,36	16,3	2,54	4,0	OK

O ponto *C*, com uma profundidade de 1,28 pé, foi encontrado por tentativa e erro. Ele é a posição correta do ressalto hidráulico porque é o único ponto que resulta em uma profundidade de jusante de 4,0 pés, o que está de acordo com a profundidade normal no canal.

A altura do ressalto é a diferença entre as profundidades de montante e de jusante, ou

Altura = $D_2 - D_1$ = 4,0 – 1,28 = 2,72 pés. (Resposta)

A posição de um ressalto hidráulico pode ser muito importante nos projetos de estruturas hidráulicas. No caso de um vertedor como o do Exemplo 8-4, a soleira se estende a jusante do ressalto hidráulico para proteção contra erosão.

Geralmente, se a profundidade de jusante aumentar, o ressalto ocorrerá mais a montante; se a profundidade de jusante diminuir, o ressalto ocorrerá mais a jusante. Usualmente, um ressalto a montante é desejável. No entanto, o controle da profundidade subsequente é difícil, porque valores variados de vazão resultam em variadas profundidades de jusante, e, portanto, em variadas posições do ressalto hidráulico. Métodos para abrandar esse problema incluem a construção de uma bacia de dissipação ou de uma soleira inclinada.

EXERCÍCIOS PROPOSTOS

1. Um canal retangular de concreto com fundo de 6,0 pés de largura e declividade de 0,5% transporta vazão de 225 cfs (n = 0,015). Determine se o escoamento é subcrítico ou supercrítico.

2. Se o canal no Problema 1 tiver uma declividade de 1,0%, o escoamento será subcrítico ou supercrítico?

3. Um canal trapezoidal com fundo de 4,0 pés de largura e inclinações laterais de 2 horizontal para 1 vertical e declividade de 1,0% transporta uma vazão de 50 cfs (n = 0,025). Determine se o escoamento é subcrítico ou supercrítico.

4. Determine o perfil de remanso criado por uma obstrução em um canal, causando uma elevação de 8,0 pés. O canal é retangular, como definido a seguir, e transporta uma vazão de 800 cfs. Use o método de integração por passos.

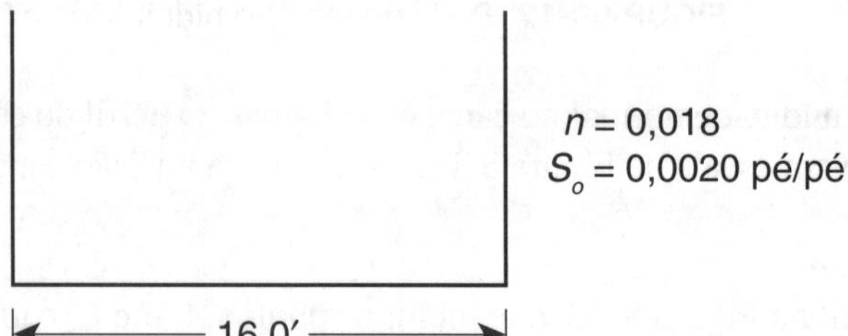

5. Determine o perfil de remanso criado por uma obstrução em um canal, causando um elevação de 5,0 pés. O canal é trapezoidal, como definido a seguir, e transporta uma vazão de 200 cfs. Use o método de integração por passos.

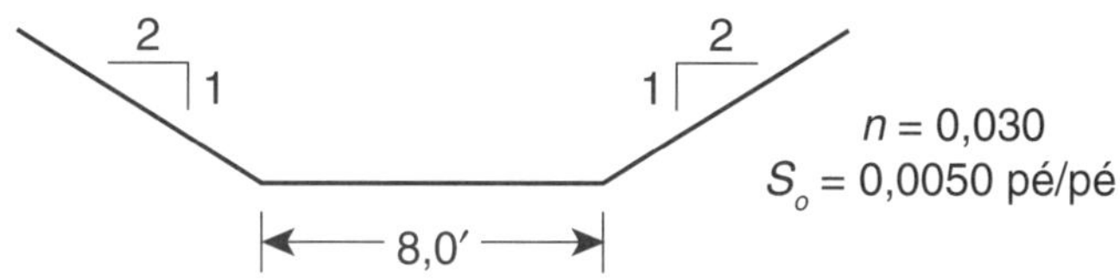

6. Um vertedor para uma bacia de detenção é construído como um canal retangular cuja largura do fundo é de 16,0 pés. O revestimento é de concreto (n = 0,015). A cota da crista do vertedor é de 1.125,00 pés. A declividade do canal é de 0,0020 pé/pé. Elabore um gráfico que mostre a relação entre a cota do reservatório e a vazão no canal.

7. Elabore um gráfico para a cota *versus* a vazão para o canal na questão 6, considerando que a declividade do canal é de 0,020 pé/pé.

8. Um vertedor para uma bacia de detenção é construído como um canal trapezoidal cuja largura do fundo é de 10,0 pés e as inclinações laterais são de 2 horizontal para 1 na vertical. O revestimento é de grama (n = 0,040). A cota da crista do vertedor é de 480,00 pés. A declividade do canal é de 0,0080 pé/pé. Elabore um gráfico que mostre a relação entre a cota do reservatório e a vazão no canal.

9. Elabore um gráfico para cota *versus* vazão para o canal na questão 6, considerando que a declividade do canal é de 0,050 pé/pé.

10. O escoamento em um vertedor possui uma vazão de 525,0 cfs. O vertedor tem 20,0 pés de largura e descarrega em um canal retangular de mesma largura. A profundidade normal no canal é de 3,20 pés. O perfil do escoamento a partir do vertedor é mostrado na seguinte ilustração em escala. Encontre a posição e a altura do ressalto hidráulico.

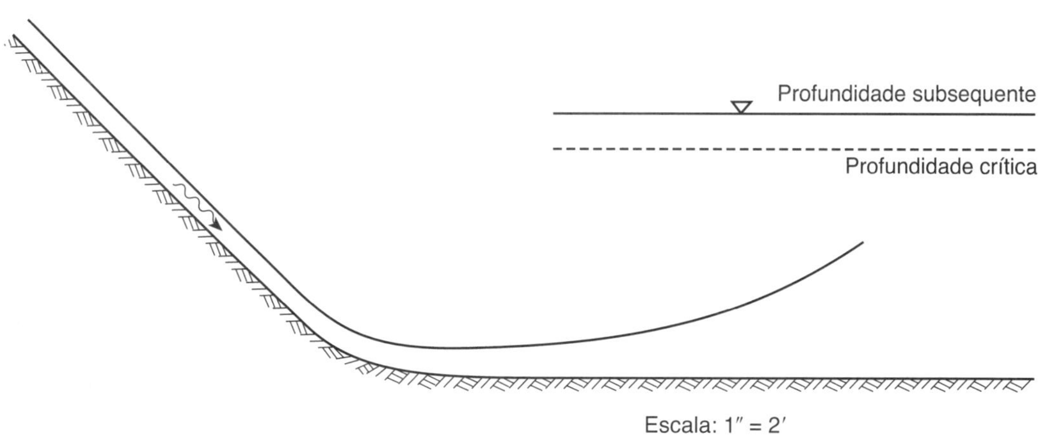

BIBLIOGRAFIA COMPLEMENTAR

BRATER, E. F.; KING, H. *Handbook of hydraulics.* 7. ed. Nova York: McGraw-Hill, 1996.

CHAUDHRY, M. H. *Open channel flow*. 2. ed. Sprinter, 1993. (reimpressão).

CHOW, V. T. *Open channel hydraulics*. The Blackburn Press, 2009. (reimpressão).

HWANG, N. H. C.; HITA, C. E. *Fundamentals of hydraulic engineering systems.* 2. ed. Englewood Cliffs: Prentice Hall, 1987.

MERRITT, F. S. *Standard handbook for civil engineers.* 5. ed. Nova York: McGraw-Hill, 2004.

NALLURI, C.; FEATHERSTONE, R. E. *Civil engineering hydraulics.* 4. ed. Londres: Blackwell Science, 2001.

SIMON, A. L.; KOROM, S. F. *Hydraulics*. Simon Publications, 2002.

STRUM, T. W. *Open channel hydraulics*. Nova York: McGraw-Hill, 2001.

CAPÍTULO

9

Hidráulica de Bueiros

Bueiros são estruturas destinadas a transportar um córrego ou um canal através de uma obstrução, como um aterro em uma via férrea ou rodovia. O bueiro é essencialmente um tubo colocado no aterro, permitindo que a água flua sob a via férrea ou a rodovia sem interferência entre ambos. A Figura 9-1 mostra um típico sistema de bueiro/aterro. Muros de contenção geralmente são colocados nas extremidades a montante e a jusante para contribuir no nivelamento e na eficácia hidráulica. Bueiros são feitos em várias seções transversais, algumas das quais são exibidas na Figura 9-2.

OBJETIVOS

Ao concluir este capítulo, o leitor deverá ser capaz de:

- Identificar o tipo de escoamento em um bueiro: controle de entrada ou controle de saída (também denominados de *controle de montante* e *controle de jusante*).
- Analisar a adequação de um bueiro existente, usando controle de montante e de jusante.
- Escolher um tamanho adequado de bueiro para uma determinada vazão.
- Avaliar a necessidade de uma eficiência maior de entrada para um bueiro.

9.1 CONCEITOS FUNDAMENTAIS

Quando o escoamento em um córrego (ou canal) encontra um bueiro, ele passa por uma constrição que causa uma mudança na profundidade do escoamento. Nesse caso, o escoamento pode ser comparado ao fluxo de tráfego de uma rodovia de quatro pistas para um túnel de duas pistas. Conforme entra no túnel, o tráfego contrai-se, provocando uma lentidão que afeta os carros que se aproximam do túnel, mas não os carros que o atravessam. Assim que cada carro entra no túnel, o deslocamento torna-se muito mais fácil, e o tráfego aumenta. Quando o tráfego emerge da outra extremidade, o deslocamento geralmente fica ainda mais fácil e a velocidade aumenta mais um pouco.

Em geral, a hidráulica de um bueiro ocorre de modo similar. A água acumula-se enquanto espera para entrar no bueiro; quando está lá dentro, sua velocidade aumenta. Em razão da equação de continuidade (Equação 4-3), a água em deslocamento lento a montante do bueiro tem uma profundidade maior, e a água com deslocamento mais rápido no bueiro é mais rasa. A Figura 9-3 mostra um padrão típico de escoamento através de um bueiro. Ela serve também para definir muitos dos termos especiais usados nas análises de bueiros.

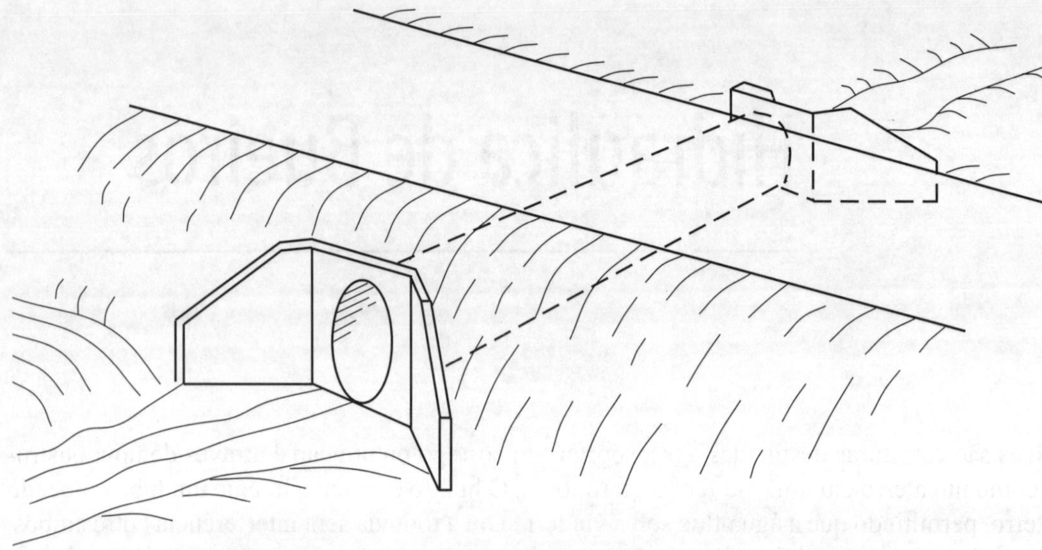

FIGURA 9-1 Um bueiro típico através de um aterro em estrada.

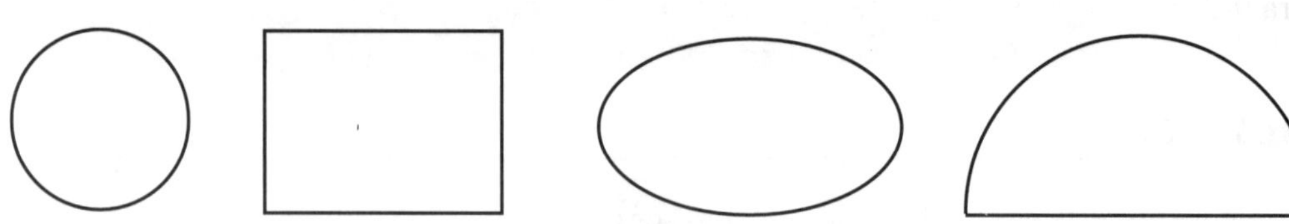

FIGURA 9-2 Seções transversais típicas de bueiros.

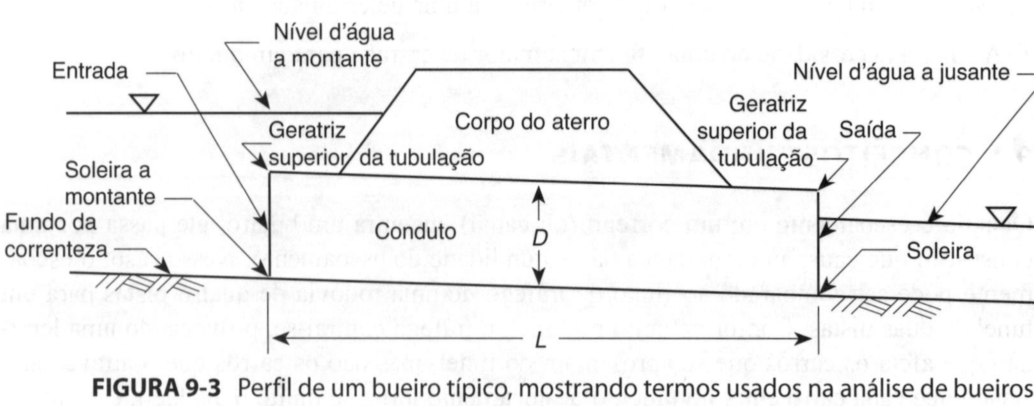

FIGURA 9-3 Perfil de um bueiro típico, mostrando termos usados na análise de bueiros.

A Figura 9-4 descreve os principais componentes hidráulicos do escoamento em bueiro. Haverá mais tarde referências aos diagramas na Figura 9-4, quando descrevermos o escoamento em bueiro em termos matemáticos.

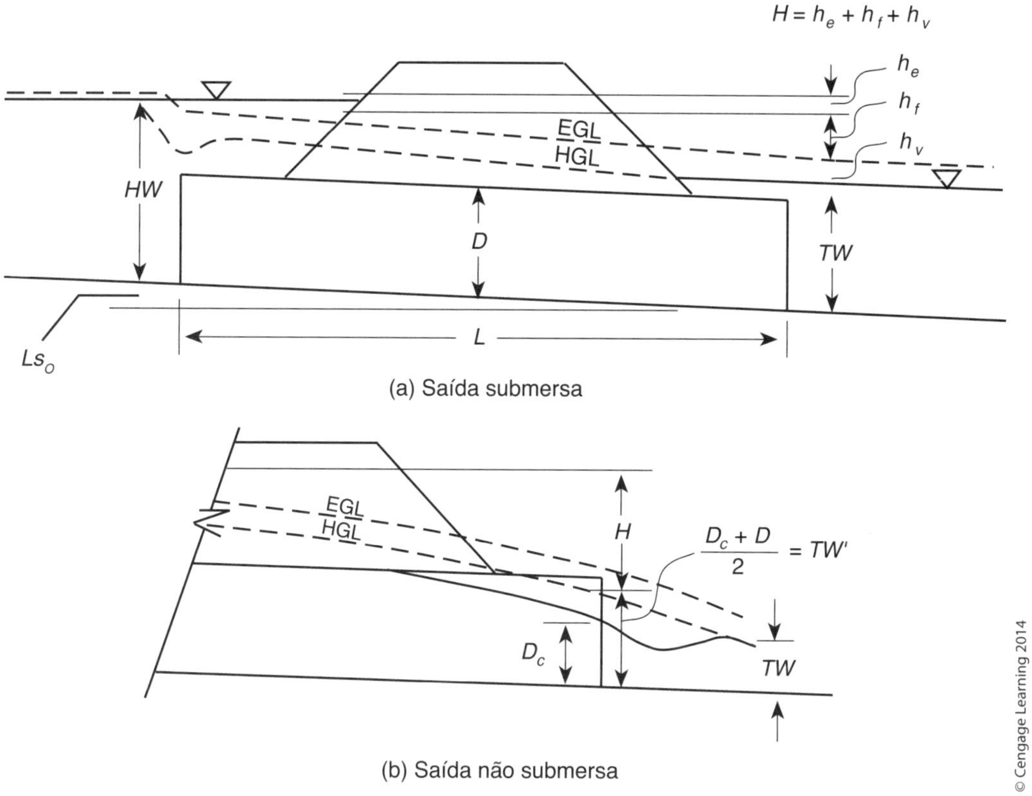

FIGURA 9-4 Componentes hidráulicos do escoamento em bueiro.

Embora o escoamento em bueiro seja, geralmente, como já descrito, há muitas variações causadas por circunstâncias específicas. Os fatores a seguir afetam o escoamento através de um bueiro:

1. Tamanho da abertura (área de seção transversal).
2. Geometria da entrada.
3. Comprimento do bueiro.
4. Rugosidade do bueiro.
5. Declividade.
6. Profundidade a jusante do escoamento (água a jusante).

A profundidade a jusante, também chamada **profundidade da água a jusante**, pode ser muito importante na determinação do padrão do escoamento. A profundidade da água a jusante depende, em geral, das características da correnteza e costuma ser independente do bueiro. A profundidade da água a jusante geralmente é determinada calculando-se a profundidade normal para a correnteza conforme ela ocorre a jusante do bueiro.

Vários tipos de escoamento em bueiro foram identificados pela variação desses fatores listados. Por exemplo, a profundidade da água a jusante pode estar acima ou abaixo da coroa do bueiro. Além disso, o bueiro pode ser relativamente curto ou longo; um bueiro longo exerce mais perda de atrito no escoamento. Mais ainda: a declividade do bueiro pode ser subcrítica ou supercrítica. Podemos observar que muitas combinações de condições são possíveis, e cada combinação resulta em um diferente tipo de escoamento através do bueiro.

No entanto, independentemente dos detalhes do tipo de escoamento, apenas uma preocupação é primordial na análise de bueiros: a profundidade de montante.

A **profundidade de montante** fornece a energia potencial para conduzir a água através do bueiro, e veremos que essa profundidade se torna uma medida da capacidade ou adequação de um bueiro. A profundidade de jusante é determinada pela correnteza, enquanto a profundidade a montante é determinada pelo bueiro. Nesta seção, aprenderemos a calcular a profundidade a montante para uma variedade de fatores de escoamento e de bueiros.

Quando a água flui através de um bueiro, a profundidade a montante é maior que a profundidade a jusante. O aumento naquela é causado pela constrição própria do bueiro, como já vimos. No entanto, a experiência tem mostrado que a constrição pode acontecer na entrada (extremidade a montante) do bueiro ou na saída (extremidade a jusante), dependendo de quais fatores prevalecem entre os citados anteriormente. Caso a constrição ocorra mais na entrada que na saída, diz-se que o bueiro está operando sob *controle de montante*; caso a extremidade de saída crie uma constrição maior, o bueiro está operando sob *controle de jusante*.

Se o bueiro consiste de dois ou mais condutos, a análise é desenvolvida considerando-se que a vazão é dividida igualmente entre os condutos. Assim, para calcular a profundidade de montante para um bueiro de três tubos, por exemplo, divida a vazão por 3 e, utilizando um terço da vazão, avalie o bueiro como se ele fosse composto por um único tubo.

9.2 TIPOS DE ESCOAMENTO

O perfil da linha d'água através de um bueiro varia muito, dependendo das condições mencionadas. O tipo mais simples de escoamento ocorre quando a seção transversal do bueiro corresponde aos canais a montante e a jusante e o bueiro funciona como um canal aberto. Nesse caso, mostrado na Figura 9-5, quando o nível d'água a jusante está abaixo da geratriz superior, o perfil da superfície linha d'água não se altera ao longo do bueiro, e a profundidade a jusante é igual à profundidade a montante. Vamos chamar de tipo A esse tipo de escoamento, que geralmente pode ocorrer para baixas vazões, mas raramente durante condições de cheia.

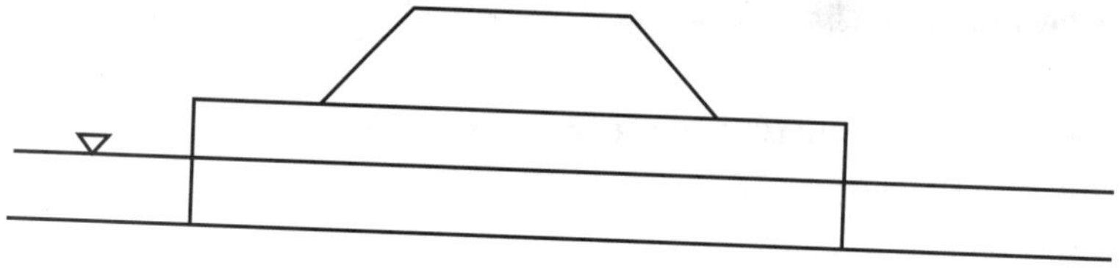

FIGURA 9-5 Escoamento tipo A: bueiro funcionando como um canal aberto.

O próximo tipo de escoamento, que chamaremos tipo B, ocorre quando o nível d'água a montante se eleva acima da geratriz superior de entrada, a profundidade a jusante está relativamente baixa e o comprimento do bueiro é relativamente pequeno. Para esse tipo de escoamento, mostrado na Figura 9-6, a entrada fica submersa, e o bueiro funciona como um orifício. Bueiros de escoamento tipo B geralmente operam com controle de montante.

O fluxo tipo C ocorre quando as condições são similares às do tipo B, mas o bueiro é relativamente longo ou há alguma restrição ao escoamento. Mostrado na Figura 9-7, o escoamento tipo C não submerge à entrada, mas diminui no bueiro logo a montante, criando um efeito parecido com o de um vertedor. Bueiros com fluxo tipo C geralmente operam com controle de jusante.

O fluxo tipo D ocorre quando o nível d'água a jusante está acima da geratriz superior do bueiro e está relativamente alto, como exibido na Figura 9-8. Nesse caso, o bueiro funciona como um tubo a seção plena com controle de jusante.

O escoamento em bueiros pode ser complicado por fatores como a declividade do bueiro, que pode produzir escoamento supercrítico sob certas circunstâncias. As descrições anteriores levaram em conta condições de escoamento subcrítico – caso para a maioria das análises de bueiros.

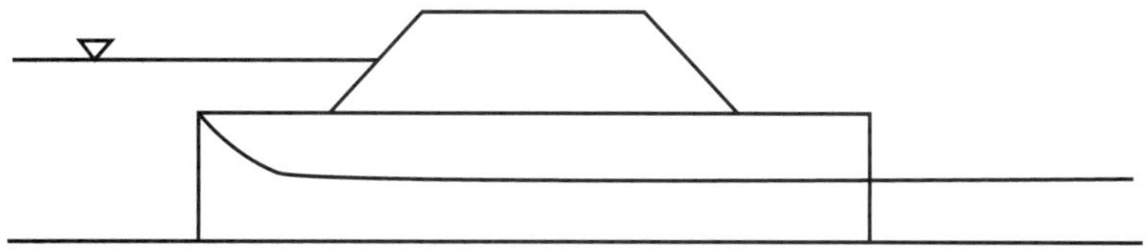

(a) Nível d'água a jusante alto

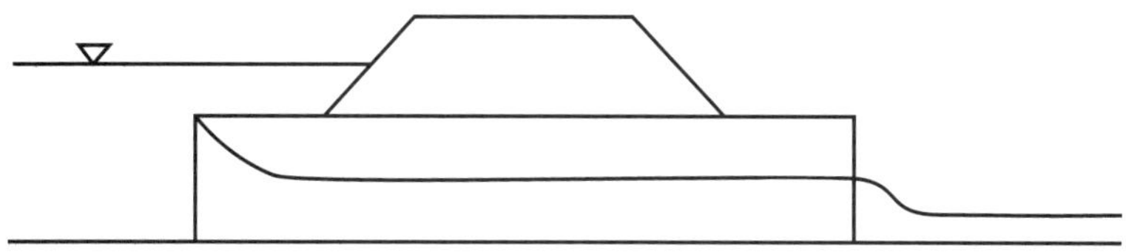

(b) Nível d'água a jusante baixo

FIGURA 9-6 Escoamento tipo B: bueiro funcionando como um orifício.

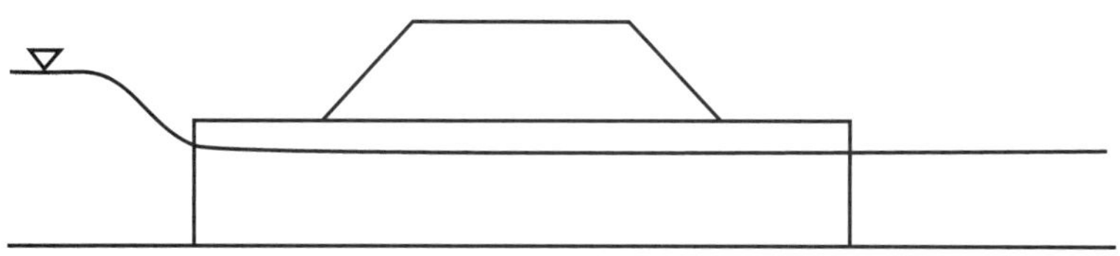

(a) Nível d'água a jusante alto

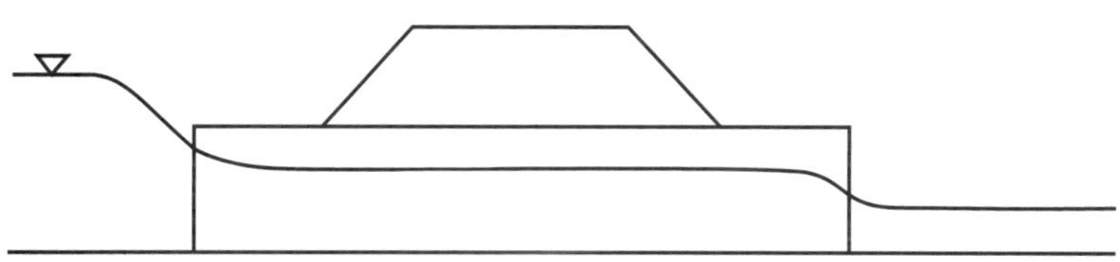

(b) Nível d'água a jusante baixo

FIGURA 9-7 Escoamento tipo C: bueiro funcionando como um vertedor.

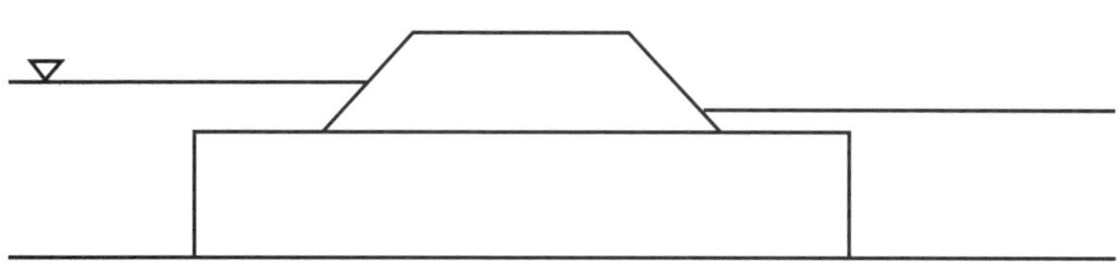

(a) Nível d'água a jusante alto

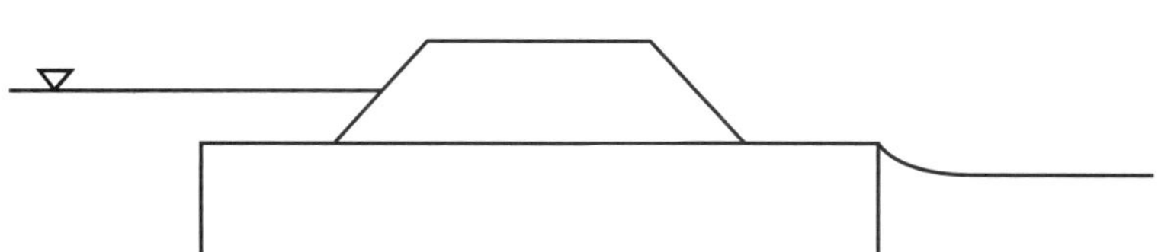

(b) Nível d'água a jusante baixo

FIGURA 9-8 Escoamento tipo D: bueiro funcionando como tubo a seção plena.

9.3 CONTROLE DE MONTANTE

O controle de montante acontece quando, para o curso d'água chegar à entrada do bueiro, é mais difícil que escoar pelo restante do comprimento do bueiro até a saída. Fatores críticos no controle de montante são a área e a geometria da seção transversal da entrada.

Para calcular a profundidade a montante para um bueiro operando sob controle de entrada, apenas a vazão Q e o tamanho e a forma da entrada devem ser considerados. Todos os outros fatores, como o comprimento do conduto, a rugosidade, a declividade e a profundidade a jusante, não são importantes. Veremos mais tarde como determinar se um bueiro está operando sob controle de montante ou de jusante.

A Figura 9-9 mostra exemplos de bueiros operando sob controle de montante. Em cada caso, o valor *HW* representa a profundidade da água a montante medida da soleira (o ponto mais baixo) da entrada até o nível da água. É *HW* que procuramos determinar quando avaliamos um bueiro operando sob controle de montante. (*HW* na verdade representa a distância vertical da soleira de entrada até a linha do gradiente de energia da água a montante, mas, na maioria dos casos, a linha do gradiente de energia está tão perto da superfície da água, por causa da baixa magnitude da velocidade média, que as duas linhas podem ser consideradas a mesma.)

Gráficos são usados para determinar *HW*, a fim de evitar dificuldades da matemática envolvida. Os gráficos, reproduzidos nos Apêndices B-1 e B-2, foram desenvolvidos por meio de pesquisas e testes. Para usar os gráficos, você deve conhecer a vazão (também denominada descarga), o tamanho e a forma da seção transversal da entrada do bueiro e a geometria da extremidade de entrada do conduto do bueiro.

A seção transversal da entrada geralmente é circular, em formato de caixa, elíptica ou em arco, como mostramos na Figura 9-2. A geometria da entrada está relacionada à forma da extremidade do conduto na entrada. A Figura 9-10 descreve os quatro tipos usuais de geometria de entrada usados para bueiros circulares e ovais.

Apesar de parecer sem importância, a geometria da entrada possui um efeito significativo na capacidade de bueiros que operam sob controle de montante, apesar de seu aspecto secundário. A facilidade com que a água pode escoar pela borda da entrada e então para dentro do tubo determina a perda de carga na entrada. Quanto menor a perda na entrada, maior a capacidade total de escoamento do bueiro.

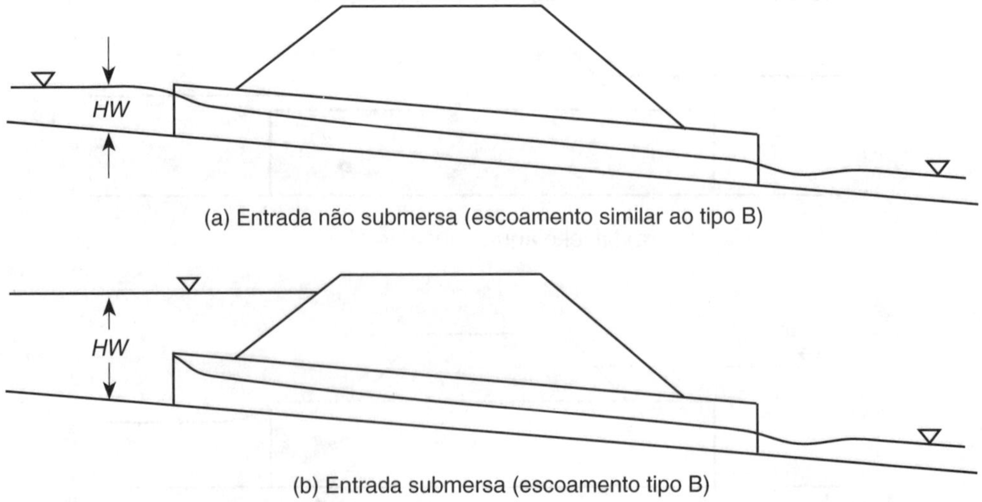

FIGURA 9-9 Exemplos de bueiros sob controle de montante. A entrada pode estar ou não submersa, mas nunca a saída. *(Cortesia de Federal Highway Administration, Hydraulic Charts for the Selection of Highway Culverts)*

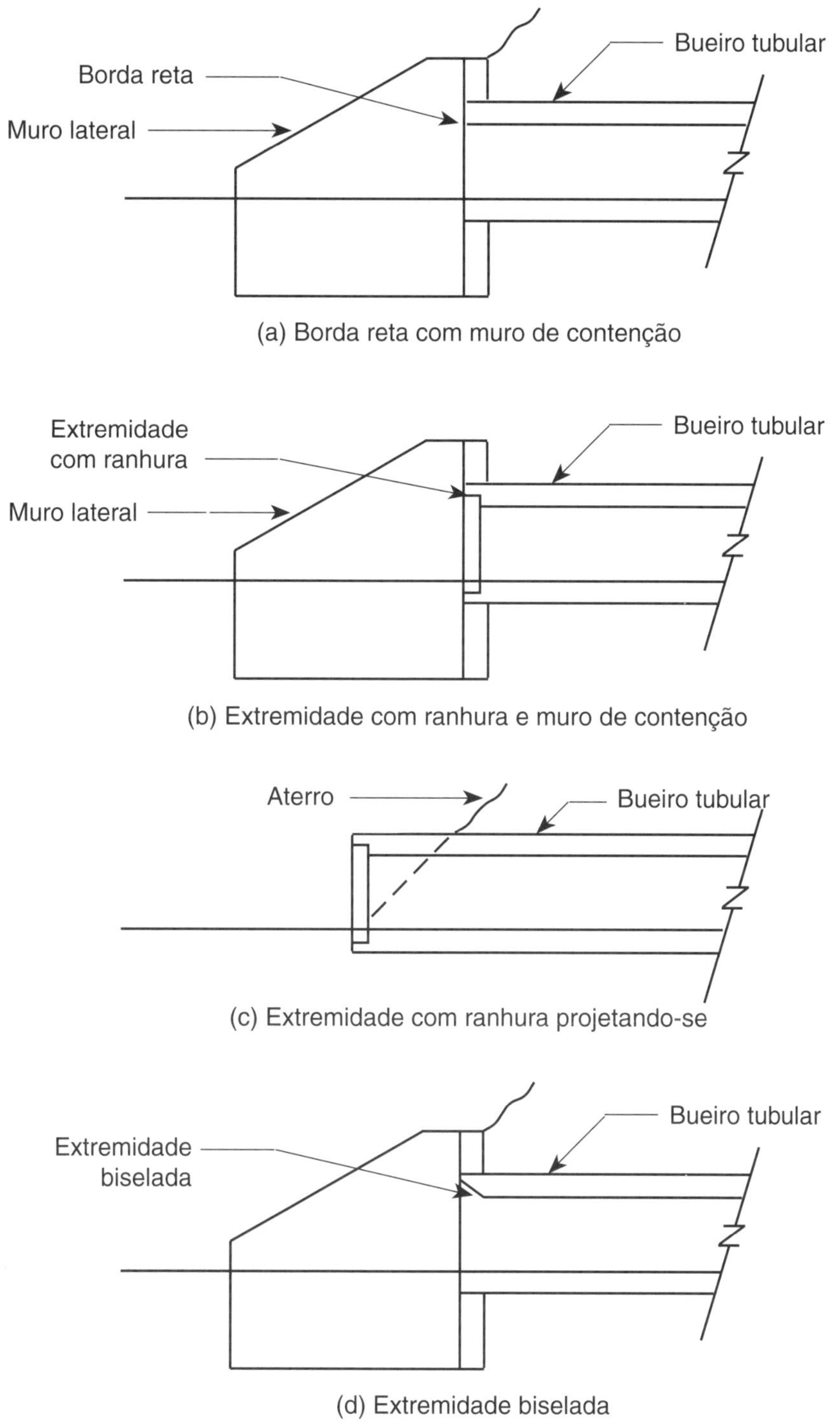

FIGURA 9-10 Tipos de entrada para bueiros tubulares circulares e ovais.

Exemplo 9-1

Problema

Determine a profundidade da água a montante *HW* de um bueiro tubular de concreto com 36 polegadas de diâmetro, operando sob controle de montante, com vazão de 65 cfs. O bueiro possui um muro de contenção e borda com ranhuras.

Solução

Selecione o Gráfico 2 ("Bueiros de tubos de concreto com controle de montante") no Apêndice B-1. Encontre o diâmetro do tubo na escala à esquerda e a vazão na escala do meio. Usando uma régua, conecte os dois pontos agora determinados e estenda a linha até a escala à esquerda do grupo de três escalas à direita. Essa é a Escala (1). Por fim, projete a linha horizontalmente, da Escala (1) até a Escala (2), e leia o valor de HW/D, 1,57. Então:

$$\begin{aligned} HW &= (1{,}57)D \\ &= (1{,}57)(3) \\ &= 4{,}71 \text{ pés} \quad \text{(Resposta)} \end{aligned}$$

Assim, a profundidade a montante é de 4,71 pés, que está acima da geratriz superior do tubo do bueiro.

A geometria da seção transversal do escoamento não foi necessária neste caso. Nem a inclinação, a extensão ou a rugosidade do tubo. Por quê?

Se você quisesse a cota do nível d'água a montante, apenas adicionaria HW à cota da soleira de entrada. Assim, se a cota da soleira de entrada fosse 450,00, a cota a montante seria 454,71.

Exemplo 9-2

Problema

Determine a profundidade a montante de um bueiro quadrado de concreto com 3 pés por 6 pés, operando sob controle de montante, com vazão de 80 cfs. O bueiro possui alas a uma abertura de 45 graus.

Solução

Selecione o Gráfico 1 ("Bueiros quadrados com controle de entrada") no Apêndice B-1. Encontre a altura do quadrado (3 pés) na escala à esquerda. Depois, calcule o valor Q/B:

$$\begin{aligned} \frac{Q}{B} &= \frac{80}{6} \\ &= 13{,}3 \text{ cfs/pés} \end{aligned}$$

Encontre 13,3 cfs/pés na escala do meio e conecte os dois pontos recém-determinados. Estenda a linha até a Escala (1) das três escalas à direita do gráfico. Como a abertura do muro lateral incide entre 30 graus e 75 graus, use a Escala (1) e leia o valor HW/D de 0,91. Então,

$$\begin{aligned} HW &= (0{,}91)D \\ &= (0{,}91)(3) \\ &= 2{,}73 \text{ pés} \quad \text{(Resposta)} \end{aligned}$$

Assim, a profundidade a montante é de 2,73 pés, que está abaixo do lado superior do bueiro quadrado. Se a cota da soleira de entrada for de 450,00, a elevação a montante será 452,73.

9.4 CONTROLE DE JUSANTE

Efetuar cálculos envolvendo o controle de jusante é um procedimento diferente e mais complexo. Ele ocorre quando é mais difícil, para o fluxo, transpor a extensão do bueiro, em comparação a chegar à entrada em primeiro lugar. Para calcular a profundidade a montante, devem ser conhecidos o comprimento do conduto, a forma, a declividade e a rugosidade, assim como a profundidade a jusante. A Figura 9-11 mostra exemplos de bueiros operando sob controle de jusante. Em cada caso, a cota a montante é determinada pela adição da carga total H à cota da linha do gradiente hidráulico na extremidade de saída do bueiro.

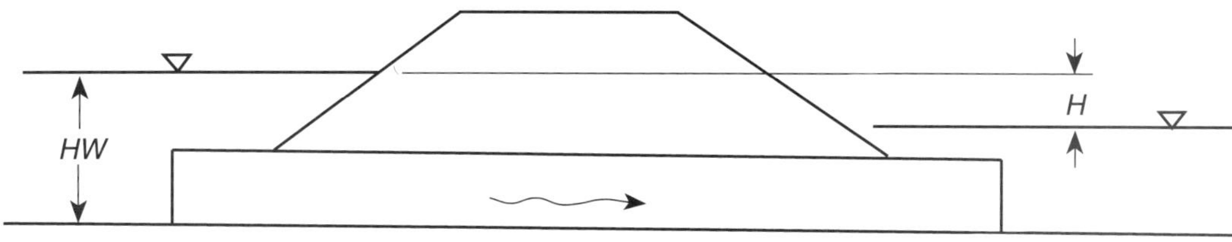

(a) Saída submersa (o bueiro *deve* estar com controle de jusante)

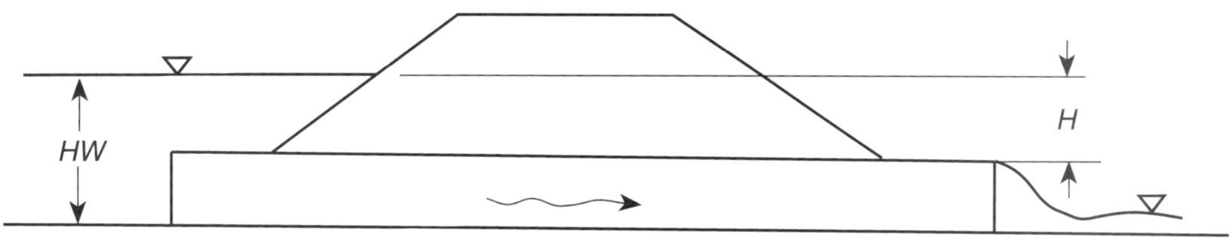

(b) Escoamento a seção plena na saída (ocorre quando Q é grande o bastante para a profundidade crítica estar na geratriz superior)

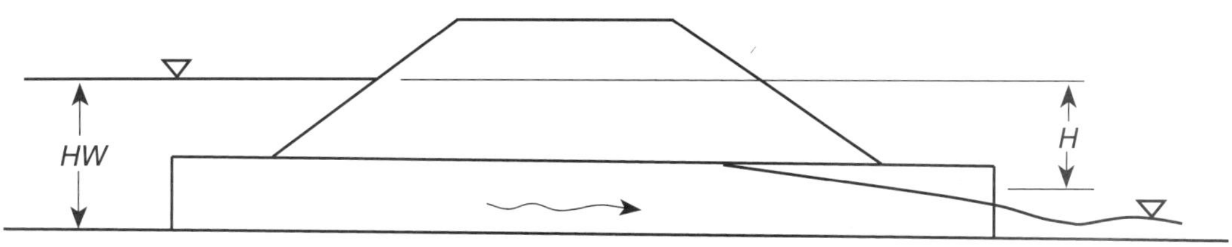

(c) Escoamento a seção plena em parte da extensão do bueiro (a profundidade na saída iguala-se à profundidade crítica)

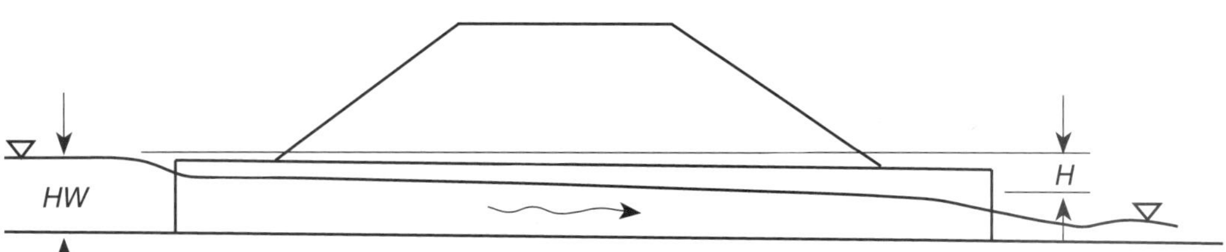

(d) Escoamento livre através de todo o bueiro (esta condição é tratada da mesma forma que a (c))

FIGURA 9-11 Exemplos de bueiros operando sob controle de jusante. *(Cortesia de Federal Highway Administration, Hydraulic Charts for the Selection of Highway Culverts)*

Como exibido na Figura 9-4, a carga total H inclui a carga de velocidade, h_v, a perda de carga na entrada, h_e, e a perda de atrito, h_f. Ela não inclui a carga de pressão, porque, geralmente, a carga de pressão é zero na saída, e a linha do gradiente hidráulico está na superfície da água. Isso está de acordo com o princípio de Bernoulli, descrito no Capítulo 4.

No entanto, um exame atento da Figura 9-4(b) revela que a linha do gradiente hidráulico pode, algumas vezes, estar acima da superfície a jusante. Nesse caso, a água que sai do bueiro ainda está sob alguma pressão, e sua profundidade é a profundidade crítica, D_c. Então, a posição da linha do gradiente hidráulico na saída é chamada *TW'*, como mostrado na Figura 9-4(b). O valor exato de *TW'* é difícil de calcular, mas uma estimativa confiável é que *TW'* está no ponto médio entre a profundidade crítica e a geratriz superior do bueiro. Assim,

$$TW' = \frac{D_c + D}{2} \tag{9-1}$$

Quando a profundidade a jusante está acima da geratriz superior do bueiro, a linha do gradiente hidráulico está no nível da água, e, para encontrar a profundidade a montante, *HW*, adicione *H* a *TW* e subtraia Ls_o, que é a cota da soleira do bueiro que vai da extremidade de saída até a extremidade da soleira. Assim,

$$HW = TW + H - Ls_o \tag{9-2a}$$

Quando a linha do gradiente hidráulico está a uma distância *TW'* acima da soleira, *HW* é calculada como

$$HW = TW' + H - Ls_o \tag{9-2b}$$

O problema é determinar a posição da linha do gradiente hidráulico. Como mostrado na Figura 9-11, a água a jusante pode estar a diferentes profundidades, por várias razões. A linha d'água pode ser plana ou íngreme, a vazão pode ser grande ou pequena, ou o conduto do bueiro pode ser curto ou longo, e assim por diante. Portanto, quando a água a jusante está abaixo da geratriz superior do bueiro, a linha do gradiente hidráulico pode estar no nível d'água ou acima. Se estiver no nível d'água, estará a uma distância *TW* acima da soleira. Se estiver acima do nível d'água, estará a uma distância *TW'* acima da soleira. A solução prática para o problema é calcular *TW* e *TW'* e escolher o maior dos dois. Portanto, se $TW > TW'$, use a Equação 9-2a para calcular *HW*; se $TW < TW'$, use a Equação 9-2b.

Como mencionado, gráficos são usados para determinar *H* e evitar as dificuldades matemáticas. Os gráficos reproduzidos nos Apêndices B-2 e B-3 foram desenvolvidos por meio de pesquisas. Para usá-los, você deve conhecer a vazão, o comprimento do conduto, a forma e a rugosidade, e as condições da entrada.

Exemplo 9-3

Problema

Determine a profundidade a montante de um bueiro retangular de concreto de 3 pés por 6 pés, operando sob controle de jusante, com vazão de 80 cfs. O bueiro tem uma extensão de 100 pés, alas a uma abertura de 45 graus e borda reta no lado superior. A declividade do escoamento e do conduto é de 0,25%, e a cota da soleira a montante é 450,00. A profundidade a jusante é de 3,20 pés.

Solução

Como o bueiro está com controle de jusante, a análise começa na extremidade de saída. Primeiro, determine a profundidade a jusante. Normalmente, isso é feito por meio da equação de Manning, como no Exemplo 7-8. Nesse caso, a profundidade a jusante é dada como 3,20 pés.

Como a profundidade a jusante está acima do lado superior do bueiro, não é necessário determinar a profundidade crítica.

Em seguida, escolha o Gráfico 8 no Apêndice B-2 para determinar o valor de *H* como ilustrado na Figura 9-4(a). Entretanto, antes de usar o gráfico, determine a perda na entrada, k_e. O Apêndice B-3 indica $k_e = 0{,}4$ para o bueiro em questão.

Agora, localize a área de seção transversal de 18 pés² na escala de área. Em seguida, localize a extensão de 100 pés na escala de comprimento, e conecte os dois pontos determinados. Observe o ponto onde a linha de conexão cruza a linha auxiliar.

Depois, encontre a vazão de 80 cfs na respectiva escala. Desenhe uma linha do ponto de vazão até o ponto da linha de virada, estenda a linha até a escala de carga e leia o valor da carga *H*, que, neste caso, é de 0,57 pé. Portanto, $H = 0{,}57$ pé.

Finalmente, calcule a cota a montante a partir da Equação 9-2a:

$$\begin{aligned} HW &= TW + H - Ls_o \\ &= 3{,}20 + 0{,}57 - (100)(0{,}0025) \\ &= 3{,}52 \text{ pés} \quad \text{(Resposta)} \end{aligned}$$

Exemplo 9-4

Problema

Determine a profundidade a montante de um bueiro retangular de concreto de 3 pés por 6 pés, operando sob controle de jusante com vazão de 80,0 cfs, como no Exemplo 9-3, exceto que agora a profundidade a jusante está abaixo do lado superior do bueiro ($TW = 1{,}00$ pé). Todos os outros parâmetros são idênticos aos do Exemplo 9-3.

Solução

Como a profundidade a jusante está abaixo do lado superior do bueiro, a profundidade crítica deve ser determinada.

Observação: para encontrar a profundidade crítica em um bueiro retangular, use os gráficos de canais no Apêndice A-3, escolhendo um canal retangular com a mesma largura do bueiro.

Usando o Gráfico 5 no Apêndice A-3, a profundidade crítica é encontrada como $D_c = 1{,}8$ pé. A posição da linha do gradiente hidráulico (*TW'Z*) é então computada como

$$\begin{aligned} TW' &= \frac{(D_c + D)}{2} \\ &= \frac{(1{,}8 + 3)}{2} \\ &= 2{,}4 \text{ pés} \end{aligned}$$

Como *TW'* é maior que *TW*, *TW'* será usado para calcular a cota a montante. A carga total *H* é determinada como 0,63 pé, usando o Gráfico 8 do Apêndice B-2, como no Exemplo 9-3.

Usando a Equação 9-2b, obtemos

$$\begin{aligned} HW &= TW' + H - Ls_o \\ &= 2{,}4 + 0{,}63 - (100)(0{,}002) \\ &= 2{,}83 \text{ pé} \quad \text{(Resposta)} \end{aligned}$$

Ao analisarmos um bueiro, geralmente não sabemos se ele opera em controle de montante ou de jusante. Vários métodos matemáticos podem ser usados para determinar o tipo de controle, com base em parâmetros específicos envolvidos. No entanto, há um método mais fácil: calcular a profundidade a montante, *HW,* assumindo controle de montante, calcular *HW* assumindo controle de jusante e comparar as duas respostas. O valor maior de *HW* indicará o controle prevalecente e será a resposta à análise.

O método apropriado usado para determinar a profundidade a montante para qualquer problema relacionado com bueiro é analisar separadamente os controles de entrada e de saída e então escolher como resposta o maior valor de *HW* a partir dos dois valores determinados.

Ao calcularmos a profundidade a jusante, *TW*, é importante saber se o canal a jusante está escoando com profundidade normal ou se está influenciado por uma obstrução, resultando em um remanso (maior que a profundidade normal). Exemplos apresentados neste texto assumem profundidade normal no canal a jusante. Se as obstruções estiverem a jusante, a profundidade a jusante pode ser maior que a profundidade normal. Nesses casos, um diferente método de análise deve ser usado. A profundidade a jusante deve ser calculada por meio do cálculo de remanso, como discutido na seção 8.2. O método comumente usado quando cálculos de remanso são necessários é o software HEC-RAS, desenvolvido pelo Corpo de Engenheiros do Exército dos Estados Unidos.

9.5 EFICIÊNCIA NA ENTRADA

Quando um bueiro opera sob controle de montante, para a água é mais difícil entrar no bueiro do que passar através do conduto e sair pela extremidade. Isso significa que talvez um conduto menor possa ser usado se houver algum meio de a água conseguir entrar inicialmente.

Esse problema pode ser solucionado com uma alteração na geometria da entrada do bueiro. A simples adição de uma borda biselada na entrada pode aumentar um pouco a capacidade da entrada. Além disso, designs especiais de entrada chamados *lateral cônica* e *rampa cônica* podem ser empregados para aumentar significativamente a capacidade de entrada.

A Figura 9-12 mostra desenhos dos recursos essenciais das entradas de lateral cônica e de rampa cônica. São estruturas de concreto construídas na entrada para um bueiro e têm o efeito de reduzir a perda de carga na entrada. Entradas de rampa cônica são as mais eficazes,

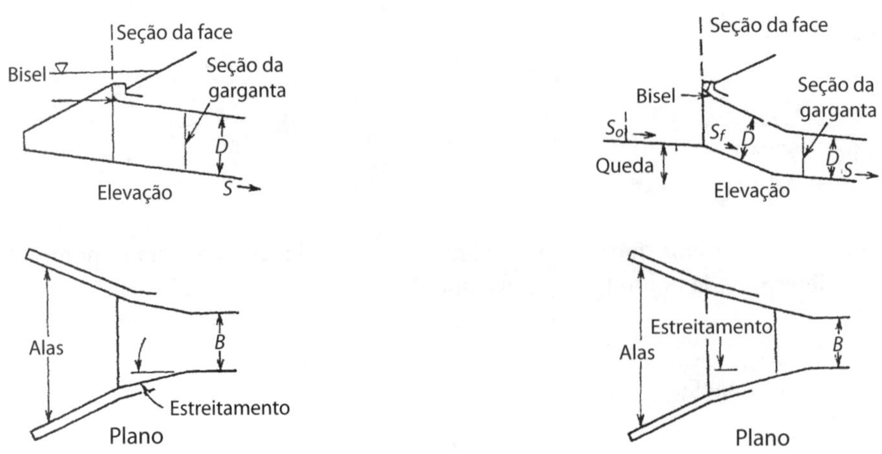

(a) Entrada de lateral cônica (b) Entrada de rampa cônica

FIGURA 9-12 Estruturas aperfeiçoadas de entrada para bueiros.

mas exigem uma distância vertical da soleira do bueiro até a soleira da correnteza, o que frequentemente não é possível. Se não houver espaço vertical, um modelo de lateral cônica deve ser considerado.

Uma entrada aperfeiçoada pode, nas condições adequadas, atingir uma economia significativa no custo de um bueiro. Considere, por exemplo, um bueiro retangular de 6 pés por 16 pés, com 100 pés de extensão, operando sob controle de montante. O tamanho da abertura (6 pés por 16 pés) serve apenas ao propósito de permitir entrada suficiente de água no bueiro. Uma vez dentro, a água pode precisar de um conduto de seção transversal muito menor (digamos, 4 pés por 12 pés) para ser transportada até a outra extremidade. Assim, toda a extensão de 100 pés é dimensionada em 6 pés por 16 pés simplesmente porque a entrada deve ter esse tamanho. A economia de custo com a redução de 100 pés de bueiro de 6 pés por 16 pés para 4 pés por 12 pés é, provavelmente, o custo de construir uma estrutura aperfeiçoada de entrada.

O projeto real de estruturas de entrada aperfeiçoadas está além do objetivo deste livro, mas o projetista deve estar ciente dessa opção. Vários manuais de projeto incluem procedimentos para esse tipo de alternativa. Alguns exemplos aparecem na seção "Bibliografia complementar" no final deste capítulo.

EXERCÍCIOS PROPOSTOS

1. Um bueiro tubular de concreto de 24 polegadas, transportando vazão de 20 cfs, opera sob controle de montante. O bueiro possui uma borda reta com muro de contenção. Encontre a profundidade a montante.
2. Um bueiro tubular de concreto de 30 polegadas, transportando vazão de 45 cfs, opera sob controle de montante. O bueiro está instalado com sua extremidade com ranhura projetando-se do aterro. Determine a profundidade a montante.
3. Um bueiro é construído com tubos duplos de 48 polegadas, com suas extremidades ranhuradas construídas em um muro de contenção. O bueiro transporta vazão de 285 cfs e opera sob controle de montante. Determine a profundidade a montante.
4. Um bueiro retangular de concreto de 3 pés por 6 pés, transportando vazão de 125 cfs, opera sob controle de montante. O bueiro possui alas de 45 graus. Determine a profundidade a montante.
5. Um bueiro quadrado de concreto de 4 pés por 8 pés ($n = 0{,}012$), transportando uma descarga de 225 cfs, opera sob controle de saída. O bueiro possui uma extensão de 80 pés, declividade de 0,60% e muros de ala de 45 graus com borda reta. A profundidade a jusante é de 2,75 pés. Encontre a profundidade a montante.
6. Um bueiro quadrado triplo de concreto, com 5 pés por 12 pés ($n = 0{,}012$), transportando uma descarga de 1.620 cfs, opera sob controle de saída. O bueiro possui uma extensão de 105 pés, declividade de 0,75% e muros de ala de 45 graus com borda reta. A profundidade a jusante é de 4,1 pés. Encontre a profundidade a montante.
7. Um bueiro tubular de concreto de 60 polegadas ($n = 0{,}012$), transporta uma vazão de 200 cfs. O bueiro possui uma extensão de 250 pés, declividade de 0,55% e alas de 45 graus com borda reta. A profundidade a jusante é de 3,33 pés. Encontre a profundidade a montante.

8. Um bueiro tubular duplo de concreto, de 18 polegadas ($n = 0{,}012$), transportando vazão de 25 cfs, opera sob controle de jusante. O bueiro possui uma extensão de 50 pés, declividade de 0,88% e alas de 45 graus com borda reta. A profundidade a jusante é de 3,33 pés. Encontre a profundidade a montante.
9. Encontre a cota a montante para vazão de 65 cfs para o bueiro mostrado a seguir. A profundidade a jusante é de 2,00 pés. O bueiro possui alas de 45 graus e borda reta.

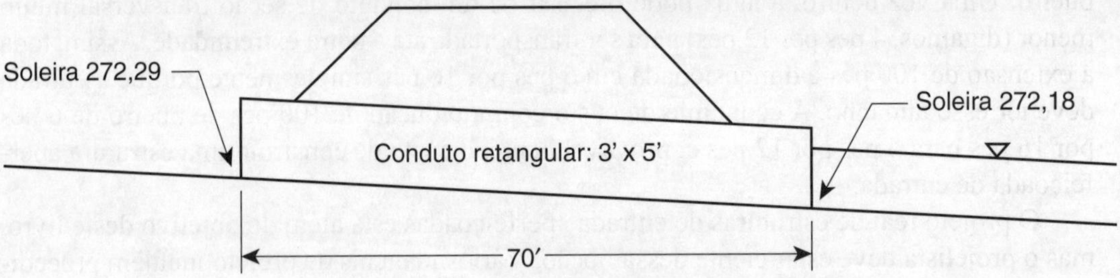

10. Encontre a cota a montante para vazão de 100 cfs para o bueiro mostrado a seguir. A profundidade a jusante é de 4,00 pés. O bueiro possui alas de 45 graus e borda reta.

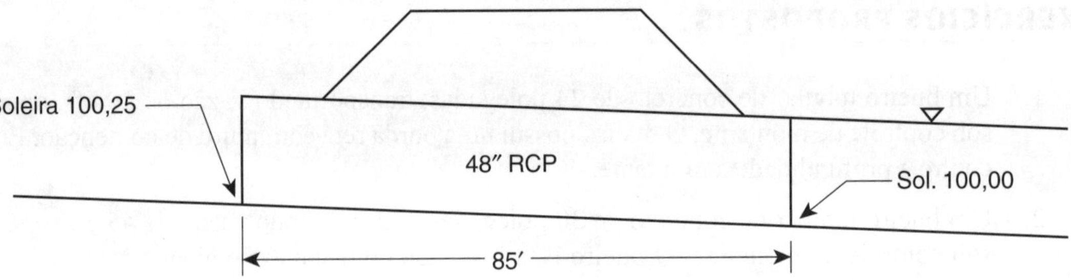

11. Determine a cota de montante para o bueiro da questão 1 considerando que esse bueiro tem um anel biselado na extremidade de montante.
12. Determine a cota de montante para vazão de 140 cfs para o bueiro mostrado a seguir. A profundidade a jusante é de 2,50 pés. O bueiro não possui alas e tem borda com ranhuras.

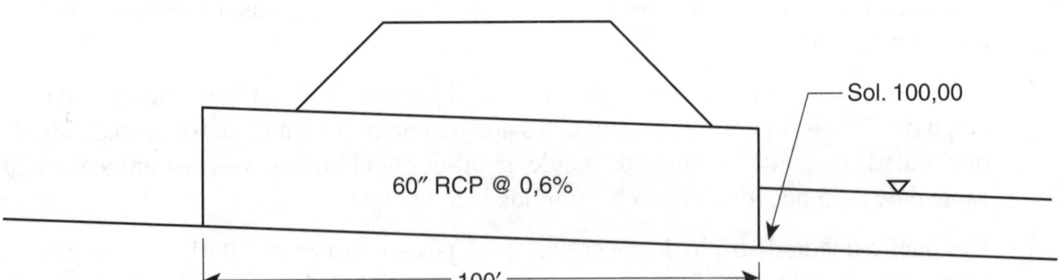

13. Determine a cota de montante para o bueiro da questão 3 considerando que esse bueiro tem um anel biselado na extremidade de montante.
14. Se o bueiro da questão 12 for um tubo corrugado, qual será a cota de montante?
15. O bueiro exibido a seguir transporta vazão de 200 cfs com a seção transversal como mostrada na figura. Encontre a cota de montante. O bueiro possui alas de 45 graus e borda reta.

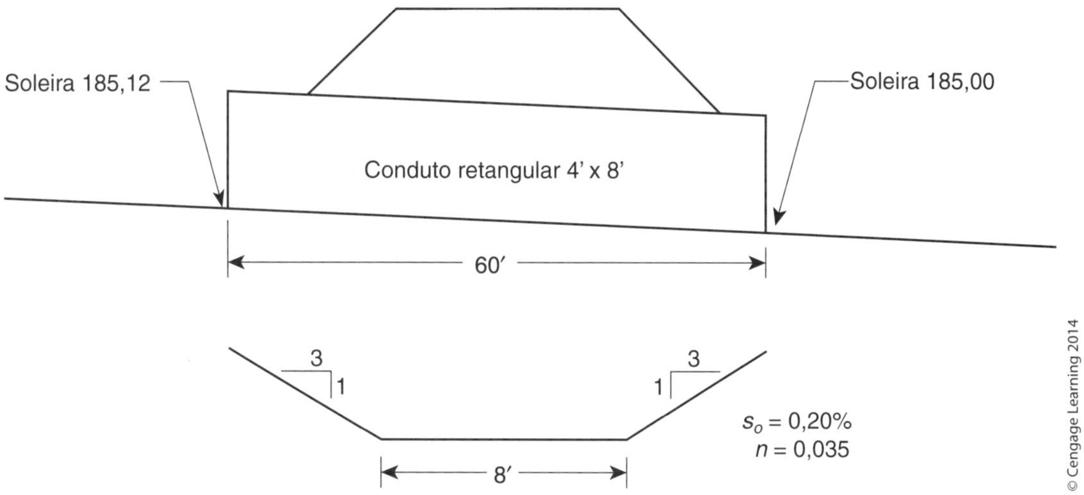

BIBLIOGRAFIA COMPLEMENTAR

BRATER, E. F.; KING, H. et al. *Handbook of hydraulics*. 7. ed. Nova York: McGraw-Hill, 1996.

CHANSON, H. *Hydraulics of open channel flow*: An Introduction. 2. ed. Butterworth Heinemann, 2004.

CHOW, V. T. *Open channel hydraulics*. The Blackburn Press, 2009. (reimpressão).

HERR, L. *Hydraulic charts for the selection of highways culverts*. Washington, DC: US Department of Commerce, Bureau of Public Roads, 1965. (revisão). (Hydraulic engineering, n. 5).

LINSLEY, R. K.; FRANZINI, J. B. *Water resources engineering*. 4. ed. Nova York: McGraw Hill, 1992.

U.S. DEPARTMENT OF TRANSPORTATION. FEDERAL HIGHWAY ADMINISTRATION. *Use of riprap for bank protection*. Washington, DC: Department of Transportation, 1967. (Hydraulic Engineering, n. 11.)

U.S. DEPARTMENT OF TRANSPORTATION. FEDERAL HIGHWAY ADMINISTRATION. *Hydraulic design of improved inlets for culverts*. Washington, DC: Department of Transportation, 1972. (Hydraulic Engineering, n. 13.)

U.S. DEPARTMENT OF TRANSPORTATION. FEDERAL HIGHWAY ADMINISTRATION. *Design of stable channels with flexible linings*. Washington, DC: Department of Transportation, 1975. (Hydraulic Engineering, n. 15.)

CAPÍTULO

10

Hidrologia Fundamental

Antes que a água da chuva possa fluir em um curso d'água ou canal, como descrito no Capítulo 7, ou em um bueiro, como descrito no Capítulo 9, ela deve primeiro se precipitar do céu, seguir seu caminho pela superfície da terra e acumular-se em uma forma concentrada.

Neste capítulo, veremos como calcular a vazão, Q, que resulta da água da chuva e deve ser transportada pela estrutura hidráulica projetada. O valor de Q resultante da água da chuva é chamado **deflúvio** (ou *runoff*[1]) e depende de vários fatores, incluindo o volume precipitado, o tamanho da área onde cai a água da chuva e a natureza do solo sobre o qual a água flui. Cada um desses fatores será discutido detalhadamente nas seções a seguir.

OBJETIVOS

Ao concluir este capítulo, o leitor deverá ser capaz de:

- Descrever o ciclo hidrológico.
- Delinear uma bacia de drenagem em um mapa topográfico.
- Calcular o tempo de concentração para uma bacia de drenagem.
- Estimar a frequência das precipitações para uma determinada intensidade de chuva.
- Descrever a elaboração de um hidrograma de deflúvio usando um hidrograma unitário.
- Adicionar dois hidrogramas utilizando o princípio da superposição.
- Descrever o processo de propagação de onda de cheia.

10.1 CICLO HIDROLÓGICO

A natureza é uma grande recicladora, e a água é um importante exemplo disso. A água que escoa superficialmente vem do oceano e a ele retorna, em um constante ciclo chamado **ciclo hidrológico**. Apesar de complexo em seu funcionamento, o ciclo hidrológico pode ser explicado simplesmente como essas etapas:

1. A água evapora dos oceanos e lagos da Terra.
2. A água evaporada forma nuvens.

[1] É também usual na literatura técnica o termo em inglês, por exemplo, coeficiente de *runoff*.

3. As nuvens deslocam-se pela atmosfera em padrões climáticos globais.
4. O vapor da água se condensa e se precipita na forma de chuva, neve ou granizo.
5. A chuva chega ao solo e escoa por terra até os pequenos córregos.
6. Os córregos escoam para os rios e, finalmente, para os oceanos e os lagos.

Um diagrama esquemático do ciclo hidrológico aparece na Figura 10-1.

Um aspecto do escoamento dos cursos d'água, no entanto, não é explicado por essa descrição simplificada do ciclo hidrológico: a constância do escoamento que observamos em rios e em grandes cursos d'água. Você pode pensar que o escoamento só se verifica nos cursos d'água quando chove, mas a experiência contradiz essa noção.

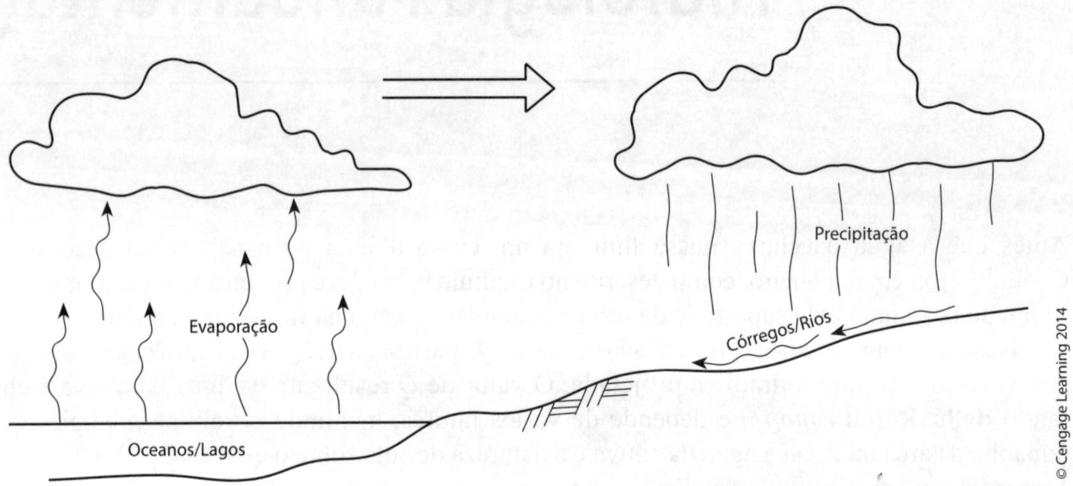

FIGURA 10-1 Diagrama esquemático do ciclo hidrológico.

De fato, córregos e rios são alimentados pela chuva de três maneiras. A Figura 10-2 mostra uma típica seção transversal de um curso d'água e ilustra o que acontece à água da chuva quando ela atinge o solo perto do curso d'água. Parte da chuva é perdida imediatamente por evaporação e por **evapotranspiração** (a perda de vapor de água das plantas para a atmosfera); parte flui por gravidade sobre a superfície do solo e, finalmente, até um curso d'água; e a água restante infiltra-se no solo. Da água infiltrada, uma parte escoa no subsolo, por gravidade, até o curso d'água, e outra parte se infiltra na água armazenada no subsolo, chamada lençol freático. Embora o escoamento sobre o solo seja relativamente rápido, alcançando o curso d'água em minutos, no máximo em horas, o escoamento no subsolo e no lençol freático é muito mais lento, durando muitos dias. Portanto, depois de uma rápida onda inicial de escoamento no solo quando chove, os cursos d'água são constantemente abastecidos pela água do subsolo durante o período de estiagem.

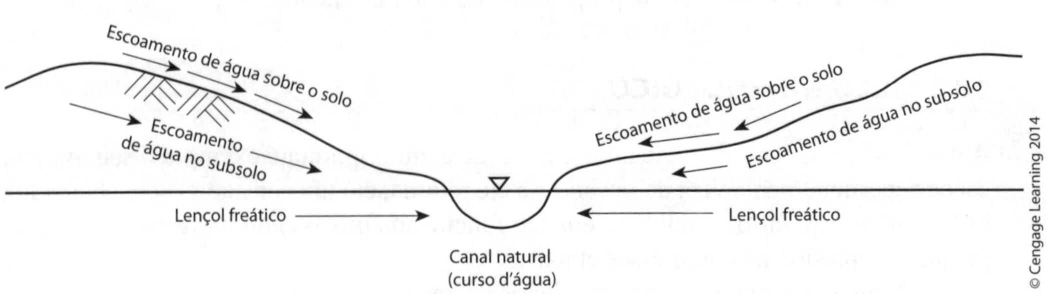

FIGURA 10-2 Típica seção transversal de um curso d'água mostrando três formas de a água da chuva alcançar o curso d'água.

O constante escoamento aos cursos d'água decorrente do fornecimento de água do subsolo é chamado **escoamento de base**, e a onda rápida decorrente do escoamento sobre o solo é chamada **escoamento superficial**. É o escoamento superficial a nossa preocupação ao projetarmos estruturas hidráulicas, porque ele representa o maior volume de água que a estrutura deve conduzir.

Em cursos d'água relativamente pequenos, depois de qualquer evento normal de chuva, o escoamento superficial atinge o valor máximo e começa a diminuir antes que os escoamentos do subsolo e do lençol freático tenham chance de contribuir significativamente com a vazão. Portanto, assume-se que a vazão de projeto advém totalmente do escoamento superficial.

10.2 ÁREA DE DRENAGEM

Ao calcular a vazão em um curso d'água resultante de um evento de chuva, devemos, primeiro, determinar o tamanho da área sobre a qual a chuva incide. Para todos os cursos d'água, uma área bem definida intercepta a chuva e a transporta até o curso d'água. Essa área é chamada **bacia hidrográfica**, **bacia de drenagem** ou **área de captação**, termos geralmente usados alternadamente. A Figura 10-3 mostra uma típica bacia de drenagem de um curso d'água. Toda chuva que incide sobre a bacia de drenagem segue seu caminho até o curso d'água, enquanto toda a chuva que cai fora dela segue caminho distinto, afluindo a outro curso d'água.

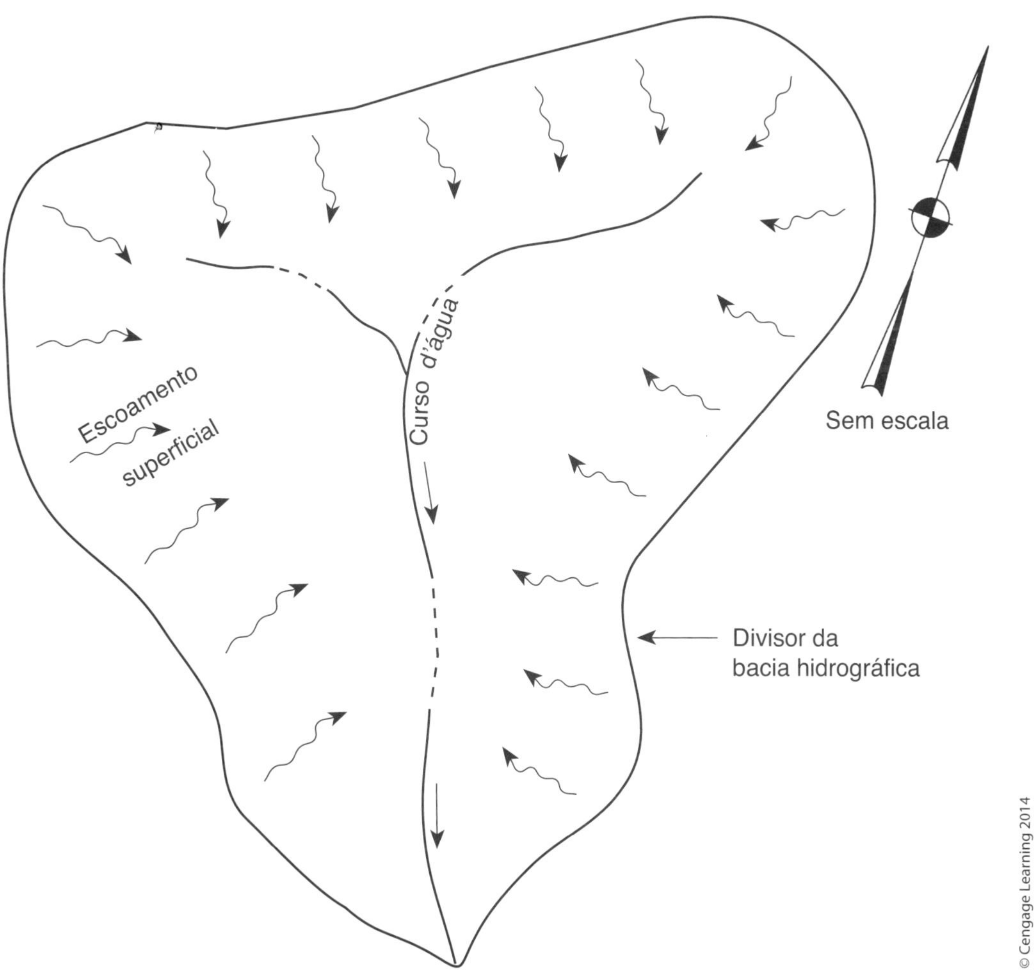

FIGURA 10-3 Vista plana de uma típica bacia de drenagem. O escoamento sobre o solo é dirigido pela gravidade para longe do divisor e em direção ao curso d'água.

A linha imaginária que delineia o limite da bacia de drenagem é denominada **divisor da bacia** ou **divisor de águas** e determinada pela topografia da região. Como primeiro passo no cálculo do escoamento, é utilizada uma planta para delinear o divisor da bacia da área ao redor do curso d'água.

A Figura 10-4 mostra uma planta simplificada, com o delineamento da área de drenagem. O primeiro passo para delinear a bacia de drenagem é decidir o ponto, no curso d'água, onde a bacia começa. Esse ponto inicial constitui o **ponto de análise** (ponto de saída) do escoamento produzido por ela, também denominado **exutório** da bacia, e pode estar localizado em qualquer lugar no curso d'água. Normalmente, esse ponto é escolhido para instalação da estrutura hidráulica proposta, como um bueiro.

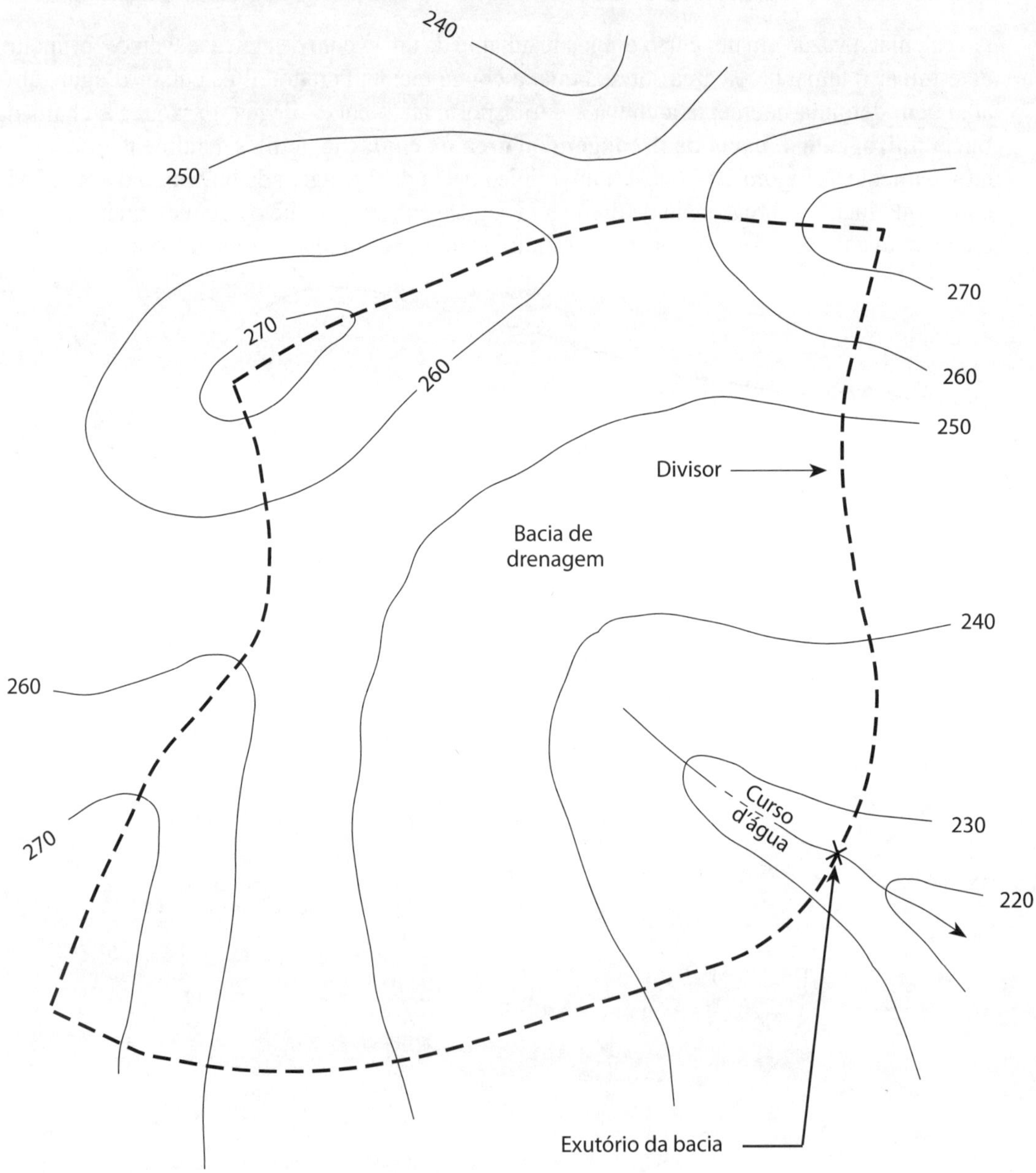

FIGURA 10-4 Delineamento de uma bacia de drenagem em um mapa.

O divisor da bacia na Figura 10-5 ilustra os princípios mais importantes para se delinear uma bacia de drenagem:

1. Desenhe o divisor perpendicular às linhas de contorno (quando as linhas de contorno representam uma curva de nível e a respectiva cota topográfica).
2. Desenhe o divisor ao longo das cristas das elevações (colinas ou montanhas).
3. Nunca desenhe o divisor ao longo de ou através de uma baixada.
4. Desenhe o divisor entre duas curvas de nível de mesma cota topográfica e paralelo a elas.
5. Quando estiver em dúvida sobre a linha do divisor da bacia, faça um teste imaginando uma gota de chuva caindo perto da linha; então, trace o caminho do escoamento seguido pela gota. Se a gota escoa em direção ao exutório da bacia, ela caiu dentro da bacia. (Quando escoa em declive, a água segue perpendicularmente às curvas de nível.)

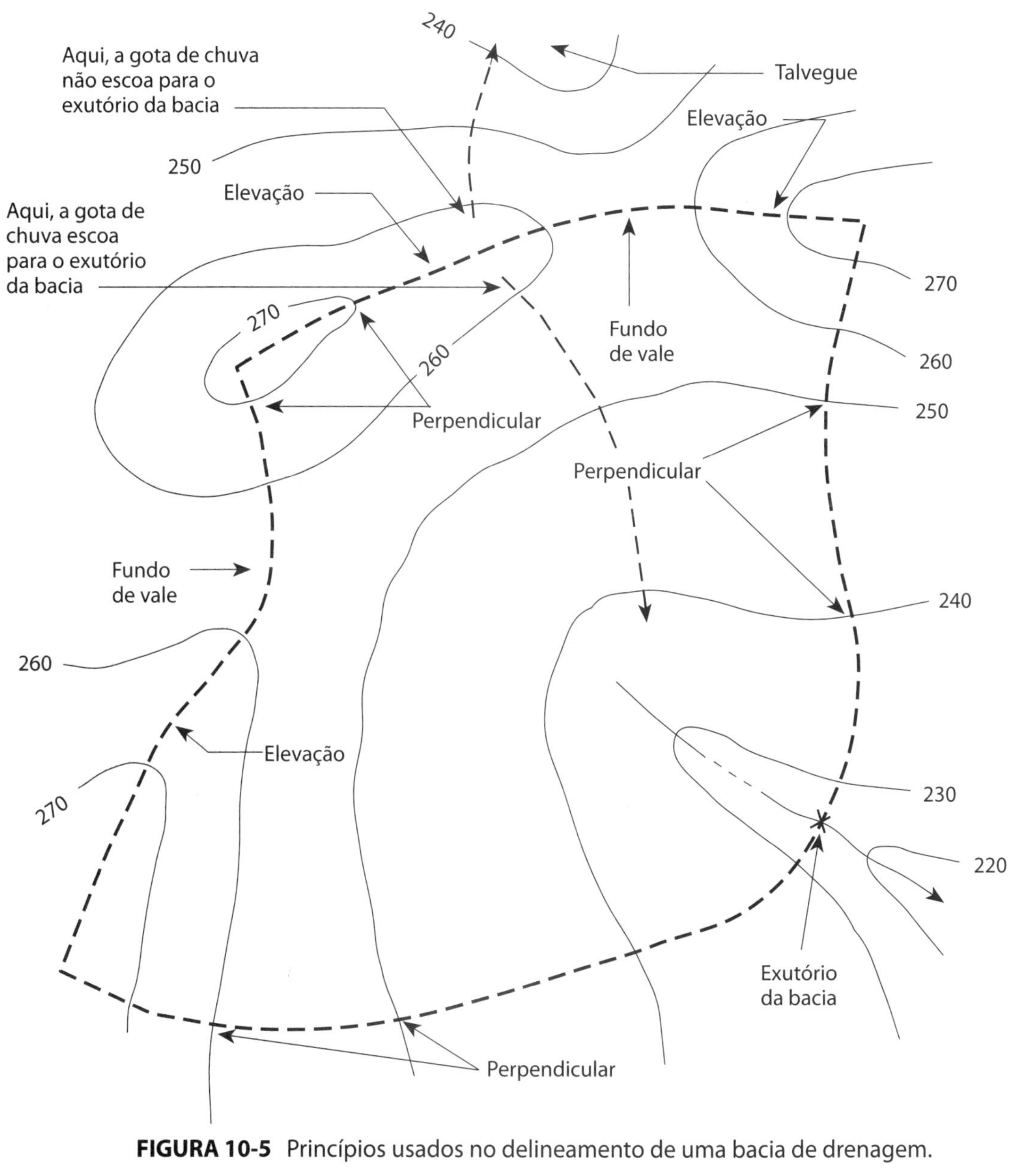

FIGURA 10-5 Princípios usados no delineamento de uma bacia de drenagem.

Os principais aspectos do solo no delineamento das bacias hidrográficas aparecem na Figura 10-6. Um **talvegue** (ou zona de inundação) é caracterizado por linhas de contorno que apontam para cima; uma **elevação** é o oposto, as linhas de contorno apontam para baixo. Um **fundo de vale** é a transição entre duas elevações e dois talvegues.

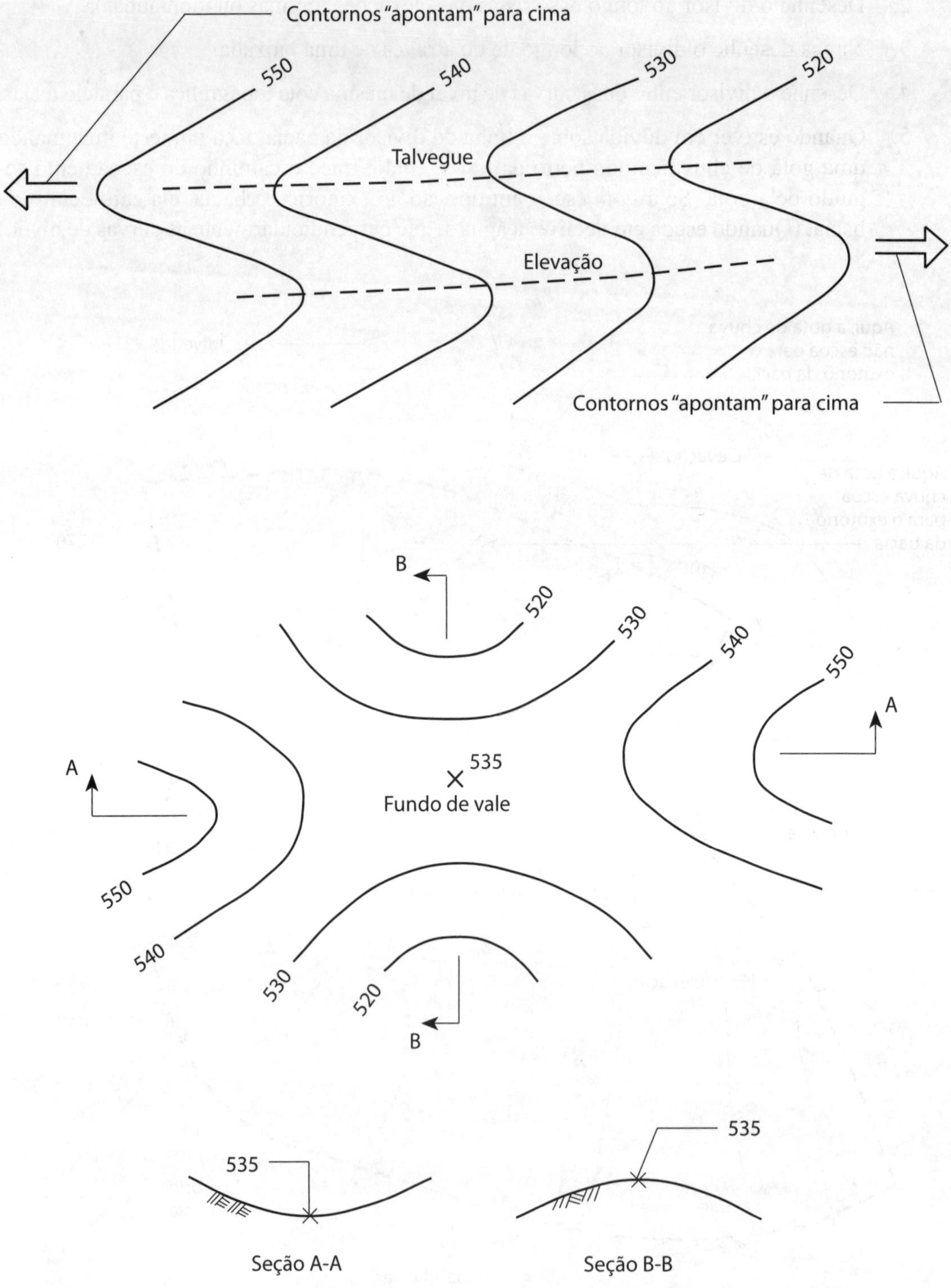

FIGURA 10-6 Linhas de contorno formando um talvegue, uma elevação e um fundo de vale.

Depois de delinear a bacia de drenagem, o próximo passo é medir a área da bacia. As unidades normalmente são acres no sistema inglês e metros quadrados no SI. A medição da área é a do plano horizontal contido no delineamento, não a superfície real do solo.

Meça a área da bacia usando um desses três métodos: (1) formas geométricas aproximadas, (2) software CAD ou (3) planímetro. Usando um planímetro, sempre meça a área três vezes, e então calcule uma média. A Figura 10-7 mostra uma típica área de drenagem computada por planímetro e por formas geométricas. As formas geométricas podem ser triângulos, como exibido na Figura 10-7, ou malhas quadradas superpostas sobre a bacia de drenagem. Se a área for de até 5% da área real, ela é precisa o bastante para o projeto. Isso porque o delineamento de uma área de drenagem é, desde o início, uma aproximação; a área real nunca é conhecida com precisão absoluta.

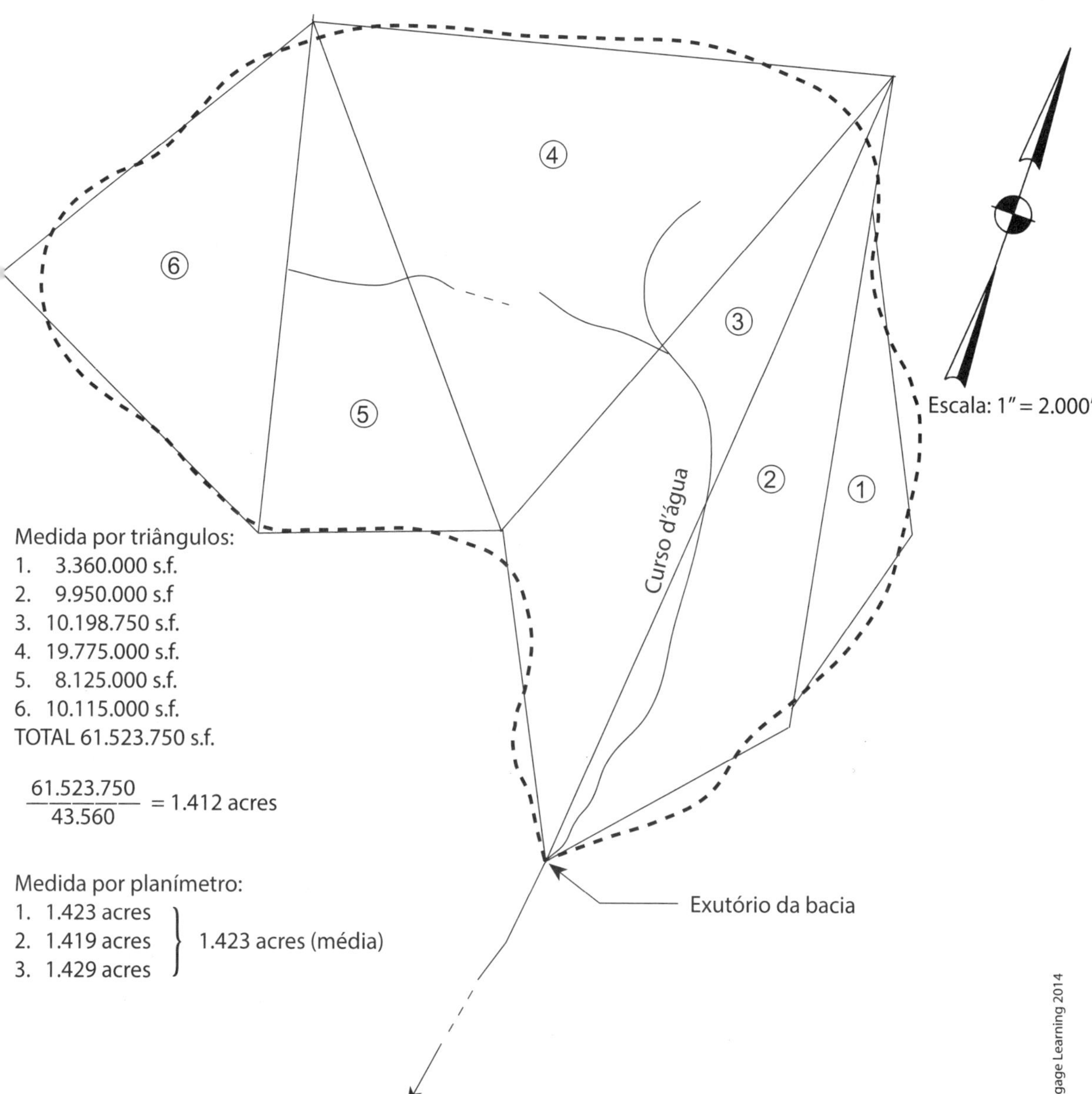

FIGURA 10-7 Cálculo de uma típica área de drenagem.

10.3 TEMPO DE CONCENTRAÇÃO

Quando o tamanho da bacia de drenagem está determinado, o passo seguinte é encontrar Q para calcular o **tempo de concentração,** t_c. O tempo de concentração é uma medição do tempo necessário para o escoamento ocorrer do ponto mais remoto da bacia hidrográfica ao exutório da bacia. A significância do tempo de concentração está descrita na seção "Foco adicional", na página 169.

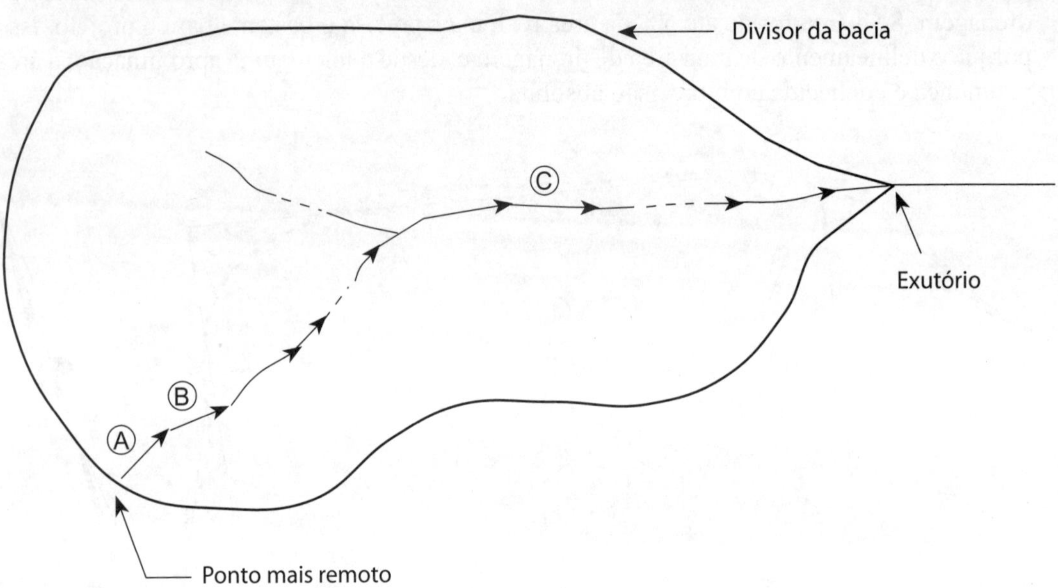

FIGURA 10-8 Vertente para uma típica bacia de drenagem. Inicialmente, o escoamento segue pelo solo (segmento A), depois concentrado com baixa lâmina d'água (segmento B) e finalmente como um curso d'água (segmento C).

Cada bacia de drenagem tem seu próprio tempo de concentração, dependendo de tamanho, forma, declividade e condições do solo. Para estimar o tempo de concentração, é preciso localizar o "ponto mais remoto" na bacia de drenagem e, então, esboçar o percurso do escoamento desse ponto, como se ele fizesse o caminho até o exutório. O ponto mais remoto é aquele em que a bacia de drenagem requer maior tempo para escoar. É possível que o ponto mais remoto não seja necessariamente o mais distante do exutório. Por exemplo, se o escoamento na bacia de drenagem flui vagarosamente em razão da declividade e das condições do solo, maior tempo será necessário até atingir o exutório, ainda que não cubra a maior distância.

A localização do ponto mais remoto na bacia de drenagem nem sempre é evidente, assim, o melhor método para determinar o local efetua-se por meio de tentativa e erro. Isso pode ser feito selecionando-se vários prováveis locais para o ponto mais remoto. Depois, estima-se o tempo de percurso da bacia de drenagem para cada localidade. O ponto resultante do percurso mais longo é o ponto mais remoto; esse tempo refere-se ao tempo de concentração. O percurso na bacia de drenagem do ponto mais remoto ao exutório é denominado **vertente**. O delineamento da vertente, ou de qualquer escoamento da bacia de drenagem, realiza-se pelo traçado do caminho percorrido por uma gota de chuva imaginária utilizando-se como guia os contornos de um mapa topográfico.

O caminho faz um corte perpendicular através das linhas de contorno na direção descendente. Quando o caminho chega ao talveque, corre ao longo do seu centro.

O tempo necessário para o escoamento ocorrer do ponto mais remoto ao longo da vertente ao exutório é ilustrado na Figura 10-8. O tipo de escoamento é identificado em cada parte do percurso e o tempo de cada um é calculado. Assim,

$$t_c = t_1 + t_2 + t_3 + \cdots + t_n$$

onde $t_1,\ldots, t_n$ representam os tempos de trajeto para o escoamento sobre o solo, para o escoamento mais concentrado, para o escoamento do curso d'água e para qualquer outro tipo encontrado.

O escoamento sobre o solo geralmente é o primeiro tipo de escoamento, conforme a gota de chuva atinge o ponto mais remoto. Caracteriza-se por um escoamento laminar, semelhante à maneira como a água escoa sobre um pavimento. Esse é o mais lento de todos os tipos de escoamento, e é calculado por um nomógrafo (veja o Exemplo 10-1) ou por equação empírica. Em geral, o escoamento sobre o solo não pode seguir seu trajeto por mais de 30 metros antes de se consolidar em um escoamento mais concentrado.

O escoamento concentrado raso ocorre quando as reentrâncias naturais do terreno fazem o escoamento formar pequenos regatos. Como os regatos são mais concentrados, a eficiência do escoamento aumenta — portanto, também a velocidade. O tempo para o escoamento concentrado raso é determinado por nomógrafo empírico, como o mostrado na Figura 10-9 (veja o Exemplo 10-1).

O escoamento de um curso d'água geralmente é o último (e o mais rápido) que ocorre ao longo da vertente. O tempo pode ser calculado pela equação de Manning (veja o Exemplo 10-1).

Foco adicional

O tempo de concentração é um parâmetro fundamental para o cálculo da vazão máxima ou vazão de pico, Q. Se o escoamento leva muito tempo para atingir o exutório, a vazão de pico será inferior, caso levasse menos tempo. Assim, se duas bacias de drenagem têm a mesma área e cobertura de solo, mas diferentes formas, elas terão diferentes tempos de concentração. Desta forma, para precipitações idênticas, os picos Q serão diferentes nos respectivos exutórios. Esse fenômeno pode ser ilustrado pela seguinte analogia:

Imagine duas salas com 25 alunos em cada uma. A Classe A mede 20 × 20 pés (400 pés quadrados) e a Classe B mede 10 × 40 pés (400 pés quadrados). Se o alarme de incêndio tocar e os alunos se direcionarem para a porta, haverá uma maior massa de alunos tentando sair da Classe A em comparação com a Classe B. Isso ocorre porque na Classe A a distância que os alunos têm de percorrer é menor; na Classe B, eles têm de percorrer, em média, uma distância maior. Na Classe B os alunos do fundo percorrem uma distância maior para chegar à porta, enquanto os alunos da frente já saíram, assim, a concentração de alunos na porta é menor do que na Classe A.

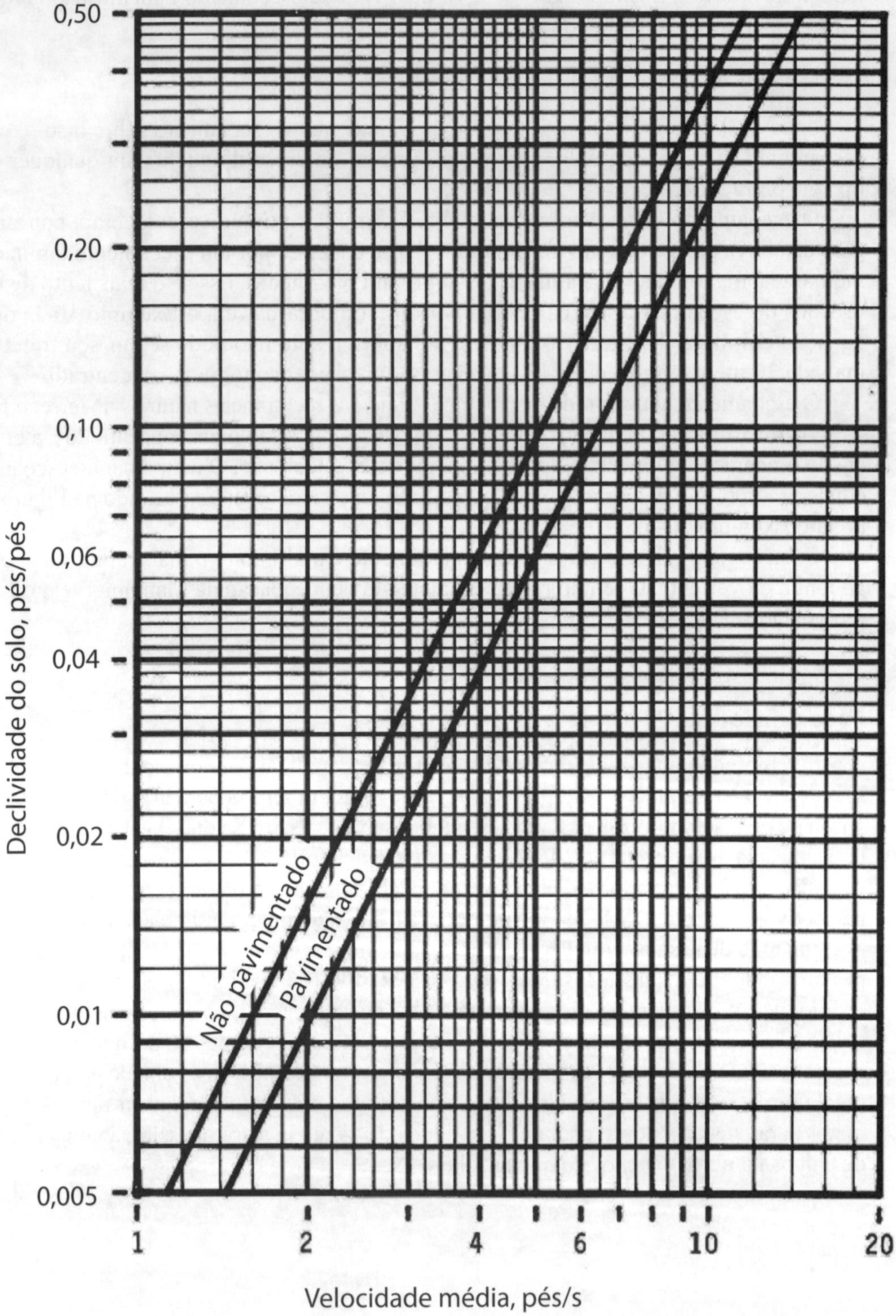

FIGURA 10-9 Velocidades médias para tempos estimados de percurso para o escoamento concentrado raso. (*Cortesia de Soil Conservation Service, Technical Release, 55.*)

Exemplo 10-1

Problema

Determine o tempo de concentração para a bacia de drenagem exibida na Figura 10-8, considerando essas condições:

A. Escoamento sobre o solo: 100' a 2,5%, cobertura média

B. Escoamento concentrado raso: 600' a 4,0%

C. Escoamento do curso d'água: 4.700' a 0,3%, seção transversal média, como mostrado a seguir:

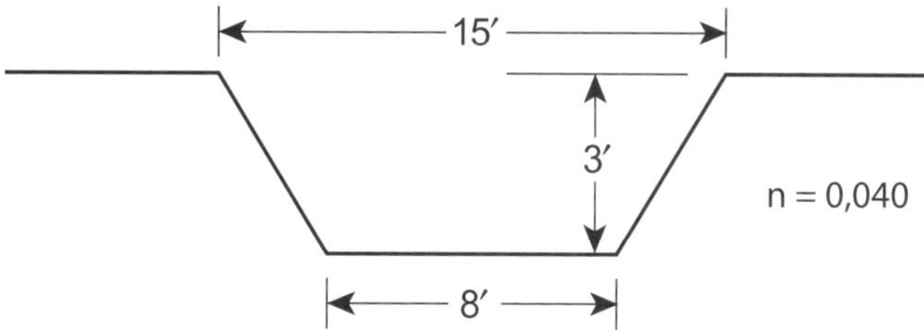

Solução

A. Escoamento sobre o solo: usando o nomógrafo no Apêndice C-2, o tempo do escoamento sobre o solo é determinado como 19 min. Portanto, t_1 = 12 min.

B. Escoamento concentrado raso: usando o gráfico na Figura 10-9 para superfície não pavimentada, a velocidade = 3,2 pés/s.

$$t_2 = \frac{d}{v} = \frac{600}{3,2}$$
$$= 187,5 \text{ s} = 3,1 \text{ min}$$

C. Escoamento no curso d'água: como o nosso objetivo final ao descobrir t_c é Q para condições de inundação, suponha que a lâmina d'água atinja o topo de sua margem. (Esta suposição é validada pelo fato de a velocidade do canal não aumentar apreciavelmente conforme o nível da água se eleva até as margens.)

$$a = 34,5 \text{ pés}^2$$
$$p = 17,2 \text{ pés}$$
$$R = 2,01 \text{ pés}$$
$$v = \frac{1,49}{n} R^{2/3} s_o^{1/2}$$
$$= \frac{1,49}{0,040}(2,01)^{2/3}(0,003)^{1/2}$$
$$= 3,25 \text{ pés/s}$$

Portanto,

$$t_3 = \frac{d}{v} = \frac{4.700}{3,25}$$
$$= 1,446 \text{ s} = 24,1 \text{ min}$$

Finalmente, t_c é encontrado como a soma dos três fluxos individuais de tempo:

$$t_c = t_1 + t_2 + t_3$$
$$t_c = 12 + 3{,}1 + 24{,}1$$
$$t_c = 39 \text{ min} \quad \text{(Resposta)}$$

É importante lembrar que nem todas as bacias de drenagem possuem os mesmos três tipos de escoamento ao longo da vertente. Por exemplo, veremos mais tarde que algumas bacias não têm cursos d'água, mas podem ter pavimento, tubulações ou canais de drenagem.

Além disso, no Exemplo 10-1, a suposição implícita foi de que todos os três greides (ou declividades) usados eram uniformes. Embora essa presunção geralmente seja possível, as condições no solo raramente são tão simples. Se, por exemplo, a declividade de um curso d'água for acentuada em parte de sua extensão e plana para o restante, pode ser necessário calcular dois tempos à parte para determinar o tempo total de escoamento. Esse conceito também se aplica a todos os outros tipos de escoamento.

10.4 PRECIPITAÇÃO

A chuva cai em diferentes padrões, dificultando muito a sua quantificação para propósitos de projetos. No entanto, nos últimos 100 anos, uma quantidade enorme de dados foi compilada a respeito da chuva nos Estados Unidos. Uma análise estatística dessa informação leva à determinação de uma chuva média ou típica.

O resultado da análise estatística é uma série de precipitações sintéticas ou teóricas categorizadas por polegadas totais de chuva (intensidade) e o tempo que leva para a chuva cair (frequência). Essas categorias de precipitações têm sido determinadas para cada área do país. O U.S. Weather Bureau [Escritório Norte-Americano do Clima] publicou o "Rainfall frequency atlas of the United States" ["Atlas da frequência de chuvas dos Estados Unido*s*"] (*Technical Paper*, n. 40), que mostra, em uma série de mapas, a dimensão esperada das precipitações no país. O relatório cobre as durações de chuvas de 30 minutos até 24 horas e períodos de retorno de 1 a 100 anos.

A magnitude de uma precipitação é descrita pelo número de polegadas de chuva, junto com a sua duração. Assim, um evento de chuva de 5,0 polegadas durante 12 horas está em uma categoria; uma chuva de 5,0 polegadas durante 24 horas está em outra. Embora os dois eventos produzam a mesma chuva, um é mais intenso, e a intensidade da precipitação é muito importante para calcular o escoamento.

Frequência das Precipitações

A probabilidade de ocorrência é descrita pelo termo **período de retorno**, que é o número médio de anos entre dois eventos de chuva que se igualam ou excedem um determinado número de polegadas durante uma determinada duração. Por exemplo, uma chuva de 5,0 polegadas em 24 horas no oeste do Texas possui um período de retorno de 10 anos, e uma chuva de 5,0 polegadas em 12 horas possui um período de retorno de 25 anos. Isso porque essa precipitação é muito mais intensa e, portanto, mais rara.

Ao descrever a precipitação de 5 polegadas em 24 horas no oeste do Texas alguém poderia dizer que é uma precipitação de frequência de 10 anos, ou simplesmente uma chuva de 10 anos. Outra descrição seria que ela possui um período de retorno de 10 anos. Isso significa que, *em média*, durante um longo período, poderia se esperar uma precipitação dessa intensidade, ou maior, só uma vez a cada 10 anos.

No entanto, é importante tomar cuidado com interpretações incorretas de frequência de precipitações. Por exemplo, isso *não* significa que, se uma precipitação de frequência de 10 anos ocorresse hoje, não haveria mais precipitação desse tipo durante 10 anos. A intensidade das precipitações é um fenômeno aleatório. Uma precipitação de 10 anos poderia ocorrer em um local em anos sucessivos, contanto que a média em longo prazo fosse uma a cada 10 anos.

Outra interpretação incorreta da frequência de precipitação envolve geografia. O exemplo da precipitação no oeste do Texas poderia ter envolvido dois ou três municípios. Se uma outra precipitação de 10 anos ocorresse no ano seguinte distante da primeira, aquela precipitação seria independente da primeira e não deveria ser considerada em seu padrão de frequência. A avaliação da frequência das precipitações é diferente para cada local dos Estados Unidos.

Uma outra interpretação incorreta da frequência de precipitação envolve sua duração. No exemplo do oeste do Texas, se uma precipitação de 5 polegadas e de 24 horas (frequência de 10 anos) ocorresse em um ano e uma tempestade de 3 polegadas e de 12 horas (também uma frequência de 10 anos) ocorresse no ano seguinte, a segunda precipitação, apesar de identificada como precipitação de 10 anos, seria independente da primeira e não deveria ser considerada em seu padrão de frequência.

A análise estatística usada para determinar a frequência de precipitações baseia-se, em parte, em um gráfico de informações históricas similar ao da Figura 10-10. A análise real é mais complexa que a apresentada aqui, mas uma descrição simplificada será suficiente para transmitir o conceito fundamental da frequência de precipitação. Se você examinar a Figura 10-10, verá que apenas uma precipitação com duração de 24 horas atingiu o nível de 6,5 polegadas em 100 anos de dados hidrológicos. Portanto, diz-se que uma precipitação de 6,5 polegadas e de 24 horas é uma precipitação de 100 anos. Além disso, verá que, em 100 anos, duas precipitações se igualaram a ou excederam 5,0 polegadas. Portanto, diz-se que uma precipitação de 5,0 polegadas e de 24 horas é uma precipitação de 50 anos. O que é uma precipitação de 25 anos neste exemplo?

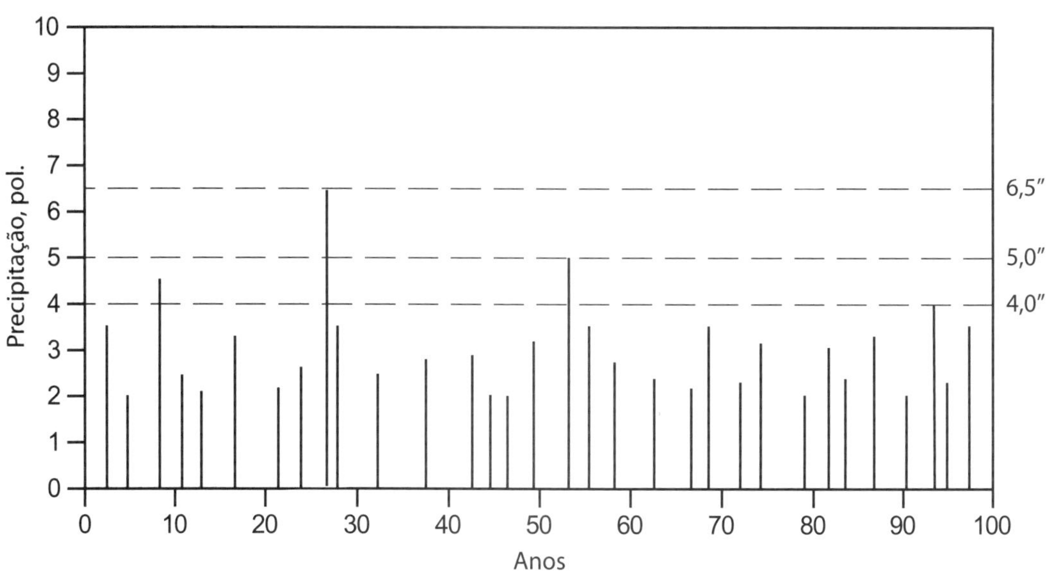

FIGURA 10-10 Gráfico de barras das maiores intensidades de chuva em 24 horas no período de 100 anos de registros para um determinado local.

Observe que, na Figura 10-10, as informações são compiladas de um modo em que alguns anos não são representados, porque apenas as precipitações mais intensas são incluídas. Esse tipo de organização de informações é chamado *série de duração parcial*. Outras análises compilam os dados de maneira diferente. Por exemplo, a *série anual* usa a chuva mais intensa de cada ano. Essa série inclui mais precipitações, mas pode excluir um evento extremo se duas grandes chuvas ocorrerem em um ano. A análise usada para preparar o "Atlas NOAA 14" usou uma combinação de séries de dados.

Se 200 anos de dados são empregados no exemplo da Figura 10-10, pode-se verificar que ocorre uma tempestade de 8 polegadas e de 24 horas. Nesse caso, a intensidade de uma precipitação de 100 anos seria, provavelmente, ajustada, por análise estatística, a um valor entre 6,5 polegadas e 8,0 polegadas.

Depois de compilar as informações sobre chuva para um número de anos, os meteorologistas também puderam estabelecer padrões médios de chuva *em* uma precipitação típica. A Figura 10-11(a) mostra um padrão típico de intensidade por toda uma precipitação de 24 horas. Nossa experiência comum revela que a intensidade da chuva oscila durante cada evento, e que cada precipitação é diferente. No entanto, uma média de longo prazo produz um único padrão, como ilustrado na Figura 10-11(b).

Podemos imaginar que, para um determinado lugar nos Estados Unidos, uma série de tais padrões poderia ser desenhada, uma para cada intensidade de precipitação – ou seja, 1 polegada, 24 horas; 2 polegadas, 24 horas; e assim por diante. Para cada gráfico assim desenhado, a área sob a curva representaria o total de polegadas de chuva para aquela precipitação.

Intensidade e Duração das Precipitações

A análise da intensidade e da duração para um padrão de precipitação médio revela que esta possui um período muito intenso perto do ponto da metade da duração do evento, e períodos menos intensos antes e depois. Se você estudar a Figura 10-11(b), verá que poderia selecionar arbitrariamente um período (ou duração) de 3 horas na parte mais intensa da precipitação durante o qual se verificaram 2,7 polegadas. A intensidade durante esse período é de 0,90 polegada/hora. Similarmente, se observar as 2 horas mais intensas da precipitação, equivalentes a 2,5 polegadas, obterá uma intensidade de 1,25 polegada/hora. Finalmente, se observar a 1 hora mais intensa da precipitação, encontrará 2,0 polegadas, dando uma intensidade de 2,0 polegadas/hora.

Esses exemplos sugerem um princípio: para durações menores de tempo na parte mais intensa de uma precipitação, a intensidade da chuva aumenta.

A relação entre intensidade de chuva e duração para vários períodos de retorno para um determinado local nos Estados Unidos é mostrada nas **curvas de intensidade-duração-frequência** (I-D-F – *intensity-duration-frequency curves*) desenvolvidas por diversas agências governamentais com base em dados dos registros hidrológicos. Exemplos selecionados de curvas I-D-F referentes a vários locais nos Estados Unidos são reproduzidos no Apêndice C-3 para uso na solução de problemas de escoamento pelo Método Racional.

A relação intensidade-duração é central para o Método Racional no momento de determinar o escoamento máximo, que é apresentado no Capítulo 11. Portanto, é importante que você o estude cuidadosamente e por completo.

Exemplo 10-2

Problema

Em um evento de chuva em Nova Jersey, 1,33 polegada de chuva cai durante 20 minutos. Qual é o período de retorno dessa precipitação?

Solução

Uma altura de precipitação de 1,33 polegada durante 0,33 hora representa uma intensidade de chuva de 4,0 pol/h. Usando as curvas I-D-F para Nova Jersey no Apêndice C-3, entre o gráfico a uma duração de 20 minutos e projete uma linha para cima. Então, entre o gráfico a 4,0 polegadas, projete uma linha transversalmente até a direita, e localize a interseção das duas linhas.

A interseção cai na curva que representa a precipitação com frequência de 10 anos. Portanto, esse evento de chuva possui um período de retorno de aproximadamente 10 anos, e é chamado precipitação de 10 anos. (Resposta)

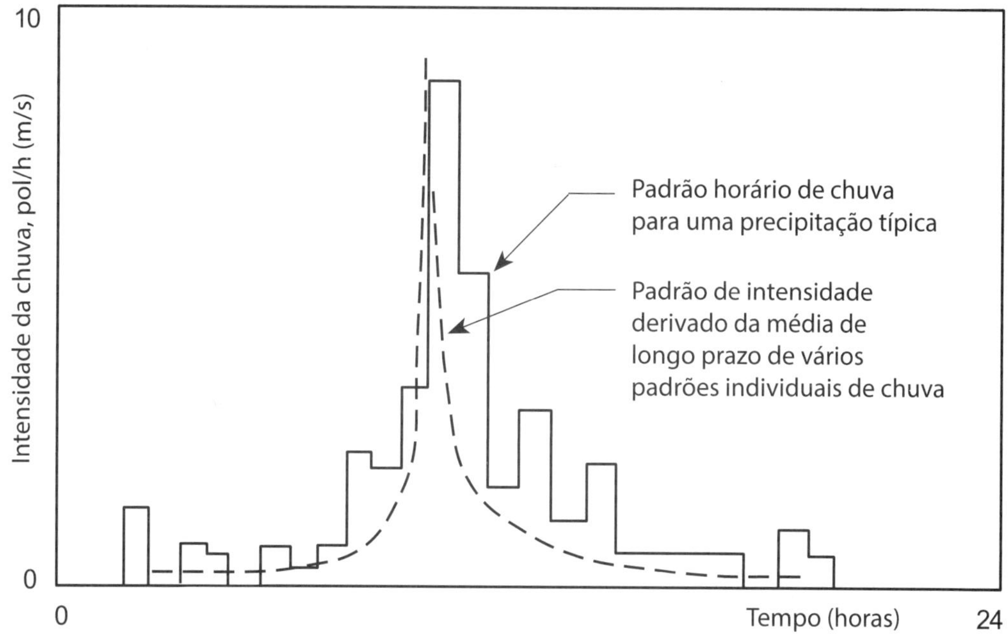

(a) Padrão típico de intensidade para uma precipitação específica

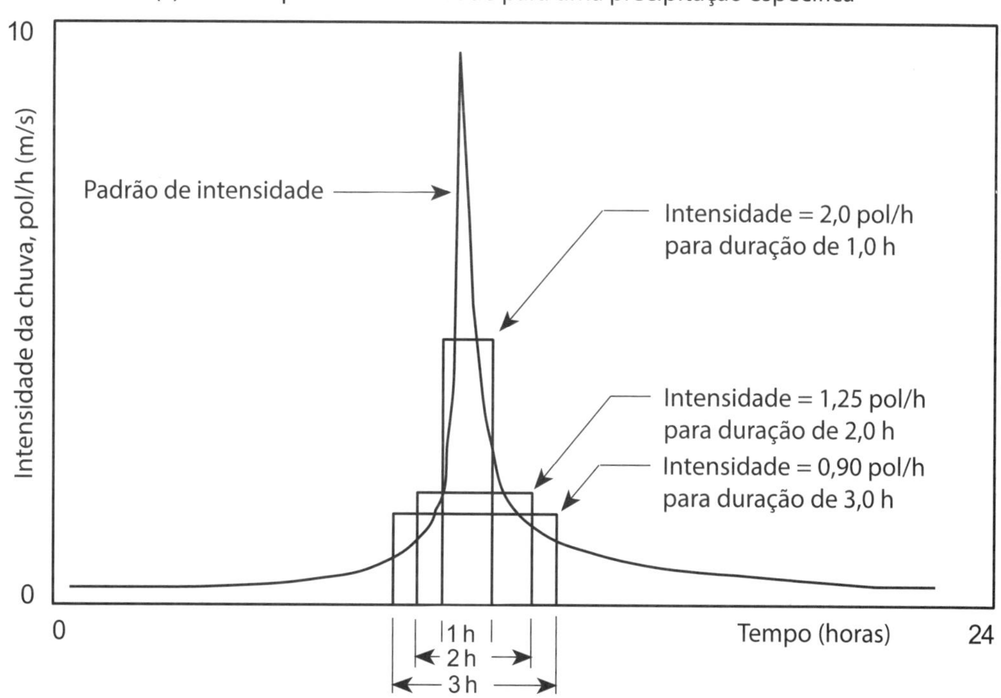

(b) Padrão de intensidade com base na média de longo prazo

FIGURA 10-11 Padrão da intensidade da chuva para uma precipitação de 5,0 polegadas e de 24 horas em Nova Jersey.

10.5 HIDROGRAMAS DE ESCOAMENTO

Algumas vezes é útil saber toda a relação entre o escoamento e o tempo para um determinado evento de chuva. Essa relação, quando em um gráfico, é chamada **hidrograma** e é mostrada em forma geral na Figura 10-12.

Uma análise atenta da Figura 10-12 revela que, em geral, a inclinação da parte que se eleva no hidrograma até atingir o pico é mais acentuada que a parte posterior. Isso é característico de todos os hidrogramas. Em cursos d'água que transportam vazão significativa antes do evento da chuva, é feita uma distinção entre o escoamento anterior, chamado *escoamento de base*, e o escoamento decorrente da precipitação, chamado *escoamento superficial*. A Figura 10-13 mostra a relação entre o escoamento de base e o superficial. A curva acima da linha do escoamento de base constitui o hidrograma do escoamento superficial. Em geral, em projetos que envolvem pequenos cursos d'água, o escoamento de base é desprezível em comparação ao escoamento superficial. Em todas as nossas discussões subsequentes sobre hidrogramas, assumiremos hidrogramas de escoamento superficial.

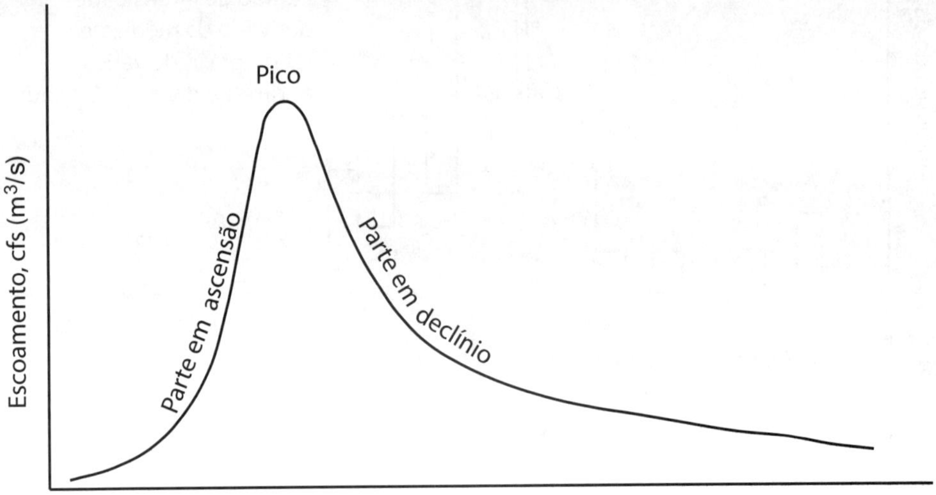

FIGURA 10-12 Hidrograma típico de escoamento superficial.

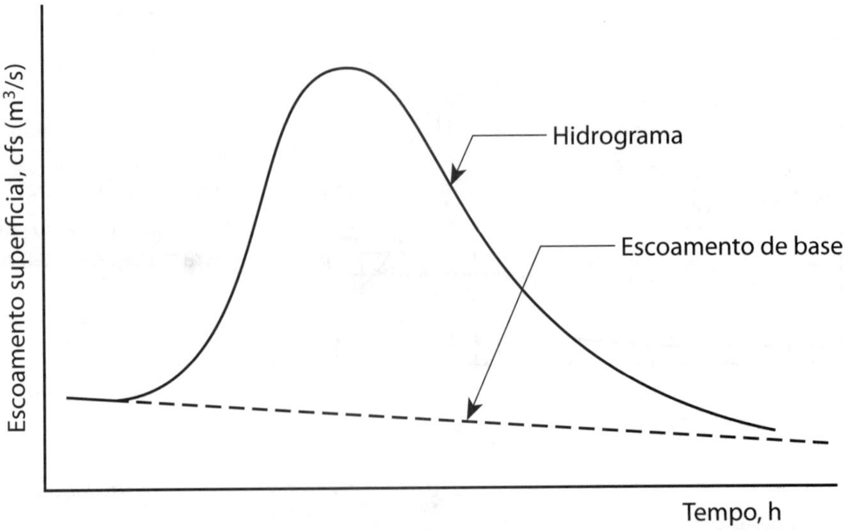

FIGURA 10-13 Hidrograma típico, incluindo escoamento de base.

O escoamento representado no hidrograma é formado pela água que caiu na bacia de drenagem na forma de chuva. No entanto, nem toda a chuva se transforma em escoamento. Parte dela é perdida para o processo de escoamento por meio de infiltração, de evaporação, de alagamento na superfície (preenchimento das reentrâncias do solo) e até de evapotranspiração. O restante da chuva (o que não se perde) é chamado **precipitação efetiva** e transforma-se em escoamento.

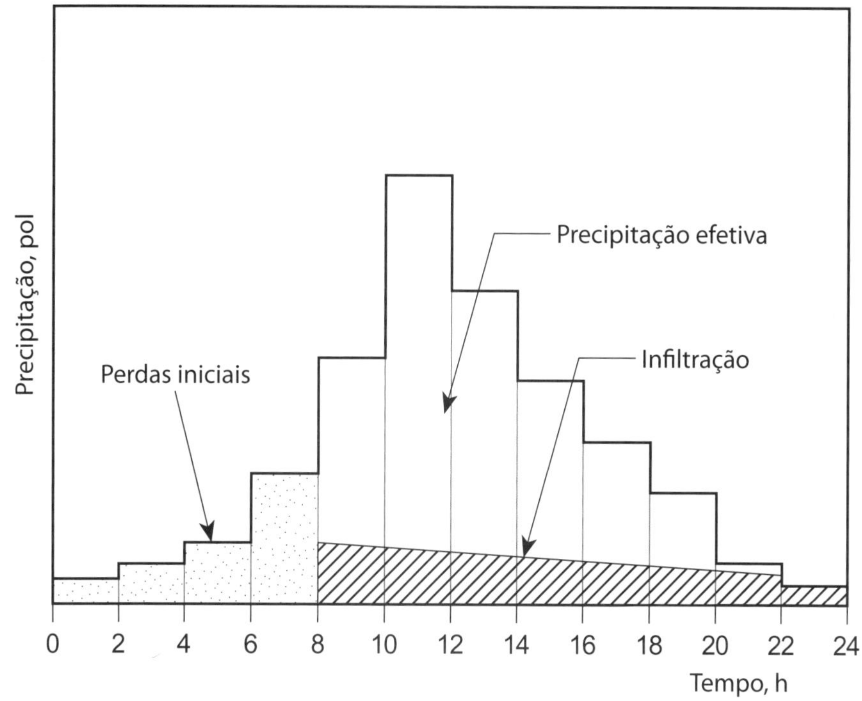

FIGURA 10-14 Relação entre perdas de chuva e precipitação efetiva.

Foco adicional

Uma observação mais detalhada da Figura 10-14 revela que a precipitação é representada em um gráfico de degraus em que cada degrau tem duas horas. Nesse caso, a intensidade da chuva é conhecida em cada período de duas horas durante uma precipitação intensa. Contudo, a precipitação é tipicamente registrada em termos de horas ou dias, dependendo do tipo de estação climática. As estações climáticas nos Estados Unidos são compostas por uma rede de observadores cooperativos que envolve de funcionários de aeroportos e funcionários públicos a cidadãos comuns. Muitas estações registram as precipitações diariamente, ao passo que poucas estações, mas em número significativo, registram as precipitações com frequência horária. A precipitação total mostrada na Figura 10-14 é determinada pela simples adição das quantidades nos degraus. Se a precipitação é observada a cada hora, os degraus terão o espaço de uma hora, mas a precipitação total ainda deverá ser igual à soma de todos os degraus.

As estações climáticas são coordenadas pelo Serviço Nacional de Meteorologia (National Weather Service). Os dados coletados nas estações são utilizados para vários fins, incluindo boletins meteorológicos e hidrológicos, previsões de colheitas e decisões na área econômica. A estação climática de Essex Fells, Nova Jersey, é apresentada na Figura 10-15.

FIGURA 10-15 Estação climática localizada no gramado frontal do Water Department, em Essex Fells, Nova Jersey.

Em geral, a chuva é perdida em dois processos: perdas iniciais e infiltração. No início da precipitação, a primeira chuva que atinge o solo se perde para alagamentos e absorção pela superfície. Assim, nenhum escoamento começa até que o alagamento e a absorção iniciais – ou seja, as perdas iniciais – estejam completos. Então, conforme o escoamento continua, parte da água escoando sobre o solo é absorvida e se infiltra no solo. Esse processo de infiltração continua durante todo o evento da chuva. No entanto, a taxa de infiltração diminui nas últimas horas da chuva, porque, conforme o solo se torna mais saturado, menos infiltração pode ocorrer. A Figura 10-14 mostra um típico padrão de um evento de precipitação com a relação entre as perdas de chuva e a precipitação efetiva.

Embora todos os hidrogramas de escoamento tenham a mesma forma geral, eles diferem em detalhes que dependem de vários fatores, incluindo:

1. Quantidade de chuva.
2. Padrão da chuva.
3. Tempo de concentração.
4. Características físicas da bacia de drenagem.

Assim, o pico poderia estar em vários pontos ao longo do eixo do tempo, ou poderia ser de várias magnitudes, ou a inclinação das partes em ascensão ou em declínio seria acentuada ou moderada.

Independentemente da forma, todos os hidrogramas compartilham uma mesma característica, a saber, a área sob a curva é igual ao volume da precipitação efetiva. Isso é facilmente observado por meio do estudo do hidrograma apresentado na Figura 10-16. O hidrograma pode ser dividido em uma série de tiras com largura Δt igual ao menor tempo e peso Q_t igual à ordenada (do valor de escoamento) no tempo Δt. A área de cada tira é medida em pés cúbicos como segue:

$$\begin{aligned} \text{Área} &= Q_t \Delta t \\ &= \frac{\text{pés}^3}{\text{s}} \times \text{s} \\ &= \text{pés}^3 \end{aligned}$$

Assim, a área de cada tira representa o volume de água que escoa através do exutório no tempo Δt durante o período t. A área sob a curva é a soma das áreas de todas as tiras e, assim, o volume do escoamento flui através do exutório no tempo total do hidrograma. Esse volume escoado é o mesmo volume da precipitação efetiva.

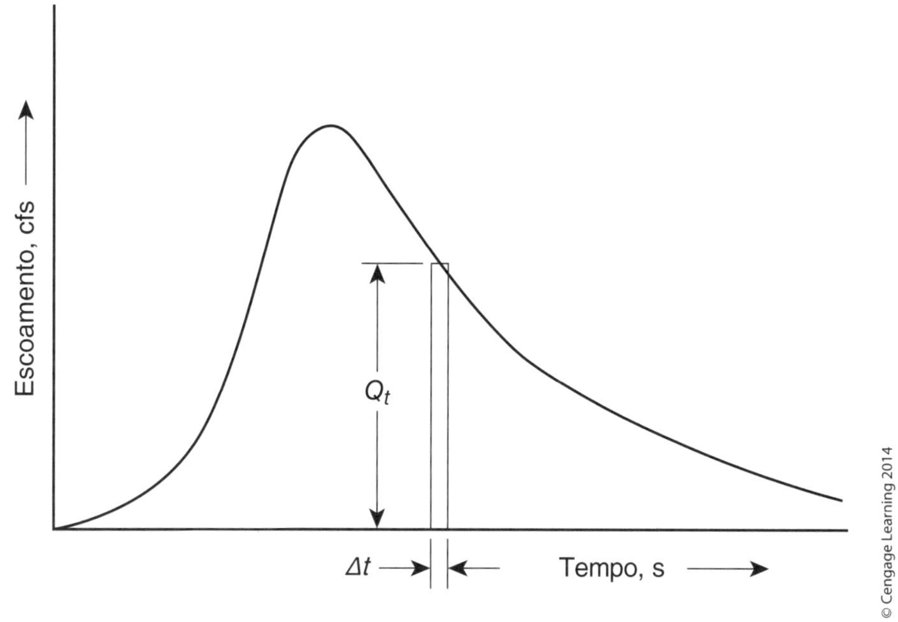

FIGURA 10-16 A área sob o hidrograma pode ser estimada pela soma da série de tiras.

Muitos métodos foram desenvolvidos para calcular hidrogramas para uma determinada bacia de drenagem e uma tempestade, mas eles se enquadram em duas categorias gerais:

1. Hidrograma de medição direta.
2. Hidrograma sintético.

A medição direta é usada para grandes bacias hidrográficas nas quais uma ou mais estações de medição são empregadas para registrar hidrogramas reais para cada grande precipitação durante um número de anos. Esses dados, junto com informações correlatas sobre chuva, são analisados estatisticamente para desenvolver um hidrograma geral aplicável a qualquer chuva prevista. Hidrogramas sintéticos são usados para pequenas bacias de drenagem quando não há informações sobre medição de escoamento. Nesses casos, deve ser projetado um método que preveja razoavelmente o hidrograma resultante de um evento de chuva sem a medição de um escoamento real no lugar. Os cálculos de hidrogramas discutidos no Capítulo 11 limitam-se a hidrogramas sintéticos.

Hidrograma Unitário

Os hidrogramas sintéticos e os hidrogramas de medição direta são elaborados com o uso de um conceito chamado **hidrograma unitário**. Apresentado em 1932 por L. K. Sherman, o hidrograma unitário é definido como um hidrograma resultante de uma unidade de precipitação efetiva (a precipitação descontadas as perdas) caindo sobre a bacia de drenagem em uma unidade de tempo. A unidade de precipitação efetiva é 1 polegada no sistema inglês de unidades e 1 milímetro no SI. Para simplificar, limitaremos nossa discussão sobre hidrogramas unitários ao sistema inglês. A unidade de tempo é variável, mas, geralmente, é considerada como uma fração do tempo de concentração – tipicamente, um quinto.

Os principais elementos de um hidrograma unitário aparecem na Figura 10-17. Um exame atento dessa figura revela vários fatores relacionados com o processo de escoamento de chuva. Primeiro, observe que a chuva está marcada em polegadas no topo do gráfico e invertida por conveniência. O escoamento está marcado em cfs/pol, e as duas marcações compartilham o mesmo eixo de tempo.

A forma exata do gráfico depende das características da bacia de drenagem que está sendo considerada. Assim, para cada bacia de drenagem encontrada, há um diferente hidrograma unitário. Vários métodos de elaboração do hidrograma unitário foram publicados nos últimos anos. Fatores usados na elaboração incluem tempo de concentração, t_c, e o tempo de retardamento da bacia, L. O retardamento relaciona-se empiricamente com o tempo de concentração por

$$L = 0{,}6t_c$$

A Figura 10-17 mostra como esses parâmetros se relacionam com a forma do hidrograma unitário. Mas outras características da bacia de drenagem também são usadas para aperfeiçoar a forma. Algumas das metodologias importantes trazem os nomes de seus autores: Método Clark, Método Snyder e Hidrograma Unitário Adimensional NRCS. O nome deste está ligado ao Serviço de Conservação dos Recursos Naturais (NRCS – Natural Resources Conservation Service), uma agência do Departamento Norte-americano de Agricultura e o sucessor do Serviço de Conservação do Solo (SCS – Soil Conservation Service).

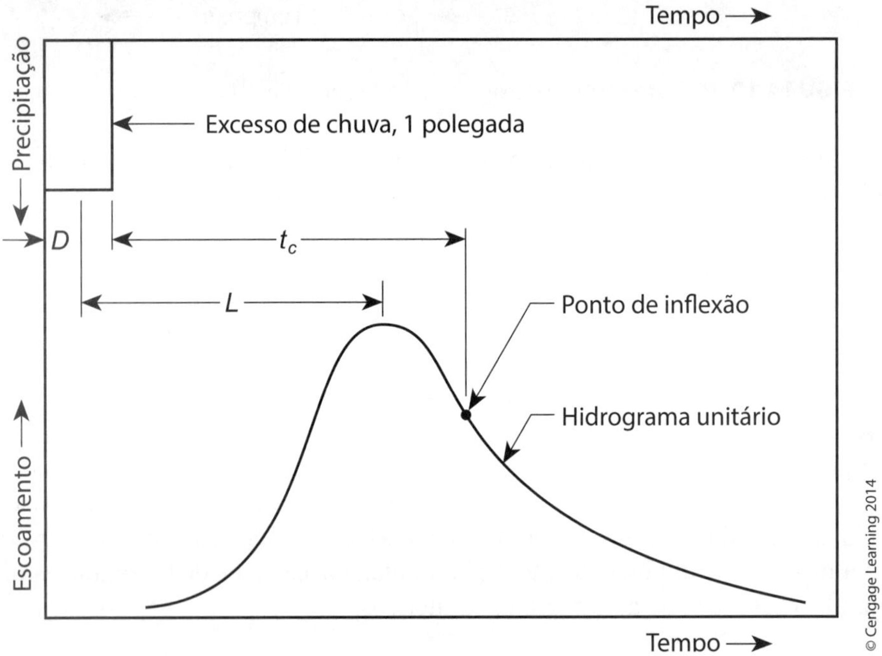

FIGURA 10-17 Principais elementos de um hidrograma unitário.

Suposições feitas no uso de hidrogramas unitários incluem:

1. A precipitação é constante durante todo o tempo unitário. Embora a intensidade da precipitação varie constantemente com o tempo, podemos supô-la constante para um curto período, sem comprometer a validade da análise. Isso simplifica a avaliação.

2. A precipitação é uniformemente distribuída sobre a bacia de drenagem. A precipitação real varia sobre uma bacia de drenagem; no entanto, para bacias relativamente pequenas as variações não são extremas, e a distribuição uniforme pode ser suposta para sim-

plificar os cálculos. Se uma bacia de drenagem for muito grande para que se suponha distribuição uniforme da precipitação, ela deve ser dividida em sub-bacias.

3. O hidrograma resultante da chuva efetiva maior ou menor do que 1 polegada tem ordenada proporcional à intensidade da precipitação. Esse é o princípio da proporcionalidade.
4. Dois ou mais hidrogramas unitários marcados no mesmo eixo do tempo podem ser combinados para formar um hidrograma resultante que possui ordenadas iguais à soma das ordenadas dos hidrogramas marcados em cada ponto do eixo do tempo. Esse é o ponto fundamental da superposição.

Usando os princípios da superposição e da proporcionalidade, um hidrograma pode ser elaborado para maiores eventos de chuva que a precipitação unitária. Dividindo-se a precipitação efetiva em um número de componentes (cada um com largura igual à unidade de tempo), um hidrograma pode ser elaborado para cada componente e a soma de todos os hidrogramas resultará no hidrograma derivado para a precipitação efetiva.

O princípio da proporcionalidade é usado quando um dos componentes da precipitação efetiva é maior ou menor que 1 polegada. Como mostrado na Figura 10-18, o hidrograma resultante é elaborado com base no hidrograma unitário, multiplicando-se cada ordenada pelo mesmo coeficiente de proporcionalidade, como na intensidade da precipitação. Por exemplo, se a precipitação é 1,5 vezes a chuva unitária, as ordenadas do hidrograma unitário deverão ser multiplicadas pelo coeficiente 1,5.

O princípio da superposição é usado quando dois ou mais componentes da precipitação ocorrem em tempos diferentes. Como mostrado na Figura 10-19, o hidrograma resultante é elaborado adicionando-se os dois hidrogramas unitários juntos. A soma dos hidrogramas é feita pela adição das ordenadas correspondentes dos dois hidrogramas unitários em cada ponto ao longo do eixo de tempo.

O Exemplo 10-3 ilustra o processo de elaboração de um hidrograma derivado quando o hidrograma unitário é conhecido.

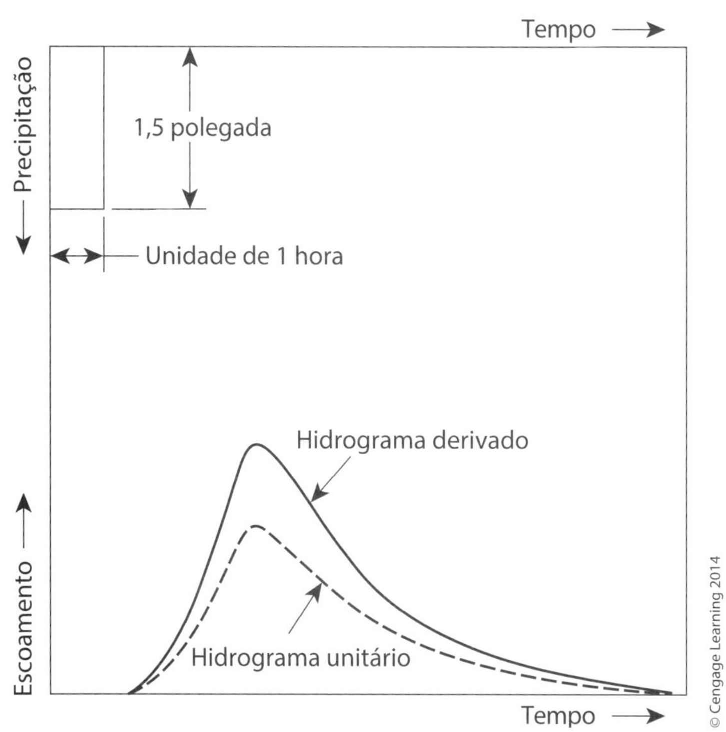

FIGURA 10-18 Princípio da proporcionalidade. Cada ordenada do hidrograma derivado é 1,5 vez a ordenada correspondente ao hidrograma unitário.

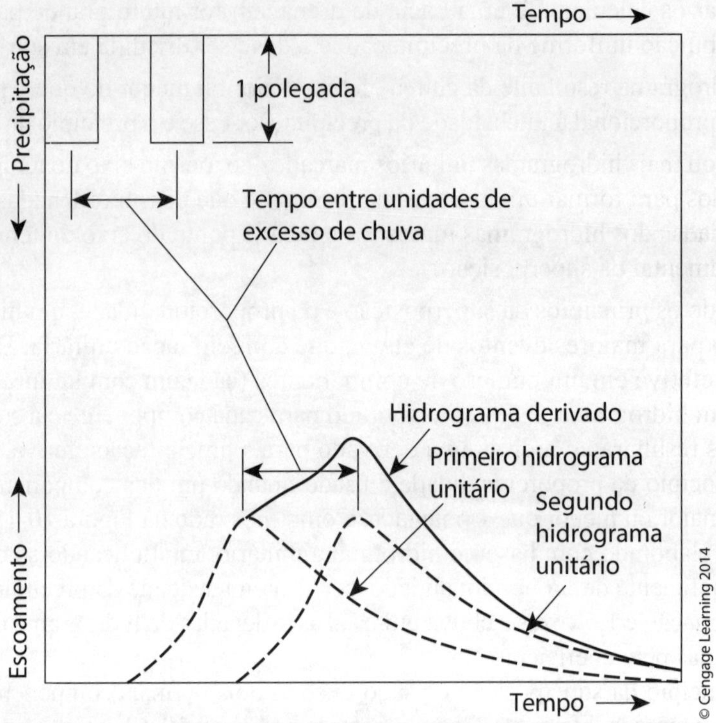

FIGURA 10-19 Princípio da superposição. Cada ordenada do hidrograma derivado é igual à soma das coordenadas correspondentes do hidrograma unitário.

Exemplo 10-3

Problema

O hidrograma unitário para determinada bacia hidrográfica é dado na Tabela 10-1. O tempo de atraso da bacia é de 2,5 horas. Faça um esboço do hidrograma resultante da distribuição da chuva descrita a seguir.

TABELA 10-1 Hidrograma unitário para o Exemplo 10-3

Tempo (h)	Vazão (cfs)
0	0
1	0
2	0
3	0
4	28
5	100
6	78
7	38
8	24
9	16
10	12
11	10
12	8
13	7
14	6

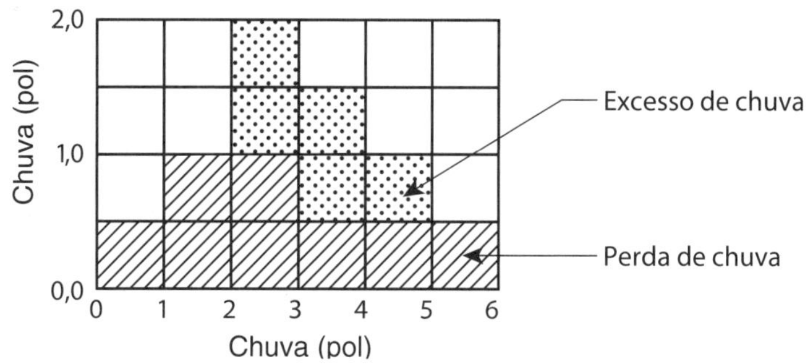

Solução

Considerando uma hora como unidade de tempo, temos três componentes da precipitação efetiva com intensidades de 1,0, 1,0 e 0,5 polegada, respectivamente. Com um atraso de 2,5 horas, o hidrograma unitário é elaborado como ilustrado na Figura 10-20. Observe que a terceira unidade do hidrograma tem ordenadas que são a metade do hidrograma unitário dado porque resultam do componente da precipitação efetiva de 0,5 polegada. O hidrograma resultante é mostrado como gráfico na Figura 10-20 e na Tabela 10-2.

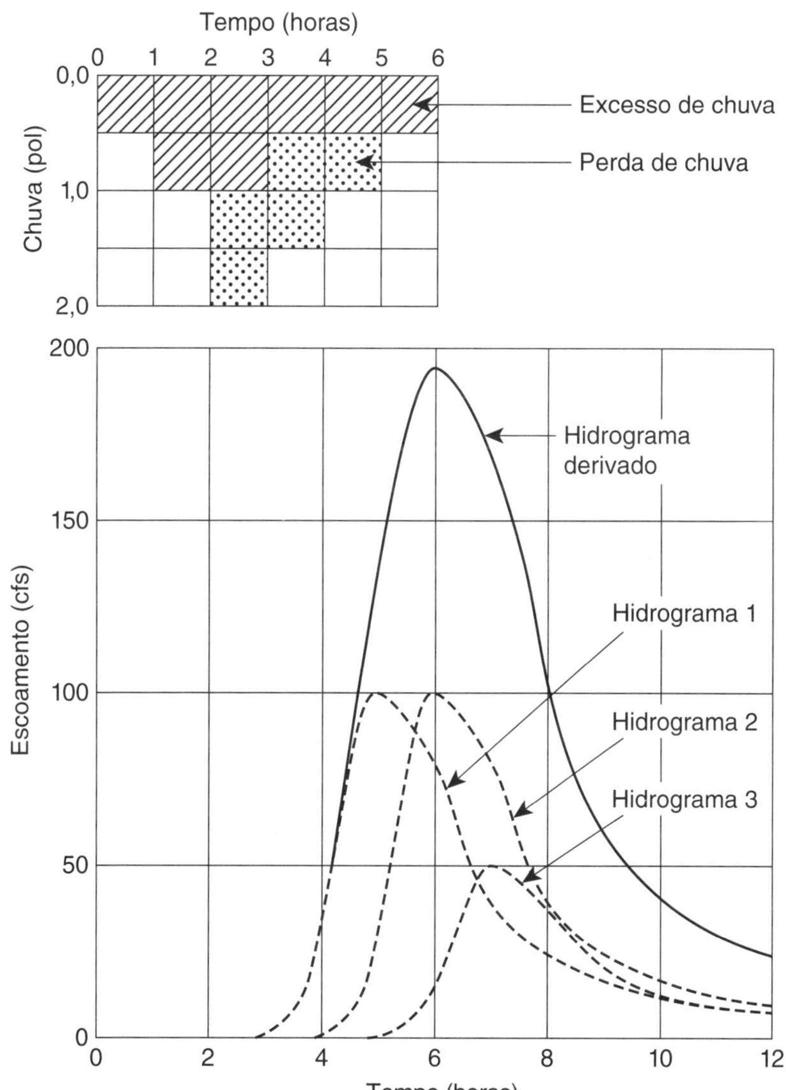

FIGURA 10-20 Hidrogramas derivado e unitário para o Exemplo 10-3.

TABELA 10-2 Hidrograma derivado para o Exemplo 10-3

Tempo (h)	Hidrograma 1 (cfs)	Hidrograma 2 (cfs)	Hidrograma 3 (cfs)	Soma dos três hidrogramas (cfs)
0	0	0	0	0
1	0	0	0	0
2	0	0	0	0
3	0	0	0	0
4	28	0	0	28
5	100	28	0	128
6	78	100	14	192
7	38	78	50	166
8	24	38	39	101
9	16	24	19	59
10	12	16	12	40
11	10	12	8	30
12	8	10	6	24

10.6 SUB-BACIAS

No cálculo de um hidrograma de escoamento, se a bacia de drenagem delineada for muito grande ou não homogênea o bastante, ela deve ser subdividida em unidades menores chamadas subáreas ou **sub-bacias**. Devemos lembrar que um dos pressupostos fundamentais para a elaboração de um hidrograma é uma bacia de drenagem com características relativamente uniformes em toda a sua extensão. Essas características incluem condições de cobertura, declividade média e tipos de solo.

A Figura 10-21(a) mostra o contorno de uma bacia de drenagem com um curso d'água dividido em duas áreas de características diferentes. A Figura 10-21(b) mostra como a bacia pode ser subdividida em duas sub-bacias para fins de cálculo. O exutório da bacia total está na **confluência** das duas divisões do curso d'água.

O hidrograma para toda a bacia no exutório é a soma dos hidrogramas produzidos pelas sub-bacias individualmente. Cada sub-bacia produz um hidrograma, da mesma forma que qualquer bacia.

Para calcular o hidrograma de escoamento total para a bacia de drenagem da Figura 10-21, calcule os hidrogramas para as duas sub-bacias e os sobreponha. Hidrogramas são adicionados uns aos outros pelo princípio da superposição, no qual cada ordenada do hidrograma resultante é a soma das ordenadas dos hidrogramas das sub-bacias para cada ponto ao longo do eixo do tempo. O exemplo a seguir ilustra esse conceito.

Exemplo 10-4

Problema

Calcule o hidrograma de escoamento para a bacia de drenagem descrita na Figura 10-21 para uma precipitação de 25 anos. Os hidrogramas de escoamento para as duas sub-bacias aparecem em forma tabular nas colunas 2 e 3 da Tabela 10-3.

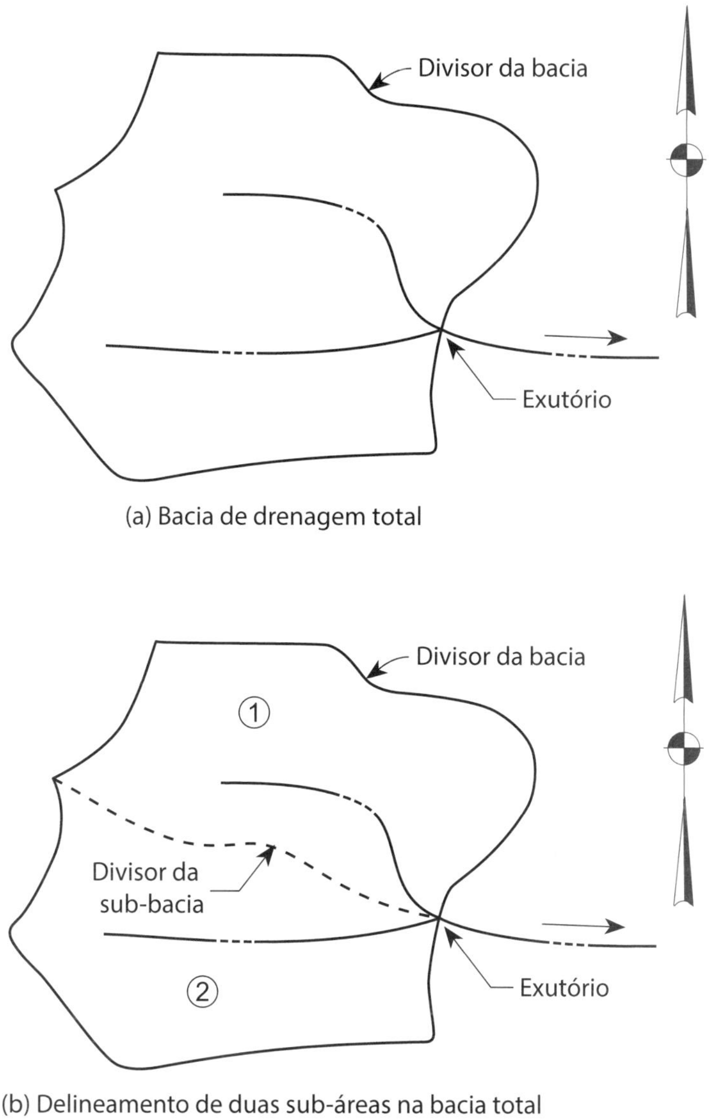

FIGURA 10.21 Bacia de drenagem dividida em sub-bacias.

Solução

O hidrograma de escoamento total é exibido na coluna 4 da Tabela 10-3. A coluna 4 é determinada pela adição dos valores nas colunas 2 e 3 para cada valor de tempo na coluna 1. Esse é um exemplo do princípio da superposição de hidrogramas. Uma representação gráfica do hidrograma é mostrada na Figura 10-22.

Um exame atento da Figura 10-22 e da Tabela 10-3 revela que o escoamento máximo para o hidrograma resultante é menor que a soma dos picos dos hidrogramas de cada sub-bacia. Esse é um atributo muito importante da análise de hidrogramas. Em razão do tempo de cada pico de vazão, a soma do hidrograma é menor do que se pode esperar.

Além disso, observe, na Figura 10-22, que a forma do hidrograma resultante é diferente das formas gerais dos hidrogramas individuais das sub-bacias. Se a bacia de drenagem total tivesse sido modelada como um todo, o hidrograma unitário resultante e, portanto, o hidrograma derivado não refletiriam a forma mostrada.

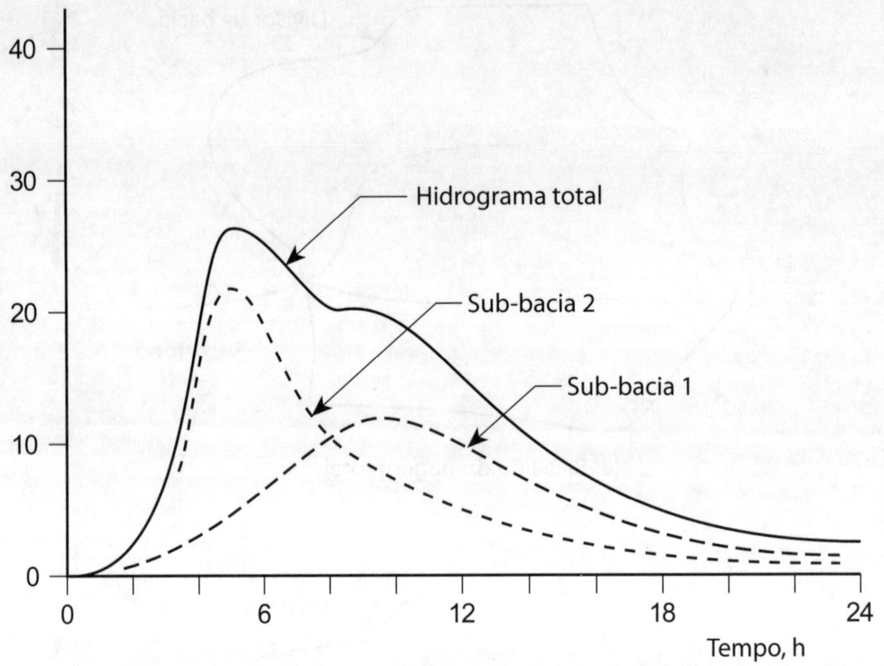

FIGURA 10-22 Hidrogramas usados no Exemplo 10-4.

10.7 PROPAGAÇÃO

Quando o escoamento de um evento de precipitação segue a jusante em um curso d'água, ele é considerado uma onda de cheia, embora a "crista" dessa onda não seja discernível por observadores casuais. Conforme a onda de cheia se desloca para jusante, sua altura diminui e ela se espalha na direção do curso d'água. A redução da altura ou da magnitude da onda de cheia é chamada **atenuação**, e o procedimento para calcular a redução é conhecido como **propagação**. (O termo *propagação* descreve um procedimento matemático, não o mapeamento do movimento da onda.)

Uma pedra atirada em um lago provoca ondulações na superfície. Cada ondulação é uma onda, e, conforme ela se distancia do centro, sua magnitude diminui. Esse é um processo de atenuação similar à onda de cheia em um curso d'água, exceto que este exemplo é unidimensional, em contraste com a ondulação bidimensional no lago.

Para definir melhor a atenuação de uma onda de cheia em curso d'água, considere a bacia de drenagem afluente ao curso d'água conforme mostra a Figura 10-23. Se observadores fossem posicionados nas seções 1, 2 e 3 e pudessem medir o hidrograma resultante do escoamento, registrariam resultados muito diferentes. Conforme a posição fica mais distante do exutório da bacia, a altura do hidrograma (pico Q) se reduz e a posição do pico se desloca para a direita no eixo do tempo. Todo o hidrograma achata-se e fica mais longo, embora a área total sob a curva permaneça constante.

O achatamento e o alongamento do hidrograma demonstram as características clássicas da atenuação. A área sob a curva permanece constante porque o volume escoado é o mesmo. (Você deve observar que os hidrogramas nas seções 2 e 3, na Figura 10-23, ignoram qualquer escoamento adicional que aflui ao curso d'água ao longo de sua extensão.)

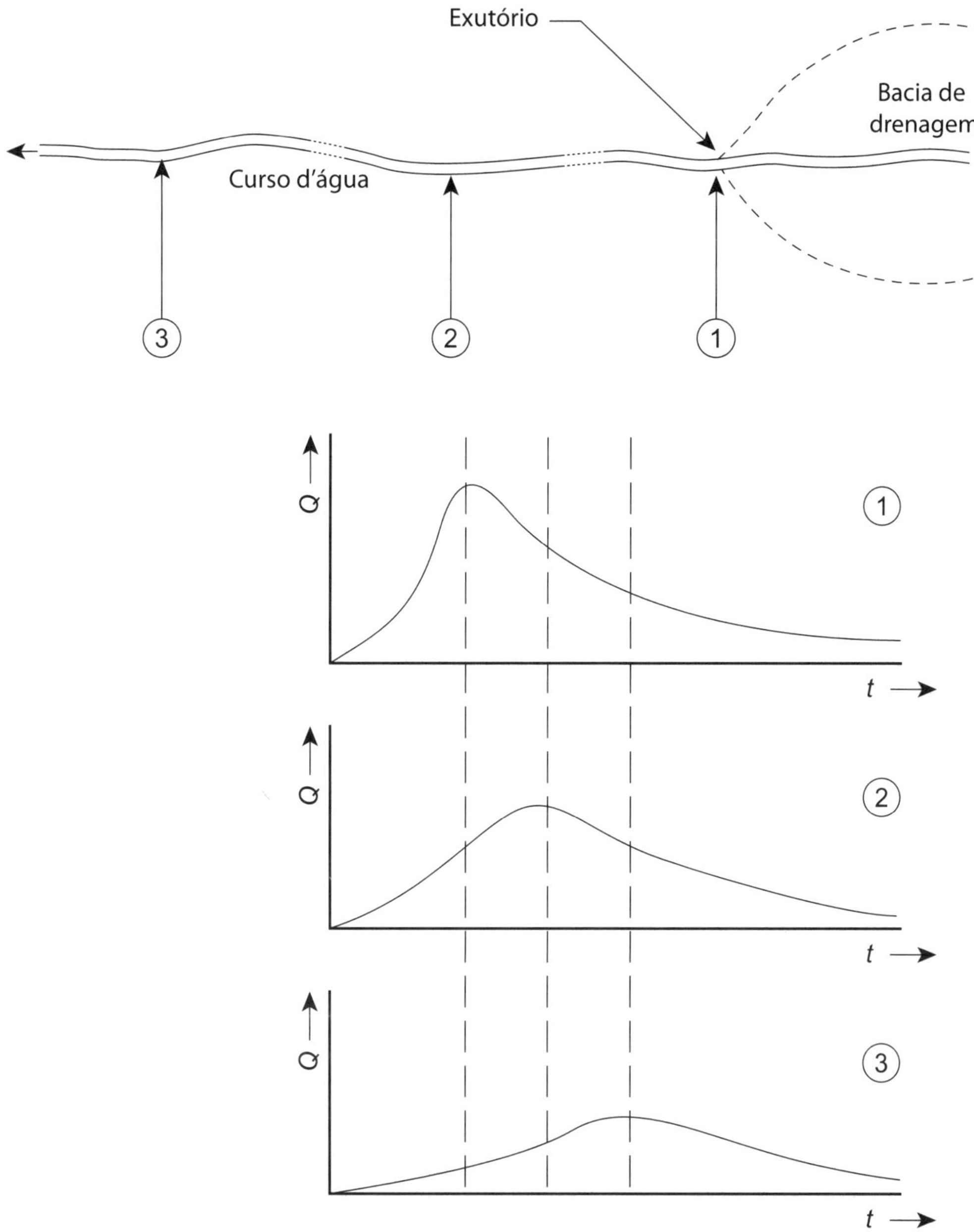

FIGURA 10-23 Atenuação de uma onda de cheia.

O cálculo dos hidrogramas nas seções 2 e 3 é feito pela propagação do hidrograma na seção 1. O conceito de propagação baseia-se no seguinte: quando o escoamento entra em uma seção do curso d'água, chamada *trecho*, parte da água fica temporariamente armazenada nela, e então é liberada para jusante.

Um processo similar ocorre em uma bacia de drenagem, mas em maior grau. A água aflui em uma extremidade da bacia, é armazenada temporariamente e depois sai pela outra extremidade a uma vazão reduzida. Esse tipo de propagação é descrito em detalhe no Capítulo 14.

A propagação de cheias em cursos d'água é difícil, porque o processo hidráulico é complexo. No entanto, o Corpo de Engenheiros do Exército dos Estados Unidos desenvolveu um procedimento para estimar essa propagação, chamado Método de Muskingum. Foi concebido para o rio Muskingum, em Ohio, e depois se tornou universal, para cursos d'água em geral.

Os cálculos para propagação de uma onda estão fora do escopo deste livro. Mas o conceito geral pode ser facilmente descrito. Quando uma onda de cheia se move por um trecho de canal, cria um fluxo no sentido de que, na extremidade a montante do trecho, Q é maior do que na extremidade de jusante. A Figura 10-24 descreve o perfil do primeiro trecho do curso d'água mostrado na Figura 10-23. Na Figura 10-24(a), vemos o perfil sob condições de escoamento uniforme. No Capítulo 7, vimos que no caso de escoamento uniforme, a profundidade de escoamento é constante ao longo do trecho e igual à profundidade normal. No entanto, na Figura 10-24(b), o perfil mudou porque houve fluxo adicional no trecho da extremidade a montante (seção 1), fazendo a superfície de água tornar-se paralela à superfície do fundo do curso d'água.

Para escoamento uniforme, a vazão afluente a montante iguala-se à vazão efluente na extremidade a jusante, $I = 0$, onde I = vazão efluente (cfs) e O = vazão efluente (cfs). O volume de água no trecho pode ser considerado temporariamente armazenado. No caso de escoamento uniforme, o armazenamento é denominado *prismático*, porque a forma do canal pode ser considerada como um prisma. No caso de escoamento de onda de cheia, o armazenamento suplementar, denominado em *cunha*, é adicionado no topo do armazenamento prismático.

Agora imagine a vazão afluente variando assim que o hidrograma de escoamento mostrado na Figura 10-23 aumenta e consequentemente diminui. A variação da vazão afluente no tempo pode igualar o hidrograma. Mas a variação do escoamento pode ser diferente porque o armazenamento em cunha pode causar menos vazão na seção 2 do que na seção 1. Em outras palavras, o volume de água que deixa o trecho na seção 2 em um curto período Δt será menor que o volume de entrada na seção 1 ($O\Delta t < I\Delta t$), e a diferença pode ser em razão do armazenamento no trecho.

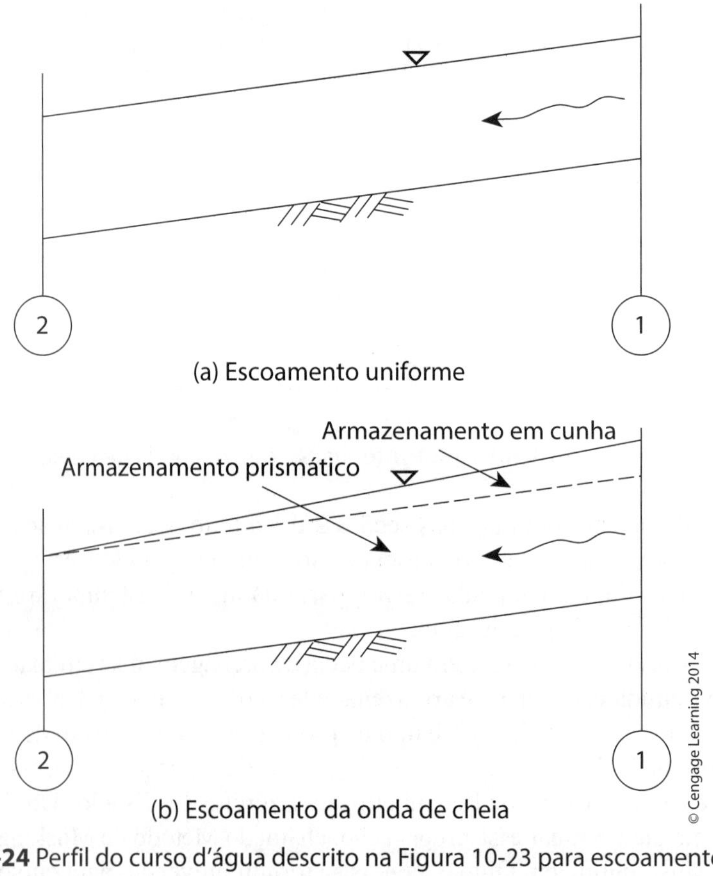

FIGURA 10-24 Perfil do curso d'água descrito na Figura 10-23 para escoamento uniforme e escoamento de onda de cheia. Aqui temos o trecho da seção 1 a seção 2.

O processo de propagação consiste em uma série de cálculos, um cálculo para cada período de tempo, Δt. Para cada cálculo, a vazão efluente no fim do período pode ser calculada por meio da vazão afluente no início do período, juntamente com a geometria do canal. O resultado de todos os cálculos é um novo hidrograma que descreve a vazão na seção 2. Esse hidrograma é apresentado esquematicamente como o hidrograma 2 na Figura 10-23.

O hidrograma atenuado na seção 3 pode ser calculado de modo similar, com a vazão afluente na seção 2 e efluente na seção 3.

EXERCÍCIOS PROPOSTOS

1. Escaneie ou tire uma cópia da área de drenagem delineada a seguir. Depois, determine a área de drenagem em (a) acres e em (b) metros quadrados.
2. Escaneie ou tire uma cópia da área de drenagem delineada mostrada na Figura 10-25, e, então, determine a área de drenagem em (a) acres e em (b) metros quadrados.

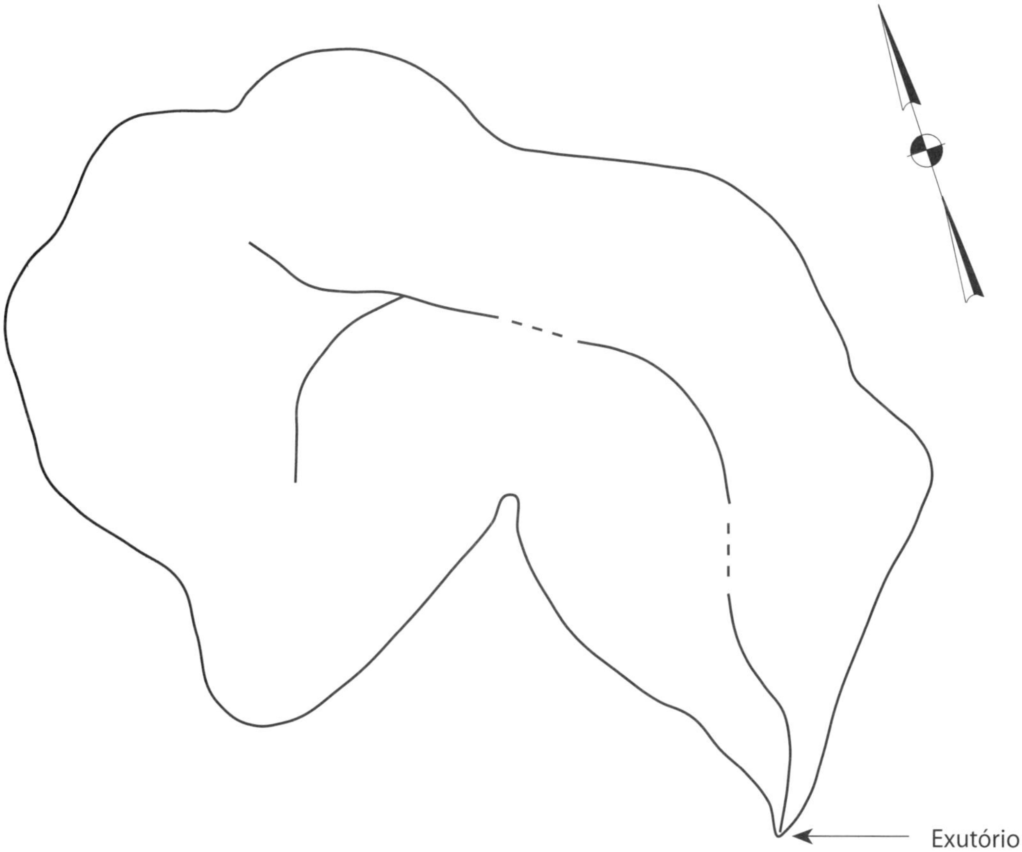

Mapa da bacia de drenagem
Escala: 1″= 400′ (1:4.800)

3. Determine a área da bacia de drenagem mostrada na Figura 10-26. Expresse a área em (a) acres e em (b) metros quadrados.
4. Determine a área da bacia de drenagem mostrada na Figura 10-27. Expresse a área em (a) acres e em (b) metros quadrados.

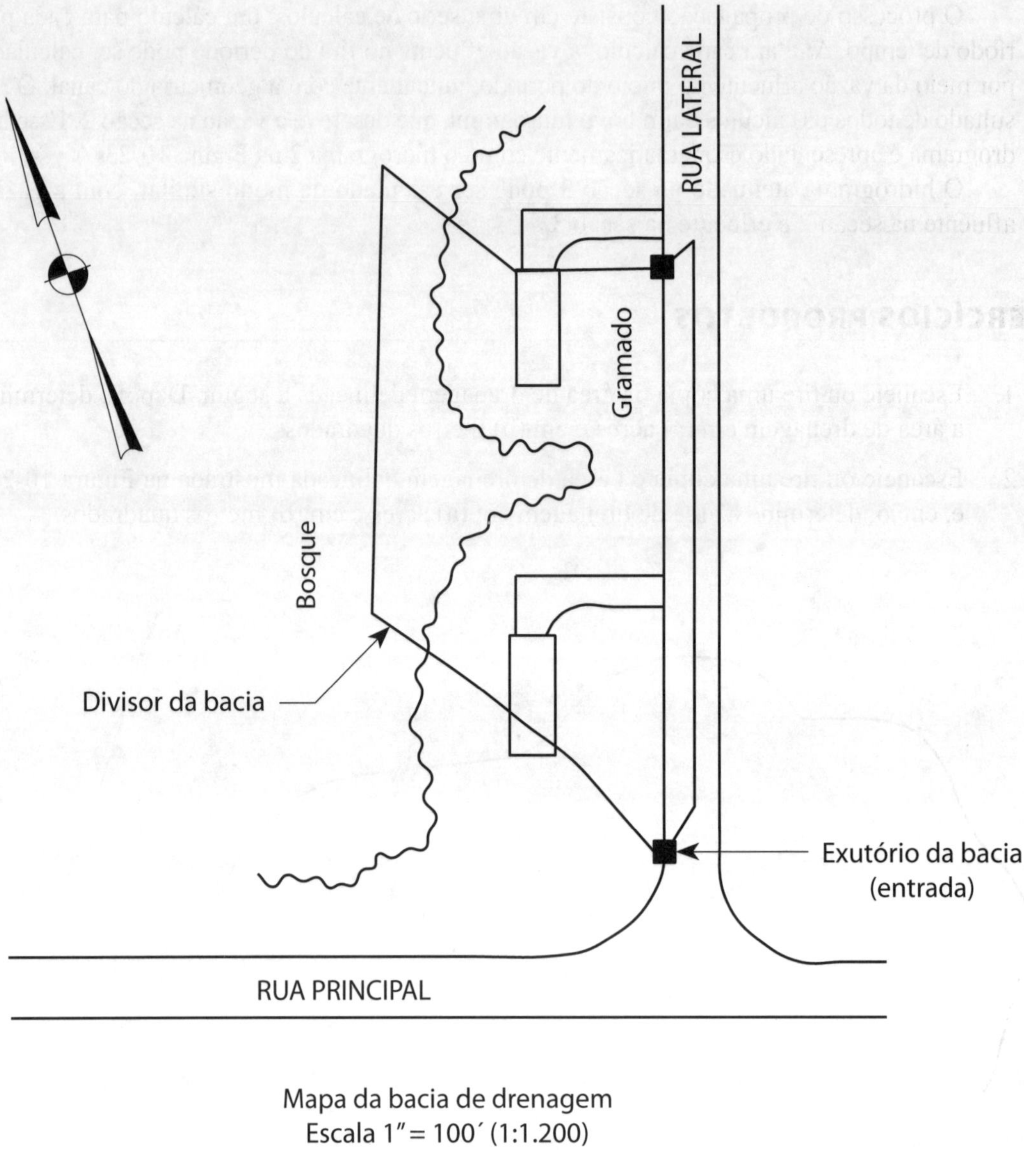

FIGURA 10-25 Delineamento da bacia de drenagem para a questão 2.

5. Delineie a área de captação afluente ao exutório mostrado na Figura 10-28. Determine a área em acres.

6. Delineie a área de captação afluente ao exutório mostrado na Figura 10-29. Determine a área em acres. Considere que todas as vias possuem sarjetas em ambos os lados.

7. Determine a linha do divisor de águas afluente ao exutório mostrado na Figura 10-30. Determine a área em acres.

8. Determine a linha divisora das águas afluente aos dois pontos do divisor de águas afluente aos exutórios, A e B, mostrados na Figura 10-31. Determine as áreas em acres.

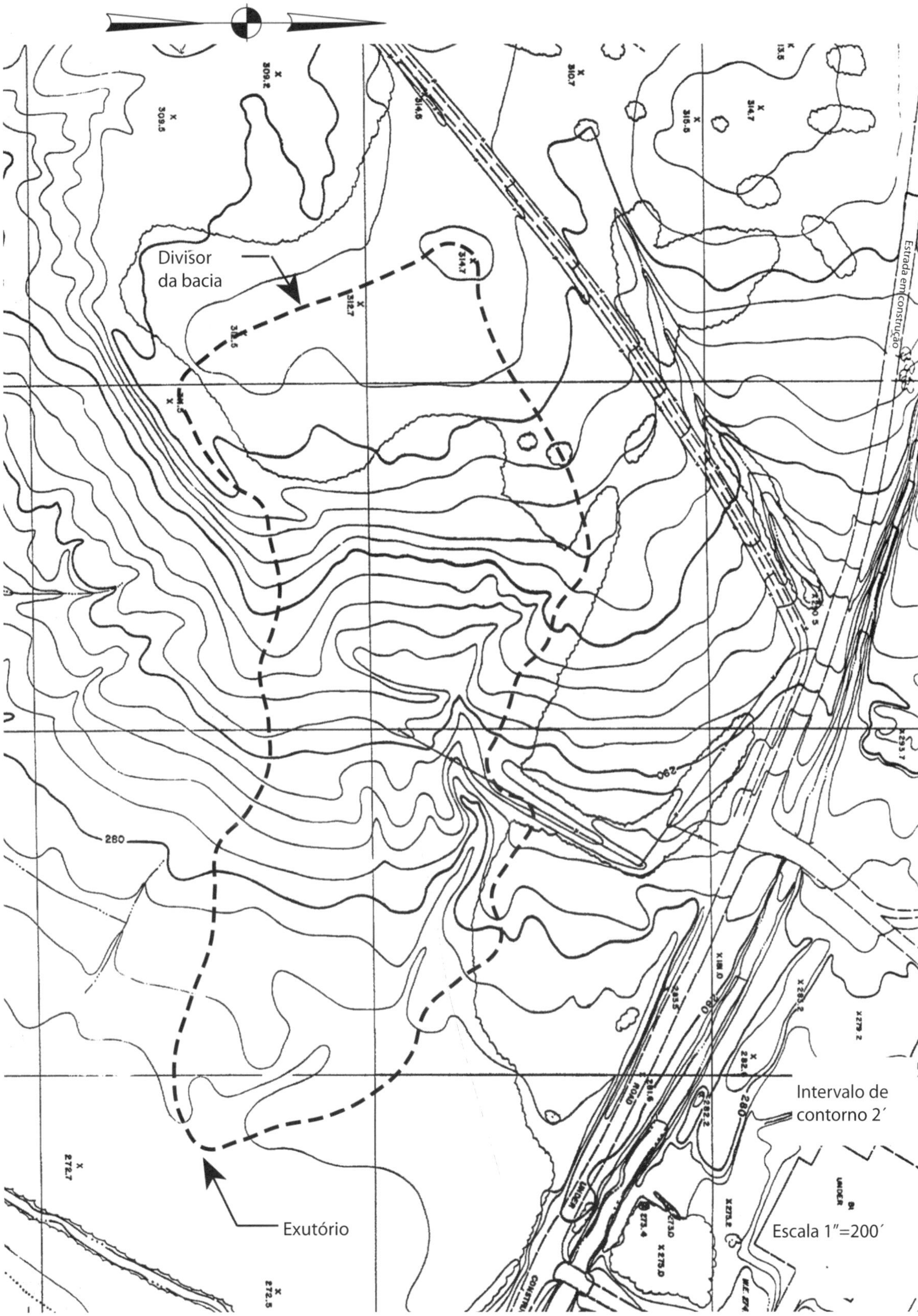

FIGURA 10-26 Delineamento de uma bacia de drenagem localizada em Nova Jersey.
(Mapa adaptado de Robinson Aerial)

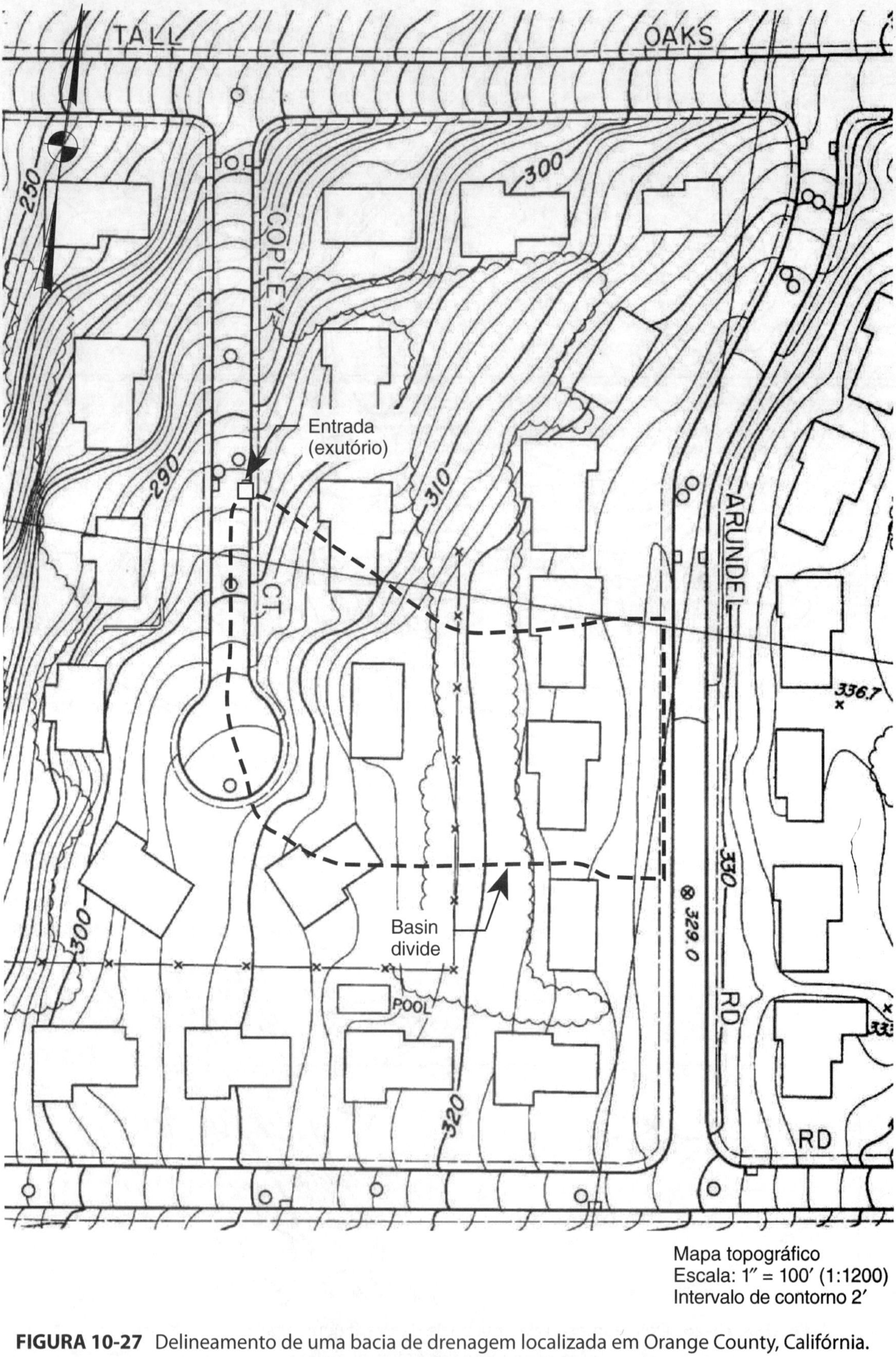

FIGURA 10-27 Delineamento de uma bacia de drenagem localizada em Orange County, Califórnia. *(Mapa adaptado de Aero Service)*

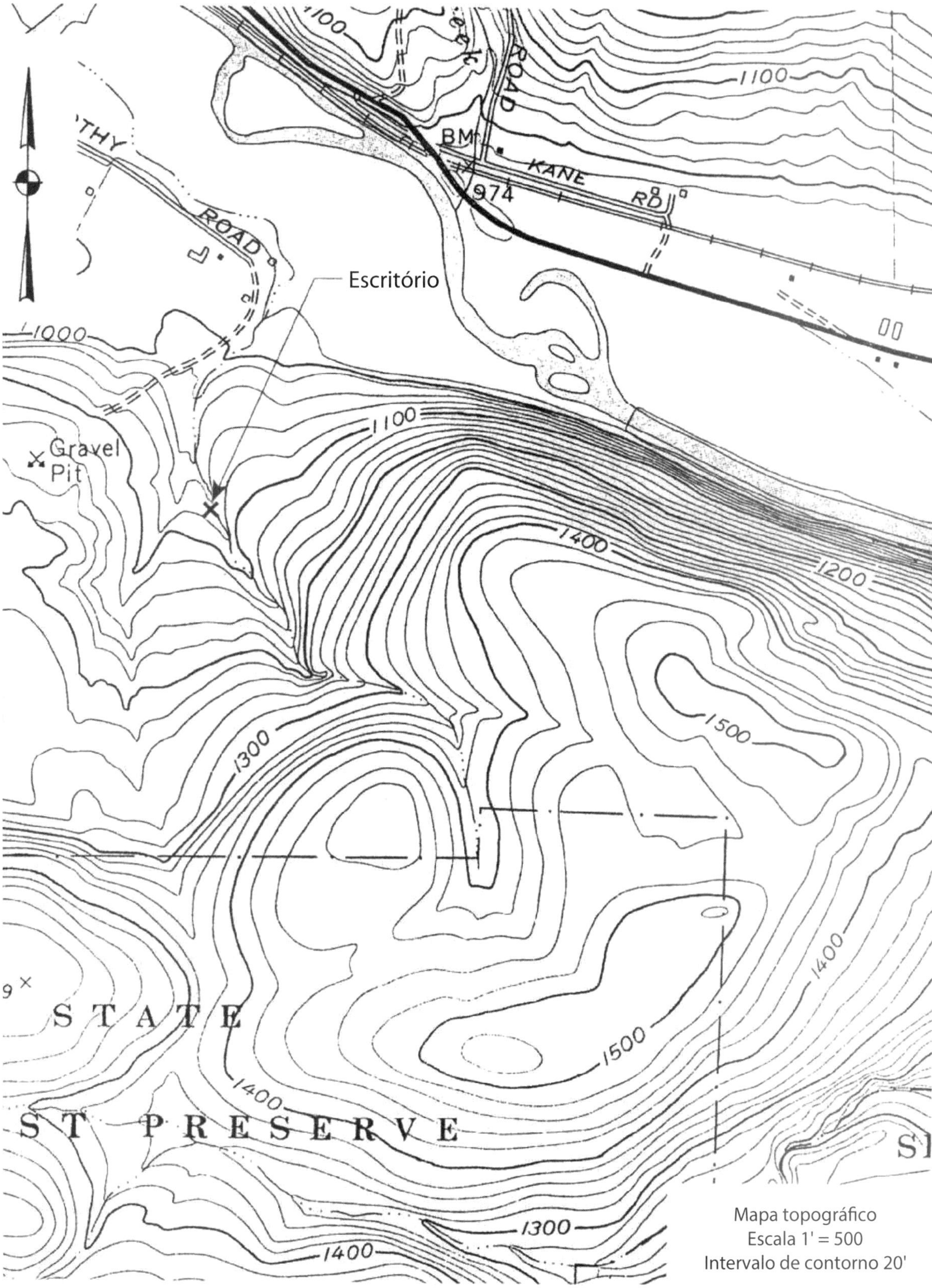

FIGURA 10-28 Mapa topográfico para a questão 5.

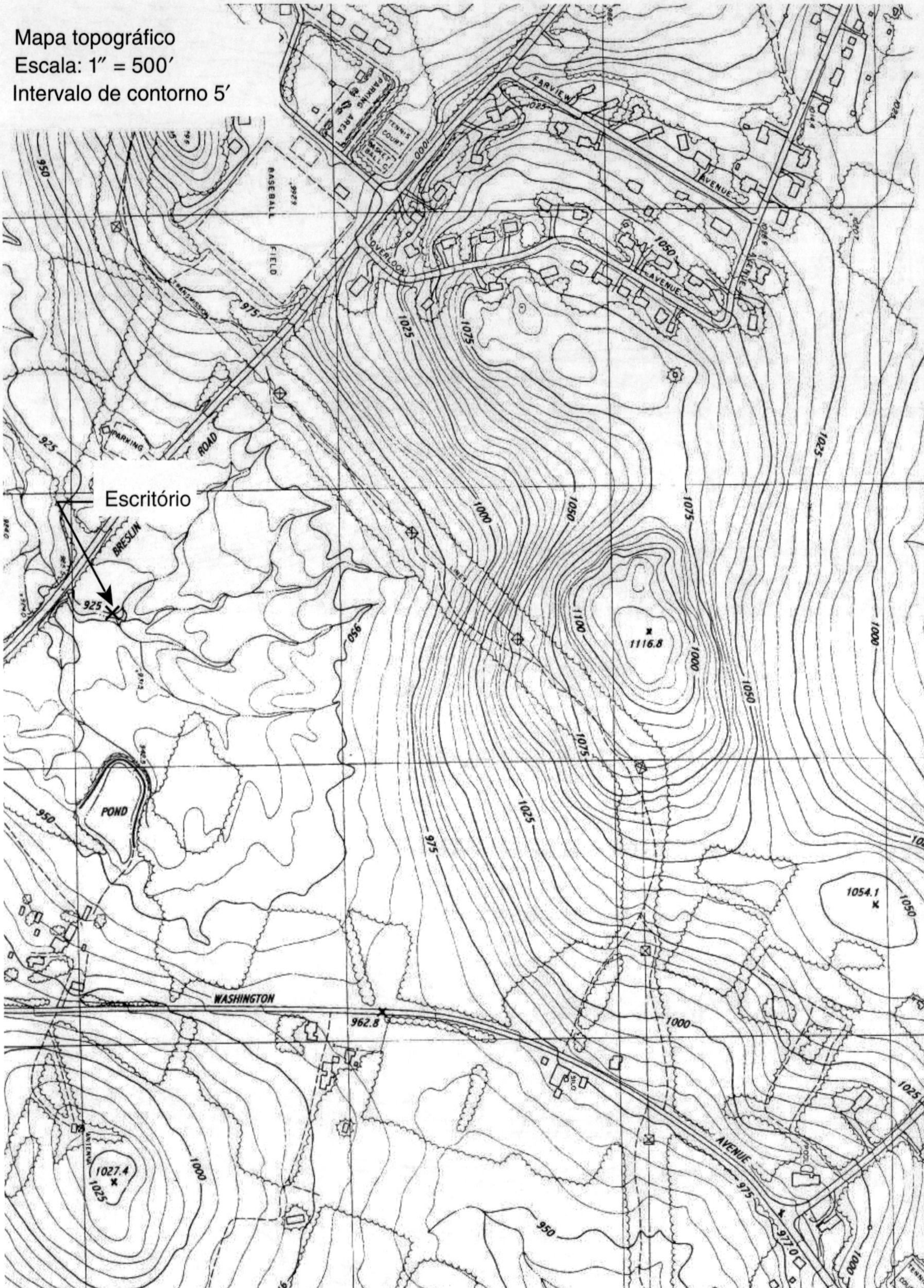

FIGURA 10-29 Mapa topográfico para a questão 6.

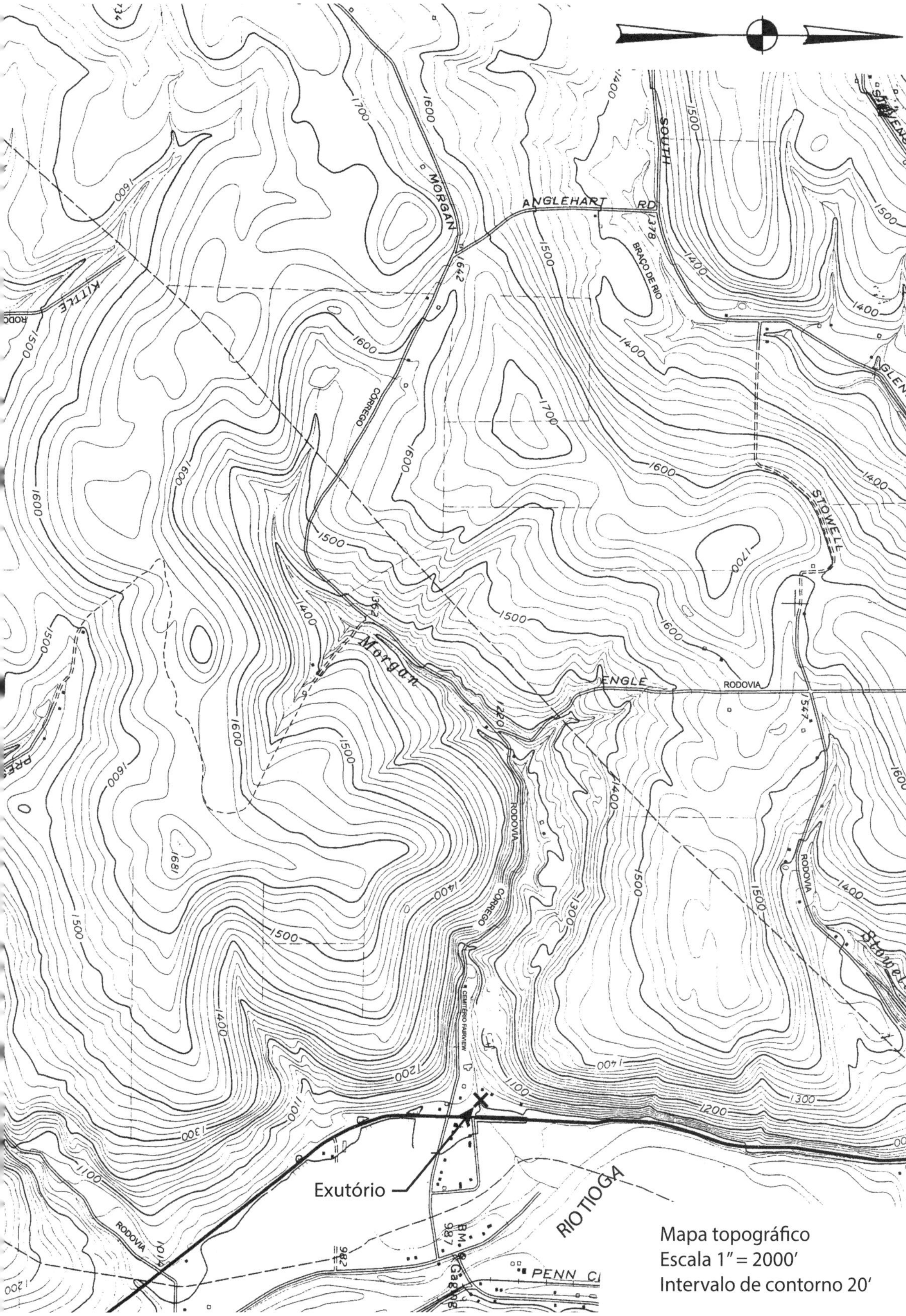

FIGURA 10-30 Mapa topográfico para a questão 7.

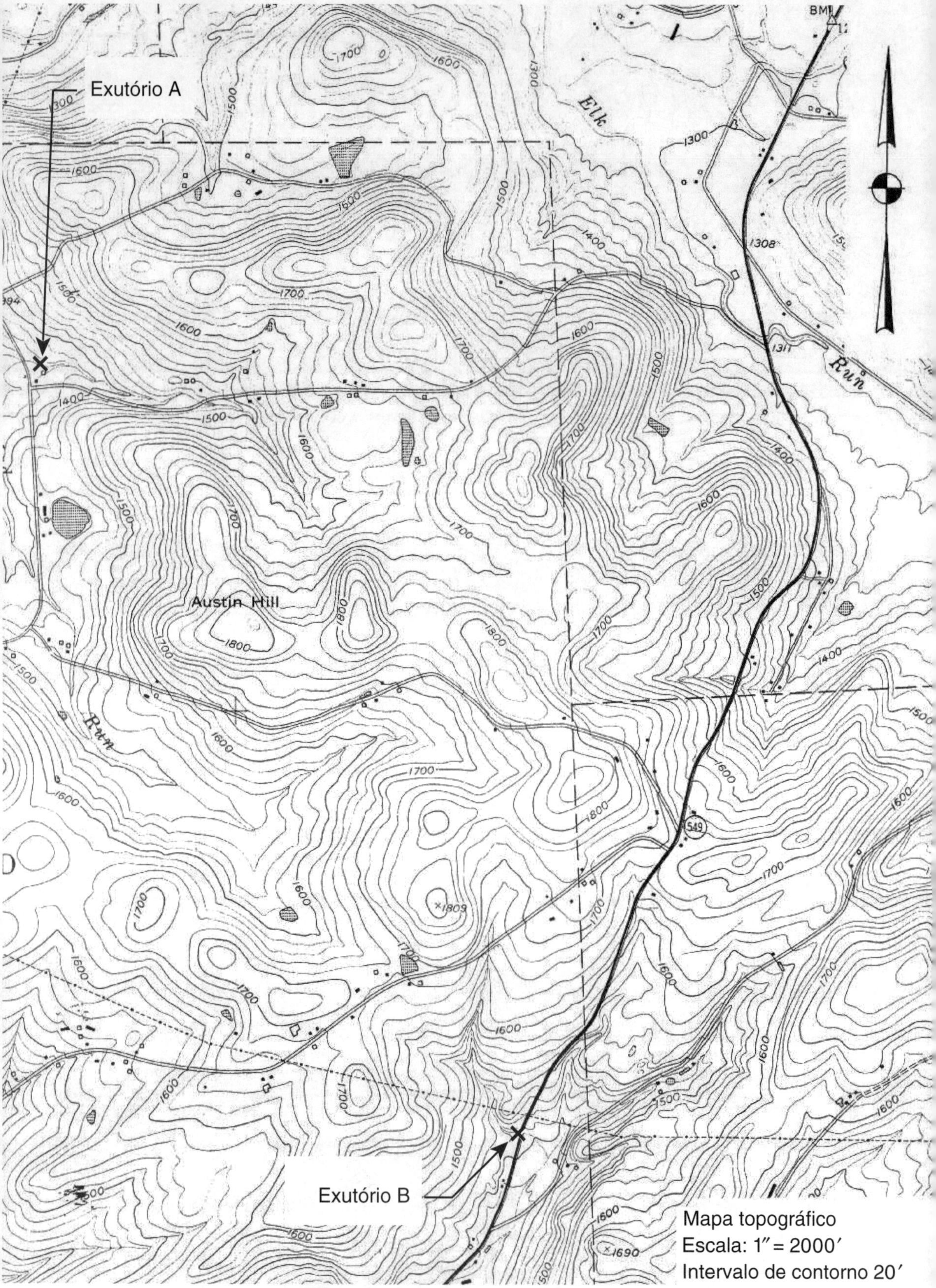

FIGURA 10-31 Mapa topográfico para a questão 8.

9. Desenhe o percurso hidráulico e calcule o tempo de concentração para a bacia de drenagem a questão 3. Para o escoamento sobre o solo, use o Apêndice C-2. A seção transversal média é mostrada a seguir.

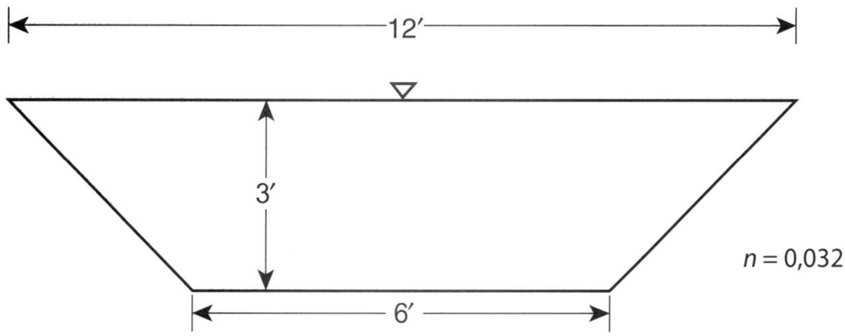

10. Delineie o percurso hidráulico e calcule o tempo de concentração para a bacia de drenagem na questão 4. Para o escoamento sobre o solo, use o Apêndice C-2.

11. Delineie o percurso hidráulico e calcule o tempo de concentração para a bacia de drenagem na questão 5. Para o escoamento sobre o solo, use o Apêndice C-2. Para uma seção transversal média do curso d'água, use a da questão 9.

12. Delineie o percurso hidráulico e calcule o tempo de concentração para a bacia de drenagem na questão 6. Para o escoamento sobre o solo, use o Apêndice C-2. Para uma seção transversal média do curso d'água, use a da questão 9.

13. Delineie o percurso hidráulico para a bacia hidrográfica na questão 7.

14. Utilizando o princípio da superposição, esboce o hidrograma resultante da soma dos dois hidrogramas apresentados a seguir. Qual é o pico do hidrograma resultante?

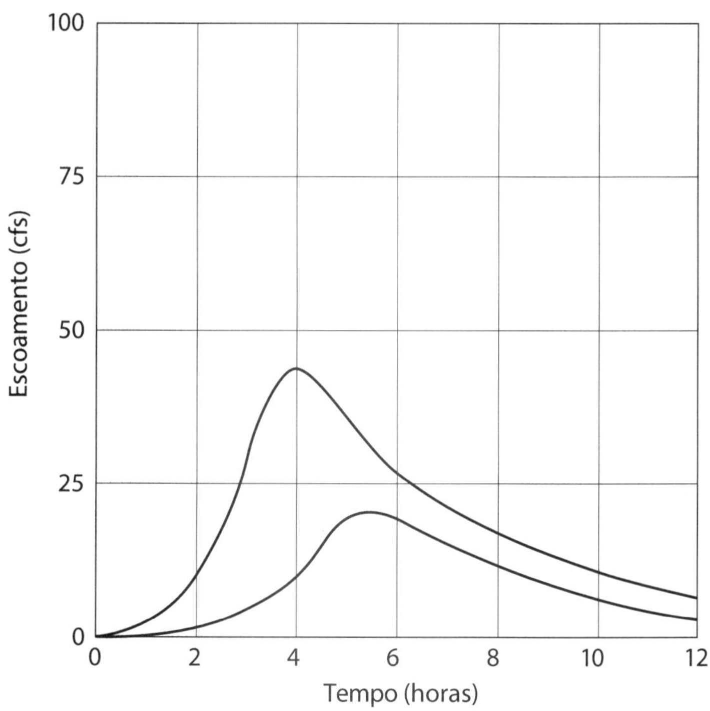

15. Utilizando o princípio da superposição, esboce o hidrograma resultante da soma dos dois hidrogramas apresentados a seguir. Qual é o pico do hidrograma resultante?

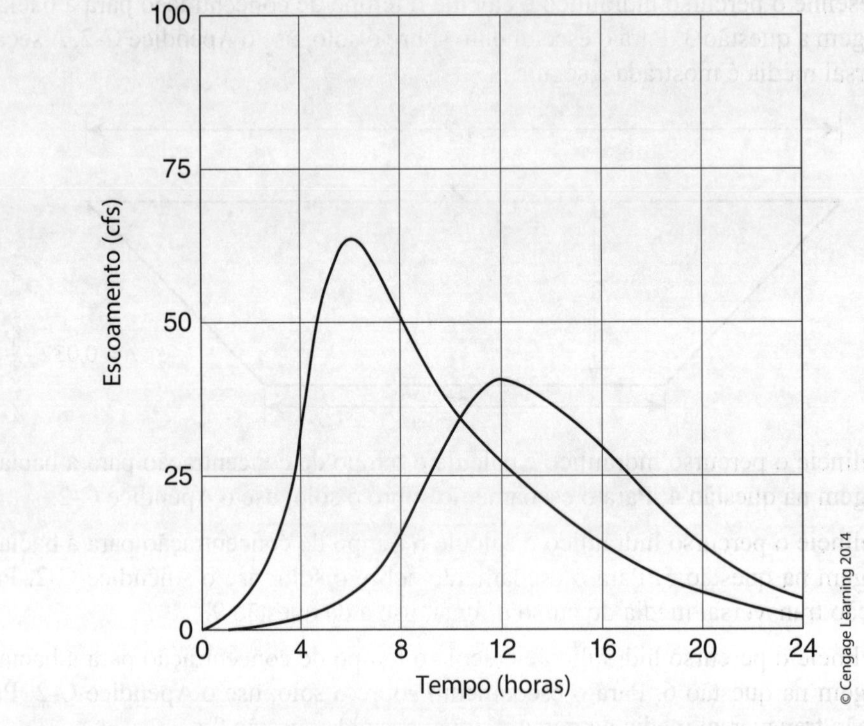

16. A seguir, temos um hidrograma de escoamento para uma bacia hidrográfica de 165 acres. Determine a altura da precipitação efetiva.

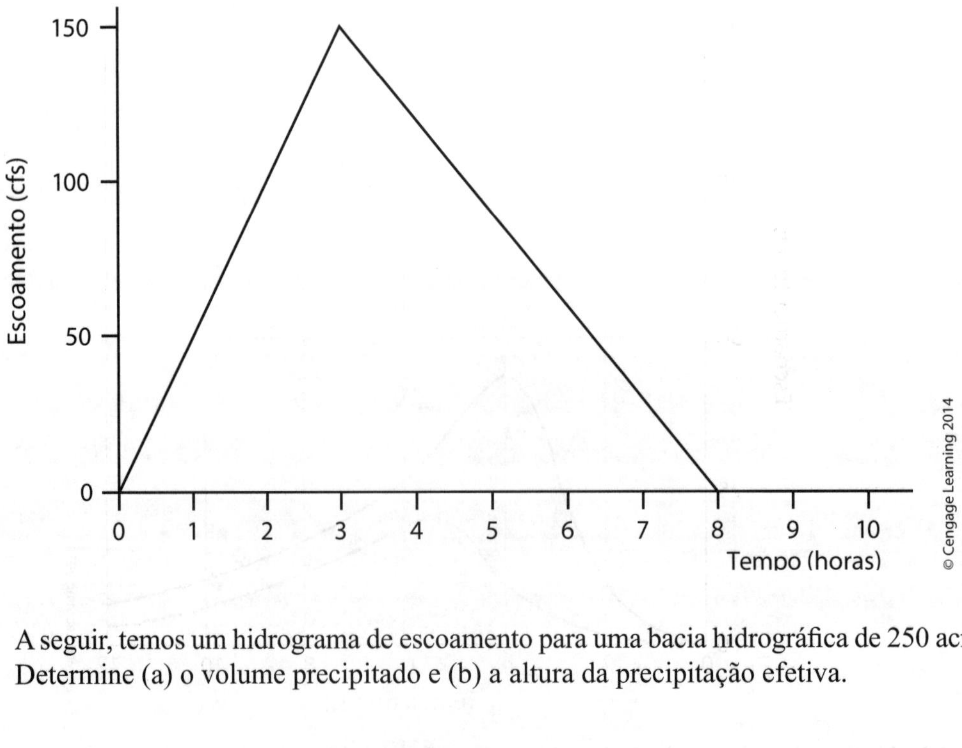

17. A seguir, temos um hidrograma de escoamento para uma bacia hidrográfica de 250 acres. Determine (a) o volume precipitado e (b) a altura da precipitação efetiva.

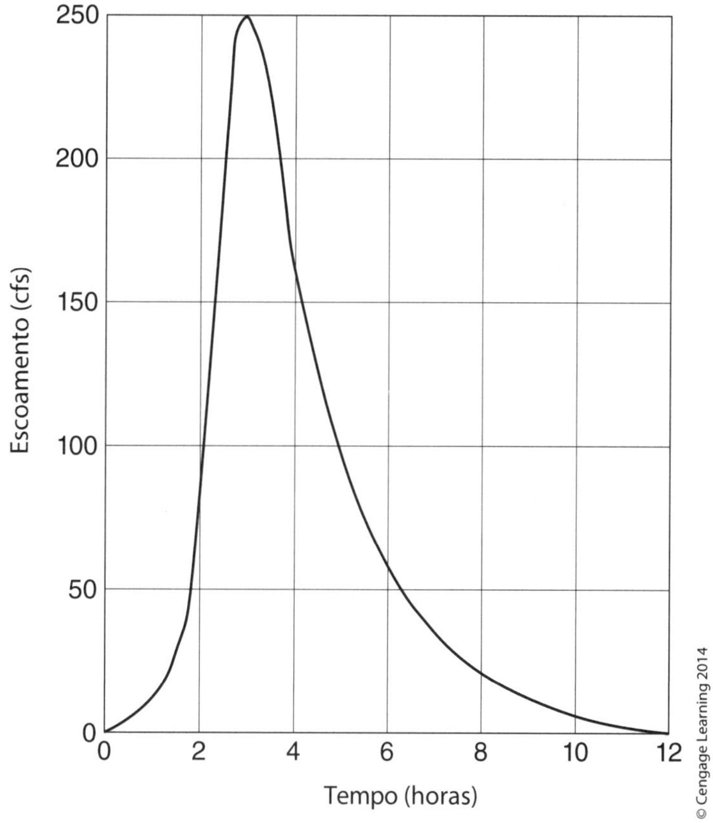

18. Utilizando o hidrograma unitário apresentado na Tabela 10-1 e um atraso de bacia de 2,5 horas, esboce o hidrograma derivado para a seguinte distribuição de chuva. A precipitação foi registrada a cada hora.

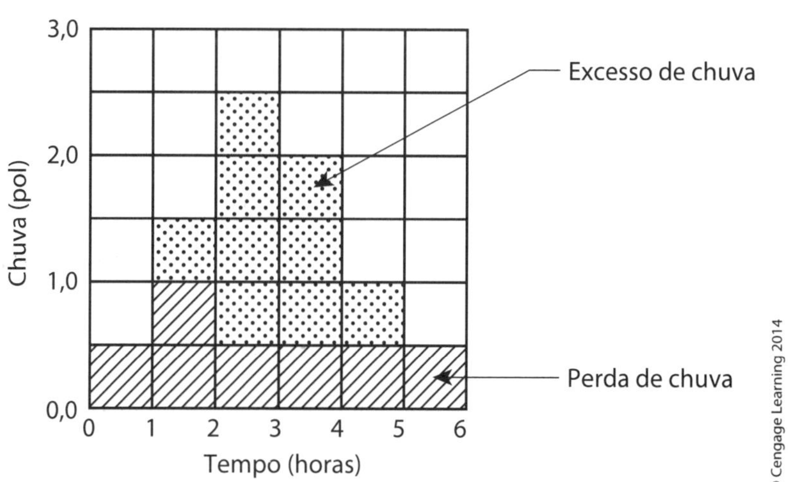

19. Utilizando o hidrograma unitário apresentado na Tabela 10-1 e um atraso de bacia de 2,5 horas, esboce o hidrograma derivado para a seguinte distribuição de chuva.

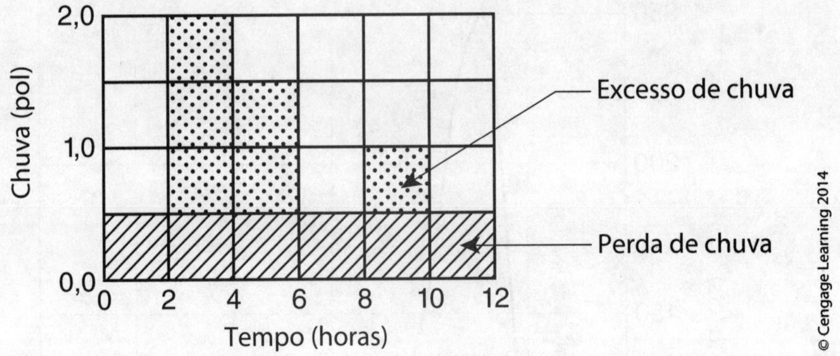

20. Hidrogramas de escoamento para duas bacias hidrográficas são exibidos na Figura 10-32. Desenhe o hidrograma resultante da soma dos dois hidrogramas na confluência das duas bacias hidrográficas. Qual é o escoamento máximo para cada bacia hidrográfica, e qual é o escoamento máximo para as bacias hidrográficas combinadas?

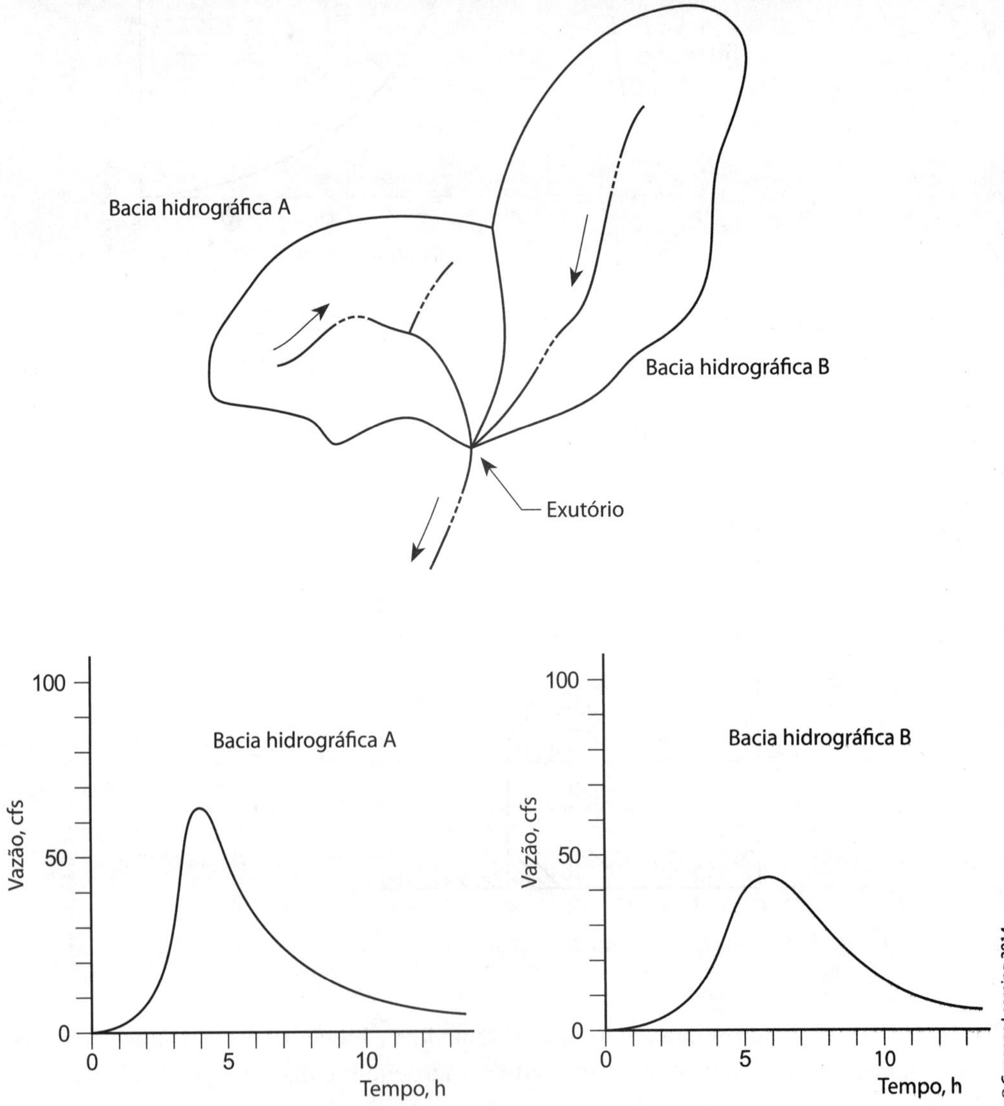

FIGURA 10-32 Hidrogramas usados na questão 20.

BIBLIOGRAFIA COMPLEMENTAR

BEDIANT, P. B. et al. *Hydrology and floodplain analysis*. 5. ed. Englewood Cliffs: Prentice Hall, 2012.

CHOW, V. T.; MAIDMENT, D. R.; MAYS, L. R. *Applied hydrology*. 2. ed. Nova York: McGraw-Hill, 2013.

HERSHFIELD, D. M. *Rainfall frequency atlas of the United States durations from 30 minutes to 24 hours and return periods of 1 to 100 years*. In: *Tech. Paper*. Silver Spring: U.S. National Weather Service, 1961. v. 40.

PONCE, V. M. *Engineering hydrology:* principles and practices. Englewood Cliffs: Prentice Hall, 1994.

U.S. SOIL CONSERVATION SERVICE. *National engineering handbook*. Springfield: U.S. Department of Agriculture, 1972.

VIESSMAN Jr., W.; LEWIS, G. L.; KNAPP, J. W. *Introduction to hydrology*. 5. ed. Englewood Cliffs: Prentice Hall, 2002.

CAPÍTULO

11

Cálculos de Vazão

O processo no qual a chuva se acumula no solo e escoa em direção aos regatos e rios é complicado. Como vimos no Capítulo 10, grandes variações ocorrem na intensidade e nos padrões das precipitações. Adicione a isso a infinita variedade de topografia, de tipos de solo, de vegetação e de obras feitas pelos seres humanos.

Não surpreende que muitos métodos matemáticos tenham sido desenvolvidos ao longo dos anos para calcular o escoamento – valores máximos e hidrogramas. O projeto de uma estrutura hidráulica – como um bueiro ou galeria de águas pluviais, um canal de fundo de vale com as paredes em grama – requer uma estimativa da vazão que ela é capaz de transportar. Neste capítulo, examinaremos dois métodos para cálculo de escoamento (ou cálculo da vazão escoada), ambos muito usados atualmente por profissionais que trabalham com gerenciamento de águas pluviais: o Método Racional e o Método NRCS.

OBJETIVOS

Ao concluir este capítulo, o leitor deverá ser capaz de:

- Calcular o escoamento máximo pelo Método Racional.
- Calcular o escoamento máximo pelo Método NRCS.
- Calcular um hidrograma de escoamento pelo Método Racional Modificado.
- Calcular um hidrograma de escoamento pelo Método NRCS.

11.1 MÉTODO RACIONAL

Muitos métodos para cálculo de escoamento foram desenvolvidos ao longo dos anos. O primeiro e o mais duradouro é o Método Racional. A maioria dos métodos baseia-se em relações empíricas entre área de drenagem, tempo de concentração, intensidade da precipitação e outros fatores. No entanto, o Método Racional, surgido na Inglaterra em 1889, tem origem no raciocínio puro, por isso o seu nome.

O Método Racional é usado para calcular a vazão de pico, Q_p, depois de um evento de chuva. Ele não calcula o escoamento antes ou depois do pico; simplesmente calcula a maior vazão produzida por uma determinada bacia hidrográfica.

Originalmente, a fórmula do Método Racional era

$$Q_p = Ai \tag{11-1}$$

onde Q_p = vazão máxima, cfs
A = área de drenagem, acres
i = intensidade da precipitação, pol/h

Isso baseia-se em uma bacia de drenagem completamente impermeável, na qual toda a precipitação é convertida em escoamento. Mais tarde, foi adicionado um fator de proporcionalidade, c, chamado **coeficiente de deflúvio** (ou **coeficiente de *runoff***, como em muitas publicações em português), em uma tentativa de considerar a infiltração no solo e a evapotranspiração. A equação passou a ser

$$Q_p = Aci \tag{11-2}$$

onde c é o coeficiente de deflúvio adimensional (que contempla a razão entre o volume precipitado e o volume escoado sobre uma determinada superfície). Os valores de c variam entre 0,0 e 1,0.

As Equações 11-1 e 11-2 são consistentes com as unidades SI. Então, por exemplo, se A estiver em m² e i em m/s, o Q_p resultante terá unidades m³/s.

O raciocínio original expresso no Método Racional é assim descrito:

1. Considere uma bacia de drenagem com área A, recebendo precipitação a uma intensidade constante i por uma duração igual a t_c. Considere que nenhuma chuva cai antes ou depois da precipitação de intensidade i e de duração t_c. A Figura 11-1 mostra uma representação gráfica da chuva.

   Observação: para ajudar na compreensão dessa ideia, lembre-se de que, no padrão de intensidade de precipitação exibido na Figura 10-11, uma duração de qualquer período pode ser considerada e então idealizada em uma intensidade constante nessa duração. Nesse caso, escolhemos uma duração que é o mesmo tempo de t_c.

2. Agora, imagine-se no exutório da bacia hidrográfica, observando o escoamento. Assim que a chuva começa, algum escoamento ocorre. Esse escoamento inicial se origina da precipitação que caiu perto do exutório. Conforme o tempo passa, a vazão aumenta à medida que gotas de chuva que caíram em pontos mais distantes alcançam o exutório. (Mesmo quando essas gotas chegam, as gotas próximas continuam caindo, porque ainda está chovendo.)

3. Finalmente, após um tempo igual a t_c, a gota mais distante chega ao exutório; nesse momento, a chuva para. Isso marca a vazão máxima, que começa a diminuir imediatamente. Depois de outro período igual a t_c, toda a água na bacia de drenagem contribuiu para a vazão escoada.

4. Para quantificar a vazão máxima Q_p, examine a Figura 11-1. O volume total de escoamento é igual à área sob o gráfico de escoamento *versus* tempo. Assim, o volume calculado em pés cúbicos é

$$\begin{aligned}\text{Volume} &= \frac{1}{2}(2)(60t_c)Q_p \\ &= 60t_cQ_p\end{aligned}$$

Mas lembre-se de que, pelo fato de a bacia de drenagem ser, em hipótese, completamente impermeável, o escoamento total é igual à precipitação total. A precipitação total é calculada simplesmente como a altura de chuva vezes a área sobre a qual ela ocorreu. A altura de chuva em pés é a sua intensidade convertida para pés por segundo vezes a duração convertida em segundos. Assim,

$$\text{Profundidade} = \frac{i}{(12)(3.600)}(60t_c)$$
$$= \frac{it_c}{720}$$

e o volume de chuva é

$$\text{Volume} = \text{Profundidade} \times \text{área}$$
$$= \frac{it_c}{720}(4.3560A)$$
$$= 60,5it_cA$$

Finalmente, equacionando os volumes, obtemos

$$60t_cQ_p = 60{,}5it_cA$$

ou

$$Q_p = 1{,}0083Ai$$

que é aproximado para

$$Q_p = Ai$$

que representa o Método Racional para uma bacia de drenagem hipotética totalmente impermeável.

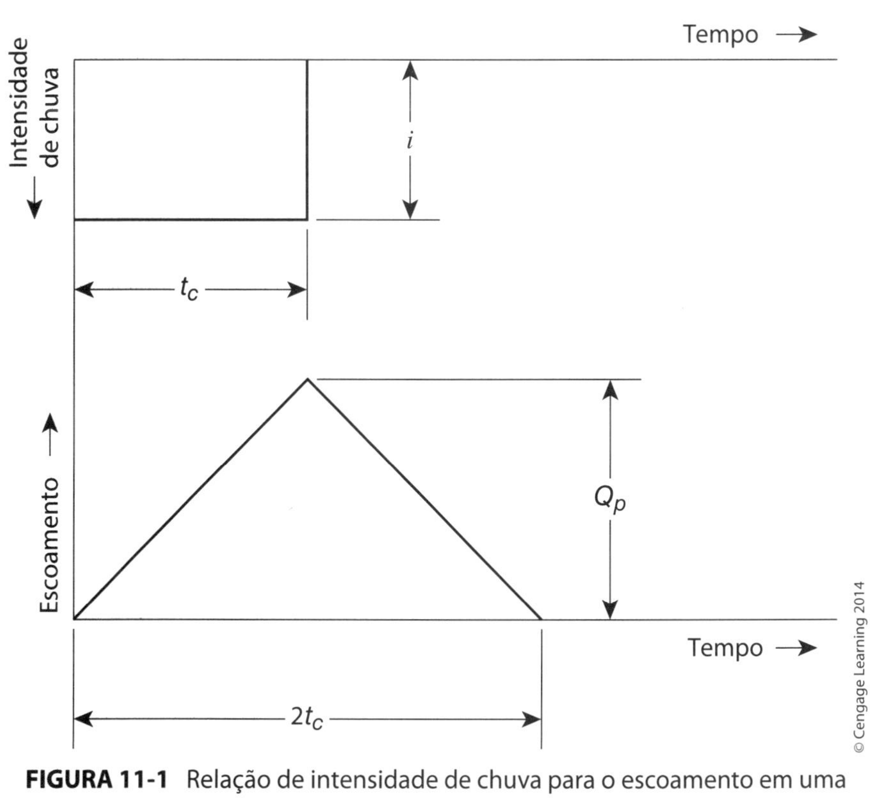

FIGURA 11-1 Relação de intensidade de chuva para o escoamento em uma bacia de drenagem impermeável, de acordo com o Método Racional.

5. Para considerar a infiltração e a evapotranspiração do escoamento, uma constante de proporcionalidade c foi adicionada à equação. Valores de c são empiricamente determinados e correspondem a várias condições de superfície na bacia de drenagem. A Tabela 11-1 lista alguns valores comuns de c em uso atualmente.
6. O fato de a precipitação cair na bacia de drenagem antes e depois da duração t_c não altera o valor derivado de Q_p. O único efeito é a alteração da forma do gráfico de escoamento *versus* tempo.
7. Tenha em mente que a precipitação real cobre um período de várias horas. Escolhemos nos concentrar na parte mais intensa da chuva com uma duração de t_c. Qualquer outra duração resultaria em um valor menor de Q_p. Se escolhêssemos uma duração menor que t_c, a intensidade seria maior, mas não incluiríamos a contribuição de toda a bacia de drenagem. Se escolhêssemos uma duração maior que t_c, a intensidade seria menor, reduzindo matematicamente o volume precipitado (veja "Foco adicional" na p. 208-210).

TABELA 11-1 Valores típicos do coeficiente de deflúvio para uso com o Método Racional

	Coeficiente de Deflúvio	
Tipo de Superfície	**Intervalo de Valores**	**Valor Usual de Projeto**
Impermeável (pavimento, telhados)	0,75 – 0,95	0,95
Gramados	0,05 – 0,35	0,30
Cobertura natural (florestas, arbustos)	0,10 – 0,30	0,20

Observação: *esses valores de c são típicos para precipitações de pequena intensidade (períodos de retorno de até 25 anos). Valores maiores são apropriados para precipitações de maior proporção. Uma lista mais extensa de valores de c é apresentada no Apêndice C-1.*

Exemplo 11-1

Problema

Calcule a vazão máxima, Q_p, para uma precipitação de 25 anos, usando o Método Racional para uma bacia de drenagem localizada na Pensilvânia (região 1) e com os seguintes parâmetros:

1. Área: A = 24 acres
2. Tempo de concentração:

Tipo de solo: superfície gramada média
Extensão = 100 pés
Declividade = 2,0%

Escoamento sobre o solo:
Extensão = 750 pés
Declividade = 4,0%

Curso d'água:
Extensão = 100 pés
Declividade = 0,4%

Seção transversal média:

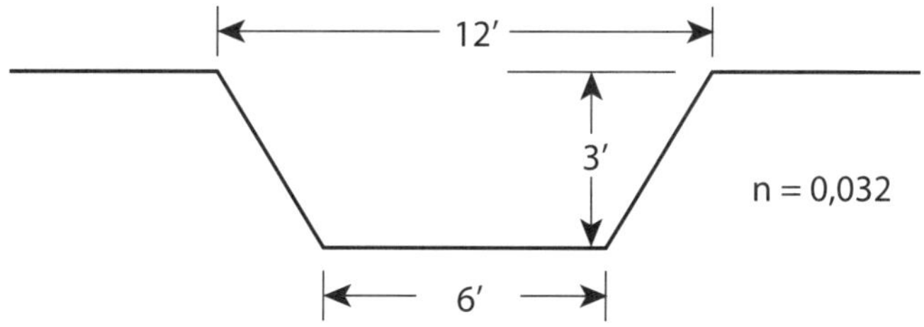

3. Coeficiente de deflúvio:
   Impermeável, 0,5 acre @ $c = 0,90$
   Grama, 11,5 acres @ $c = 0,35$
   Arborizado, 12 acres @ $c = 0,25$

Solução

Para calcular Q_p, devemos determinar os valores de A, de i e de c. Neste caso, A é de 24 acres. Para calcular a intensidade de precipitação, i, calculamos primeiro o tempo de concentração, t_c.

O tempo para o escoamento sobre o solo, t_1, é calculado a partir do nomógrafo no Apêndice C-2:

$$t_1 = 12{,}5 \text{ min}$$

O tempo para o escoamento concentrado raso, t_2, é encontrado na Figura 10-9, usando-se a linha marcada "não pavimentado":

$$v = 3{,}2 \text{ pés/s}$$

$$t_2 = \frac{d}{v} = \frac{750}{3{,}2} = 234 \text{ s}$$

$$= 3{,}9 \text{ min}$$

O tempo para o escoamento no curso d'água, t_3, é calculado pela equação de Manning. Suponha o escoamento ocorrendo com lâmina d'água na altura da margem do curso d'água. Primeiro, calcule a área de seção transversal, a, e o perímetro molhado, p, usando a seção transversal média fornecida:

$a = 27$ pés²
$p = 14{,}5$ pés

Em seguida, calcule o raio hidráulico, R:

$$R = \frac{a}{p}$$

$$= \frac{12}{14{,}5} = 18{,}6 \text{ pés}$$

Depois, encontre v a partir da equação de Manning:

$$v = \frac{1,49}{n} R^{2/3} s_o^{1/2}$$

$$= \frac{1,49}{0,032}(1,86)^{2/3}(0,004)^{1/2}$$

$$= 4,45 \text{ pés/s}$$

Finalmente, calcule t_3:

$$t_3 = \frac{d}{v} = \frac{1.000}{4,45} = 225 \text{ s}$$

$$= 3,7 \text{ min}$$

Portanto, o tempo de concentração é

$$t_c = t_1 + t_2 + t_3$$
$$= 12,5 + 3,9 + 3,7$$
$$= 20,1 \text{ min}$$

O tempo de concentração, 20,1 min, é considerado a duração da precipitação ao determinarmos a sua intensidade, i:

Duração = 20,1 min

A intensidade da precipitação é calculada por meio das curvas I-D-F para a Pensilvânia (região 1), mostradas no Apêndice C-3. Use a curva de 25 anos.

$i = 3,4$ pol/h

Agora, calcule o coeficiente de escoamento composto, usando os valores de c fornecidos:

$$c = \frac{(0,5)(0,9) + (11,5)(0,35) + (12)(0,25)}{24}$$

$$= 0,31$$

Finalmente, calcule o escoamento máximo, Q_p, usando a Equação 11-2:

$$Q_p = Aci$$
$$= (24)\,(0,31)\,(3,4)$$
$$= 25 \text{ cfs (Resposta)}$$

Foco adicional

É curioso o fato de a duração da precipitação exatamente igual ao tempo de concentração resultar na máxima vazão pelo Método Racional. Para entender por que isso é verdadeiro, observe o seguinte exemplo:

Uma bacia de drenagem de 10 acres localizada em Nova Jersey apresenta tempo de concentração de 30 minutos. Para uma precipitação de 10 anos de tempo de retorno, qual duração de precipitação produz a maior vazão máxima, Q_p?

Considere três possibilidades ou casos:

Caso 1 – A duração da precipitação é de 20 minutos.

Caso 2 – A duração da precipitação é de 40 minutos.

Caso 3 – A duração da precipitação é de 30 minutos.

Tenha em mente que o evento de precipitação pode se estender por muitas horas e que podemos escolher qualquer duração que desejarmos.

Os três gráficos a seguir mostram a relação entre intensidade da precipitação e vazão para cada um dos três casos. Para o Caso 1, a intensidade da precipitação, *i*, é 4,0 pol/h, como mostrado na curva I-D-F para Nova Jersey no Apêndice C. Contudo, uma vez que a precipitação dura 20 minutos, quando ela cessa, a vazão da porção superior da bacia ainda não atingiu o exutório. No momento que a vazão atinge o exutório, a precipitação cessou e não há mais escoamento na porção mais baixa da bacia para ser adicionado à vazão da parcela superior. Consequentemente a vazão total é menor do que se a chuva continuasse pelo tempo que o escoamento do ponto mais retomo atingisse o exutório. Assim, $Q_p = 32$ cfs.

Para o Caso 2, $i = 2{,}75$ pol/h. A precipitação dura 40 minutos, maior tempo do que o exigido para o escoamento mais distante alcançar o exutório. Mas em razão do baixo valor de *i*, não há precipitação suficiente para gerar uma vazão máxima, consequentemente, $Q_p = 28$ cfs.

Para o Caso 3, $i = 3{,}3$ pol/h. A precipitação dura 30 minutos, tempo suficiente para o escoamento do ponto mais distante alcançar o exutório. O valor de *i* é alto o bastante para gerar uma maior vazão máxima. Assim, $Q_p = 33$ cfs.

Dos três casos, o Caso 3 apresenta a maior vazão máxima porque tem a combinação adequada de duração e intensidade da precipitação. Dessa forma, no Método Racional, a maior vazão de pico ocorre quando a duração da precipitação iguala-se ao tempo de concentração.

Os cálculos que fundamentam esses resultados baseiam-se em equiparar o volume do escoamento com a área sob a curva do hidrograma.

Caso 1

$$\text{Volume} = 4{,}0\,\frac{\text{pol}}{\text{h}} \times \frac{1\text{ hora}}{60\text{ min}} \times 20\text{ min} \times \frac{1\text{ pé}}{12\text{ pol}} \times \frac{43.560\text{ pés}^2}{1\text{ acre}} \times 10\text{ acres} = 48.400\text{ pés}^3$$

$$\text{Volume} = \tfrac{1}{2} \times 50\text{ min} \times \frac{60\text{ s}}{1\text{ min}} \times Q_p$$

$$48.400 = \tfrac{1}{2}(3.000)Q_p$$

$$Q_p = 32{,}3\text{ cfs}$$

Caso 1

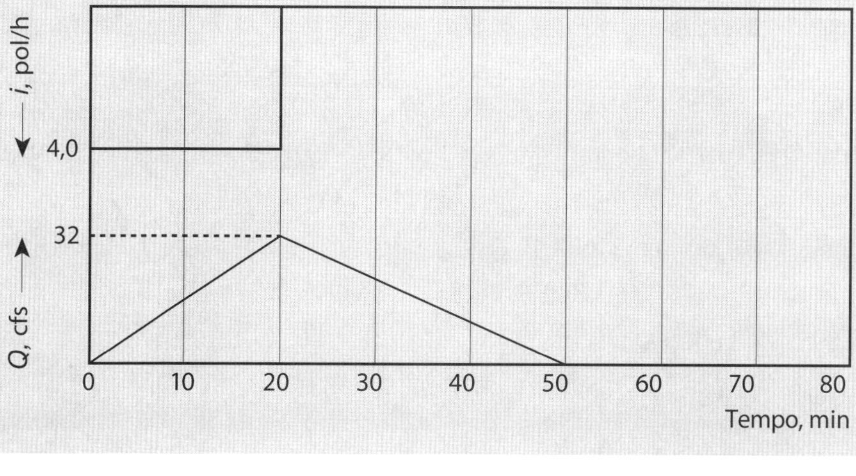

(continua)

Caso 2

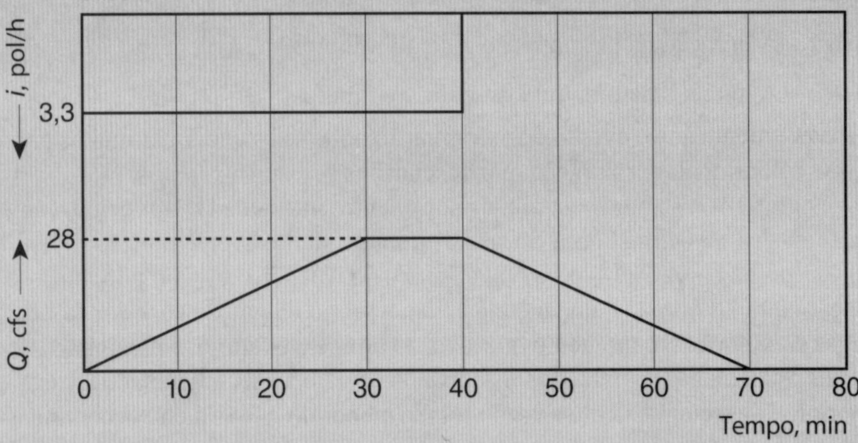

Caso 3

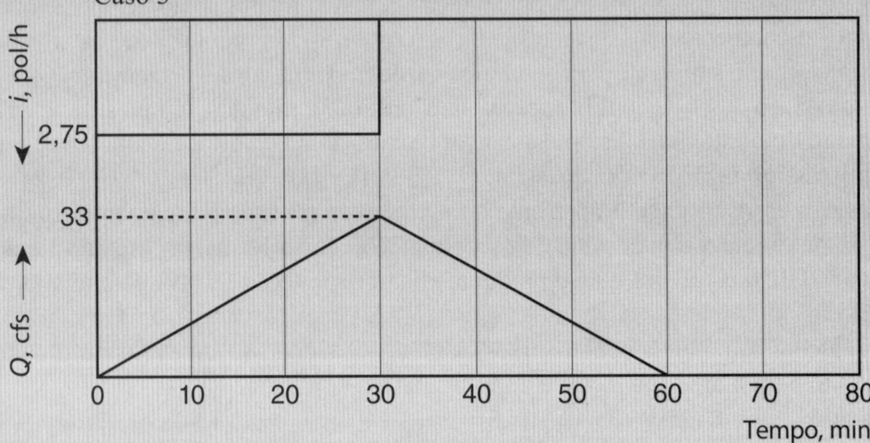

Caso 2

$$\text{Volume} = 2{,}75\,\frac{\text{pol}}{\text{h}} \times \frac{1\text{ hora}}{60\text{ min}} \times 40\text{ min} \times \frac{1\text{ pé}}{12\text{ pol}} \times \frac{43.560\text{ pés}^2}{1\text{ acre}} \times 10\text{ acres} = 66.550\text{ pés}^3$$

$$\text{Volume} = \tfrac{1}{2} \times \frac{10\text{min} + 70\text{min}}{2} \times \frac{60\text{s}}{1\text{ min}} \times Q_p$$

$$66.550 = \tfrac{1}{2}(4.800)Q_p$$

$$Q_p = 27{,}7\text{ cfs}$$

Caso 3

$$\text{Volume} = 3.3\,\frac{\text{pol}}{\text{h}} \times \frac{1\text{ hora}}{60\text{ min}} \times 30\text{ min} \times \frac{1\text{ pé}}{12\text{ pol}} \times \frac{43.560\text{ pés}^2}{1\text{ acre}} \times 10\text{ acres} = 59.895\text{ pés}^3$$

$$\text{Volume} = \tfrac{1}{2} \times 60\text{min} \times \frac{60\text{s}}{1\text{ min}} \times Q_p$$

$$59{,}895 = \tfrac{1}{2}(3.600)Q_p$$

$$Q_p = 33{,}3\text{ cfs}$$

Exemplo 11-2

Problema

Suponha que um dreno de gramado seja projetado para um local, como mostrado na Figura 11-2. Calcule a vazão máxima, Q_p, usando o Método Racional para uma precipitação de 15 anos, empregando como exutório o dreno de gramado proposto. A altura da grelha é de 377,0.

Solução

Para um projeto em escala real, uma visita ao local é indispensável. No entanto, neste caso, faremos o melhor possível usando a topografia aérea mostrada na Figura 11-2.

Comece delineando a bacia de drenagem como descrito na Figura 11-3. Observe que o divisor da bacia atravessa a residência na extremidade meridional da bacia. O divisor foi desenhado acompanhando as linhas de contorno e ignorando a residência. Se uma visita ao local revelasse um diferente padrão de drenagem na casa, o delineamento deveria ser alterado.

Em seguida, a área da bacia de drenagem é medida por CAD ou planímetro: 2,10 acres. Ao mesmo tempo, medem-se áreas de vários tipos de superfície. A área de mata é de 1,22 acre, e a área impermeável, 0,14 acre. A área remanescente, de 0,74 acre, é considerada um gramado.

Os coeficientes de deflúvio para os três tipos de superfície são obtidos na Tabela 11-1. Portanto, o valor composto de c é calculado por meio da média ponderada dos coeficientes:

Impermeável, 0,14 acre @ $c = 0{,}90$
Grama, 0,74 acre @ $c = 0{,}30$
Mata, 1,22 acre @ $c = 0{,}20$

$$c = \frac{(0{,}14)(0{,}90) + (0{,}74)(0{,}30) + (1{,}22)(0{,}20)}{2{,}10} = 0{,}28$$

Em seguida, delineie a vertente, como exibido na Figura 11-3. Começando no ponto mais distante, o escoamento ocorre sobre o solo por 100 pés. O escoamento concentrado raso então continua por toda vertente até o exutório, uma distância medida de 410 pés.

Para calcular o tempo para o escoamento sobre o solo, t_1, primeiro calcule a declividade:

$$\text{declividade} = \frac{392{,}5 - 390{,}4}{100} \times 100\% = 2{,}1\%$$

O tempo é calculado pelo nomógrafo no Apêndice C-2 usando-se a superfície média de gramado:

$$t_1 = 12{,}5 \text{ min}$$

Para calcular o tempo do escoamento concentrado raso, t_2, primeiro encontre a declividade:

$$\text{declividade} = \frac{390{,}4 - 377{,}0}{410} \times 100\% = 3{,}3\%$$

A velocidade é calculada a partir da Figura 10-9, com a linha marcada "não pavimentado":

$$v = 2{,}9 \text{ pés/s}$$

O tempo é então calculado como

$$t_2 = \frac{d}{v} = \frac{410}{2{,}9} = 141 \text{ s}$$

$$= 2{,}4 \text{ min}$$

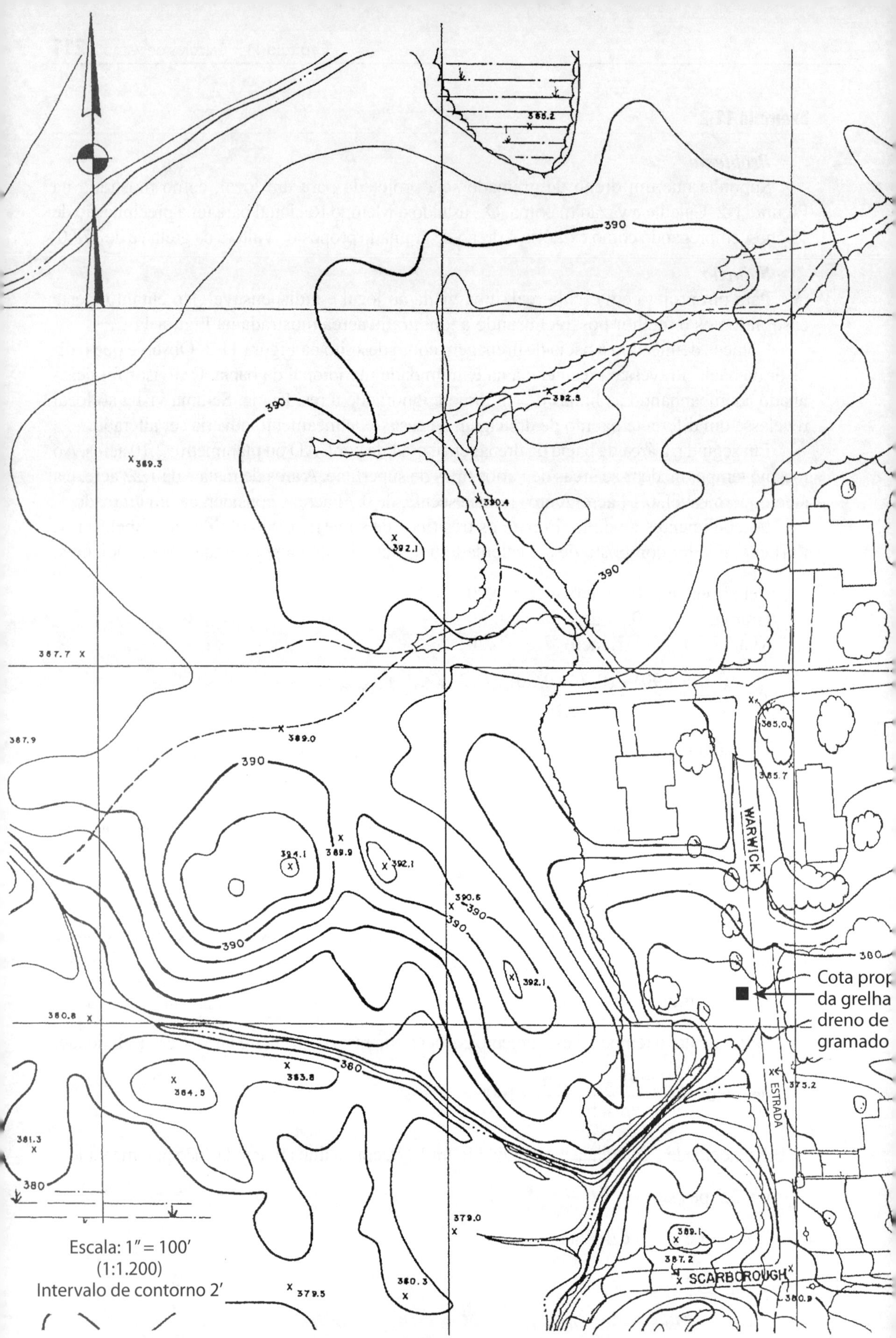

FIGURA 11-2 Mapa topográfico de uma área residencial em Orange County Califórnia. (*Mapa adaptado de Robinson Aerial*)

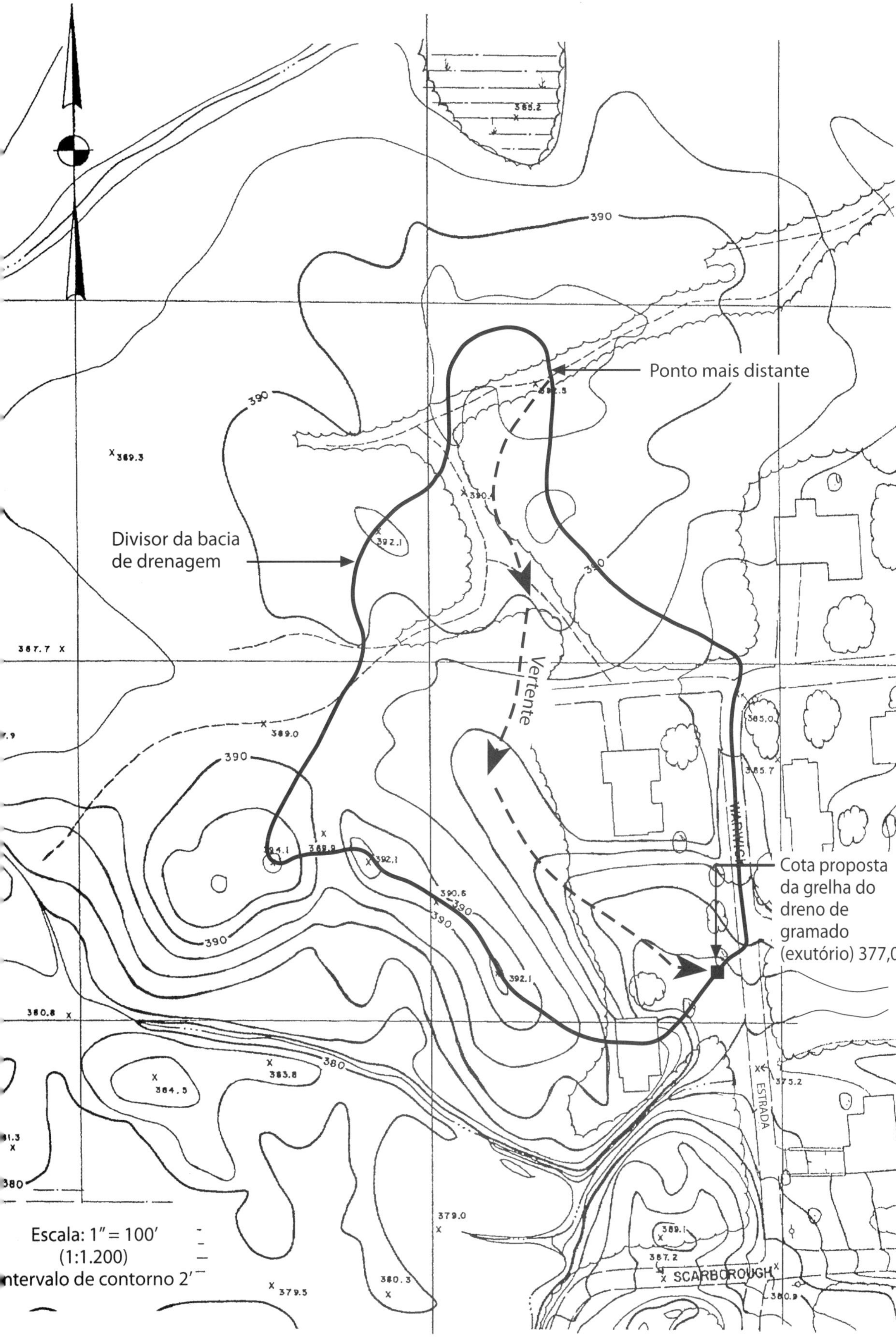

FIGURA 11-3 Área de drenagem afluente a um dreno de gramado na Figura 11-2. Vê-se também a vertente da área. (*Mapa adaptado de Robinson Aerial*)

Portanto, o tempo de concentração é

$$\begin{aligned} t_c &= t_1 + t_2 \\ &= 12{,}5 + 2{,}4 \\ &= 14{,}9 \text{ min} \end{aligned}$$

O tempo de concentração, 14,9 min, é considerado a duração da chuva quando se determina sua intensidade, i:

Duração = 14,9 min

A intensidade da precipitação é calculada por meio das curvas I-D-F para Orange County, Califórnia, no Apêndice C-3. Para uma precipitação de 15 anos, faça uma interpolação entre as curvas de 10 anos e 25 anos:

$i = 2{,}0$ pol/h

Finalmente, calcule a vazão máxima, Q_p, usando a Equação 11-2:

$$\begin{aligned} Q_p &= Aci \\ &= (2{,}10)\,(0{,}28)\,(2{,}0) \\ &= 1{,}2 \text{ cfs (Resposta)} \end{aligned}$$

A principal aplicação do Método Racional é calcular a vazão máxima para pequenas bacias de drenagem – afluentes a menores estruturas de drenagem, como coletores de águas pluviais e pequenos fundos de vale. A dimensão comum das bacias é menor que 15 acres, e o Método Racional não deve ser usado para áreas de drenagem maiores que 100-200 acres.

Além da área da bacia de drenagem, algumas outras importantes limitações à aplicação do Método Racional devem ser compreendidas. Primeiro, as características da superfície da bacia de drenagem devem ser homogêneas. Embora o ideal seja um valor de c prevalecer na bacia, na prática isso não é possível. Esse é o motivo por que o valor de c composto é calculado. No entanto, tipos de superfície excessivamente desproporcionais devem ser evitados, se possível. Por exemplo, se uma bacia de drenagem de 2,0 acres consiste em 1,9 acre de estacionamento pavimentado e 0,1 acre de mata em uma borda, a vertente sem dúvida passará pela área de mata, produzindo um tempo de concentração grande demais para ser representativo do restante da bacia.

Outra característica das bacias de drenagem a ser evitada é qualquer alagamento significativo dentro da bacia, o que pode afetar a vazão máxima. Embora essa condição geralmente não ocorra, um outro método para calcular a vazão máxima deve ser considerado quando ela acontece.

Finalmente, lembre-se de que o Método Racional objetiva o cálculo da vazão máxima, não de todo o hidrograma de um evento de precipitação. Muitos métodos foram desenvolvidos para estender o cálculo a um hidrograma, fornecendo a completa relação do escoamento com o tempo após a chuva. Esses procedimentos computacionais são comumente denominados de Método Racional Modificado. Embora resultados válidos possam ser obtidos para pequenas aplicações, como menores bacias de drenagem, é preciso ter cuidado com o uso desse método. Sempre esteja atento à base do Método Racional Modificado que você pode usar, e tenha em mente que tais procedimentos tendem a estender o Método Racional para além de seu objetivo inicial.

11.2 MÉTODO RACIONAL MODIFICADO

Como descrevemos na seção 11.1, o Método Racional é um procedimento para calcular a vazão máxima para uma pequena bacia de drenagem. Para o projeto de coletores de águas pluviais, a vazão máxima é suficiente, mas, para o projeto de uma bacia de detenção, um hidrograma de escoamento é necessário para uso nos procedimentos de propagação. Portanto, foi desenvolvido o Método Racional Modificado.

O **Método Racional Modificado** expande o Método Racional original para permitir o uso de um hidrograma no desenho de uma bacia de detenção. Adotado pela primeira vez nos anos 1970, o método ainda hoje é usado, embora muitas variações tenham sido criadas. Algumas delas são descritas a seguir.

Em sua forma mais básica, o Método Racional Modificado consiste em um hidrograma triangular simples, como exibido na Figura 11-4. A vazão de pico, Q_p, é calculada pelo Método Racional básico, $Q_p = ciA$. O tempo do escoamento de base para o hidrograma é $2t_c$, consistente com a teoria que fundamenta o Método Racional básico (veja a Figura 11-1).

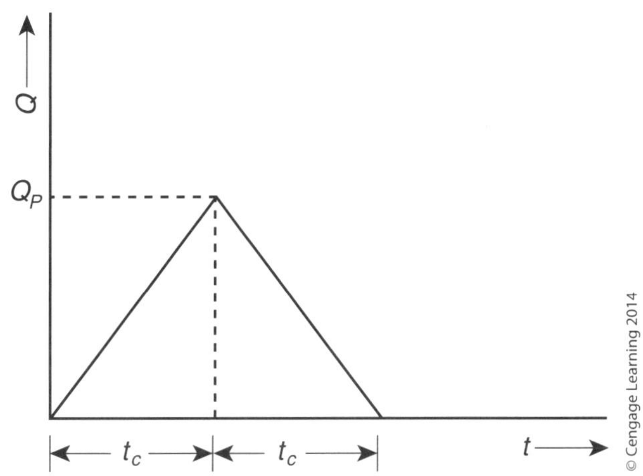

FIGURA 11-4 Hidrograma triangular simples.

O hidrograma mostrado na Figura 11-4 não permite armazenamento nas reentrâncias do solo durante o processo de escoamento, que, em condições reais, resulta em uma base de tempo maior. Portanto, a forma geral do hidrograma é uma simples aproximação da forma exibida na Figura 10-12, que é muito mais consistente com a forma encontrada na prática real com o escoamento.

Levando o hidrograma triangular simples a um passo além, um método foi desenvolvido para calcular o volume de armazenamento necessário de pequenas bacias de detenção com uma única saída. O projeto de bacias de detenção é discutido nos Capítulos 14 e 15, mas daremos a seguir uma breve explicação.

O procedimento começa com um hidrograma triangular de escoamento similar ao mostrado na Figura 11-4 para uma área de drenagem, um tempo de concentração e um coeficiente de deflúvio determinados, e então se considera uma série de hidrogramas adicionais que resultariam de durações de precipitação maiores que t_c. De acordo com o Método Racional, a maior vazão ocorre quando a duração da chuva é igual a t_c. Quando a duração da precipitação é maior que t_c, a vazão máxima é reduzida, mas o volume total escoado aumenta, e um volume maior pode aumentar o tamanho necessário de uma bacia de detenção.

A curva 1, exibida na Figura 11-5, descreve o hidrograma triangular, enquanto a curva 2 mostra um hidrograma trapezoidal resultante de uma precipitação cuja duração é igual a $2t_c$.

Esse hidrograma possui um pico menor, Q_{p2}, porque, na curva I-D-F apropriada, uma duração mais longa corresponde a uma intensidade menor de precipitação. Ele tem uma forma trapezoidal porque, de acordo com o Método Racional, se a chuva continua além do tempo de concentração, o escoamento permanece constante, pois não há volume adicional chegando ao exutório da bacia. O hidrograma possui um trecho descendente que cobre um tempo igual a t_c, como na curva 1. As curvas 3 e 4 são descritas de maneira similar.

A série de curvas mostradas na Figura 11-5 representa várias possibilidades de hidrograma de escoamento resultante de uma precipitação de uma determinada frequência, dependendo da duração. De acordo com o método, cada hidrograma teria seu curso através de uma bacia de detenção com uma saída predefinida, e o que resultasse no maior volume de armazenamento determinaria o tamanho necessário para a bacia de detenção. Provavelmente esse método é mais do que qualquer outro, conhecido por muitos engenheiros como o Método Racional Modificado.

Esse método visa uma simples estimativa de pequenas bacias de detenção com estruturas simples de saída. Possui todas as limitações do Método Racional, como a suposição de que a precipitação é constante em toda a sua duração e que não há armazenamento na superfície do solo durante o escoamento. Estimou-se que o método é adequado para áreas de captação menores que 20 acres.

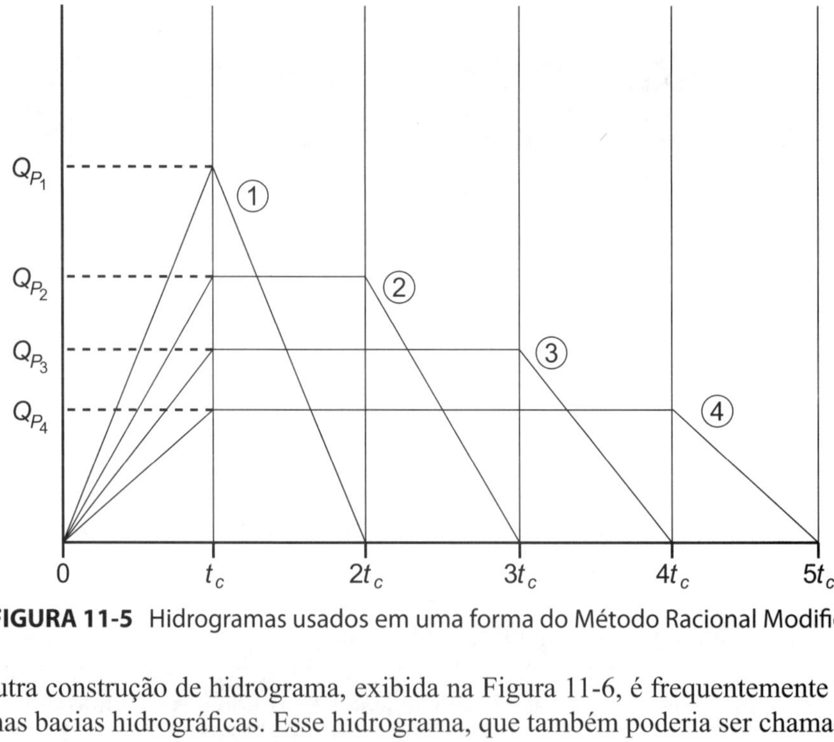

FIGURA 11-5 Hidrogramas usados em uma forma do Método Racional Modificado.

Outra construção de hidrograma, exibida na Figura 11-6, é frequentemente usada para pequenas bacias hidrográficas. Esse hidrograma, que também poderia ser chamado Método Racional Modificado, começa com o triângulo simples da Figura 11-4 e expande a base de tempo para $2{,}67t_c$. A vazão máxima permanece Q_p, como foi calculada pelo Método Racional. Ao estender a curva descendente do hidrograma triangular, a forma assemelha-se mais à de um verdadeiro hidrograma de escoamento. No entanto, o volume de escoamento resultante torna-se 33% maior que o excesso de precipitação que contribui para o hidrograma. Essa discrepância adiciona um cauteloso fator de segurança ao método.

Apenas o hidrograma seria usado como norteador no projeto da bacia de detenção proposta. Hidrogramas alternativos baseados em diferentes durações de chuva não seriam utilizados como no método anteriormente descrito.

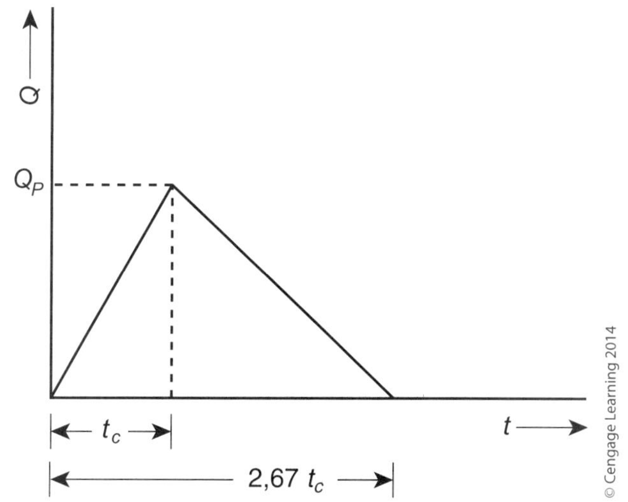

FIGURA 11-6 Hidrograma triangular de escoamento com uma base de tempo de $2{,}67t_c$.

Todas as variações do Método Racional Modificado se destinam a pequenas bacias hidrográficas e são limitadas pelas premissas do Método Racional original.

11.3 MÉTODO NRCS

O Método NRCS é um procedimento para calcular um hidrograma sintético de vazão baseado em fatores empiricamente determinados desenvolvidos pelo Serviço de Conservação do Solo (SCS – Soil Conservation Service). Originalmente denominado Método SCS, ele agora é o Serviço de Conservação dos Recursos Naturais (NRCS – Natural Resources Conservation Service).

O método foi inicialmente desenvolvido pelo SCS nos anos de 1950 e publicado no *National Engineering Handbook* do SGS. Após várias revisões, o método foi reformulado como um manual de projeto intitulado *Urban hydrology for small watersheds*, Technical Release 55, também conhecido como TR-55. Ele passou por grandes revisões em 1986. Como um manual de projeto, o TR-55 contém tabelas e gráficos que permitem ao usuário calcular o escoamento máximo e os hidrogramas de escoamento para bacias hidrográficas localizadas nos Estados Unidos.

Em 2002, o TR-55 foi substituído pelo WinTR-55, uma versão em software do manual impresso. O WinTR-55 foi elaborado para ser usado interativamente em computador e eliminou as tabelas e os gráficos da versão impressa.

A apresentação do Método NRCS neste livro utiliza boa parte dos gráficos e das tabelas do TR-55 (1986), para fins de ilustração. No uso real, os projetistas devem utilizar o WinTR-55 ou um dos pacotes comerciais de software que contenham o Método NRCS. As informações usadas pelo NRCS no software WinTR-55 superam, em muitos casos, as informações encontradas no TR-55 (1986).

O WinTR-55 está disponível na internet, pelo endereço http://www.go.usa.gov/KoD.

O Método NRCS é amplamente usado no projeto de estruturas hidráulicas, como galerias de escoamento, bacias de contenção, relocação de correntezas e grandes fossos de drenagem. Essas estruturas geralmente possuem áreas de drenagem afluentes que vão de alguns poucos acres até 25 milhas quadradas. Para áreas de drenagem maiores que algumas milhas quadradas, a validade do Método NRCS ou de qualquer método de hidrograma sintético diminui, porque a variedade de características da bacia se torna diversa demais, e também porque o padrão da chuva pode não cobrir toda a área de drenagem.

Como o WinTR-55 ainda não foi convertido para unidades SI, nossa discussão sobre o Método NRCS será apresentada totalmente em unidades inglesas.

Diagrama Unitário Adimensional

No núcleo do Método NRCS está o hidrograma unitário adimensional descrito em *National Engineering Handbook, Part 630, Hydrology*, que é uma versão revisada do original *National Engineering Handbook* do SCS. O hidrograma unitário adimensional NRCS, apresentado na Figura 11-7, tem a mesma função de qualquer hidrograma unitário descrito no Capítulo 10, mas o eixo do tempo e o eixo de escoamento são calibrados de forma diferente. Observe que o eixo do tempo é calibrado não em unidades de tempo, mas como t/T_p, onde T_p é o tempo para o pico do hidrograma. Portanto, as unidades do eixo do tempo são adimensionais. Assim, cada ponto no eixo do tempo representa uma porcentagem, ou fração, do tempo para atingir o pico. Similarmente, observe que o eixo de vazão é calibrado não em cfs, mas como q/q_p, onde q_p é a vazão máxima. Portanto, cada ponto no eixo de vazão representa uma porcentagem da vazão máxima. O hidrograma unitário adimensional é muito versátil como ferramenta para desenvolver hidrogramas sintéticos a serem utilizados por engenheiros projetistas.

O diagrama unitário adimensional NRCS foi desenvolvido para reunir um grande número de hidrogramas unitários naturais de uma grande variedade de bacias hidrográficas nos Estados Unidos. Como resultado, chegou-se a uma configuração generalizada que pode ser aplicada a quase todas as situações relacionadas ao escoamento com as quais o projetista se defronta. O hidrograma unitário apresentado na Figura 11-7 tem 37,5% do volume total no lado ascendente da curva e 62,5% do lado descendente.

Esse hidrograma unitário adimensional também pode ser representado por um hidrograma triangular equivalente com a mesma porcentagem de volume no lado ascendente, como mostrado na Figura 11-8. A base do triângulo pode ser obtida utilizando-se o volume de 37,5% do lado ascendente. A área do triângulo é

$$\text{Área} = \frac{1}{2} T_b q_p$$

onde T_b é a base do triângulo em horas e q_p é o escoamento máximo (vazão de pico) em polegadas/hora. A área do triângulo representa o volume de escoamento expresso como Q em polegadas de precipitação efetiva. Assim, $Q = \frac{1}{2} T_b q_p$

ou

$$q_p = \frac{2Q}{\mathrm{T_b}} \tag{11-3}$$

Desde que $T_b = T_p + T_r$, podemos reescrever a Equação 11-3 como

$$q_p = \frac{2Q}{T_p + T_r}. \tag{11-4}$$

Se lembrarmos que $T_p = 0{,}375\ T_b$ e $T_r = 0{,}625 T_b$, podemos escrever a Equação 11-4 como

$$q_p = \frac{2Q}{2{,}67T_p}$$

ou

$$q_p = \frac{0{,}75Q}{T_p}. \tag{11-5}$$

Em seguida, convertemos as unidades de q_p de polegadas/hora para pés/segundo (m^3/s), que é mais útil no cálculo do escoamento. As polegadas da precipitação efetiva cobrem a bacia hidrográfica por completo de área A em quilômetros quadrados. Então,

$$q_p = \frac{484AQ}{T_p} \tag{11-6}$$

onde q_p = escoamento máximo, m^3/s
A = área da bacia hidrográfica, acres
Q = precipitação efetiva, polegadas
T_p = tempo para atingir o pico, horas

A constante 484 é denominada fator de pico e é um indicativo das proporções do hidrograma adimensional. Se as proporções alteradas resultarem em diferentes porcentagens nos lados ascendente e descendente do hidrograma, o fator de pico deve mudar. Extremos na topografia da bacia podem resultar em variações no fator de pico de 600 em terreno íngreme a 300 em terrenos planos alagados.

A Equação 11-6 sofreu modificação para que fosse possível chegar a uma equação de escoamento máximo mais comumente usada no Método NRCS. A forma modificada da equação é apresentada mais adiante neste capítulo como Equação 11-10.

Usando o hidrograma unitário exibido na Figura 11-7, um hidrograma resultante pode ser construído para qualquer distribuição de chuva, dividindo-se a distribuição em um nú-

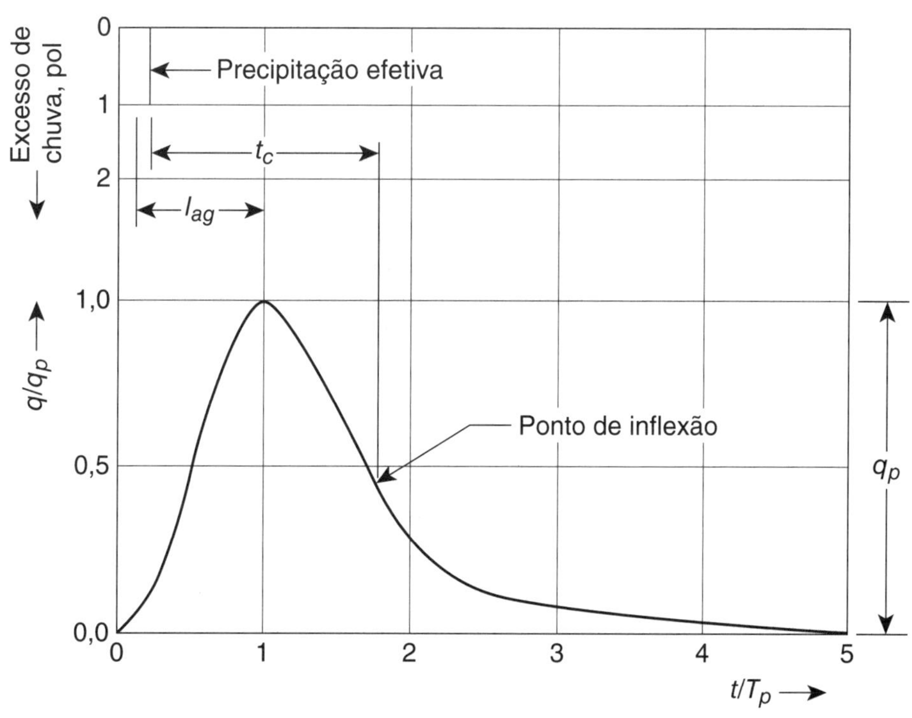

FIGURA 11-7 Diagrama unitário adimensional.

mero de elementos da precipitação efetiva unitária e desenhando o hidrograma unitário para cada um. O hidrograma resultante seria então a soma de todos os hidrogramas unitários. O NRCS desenvolveu uma base de dados de hidrogramas unitários a partir de parâmetros que descrevem as características das bacias hidrográficas, bem como os padrões de precipitação para locais geográficos específicos. Assim, para uma bacia hidrográfica localizada nos Estados Unidos, os parâmetros a seguir devem ser especificados para definir um hidrograma:

1. Local
2. Características da cobertura do solo
3. Tempo de concentração

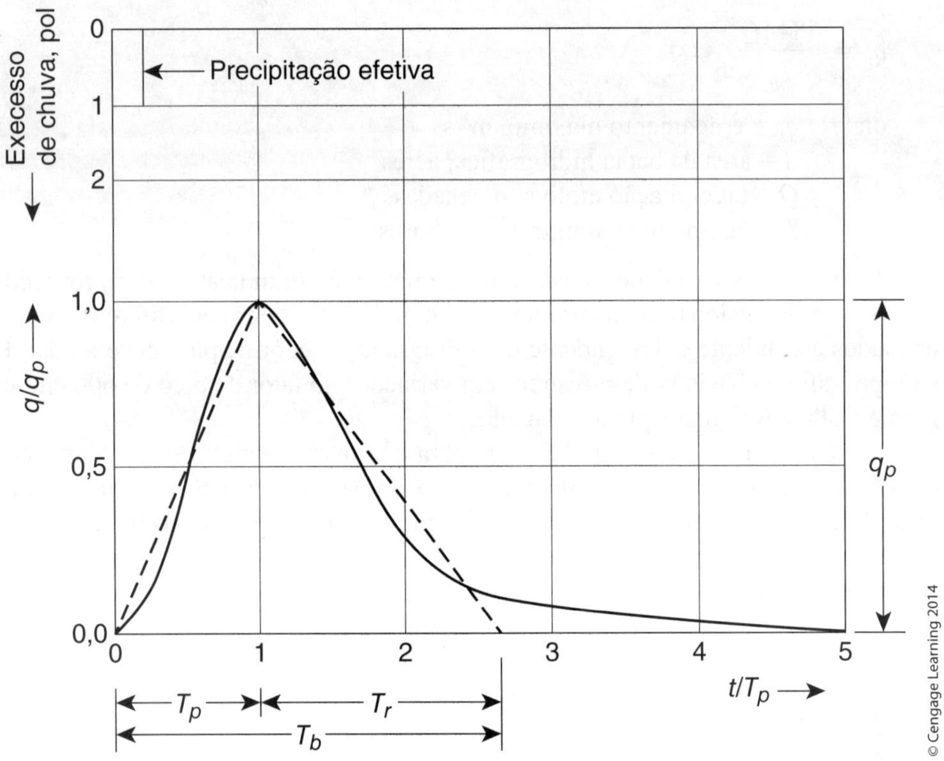

FIGURA 11-8 Hidrograma unitário adimensional com hidrograma triangular equivalente.

Especificar esses parâmetros define um hidrograma unitário com as unidades ordenadas cfs/s.m./pol. Assim, se as ordenadas forem multiplicadas pela área da bacia hidrográfica em milhas quadradas e pela precipitação efetiva em polegadas, haverá um hidrograma resultante, ou derivado. Portanto, além desses três parâmetros, o tamanho da bacia hidrográfica e a precipitação devem ser especificados. Veja a seguir uma discussão sobre os parâmetros aqui resumidos:

- **Local:** a localização geográfica da bacia hidrográfica é especificada pela indicação do município e do estado aos quais ela pertence. A importância disso é que o NRCS identificou quatro diferentes padrões gerais de precipitação no país, e diferentes padrões resultam em diferentes hidrogramas unitários. Um mapa que mostra os locais dos quatro padrões de chuva é reproduzido a partir do TR-55 no Apêndice D-4. Além disso, o local determina o volume precipitado em 24 horas. Mapas de precipitação baseados em TP40 e no *Atlas 2* são exibidos no Apêndice D-3. (Esses mapas são mostrados por fins de instrução. Cálculos reais de vazão devem se basear no *NOAA Atlas 14*, como discutido na seção 10.4.)

- **Características da cobertura do solo:** para determinar as perdas – perdas iniciais e por infiltração –, as características de cobertura do solo devem ser conhecidas. Isso é especificado por um número de escoamento (CN – *curve number*), que é uma função do tipo de solo e da cobertura da superfície, como uma cobertura impermeável ou uma cobertura por vegetação. Os valores CN são dependentes de outros fatores, como a umidade presente no solo quando começa uma precipitação. O NRCS determina os valores CN com base nas condições médias da umidade do solo. Uma tabela de valores CN correspondentes a várias condições de cobertura e tipos de solo é exibida no Apêndice D-1.
- **Tempo de concentração:** o tempo de concentração, t_c, calculado como a soma de todos os tempos de percurso ao longo da vertente, como no Método Racional. Contudo, o tempo de percurso para o escoamento sobre o solo é calculado por uma fórmula empírica especial desenvolvida pelo NRCS.
- **Área de drenagem:** a área de drenagem, A_m, é a área, em milhas quadradas, circundada pelo divisor da bacia hidrográfica, que é delineada como no Método Racional.
- **Precipitação:** a precipitação, *P*, é a altura total de chuva em polegadas, não a intensidade como no Método Racional. Assume-se que todos os eventos de precipitação têm duração de 24 horas.

O software WinTR-55 é capaz de calcular o hidrograma de escoamento para uma bacia hidrográfica, para um evento de precipitação de uma frequência específica. O WinTR-55 pode também traçar a rota do hidrograma a jusante ao longo de um curso d'água ou de um reservatório, e combinar hidrogramas.

11.4 CÁLCULOS PELO MÉTODO NRCS

Para calcular um hidrograma de escoamento (ou apenas o escoamento máximo) usando o Método NRCS, primeiro determine a frequência da precipitação de projeto. Isso geralmente depende do tamanho da estrutura a ser projetada. Depois, acompanhe as cinco etapas descritas a seguir. As etapas mostradas aqui se baseiam nas tabelas e nos gráficos de TR-55 (1986), mas o uso do WinTR-55 é similar.

Etapa 1: delineie e meça a área de drenagem afluente ao exutório. Isso é feito como no Método Racional.

Etapa 2: determine o número da cobertura do solo, CN, para a bacia hidrográfica. Caso a bacia hidrográfica consista em uma variedade de CNs, o que é quase sempre o caso, calcule um CN composto, que é uma média composta dos valores individuais de CN. Uma tabela de valores de CN é exibida no Apêndice D. Ao calcular CN, primeiro determine o "grupo de solo" que descreve os solos na bacia de drenagem. Geralmente, isso é feito por meio de uma Pesquisa de Solo do NRCS da região local, que costuma ser o município no qual está a área de drenagem. A cada tipo de solo é atribuído um grupo de solo A, B, C ou D, dependendo de suas características de infiltração e de sua condição precedente de umidade. O grupo de solo A representa a mais alta taxa de infiltração (solo arenoso), enquanto D representa a menor taxa (solo de argila ou de rochas). Uma lista de tipos selecionados de solo, com suas respectivas designações de grupo de solo, é apresentada no Apêndice D-2. Ela deve ser consultada para o cálculo de escoamento pelo Método NRCS.

Exemplo 11-3

Problema

Uma bacia de drenagem de 400 acres contém os seguintes solos:

Tipo de Solo	Grupo de Solo
Cascalhoso, marga – Booton	B
Cascalhoso, marga arenosa – Parker	B
Marga – Washington	B

As condições de cobertura do solo na bacia de drenagem são:

Cobertura	Área (acres)
Impermeável	5,0
Arborizada (boa cobertura)	225
Campo (boas condições)	55
Residencial (lotes de 1/4 acre)	115

Calcule o CN composto.

Solução

Use o grupo de solo B que predomina. A seguir, determine CN para cada condição de cobertura, com base no Apêndice D-1. Elabore uma tabela como a que segue:

Cobertura	Área (acres)	CN	Produto
Impermeável	5,0	98	490
Arborizada	225	55	12.375
Campo	55	58	3.190
Residencial	115	75	8.625
	400		24.680

$$\text{CN ponderado} = \frac{24.680}{400} = 61,7$$

Use CN = 62 (Resposta)

Exemplo 11-4

Problema

Uma bacia de drenagem de 250 acres contém os seguintes solos:

Tipo de Solo	Área (acres)	Grupo de Solo
Terra vegetal tipo I	100	C
Terra vegetal tipo II	150	B

As condições de cobertura do solo na bacia de drenagem são:

Cobertura	**Área (acres)**
Residencial (lotes de 0,5 acre)	190
Arborizada (condição adequada)	25
Espaço aberto (condição adequada)	35

Calcule o CN composto.

Solução

Como o grupo de solo é misto, calcule a porcentagem de cada tipo: B (60%) e C (40%).

Em seguida, calcule CN para cada condição de cobertura, fazendo uma interpolação entre os valores de B e de C, usando o Apêndice D-1:

	CN		**CN**
Cobertura	**B (60%)**	**C (40%)**	**Interpolado**
Residencial	70	80	74,0
Arborizada	65	76	69,4
Espaço aberto	69	79	73,0

Finalmente, crie uma tabela como esta:

Cobertura	**Área (acres)**	**CN**	**Resultado**
Residencial	190	74,0	14.060
Arborizada	25	69,4	1.735
Espaço aberto	35	73,0	2.555
	250		18.350

$$\text{CN ponderado} = \frac{18.350}{250} = 73,4$$

Use CN = 73 (Resposta)

Etapa 3: calcule a precipitação efetiva em polegadas. É a quantidade de chuva disponível para escoamento depois de subtraídas as perdas iniciais e a infiltração, e é calculada a partir da seguinte fórmula empírica:

$$Q = \frac{(P - I_a)^2}{(P - I_a) + S} \tag{11-7}$$

onde Q = escoamento, pol
P = precipitação, pol
S = reação máxima potencial depois que o escoamento começa, pol
I_a = perdas iniciais, pol

Observação: o símbolo Q é usado para profundidade de escoamento em polegadas, para ficar consistente com os símbolos usados no TR-55. Assegure-se de não confundir esse parâmetro com o Q usado para a vazão no Método Racional.

As perdas iniciais relacionam-se diretamente ao CN na Tabela 11-2. Além disso, S relaciona-se diretamente a CN pela relação

$$S = \frac{1.000}{\text{CN}} - 10 \tag{11-8}$$

No entanto, Q pode ser determinado sem o uso de fórmulas, usando-se como referência a Figura 11-9.

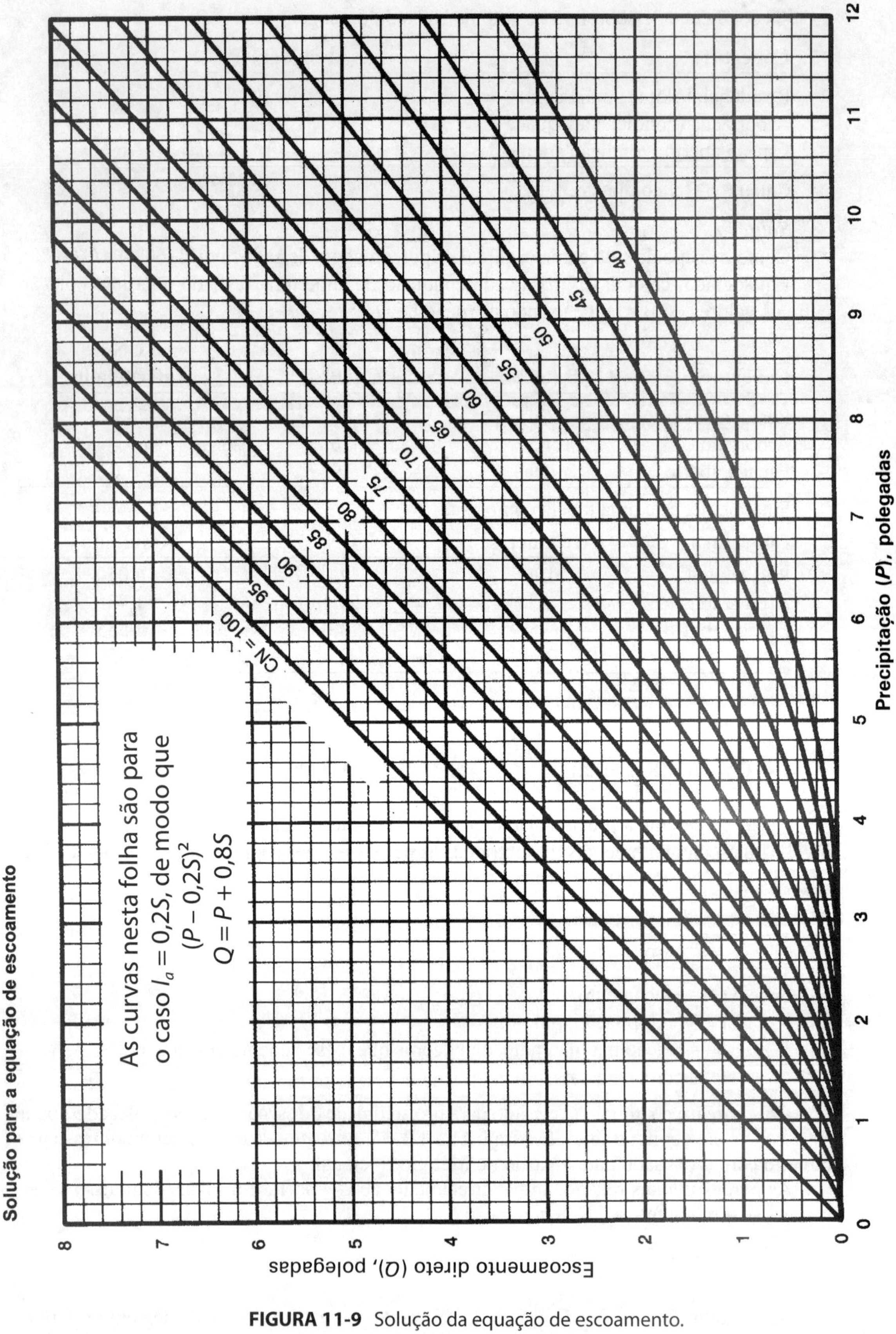

FIGURA 11-9 Solução da equação de escoamento.
(Cortesia de Soil Conservation Service, Technical Release 55)

TABELA 11-2 Valores de I_a para distintos valores de CN

CN	I_a (pol)	*CN*	I_a (pol)
40	3,000	70	0,857
41	2,878	71	0,817
42	2,762	72	0,778
43	2,651	73	0,740
44	2,545	74	0,703
45	2,444	75	0,667
46	2,348	76	0,632
47	2,255	77	0,597
48	2,167	78	0,564
49	2,082	79	0,532
50	2,000	80	0,500
51	1,922	81	0,469
52	1,846	82	0,439
53	1,774	83	0,410
54	1,704	84	0,381
55	1,636	85	0,353
56	1,571	86	0,326
57	1,509	87	0,299
58	1,448	88	0,273
59	1,390	89	0,247
60	1,333	90	0,222
61	1,279	91	0,198
62	1,226	92	0,174
63	1,175	93	0,151
64	1,125	94	0,128
65	1,077	95	0,105
66	1,030	96	0,083
67	0,985	97	0,062
68	0,941	98	0,041
69	0,899		

(Cortesia de Soil Conservation Service, Technical Release 55.)

Exemplo 11-5

Problema

Calcule a profundidade de escoamento, Q, para uma bacia de drenagem com CN de 78, usando o Método NRCS. A precipitação de projeto é de 6,5 polegadas.

Solução

Usando a Tabela 11-2, determinamos que I_a é de 0,564 pol. Em seguida, usando a Equação 11-8,

$$S = \frac{1.000}{\text{CN}} - 10$$
$$= \frac{1.000}{78} - 10$$
$$= 2,28 \text{ pol}$$

Finalmente, usando a Equação 11-7, obtemos

$$Q = \frac{(P - I_a)^2}{(P - I_a) + S} = \frac{(6,5 - 0,564)^2}{(6,5 - 0,564) + 2,82}$$
$$= 4,0 \text{ pol} \quad \text{(Resposta)}$$

Como alternativa, pode-se empregar a Figura 11-9. Para tal, cruze no gráfico, na abscissa 6,5, uma linha reta paralela ao eixo "escoamento direto" até esta atingir CN = 78, que é interpolado entre as curvas para 75 e 80, respectivamente. Então, projete em direção à esquerda e leia o valor de Q: 4,0 pol. (Resposta)

Etapa 4: calcule o tempo de concentração. Todos os tempos de percurso são determinados como explicamos na seção 10.3, exceto o escoamento sobre o solo calculado pela seguinte fórmula empírica:

$$T_t = \frac{0,007(nL)^{0,8}}{(P_2)^{0,5} s^{0,4}} \tag{11-9}$$

onde T_t = tempo de percurso no solo, h
n = coeficiente de rugosidade (ver a Tabela 11-3)
L = extensão do escoamento, pés
P_2 = precipitação de 2 anos, pol
s = gradiente, pés/pés

Observação: o termo s é usado para denotar a declividade do solo para cálculo do escoamento sobre o solo e do escoamento concentrado raso. Não deve ser confundido com o termo para a declividade no escoamento em canal aberto.

TABELA 11-3 Coeficientes de rugosidade, *n*, para cálculo do escoamento sobre o solo

Descrição da Superfície	***n*[1]**
Superfícies lisas (concreto, asfalto, cascalho ou solo descoberto)	0,011
Terra lavrada (sem resíduo)	0,05
Solos cultivados:	
Cobertura de resíduos ≤ 20%	0,06
Cobertura de resíduos > 20%	0,17
Gramado:	
Pradaria de grama baixa	0,15
Gramas densas[2]	0,24
Grama bermuda	0,41
Pastagem (natural)	0,13
Mata:[3]	
Vegetação rasteira esparsa	0,40
Vegetação rasteira densa	0,80

[1] Os valores de n *são um composto de informações compiladas por Engman (1986).*

[2] Inclui diferentes espécies de capim e mesclas de gramíneas nativas.

[3] Ao selecionar n*, considere a cobertura para uma altura de aproximadamente 0,1 pé. Essa é a única parte da cobertura da planta que obstruirá o escoamento laminar.*

(Cortesia de Soil Conservation Service, Technical Release 55.)

O valor máximo de L, baseado em pesquisas do NRCS, é de 100 pés. Depois de alcançada essa distância, o escoamento laminar geralmente se transforma em escoamento concentrado raso. Se o escoamento sobre o solo encontrar um fundo de vale antes de atingir uma distância de 100 pés, o tipo de escoamento mudará para concentrado raso naquele ponto.

Ao selecionar um valor de n pela Tabela 11-3, lembre-se de que a condição de superfície relevante é aquela que prevalece em 1 polegada do solo, porque é lá que a água escoa. Portanto, vegetação rasteira densa, crescendo várias polegadas acima do solo, não deve influenciar a seleção de n. A maioria das condições de campo permite um valor de n entre 0,15 e 0,40.

Exemplo 11-6

Problema

Calcule o tempo de percurso sobre o solo, T_t, para a bacia de drenagem exibida na Figura 11-10, localizada em St. Louis, Missouri.

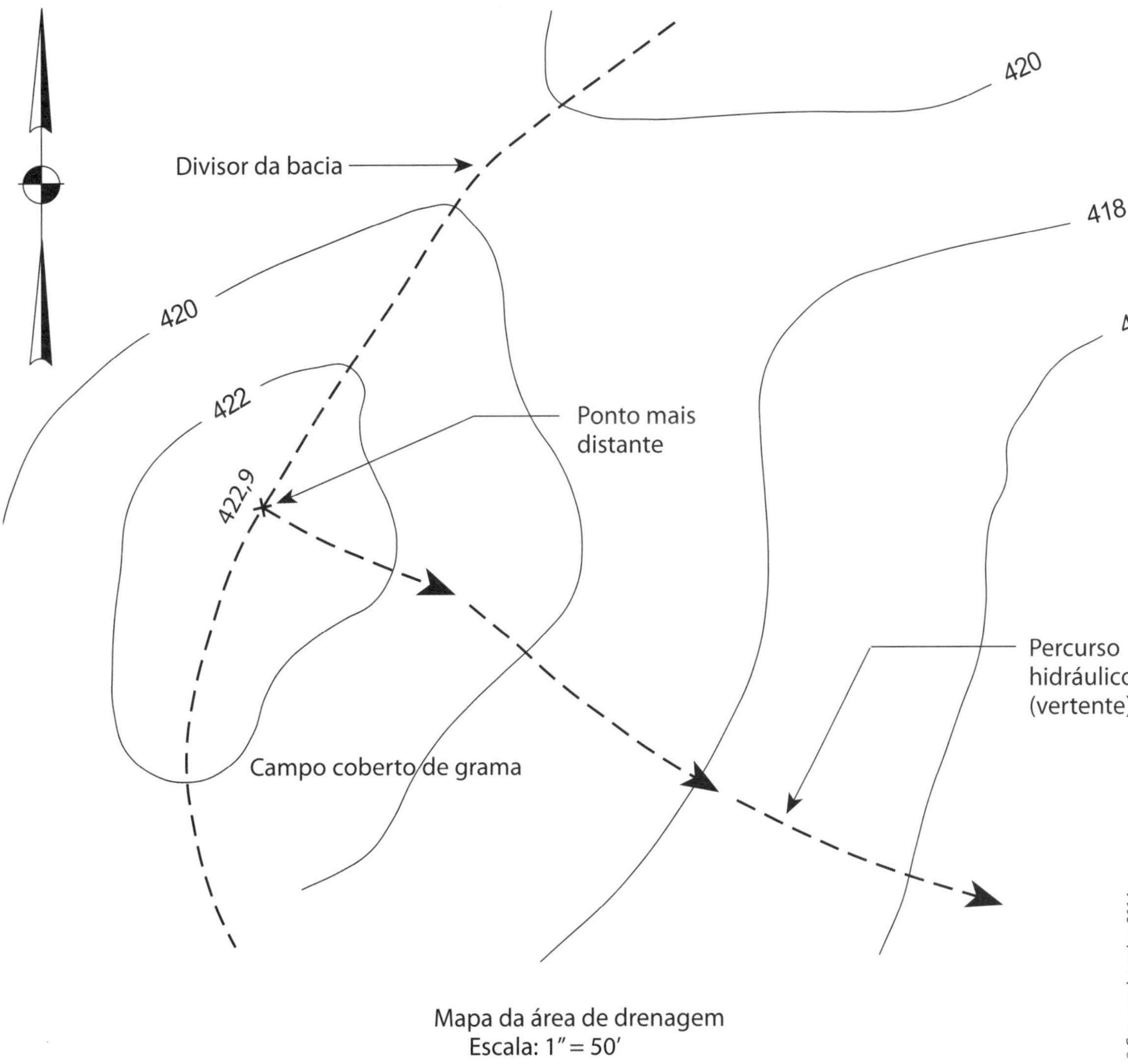

FIGURA 11-10 Parcela da bacia de drenagem mostrando o início da vertente.

Solução

A partir de um exame do mapa mostrado na Figura 11-10, suponha uma extensão de 100 pés para o escoamento sobre o solo. A razão é que as curvas de contorno não indicam um fundo de vale, e a extensão não pode ser maior que 100 pés.

Em seguida, calcule a declividade (gradiente). A cota topográfica do ponto mais distante é de 422,9 pés. A partir das linhas de contorno, a cota topográfica no final dos 100 pés é de 419,2. Portanto, a declividade é

$$s = \frac{422{,}9 - 419{,}2}{100}$$

$$= 0{,}037 \text{ pé/pé}$$

Em seguida, calcule o valor de n. Pela Tabela 11-3, $n = 0{,}15$.

Uma precipitação de dois anos, P_2, é obtida pelo Apêndice D-3 (usando o mapa de chuva de 2 anos e 24 horas), e interpolando-se entre as linhas de igual precipitação. Neste caso, para St. Louis, $P_2 = 3{,}5$ polegadas.

Então, para a Equação 11-9,

$$T_t = \frac{0{,}007\,(nL)^{0{,}8}}{(P_2)^{0{,}5}\,s^{0{,}4}}$$

$$= \frac{0{,}007\,\{(0{,}15)(100)\}^{0{,}8}}{(3{,}5)^{0{,}5}\;(0{,}037)^{0{,}4}}$$

$$= 0{,}12 \text{ h} \quad \text{(Resposta)}$$

Etapa 5: calcule o hidrograma ou a vazão de pico (escoamento máximo).

Escoamento Máximo

O escoamento máximo é calculado por

$$q_p = q_u A_m Q \tag{11-10}$$

onde q_p = escoamento máximo, cfs
q_u = vazão máxima unitária, csm/pol
A_m = área de drenagem, mi²
Q = escoamento, pol

A vazão máxima unitária, q_u, é outro parâmetro empírico que depende do padrão de precipitação, do tempo de concentração, da precipitação e das perdas iniciais. A unidade "csm/pol" é uma abreviação de cfs por milha quadrada por polegada de escoamento. Valores de q_u podem ser encontrados por meio dos gráficos exibidos no Apêndice D-5. Ao usar esse apêndice, assegure-se de escolher o tipo correto de distribuição de precipitação, determinado a partir do mapa no Apêndice D-4.

Exemplo 11-7

Problema

Usando o Método NRCS, calcule o escoamento máximo para uma bacia hidrográfica de 250 acres localizada em Cook County, Illinois (Chicago), para uma precipitação de 100 anos. A bacia hidrográfica possui as seguintes características:

CN composto = 72
Tempo de concentração = 1,5 h

Solução
Etapa 1: Calcule a área de drenagem, A_m:

$$A_m = 250\,\text{acres} \times \frac{1\,\text{s.m.}}{640\,\text{acres}} = 0{,}391\,\text{s.m.}$$

Etapa 2: Determine CN.

CN = 72 (Dado fornecido)

Etapa 3: Determine a profundidade do escoamento (precipitação efetiva), Q.

Primeiro, determine a precipitação de 24 horas e 100 anos para Cook County. De acordo com o Apêndice D-3, P = 5,7 polegadas. Então, inserindo 5,7 polegadas na Figura 11-9 e projetando para cima até um CN de valor 72, obtemos Q com o valor de 2,7 polegadas.

Etapa 4: Calcule o tempo de concentração, t_c.

t_c = 1,5 h (Dado fornecido)

Etapa 5: Calcule a vazão de pico, q_p.

Primeiro, determine a vazão máxima unitária, q_u. Pelo Apêndice D-4, a distribuição de precipitação é do Tipo II. Pela Tabela 11-2, I_a = 0,778 polegada. Portanto, I_a/P = 0,778/5,7 = 0,14. Então, usando o Apêndice D-5, Gráfico 3, insira o tempo de concentração a 1,5 hora, projete para cima até I_a/P = 0,14 e leia q_u = 260 csm/pol. Assim,

$$\begin{aligned} q_p &= q_u A_m Q \\ &= (260)\,(0{,}391)\,(2{,}7) \\ &= 274 \text{ cfs (Resposta)} \end{aligned}$$

Hidrograma de Escoamento

O hidrograma de escoamento é calculado selecionando-se o hidrograma unitário apropriado e multiplicando-se cada ordenada pela precipitação efetiva e pela área de drenagem. Hidrogramas unitários selecionados para o Tipo II de distribuição de precipitação são exibidos no Apêndice D-6. Isso é expresso em forma de equação como

$$q = q_t A_m Q \tag{11-11}$$

onde q = ordenada do hidrograma no tempo t, cfs
q_t = vazão unitária no tempo t, csm/pol
A_m = área de drenagem, s.m.
Q = precipitação efetiva (profundidade de escoamento), pol

Para selecionar o hidrograma unitário apropriado, determine o tipo de distribuição de chuva, o tempo de concentração e I_a/P.

Um exame atento do Apêndice D-6 revela que os hidrogramas unitários são mostrados em seis páginas, cada uma delas correspondendo a um diferente tempo de concentração. Em cada página estão 36 hidrogramas correspondentes a diferentes valores de I_a/P e de tempo de percurso. O tempo de percurso é usado para o cálculo de um hidrograma propagado em um ponto a jusante do exutório. Se estivéssemos interessados apenas no hidrograma de escoamento e não em um hidrograma propagado, escolheríamos um tempo de percurso de 0,0 hora. Cada hidrograma consiste em uma série de ordenadas, q_t, cada uma correspondendo a um tempo, t.

O banco de dados do NRCS contém muito mais hidrogramas que os exibidos no Apêndice D-6. Por exemplo, o Apêndice D-6 não inclui as distribuições de precipitação dos tipos I, IA e III. Também não inclui tempos de concentração ou valores de I_a/P entre aqueles mostrados. O uso do WinTR-55 permite o acesso a todos os hidrogramas unitários.

Depois de selecionar o hidrograma unitário apropriado, o hidrograma resultante, ou derivado, é calculado por meio da Equação 11-11 para cada valor q_t.

Exemplo 11-8

Problema

Calcule o hidrograma de escoamento de 50 anos para uma bacia hidrográfica localizada em Milwaukee County, Wisconsin, com as seguintes características:

Área de drenagem = 90 acres
CN composto = 80
Tempo de concentração = 1,0 h

Solução

Etapa 1: Calcule a área, A_m:

$$A_m = 90 \text{ acres} \times \frac{1 \text{ s.m.}}{640 \text{ acres}} = 0{,}141 \text{ s.m.}$$

Etapa 2: Determine CN:

CN = 80 (Dado fornecido)

Etapa 3: Calcule a profundidade do escoamento (excesso de chuva), Q. Primeiro, calcule a precipitação de 24 horas e 50 anos para Milwaukee. De acordo com o Apêndice D-3, $P = 5{,}0$ polegadas. Então, inserindo 5,0 polegadas na Figura 11-9 e projetando para cima até um valor de CN de 80, obtemos para Q o valor 2,9 polegadas.

Etapa 4: Calcule o tempo de concentração, t_c:

$t_c = 1{,}0$ h (Dado fornecido)

Etapa 5: Localize o hidrograma unitário apropriado no Apêndice D-6, usando os seguintes valores:

1. $t_c = 1{,}0$ h
2. $I_a/P = 0{,}50/5{,}0 = 0{,}10$
3. Distribuição de precipitação do Tipo II (do Apêndice D-4)
4. $T_t = 0{,}0$

O hidrograma unitário é encontrado no Gráfico 3, linha 1, do Apêndice D-6, e é reproduzido na tabela a seguir como as duas primeiras colunas. Observe que, selecionando o hidrograma unitário apropriado, se qualquer um dos parâmetros t_c, I_a/P ou T_t não estiver de acordo com os do Apêndice D-6, você deverá arredondá-los para o valor mais próximo.

Etapa 6: Usando a Equação 11-11, calcule cada valor de q:

$$q = q_t A_m Q$$
$$= q_t(0{,}141)\,(2{,}9)$$
$$= 0{,}41\ q_t$$

Cada valor de q torna-se um valor na terceira coluna da tabela, que é o hidrograma desejado e responde o problema.

Observe que a vazão máxima, de acordo com o hidrograma, é de 146 cfs, ocorrendo ao tempo de 12,8 horas.

Tempo do Hidrograma (h)	Vazões Unitárias (csm/pol)	Ordenadas do Hidrograma (cfs)
11,0	11	4
11,3	15	6
11,6	20	8
11,9	29	12
12,0	35	14
12,1	47	19
12,2	72	29
12,3	112	46
12,4	168	69
12,5	231	94
12,6	289	118
12,7	329	135
12,8	357	146
13,0	313	128
13,2	239	98
13,4	175	72
13,6	133	54
13,8	103	42
14,0	83	34
14,3	63	26
14,6	50	20
15,0	40	16
15,5	33	13
16,0	29	12
16,5	26	11
17,0	23	9
17,5	21	9
18,0	20	8
19,0	17	7
20,0	15	6

Sub-Bacias

Como descrito na seção 10.6, bacias hidrográficas podem ser divididas em sub-bacias quando elas são muito grandes ou não suficientemente homogêneas. A análise de sub-bacias é facilmente realizada com o uso do Método NRCS, como ilustrado no Exemplo 11-9 a seguir.

No Exemplo 11-9, a bacia hidrográfica descrita na Figura 11-11 é dividida em três sub-bacias, mas o exutório da bacia está a jusante dos exutórios das duas sub-bacias. Para calcular o hidrograma de escoamento no exutório da bacia, além de os três hidrogramas individuais precisarem ser combinados, os dois hidrogramas a montante devem ser propagados a jusante, até o exutório. Todos os três hidrogramas devem estar no mesmo local antes de serem combinados. A propagação no curso d'água é calculada de acordo com os conceitos descritos na seção 10.7.

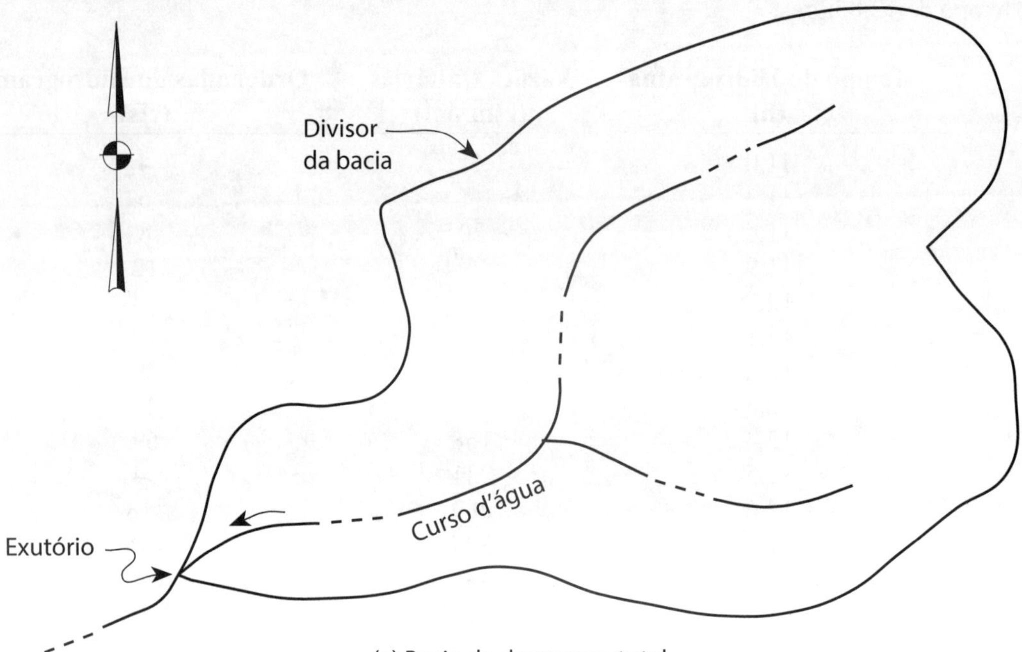

(a) Bacia de drenagem total

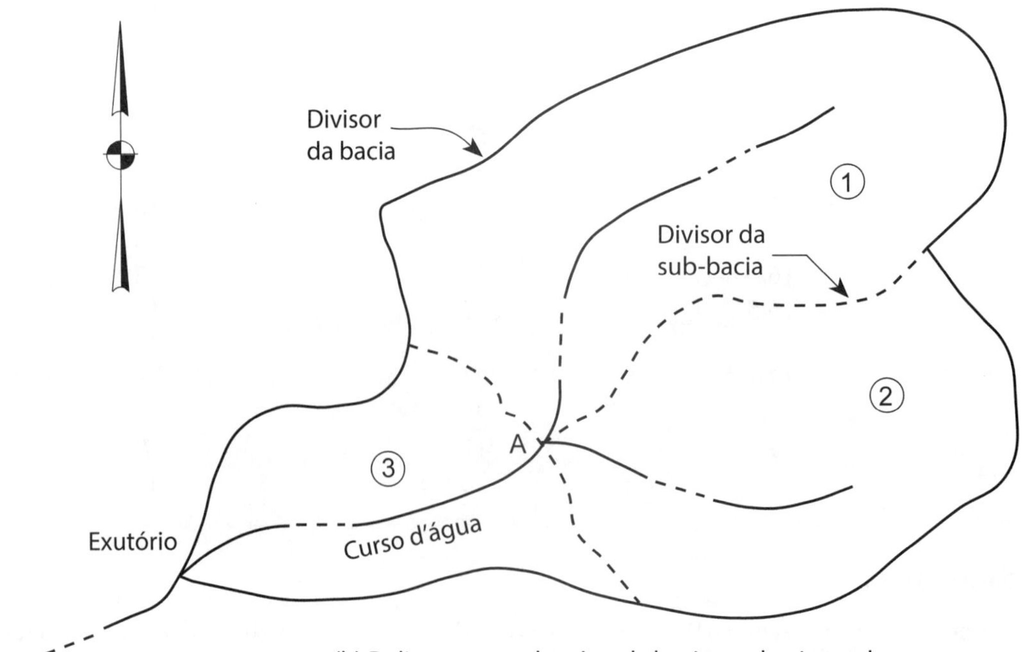

(b) Delineamento de três sub-bacias na bacia total

FIGURA 11-11 Bacia de drenagem dividida em três sub-bacias.

Conforme o escoamento das sub-bacias 1 e 2 – exibidas na Figura 11-11 – flui a jusante, em direção ao exutório, os hidrogramas que descrevem o escoamento se alteram. A Figura 11-12 mostra o hidrograma para a sub-bacia 1 no ponto A e então novamente no exutório. A propagação do hidrograma resultou em um hidrograma atenuado. (No entanto, as áreas sob os dois hidrogramas são iguais, pois a quantidade de escoamento não mudou.) Uma análise similar se aplica à sub-bacia 2.

A Figura 11-12 mostra que o hidrograma atenuado possui vazão máxima reduzida, e que o tempo do ponto máximo se deslocou para a direita em uma magnitude igual ao tempo de percurso, T_t.

É importante lembrar, nesta discussão sobre atenuação, que os hidrogramas descritos na Figura 11-12 representam apenas o escoamento originado da sub-Bacia 1, ainda que esse escoamento se torne misto com a água proveniente das outras duas sub-bacias, conforme ele se move a jusante.

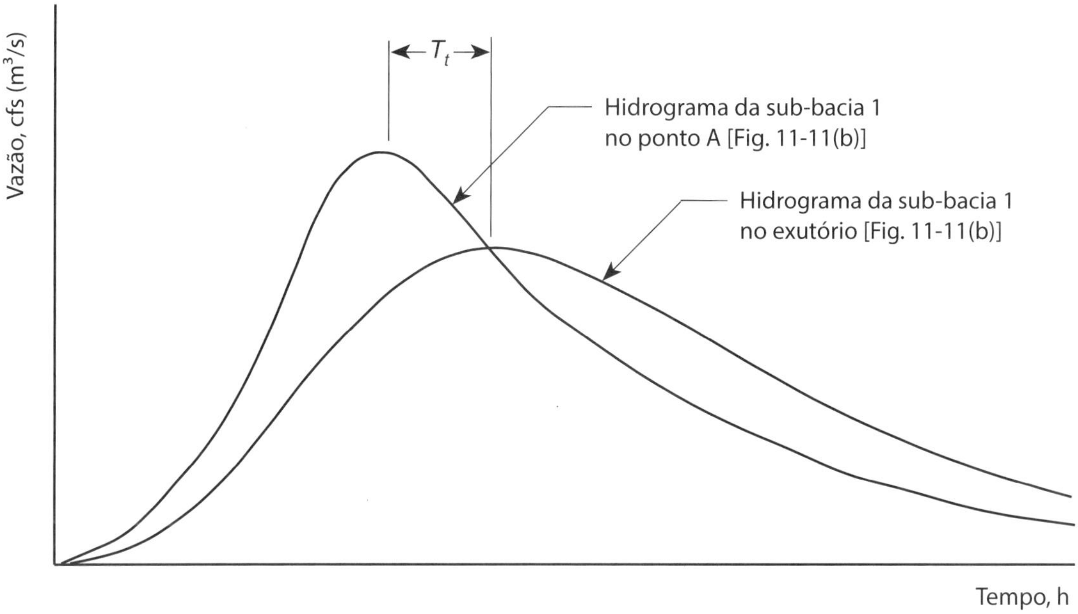

FIGURA 11-12 Atenuação do hidrograma em decorrência da propagação no curso d'água.

Exemplo 11-9

Problema

Calcule o hidrograma de escoamento para a bacia de drenagem descrita na Figura 11-11 para uma precipitação de 25 anos. Considere que a bacia se localiza em Green Bay, Wisconsin (Brown County) e possui os parâmetros a seguir. O tempo de percurso a partir do ponto A até o exutório da bacia é de 12 minutos (0,20 h).

Sub-bacia 1

A_m = 0,250 s.m.
CN = 83
t_c = 1,0 h

Sub-bacia 2

A_m = 0,190 s.m.
CN = 62
t_c = 1,25 h

Sub-bacia 3
A_m = 0,100 s.m.
CN = 71
t_c = 0,50 h

Solução

Etapa 1: Encontre a área, A_m: (Dado fornecido)

Etapa 2: Determine CN: (Dado fornecido)

Etapa 3: Calcule a profundidade do escoamento, Q:
Primeiro, calcule a precipitação de 24 horas e 25 anos para Brown County. De acordo com o Apêndice D-3, P = 4,1 polegadas. Então, inserindo 4,1 polegadas na Figura 11-19 e projetando para cima até o valor de CN, encontram-se os seguintes valores de Q:

Sub-bacia	**CN**	**Q (pol)**
1	83	2,25
2	62	0,90
3	71	1,50

Etapa 4: Calcule t_c: (Dado fornecido)

Etapa 5: Encontre os hidrogramas unitários apropriados no Apêndice D-6, usando os seguintes valores:

Sub-bacia	**t_c (h)**	**I_a/P**	**T_t (h)**
1	1,0	$\frac{0,410}{4,1} = 0,10$	0,20
2	1,25	$\frac{1,226}{4,1} = 0,30$	0,20
3	0,50	$\frac{0,817}{4,1} = 0,20$	0,00

Hidrogramas unitários são reproduzidos na Tabela 11-4 como as Colunas 2, 4 e 6. Os valores das ordenadas do hidrograma resultante estão listados nas Colunas 3, 5 e 7 e são calculados por meio da multiplicação por A_mQ. Os valores de A_mQ são estes:

Sub-bacia	**A_m (s.m.)**	**Q (pol)**	**A_mQ (s.m.-pol)**
1	0,250	2,25	0,563
2	0,190	0,90	0,171
3	0,100	1,50	0,150

TABELA 11-4 Hidrogramas tabulares para o Exemplo 11-9

(1)	(2)	(3)	(4)	(5)	(6)	(7)	(8)
	Sub-bacia 1		Sub-bacia 2		Sub-bacia 3		
Tempo do Hidrograma (h)	Vazões Unitárias (csm/pol)	Ordenadas do Hidrograma (cfs)	Vazões Unitárias (csm/pol)	Ordenadas do Hidrograma (cfs)	Vazões Unitárias (csm/pol)	Ordenadas do Hidrograma (cfs)	Hidrograma (cfs)
11,0	10	5,6	0	0	17	2,6	8,2
11,3	13	7,3	0	0	23	3,5	11
11,6	17	9,6	0	0	32	4,8	14
11,9	23	13	0	0	57	8,6	22
12,0	26	15	0	0	94	14	29
12,1	30	17	0	0	170	26	43
12,2	38	21	1	0,2	308	46	67
12,3	54	30	4	0,7	467	70	101
12,4	82	46	14	2,4	529	79	127
12,5	123	69	31	5,3	507	76	150
12,6	176	99	58	9,9	402	60	169
12,7	232	131	93	16	297	45	192
12,8	281	158	133	23	226	34	215
13,0	332	187	202	35	140	21	243
13,2	303	170	239	41	96	14	225
13,4	238	134	231	40	74	11	185
13,6	179	101	199	34	61	9,2	144
13,8	136	77	165	28	53	8,0	113
14,0	105	59	138	24	47	7,1	90
14,3	76	43	108	18	41	6,2	67
14,6	59	33	87	15	36	5,4	53
15,0	45	25	68	12	32	4,8	42
15,5	35	20	55	9,4	29	4,4	34
16,0	30	17	47	8,0	26	3,9	29
16,5	27	15	41	7,0	23	3,5	26
17,0	24	14	37	6,3	21	3,2	24
17,5	22	12	33	5,6	20	3,0	21
18,0	20	11	31	5,3	19	2,9	19
19,0	18	10	28	4,8	16	2,4	17
20,0	16	9	25	4,3	14	2,1	15

Resposta

A resposta para o problema é o hidrograma exibido na coluna 8 da Tabela 11-4, calculada pela adição dos valores das colunas 3, 5 e 7 para cada valor de tempo na coluna 1. Uma descrição gráfica do hidrograma de escoamento é exibida na Figura 11-13.

Um exame atento da tabela do hidrograma de escoamento revela uma importante característica do trabalho com sub-bacias. As vazões máximas nos exutórios para as três subáreas são 187 cfs, 41 cfs e 79 cfs, respectivamente. Entretanto, a vazão máxima total é de 243 cfs, inferior à soma dos três picos individuais. A explicação é o tempo de ocorrência dos picos. Como eles não ocorrem ao mesmo tempo, não são adicionados diretamente no cálculo da sobreposição dos três hidrogramas.

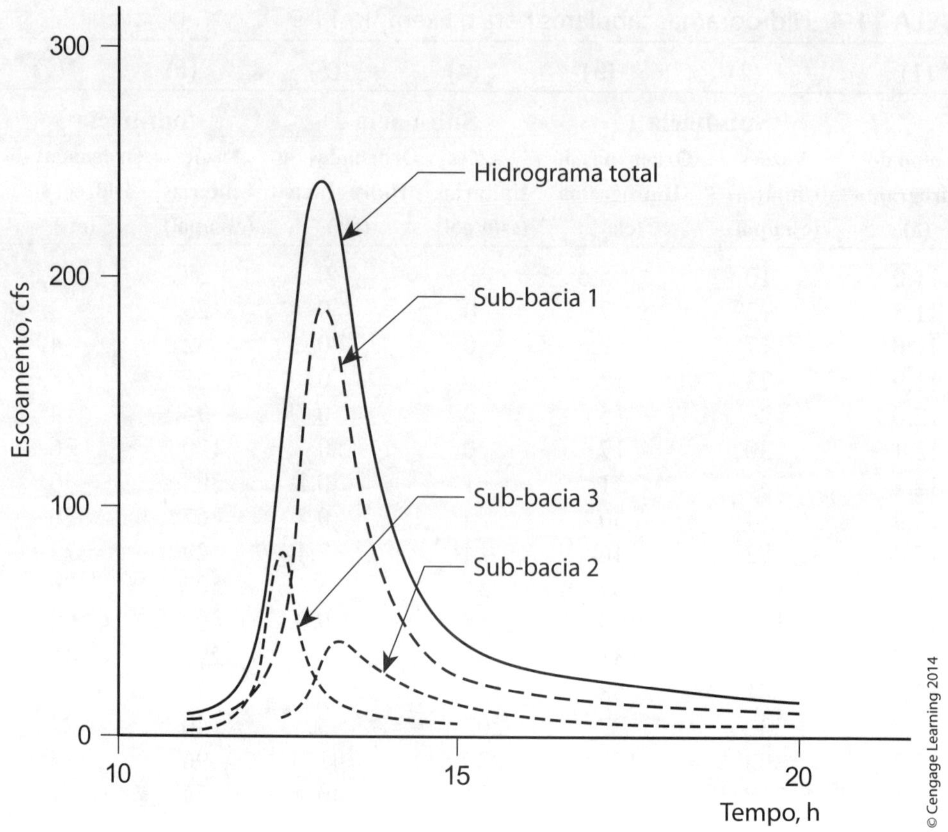

FIGURA 11-13 Hidrograma de escoamento para o Exemplo 11-9.

11.5 MÉTODO NRCS *VERSUS* MÉTODO RACIONAL

O Método NRCS resulta em uma descrição mais realista do processo de escoamento, em comparação com o Método Racional. É principalmente por essa razão que o Método Racional tende a ser usado em pequenas estruturas hidráulicas, como coletores de águas pluviais, enquanto o Método NRCS é usado para estruturas de maior envergadura. Em geral, quanto maior a estrutura, maior é o custo da falha, por isso os métodos de projeto devem ser mais realistas e conservadores.

Entre as diferenças mais peculiares nos dois métodos está o tratamento das perdas da precipitação. O Método Racional usa um simples multiplicador: o coeficiente de deflúvio (*runoff*), *c*. Assim, as perdas ocorrem, aproximadamente, na mesma porcentagem para as grandes precipitações (tempos de recorrência de 100 anos) e para as pequenas precipitações (tempos de 2 anos). No entanto, o Método NRCS utiliza o conceito de perdas iniciais baseado nas características da cobertura do solo. Como as perdas iniciais permanecem as mesmas para grandes e pequenas precipitações, elas representam uma porcentagem muito maior de chuva para pequenas precipitações em comparação às maiores. Como resultado dessa diferença, se uma determinada bacia hidrográfica tiver o mesmo escoamento máximo de 100 anos para o Método Racional e o Método NRCS, o escoamento máximo de 2 anos será muito maior para o Método Racional que para o Método NRCS.

Outra diferença entre os métodos é o tratamento dos tipos de cobertura do solo. Embora o valor do CN usado pelo NRCS não seja diretamente comparável ao valor de *c* usado pelo Método Racional, eles lidam com o mesmo conceito: taxas de infiltração decorrente do tipo de cobertura. Valores de CN especificados pelo Método NRCS tendem a resultar em escoamento máximo maior para as precipitações mais intensas (frequência acima de 25 anos), em comparação com valores de c especificados pelo Método Racional. Por exemplo, o valor de c especificado para a cobertura de grama encontrada em parques costuma ser de aproximadamente 0,25. O valor de CN para esse tipo de cobertura varia de 39 a 80, dependendo do grupo de solo. Se usarmos o grupo hidrológico B, CN = 61. Isso resultará em um escoamento máximo NRCS em 5% do escoamento máximo Racional para a precipitação de 25 anos, mas 50% maior para a precipitação de 100 anos. Deve-se notar, no entanto, que algumas agências governamentais estão revisando os valores de c para o Método Racional para que resultem em valores de escoamento máximo de 100 anos mais comparáveis aos do Método NRCS.

Uma terceira diferença entre os métodos é o tratamento da elaboração do hidrograma. O Método NRCS usa um hidrograma curvilíneo baseado em uma distribuição de precipitação de 24 horas. Um exemplo de um hidrograma NRCS para uma determinada bacia hidrográfica está na Figura 11-14(a). O hidrograma possui vazão máxima de 212 cfs e estende-se por um tempo de aproximadamente 17 horas. O hidrograma do Método Racional é elaborado por um dos métodos conhecidos como Método Racional Modificado. Um método muito familiar usa um hidrograma triangular com uma base igual a $2{,}67t_c$. A Figura 11-14(b) mostra um hidrograma triangular desses para a mesma bacia hidrográfica como o hidrograma NRCS. Para fins de comparação, o valor de c foi ajustado para resultar na mesma vazão máxima de 212 cfs. O hidrograma do Racional Modificado aproxima-se muito do pico principal do hidrograma NRCS, que possui, virtualmente, a mesma área sob a curva. No entanto, todo o hidrograma NRCS possui uma área aproximadamente 35% maior. Portanto, o hidrograma NRCS representa um volume maior escoado, o que pode afetar, até certo ponto, os cálculos de escoamento.

Observe-se que o hidrograma Racional Modificado foi ajustado para ter o mesmo valor de escoamento máximo do hidrograma NRCS. Na maioria dos casos, o hidrograma Racional Modificado tem um escoamento máximo menor, acentuando ainda mais a diferença entre os hidrogramas.

EXERCÍCIOS PROPOSTOS

1. Calcule o coeficiente de escoamento composto, c, para uma bacia de drenagem com as seguintes condições de cobertura:

   Pavimentação: 2.500 s.f.

   Área de telhados: 2.000 s.f.

   Área de percurso: 800 s.f.

   Áreas gramadas: 0,45 acre

   Mato: 1,21 acre

2. Calcule o coeficiente de escoamento composto, c, para uma bacia de drenagem com as seguintes condições de cobertura:

   Região urbana central: 8,5 acres
   Residencial (unidades residenciais geminadas): 15,0 acres
   Cemitério: 3,2 acres

3. Calcule o coeficiente de escoamento composto, c, para uma bacia de drenagem com as seguintes condições de cobertura:

   Oito casas (25’ □ 40’)
   Oito entradas de garagem (20’ □ 35’)
   Oito áreas de gramado (solo arenoso, 2% de declive) (75’ □ 35’)
   Rua (15’ □ 600’)

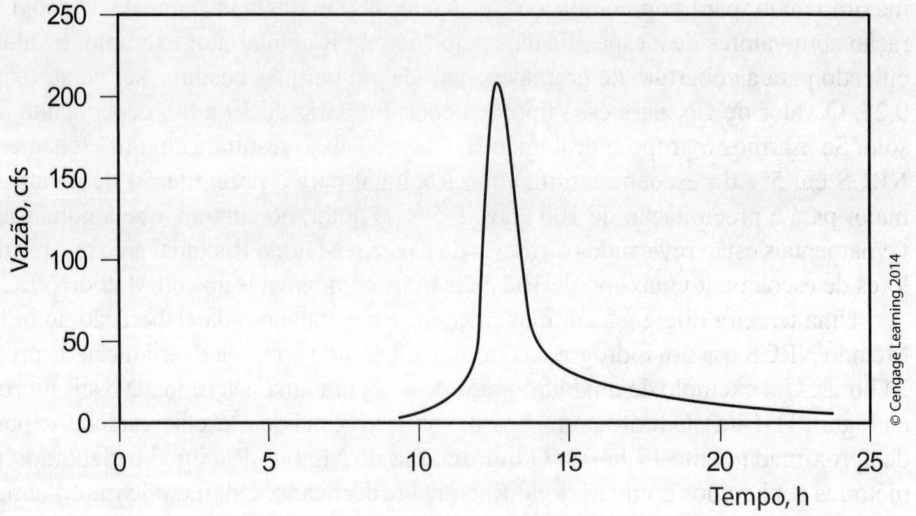

(a) Hidrograma NRCS

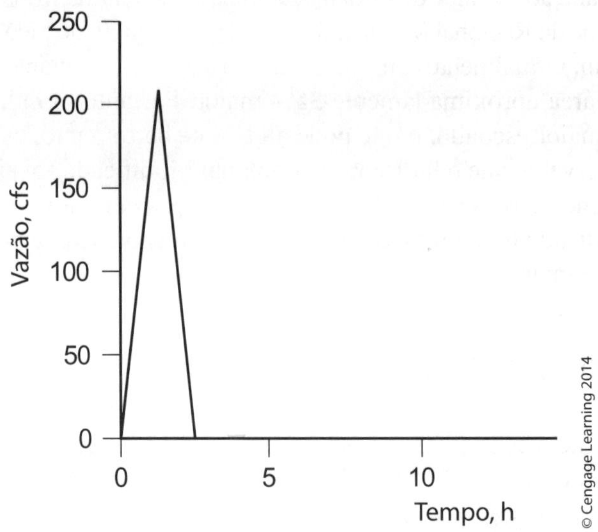

(b) Hidrograma Racional Modificado

FIGURA 11-14 Comparação dos hidrogramas NRCS e Racional Modificado para a mesma bacia hidrográfica.

4. Calcule o tempo de concentração, t_c, para uso no Método Racional, para uma bacia de drenagem com este percurso hidráulico:

   Escoamento sobre o solo: gramado médio, 80' de extensão, 2,5% de declividade média

   Escoamento concentrado raso: 450' de extensão, 4,8% de declividade média

   Calha de escoamento: 200' de extensão, 1,9% de declividade média

5. Calcule o tempo de concentração, t_c, para o uso no Método Racional, para uma bacia de drenagem com este percurso hidráulico:

   Escoamento sobre o solo: gramado médio, 100' de extensão, 3,5% de declividade média

   Escoamento concentrado raso: 200' de extensão, 3,5% de declividade média

Talvegue (seção transversal apresentada adiante): 500' de extensão, 2% de declividade média

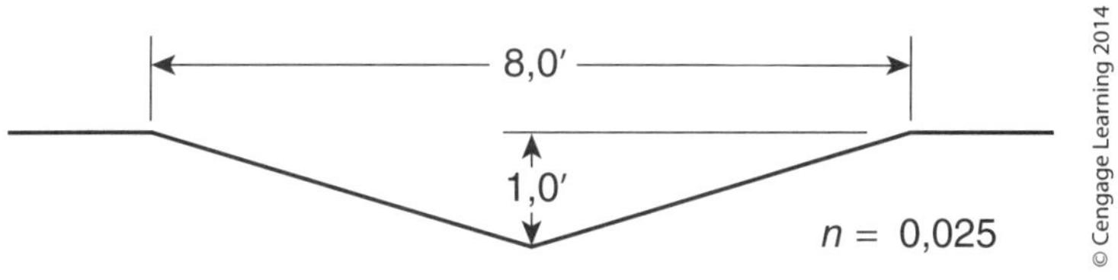

6. Calcule o tempo de concentração, t_c, para uso no Método NRCS, para uma bacia de drenagem localizada perto de Bismarck, Dakota do Norte, e com este percurso hidráulico:

   Escoamento sobre o solo: gramado médio, 100' de extensão, 1,6% de declividade média
   Escoamento concentrado raso: 680' de extensão, 3,2% de declividade média
   Escoamento no curso d'água: 2.950' de extensão, 0,61% de declividade média
   Seção transversal média:

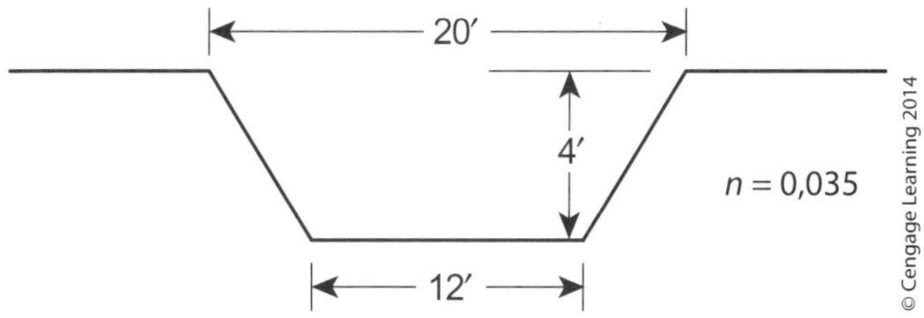

7. Calcule o tempo de concentração, t_c, para o uso no Método NRCS, para uma bacia de drenagem localizada em Nashville, Tennessee, e com este percurso hidráulico:

   Escoamento sobre o solo: mata (com pouca vegetação rasteira), 100' de extensão, 3,0% de declividade média.

   Escoamento concentrado raso: 1.200' de extensão, 4,0% de declividade média.

   Curso d'água: 1.500' de extensão, 0,75% de declividade média.

   Observação: para a seção transversal do curso d'água, use o dado da questão 6.

8. Uma bacia de drenagem localizada em Nova Jersey possui um tempo de concentração de 18 minutos. Calcule a intensidade da precipitação, i, para uso no Método Racional para uma precipitação de 25 anos.

9. Uma área de captação localizada em Orange County, Califórnia, possui um tempo de concentração de 30 minutos. Calcule a intensidade da precipitação, i, para uso no Método Racional para tempo de retorno de 25 anos.

10. Uma bacia de drenagem localizada na área de Atlanta, Georgia, possui um tempo de concentração de 2,5 horas. Calcule a intensidade da precipitação, i, para uso no Método Racional para uma precipitação de 10 anos.

11. Calcule a vazão de pico, Q_p, para uma precipitação de 15 anos, usando o Método Racional para uma bacia de drenagem localizada em Phoenix, Arizona, e cujos parâmetros são estes:

    A = 14,06 acres

    Tempo de concentração

    Escoamento sobre o solo: gramado médio, 100' de extensão, 5,0% de média de declividade

Escoamento concentrado raso: 50' de extensão, 7,0% de média de declividade

Coeficiente de escoamento

Impermeável: 0,06 acre

Grama: 6,5 acres

Mata: 7,5 acres

Observação: nas curvas I-D-F do Arizona, uma precipitação de 15 anos é localizada pelo valor correspondente de P_1, que para Phoenix é de 1,75 polegada.

12. Calcule a vazão de pico, Q_p, para a área de drenagem na questão 7, considerando uma precipitação de 50 anos. Expresse Q_p (a) em cfs e (b) em m³/s.

    Observação: nas curvas I-D-F do Arizona, o valor de P_1 correspondente a uma precipitação de 50 anos é 2,25 polegadas.

13. Calcule o composto do número de escoamento, CN, para uma bacia de drenagem com os seguintes solos e condições de cobertura:

    Solos

    Terra vegetal de Bartley: 45 acres

    Terra vegetal de Parker: 25 acres

    Cobertura

    Impermeável: 2,0 acres

    Residencial (lotes de 0,5 acre): 20 acres
    Arborizada (cobertura regular): 28 acres
    Grama (condição regular): 20 acres

14. Calcule o composto do número de escoamento, CN, para uma bacia de drenagem com os seguintes solos e condições de cobertura:

    Solos (tipos de solos característicos dos Estados Unidos)

    Maplecrest: 120 acres

    Hamel: 32 acres

    Vinsad: 55 acres

    Aluvião: 2 acres

    Cobertura

    Impermeável: 1,0 acre

    Mata: 100 acres

    Solo mobilizado: 23 acres

    Matagal (escasso): 85 acres

15. Uma bacia de drenagem localizada na área de Chicago possui um valor de CN composto de 71,5. Calcule a altura do escoamento, Q, para uma precipitação de 100 anos.

16. Uma bacia de drenagem localizada perto de Columbus, em Ohio central, possui um valor de CN composto de 76. Calcule a profundidade do escoamento, Q, para uma precipitação de 25 anos.

17. Calcule a vazão de pico, q_p, usando o Método NRCS para uma precipitação de 50 anos, para uma bacia de drenagem localizada na extremidade oeste do Estreito da Flórida e com os seguintes parâmetros:

A_m = 1.413 s.m.

CN = 61,2

t_c = 2,75 horas

18. Calcule a vazão de pico, q_p, usando o Método NRCS para uma precipitação de 100 anos, para uma bacia de drenagem localizada na área de Atlanta, Georgia, e com os seguintes parâmetros:

    A_m = 1.525 s.m.

    CN = 67,0

    t_c = 2,40 horas

19. Calcule a vazão de pico usando o Método Racional para a bacia de drenagem exibida na Figura 11-15, considerando uma precipitação de 5 anos. A bacia está na Pensilvânia, Região 1.

20. Calcule a vazão de pico usando o Método NRCS para a bacia hidrográfica exibida na Figura 11-17, considerando uma precipitação de 25 anos. A bacia hidrográfica está no oeste da Pensilvânia. Para uma seção transversal média do curso d'água, use a da questão 4. Suponha grupo de solo C.

21. Calcule a vazão de pico usando o Método NRCS para a bacia hidrográfica exibida na Figura 11-16, considerando uma precipitação de 100 anos. A bacia hidrográfica está em San Diego, Califórnia. Para uma seção transversal média do curso d'água, use a da questão 4. Suponha que toda a bacia hidrográfica seja arborizada, do grupo de solo B. A chuva de 2 anos, P_2, é de 1,8 polegada.

22. Calcule a vazão de pico usando o Método Racional para a bacia de drenagem exibida na Figura 10-25, considerando uma precipitação de 15 anos. A bacia hidrográfica está em Nova Jersey. Para uma seção transversal média da correnteza, use a do Exemplo 11-1. Suponha que toda a bacia seja arborizada.

23. Calcule a vazão de pico usando o Método NRCS para a bacia hidrográfica exibida na Figura 11-18, considerando uma precipitação de 50 anos. A bacia hidrográfica está no centro do Estado de Nova York. Para uma seção transversal média da correnteza, use a da questão 6. Suponha grupos de solo hidrológico B (65%), C (25%) e D (10%).

24. Calcule a vazão de pico usando o Método Racional para a bacia de drenagem exibida na Figura 10-26, considerando uma precipitação de 25 anos. A bacia hidrográfica está em Orange Country, Califórnia.

25. Calcule o hidrograma de escoamento para uma precipitação de 50 anos, considerando uma bacia de drenagem localizada em Tulsa, Oklahoma, tendo os seguintes parâmetros:

    A_m = 0,892 s.m.

    CN = 66,0

    t_c = 1,35 hora

26. Calcule o hidrograma de escoamento para uma precipitação de 100 anos para uma bacia de drenagem localizada na área de Albany (como a exibida na Figura 11-11), Nova York, e com os seguintes parâmetros:

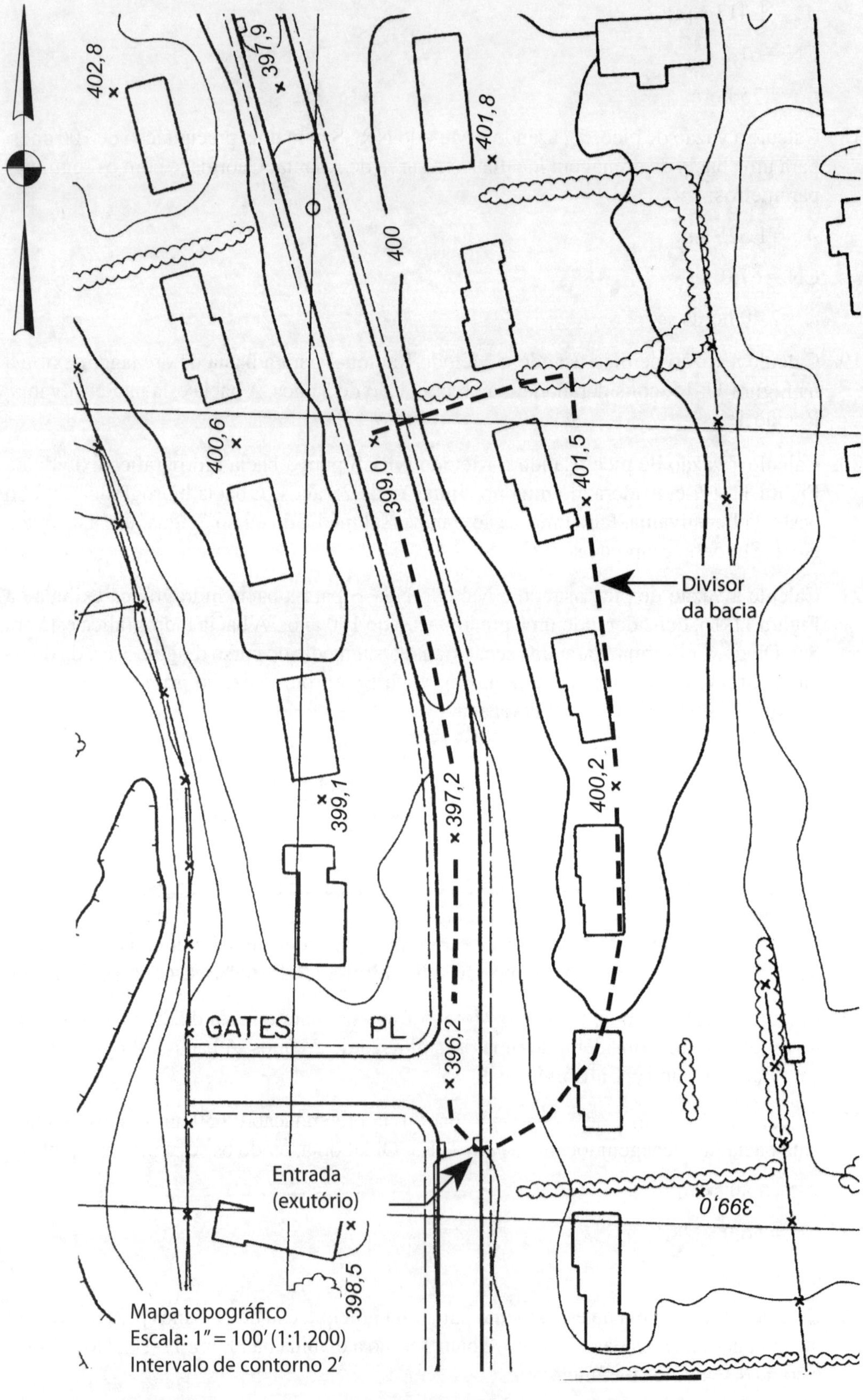

FIGURA 11-15 Delineamento de uma bacia de drenagem localizada na Pensilvânia, Região 1. *(Mapa adaptado de Aero Service)*

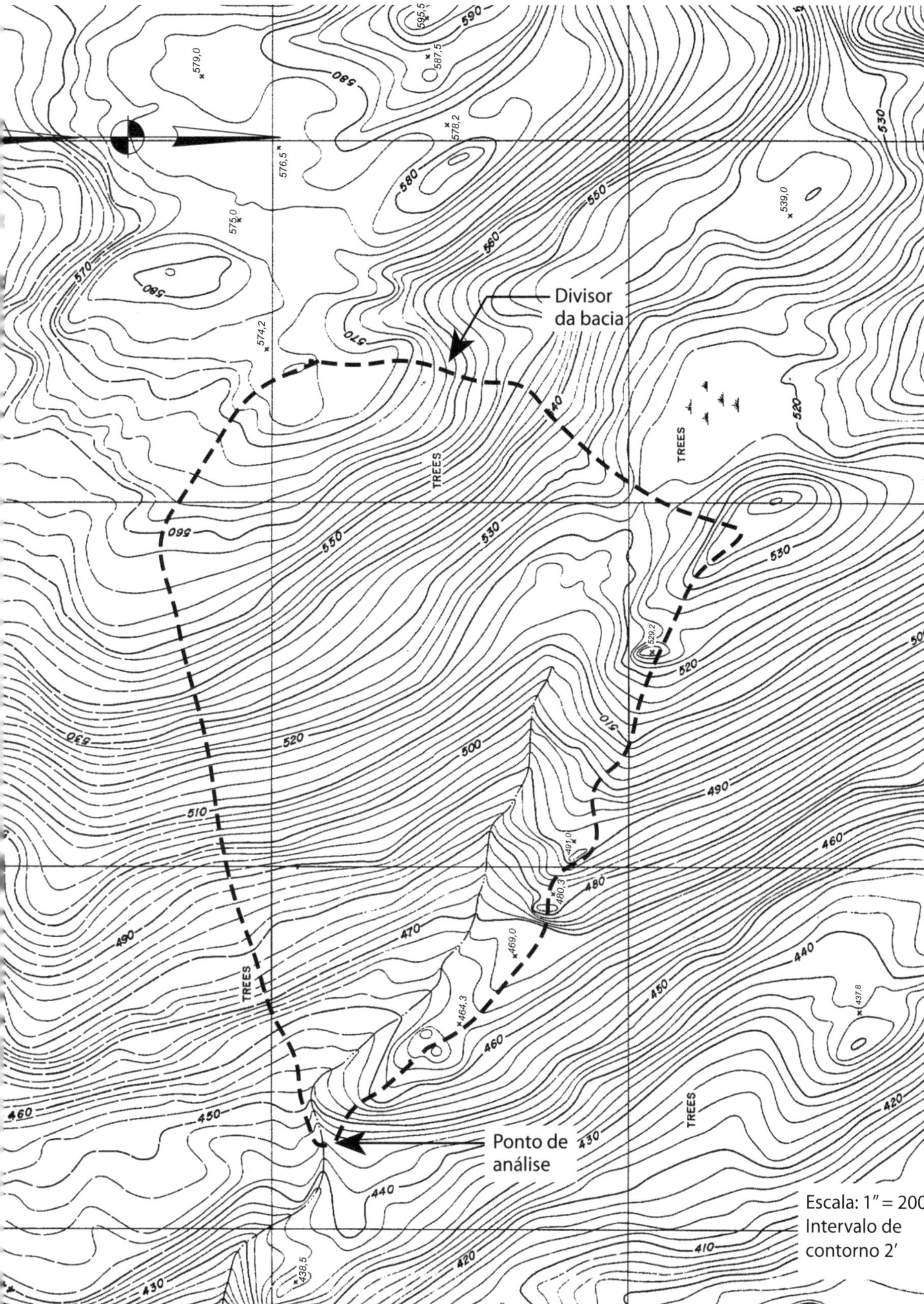

FIGURA 11-16 Delineamento de uma bacia de drenagem localizada em San Diego, Califórnia. *(Mapa adaptado de Aero Service)*

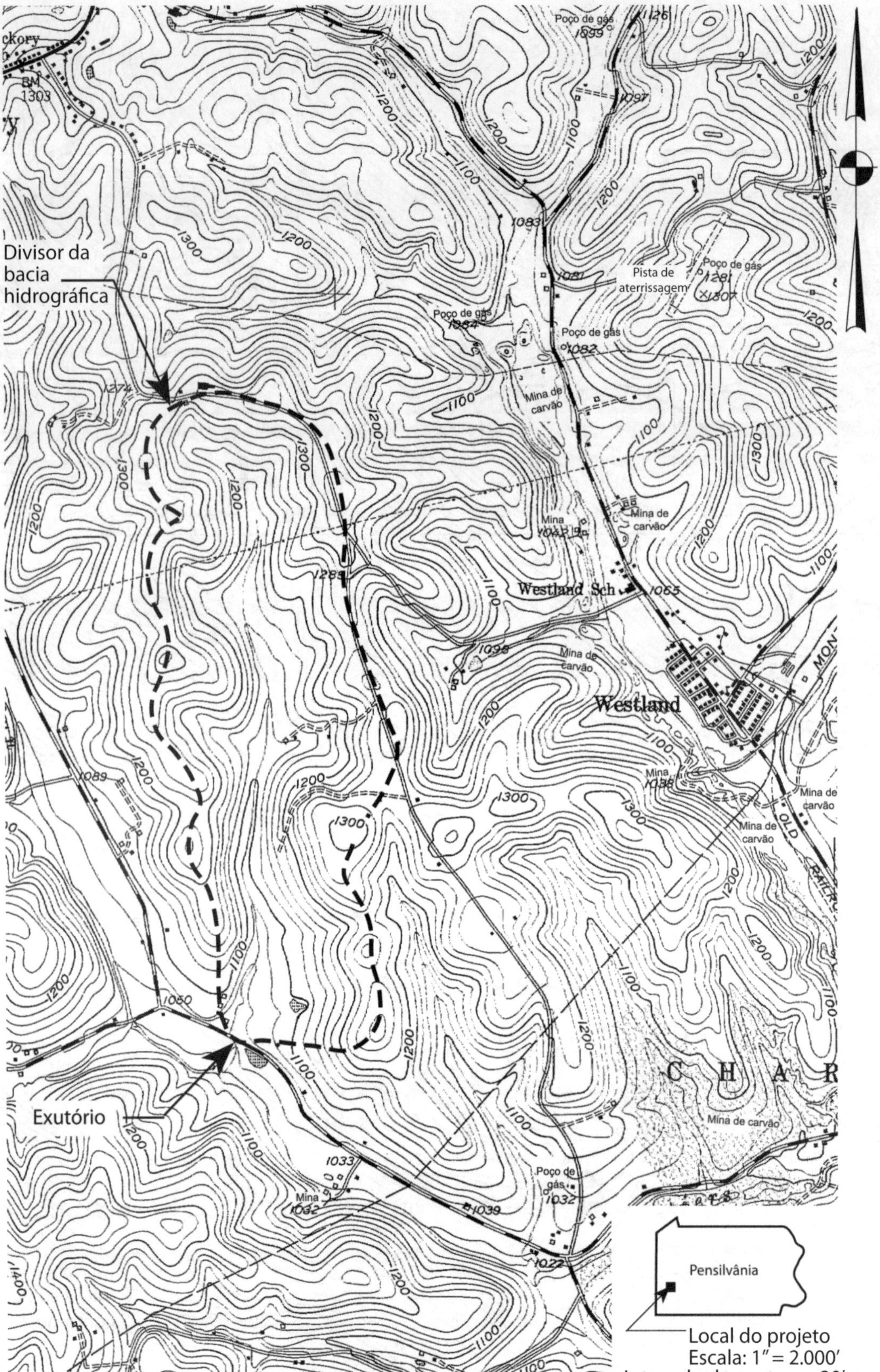

FIGURA 11-17 Delineamento de uma bacia de drenagem localizada no oeste da Pensilvânia. *(Cortesia de U.S. Geological Survey)*

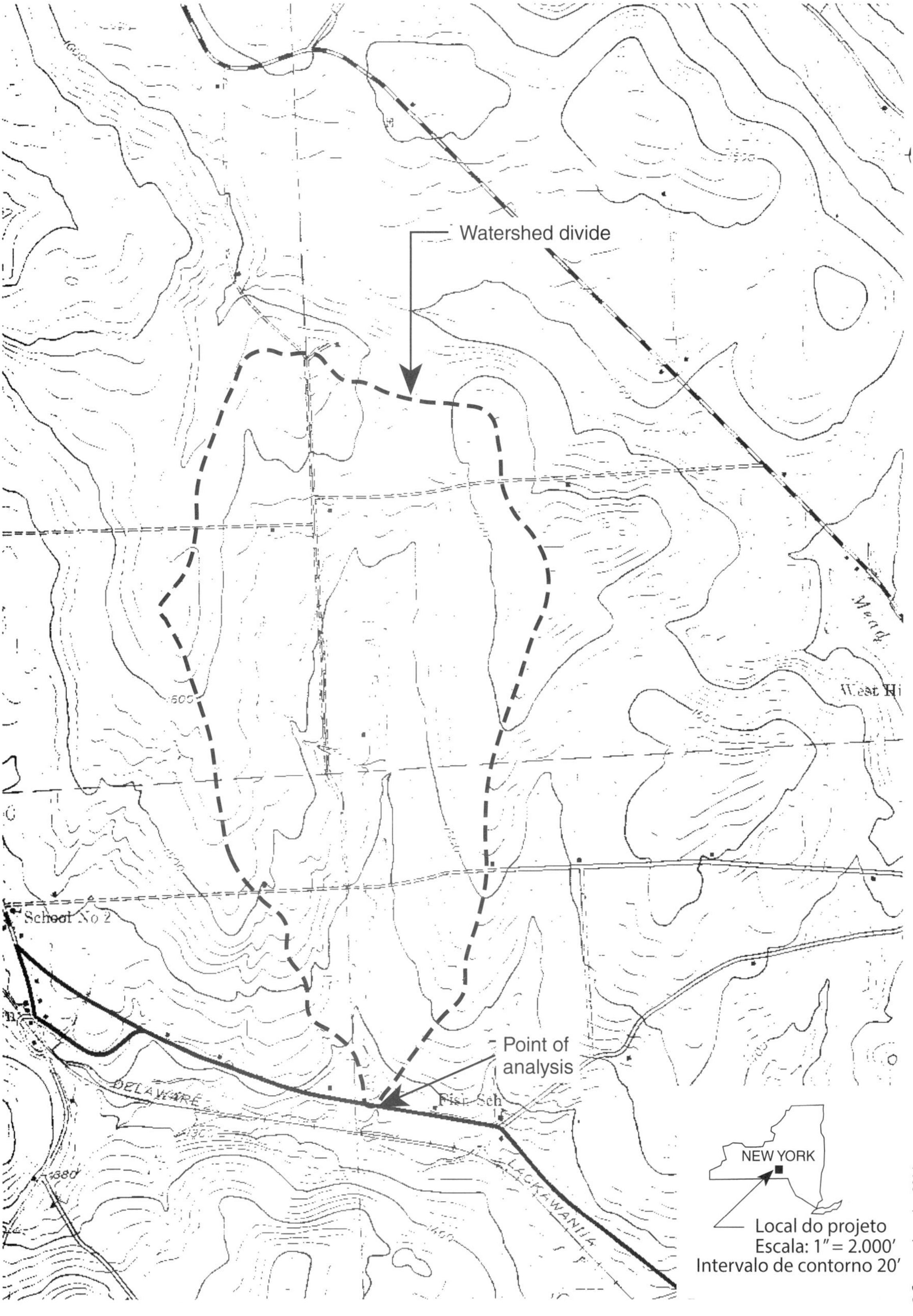

FIGURA 11-18 Delineamento de uma bacia de drenagem localizada em Nova Iorque. *(Cortesia de U.S. Geological Survey)*

Sub-bacia 1

A_m = 1,012 s.m.

CN = 82

t_c = 1,0 h

Sub-bacia 2

A_m = 0,761 s.m.

CN = 63

t_c = 2,0 h

Sub-bacia 3

A_m = 0,550 s.m.

CN = 71

t_c = 0,50 h

Tempo de percurso do ponto A até o exutório: 0,30 hora.

226a

27. Calcule o hidrograma de escoamento para uma precipitação de 50 anos de tempo de retorno incidindo em uma bacia hidrográfica localizada em St. Paul, Minnesota (como exibida na Figura 11-11). A bacia tem os seguintes parâmetros:

Sub-bacia 1
A_m = 0,786 s.m.
CN = 70
t_c = 0,50 h

Sub-bacia 2
A_m = 1,255 s.m.
CN = 84
t_c = 1,0 h

Sub-bacia 1
A_m = 0,923 s.m.
CN = 65
t_c = 1,50 h
Tempo de percurso do ponto A até o exutório: 0,75 hora.

28. Calcule a vazão de pico usando o Método Racional para a bacia de drenagem exibida na Figura 10-28, considerando uma precipitação de 25 anos. A bacia está em Atlanta, Georgia. Para uma seção transversal média do curso d'água, use a do Exemplo 11-1.

29. Calcule a vazão de pico usando o Método Racional para a bacia de drenagem exibida na Figura 10-29, considerando uma precipitação de 25 anos. A bacia está em Nova Jersey. Para uma seção transversal média do curso d'água, use a do Exemplo 11-1. Suponha que todas as estradas tenham coroas e calhas de escoamento em ambos os lados.

30. Calcule a vazão de pico usando o Método NRCS para a bacia hidrográfica exibida na Figura 10-30, considerando uma precipitação de 100 anos. A bacia hidrográfica está perto de Pittsburgh, Pensilvânia. Suponha que o tipo de solo seja Jonesville e que toda a bacia hidrográfica (exceto as estradas) seja arborizada (condição regular). Para uma seção transversal média do curso d'água, use a do Exemplo 11-1.

BIBLIOGRAFIA COMPLEMENTAR

AKAN, A. O. *Urban stormwater hydrology, a guide to engineering calculations.* Lancaster: Technomic Publishing, 1993.

COMMONWEALTH OF PENNSYLVANIA, PENNDOT, Bureau of Design. *Design manual, Part 2, Highway design.* Publicação 13. Harrisburg: Commonwealth of Pennsylvania, 2009.

HAWKINS, R. H. et al. (ed.). *Curve number hydrology*: state of the practice. American Society of Civil Engineers, 2009.

NEW JERSEY DEPARTMENT OF TRANSPORTATION; DIVISION OF ROADWAY DESIGN; BUREAU OF ROADWAY DESIGN STANDARDS. *Roadway design manual.* Trenton: Department of Transportation, 2012.

URBAN WATER RESOURCES RESEARCH COUNCIL of ASCE; WATER ENVIRONMENT FEDERATION. *Design and construction of urban stormwater management systems.* Nova York e Alexandria: ASCE, 1992.

U.S. NATURAL RESOURCES CONSERVATION SERVICE. *National Engineering Handbook, Hydrology*. U. S. Department of Agriculture, 2012. Parte 630.

U.S. NATURAL RESOURCES CONSERVATION SERVICE. WinTR-55. Disponível em: http://www.wcc.nrcs.usda.gov/hydro, 2002.

U.S. SOIL CONSERVATION SERVICE. *Urban hydrology for small watersheds*. Springfield: U.S. Department of Agriculture, 1986. Technical Release 55.

VIESSMAN Jr., W.; LEWIS, G. L.; KNAPP, J. W. *Introduction to hydrology.* 3. ed. Nova York: Harper and Row, 1989.

WANIELISTA, M. P.; YOUSEF, Y. A. *Stormwater management*. Nova York: Wiley, 1993.

WANIELISTA, M. P. et al. Hydrology: water quantity and quantity control, New York: Wiley, 1996.

CAPÍTULO

12

Projeto de Drenagem de Águas Pluviais

Coletores e galerias de água pluvial são tubulações subterrâneas usadas para transportar, segura e convenientemente, as águas de chuva de áreas urbanizadas até os corpos d'água, como córregos, rios e lagos. São usados comumente em estradas, áreas de estacionamento e, algumas vezes, em gramados.

Antes do desenvolvimento de canalizações de águas pluviais, planejadores urbanos manejavam as águas pluviais canalizando-as em uma série de fundos de vales ao longo de ruas e vielas e, por fim, até os cursos d'água — uma prática ainda em uso em países subdesenvolvidos. Como a água permanecia na superfície do solo, havia transmissão de doenças e outros transtornos. A introdução de coletores pluviais permitiu o uso e a ocupação do solo com modernos avanços no transporte praticamente livre dos problemas relacionados a águas pluviais.

Durante o século passado, as canalizações pluviais foram usadas em ambientes urbanos para transportar água de esgoto e águas pluviais nos mesmos tubos. Esses sistemas são chamados **sistemas unitários**, os quais foram praticamente eliminados, dando lugar a coletores pluviais separados dos coletores de esgotos sanitários.

Neste capítulo, aprenderemos os princípios básicos do projeto hidráulico para coletores pluviais. Evidentemente, o projeto de um coletor pluvial inclui muitos outros fatores além da hidráulica, como estabilidade estrutural, métodos de construção e custos. Embora alguns desses fatores sejam mencionados, a ênfase será no projeto hidráulico.

OBJETIVOS

Ao concluir este capítulo, o leitor deverá ser capaz de:

- Projetar um sistema de coleta de água pluvial em uma estrada ou em uma área de estacionamento.
- Interpretar um perfil de coletor pluvial.
- Delinear áreas de drenagem incrementais em um projeto-padrão de coleta de água pluvial.
- Calcular as dimensões de tubos em um projeto-padrão de coleta de água pluvial.
- Projetar uma proteção com enrocamento para uma saída de tubulação de água pluvial.
- Relacionar um projeto-padrão de coleta de água pluvial a um estudo de caso real.

12.1 CONCEITOS FUNDAMENTAIS

Os três componentes principais de um sistema de coleta pluvial são a estrutura de entrada, a tubulação e o muro de contenção. A estrutura de **entrada** é projetada para permitir a afluência das águas pluviais no sistema de coleta, a **tubulação** transporta águas pluviais em direção ao corpo receptor e o **muro de contenção** permite que as águas pluviais saiam do sistema. A Figura 12-1 descreve esses elementos básicos.

As entradas geralmente são estruturas quadradas pré-moldadas de concreto, denominadas bocas de lobo, colocadas no solo e cobertas com uma grelha de ferro fundido ou concreto pré-moldado no nível do solo. A Figura 12-2 descreve uma boca de lobo comum. Em alguns países, muitas vezes são chamadas incorretamente de **bacias de captação**, que são estruturas coletoras pluviais similares, mas com um propósito um pouco diferente. Bacias de captação são projetadas com um fundo mais baixo que os canos de entrada e de saída, para formar um reservatório para retenção de sedimentos.

Além de permitirem a entrada de águas pluviais no sistema de coleta, as estruturas de entradas proporcionam acesso aos tubos para manutenção, bem como um ponto para alterar sua direção, pois normalmente eles devem estar dispostos em linha reta, sem curvas.

Os tubos são fabricados em uma variedade de materiais, incluindo concreto, concreto reforçado (RCP), metal ondulado e plástico. Quase sempre, as seções transversais dos tubos são circulares ou, com menor frequência, elípticas. A Figura 12-3 mostra alguns exemplos comuns. Geralmente, os tubos são dispostos em trincheiras, em alinhamentos e nivelamentos retos e precisos. Seções de tubos são projetadas para se encaixarem quando o tubo é disposto de sua extremidade a jusante até a sua extremidade a montante.

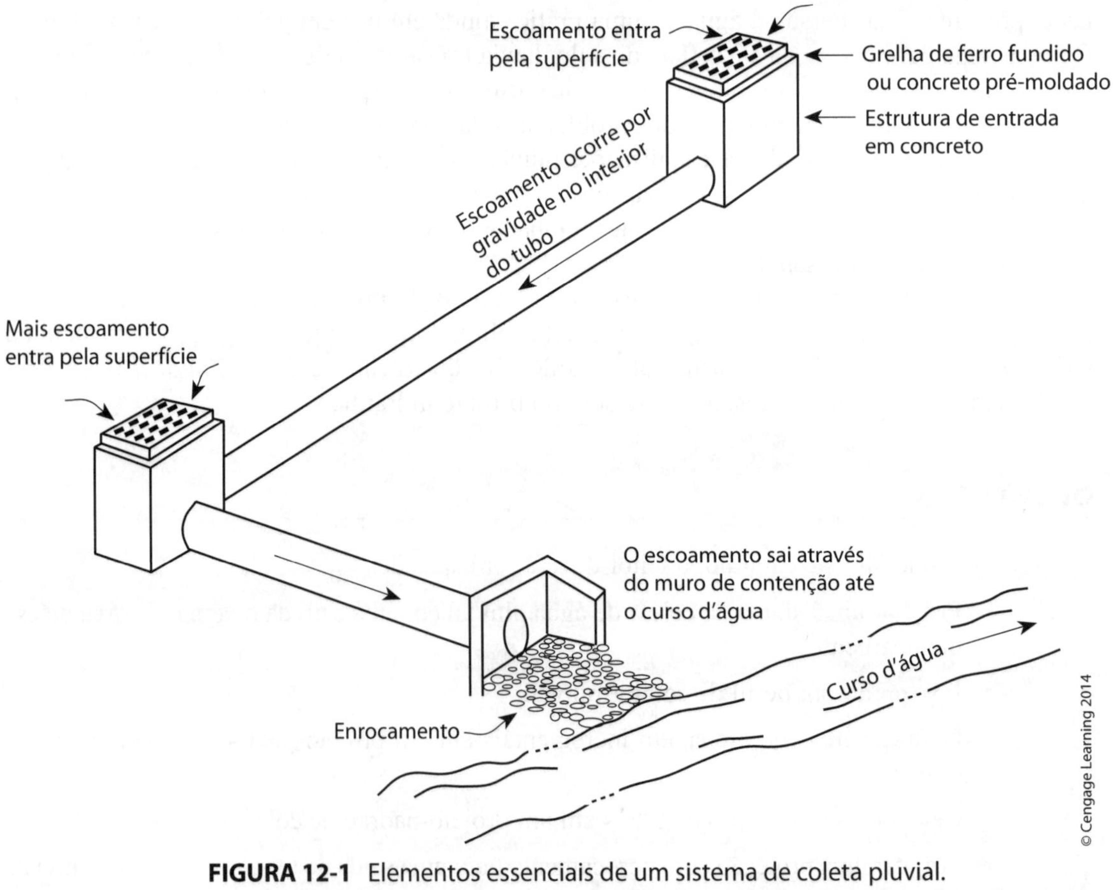

FIGURA 12-1 Elementos essenciais de um sistema de coleta pluvial.

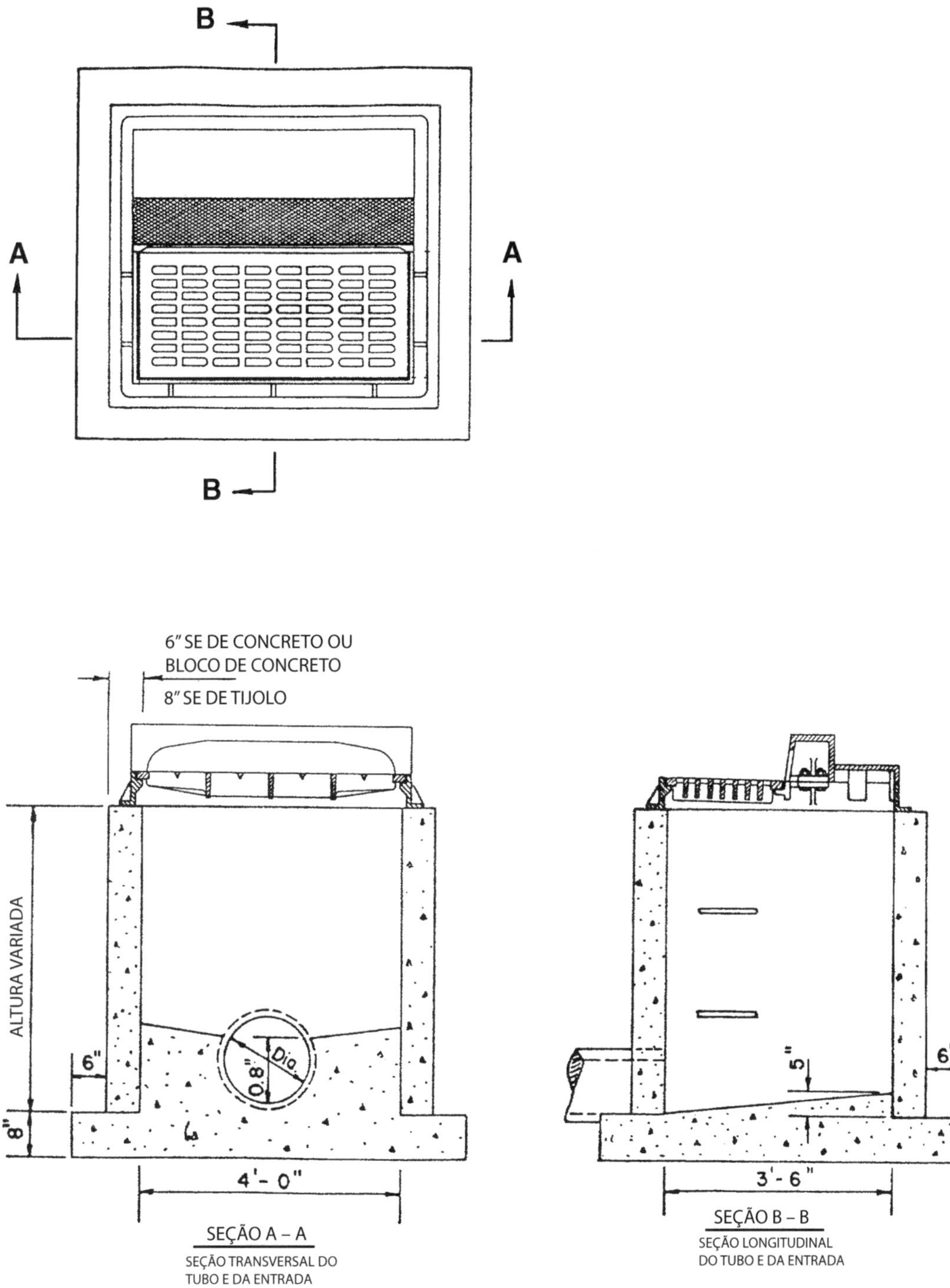

FIGURA 12-2 Detalhe da construção de uma estrutura de entrada de águas pluviais (boca de lobo).

FIGURA 12-3 Tubos para coleta de águas pluviais.

O elemento mais relevante de um projeto de coleta pluvial é a escolha de uma tubulação com diâmetro e declividade suficientes para transportar a vazão de projeto. Isso é feito comparando-se sua capacidade (em m^3/s) à vazão de projeto (m^3/s). Se a capacidade de escoamento da tubulação for maior, ela está adequada para uso no sistema de coleta de água pluvial.

No entanto, vários outros fatores devem ser considerados durante o projeto de um trecho de tubulação de águas pluviais. De início, a velocidade do escoamento deve ser apropriadamente controlada. Por um lado, a velocidade não deve ser muito baixa, ou silte e outros detritos podem se depositar ao longo da tubulação; por outro, velocidade elevada deve ser evitada. A velocidade mínima necessária para evitar assoreamento costuma ser chamada **velocidade de autolimpeza**, geralmente considerada em 2,0 pés/s (0,60 m/s). Portanto, a tubulação deve ser projetada de maneira a manter uma velocidade mínima de 2,0 pés/s (0,60 m/s) quando escoar com lâmina d'água igual a 50% do diâmetro (escoamento a meia-seção).

Velocidade elevada deve ser evitada porque pode erodir as paredes da tubulação ou sobrecarregar uma entrada em um ponto de conexão com outras tubulações no sistema de coleta. A escolha de uma velocidade máxima é, de alguma forma enganosa, porque ela depende de condições específicas do local. Algumas leis municipais determinam um padrão de projeto de 10 pés/s (3,0 m/s); em tais casos, essa seria a velocidade máxima. Na falta de regulamentação local, 15 pés/s (4,6 m/s) é um valor razoável para fins de projeto.

> ***Observação:*** uma estrutura de entrada torna-se sobrecarregada quando o nível d'água se eleva por causa da incapacidade de a tubulação de jusante transportar a vazão adequadamente.

Para manter uma velocidade suficiente e o sistema de drenagem funcionando regularmente, perdas de carga no sistema devem ser mantidas em um mínimo. Para conseguirmos isso, podemos, principalmente, adequar as transições de um segmento de tubulação até o seguinte.

Algumas regras básicas costumam ser usadas na prática atual da engenharia, e também são encontradas em algumas leis municipais. Primeiro, escolha um diâmetro mínimo de 12 polegadas (305 mm para a tubulação. (Algumas leis municipais exigem um mínimo de 15 polegadas, ou 380 mm.) Isso ajuda a prevenir a obstrução e facilita a manutenção. Segundo, no sistema de coleta de águas pluviais, cada trecho de tubulação deve ter diâmetro igual ou superior ao trecho imediatamente a montante. Essa é outra medida para prevenir obstrução. Então, por exemplo, se um trecho de tubulação possui um diâmetro de 24 polegadas e o próximo trecho a jusante precisa ser um tubo de apenas 18 polegadas para transportar a vazão de projeto, você deve escolher, mesmo assim, um de 24 polegadas. Uma terceira regra relaciona-se a transições de um determinado diâmetro para um maior. Ao fazer uma transição em uma entrada, o alinhamento vertical dos tubos que entram e saem deve fazer as coroas (geratrizes superiores) se alinharem (não a soleira do tubo). Isso promove um escoamento mais suave e ajuda a prevenir um remanso a montante. A Figura 12-4 ilustra essas regras gerais.

12.2 INVESTIGAÇÃO DE PROJETO

Antes de iniciar o projeto de um sistema de drenagem de águas pluviais, alguns passos devem ser seguidos e alguns dados essenciais devem ser coletados por meio de investigações de campo e de outras fontes:

1. Reunião sobre o projeto.
2. Mapa topográfico.
3. Reconhecimento do local.
4. Regulamentos sobre o uso e a ocupação do solo no local.
5. Relatórios ou projetos de engenharia relacionados.

Primeiro, uma reunião sobre o projeto deve ser feita com o contratante, ou seja, a pessoa que pagará pelo novo sistema de drenagem pluvial. O contratante pode ser um empreiteiro, que deseja realizar a construção para fins lucrativos, ou órgãos municipais, que objetivam aperfeiçoar a drenagem em uma de suas vias.

Na reunião, deve-se determinar o escopo do projeto o mais claramente possível. O objetivo de projeto inclue os limites físicos do local, a natureza do desenvolvimento e se será necessário algum aperfeiçoamento fora do local. O contratante deve fornecer um levantamento sobre as divisas da área e um esboço que mostre o projeto proposto em forma esquemática. Se não houver um levantamento, deve ser estabelecido, durante a reunião, se será providenciado um. Além disso, é preciso determinar se há a necessidade de um levantamento topográfico para o projeto.

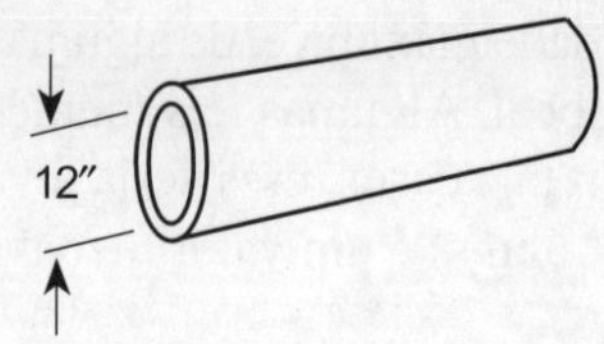

Use um mínimo de 12″ de diâmetro para tubulação

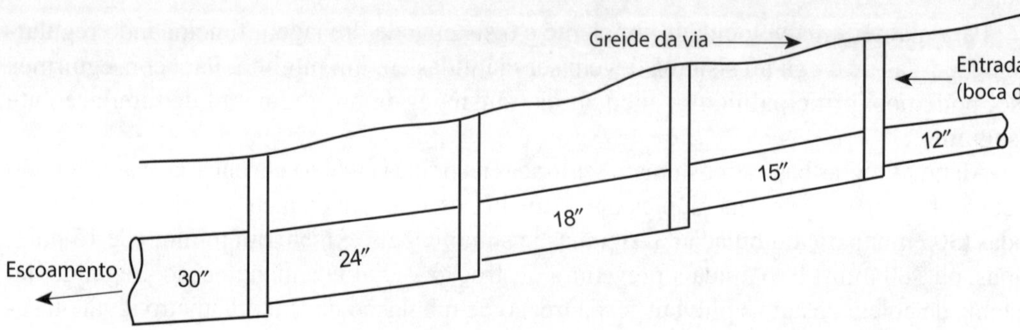

PERFIL
Nunca diminua os diâmetros dos tubos que seguem a jusante

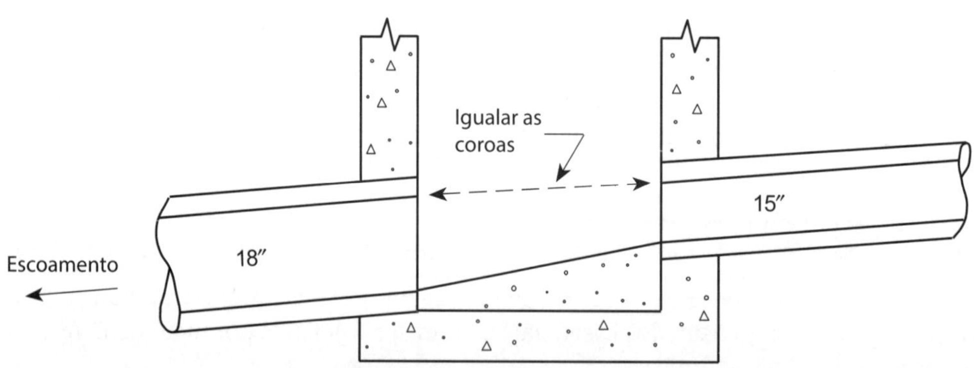

SEÇÃO
Ao fazer a transição de um tubo maior para um menor,
iguale os alinhamentos das coroas (não as soleiras).

FIGURA 12-4 Algumas regras básicas para projetos de tubulações de águas pluviais.

Levantamentos topográficos e dos limites da área, se necessários, são parte dos serviços básicos de engenharia a serem fornecidos para o projeto.

Um levantamento topográfico é quase sempre necessário para delinear áreas de drenagem para cálculo de escoamento. Para a maioria dos projetos, bacias hidrográficas são relativamente pequenas, exigindo uma topografia detalhada para determinar adequadamente as áreas de drenagem. Em geral, os mapas são preparados em uma escala de 1" = 50' (1:600) ou mais, com linhas de contorno desenhadas a um intervalo de 2 pés. Mapas topográficos de quadrangulares do USGS (United States Geological Survey), desenhados a uma escala de 1" = 2.000' (1:24.000), e intervalo de contorno de 10 ou 20 pés não são detalhados o bastante para um projeto de sistemas de drenagem pluvial.

Um mapa topográfico pode ser preparado por um desses três métodos:

1. O mapa pode ser baseado em um levantamento topográfico de solo, conduzido por uma equipe no local.
2. O mapa pode ser baseado em um levantamento topográfico aéreo, que é desenhado a partir de fotografias aéreas e calibrado por controle limitado de levantamento do solo.
3. Pode ser usada uma combinação de levantamentos aéreo e de solo.

Se o sistema de drenagem pluvial for parte de um novo desenvolvimento, no qual todas as vias e as áreas de estacionamento serão desenhadas a partir do zero, uma topografia aérea é indicada. No entanto, se vias já existentes estiverem envolvidas e o sistema de drenagem pluvial proposto tiver que se conectar a tubulações também existentes, é necessária uma topografia mais precisa para especificar os recursos lá presentes. Nesses casos, deve ser usada uma combinação de topografias aérea e de solo.

Obtido o mapa topográfico, deve ser realizada uma visita ao local para verificar os dados do mapa e determinar certas informações importantes não exibidas. Por exemplo, o tipo de cobertura do solo deve ser observado para ajudar na escolha dos coeficientes de deflúvio (escoamento superficial). Além disso, se uma via já existente tiver uma sarjeta em funcionamento, ela deve ser estudada para ajudar a determinar o percurso hidráulico. Mais ainda, se uma construção existente tiver um complexo padrão de drenagem não evidente no mapa topográfico, essa condição deve ser observada.

Outro objetivo da visita ao local é verificar a existência de quaisquer serviços subterrâneos e o valor de c composto para a área acumulada. Quaisquer serviços de utilidade pública não presentes no mapa devem ser adicionados a ele. Legislações locais aplicáveis devem ser obtidas como parte da investigação do projeto. Elas, com frequência, especificam alguns parâmetros de projeto, como precipitação de projeto, coeficientes de deflúvio ou tipo de espaçamento das estruturas de entrada (bocas de lobo). Se leis municipais ou estaduais não se aplicarem ao projeto, os parâmetros devem, ainda assim, ser considerados. Além disso, as curvas de intensidade-duração-frequência (I-D-F — *intensity-duration-frequency*) da precipitação para o local do projeto devem ser obtidas. Finalmente, se qualquer desenvolvimento prévio nas adjacências do projeto gerou plantas de projetos ou relatórios, estes devem também ser adquiridos. Plantas existentes podem dar suporte ao projeto proposto e até indicar quais ideias já foram aprovadas pela agência local de autorização.

Costuma também ser útil agendar uma reunião preliminar com o engenheiro municipal que tiver jurisdição sobre o projeto. Esse tipo de reunião estabelece uma harmonia com o engenheiro e pode revelar problemas ou restrições ao projeto antes não evidentes nos outros materiais já reunidos.

De posse de todas as informações reunidas durante a investigação do projeto, é possível, então, dar início a ele.

12.3 ESBOÇO DO SISTEMA DE DRENAGEM

O primeiro passo no projeto de um sistema de drenagem pluvial é o esboço (*layout*) do sistema. No mapa topográfico do local, encontre o melhor ponto para o lançamento das águas pluviais no corpo receptor, um córrego ou outro corpo d'água. Você pode precisar de mais de um ponto de lançamento. Em seguida, localize as posições das bocas de lobo, que ficam em pontos baixos, onde elas podem reunir o escoamento com mais eficiência. Finalmente, conecte as bocas de lobo com as tubulações e verifique se os seus alinhamentos vertical e horizontal não interferem em outros serviços de utilidade ou outros componentes do local.

A escolha do ponto de lançamento é muito importante e nem sempre fácil. O princípio mais importante a guiar essa decisão é que as águas pluviais devem ser transferidas da tubulação para o corpo receptor com segurança e sem causar danos por erosão ou inundação. Assim, por exemplo, uma descarga não seria posicionada no meio de um campo, porque o escoamento concentrado saindo da tubulação provavelmente causaria erosão no campo. Se um curso d'água adequado não estiver disponível no lugar do projeto, você poderá se ver obrigado a estender seu sistema a uma distância considerável além do local, para encontrar um ponto de lançamento apropriado. Na seção 12.5, vários métodos de prevenção de erosão são discutidos.

Em muitos projetos, um coletor pluvial adjacente ou próximo já existente pode ser utilizado como corpo receptor, eliminando a necessidade de lançamento em um curso d'água. Em tais casos, o coletor pluvial proposto se conecta a uma das bocas de lobo existentes e, com efeito, se torna parte do sistema existente. Pode ser necessário, entretanto, verificar a capacidade das tubulações existentes para conferir se elas podem suportar a vazão adicional do sistema proposto. Uma seleção correta dos locais de instalação das bocas de lobo é crucial para um bom projeto de coleta pluvial. Além de escolher pontos baixos, muitos outros fatores devem ser considerados. Os mais importantes são resumidos a seguir.

1. **Nivelamento.** Obviamente, as bocas de lobo devem ser instalados onde o escoamento possa entrar. Isso é possível pela coordenação do nivelamento do local com o posicionamento das bocas de lobo, ou seja, modelando o solo para canalizar o escoamento por gravidade até a entrada. A maneira mais comum de fazê-lo é usar meio-fio ou sarjeta ao longo da borda da via ou da área de estacionamento. Onde não houver meio-fio ou sarjeta, como no meio de um gramado, o solo é nivelado em uma baixada.

2. **Espaçamento.** As bocas de lobo devem estar próximas o bastante para prevenir que qualquer uma delas receba vazão superior à capacidade de engolimento. Uma boca de lobo comum pode suportar aproximadamente 4 cfs (0,1 m^3/s). Quando bocas de lobo são dispostas em sequência juntas ao meio-fio, não devem estar espaçadas umas das outras em mais de aproximadamente 250 pés lineares (75 metros lineares) para prevenir excesso de vazão pela sarjeta e inundação do passeio. Esse espaçamento também permite acesso aos tubos para inspeção e manutenção. De modo inverso, as bocas de lobo não devem ficar muito próximas umas das outras, porque tal espaçamento seria desnecessariamente caro.

3. **Mudança de direção.** Como os tubos de coletores pluviais devem ser retos, precisam formar ângulos pronunciados em cada mudança de direção. Para prevenir obstrução nos pontos de curva e fornecer acesso aos tubos, estruturas especiais são fornecidas em cada mudança de direção. Essas estruturas são, comumente, poços de visita ou bocas de lobo.

4. **Mudança de declividade ou de diâmetro do tubo.** Pelas mesmas razões da mudança de direção, bocas de lobo ou poços de visita devem ser colocados em cada ponto onde houver mudança de declividade ou do diâmetro do tubo.

As Figuras 12-5 e 12-6 mostram dois exemplos de desenho de sistema de coleta pluvial. Na Figura 12-5, são ilustrados vários princípios de desenhos de vias. Primeiro, o escoamento ocorre ao longo de sarjetas, onde é captado pelas bocas de lobo. A boca de lobo 2 intercepta o escoamento da área a oeste da via A, bem como o escoamento da metade a oeste sobre a via A. A boca de lobo 1, no entanto, intercepta o escoamento da metade a leste da Via A e de mais nenhum outro lugar. Embora a boca de lobo 1 intercepte muito pouco escoamento em comparação com a boca de lobo 2, ela é incluída no sistema para reduzir a vazão na sarjeta ao longo do lado leste da via A. As bocas de lobo 3 e 4 são colocadas no lado ascendente da interseção para prevenir que o escoamento na sarjeta continue através da interseção onde ele poderia interferir no movimento do tráfego. O poço de visita 5 é incluído para fornecer uma conexão a duas seções que se juntam. Os trechos de tubulação que atravessam a via, ou seja, entre as bocas de lobo 1 e 2 e as bocas de lobo 6 e 7, são chamados sarjetas transversais (em algumas situações, denominadas sarjetões) e servem para transportar o escoamento de um lado da via para o lado onde o escoamento na sarjeta (ou tubulação) está sendo direcionado.

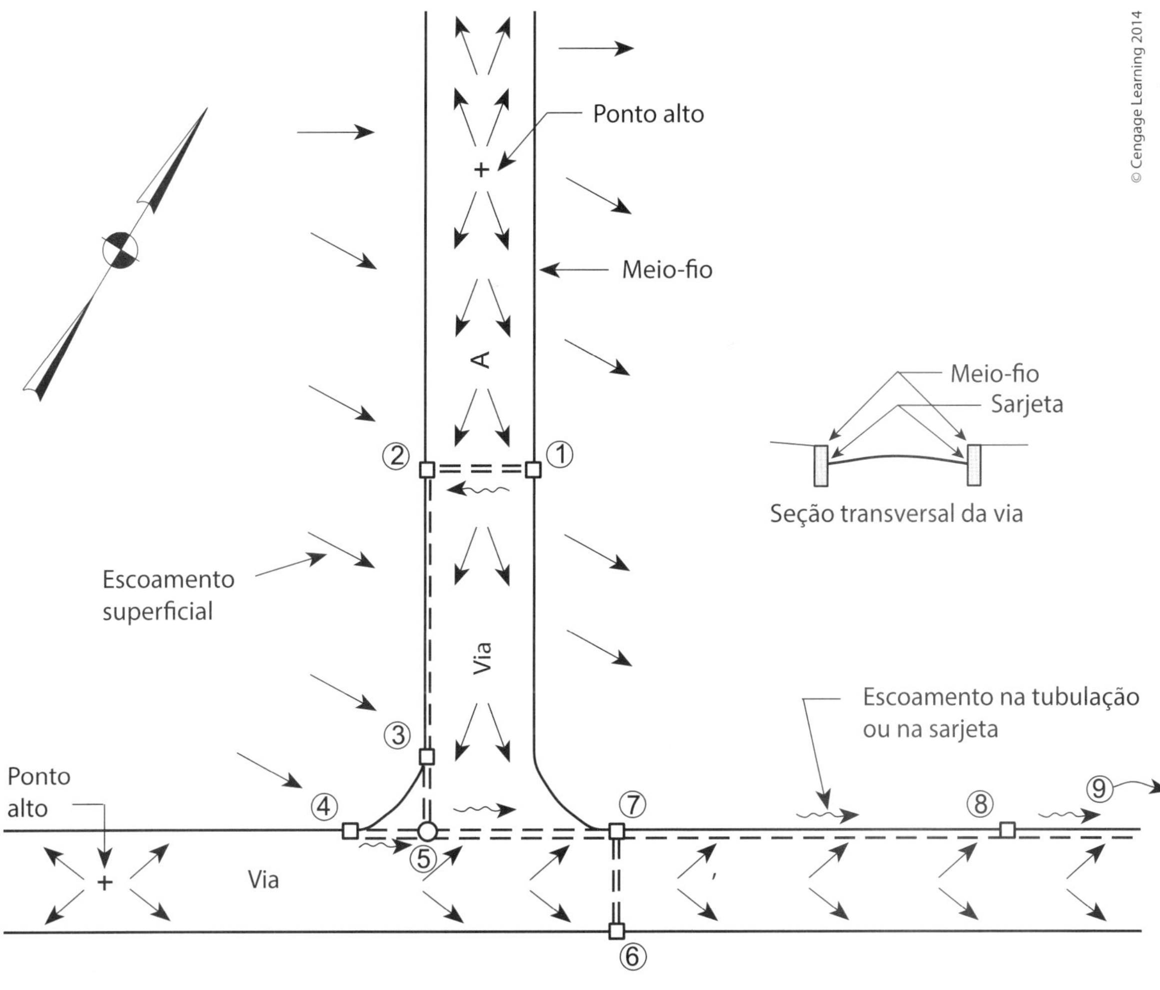

FIGURA 12-5 Esboço típico da coleta de águas pluviais em uma via.

Na Figura 12-6, as bocas de lobo mais uma vez são dispostas de maneira a interceptar o escoamento ao longo do meio-fio, embora, nesse caso, o meio-fio seja parte da área de estacionamento de um edifício. As bocas de lobo devem estar em cada ponto baixo para prevenir empoçamentos, e precisam ser numerosas o bastante para evitar escoamento excessivo na área de estacionamento. Observe os tubos que saem das duas esquinas do edifício transportando o escoamento proveniente do telhado. Esses tubos também poderiam transportar água de um dreno, caso houvesse um instalado.

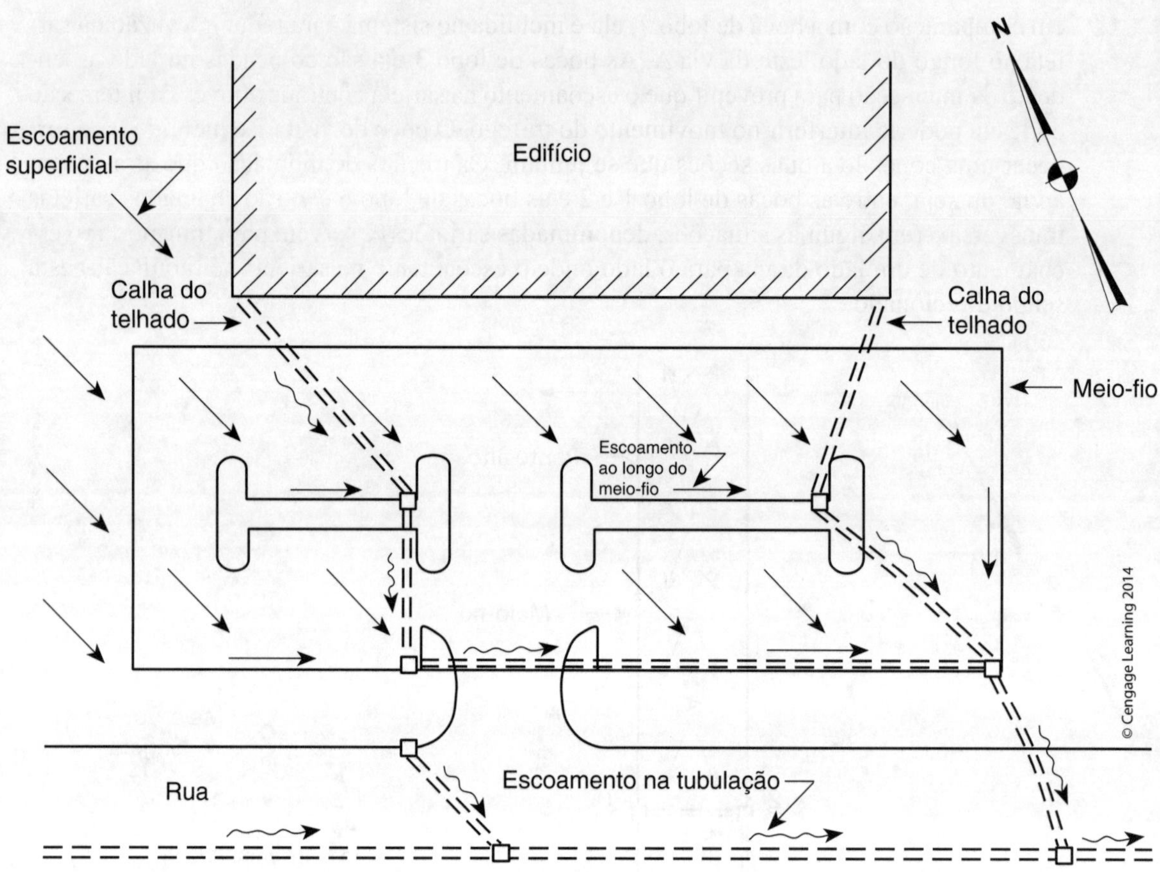

FIGURA 12-6 Esboço típico da coleta de águas pluviais para uma área de estacionamento.

12.4 PROJETO HIDRÁULICO

Depois de feita a planta do sistema, pode-se começar o projeto hidráulico. O principal objetivo do projeto hidráulico é determinar o diâmetro dos tubos, trecho a trecho, em todo o sistema. Para isso, a vazão máxima, Q_p, deve ser calculada para cada trecho de tubulação, usando-se o Método Racional.

A Figura 12-7 mostra o mesmo sistema de coleta de águas pluviais exibido na Figura 12-5, mas com áreas de drenagem delineadas afluentes às bocas de lobo individuais. Essas áreas devem ser delineadas por meio de informações topográficas e de reconhecimento do local. Além disso, os percursos hidráulicos precisam ser traçados para cada área, com o objetivo de calcular os tempos de concentração.

Vamos considerar primeiro o trecho de tubulação da boca de lobo 1 para a boca de lobo 2, o mais a montante no sistema. Vamos nos referir a ele como trecho 1-2. Toda a água escoando nesse trecho se origina de sua área de drenagem, chamada área 1. O cálculo de Q_p é feito pelo procedimento descrito na seção 11.1, incluindo o tempo de concentração e o valor composto de c. Quando se conhece Q_p, um diâmetro e uma declividade são escolhidos para o trecho de tubulação, e sua correspondente capacidade é determinada. Se a capacidade for maior que Q_p, o trecho de tubulação é considerado adequado e aceito no desenho; se a capacidade for menor, o trecho de tubulação é inadequado, e deve ser escolhido um diâmetro maior e/ou uma declividade mais acentuada.

Além de verificar a capacidade do trecho de tubulação, deve-se conferir a capacidade da grelha de entrada de água pluvial (a mencionada capacidade de engolimento da boca de lobo). Se Q_p exceder 4 cfs (0,1 m³/s), é preciso adicionar outra entrada no local ou diminuir a distância entre as bocas de lobo, reduzindo a área de drenagem. No caso da boca de lobo 1, Q_p será muito menor que 4 cfs (0,1 m³/s), pois a sua bacia de drenagem afluente consiste em apenas uma parte da superfície da via.

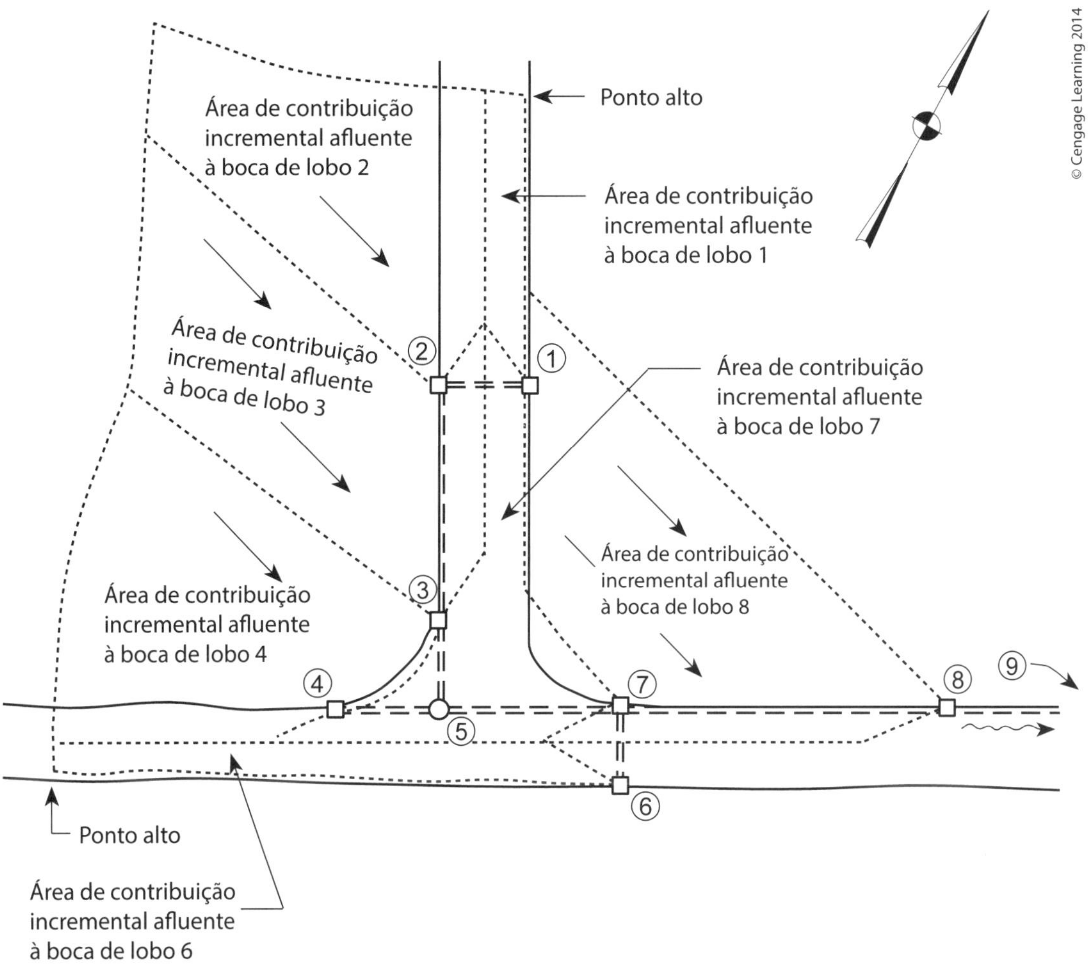

FIGURA 12-7 Áreas de drenagem delineadas afluentes às bocas de lobo individuais de um sistema de coleta de águas pluviais comum.

Por ser tão pequena a área 1, o tempo de concentração também é pequeno. O ponto mais remoto na bacia localiza-se no centro da via, no ponto alto, e a maior parte do percurso hidráulico segue ao longo da sarjeta. Para bacias muito pequenas como essa, os projetistas geralmente usam um valor mínimo de tempo de concentração de 6 minutos. (Alguns projetistas usam um valor mais alto, como 10 minutos.) Assim, se um cálculo estrito de t_c resulta em um valor como 2,8 minutos, adota-se tempo de 6,0 minutos nos cálculos do Método Racional. Isso não reduz a validade do projeto em geral.

Em seguida, considere o trecho de tubulação entre as bocas de lobo 2 e 3. A água escoada nesse trecho provém de duas fontes diferentes: uma parte vem do trecho 1-2, enquanto o restante entra diretamente na boca de lobo 2. Para calcular Q_p para esse trecho, usa-se uma área de drenagem afluente igual à soma das áreas para as bocas de lobo 1 e 2.

A Figura 12-8 mostra como as áreas de drenagem são cumulativas à medida que este cálculo se realiza. A Figura 12-8(b) mostra a área de drenagem para o trecho de tubulação 2-3. Para calcular o tempo de concentração para essa área, segue-se o procedimento descrito na seção 10.3, no qual o percurso hidráulico mais longo é escolhido. A Figura 12-9 mostra dois possíveis percursos hidráulicos para o cálculo de t_c para o trecho de tubulação 2-3. Observe que ambos os pontos terminam na boca de lobo 2, que é o ponto de análise para o trecho de tubulação 2-3. Como o percurso B inclui o escoamento sobre o solo além do escoamento na sarjeta, ele sem dúvida terá um tempo maior que o do percurso A. Portanto, o percurso B é escolhido.

Em seguida, voltamos nossa atenção ao trecho de tubulação 3-5. A Figura 12-8(c) mostra a área de drenagem afluente a esse trecho, que inclui a área anterior mais a área incremental afluente à boca de lobo 3. Para calcular o tempo de concentração para essa área, escolhe-se o percurso hidráulico mais longo entre os três possíveis mostrados na Figura 12-10. Observe que todos os três percursos terminam na boca de lobo 3, o ponto de análise para o trecho 3-5. O percurso B ou o percurso C poderiam ter um tempo de escoamento mais longo. Isso pode ser determinado apenas pelo cálculo de t_c para ambos os percursos e pela comparação dos valores. O percurso que resultar em um valor maior de t_c será selecionado, e aquele t_c será usado para calcular Q_p para o trecho de tubulação 3-5.

O próximo trecho é o 4-5, mas, neste caso, não adicionamos as áreas de drenagem anteriores, como fizemos com o trecho 3-5. O trecho 4-5 é uma ramificação do sistema de drenagem e, portanto, não transporta a vazão escoada das áreas a montante. Na Figura 12-8(d), vemos que a área de drenagem para esse trecho está confinada à área incremental afluente à boca de lobo 4 citada como área 4. O tempo de concentração para esse trecho é simplesmente o tempo de concentração para a área 4.

O próximo trecho é o 5-7. A Figura 12-8(c) mostra que a área de drenagem afluente a esse trecho inclui a soma de todas as áreas incrementais a montante. Nenhum escoamento está diretamente afluente ao trecho 5-7, pois o poço de visita 5 não possui grelha pela qual a água possa entrar. Assim, toda a vazão escoando no trecho 5-7 vem das duas seções a montante do sistema. O poço de visita 5 representa a confluência das duas seções, bem como o ponto de análise para o cálculo de Q_p para o trecho 5-7. O tempo de concentração para esse cálculo é baseado no percurso hidráulico mais longo entre os quatro possíveis que se originam nas quatro áreas de drenagem incrementais a montante.

O próximo trecho de tubulação considerado no projeto é o trecho 6-7. Essa é outra ramificação do sistema (como o trecho 4-5) e possui uma área de contribuição como a exibida na Figura 12-8(f). O cálculo de Q_p para esse trecho é similar ao do trecho 1-2, que possui uma área de drenagem e um tempo de concentração comparáveis.

O trecho seguinte é o 7-8, no qual escoa vazão de três fontes diferentes: trecho 6-7, escoamento acumulado no trecho 5-7 e escoamento chegando à boca de lobo 7.

A Figura 12-8 mostra a área de contribuição para esse trecho. O tempo de concentração é baseado no percurso hidráulico mais longo – terminando na boca de lobo 7 – entre os seis percursos possíveis que se originam nas seis áreas de contribuição incrementais a montante.

O último trecho no sistema em análise é o trecho 8-9. A Figura 12-7 mostra a boca de lobo 8 e uma tubulação estendendo-se a leste até a boca de lobo 9, embora a boca de lobo 9 não seja realmente exibida. A Figura 12-8(h) mostra a área de contribuição a esse trecho, que consiste na soma de todas as áreas incrementais a montante. O tempo de concentração para esse trecho é calculado da mesma maneira usada para os trechos anteriores, selecionando-se o percurso hidráulico que produz o tempo de escoamento mais longo.

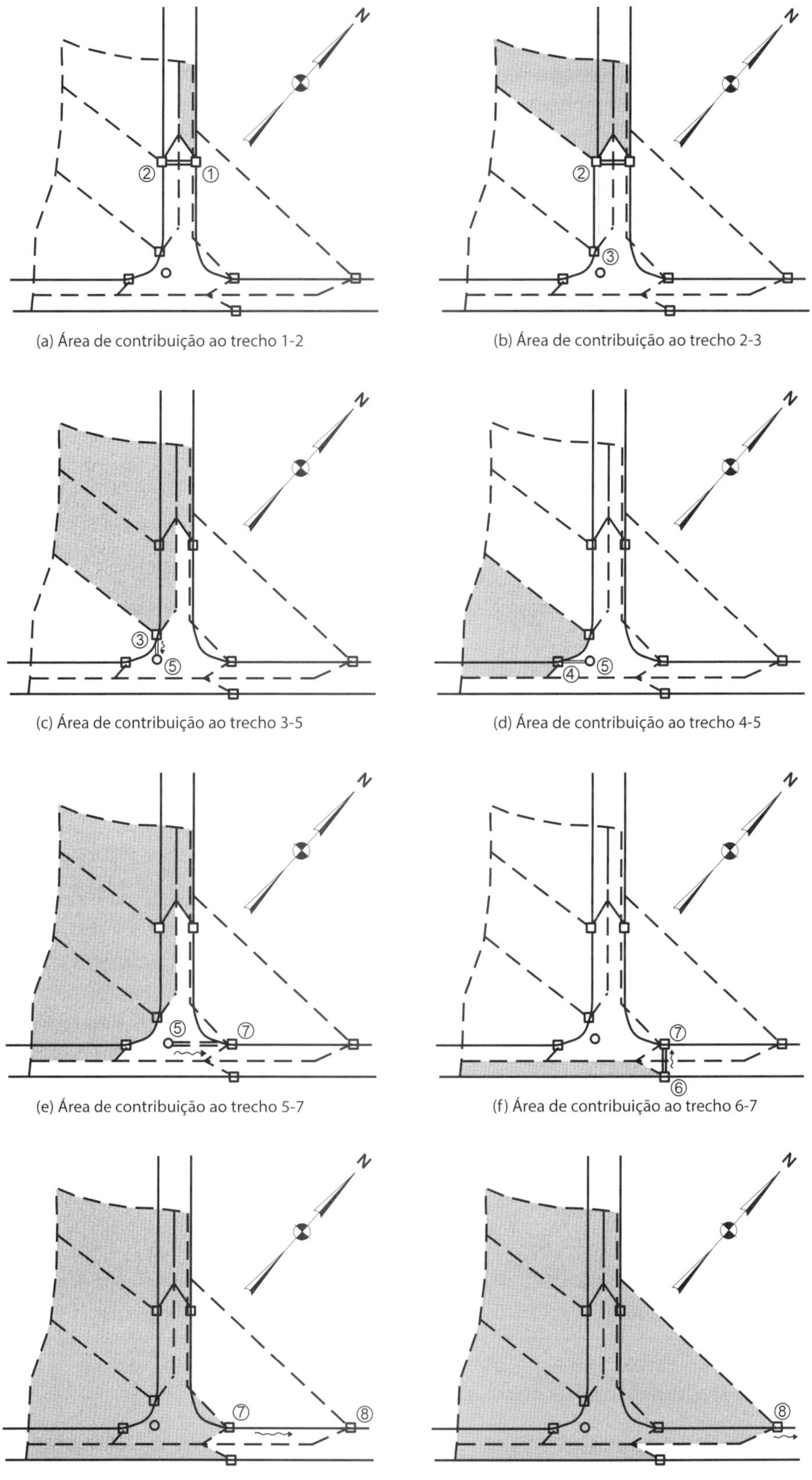

FIGURA 12-8 Áreas de drenagem afluentes aos trechos de tubulação através do sistema de coleta de águas pluviais.

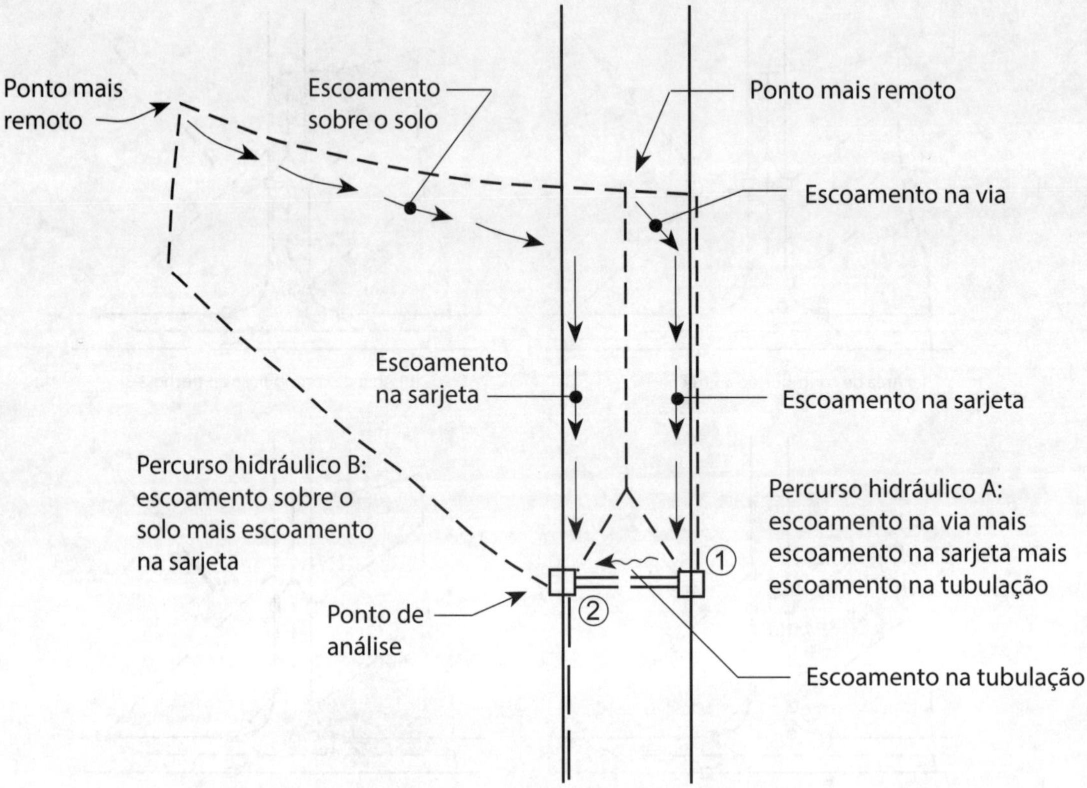

FIGURA 12-9 Dois percursos hidráulicos possíveis para o cálculo de Q_p para o trecho 2-3.

Exemplo 12-1

Problema

Calcule a vazão máxima em cada trecho de tubulação do sistema de drenagem pluvial descrito na Figura 12-7 para um projeto com tempo de retorno de 25 anos. Suponha que o local do projeto seja a Pensilvânia, Região 1, com os seguintes parâmetros:

Boca de lobo	Área de Contribuição Incremental (acres)	t_c* (mín.)	c**
1	0,07	6	0,95
2	0,46	10	0,45
3	0,52	10	0,48
4	0,65	9	0,41
5	—	—	—
6	0,10	6	0,95
7	0,15	6	0,95
8	0,70	14	0,38

* *Tempo de concentração para cada área de contribuição incremental.*

** *Coeficiente de escoamento composto para cada área de contribuição incremental.*

Solução

Trecho 1-2: como a área e o coeficiente de escoamento já são conhecidos, calcule a intensidade da precipitação usando as curvas I-D-F para a Pensilvânia (Região 1) no Apêndice C-3.

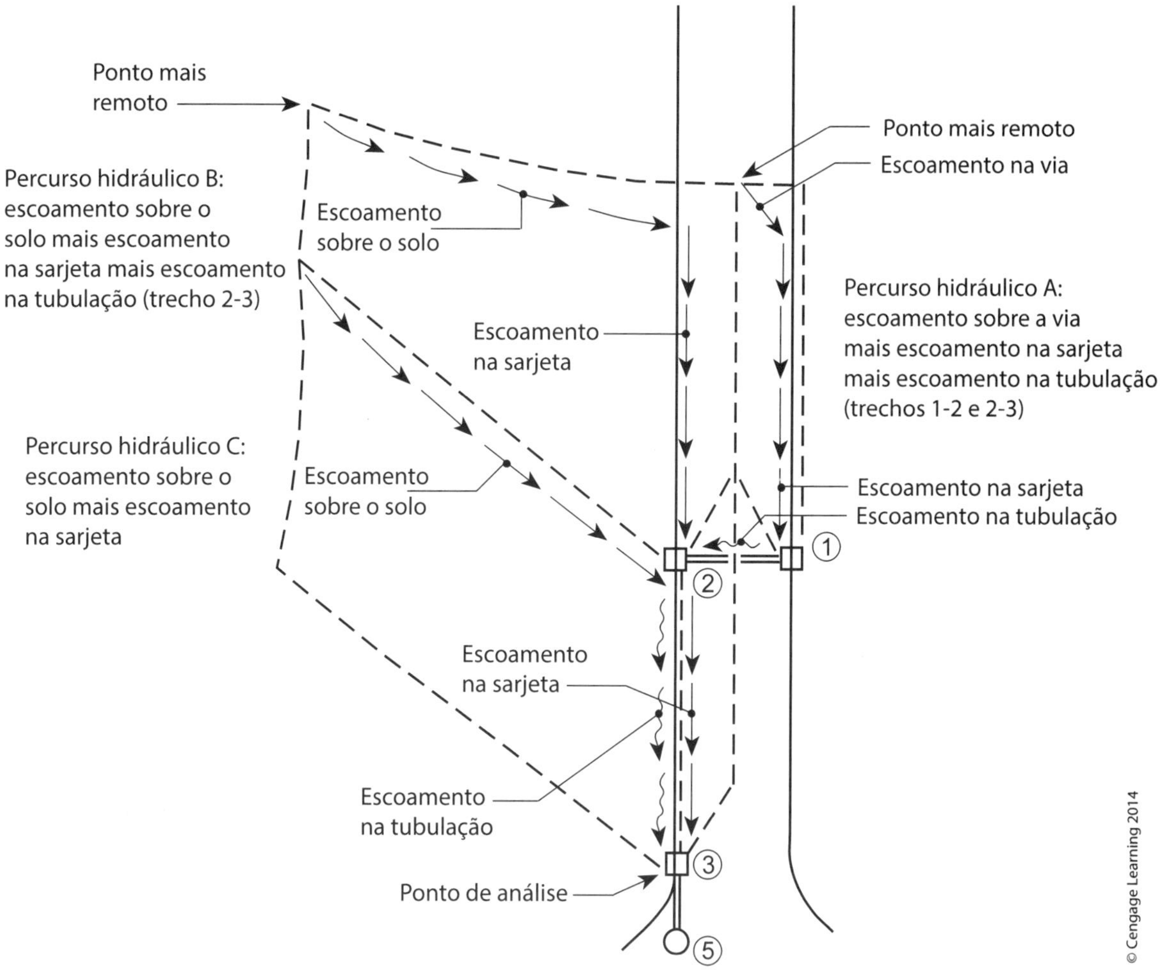

FIGURA 12-10 Três possíveis percursos hidráulicos para calcular Q_p para o trecho 3-5.

Se inserirmos uma duração de 6 minutos no gráfico I-D-F, a intensidade da precipitação para 25 anos será

$$i = 5{,}7 \text{ pol/h}$$

A vazão máxima é então calculada por meio da Equação 11-2:

$$\begin{aligned} Q_p &= Aci \\ &= (0{,}07)(0{,}95)(5{,}7) \\ &= 0{,}38 \text{ cfs (Resposta)} \end{aligned}$$

Trecho 2-3: a área de contribuição é igual à soma das áreas incrementais a montante:

$$\begin{aligned} A &= 0{,}07 + 0{,}46 \\ &= 0{,}53 \text{ acre} \end{aligned}$$

O coeficiente de escoamento composto é a média ponderada dos coeficientes de escoamento das áreas incrementais a montante:

$$\begin{aligned} c &= \frac{(0,07)(0,95)+(0,46)(0,45)}{0,53} \\ &= 0,52 \end{aligned}$$

O tempo de concentração é baseado no percurso hidráulico com o maior tempo de escoamento. O tempo total para a boca de lobo 2 ao longo do percurso hidráulico A, como exibido na Figura 12-10, é de 6,0 minutos mais o tempo de escoamento no trecho 1-2. Para este exemplo, suponha um tempo de escoamento de aproximadamente 0,1 minuto. Portanto, o tempo total é de 6,1 minutos. No entanto, o tempo total para a boca de lobo 2 ao longo do percurso hidráulico B, como exibido na Figura 12-10, é de 10 minutos (dado fornecido). Assim, o tempo de concentração é tido como

$t_c = 10$ min

A intensidade da precipitação é encontrada no Apêndice C-3: inserimos uma duração de 10 minutos. Portanto,

$i = 4{,}6$ pol/h

A vazão máxima é então calculada por meio da Equação 11-2:

$$\begin{aligned} Q_p &= Aci \\ &= (0{,}53)(0{,}52)(4{,}6) \\ &= 1{,}3 \text{ cfs (Resposta)} \end{aligned}$$

Trecho 3-5: a área de contribuição é igual à soma das áreas incrementais a montante:

$$\begin{aligned} A &= 0{,}07 + 0{,}46 + 0{,}52 \\ &= 1{,}05 \text{ acre} \end{aligned}$$

O coeficiente de escoamento composto é a média ponderada dos coeficientes de escoamento das áreas incrementais a montante:

$$\begin{aligned} c &= \frac{(0{,}07)(0{,}95) + (0{,}46)(0{,}45) + (0{,}52)(0{,}48)}{1{,}05} \\ &= 0{,}50 \end{aligned}$$

O tempo de concentração é baseado no percurso hidráulico com o maior tempo de escoamento. O percurso hidráulico A foi eliminado na análise para o trecho 2-3. O tempo total ao longo do percurso B para a boca de lobo 3 é de 10 minutos mais o tempo de escoamento no trecho 2-3, cujo valor agora vamos assumir como 0,5 minuto. Portanto, o tempo total é de 10,5 minutos. O tempo total para a boca de lobo 3 ao longo do percurso hidráulico C, como exibido na Figura 12-10, é de 10 minutos (dado fornecido). Assim, o tempo de concentração é considerado

$t_c = 10{,}5$ min

A intensidade da precipitação é encontrada no Apêndice C-3: inserimos uma duração de 10,5 minutos. Portanto,

$i = 4{,}5$ pol/h

A vazão de pico é então calculada pela Equação 11-2:

$$\begin{aligned} Q_p &= Aci \\ &= (1{,}05)(0{,}50)(4{,}5) \\ &= 2{,}4 \text{ cfs (Resposta)} \end{aligned}$$

Trecho 4-5: este trecho é uma ramificação do sistema de drenagem e, como mostrado antes, é tratado como se estivesse no início do sistema. A área e o coeficiente de escoamento são fornecidos. A intensidade da precipitação é encontrada no Apêndice C-3: inserimos uma duração de 9 minutos. Portanto,

$$i = 4{,}8 \text{ pol/h}$$

A vazão máxima é então calculada por meio da Equação 11-2:

$$\begin{aligned} Q_p &= Aci \\ &= (0{,}65)(0{,}41)(4{,}8) \\ &= 1{,}3 \text{ cfs (Resposta)} \end{aligned}$$

Trecho 5-7: a área de contribuição é igual à soma das áreas incrementais a montante:

$$\begin{aligned} A &= 0{,}07 + 0{,}46 + 0{,}52 + 0{,}65 \\ &= 1{,}70 \text{ acre} \end{aligned}$$

O coeficiente de escoamento composto é a média ponderada dos coeficientes de escoamento das áreas incrementais a montante:

$$c = \frac{(0{,}07)(0{,}95) + (0{,}46)(0{,}45) + (0{,}52)(0{,}48) + (0{,}65)(0{,}41)}{1{,}70}$$

$$= 0{,}46$$

O tempo de concentração é baseado no percurso hidráulico B, porque este requer maior tempo. Vimos que esse percurso possui um tempo de 10,5 minutos de seu início até a boca de lobo 3. No entanto, para o trecho 5-7, o ponto de análise é o poço de visita 5. Então, o tempo de concentração é de 10,5 minutos mais o tempo de escoamento no trecho 3-5, cujo valor, veremos mais tarde, é de 0,1 minuto. Assim, o tempo total é de 10,6 minutos. O tempo total até o poço de visita 5 ao longo de qualquer outro caminho é menor que 10,6 minutos. Então, o tempo de concentração é

$$t_c = 10{,}6 \text{ min}$$

A intensidade da precipitação é encontrada no Apêndice C-3: inserimos a duração de 10,6 minutos. Desse modo,

$$i = 4{,}5 \text{ pol/h}$$

A vazão máxima é então calculada por meio da Equação 11-2:

$$\begin{aligned} Q_p &= Aci \\ &= (1{,}70)(0{,}46)(4{,}5) \\ &= 3{,}5 \text{ cfs (Resposta)} \end{aligned}$$

Trecho 6-7: este trecho é outra ramificação do sistema de drenagem, por isso é tratado como se estivesse no início. A área e os coeficientes de escoamento são fornecidos. A intensidade da precipitação para uma duração de 6 minutos já foi determinada:

$$i = 5{,}7 \text{ pol/h}$$

A vazão máxima é então calculada de acordo com a Equação 11-2:

$$\begin{aligned} Q_p &= Aci \\ &= (0{,}10)(0{,}95)(5{,}7) \\ &= 0{,}54 \text{ cfs (Resposta)} \end{aligned}$$

Trecho 7-8: a área de contribuição é igual à soma das áreas incrementais a montante:

$$\begin{aligned} A &= 1{,}70 + 0{,}10 + 0{,}15 \\ &= 1{,}95 \text{ acre} \end{aligned}$$

Observe que, neste cálculo, as quatro primeiras áreas incrementais são somadas no primeiro termo: 1,70 acre. O coeficiente de escoamento composto é uma média ponderada, como calculado anteriormente:

$$\begin{aligned} c &= \frac{(1{,}70)(0{,}46) + (0{,}10)(0{,}95) + (0{,}15)(0{,}95)}{1{,}95} \\ &= 0{,}52 \end{aligned}$$

Observe que, neste cálculo, as primeiras quatro áreas incrementais foram consideradas como um valor composto de *c*. O resultado disso é o mesmo de listá-las separadamente. O tempo de concentração é mais uma vez baseado no percurso hidráulico B, que, para a boca de lobo 7, possui um tempo total de 10,6 minutos mais o tempo de escoamento até o trecho 5-7, que, veremos mais tarde, é de 0,2 minuto. Portanto, o tempo total é de 10,8 minutos. O tempo total para a boca de lobo 7 ao longo de qualquer outro percurso é menor que 10,8 minutos. Assim, o tempo de concentração é considerado

$$t_c = 10{,}8 \text{ min}$$

A intensidade da precipitação é encontrada no Apêndice C-3: inserimos uma duração de 10,8 minutos. Portanto,

$$i = 4{,}5 \text{ pol/h}$$

A vazão máxima é então calculada pela Equação 11-2:

$$\begin{aligned} Q_p &= Aci \\ &= (1{,}95)(0{,}52)(4{,}5) \\ &= 4{,}6 \text{ cfs (Resposta)} \end{aligned}$$

Trecho 8-9: a área de contribuição é igual à soma das áreas incrementais a montante:

$$\begin{aligned} A &= 1{,}95 + 0{,}70 \\ &= 2{,}65 \text{ acres} \end{aligned}$$

O coeficiente de escoamento composto é uma média ponderada, como calculado antes:

$$\begin{aligned} c &= \frac{(1{,}95)(0{,}52) + (0{,}70)(0{,}38)}{2{,}65} \\ &= 0{,}48 \end{aligned}$$

O tempo de concentração, como sempre, é baseado no percurso hidráulico mais longo. Usando a boca de lobo 8 como ponto de análise, o percurso B possui um tempo de 10,8 minutos mais o tempo de escoamento até o trecho 7-8, que, veremos mais tarde, é de 0,9 minuto. Portanto, o tempo total para o percurso B é de 11,7 minutos. Mas o tempo total para o percurso hidráulico na área incremental afluente à boca de lobo 8 é de 14 minutos. Então, esse é agora o percurso hidráulico mais longo até o ponto de análise; desse modo, o tempo de concentração é considerado

$$t_c = 14 \text{ min}$$

A intensidade da precipitação é encontrada no Apêndice C-3: inserimos uma duração de 14 minutos. Assim,

$i = 4{,}0$ pol/h

A vazão máxima é então calculada pela Equação 11-2:

$$\begin{aligned} Q_p &= Aci \\ &= (2{,}65)(0{,}48)(4{,}0) \\ &= 5{,}1 \text{ cfs (Resposta)} \end{aligned}$$

Os cálculos neste exemplo podem ser convenientemente organizados em uma tabela:

(1) Trecho de tubulação	(2) Área de contribuição incremental (acres)	(3) c (Coeficiente de deflúvio)	(4) $A.c$ (acres)	(5) Área acumulada (acres)	(6) t_c (min)	(7) i (pol/h)	(8) Q_p (cfs)
1-2	0,07	0,95	0,067	0,067	6	5,7	0,38
2-3	0,46	0,45	0,207	0,274	10	4,6	1,3
3-5	0,52	0,48	0,250	0,524	10,5	4,5	2,4
4-5	0,65	0,41	0,267	0,267	9	4,8	1,3
5-7	—	—	—	0,791	10,6	4,5	3,6
6-7	0,10	0,95	0,095	0,095	6	5,7	0,54
7-8	0,15	0,95	0,143	1,029	10,8	4,5	4,6
8-9	0,70	0,38	0,266	1,295	14	4,0	5,2

Para uma total compreensão da tabela no Exemplo 12-1, você deve estudá-la cuidadosamente e em detalhes. Primeiro, observe a coluna 4, chamada $A.c$. Cada valor dela é o produto dos valores correspondentes às colunas 2 e 3. A coluna 5 mostra valores cumulativos da coluna 4, que executa dois cálculos de uma vez: ela calcula a área cumulativa e o valor-c composto para a área acumulada. Essas operações foram feitas antes no exemplo, separadamente.

O resultado que desejamos, a vazão máxima para cada trecho de tubulação, é exibido na coluna 8. Cada valor nessa coluna é calculado multiplicando-se os valores correspondentes nas colunas 5 e 7. Essa multiplicação equivale a usar a Equação 11-2, como fizemos em todo o exemplo.

Para entender melhor como os cálculos foram feitos, analise a coluna 5 mais detalhadamente. Cada valor representa a área total afluente ao trecho particular multiplicada pelo coeficiente de escoamento composto dessa área. Os primeiros três valores são os valores totais atuais dos valores incrementais na coluna 4. O quarto valor, no entanto, não é um total atual, porque o trecho 4-5 é uma ramificação do sistema e conduz a vazão apenas de sua área de drenagem incremental.

Agora observe com a mesma atenção a coluna 6. Os trechos 2-3, 3-5, 5-7 e 7-8 formam uma sequência de t_c's na qual cada t_c aumenta em uma quantidade igual ao tempo de escoamento no trecho anterior. Os tempos de escoamento são baseados em cálculos que serão explicados no Exemplo 12-2. Os trechos 4-5 e 6-7 não estão nessa sequência porque são ramificações do sistema de drenagem e não estão no eixo principal do sistema. O trecho 8-9 também não está na sequência, apesar de fazer parte do eixo principal, porque um percurso hidráulico diferente foi usado para calcular o tempo de concentração.

Cada valor na coluna 7 é uma intensidade de precipitação encontrada no Apêndice C-3, correspondente ao tempo de concentração na coluna 6.

A vazão máxima para o trecho de tubulação 8-9 representa o escoamento máximo total para o sistema de coleta de águas pluviais para aquele ponto (boca de lobo 8). Se tivéssemos calculado o escoamento máximo para cada área incremental e então somado todas, o escoamento máximo total resultante seria maior que os 4,8 cfs calculados. Seria incorreto adicionar os valores individuais de escoamento máximo, porque isso não consideraria a atenuação conforme o escoamento segue de cada área incremental até a boca de lobo 8.

Ao fazer esses cálculos de projeto, você deve estar atento ao escoamento máximo entrando em cada bueiro (boca de lobo) individual. Neste caso, é evidente que nenhuma área incremental sozinha produz um escoamento máximo maior que 4 cfs. Se tivéssemos suspeitado de que uma área viesse a exceder sua capacidade de entrada, teríamos verificado o escoamento máximo para essa área.

Cálculo do Diâmetro e Declividade da Tubulação

Depois de calcular a vazão máxima em cada trecho de tubulação, o passo seguinte no projeto de coleta de água pluvial é escolher um diâmetro adequado para a tubulação. A declividade da tubulação também é escolhida nessa ocasião, pois o diâmetro e a declividade são necessários para determinar a capacidade de escoamento. O tipo de tubo também é importante para a capacidade: por exemplo, concreto, metal ondulado ou plástico. Geralmente, o material do tubo é selecionado primeiro, pois essa decisão é baseada inicialmente em custo e em outros fatores.

A declividade da tubulação é determinada, em grande parte, pelos nivelamentos da superfície, embora algumas variações estejam abertas ao projetista. Então, neste ponto do projeto, um perfil do coletor proposto é muito útil, até essencial. O traçado de um perfil revela não apenas a declividade da tubulação, mas também a profundidade de assentamento e quaisquer conflitos potenciais com outras instalações públicas (redes de abastecimento de água e de coleta de esgotos, telefonia etc.).

A Figura 12-11 mostra um perfil de uma canalização de água pluvial exibido na Figura 12-7, que é o assunto dos Exemplos 12-1 e 12-2. Observe que o perfil é desenhado com uma escala vertical exagerada – ou seja, as distâncias verticais são 10 vezes maiores que as distâncias horizontais. Os perfis costumam ser desenhados dessa maneira para representar as baixas declividades, mais óbvias e mais fáceis de empregar em um projeto.

Ao fazer o desenho, um perfil como o da Figura 12-11 é desenhado e os trechos de tubulação são adicionados um por vez conforme seus diâmetros são determinados pelos cálculos. É um processo de tentativa e erro no qual um tubo de 12 polegadas é escolhido primeiro e sua capacidade é comparada a Q_p para esse trecho. Se necessário, um diâmetro maior é escolhido. O exemplo a seguir ilustra o processo de desenho.

Exemplo 12-2

Problema

Determine os diâmetros para o sistema de coleta de água pluvial descrito na Figura 12-7 para um projeto de frequência de precipitação de 25 anos. Suponha que os tubos sejam de concreto reforçado (RCP – *reinforced concrete pipe*) com valores n de Manning iguais a 0,015. Suponha também os seguintes parâmetros para o sistema:

Trecho de Tubulação	Comprimento (pés)	Declividade (%)
1-2	30	2,0
2-3	200	3,25
3-5	25	2,5
4-5	25	2,0
5-7	50	0,5
6-7	30	2,0
7-8	220	0,5
8-9	—	0,5

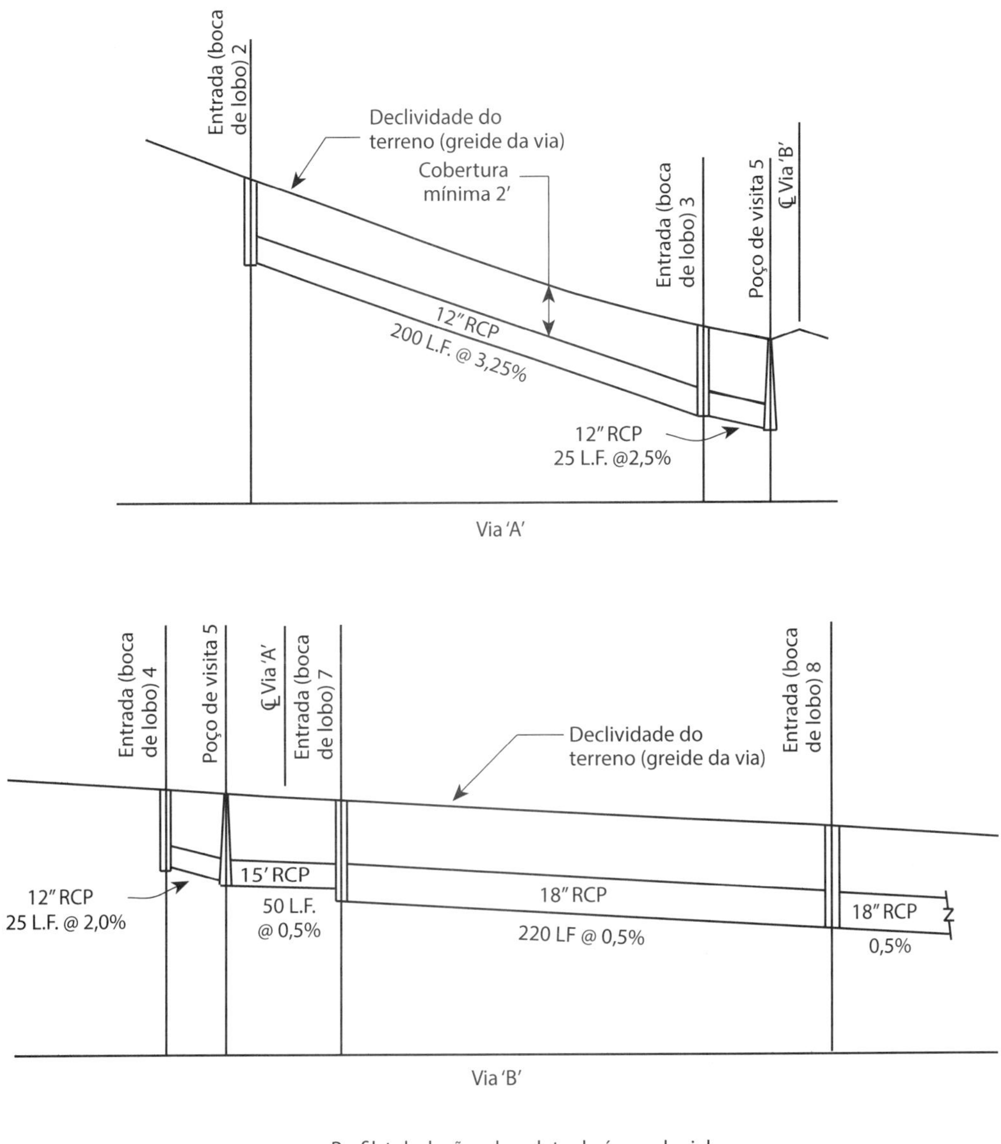

FIGURA 12-11 Perfil do sistema de coleta de água pluvial descrito na Figura 12-7.

Solução

Trecho 1-2: comece considerando um diâmetro de 12 polegadas, que vamos tomar como o mínimo para este exemplo. Agora, determine a capacidade para um tubo com diâmetro de 12 polegadas com n = 0,015 e declividade = 2,0%, usando o Gráfico 35 do Apêndice A-4.

Localize a linha de declividade (0,02 pé/pés) e encontre a extremidade superior. A partir desse ponto, trace uma linha reta para baixo até o eixo *Vazão* para $n = 0,015$, e leia a resposta: $Q = 4,4$ cfs.

Como essa capacidade é maior que a vazão máxima calculada, 0,38 cfs, o diâmetro adotado do tubo é aceito.

Trecho 2-3: calcule a capacidade para um tubo de 12 polegadas a uma declividade de 3,25% usando o Gráfico 35. Faça uma interpolação entre as linhas de declividade para 0,03 pé/pés e 0,04 pé/pés, trace para baixo, até o eixo de descarga, e leia a resposta: $Q = 5,8$ cfs.

Como essa capacidade é maior que a vazão máxima calculada, 1,3 cfs, o diâmetro adotado para o tubo é aceito.

Trecho 3-5: calcule a capacidade para um tubo de 12 polegadas a uma declividade de 2,5%, usando o Gráfico 35. Faça uma interpolação entre as linhas de declividade para 0,02 pé/pés e 0,03 pé/pés, e leia a resposta: $Q = 5,0$ cfs.

Como essa capacidade é maior que a vazão máxima calculada, 2,4 cfs, o valor adotado é aceito.

Trecho 4-5: este trecho usa o mesmo diâmetro de tubo e a mesma declividade que vimos no trecho 1-2, por isso tem a mesma capacidade: 4,4 cfs.

Como essa capacidade é maior que a vazão máxima calculada, 1,3 cfs, o valor adotado de 12 polegadas para o tubo é aceito.

Trecho 5-7: de novo, comece adotando um diâmetro de 12 polegadas. A capacidade para um tubo de 12 polegadas com declividade de 0,5% é encontrada no Gráfico 35: $Q = 2,2$ cfs. Como essa capacidade é menor que a vazão máxima calculada, 3,6 cfs, o valor adotado não é aceito.

Em seguida, escolha um diâmetro de 15 polegadas para o tubo. A capacidade para um tubo de 15 polegadas com declividade de 0,5% é encontrada no Gráfico 36: $Q = 4,0$ cfs. Como essa capacidade é maior que a vazão máxima calculada, 3,6 cfs, o tubo de 15 polegadas é aceito.

Trecho 6-7: este trecho usa o mesmo diâmetro e a mesma declividade que vimos nos trechos 1-2 e 4-5, por isso tem a mesma capacidade, 4,4 cfs. Essa capacidade é maior que a vazão máxima calculada, 0,54 cfs, por isso um tubo de 12 polegadas é escolhido.

Trecho 7-8: comece supondo um diâmetro de 15 polegadas para o tubo, considerando que os diâmetros devem ser iguais ou superiores àqueles a montante. A capacidade para um tubo de 15 polegadas com uma declividade de 0,5% foi determinada previamente: 4,0 cfs.

Como essa capacidade é menor que a vazão máxima calculada, 4,6 cfs, o diâmetro adotado não é aceito, e um tubo de 18 polegadas é considerado em seguida. A capacidade para um tubo de 18 polegadas com uma declividade de 0,5% é encontrada no Gráfico 37: $Q = 6,4$ cfs.

Como 6,4 cfs é mais que 4,6 cfs, o tubo de 18 polegadas é aceito.

Trecho 8-9: comece adotando diâmetro de 18 polegadas para o tubo, considerando que os diâmetros devem ser iguais ou superiores àqueles a montante. A capacidade para um tubo de 18 polegadas com uma declividade de 0,5% já foi determinada: 6,4 cfs.

Como 6,4 cfs é maior que 5,2 cfs, o tubo de 18 polegadas é aceito. Esse cálculo hidráulico pode ser apresentado como aparece na Tabela 12-1. Tabelas desse tipo são muitas vezes utilizadas como um auxílio para cálculos de projeto de coletores de águas pluviais e podem ser preparadas por meio de software de planilhas.

TABELA 12-1 Tabela para cálculo de sistemas de coleta de água pluvial para o Exemplo 12-2 (Precipitação de 25 Anos, n = 0,015)

(1) Trecho de tubulação		(2) A – Área increm. (acre)	(3) c – Coeficiente de deflúvio	(4) $A{\cdot}c$ – Increm.	(5) $A{\cdot}c$ – Acumulado	(6) t_c – Tempo de concentração (min.)	(7) i – Intensidade da precipitação (pol/h)	(8) Q_p – Vazão de pico (cfs)	(9) Comprimento da tubulação (pés)	(10) Declividade (%)	(11) Diâmetro (pol)	(12) Capacidade (total) (cfs)	(13) Velocidade (tps)	(14) Tempo de percurso na tubulação (min)
De	A													
1	2	0,07	0,95	0,067	0,067	6	5,7	0,38	30	2,0	12	4,4	3,4	0,15
2	3	0,46	0,45	0,207	0,274	10	4,6	1,3	200	3,25	12	5,8	5,6	0,6
3	5	0,52	0,48	0,250	0,524	10,6	4,5	2,4	25	2,5	12	5,0	6,0	0,1
4	5	0,65	0,41	0,267	0,267	9	4,8	1,3	25	2,0	12	4,4	4,8	0,1
5	7	—	—	—	0,791	10,7	4,5	3,6	50	0,50	15	4,0	3,6	0,2
6	7	0,10	0,95	0,095	0,095	6	5,7	0,54	30	2,0	12	4,4	3,7	0,1
7	8	0,15	0,95	0,143	1,029	10,9	4,5	4,6	220	0,50	18	6,4	3,9	0,9
8	9	0,70	0,38	0,266	1,295	14	4,0	5,2	—	0,50	18	6,4	4,0	—

Um exame atento da Tabela 12-1 é importante para compreender o processo de projeto de um sistema de coleta de água pluvial. Essa tabela é idêntica às usadas universalmente por engenheiros para apresentações de projetos de coletores pluviais. Observe primeiro que as colunas 1 a 8 são as mesmas da tabela exibida no Exemplo 12-1. Portanto, vamos nos concentrar agora nas colunas 9 a 14.

Essas colunas são organizadas na ordem em que os números são determinados. Primeiro, o comprimento da tubulação é obtido da planta. Em seguida, a declividade é determinada pelo desenho de um tubo experimental. O diâmetro também é determinado na tentativa. Agora que o diâmetro e a declividade foram adotados, a capacidade é determinada a partir dos gráficos de vazão escoada, e o diâmetro proposto é aceito.

As duas colunas remanescentes são incluídas para permitir um cálculo de um tempo de percurso no trecho, o que é necessário para determinar o subsequente tempo de concentração. Esse é o cálculo citado no Exemplo 12-1.

Observe primeiro a coluna 13, trecho 1-2. A velocidade de 3,4 pés/s foi encontrada no Gráfico 35, no Apêndice A-4. Essa é a velocidade média, no trecho 1-2, para uma vazão de 0,37 cfs. Ela é determinada quando inserimos o gráfico a uma vazão de 0,37 cfs e traçamos para cima até a linha de declividade de 0,02 pé/pés. A partir daquele ponto, trace para a direita (mantendo o traço paralelo às linhas de velocidade) em escala de velocidade e faça uma interpolação entre 3 pés/s e 4 pés/s.

O tempo de percurso no trecho 1-2 é então calculado por meio da razão

$$\text{Tempo} = \frac{\text{Distância}}{\text{Velocidade}}$$

na qual a distância, neste caso, é o comprimento da tubulação, 30 pés. Portanto,

$$\begin{aligned}\text{Tempo} &= \frac{30}{3,4} \\ &= 8,82 \text{ s} \\ &= 0,15 \text{ min}\end{aligned}$$

O tempo de percurso é então inserido na coluna 14. Cada número nessa coluna representa o tempo de percurso da vazão no trecho correspondente. Esses tempos de percurso são usados para calcular o tempo de concentração conforme o cálculo prossegue.

Por exemplo, o tempo de concentração na coluna 6 para o trecho 3-5 é de 10,6 minutos, o que é calculado adicionando-se 10,6 minutos (coluna 6, trecho 3-5) a 0,1 minuto (coluna 14, trecho 3-5).

Evidentemente, nem todos os valores de t_c na coluna 6 são calculados dessa maneira. As exceções incluem trechos sem conexões a montante (trechos 1-2, 4-5, 6-7) e trechos com percursos hidráulicos que se originam em sua própria área de contribuição incremental (trechos 2-3 e 8-9).

12.5 LANÇAMENTO DE ÁGUAS PLUVIAIS NO CORPO RECEPTOR

Um cuidado especial deve ser dispensado ao projeto da tubulação de lançamento de águas pluviais no corpo receptor ou ponto de lançamento final do sistema de drenagem. Esse é o ponto onde as águas pluviais captadas são descarregadas do sistema para o corpo receptor, e é nele que pode ocorrer a maioria dos danos por erosão do solo.

Uma das primeiras considerações no projeto dessa tubulação é a estrutura. Um coletor pluvial pode simplesmente emergir do solo sem estrutura, ou um muro de contenção pode ser construído no ponto de descarga. A Figura 12-12 descreve, em linhas isométricas, várias estruturas de tubulações em uso geral atualmente. Na Figura 12-13, as estruturas são exibidas como podem aparecer em plantas de construção.

O propósito de um muro de contenção ou de outra estrutura é proteger o solo ao redor da tubulação de descarga, evitando erosão e mantendo a declividade do local. Na realidade, a estrutura atua como uma pequena parede retentora de água. Há poucos casos nos quais uma estrutura pode ser completamente evitada.

Em alguns casos, materiais além dos exibidos na Figura 12-12 podem ser usados para construir um muro de contenção. Exemplos incluem gabiões, pedras com argamassa e dormentes de madeira.

Em geral, as tubulações de lançamento de águas pluviais são configuradas em uma destas três maneiras (ver a Figura 12-14):

1. **Tubulação na margem do curso d'água.** A tubulação estende-se por todo o percurso até o corpo receptor, e o muro de contenção é construído na margem.

2. **Canal conectando a tubulação com o curso d'água.** O muro de contenção ou a seção de bordo alargado localizam-se a alguma distância do curso d'água, e um canal é construído para conectar ambos.

3. **Tubulação descarregando na margem do curso d'água.** Esta configuração é similar à do item 2, exceto pelo fato de que não há canal entre a tubulação e o corpo receptor. A descarga pode escoar sobre o solo pela margem e, finalmente, até o curso d'água. Esta configuração é selecionada frequentemente quando a área da margem é ambientalmente sensível – como no caso de pântanos – e a escavação de um canal é indesejável.

A descarga apresenta-se na forma concentrada e, portanto, possui um grande potencial de destruição de um solo desprotegido. A velocidade excessiva pode prejudicar o solo ao deslocar suas partículas e arrastá-las para longe. A Figura 12-15 mostra uma tubulação final com solo severamente erodido imediatamente a jusante.

Uma parte importante do processo de projeto é a escolha de um método para proteger a superfície do solo onde quer que as velocidades sejam destrutivas. O Apêndice A-2 mostra uma lista de velocidades máximas permitidas para vários tipos de cobertura de solo. Essas velocidades são uma orientação para uso no projeto de um emissário.

Há vários métodos para controlar a erosão por águas pluviais:

1. **Reduzir a velocidade no lançamento.** Isso pode ser feito reduzindo-se a declividade do último trecho de tubulação antes do lançamento.

2. **Dissipador de energia.** Em casos de velocidade muito alta, blocos dissipadores especialmente projetados podem ser colocados na saída para criar uma perda de carga e, consequentemente, reduzir a velocidade. Esse projeto está além do objetivo deste livro.

3. **Bacia de dissipação.** Uma depressão na superfície do solo pode ser providenciada na saída para absorver a energia excessiva da descarga. Essa bacia é projetada para reter água e, portanto, deve-se prever seu esgotamento entre as precipitações. Esse projeto também está além do objetivo do livro.

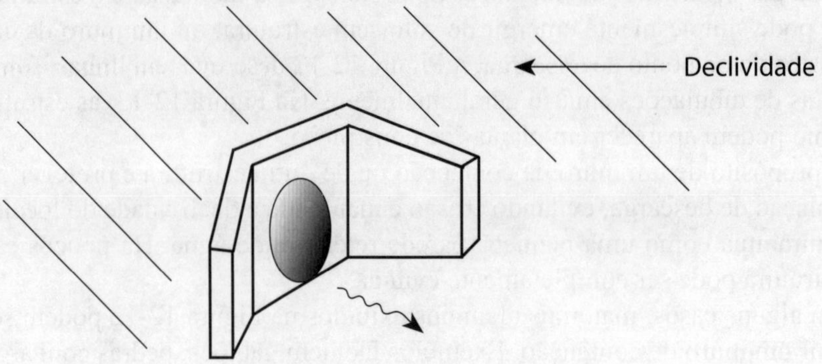

(a) Muro de contenção de concreto, com alas

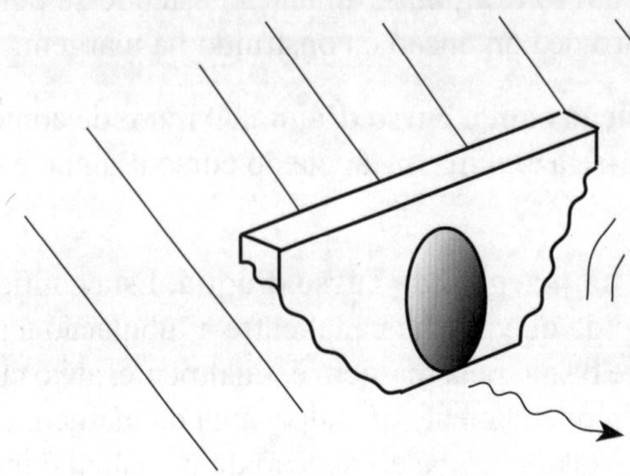

(b) Muro de contenção reto de concreto

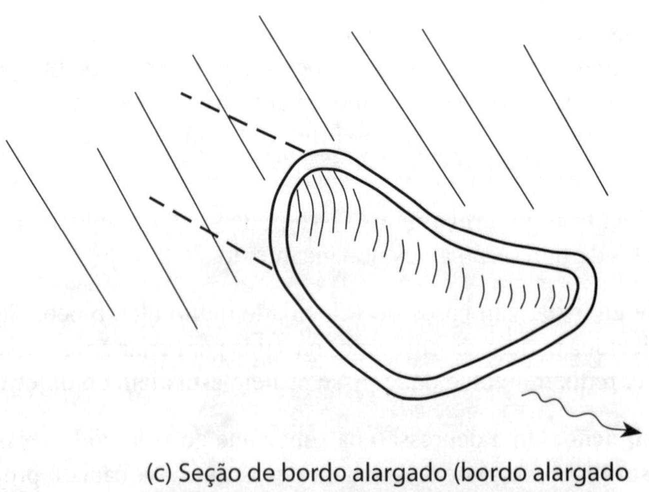

(c) Seção de bordo alargado (bordo alargado pré-formado, conectado à extremidade da tubulação de descarga; os materiais incluem concreto, metal ondulado e plástico.)

FIGURA 12-12 Exemplos de estruturas típicas de emissário de águas pluviais.

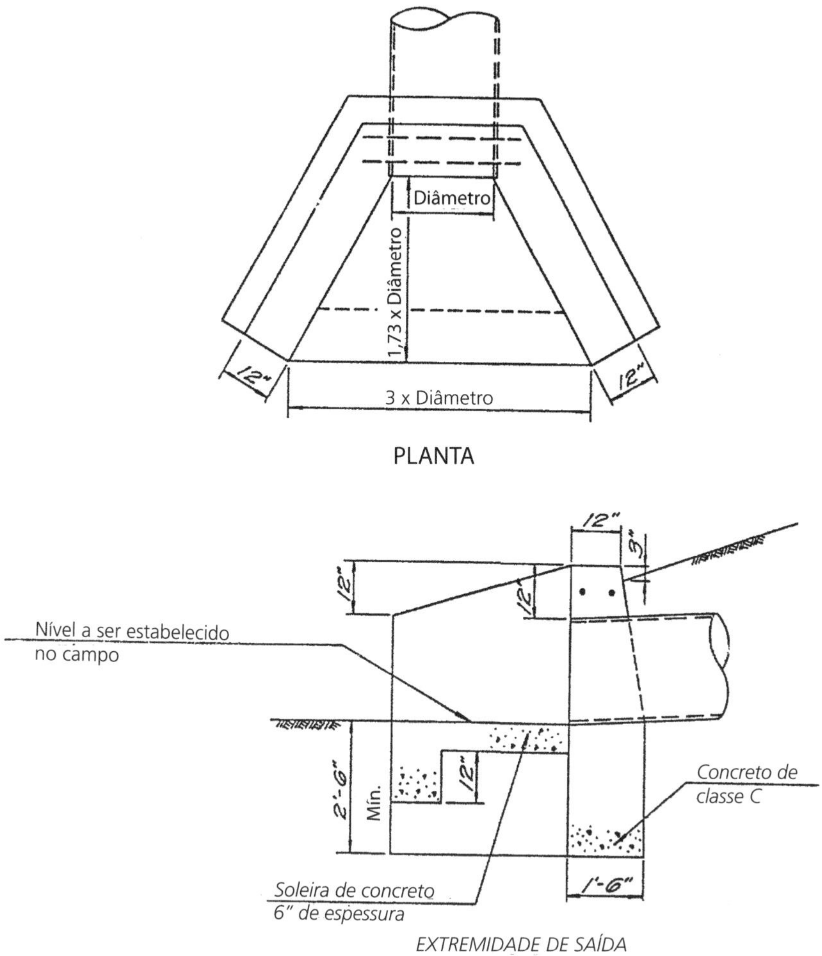

(a) Muro de contenção e soleira de concreto

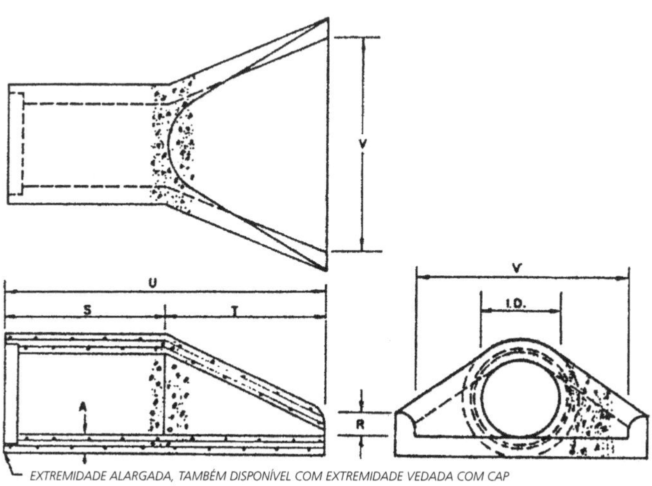

(b) Seção de bordo alargado de concreto

FIGURA 12-13 Detalhes construtivos de várias estruturas da tubulação para lançamento de águas pluviais.

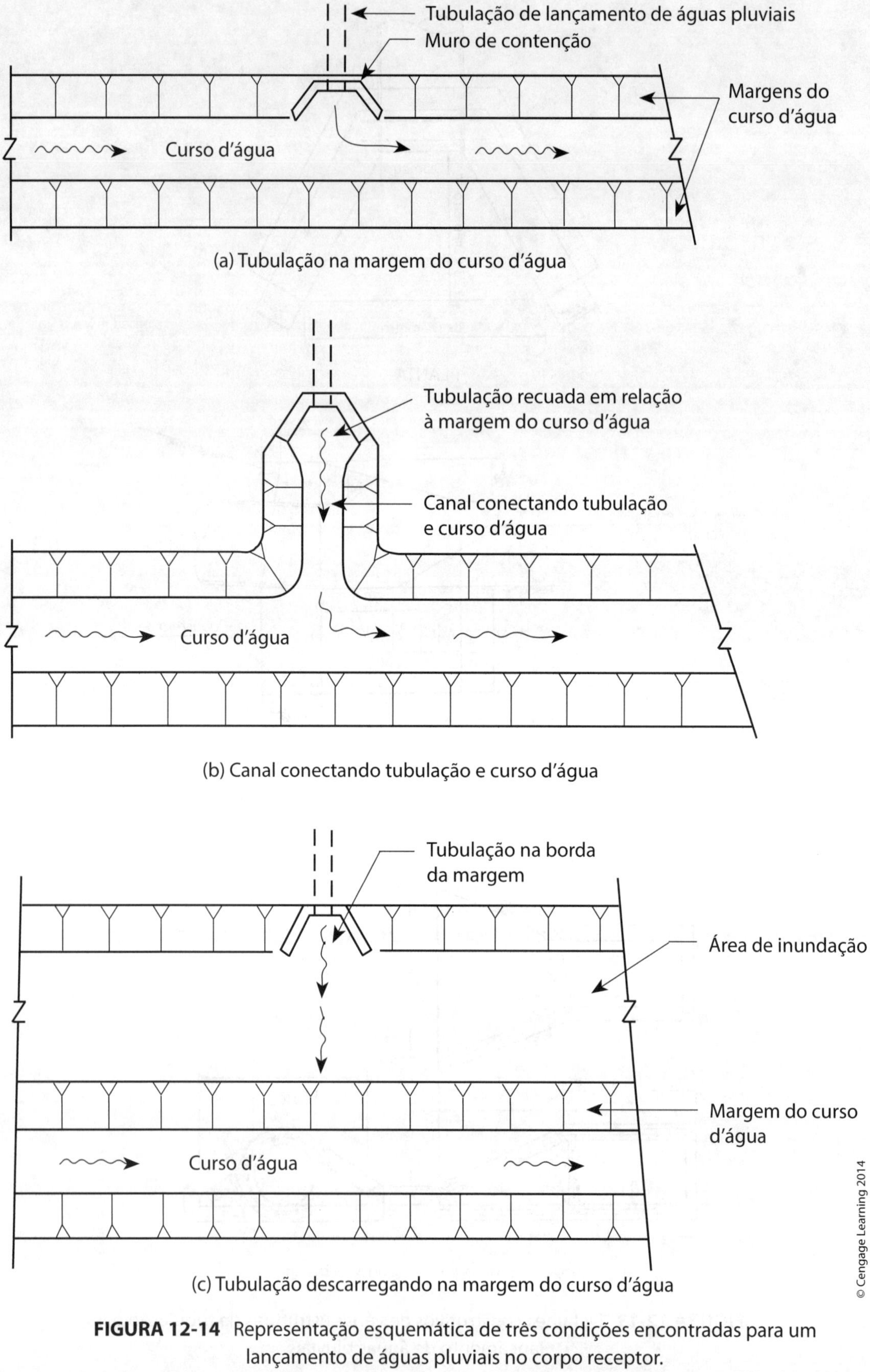

FIGURA 12-14 Representação esquemática de três condições encontradas para um lançamento de águas pluviais no corpo receptor.

FIGURA 12-15 Tubulação de água pluvial com solo gravemente erodido imediatamente a jusante.

4. **Enrocamento.** É um revestimento de pedras, que cobre o solo vulnerável para proteger sua superfície e, ao mesmo tempo, diminuir a velocidade de descarga. Procedimentos de projeto com enrocamento podem ser encontrados em muitas publicações, especialmente em manuais de projeto de órgãos públicos.
5. **Malhas para controle de erosão.** Uma grande variedade de produtos comerciais consiste em malhas, instaladas no solo para proteger a superfície e fixar uma cobertura vegetal conforme ela cresce.
6. **Gramado.** Trata-se da aplicação de faixas de grama no solo vulnerável, para fornecer um revestimento de grama sem a desvantagem de cultivá-la a partir de sementes. Esse revestimento protetor costuma ser eficaz, mas é caro e de intensa mão de obra.
7. **Gabiões.** São cestos retangulares de rede de alambrado, preenchidos com pedras e colocados no solo como um revestimento protetor similar ao enrocamento.

Enrocamento

Enrocamento é um revestimento comum para controle de erosão, usado em tubulações de lançamento de águas pluviais e também em saídas de galerias, especialmente em áreas onde materiais rochosos adequados estão prontamente disponíveis. A Figura 12-16 mostra uma tubulação final de águas pluviais com proteção por enrocamento. Um revestimento da superfície na saída de uma tubulação (de enrocamento ou qualquer outro material) é geralmente chamado **plataforma**.

O projeto de proteção da tubulação final com enrocamento inclui muitos fatores; os mais básicos são:

1. Tipo da pedra.
2. Tamanho da pedra.
3. Espessura do revestimento de pedras.
4. Extensão da plataforma.
5. Largura da plataforma.

FIGURA 12-16 Tubulação de lançamento de água pluvial com proteção contra erosão feita de enrocamento.

Procedimentos para determinar esses parâmetros estão presentes em muitos manuais de projeto utilizados nos Estados Unidos. Ao projetar um enrocamento, você deve estar atento a qualquer padrão de desenho – e considerar a ideia de seguir esse padrão – usado pelo órgão governamental revisor de seu projeto. No entanto, um simples procedimento de projeto de enrocamento é apresentado aqui para uso geral.

1. **Tipo de pedra.** As pedras usadas no enrocamento devem ser duras, duráveis e angulares. A angularidade, um aspecto de pedras britadas de uma pedreira, ajuda a manter as pedras juntas quando sujeitas à força da água em movimento.
2. **Tamanho da pedra.** As pedras devem ser bem niveladas em uma variação de tamanhos referida como nivelamento. O nivelamento é outro fator que propicia a interligação entre as pedras. O tamanho é definido como o diâmetro mediano, d_{50}, que é o diâmetro de pedras das quais 50% são menores, e é selecionado por meio das seguintes equações:

$$d_{50} = \frac{0{,}02}{TW}\left(\frac{Q}{D_0}\right)^{4/3} \quad \text{(Unidades inglesas)} \tag{12-1}$$

onde d_{50} = tamanho mediano das pedras, pés
Q = vazão de projeto, cfs
D_0 = diâmetro da tubulação ou largura do canal de lançamento, pés
TW = lâmina d'água a jusante, pés

$$d_{50} = \frac{0{,}044}{TW}\left(\frac{Q}{D_0}\right)^{4/3} \quad \text{(Unidades SI)} \tag{12-1a}$$

onde d_{50} = tamanho mediano das pedras, m
Q = vazão de projeto, m³/s
D_0 = diâmetro da tubulação ou largura do canal de lançamento, m
TW = lâmina d'água a jusante, m

Observação: para esse projeto de enrocamento, a lâmina d'água a jusante é a profundidade na tubulação de saída.

3. **Espessura do revestimento de pedras.** A cobertura de pedras deve ser três vezes o tamanho mediano das pedras caso não seja usada manta entre as pedras e o solo. Se houver manta, a espessura deve ser duas vezes o tamanho mediano das pedras.
4. **Extensão da soleira.** A extensão, L_a, da plataforma é calculada por uma das equações a seguir.

Se no projeto a lâmina d'água a jusante, TW, for superior ou igual a $\frac{1}{2}D_0$, então

$$L_a = \frac{3Q}{D_0^{3/2}} \quad \text{(Unidades inglesas)} \tag{12-2}$$

onde L_a = extensão da soleira, pés
Q = descarga no desenho, cfs
D_0 = largura máxima do cano ou da galeria, pés

$$L_a = \frac{5{,}4Q}{D_0^{3/2}} \quad \text{(Unidades SI)} \tag{12-2a}$$

onde L_a = comprimento da plataforma, m
Q = vazão de projeto, m³/s
D_0 = diâmetro máximo da tubulação ou do bueiro, m

Se TW (projeto) for menor que $\frac{1}{2}D_0$, então

$$L_a = \frac{1{,}8Q}{D_0^{3/2}} + 7D_0 \quad \text{(Unidades inglesas)} \tag{12-3}$$

onde L_a = extensão da soleira, pés
Q = descarga no desenho, cfs
D_0 = largura máxima do cano ou da galeria, pés

$$L_a = \frac{3{,}26Q}{D_0^{3/2}} + 7D_0 \quad \text{(Unidades SI)} \tag{12-3a}$$

onde L_a = comprimento da plataforma, m
Q = vazão de projeto, m³/s
D_0 = diâmetro máximo da tubulação ou do bueiro, m

A Figura 12-17 ilustra as dimensões relacionadas com o tamanho da plataforma.

5. **Largura da plataforma.** Caso exista um canal a jusante da saída, a largura do enrocamento é determinada pela largura do canal. O enrocamento deve cobrir o fundo do canal e parte das inclinações laterais. O revestimento deve se estender em 1 pé (0,3 m) acima da lâmina d'água a jusante do projeto. A altura extra de 1 pé é chamada **borda livre** e é empregada como medida de segurança.

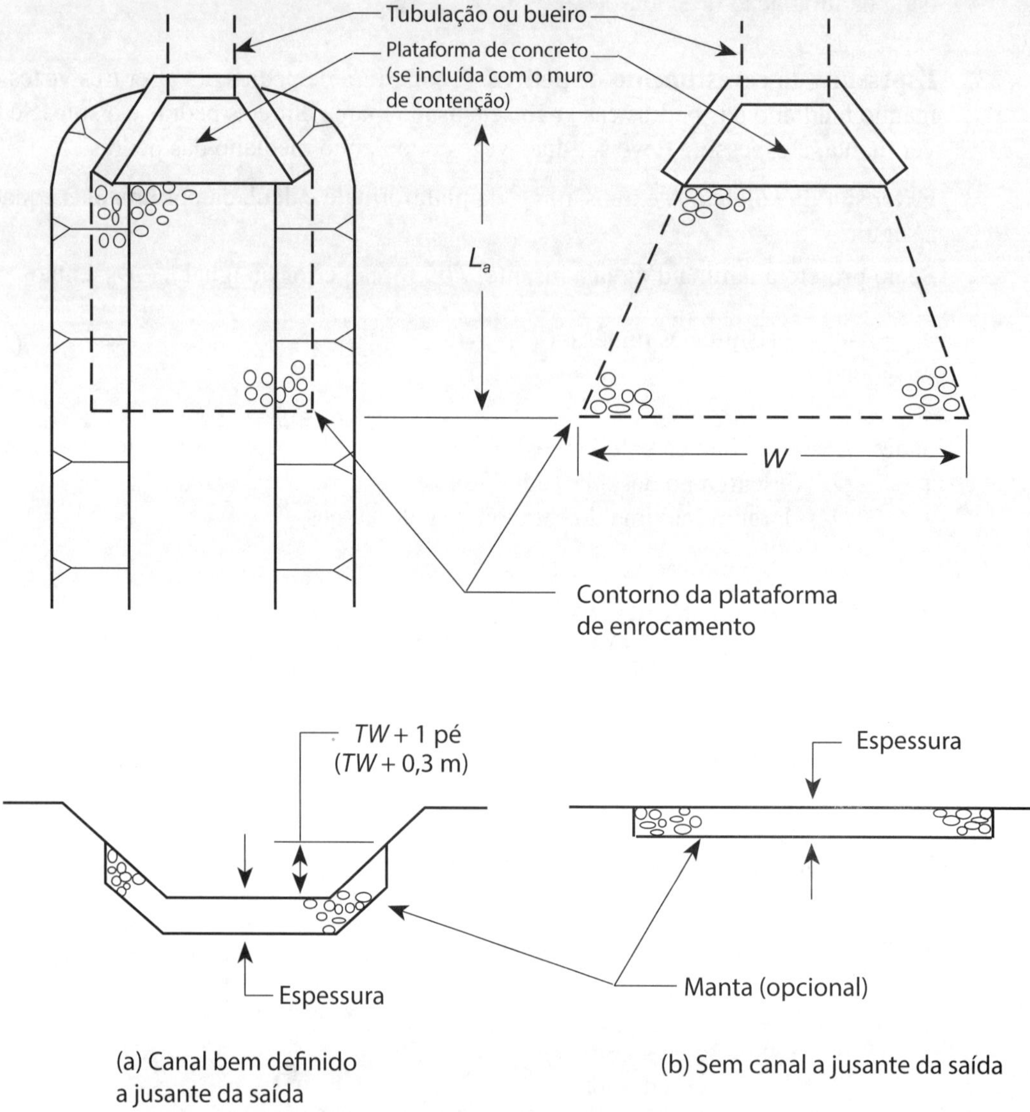

FIGURA 12-17 Dimensões de plataforma de enrocamento de uma saída de tubulação ou bueiro.

Se não houver canal a jusante da saída, a largura, W, da plataforma é calculada por uma das duas equações a seguir.

Se a lâmina d'água a jusante do projeto, TW, for superior ou igual a $\frac{1}{2}D_0$, então

$$W = 3D_0 + 0{,}4L_a \tag{12-4}$$

onde W = largura da plataforma, pés (m)
D_0 = diâmetro máximo da tubulação ou do bueiro, pés (m)
L_a = extensão da plataforma, pés (m)

Se *TW* (projeto) for menor que $\frac{1}{2}D_0$, então

$$W = 3D_0 + L_a \tag{12-5}$$

onde W = largura da plataforma, pés (m)
D_0 = diâmetro máximo da tubulação ou do bueiro, pés (m)
L_a = extensão da plataforma, pés (m)

Exemplo 12-3

Problema

Uma tubulação de lançamento de água pluvial será projetada para descarga direta no solo (sem canal). A vazão do projeto é de 70 cfs, e o último trecho de tubulação é de concreto reforçado de 36 polegadas (RCP), com declividade de 1,3%. O solo a jusante é, predominantemente, greda de silte.

Solução

Primeiro, determine a velocidade na tubulação. Usando o Gráfico 43 do Apêndice A-4, a vazão de projeto é determinada como 10,5 fps. (O valor n de Manning é suposto como 0,012.)

Depois, compare a vazão de projeto com a velocidade admissível encontrada no Apêndice A-2. Para greda de silte, a velocidade admissível é de 3,0 fps.

Como a vazão de projeto excede a velocidade admissível, um revestimento de proteção será necessário. O enrocamento é escolhido com base no custo e na acessibilidade da pedra.

Para projetar a plataforma de enrocamento, primeiro calcule o tamanho, d_{50}, usando a Equação 12-1. Antes de usar essa equação, *TW* é calculado a partir do Gráfico 43: 2,2 pés. Então, usando a Equação 12-1,

$$\begin{aligned} d_{50} &= \frac{0,02}{2,2}\left(\frac{70}{3}\right)^{4/3} \\ &= 0,61 \text{ pé} \left(7\frac{1}{4} \text{ pol}\right) \end{aligned}$$

Especifique uma pedra de 8 polegadas, uma vez que é o valor maior e mais próximo em relação ao calculado (7,25").

Em seguida, calcule o comprimento da plataforma. Uma vez que TW = 2,2 pés, valor maior que 0,5 D_o, use a Equação 12-2.

$$\begin{aligned} L_a &= \frac{(30)(70)}{(3)^{3/2}} \\ &= 40,4 \text{ pés} \end{aligned}$$

Especifique 40 pés, pois é o valor arredondado de L_a.

Em seguida, considerando que não há canal a jusante da tubulação, calcule a largura da plataforma, W. Como $TW > \frac{1}{2}D_0$, use a Equação 12-4:

$$\begin{aligned} W &= 3(3) + 0,4(40,4) \\ &= 25,2 \text{ pés} \end{aligned}$$

Especifique 25 pés, pois é o valor aproximado de W.

O projeto da tubulação é resumido no desenho a seguir.

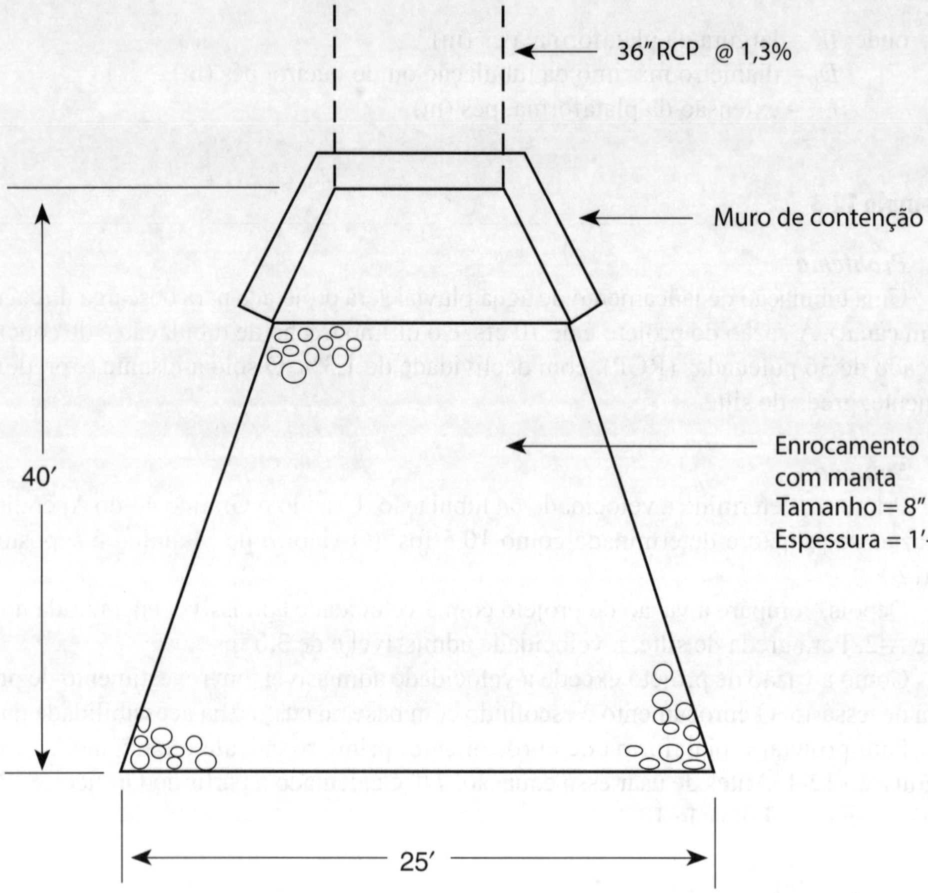

12.6 ESTUDO DE CASO

Neste caso, uma subdivisão residencial é proposta para uma área de 28,5 acres no subúrbio de Atlanta, Geórgia. A subdivisão, chamada Pinheiros Altos, consiste em 25 lotes de construção mais um lote adicional na extremidade norte para uma bacia de detenção. Como exibido na Figura 12-18, uma via principal, via A, atravessa a área de sul a norte, e duas pequenas vias, B e C, estão em interseção com a via A e seguem até os limites das propriedades do lado oposto.

Neste estudo de caso, analisaremos o projeto de coleta de água pluvial para a subdivisão; em outro estudo de caso, no Capítulo 15, analisaremos o projeto da estrutura de detenção.

Para analisar o projeto de coleta, traçaremos os procedimentos a seguir, normalmente incluídos nesse tipo de trabalho:

1. Investigação sobre o projeto.
2. Desenho do sistema de coleta de água pluvial.
3. Projeto hidráulico.
4. Projeto da tubulação de lançamento de água pluvial.

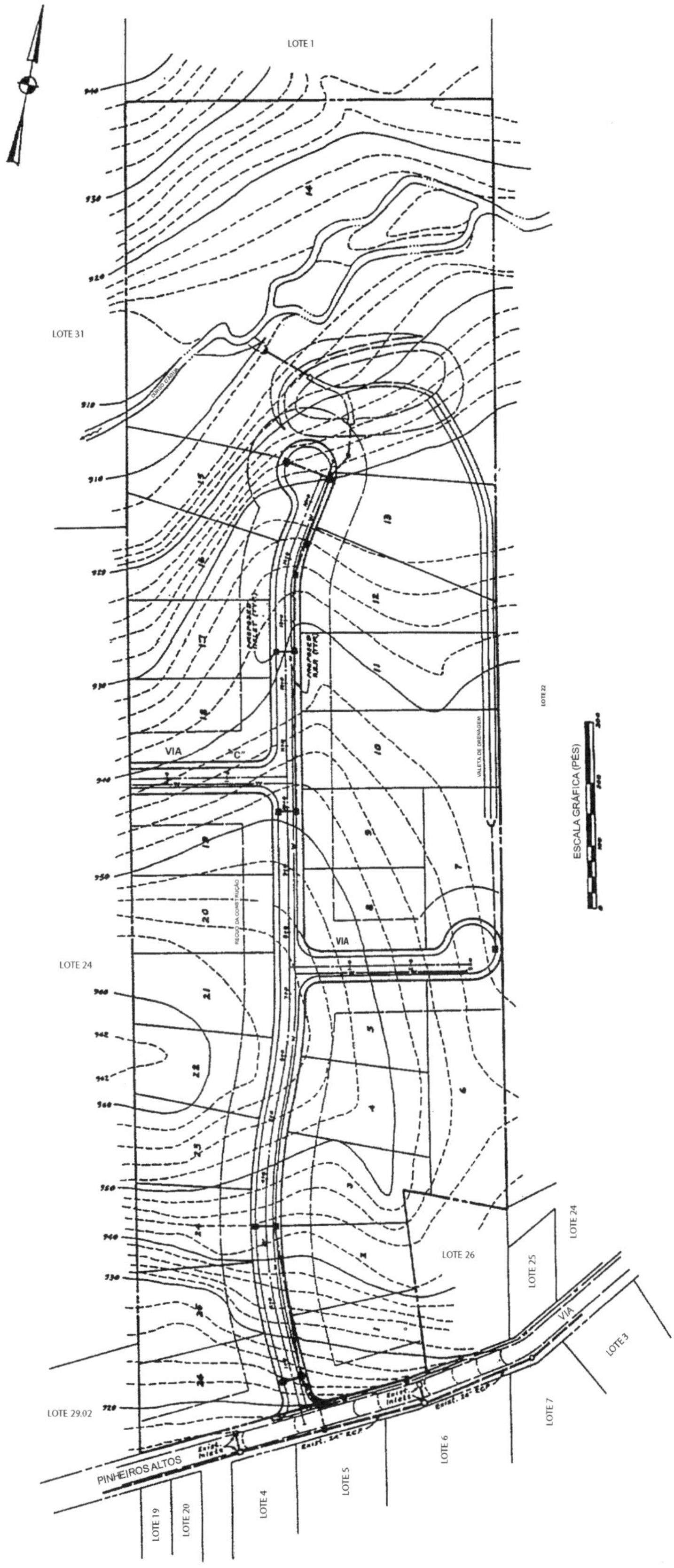

FIGURA 12-18 Mapa da subdivisão Pinheiros Altos, localizada perto de Atlanta, Geórgia. *(Cortesia de Jaman Engineering)*

A investigação sobre o projeto resultou em um mapa topográfico usado para o mapa de base na Figura 12-18. Além disso, uma visita ao local revelou que a área está completamente arborizada. Uma reunião com o engenheiro municipal confirmou que a atual tubulação de coleta de água pluvial na via Pinheiros Altos possui capacidade suficiente para aceitar uma descarga adicional da região.

A subdivisão foi, então, projetada de acordo com as regras do zoneamento municipal. Foi proposta a extensão das vias A e B aos limites das propriedades para fornecer acesso a regiões adjacentes, para futuro desenvolvimento.

Em seguida, o sistema de coleta de água pluvial foi desenhado em planta para localizar as principais estruturas de drenagem. As Figuras 12-19 e 12-20 mostram plantas e perfis das vias, incluindo locais de entrada (bocas de lobo) e de trechos de tubulação. Como a via A possui um ponto alto no ponto 6 + 55, aproximadamente, a drenagem deve ocorrer em duas direções opostas. Parte do escoamento flui a sul e é captado por bocas de lobo no ponto 0 + 75, enquanto o restante flui a norte em direção ao curso d'água atual. Como a via B possui um meio-fio com um ponto baixo, há uma boca de lobo em sua extremidade para captar todo o escoamento.

Não há boca de lobo no final da via C, embora ela esteja voltada em direção à propriedade adjacente a oeste. Qualquer escoamento fluindo abaixo na via C e para a propriedade adjacente é mantido em um mínimo, colocando-se uma boca de lobo no ponto 9 + 93 para interceptar a vazão escoada antes da esquina. Normalmente, o escoamento em forma concentrada não corre no solo até outra propriedade, devido ao risco de erosão. Mas, se for possível reduzir a vazão a um nível mínimo, ele pode ser aceito. No entanto, se o dono da propriedade adjacente fizer objeção, será preciso providenciar medidas para eliminar o escoamento.

O par de bocas de lobo no ponto 9 + 93 é canalizado a norte, via A abaixo, até a rua sem saída, e então até a bacia de detenção. A boca de lobo no final da via B não pode ser canalizada a oeste em direção à via A, porque a via B está voltada para a direção oposta, como se vê na Figura 12-20. Portanto, a boca de lobo é canalizada a norte até a tubulação final, e então uma vala de drenagem segue a norte ao longo dos limites de propriedades a leste, até a bacia de detenção. A Figura 12-21 mostra um perfil da vala de drenagem.

Depois de completar a concepção do projeto de coleta de água pluvial, o projeto hidráulico foi iniciado. A Figura 12-22 mostra o mapa da área de drenagem para a subdivisão, com bacias de contribuição incrementais delineadas para cada trecho de tubulação. Um exame atento da Figura 12-22 revela que alguns dos divisores das bacias não seguem os contornos existentes. A razão é que o nivelamento proposto vai alterar as linhas de contorno, e são os contornos propostos que determinam os divisores das bacias. Por exemplo, em alguns lotes, os divisores das bacias percorrem nos fundos das casas propostas, porque os lotes serão nivelados para se voltarem em direção à via. Em outros lotes, como nos 15 a 18, não foi razoável aterrar o suficiente para assentar o gramado no nível da via, por isso esses lotes escoam longe da via.

Para começar o processo de projeto hidráulico, os parâmetros essenciais foram selecionados com base em boas práticas de projeto e em leis locais:

Período de retorno adotado no projeto:	25 anos
Material do cano:	concreto reforçado
Valor de n de Manning para o cano:	0,015
Tamanho mínimo do cano:	15 polegadas
Coeficientes de escoamento:	Impermeável: 0,90
	Gramado: 0,30
	Mata: 0,20

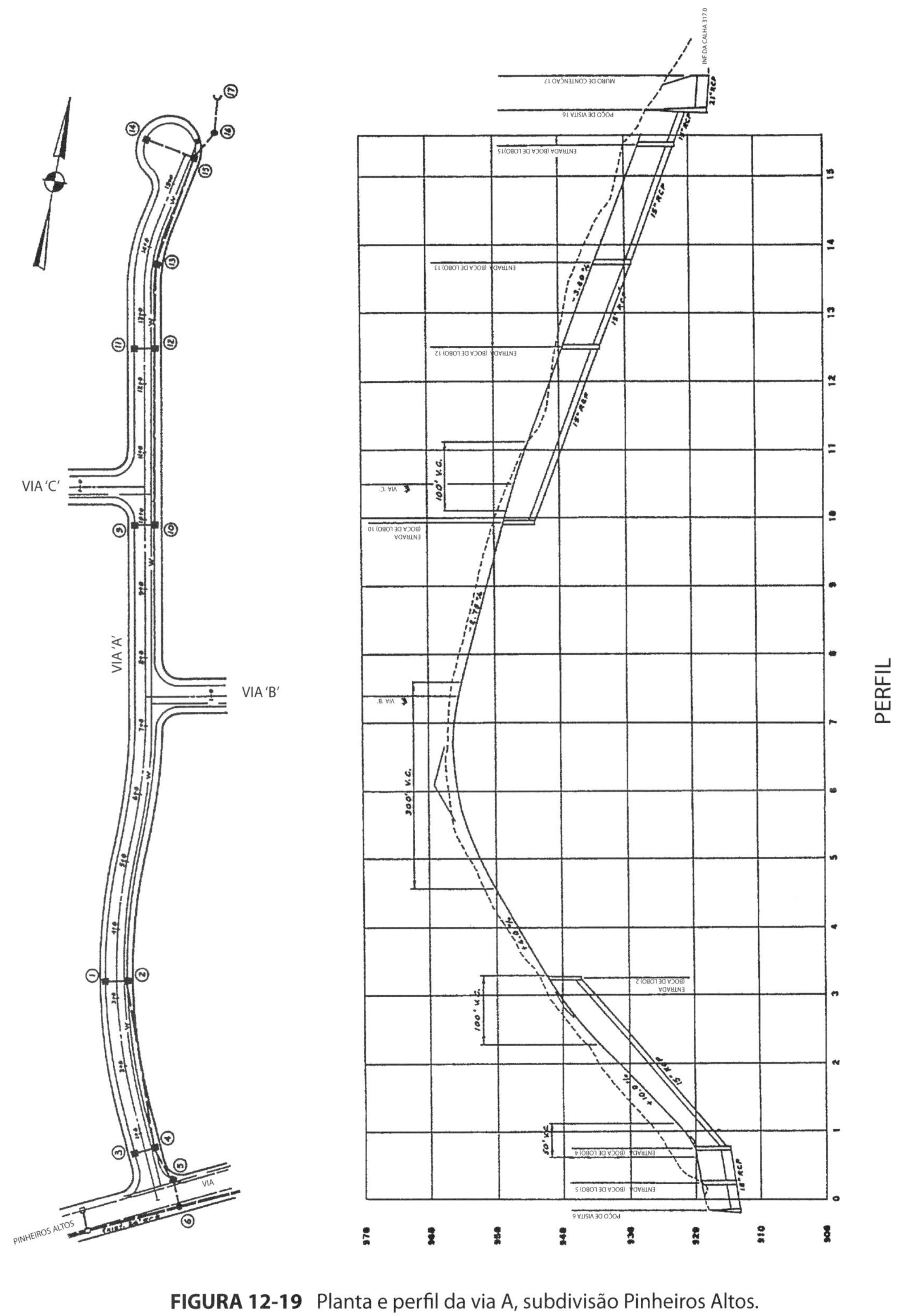

FIGURA 12-19 Planta e perfil da via A, subdivisão Pinheiros Altos.
(Cortesia de Jaman Engineering)

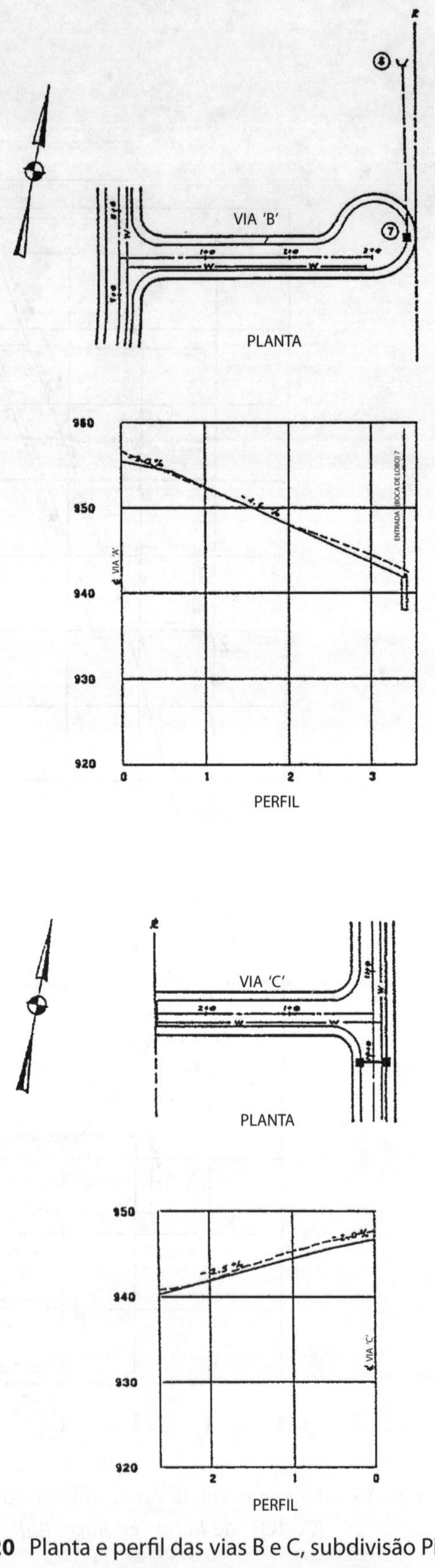

FIGURA 12-20 Planta e perfil das vias B e C, subdivisão Pinheiros Altos. *(Cortesia de Jaman Engineering)*

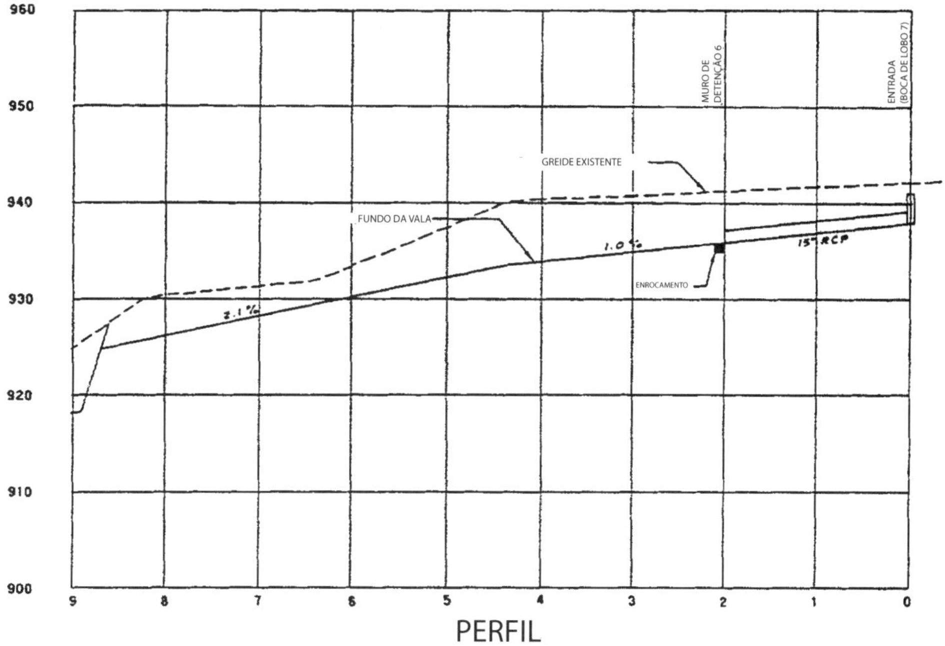

FIGURA 12-21 Perfil da vala de drenagem e do trecho de tubulação 7-8. *(Cortesia de Jaman Engineering)*

Em seguida, as áreas de contribuição foram medidas, os tempos de concentração foram calculados e uma tabela de resultados foi preparada.

Os tempos de concentração foram determinados adicionando-se o tempo do escoamento sobre o solo e o tempo do escoamento na sarjeta. Os tempos do escoamento sobre o solo foram obtidos no Apêndice C-2 usando-se a superfície média de grama, e os tempos do escoamento na sarjeta, na Figura 10-9, usando-se a superfície pavimentada. A Tabela 12-2 mostra um resumo dos cálculos de t_c, e a Tabela 12-3 apresenta um sumário das áreas de contribuição incrementais, dos valores de c compostos e dos tempos de concentração.

A coleta de água pluvial nessa subdivisão é dividida em três sistemas separados, cada um correspondendo a uma diferente vazão ou ponto de lançamento. Cada sistema foi projetado separadamente, começando com o sistema ao sul, e os resultados foram registrados na tabela de projeto exibida na Tabela 12-4.

Sistema a Sul

Trecho 1-2

O escoamento máximo afluente (vazão de pico) a este segmento é calculado nas colunas 2 a 8 da Tabela 12-4. A área de contribuição ao trecho 1-2 é chamada área incremental 1. O valor Ac mostrado na coluna 5 é o produto da área incremental, A, e do coeficiente de deflúvio, c. O tempo de concentração de 11,9 minutos exibido na coluna 6 é o calculado anteriormente para a área incremental 1. A intensidade de precipitação de 6,9 pol/h, mostrada na coluna 7, foi determinada a partir das curvas de duração da intensidade de precipitação para Atlanta, representadas no Apêndice C-3. O escoamento máximo de 2,9 cfs mostrado na coluna 8 foi calculado pela multiplicação dos valores nas colunas 5 e 7.

O trecho 1-2 é um dreno transversal e a ele são designadas uma declividade arbitrária de 2,0% e um diâmetro mínimo de 15 polegadas. Uma declividade de 2,0% é usada porque garante uma capacidade adequada com desnível suficiente para uma fácil construção.

Evidentemente, a declividade poderia ser reduzida se houvesse menor desnível disponível, mas, em geral, quanto menor a declividade de uma galeria (tubulação) de água pluvial, maior é a possibilidade de um erro na construção.

TABELA 12-2 Cálculo de t_c para a subdivisão Pinheiros Altos

Boca de lobo	Tempo de Concentração		
1	Escoamento sobre o solo	100′ @ 5,0%	t_1 = 11,0 min
	Conc. raso	150′ @ 6,0%	t_2 = 0,6 min
	Sarjeta	100′ @ 6,0%	t_3 = 0,3 min
			t_c = 11,9 min
2	Escoamento sobre o solo	90′ @ 2,0%	t_1 = 12,0 min
	Sarjeta	260′ @ 4,7%	t_3 = 1,0 min
			t_c = 13,0 min
3	Escoamento sobre o solo	100′ @ 7,0%	t_1 = 10,0 min
	Sarjeta	250′ @ 8,0%	t_3 = 0,7 min
			t_c = 10,7 min
4	Escoamento sobre o solo	100′ @ 6,0%	t_1 = 10,5 min
	Conc. raso	150′ @ 6,0%	t_2 = 0,6 min
	Sarjeta	130′ @ 8,0%	t_3 = 0,4 min
			t_c = 11,5 min
5	Escoamento sobre o solo	100′ @ 5,0%	t_1 = 11,0 min
	Conc. raso	170′ @ 9,0%	t_2 = 0,6 min
	Sarjeta	110′ @ 3,0%	t_3 = 0,5 min
			t_c = 12,1 min
7	Escoamento sobre o solo	100′ @ 5,0%	t_1 = 11,0 min
	Conc. raso	150′ @ 3,7%	t_2 = 0,8 min
	Sarjeta	80′ @ 3,4%	t_3 = 0,4 min
			t_c = 12,2 min
9	Escoamento sobre o solo	100′ @ 5,0%	t_1 = 11,0 min
	Conc. raso	130′ @ 2,3%	t_2 = 0,9 min
	Sarjeta	280′ @ 2,7%	t_3 = 1,4 min
			t_c = 13,3 min
10	Escoamento sobre o solo	100′ @ 2,0%	t_1 = 12,5 min
	Sarjeta	130′ @ 2,7%	t_3 = 0,6 min
			t_c = 13,1 min

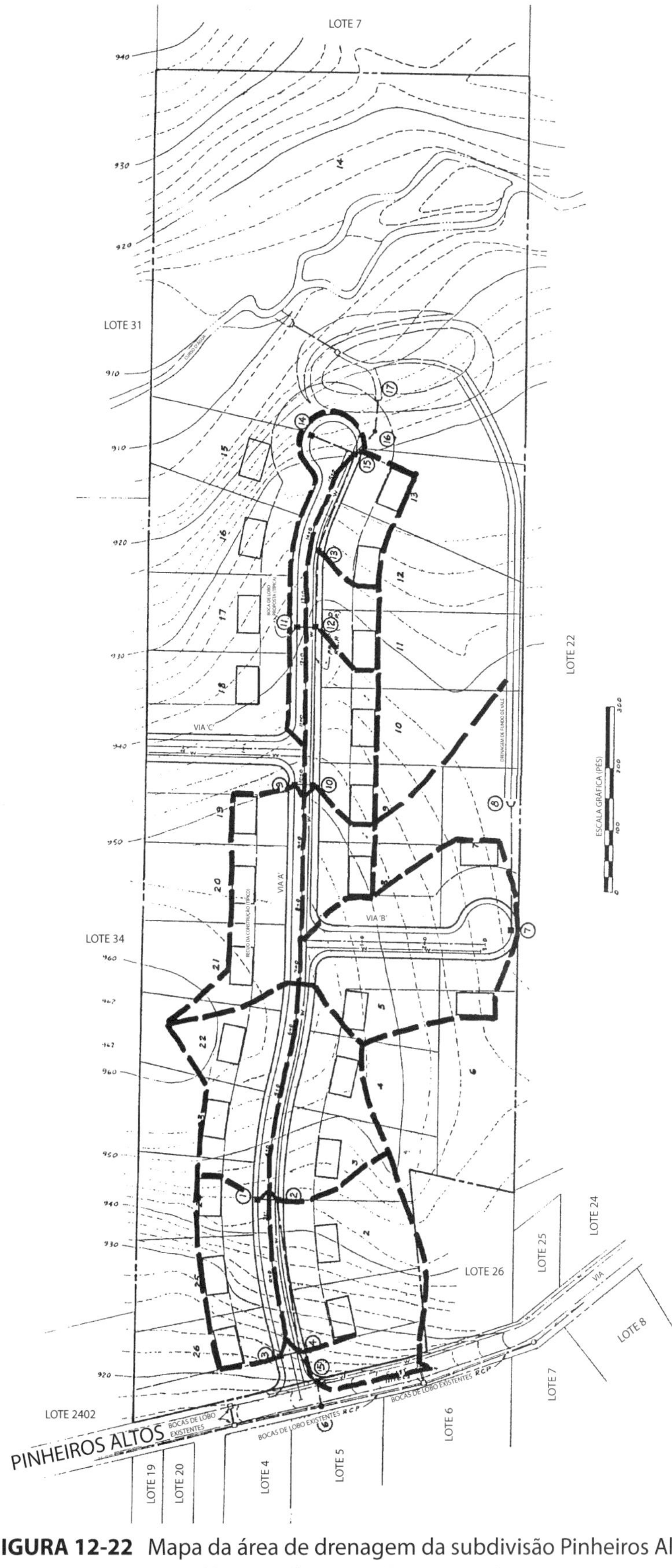

FIGURA 12-22 Mapa da área de drenagem da subdivisão Pinheiros Altos.
(Cortesia de Jaman Engineering)

A capacidade desse trecho foi determinada em 8,0 cfs a partir do Gráfico 36 no Apêndice A-4, e então inserida na coluna 12 da Tabela 12-4. Como essa capacidade excede a vazão de 2,9 cfs para o projeto, o trecho foi aceito.

A vazão de projeto foi determinada, a partir do Gráfico 36, em 5,8 pés/s, e então inserida na coluna 13 da Tabela 12-4. O tempo de escoamento no trecho 1-2 foi então calculado, usando-se a velocidade e a distância, no valor de 0,1 minuto, e depois inserido na coluna 14 da Tabela 12-4.

TABELA 12-3 Resumo dos parâmetros de escoamento para a subdivisão Pinheiros Altos

Boca de Lobo ou Poço de Visita	Área de Contribuição Incremental (acres)	Área Impermeável (acres)	Área Gramada (acres)	Área Arborizada (acres)	Coeficiente de Deflúvio Composto, c	t_c (min)
1	0,98	0,24	0,55	0,19	0,43	11,9
2	0,83	0,24	0,54	0,05	0,47	13,0
3	0,74	0,28	0,46	—	0,53	10,7
4	1,12	0,22	0,57	0,33	0,39	11,5
5	0,64	0,06	0,14	0,44	0,29	12,1
6	—	—	—	—	—	—
7	1,70	0,51	0,79	0,40	0,46	12,2
8	—	—	—	—	—	—
9	1,08	0,30	0,62	0,16	0,45	13,3
10	0,46	0,14	0,32	—	0,48	13,1
11	0,12	0,07	0,05	—	0,65	*
12	0,64	0,21	0,43	—	0,50	*
13	0,34	0,10	0,24	—	0,48	*
14	0,31	0,17	0,14	—	0,63	*
15	0,52	0,18	0,34	—	0,51	*
	9,04	2,66	5,04	1,34		

**Esses tempos de concentração são, por inspeção, menores que qualquer tempo de concentração a montante, portanto não são necessários.*

Trecho 2-4

A coluna 5 na Tabela 12-4 mostra *Ac* cumulativo como 0,81, a soma dos dois primeiros valores incrementais *Ac*. O tempo de concentração é de 13,0 minutos, o que é baseado no percurso hidráulico para a área de contribuição incremental à boca de lobo 2. O valor 13,0 minutos foi escolhido por ser maior que o tempo de concentração obtido por meio do percurso hidráulico que começa na área incremental 1 e continua pelo trecho 1-2. Aquele t_c é 11,9 + 0,1 = 12,0 minutos, que é menor que 13,0 minutos. A intensidade da precipitação, baseada em uma duração de 13,0 minutos, foi encontrada no Apêndice C-3: 6,5 pol/h. Portanto, Q_p foi calculado como 5,3 cfs e registrado na coluna 8 da Tabela 12-4.

O trecho 2-4 é mostrado no perfil que aparece na Figura 12-19, sendo um tubo de 15 polegadas com comprimento de 250 pés e declividade de 8,8%. A boca de lobo 4 localiza-se no ponto 0 + 75, que é uma mudança da primeira tentativa de localização no ponto 0 + 50, a fim de ajustar o tubo sob a curva vertical e manter cobertura suficiente. A capacidade foi determinada em 17,0 cfs, por meio do Gráfico 36 do Apêndice A-4. Como a capacidade é maior que Q_p, o trecho foi aceito.

A vazão de projeto foi determinada pelo Gráfico 36: 12 fps. Embora esteja perto do limite dos valores aceitáveis, essa velocidade não foi considerada problemática, pois o desnível horizontal entre o trecho 2-4 e o trecho 4-5 é relativamente pequeno; apresentando, portanto, pequena probabilidade de sobrecarregar a boca de lobo 4.

Trecho 3-4

Este trecho é uma ramificação do sistema e um dreno transversal. A descarga máxima é calculada nas colunas 2 a 8: 2,7 cfs. O diâmetro e a declividade foram escolhidos como no trecho 1-2: 15 polegadas e 2,0%, respectivamente. A capacidade resultante de 8,0 cfs é maior que Q_p, por isso o trecho foi aceito.

Trecho 4-5

A descarga neste trecho consiste em todas as tubulações a montante mais o escoamento que entra diretamente na boca de lobo 4. Portanto, o *Ac* cumulativo exibido na coluna 5 da Tabela 12-4 é 1,64, que representa a soma dos quatro primeiros valores incrementais de *Ac*. O tempo de concentração é de 13,3 minutos, baseado no percurso hidráulico que começa na área incremental 1 e continua pelos trechos 1-2 e 2-4. Todos os outros percursos hidráulicos resultam em tempos menores de concentração. Na Tabela 12-4, o valor 13,3 minutos é obtido pela adição do tempo de percurso de 0,3 minuto na coluna 14 ao tempo de concentração de 13,0 minutos na coluna 6 para o trecho 2-4. A intensidade de precipitação de 6,3 pol/h foi encontrada no Apêndice C-3 para uma duração de 13,3 minutos. Portanto, Q_p foi calculado em 10,3 cfs e inserido na coluna 8.

O trecho 4-5 é exibido no perfil tendo comprimento de 50 pés e uma declividade de 1,6%. Pelo Gráfico 36 do Apêndice A-4, a capacidade primeiro foi determinada em 7,1 cfs para um tubo de 15 polegadas. Como essa capacidade é menor que Q_p, o próximo diâmetro superior, 18 polegadas, foi considerado. A capacidade de um tubo de 18 polegadas foi determinada em 11,5 cfs, por meio do Gráfico 37 do Apêndice A-4. Como essa capacidade é maior que Q_p, o trecho foi aceito.

Trecho 5-6

Como o trecho 4-5 antes dele, este trecho transporta a vazão de todas as áreas de contribuição incrementais a montante mais o escoamento que entra na boca de lobo 5. Portanto, o *Ac* cumulativo de 1,83 representa a soma dos cinco valores incrementais de *Ac* no sistema sul. O tempo de concentração é de 13,4 minutos, calculado pela adição do 0,1 minuto de tempo de percurso no trecho 4-5 ao t_c anterior de 13,3 minutos. Todos os outros percursos hidráulicos resultaram em menores tempos de concentração. A intensidade de precipitação de 6,3 pol/h foi encontrada no Apêndice C-3 para uma duração de 13,4 minutos. Portanto, Q_p foi calculado em 11,5 cfs e inserido na coluna 8.

O trecho 5-6 é exibido no perfil como um tubo de 18 polegadas, com comprimento de 40 pés e declividade de 1,6%. A capacidade foi determinada como 11,5 cfs, por meio do Gráfico 37 no Apêndice A-4. Como essa capacidade é igual a Q_p, o trecho foi aceito.

No poço de visita 6, o sistema a sul conecta-se à galeria de água pluvial existente de 24 polegadas na via Pinheiros Altos. O tubo proposto de 18 polegadas deve se conectar em uma cota na qual as coroas dos dois tubos coincidam. Isso se tornou então uma restrição vertical no sistema a sul e ajudou a determinar o grau de 1,6% dos dois últimos trechos.

Via B

Trecho 7-8

A vazão de pico afluente a este trecho foi calculada em 5,2 cfs, como exibido nas colunas 2 a 8 na Tabela 12-4. A boca de lobo foi considerada adequada para captar a vazão de 4,5 cfs, porque se localiza em um ponto baixo onde algumas polegadas de carga hidráulica podem se desenvolver acima da grelha, aumentando a sua capacidade.

TABELA 12-4 Tabela de Cálculo de Drenagem para a subdivisão Pinheiros Altos (Precipitação com tempo de retorno de 25 Anos, $n = 0{,}015$)

(1) Trecho de tubulação: De	(1) Trecho de tubulação: Até	(2) A – Área increm. (acre)	(3) C – Coeficiente de deflúvio	(4) $A \cdot C$ – Increm.	(5) $A \cdot C$ – Cumul.	(6) t_c – Tempo de conc. (min)	(7) i – Intensidade de precipitação (pol/h)	(8) Q_p – Escoamento máximo (cfs)	(9) Comprimento da tubulação (pés)	(10) Declividade (%)	(11) Diâmetro (pol)	(12) Capacidade (total) (cfs)	(13) Velocidade (fps) (Fluxo do projeto)	(14) Tempo de escoamento na tubulação (min)
Sistema a sul														
1	2	0,98	0,43	0,42	0,42	11,9	6,9	2,9	30	2,0	15	8,0	5,8	0,1
2	4	0,83	0,47	0,39	0,81	13,0	6,5	5,3	250	8,8	15	17,0	12,0	0,3
3	4	0,74	0,53	0,39	0,39	10,7	7,0	2,7	30	2,0	15	8,0	5,8	0,1
4	5	1,12	0,39	0,44	1,64	13,3	6,3	10,3	50	1,6	18	11,5	7,3	0,1
5	6	0,64	0,29	0,19	1,83	13,4	6,3	11,5	40	1,6	18	11,5	7,4	—
Via B														
7	8	1,70	0,46	0,78	0,78	12,2	6,7	5,2	200	1,0	15	5,5	5,0	0,3
Sistema a norte														
9	10	1,08	0,45	0,49	0,49	13,3	6,3	3,1	30	2,0	15	8,0	6,0	0,1
10	12	0,46	0,48	0,22	0,71	13,4	6,3	4,5	260	3.8	15	11,0	8,2	0,5
11	12	0,12	0,65	0,08	0,08	6,0	8,5	0,7	30	2,0	15	8,0	4,0	—
12	13	0,64	0,50	0,32	1,11	13,9	6,2	6,9	125	3,8	15	11,0	9,1	0,2
13	15	0,34	0,48	0,16	1,27	14,1	6,2	7,9	170	3,8	15	11,0	9,5	0,3
14	15	0,31	0,63	0,20	0,20	6,0	8,5	1,7	80	2,0	15	8,0	5,0	—
15	16	0,52	0,51	0,27	1,74	14,4	6,1	10,6	40	3,8	15	11,0	10,0	0,1
16	17	—	—	—	1,74	14,5	6,1	10,6	50	1,0	21	14,0	6,3	—

O perfil na Figura 12-21 mostra um tubo de 15 polegadas com comprimento de 100 pés e declividade de 1,0%. O comprimento de 100 pés foi necessário para passar pela casa proposta antes de começar a baixada, e a declividade de 1,0% foi determinada pelo nivelamento existente, como exibido no perfil. A capacidade foi determinada em 5,5 cfs, por meio do Gráfico 36 no Apêndice A-4. Como a capacidade é maior que a vazão do projeto, o trecho foi aceito.

Drenagem de Fundo de Vale

O trecho 7-8 descarrega em um fundo de vale até a bacia de detenção. Como exibido no perfil que aparece na Figura 12-21, o fundo de vale começa com declividade de 1,0%, que então aumenta para 2,1% antes de chegar à bacia de detenção.

Para a drenagem do fundo de vale, primeiro foi calculada a vazão máxima, Q_p. Para calcular Q_p, a área de contribuição foi delineada na forma exibida na Figura 12-22. Normalmente, ao projetar um canal de fundo de vale, o ponto de análise é considerado a extremidade a jusante do canal, o que rende o resultado mais conservador. No entanto, neste caso, como exibido na Figura 12-22, devido à declividade do terreno, a área de contribuição estende-se por apenas 150 pés a jusante da tubulação de lançamento final. Assim, isso foi considerado o ponto de análise para o cálculo de Q_p.

A área de contribuição, A, foi medida em 2,36 acres, o que inclui o 1,70 acre afluente ao trecho 7-8. O coeficiente de escoamento composto foi calculado em 0,40, com base nas seguintes áreas:

Área impermeável: 0,51 acre
Área gramada: 1,17 acre
Área arborizada: 0,68 acre

O tempo de concentração foi calculado com base no percurso hidráulico até a boca de lobo 7 mais o trecho 7-8 mais 150 pés da canalização de fundo de vale:

t_c até a boca de lobo 7: 12,2 min
Tempo de percurso no trecho 7-8: 0,3 min
Tempo de percurso nos primeiros 150 pés de fundo de vale: 1,6 min
(com base na Figura 10-9, não pavimentada)

t_c total = 12,2 + 0,3 + 1,6 = 14,1 min

A intensidade da precipitação foi obtida no Apêndice C-3 para uma duração de 14,1 minutos:

$i = 6{,}2$ pol/h

Portanto, Q_p foi calculado pela Equação 11-2:

$$\begin{aligned} Q_p &= Aci \\ &= (2{,}36)(0{,}40)(6{,}2) \\ &= 5{,}9 \text{ cfs} \end{aligned}$$

Quando Q_p era conhecido, o primeiro passo era selecionar uma seção transversal como tentativa e testá-la para a profundidade e a velocidade. Para a tentativa 1, foi escolhido um canal trapezoidal com fundo de 4 pés de largura, mas se percebeu então que ele era maior que o necessário. Para a tentativa 2, foi selecionado um canal triangular com inclinações laterais de 2,5 horizontal para 1 vertical.

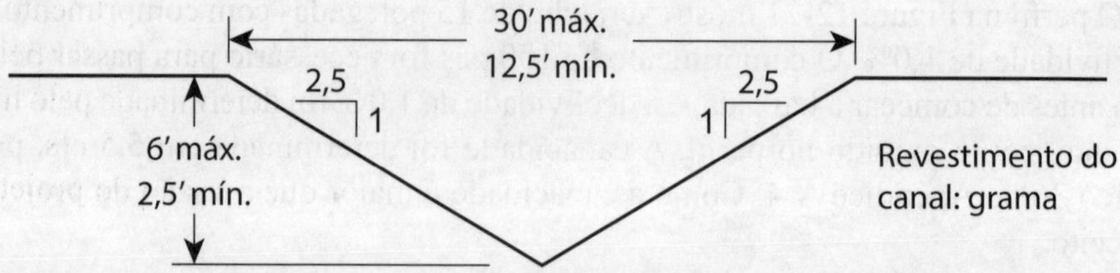

Para determinar a profundidade normal e a velocidade, foi usado o procedimento de tentativa e erro descrito na seção 7.2. Um valor de 0,10 para *n* foi obtido no Apêndice A-1, com base em canais de rodovias e fundos de vale com vegetação preservada, área regular de grama, comprimento de 12 polegadas, profundidade de 0,7 pé – 1,5 pé, 2 fps.

Esse valor de *n* foi determinado somente após um processo de tentativa e erro para calcular a profundidade aproximada do escoamento e a velocidade.

A profundidade de escoamento resultante foi de 1,4 pé, e a velocidade, 1,1 fps, como exibido na Tabela 12-5.

A profundidade normal e a velocidade também foram verificadas para o trecho mais íngreme do fundo de vale, onde a declividade é de 2,1%. A profundidade de escoamento resultante foi de 1,2 pé, e a velocidade, 1,5 fps, como exibido na Tabela 12-6.

Como a lâmina d'água máxima do projeto, 1,4 pé, permanece na canalização de fundo de vale com borda livre adequada e velocidade máxima de 1,5 fps não erosiva, a canalização triangular proposta foi aceita.

Proteção Contra Erosão Causada pelo Lançamento Final

Para determinar se é necessária uma plataforma com enrocamento para a tubulação final, a vazão de projeto no trecho 7-8 foi comparada aos valores no Apêndice A-2. Como se vê na coluna 13 da Tabela 12-4, a velocidade é de 5,0 fps.

No Apêndice A-2, a velocidade admissível para a greda de silte é de 3,0 fps. A escolha da greda siltosa é baseada em observações feitas durante o reconhecimento do local.

Portanto, como a velocidade no tubo excede a velocidade admissível, torna-se necessário um revestimento protetor. O enrocamento foi escolhido como material para o revestimento.

TABELA 12-5 Cálculo da profundidade normal na primeira seção da canalização de fundo de vale na subdivisão Pinheiros Altos

$$\frac{1,49}{n} s^{1/2} = 1,49$$

D **(pés)**	***a*** **(pés²)**	***p*** **(pés)**	***R*** **(pés)**	$R^{2/3}$ —	***v*** **(fps)**	***Q*** **(cfs)**
1,0	2,5	5,4	0,463	0,598	0,64	1,6
2,0	10,0	10,8	0,93	0,95	1,0	10,0
1,5	5,63	8,1	0,69	0,78	1,2	6,6
1,4	4,9	7,54	0,65	0,75	1,1	5,5

Observação: *a profundidade normal e a velocidade também foram conferidas para o trecho mais íngreme do fundo de vale, onde a inclinação é de 2,1%. A profundidade de escoamento resultante foi de 1,2 pé, e a velocidade, 1,5 fps, como exibido na Tabela 12-6.*

TABELA 12-6 Cálculo da profundidade normal em uma seção íngreme do fundo de vale na subdivisão Pinheiros Altos

$$\frac{1{,}49}{n}s^{1/2} = 2{,}16$$

D (pés)	a (pés²)	p (pés)	R (pés)	$R^{2/3}$ —	v (fps)	Q (cfs)
1,4	4,9	7,54	0,65	0,75	1,6	7,9
1,0	2,5	5,4	0,463	0,598	1,3	3,2
1,2	3,6	6,5	0,557	0,677	1,5	5,3

Primeiro, o tamanho da pedra foi determinado por meio da Equação 12-1. A lâmina d'água a jusante de 0,95 pé foi encontrada no Gráfico 36 do Apêndice A-4 para um tubo de 15 polegadas com declividade de 1,0%, valor de n igual a 0,015 e vazão de 5,2 cfs:

$$\begin{aligned} d_{50} &= \frac{0{,}02}{TW}\left(\frac{Q}{D_0}\right)^{4/3} \\ &= \frac{0{,}02}{0{,}95}\left(\frac{5{,}2}{1{,}25}\right)^{4/3} \\ &= 0{,}14 \text{ pé} = 1{,}7 \text{ pol} \end{aligned}$$

Apesar de o valor calculado ser 1,7 polegada, uma pedra de 4 polegadas foi escolhida por ser mais estável e possuir menor pequena diferença de custo.

Em seguida, o comprimento da plataforma foi calculado pela Equação 12-2, considerando que TW é maior que $\frac{1}{2}D_0$:

$$\begin{aligned} L_a &= \frac{3Q}{D_0^{3/2}} \\ &= \frac{(3)(5{,}2)}{1{,}25^{3/2}} \\ &= 11{,}2 \text{ pés} \end{aligned}$$

Portanto, um comprimento de 12,0 pés foi escolhido para a plataforma como um arredondamento para cima do calculado. A altura do enrocamento foi definida em 1,0 pé acima da lâmina d'água a jusante, ou 0,95 + 1,0 = 1,95 pé. A Figura 12-23 mostra o desenho do enrocamento.

Sistema a Norte

Trecho 9-10

Este trecho é um dreno transversal e é desenhado de maneira muito similar à do trecho 1-2. A vazão máxima foi calculada em 3,1 cfs, como exibido nas colunas 2 a 8 da Tabela 12-4. O diâmetro e a declividade foram escolhidos, respectivamente, como 15 polegadas e 2,0%, o que resulta em uma capacidade de 8,0 cfs.

Trecho 10-12

A vazão máxima foi calculada de maneira similar à do trecho 2-4. *Ac* cumulativo é a soma dos primeiros dois valores incrementais de *Ac*, e t_c é a soma de t_c para a área incremental 9 mais o tempo de percurso no trecho 9-10. Portanto, Q_p foi calculado em 4,5 cfs.

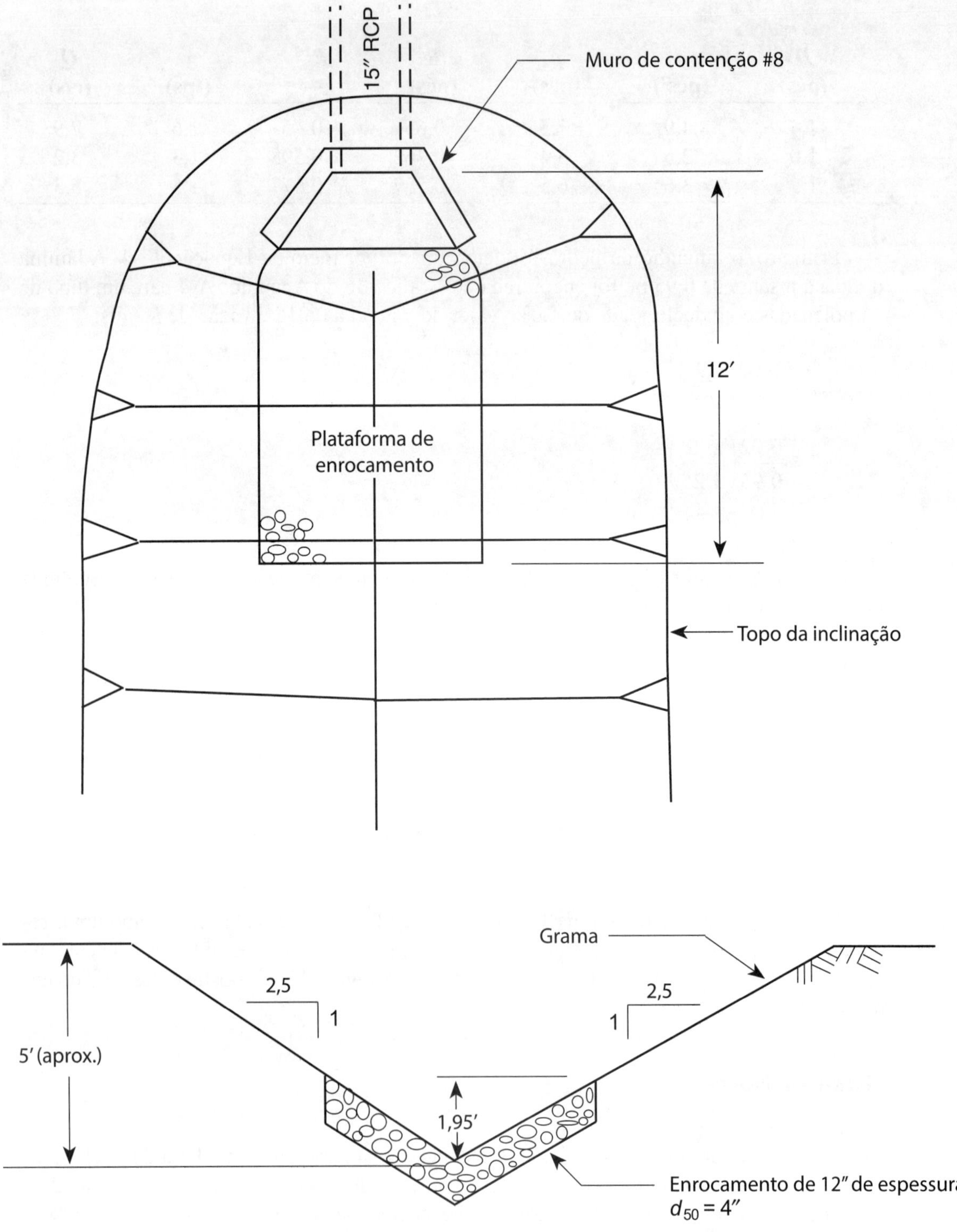

FIGURA 12-23 Proteção com enrocamento no muro de contenção 8.

O trecho 10-12 é mostrado no perfil que aparece na Figura 12-19: um tubo de 15 polegadas com uma declividade de 3,8%. Pelo Gráfico 36 do Apêndice A-4, a capacidade foi determinada em 11,0 cfs, o que é maior que a vazão calculada para o projeto.

Trecho 11-12

Tal como o trecho 3-4, este é uma ramificação do sistema e um dreno transversal. Portanto, determina-se que é um tubo de 15 polegadas com uma declividade de 2,0%.

Trecho 12-13

A vazão neste trecho consiste em escoamento proveniente de todas as tubulações a montante mais o escoamento que entra diretamente na boca de lobo 12. Portanto, o *Ac* cumulativo mostrado na coluna 5 da Tabela 12-4 é 1,11, que representa a soma dos primeiros quatro valores incrementais de *Ac*. O tempo de concentração é 13,9 minutos, calculado pela adição do tempo de escoamento (coluna 14) no trecho 10-12 ao tempo de concentração para a boca de lobo 10. (13,4 min + 0,5 min = 13,9 min.) Todos os outros percursos hidráulicos resultam em tempos de concentração menores. A intensidade de precipitação de 6,2 pol/h foi encontrada no Apêndice C-3 para uma duração de 13,9 minutos. Portanto, o valor calculado de Q_p foi 6,9 cfs.

O trecho 12-13 é exibido no perfil com as seguintes características: comprimento de 125 pés e declividade de 3,8%. A capacidade para um tubo de 15 polegadas foi determinada em 11,0 cfs, a partir do Gráfico 36. Como essa capacidade é maior que Q_p, o trecho foi aceito.

Trecho 13-15

Este trecho dá continuidade à vazão proveniente do trecho anterior, com a inclusão do escoamento que entra diretamente na boca de lobo 13. Portanto, o *Ac* cumulativo mostrado na coluna 5, 1,27, é a soma do valor anterior, 1,11, com o valor incremental de *Ac*, 0,16. Similarmente, o tempo de concentração exibido na coluna 6, 14,1 minutos, é a soma do valor antecedente, 13,9 minutos, e o tempo de percurso de 0,2 minuto exibido na coluna 14. A intensidade de precipitação, 6,2 pol/h, foi obtida no Apêndice C-3, como no trecho anterior. Portanto, Q_p foi calculado em 7,9 cfs.

O perfil mostra que o trecho 13-15 possui uma declividade de 3,8%, dando-lhe a mesma capacidade do trecho anterior: 11,0 cfs. Como essa capacidade é maior que 7,5 cfs, o trecho foi aceito.

Trecho 14-15

A boca de lobo 14 foi colocada no ponto baixo da rua sem saída para prevenir empoçamento. O trecho 14-15 resultante é uma seção do sistema e é desenhado de forma muito similar à do trecho 11-12.

Trecho 15-16

Este trecho transporta vazão de todos os trechos a montante mais o escoamento que entra diretamente na boca de lobo 15. O *Ac* cumulativo, mostrado na coluna 15 como 1,74, é a soma dos valores cumulativos de *Ac* para os trechos 13-15 e 14-15 e do *Ac* incremental para a boca de lobo 15. (1,27 + 0,20 + 0,27 = 1,74.) Esse valor também representa a soma de todos os valores incrementais mostrados na coluna 4. O tempo de concentração, mostrado como 14,4 minutos, é calculado pela adição do tempo de percurso no trecho 13-15, 0,3 minuto, ao tempo de concentração para a boca de lobo 13, 14,1 minutos. (14,1 min + 0,3 min = 14,4 min.) A intensidade de precipitação de 6,1 pol/h foi encontrada no Apêndice C-3, usando-se uma duração de 14,4 minutos. Portanto, Q_p foi calculado em 10,6 cfs.

A declividade do trecho 15-16 é exibida no perfil com o valor de 3,8%, dando-lhe uma capacidade de 11,0 cfs; o trecho foi aceito.

O poço de visita 16 foi incluído no projeto para reduzir a declividade do último trecho e para manter sob controle a velocidade na tubulação final para a bacia de detenção. O perfil na Figura 12-19 mostra que ocorre um desnível no poço de visita 16, permitindo ao trecho 16-17 uma declividade de 1,0%. Sem o poço de visita, a tubulação teria uma declividade de aproximadamente 6%, resultando em uma velocidade da ordem de 13 fps, um valor excessivo para a tubulação final.

Trecho 16-17

Como nenhum escoamento pode entrar pela parte acima do poço de visita, este não possui área de contribuição; consequentemente, as colunas 2, 3 e 4 da Tabela 12-4 estão em branco. No entanto, o valor 1,74 foi inserido na coluna 5 porque todas as áreas incrementais a montante são afluentes ao poço de visita 16, como o são para a boca de lobo 15. O tempo de concentração é exibido na coluna 6: 14,5 minutos, que é a soma do tempo de concentração para a boca de lobo 15 e do tempo de escoamento no trecho 15-16. A intensidade de precipitação de 6,1 pol/h foi encontrada no Apêndice C-3, usando-se uma duração de 14,5 minutos. Portanto, Q_p foi calculado em 10,6 cfs.

Como já afirmamos, a declividade do trecho 16-17 foi definida em 1,0%. Nessa declividade, um tubo de 15 polegadas possui uma capacidade de 5,5 cfs – menor que a vazão do projeto. Portanto, a capacidade foi verificada para um tubo de 18 polegadas por meio do Gráfico 37 no Apêndice A-4, definindo-se o valor 9,2 cfs – ainda menor que a vazão do projeto. Em seguida, um tubo de 21 polegadas foi considerado, e a capacidade, encontrada no Gráfico 38, foi de 14,0 cfs. Também pelo Gráfico 38, a vazão de projeto para 10,1 cfs foi definida em 6,3 fps. Portanto, como a sua capacidade é maior que a vazão do projeto e a sua velocidade é razoavelmente baixa, o trecho foi aceito.

Deve-se observar que um RCP de 21 polegadas é um diâmetro incomum e pode não estar prontamente disponível. Então, um RCP de 24 polegadas, um diâmetro mais comum, poderia ser especificado neste caso, pois seu desempenho seria o mesmo, e a altura máxima vertical não é um fator.

A estrutura escolhida para a tubulação final 17 é uma seção de bordo alargado, porque a baixa declividade da bacia de detenção se ajusta bem à da seção de bordo alargado e, portanto, não há necessidade de alas. A Figura 12-13 mostra um detalhe de uma seção de bordo alargado. O revestimento da plataforma para a tubulação final 17 foi projetado como parte da bacia de detenção.

EXERCÍCIOS PROPOSTOS

1. Uma tubulação final de RCP de 24 polegadas descarrega diretamente no solo. A tubulação possui declividade de 1,75%, um valor de n de 0,015, e transporta vazão de projeto de 20 cfs. Projete uma plataforma de enrocamento para a tubulação.
2. Uma tubulação final RCP de 60 polegadas descarrega em um canal de terra com um fundo de 5,0 pés de largura e inclinações laterais de 2 horizontal para 1 vertical. A tubulação apresenta uma declividade de 0,8%, valor de n de 0,012, e transporta vazão de 85 cfs. Projete uma plataforma de enrocamento para a tubulação.
3. Uma galeria de água pluvial quadrada e de concreto, com 4 pés de altura e 8 pés de largura, descarrega em um canal de terra com fundo de 10 pés de largura e inclinações laterais de 3 horizontal para 1 vertical. A galeria tem declividade de 0,5%, $n = 0,015$ e transporta vazão de 215 cfs. Projete uma plataforma de enrocamento para a tubulação.

4. Uma tubulação final RCP de 48 polegadas descarrega diretamente no solo. O cano tem uma inclinação de 2,0%, $n = 0{,}012$ e carrega uma descarga projetada de 75 cfs. Projete uma plataforma de enrocamento para a tubulação.

5. A figura a seguir é uma planta de um pequeno sistema de coleta de água pluvial:

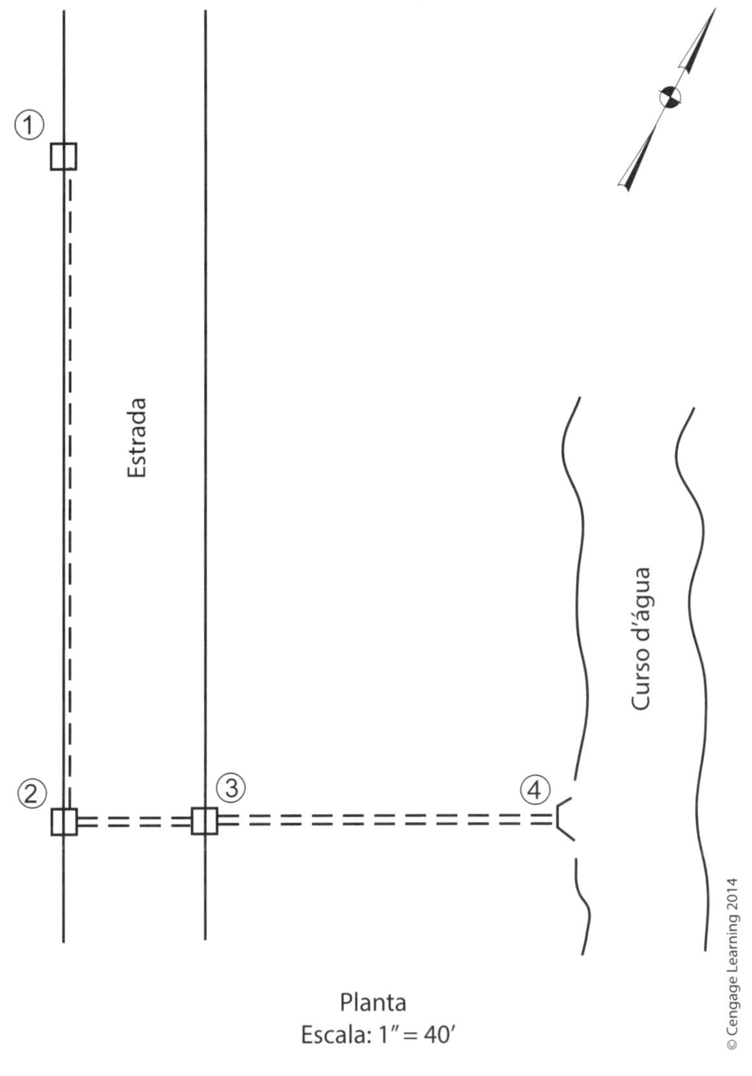

O local é Atlanta, Geórgia. Usando um gráfico de projeto como o da Tabela 12-4, complete o projeto hidráulico. Estes são os parâmetros principais:

Tempo de retorno do projeto: 25 anos
Material da tubulação: concreto reforçado
Valor n de Manning: 0,012
Diâmetro mínimo da tubulação: 12 polegadas

Trecho	Área Incremental (acres)	c	t_c (min)	Declividade da Tubulação (%)
1-2	1,24	0,46	18	1,8
2-3	0,86	0,62	16	0,9
3-4	0,52	0,80	6	0,5

6. A planta de um local para a construção de um armazém, localizado em Pittsburgh, Pensilvânia (Região 1), é exibida na Figura 12-24. As posições das bocas de lobo e as áreas de contribuição incrementais já foram determinadas. O sistema de coleta de água pluvial do local conecta-se por uma área de servidão até o sistema existente na avenida Brickel. Usando um gráfico de projeto como o da Tabela 12-4, complete o projeto hidráulico para esse sistema. Os parâmetros principais são:

   Período de retorno do projeto: 15 anos
   Material da tubulação: concreto reforçado
   Valor n de Manning: 0,012
   Diâmetro mínimo da tubulação: 12 polegadas

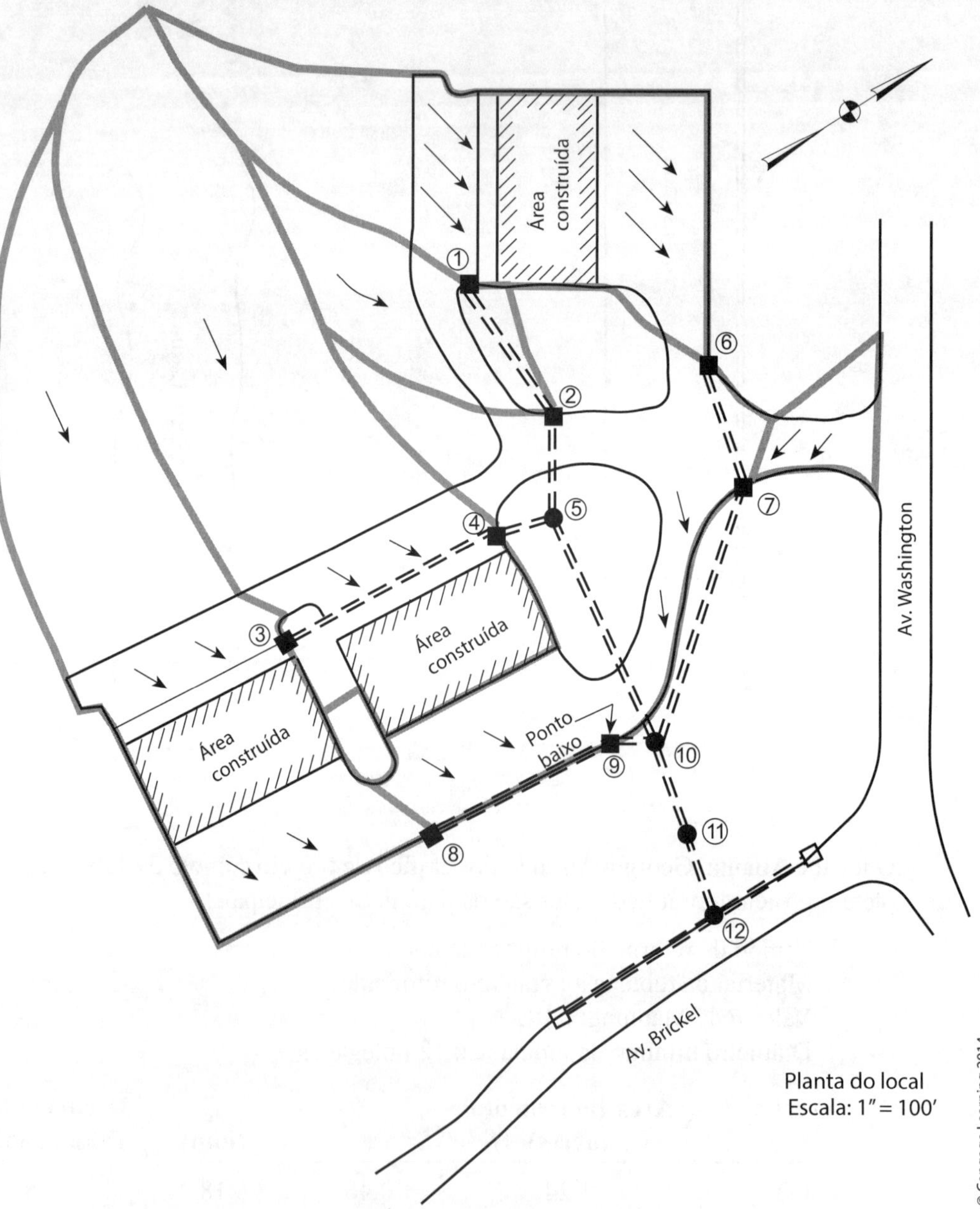

FIGURA 12-24 Planta mostrando as áreas de contribuição às bocas de lobo.

Trecho	Área Incremental (acres)	c	t_c (min)	Declividade da Tubulação (%)
1-2	0,65	0,62	16	2,5
2-5	0,34	0,34	15	2,1
3-4	1,16	0,28	18,5	1,1
4-5	1,79	0,26	19,0	2,4
5-10	—	—	—	1,0
6-7	0,31	0,89	6	2,8
7-10	0,15	0,65	12	3,5
8-9	0,29	0,90	6	1,0
9-10	1,10	0,66	10	2,2
10-11	—	—	—	3,0
11-12	—	—	—	1,0

Observação: *todas as áreas pavimentadas possuem meio-fio. As calhas de telhado conectam-se às bocas de lobo 1, 3 e 4.*

7. Projete um sistema de coleta de água pluvial para Whitebirch Court e Warren Place, localizados a norte de Nova Jersey, exibidos na Figura 12-25. A galeria de água pluvial conecta-se à existente em McDonald Drive, no poço de visita exibido na interseção. Seu projeto deve incluir o delineamento da área de contribuição e o projeto hidráulico, usando uma tabela como a Tabela 12-4. O desenho do sistema é exibido na Figura 12-25. Suponha que todas as vias possuam meio-fio. Além disso, suponha a inexistência de escoamento entrando em Warren Place proveniente da estrada a sul. As áreas arborizadas são delineadas com linhas que indicam vegetação. Os parâmetros para o projeto e as declividades são assim sugeridos:

   Período de retorno do projeto: 25 anos
   Material da tubulação: concreto reforçado
   Valor n de Manning: 0,012
   Tamanho mínimo do tubo: 12 polegadas
   Coeficientes de deflúvio: pavimentado, 0,90; grama, 0,35; arborizado, 0,25

Trecho de Tubulação	Declividade
1-3	1,5
2-3	2,5
3-5	1,0
4-5	1,0
5-6	6,0
6-7	1,2

8. Projete um sistema de coleta de água pluvial para o desenvolvimento de um local perto de Atlanta, Geórgia, exibido na Figura 12-26. O sistema deve descarregar no muro de contenção mostrado no canto a sudeste da área. Seu projeto deve incluir o desenho do sistema, o delineamento da área de drenagem, o projeto hidráulico e o projeto da plataforma para a tubulação final. Suponha que todas as áreas pavimentadas possuam meio-fio. As áreas arborizadas são delineadas com linhas que indicam vegetação. Os parâmetros sugeridos para o projeto são descritos a seguir.

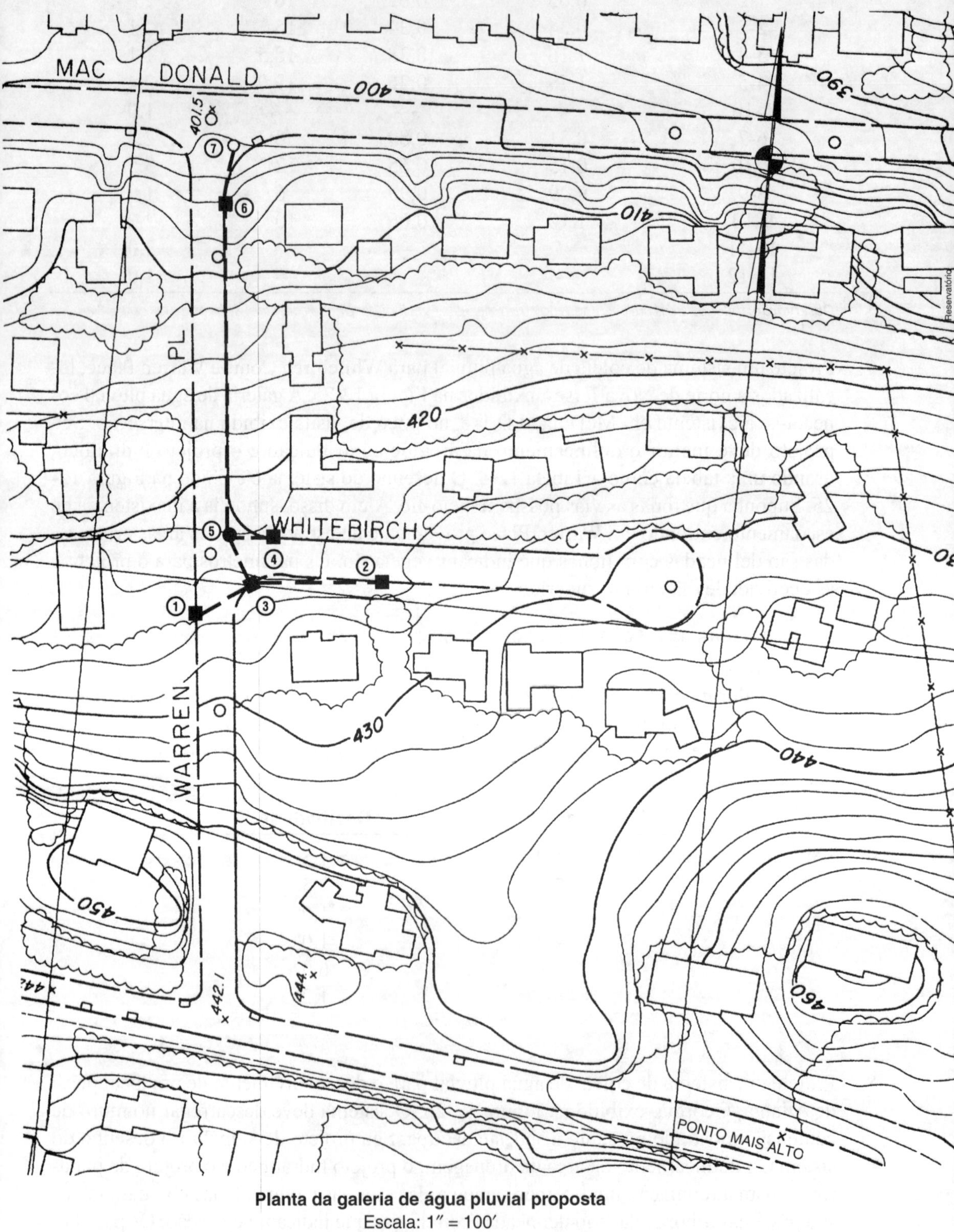

Planta da galeria de água pluvial proposta
Escala: 1″ = 100′
Intervalo de controle 2′

FIGURA 12-25 Planta da galeria de água pluvial proposta para a questão 7.

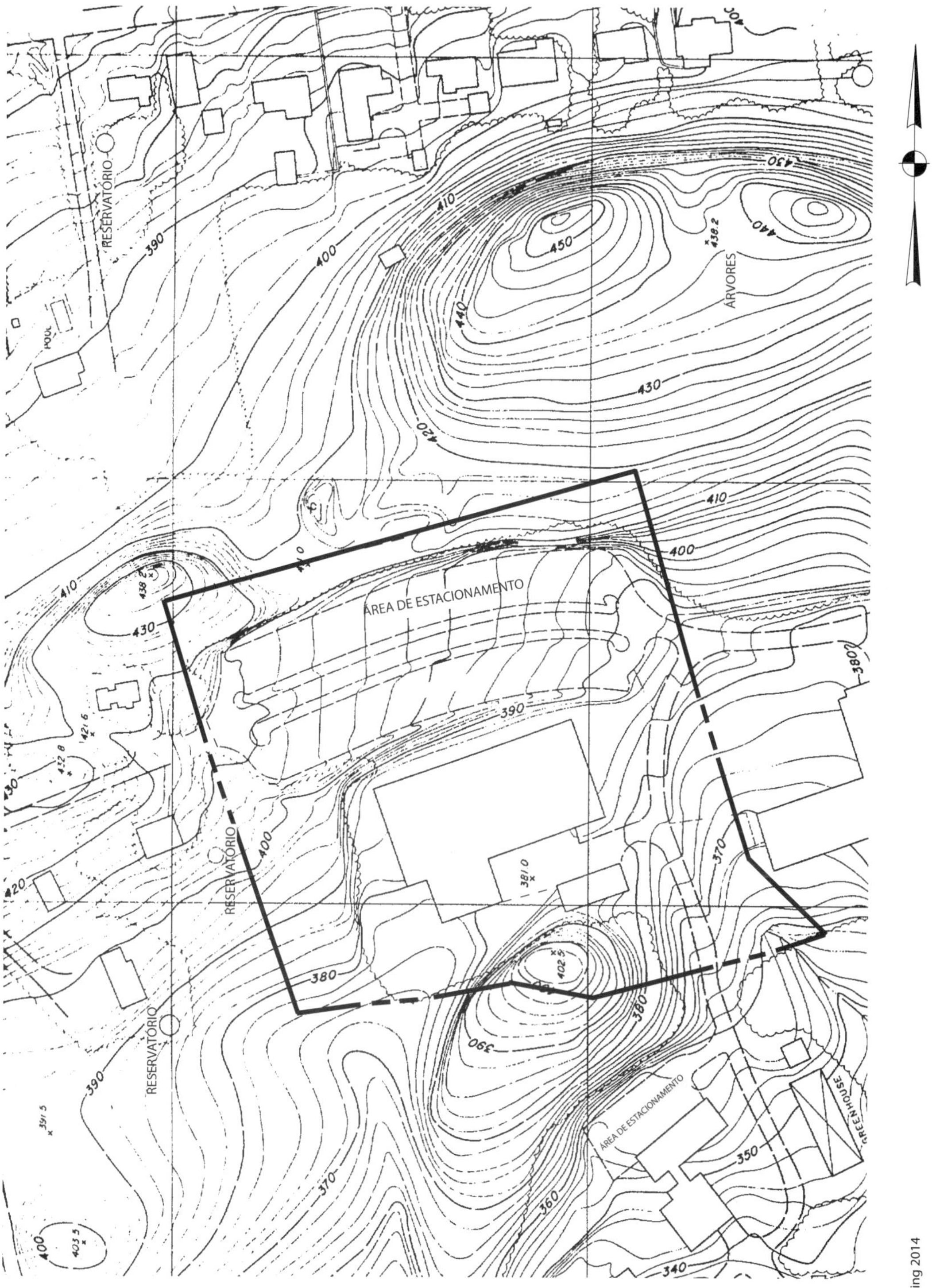

FIGURA 12-26 Mapa topográfico do local desenvolvido perto de Atlanta, Geórgia. *(Mapa adaptado de Aero Service)*

Período de retorno do projeto: 25 anos
Material da tubulação: concreto reforçado
Valor *n* de Manning: 0,012
Diâmetro mínimo da tubulação: 12 polegadas
Coeficientes de deflúvio: Impermeável: 0,95
Grama: 0,32
Arborizado: 0,25

BIBLIOGRAFIA COMPLEMENTAR

DEBO, T.; REESE, A. *Municipal storm water management.* 2. ed. Boca Raton: Lewis Publishers, 2002.

JOINT COMMITTEE OF ASCE; WATER POLLUTION CONTROL FEDERATION. *Design and construction of sanitary and storm sewers.* Nova York: ASCE, WPCF, 2000.

MAYS, L. W. (ed.). *Stormwater collection systems design handbook.* Nova York: McGraw-Hill, 2001.

WATER ENVIRONMENT FEDERATION; WATER RESOURCES INSTITUTE OF ASCE. *Design of urban stormwater controls:* manual of praitice. 2. ed. Nova York: McGraw-Hill, 2012. v. 87.

CAPÍTULO

13

Projeto de Bueiros

Métodos para calcular o escoamento através de um bueiro foram apresentados no Capítulo 9. Neste capítulo, veremos como aplicar aqueles cálculos ao projeto de bueiros reais em aplicações reais.

Muitos fatores devem ser considerados quando se realiza um projeto de engenharia; os princípios de projetos relacionados a bueiros resumidos aqui, ilustram isso. No entanto, lembre-se de que a ênfase está no projeto hidráulico. Há outros fatores, como a estabilidade estrutural, o custo e o controle de tráfego, que não serão abordados com tantos detalhes.

OBJETIVOS

Ao concluir este capítulo, o leitor deverá ser capaz de:

- Avaliar um bueiro existente em relação à adequação hidráulica.
- Interpretar plantas que mostram perfil de bueiro.
- Escolher um projeto adequado para um novo bueiro.
- Escolher um projeto apropriado para uma substituição de bueiro.
- Determinar um tamanho apropriado de bueiro para um novo dique ou para uma substituição de bueiro.
- Designar uma proteção de enrocamento para uma entrada e uma saída de bueiro.
- Relacionar projeto de bueiro a um estudo de caso real.

13.1 CONCEITOS FUNDAMENTAIS

As ponderações sobre o projeto concentram-se em dois conceitos gerais: *resultado* e *construção*. O resultado inclui todos os fatores que determinam o produto acabado, enquanto a construção envolve fatores que controlam o processo efetivo de construção. O objetivo principal do projeto de resultado para um bueiro é a determinação do tamanho e do alinhamento do bueiro e das provisões para o controle de erosão. O termo *tamanho* refere-se às dimensões do tubo, também chamado *abertura* do bueiro, enquanto o alinhamento envolve a orientação — primariamente, horizontal.

Objetivos adicionais do projeto incluem estabilidade estrutural, durabilidade, custo, facilidade de manutenção e segurança. Assim, o projetista visualiza o bueiro em seu estado completo, funcional, e procura garantir que a estrutura completa tenha capacidade hidráulica suficiente, força suficiente, capacidade de receber manutenção e todos os outros atributos desejados a um custo dentro do orçamento.

Os principais objetivos do projeto para a fase de construção incluem controle de erosão de solo mobilizado, controle de tráfego, segurança dos trabalhadores, controle de enchentes possíveis durante a construção e o trânsito de caminhões pesados em áreas residenciais.

Cada projeto de bueiro é único, peculiar, mas duas categorias gerais de projeto podem ser identificadas na variedade de casos individuais:

- *Novo dique*, que envolve o projeto de um novo bueiro para transportar um curso d'água através de um novo dique.
- *Substituição de bueiro*, que envolve o projeto de um bueiro para substituir um bueiro já existente (geralmente, subdimensionado) em um dique existente.

Cada uma dessas categorias de projeto será descrita individualmente neste capítulo.

O procedimento geral para o projeto hidráulico é similar para ambas as categorias de projeto, e é exibido em forma de fluxograma na Figura 13-1.

Primeiro, selecione a precipitação do projeto e o método de cálculo. São informações geralmente especificadas pela agência governamental com jurisdição sobre o bueiro. Normalmente, a precipitação do projeto é uma precipitação com tempo de retorno de 100 anos calculada pelo Método NRCS. No entanto, para bueiros menores, uma precipitação de frequência inferior pode ser aceitável.

O nível d'água (NA) máximo admissível a montante (*allowable heawater elevation* – AHE) é um parâmetro primordial no projeto e constitui a altura máxima da água a montante que será permitida para a precipitação do projeto. Essa altura ou elevação geralmente é prescrita por regras governamentais e pode ser a coroa a montante do bueiro, o ponto mais baixo do topo do dique ou alguma outra altura específica. Caso não haja nenhuma regra a respeito, o projetista deve determinar a altura máxima até a qual a água a montante poderá subir durante a precipitação do projeto. Quanto maior a elevação permitida da água a montante, menor o bueiro e, portanto, mais econômico é o projeto. Considere o dano potencial causado pelo acúmulo de água a montante.

A próxima etapa preliminar do projeto é o cálculo da vazão do projeto. Para tal, o projetista precisa delinear a bacia hidrográfica em um mapa topográfico adequado, usando-se o local do bueiro como ponto de análise (exutório da bacia). Ao escolher os parâmetros de escoamento, o projetista deve escolher entre as condições de solo da bacia hidrográfica existente e as da futura ocupação.

O projeto mais conservador prevê futura ocupação na bacia hidrográfica e, portanto, é preferível. Ocupação futura geralmente significa área mais impermeável e menor tempo de concentração e, assim, maior vazão de pico (escoamento máximo). Entretanto, com a proliferação de bacias de detenção projetadas para reduzir o escoamento máximo, o futuro escoamento pode não ser maior que o atual.

Finalmente, é determinado o nível de água no curso d'água existente a jusante para o bueiro. Se não houver obstruções significativas a jusante, não havendo, portanto, efeito de remanso no local do bueiro, assume-se como profundidade normal o nível de água, calculado pela equação de Manning. No entanto, caso seja previsto o remanso, o nível de água deve ser calculado por um método especial, como os cálculos por passos. Como esse método está além do objetivo deste livro, casos que envolvam remanso não serão incluídos. Na maioria dos casos com cálculos de remanso, usa-se um software apropriado, como o HEC-RAS.

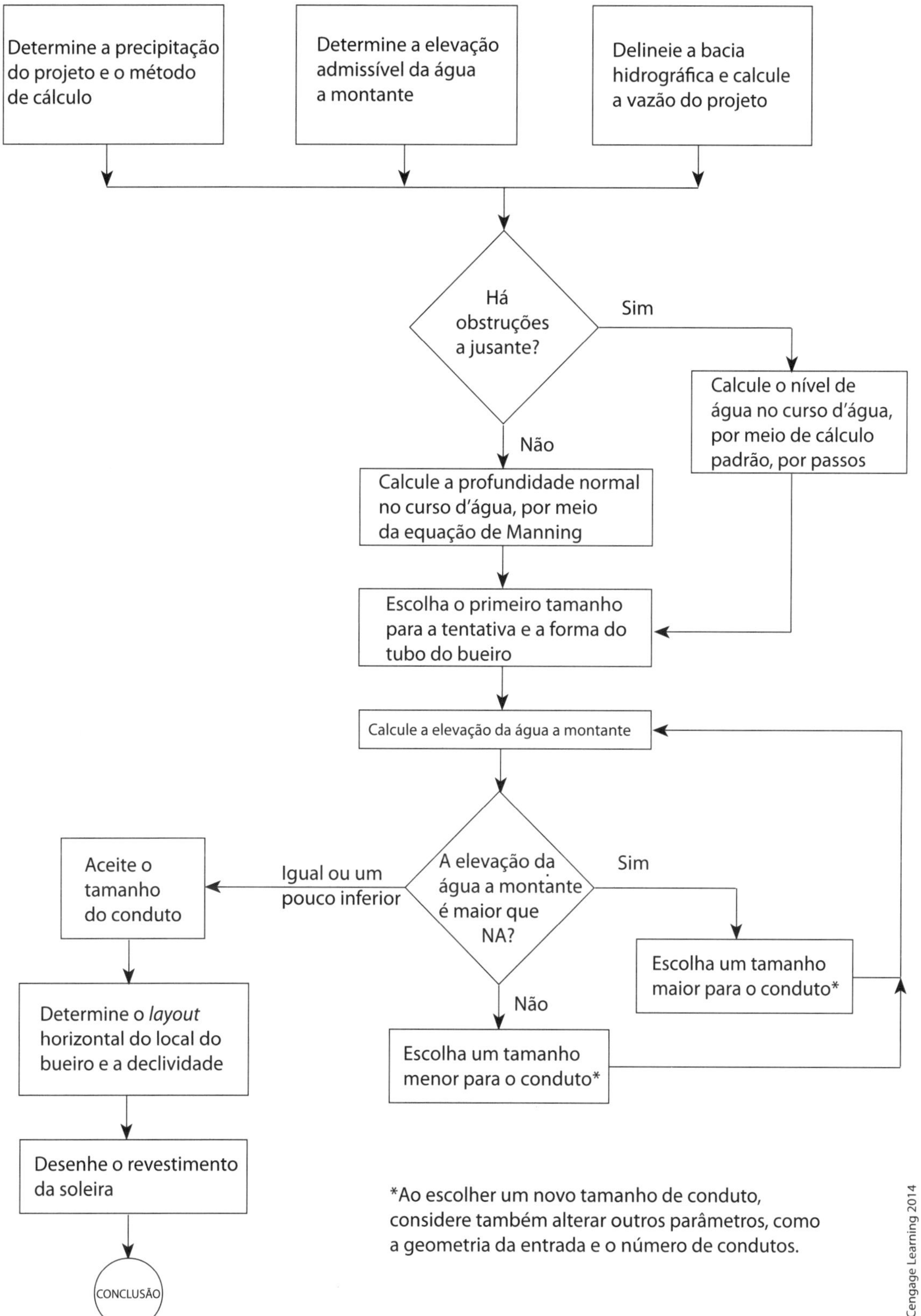

FIGURA 13-1 Fluxograma para um procedimento de projeto hidráulico de bueiro.

Depois que todos os cálculos preliminares e as delineações estão completos, o projeto hidráulico essencial pode começar. O primeiro passo é escolher um tamanho para a tentativa inicial e a forma do bueiro. Isso inclui as dimensões do conduto, o tipo de ala e a geometria da entrada. Desse modo, calcule a elevação da água a montante usando os procedimentos descritos no Capítulo 9. Se a elevação resultante da água a montante for maior que a elevação admissível da água a montante, outra tentativa deve ser feita, agora com uma seção transversal maior. Se o tamanho do bueiro se tornar muito grande para passar sob a estrada, condutos múltiplos podem ser usados. Contudo, o número de condutos deve ser mantido em um mínimo. Deseja-se que o tamanho de abertura de cada conduto seja o maior possível, porque pequenas aberturas de bueiro entopem mais facilmente com entulhos. Para determinar a lâmina d'água a montante para dois tubos de bueiro, por exemplo, divida a vazão de projeto (vazão de pico) por 2 e proceda como se fosse para um conduto. A Figura 13-2 mostra um bueiro de condutos circulares múltiplos.

Se a elevação resultante da água a montante for menor que a elevação admissível, o bueiro escolhido é maior que o necessário. Deve ser considerado um tamanho menor.

Depois de determinada a abertura do conduto, a posição ou o alinhamento do bueiro pode ser determinado. No caso de uma substituição de bueiro, o local geralmente coincide com o do bueiro existente, embora haja exceções. Para novos bueiros, o local é escolhido com base em vários fatores, ambos horizontais e verticais. A Figura 13-3 mostra alguns alinhamentos de bueiros. Para ajudar no alinhamento vertical, são assinalados perfis do fundo do curso d'água e do topo do dique.

Geralmente, o bueiro deve seguir o fundo do curso d'água nos alinhamentos horizontal e vertical. No entanto, o bueiro mais curto resulta de um posicionamento perpendicular ao dique. Isso pode exigir uma realocação de uma parte da canalização do curso d'água existente, como exibido na Figura 13-3(a).

Estabelecido o tamanho do bueiro, deve ser considerado o revestimento da soleira a montante e a jusante do bueiro. Para projetar o revestimento de uma soleira de saída, calcule a velocidade na saída do bueiro usando a equação de continuidade, $Q = va$. A área de seção transversal é calculada por um dos três métodos a seguir:

FIGURA 13-2 Um bueiro tubular de três tubos.

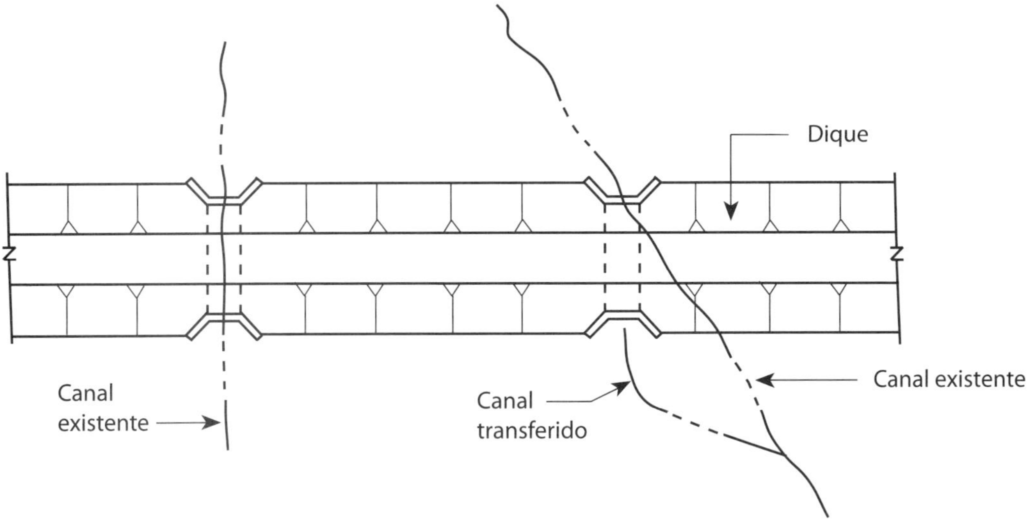

(a) Bueiros alinhados perpendicularmente ao dique.
Isso pode exigir um realinhamento da canalização do curso d'água.

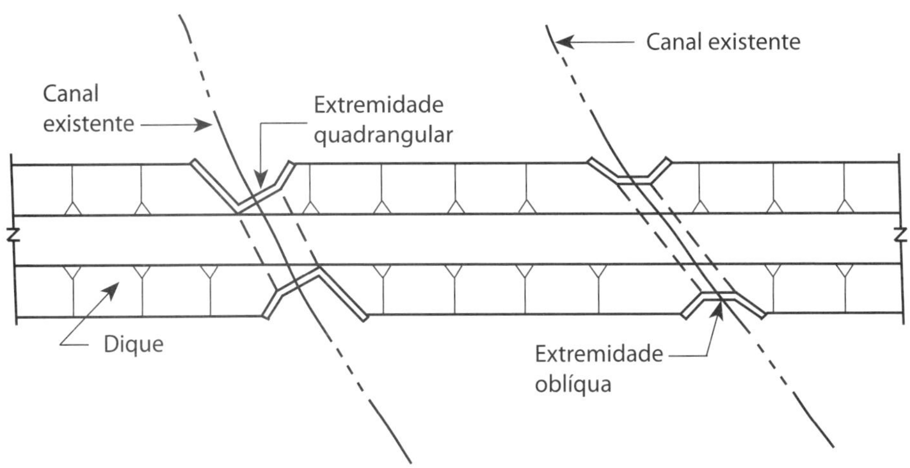

(b) Bueiros alinhados em um ângulo com o dique.
A face da extremidade do tubo pode ser quadrangular ou oblíqua.

FIGURA 13-3 Exemplos de alinhamentos horizontais de bueiros.

1. Se a lâmina d'água a jusante, *TW*, for menor que a profundidade crítica, use esta junto com as dimensões do tubo para calcular a área de seção transversal.
2. Se a lâmina d'água a jusante for maior que a profundidade crítica, use-a junto com as dimensões do conduto para calcular a área de seção transversal.
3. Se a lâmina d'água a jusante estiver acima da coroa da saída, use a área de seção transversal de toda a abertura do conduto.

Usando essa velocidade, projete um revestimento da plataforma de acordo com o procedimento descrito na seção 12.5, ou qualquer outro procedimento aceito. A Figura 13-4 mostra um típico revestimento de enrocamento no lado a jusante de um novo bueiro.

Para projetar um revestimento da plataforma de abertura, calcule a velocidade na entrada do bueiro usando a equação de continuidade. A área de seção transversal é calculada por meio da lâmina d'água a montante, *HW*, junto com as dimensões do conduto. Se a água a montante estiver acima da coroa, use a área de seção transversal de toda a abertura do tubo.

Depois de calcular a velocidade, projete o revestimento da plataforma de acordo com qualquer procedimento aceito. Por exemplo, se o revestimento for de enrocamento, o tamanho das pedras pode ser calculado pela Equação 12-1 ou 12-1a, e o comprimento da plataforma pode ser determinado a critério do projetista.

Ao calcular a área de seção transversal de um bueiro, se o aspecto do bueiro for oblíquo, como exibido à direita do esboço na Figura 13-3(b), não use as dimensões reais do ângulo. Use as dimensões perpendiculares ao eixo do tubo.

FIGURA 13-4 Um extenso enrocamento protege o canal trapezoidal de jusante deste novo bueiro de concreto de seção retangular.

Exemplo 13-1

Problema

Determine a velocidade na saída para um bueiro de seção retangular com 4 pés por 8 pés, vazão de 200 cfs e lâmina d'água a jusante de 3,2 pés.

Solução

Primeiro, calcule a profundidade crítica usando o Gráfico 7 no Apêndice A-3. A profundidade crítica é de 2,7 pés.

Como a lâmina d'água a jusante é maior que a profundidade crítica, calcule a área de seção transversal, usando a lâmina d'água a jusante:

$$a = (8)(3{,}2) = 25{,}6 \text{ pés}^2$$

Finalmente, calcule a velocidade usando a equação de continuidade:

$$v = \frac{Q}{a} = \frac{200}{25{,}6} = 7{,}8 \text{ pés/s} \quad \text{(Resposta)}$$

Outras considerações ambientais são importantes para o projeto de um bueiro e devem ser discutidas nas reuniões preliminares com as agências revisoras. Uma delas é o *habitat* dos peixes. Se o curso d'água for importante para o *habitat* ou a produção de peixes, pode ser necessário projetar o bueiro de maneira a proteger essas condições. A Figura 13-5 mostra duas medidas projetadas para proteger a comunidade de peixes. Na Figura 13-5(a), um bueiro pré-moldado de concreto é posicionado mais baixo que a parte inferior da calha do curso d'água; assim, o leito consistirá em um canal natural contínuo conforme ele segue através do bueiro. Na Figura 13-5(b), um bueiro em arco é colocado sobre um curso d'água para deixar o leito e a margem completamente inalterados. A Figura 13-6 mostra um exemplo de um bueiro em arco construído em um novo dique para uma estrada que segue até uma área residencial. Ele foi construído sem atingir o fundo do curso d'água nem as reservas naturais adjacentes.

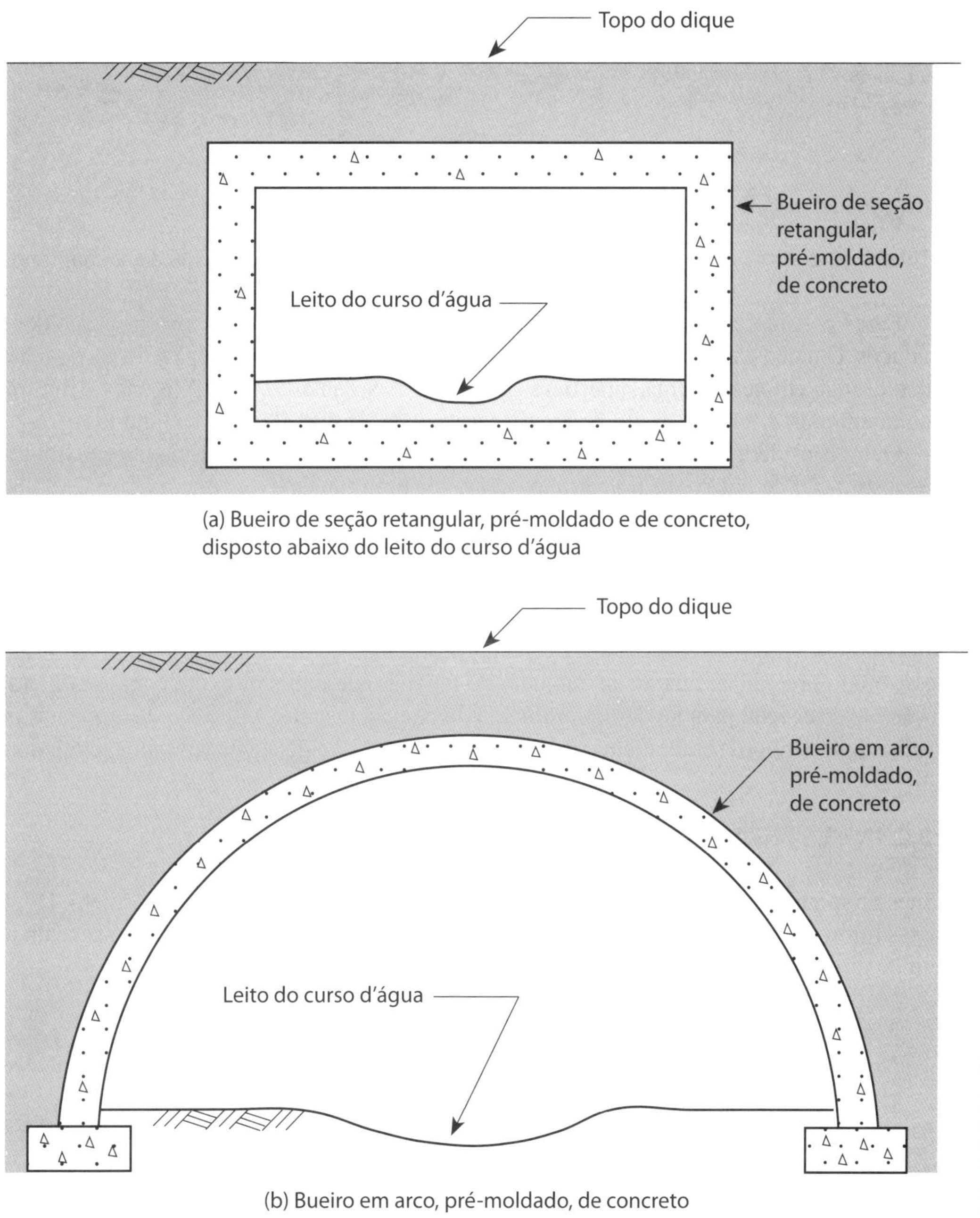

FIGURA 13-5 Exemplos de métodos para preservar condições de curso d'água existentes em bueiros.

FIGURA 13-6 Um bueiro em arco estendendo-se sobre um curso d'água e uma área pantanosa.

Essas considerações ambientais praticamente não têm nenhum efeito nos cálculos hidráulicos. O único efeito possível é a mudança na rugosidade, por causa da presença do leito do curso d'água em vez de uma superfície de concreto. No entanto, essa diferença é mínima e resulta em uma diferença muito pouco discernível na lâmina d'água a montante.

Outra consideração ambiental é o potencial para inundações a jusante do bueiro. Em casos de substituição de bueiro, se o bueiro existente for muito mais baixo que o normal, ele pode estar causando um represamento significativo a montante durante fortes precipitações, reduzindo a vazão a jusante. De fato, o bueiro e o dique atuam como uma bacia de detenção nesses casos, o que atenua ou diminui a vazão a jusante. Esse efeito é analisado no Capítulo 14. Portanto, substituir o bueiro menor por um de tamanho adequado eliminaria a atenuação e aumentaria a vazão a jusante, talvez criando problemas de inundações. Se houver suspeita desse efeito prejudicial quanto ao aumento do tamanho de um bueiro, uma análise de propagação deve ser feita para ajudar no problema da cheia a jusante. A decisão de aumentar o tamanho do bueiro ou manter o atual é, em geral, uma decisão da agência pública reguladora.

13.2 INVESTIGAÇÃO DE PROJETO

Antes do início de um projeto de bueiro, deve ser feita uma reunião sobre o projeto. Depois, certas informações essenciais precisam ser obtidas, de maneira muito similar ao caso do projeto de uma galeria de água pluvial. Elas são assim resumidas:

1. Mapas relevantes.
2. Reconhecimento do local.
3. Normas e desenhos ou relatórios de engenharia aplicáveis a projetos completos relacionados ao desenho.

Reunião sobre o Projeto

A reunião sobre o projeto, com o fim de estabelecer o seu objetivo, é similar àquela descrita para o projeto de uma galeria de água pluvial. Mas também pode ser necessário realizar uma reunião com o orgão jurídico referente ao bueiro proposto.

Bueiros geralmente são considerados grandes estruturas hidráulicas e são direta ou indiretamente normatizados por municípios, estados ou ambos. Em muitos casos, é necessária uma permissão ou aprovação inicial antes da construção de um bueiro, e o processo de requerimento pode ser complexo. Portanto, uma reunião de *pré-requerimento* costuma ser necessária para esclarecer como as normas se aplicam ao projeto em questão e para haver uma coordenação entre o projetista e o revisor a respeito de quais informações sobre o projeto serão apresentadas com o requerimento.

Mapas Relevantes

Os mapas relevantes aos projetos geralmente consistem em uma pesquisa de divisas e dois mapas topográficos. A pesquisa de divisas é necessária para certificar que o bueiro estará nos limites territoriais do proprietário, que em geral consiste em uma área com estrada ou ferrovia. Certos detalhes do projeto do bueiro – as alas e a soleira de enrocamento – não podem ser determinados sem o uso da topografia da área. Algumas importantes relações verticais também dependem dessas informações, como a distância do leito do curso d'água até o topo do dique. As aplicações desses dados topográficos exigem um alto grau de precisão; portanto, preferem-se linhas de contorno com intervalos de 1 pé (0,3 m) ou 2 pés (0,6 m). Além disso, alguns pontos específicos da área talvez devam ser cotados. Todos os serviços de utilidade pública existentes também devem ser descritos com precisão. Por isso, pode ser necessária uma topografia de campo suplementar.

A topografia também é necessária para delinear a bacia hidrográfica de contribuição ao bueiro. Como a bacia hidrográfica frequentemente é muito grande em comparação com o local da construção, talvez não seja prático usar contornos de 2 pés (0,6 m); um mapa topográfico de menor escala e menor precisão pode ser o bastante para os cálculos de escoamento. Folhas de quadrangulares da US Geological Survey (USGS) desenhadas em uma escala de 1:24.000 costumam ser usadas para esse propósito.

Reconhecimento do Local

Uma visita ao local deve ser realizada para verificar a topografia e fazer anotações sobre quaisquer recursos não apontados claramente nos mapas. Além disso, o curso d'água e a margem devem ser observados para se determinar os valores n de Manning e se há obstruções a jusante.

Normas e Relatórios de Projetos

Finalmente, quaisquer normas aplicáveis devem ser obtidas e revistas. Se houver relatórios sobre os projetos de engenharia anteriores, relacionados com o atual, eles também devem ser revistos.

Depois de obtidos todos os dados relativos à engenharia, o projeto pode começar.

13.3 PROJETO DE UM NOVO BUEIRO

Considere o caso de um novo aterro de estrada proposto em um alinhamento que cruze um curso d'água. Esse tipo de projeto apresenta algumas vantagens em relação à troca de um bueiro existente, porque geralmente há poucas limitações, o que permite maior flexibilidade ao projetista. Por exemplo, como o perfil da estrada ainda não foi estabelecido, a altura do bueiro proposto pode ser aumentada, e a estrada proposta, erguida, para compensar. Isso nem sempre é uma opção para uma estrada existente.

Outro exemplo de maior flexibilidade é a ausência de instalações públicas no subsolo, como tubulações de água, gás e esgoto sanitário. Além disso, a ausência de lotes de construção adjacentes ao curso d'água permite maior amplitude no plano horizontal do bueiro proposto.

Esses fatores que afetam o projeto de um novo bueiro em um novo aterro de estrada são ilustrados pelo exemplo a seguir.

Exemplo 13-2

Problema

Uma nova via é proposta para conectar a rua Shawn à avenida Oakwood, como exibido na Figura 13-7. Projete um bueiro para transportar o curso d'água existente pelo dique proposto.

Solução

O processo do projeto hidráulico segue o contorno apresentado na Figura 13-1. A precipitação do projeto é determinada por normas locais: uma precipitação de 100 anos e 24 horas, como foi calculado pelo Método NRCS. Esse cálculo é feito e resulta em uma vazão de projeto de 480 cfs.

O nível d'água (NA) máximo admissível a montante (*allowable headwater elevation* AHE) é determinado por leis locais: é a coroa (geratriz superior) do bueiro a montante.

A partir das informações topográficas obtidas para as adjacências do bueiro, é preparado um perfil da linha central da via proposta, como vemos na Figura 13-8. (Inicialmente, os testes quanto às aberturas do bueiro e aos greides da via não são incluídos; serão adicionados mais tarde.)

Agora podemos começar os cálculos hidráulicos. O primeiro passo é determinar a lâmina d'água a jusante. Como não há obstruções a jusante, a profundidade do escoamento no curso d'água é calculada pela equação de Manning. Para uma vazão de projeto de 480 cfs, a lâmina d'água a jusante é determinada como 3,7 pés.

Em seguida, escolhemos um tamanho de bueiro como primeira tentativa. Escolha um bueiro de seção retangular de concreto, com 4 pés por 8 pés, alas de 45 graus e uma entrada de borda reta. Para verificar a lâmina d'água a montante, suponha primeiro um controle de entrada. Usando o Gráfico 1 do Apêndice B-1, verificamos que $Q/B = 61$ cfs/pés, o que leva a um valor de HW/D em escala (1) da escala de 2,9 da lâmina d'água a montante. Portanto, $HW = 11{,}6$ pés. Isso obviamente excede a NA, que requer uma lâmina d'água de 4 pés na coroa do bueiro. Portanto, 4 pés por 8 pés é muito pouco, e é preciso fazer uma tentativa com uma abertura maior. Observe que não é necessário calcular HW para o controle de saída. Por quê?

Para a Tentativa 2, escolha um bueiro de 4 pés por 16 pés. Pelo Gráfico 1, HW/D é determinado em 1,25, por isso $HW = 5{,}0$ pés, que ainda excede a NA. Portanto, esse tamanho de bueiro é rejeitado.

Para a Tentativa 3, escolha um bueiro duplo com aberturas de 4 pés por 12 pés. Para determinar HW para o controle de entrada, use uma vazão de projeto de 240 cfs, transportada por um bueiro único de 4 pés por 12 pés. Pelo Gráfico 1, HW/D é determinado em 0,91, o que resulta em um valor de 3,64 pés para HW, abaixo da NA. Agora, verifique o controle de saída.

Para determinar HW assumindo controle de saída, determine primeiro a profundidade crítica. Pelo Gráfico 10 no Apêndice A-3, a profundidade crítica para 240 cfs é de 2,3 pés. Então,

$$TW' = \frac{2{,}3 + 4{,}0}{2} = 3{,}15 \text{ pés}$$

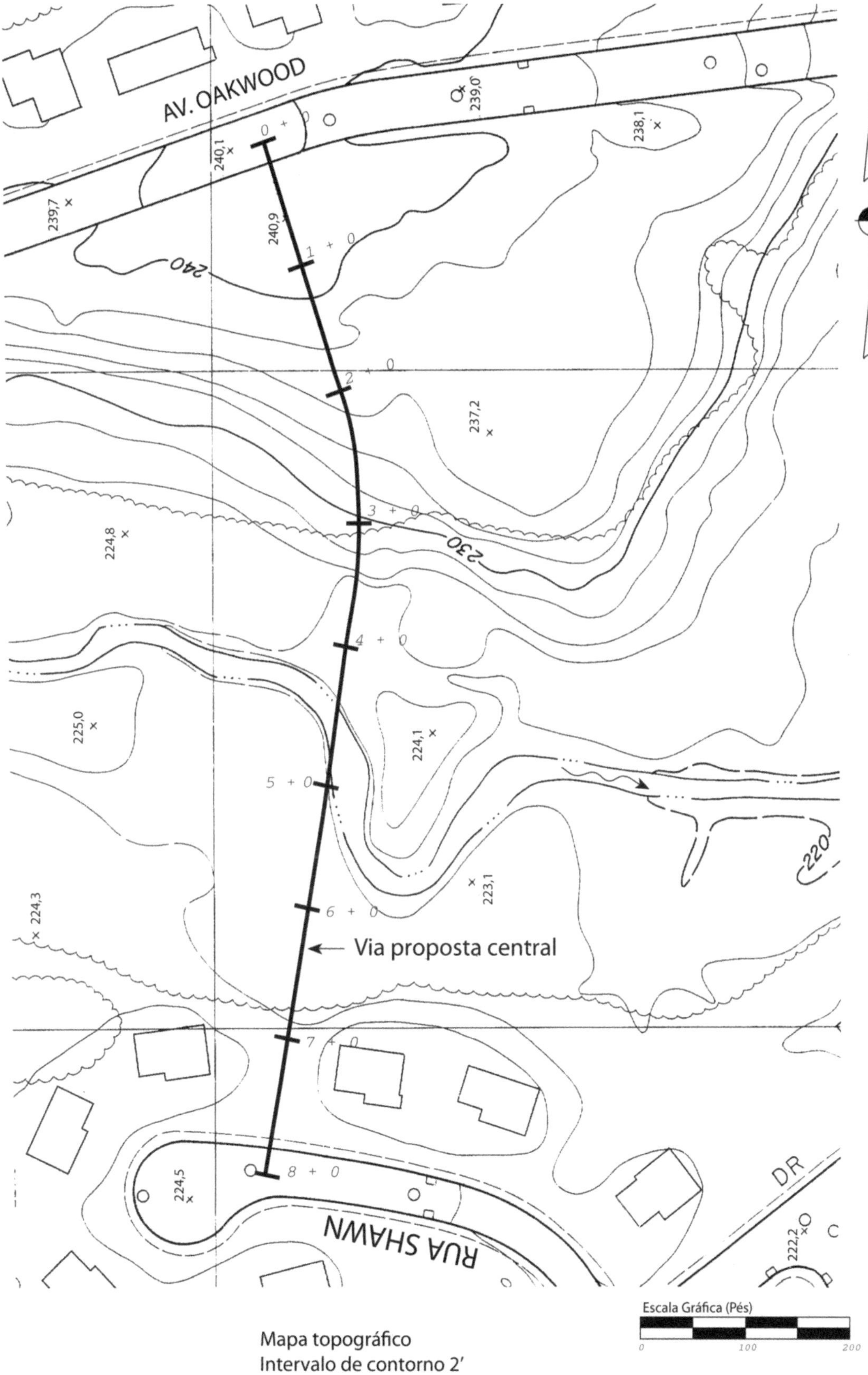

FIGURA 13-7 Planta do local de uma via proposta, relativa ao Exemplo 13-2. *(Adaptado de Aero Service)*

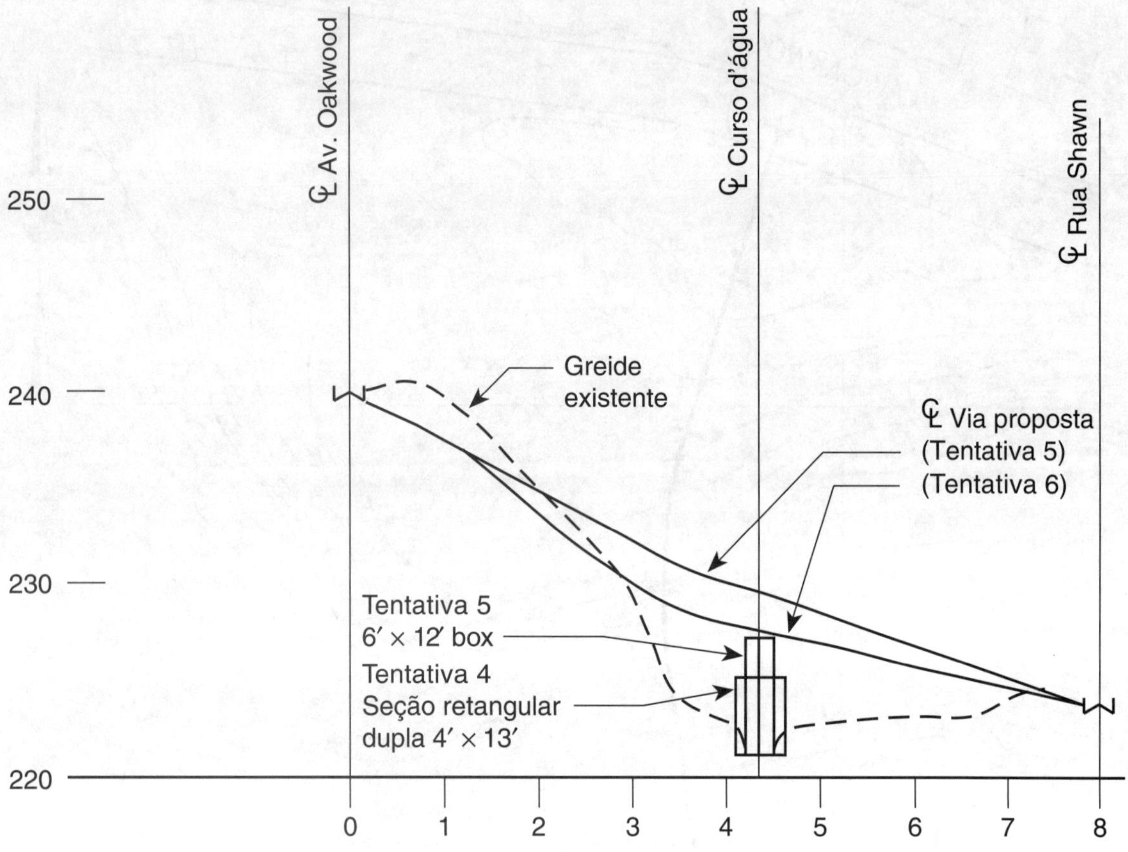

FIGURA 13-8 Perfil da via proposta para o Exemplo 13-2.

Como *TW* é maior que *TW'*, use *TW* para a lâmina d'água a jusante. Pelo Gráfico 8 no Apêndice B-2 para $k_e = 0,4$ e $L = 50$ pés, H é determinado em 0,63 pé. Então,

$$
\begin{aligned}
HW &= TW + H - Ls \\
&= 3,7 + 0,63 - 0,25 \\
&= 4,1 \text{ pés}
\end{aligned}
$$

Portanto, o bueiro opera sob controle de saída, e a lâmina d'água a montante está acima da coroa. Consequentemente, esse tamanho é rejeitado.

Para a tentativa 4, escolha um bueiro duplo com aberturas de 4 pés por 13 pés. Depois de calcular *HW* como na tentativa anterior, vê-se que o bueiro opera sob controle de saída com *HW* = 4,0 pés. Então, um bueiro de seção retangular duplo de 4 pés por 13 pés é adequado hidraulicamente.

Contudo, outras formas e outros tamanhos poderiam ser adequados, contanto que a lâmina d'água a montante estivesse abaixo da coroa. Por exemplo, suponha a escolha de um bueiro de seção retangular com 6 pés de altura. Então, para a tentativa 5, você poderia escolher um bueiro de seção retangular simples com 6 pés por 12 pés. Supondo controle de entrada, *HW* é encontrado a partir do Gráfico 1: 5,82 pés. Assumindo o controle de saída, *HW* é encontrado a partir do Gráfico 8: 4,55 pés. Assim, esse bueiro opera sob controle de entrada, e *HW* = 5,82 pés, que está abaixo da NA. Então, pelo critério da lâmina d'água a montante aplicável, ele também é adequado.

Qual bueiro é a melhor escolha: um de seção retangular duplo com 4 pés por 13 pés ou um de seção retangular simples com 6 pés por 12 pés? Este último seria muito menos dispendioso, mas apresentaria duas desvantagens. Primeira, resultaria em uma elevação de 227,32 da lâmina d'água a montante, ou seja, 2,12 pés mais alto que o nível de inundação de 100 anos a ocorrer sem um bueiro. Para as residências na extremidade oeste da Rua Shawn, isso poderia ser muito prejudicial. Segunda, o bueiro mais alto exigiria um greide mais alto para a via proposta e, portanto, muito mais aterro para construir o dique. A Figura 13-8 mostra as aberturas alternativas do bueiro e os perfis resultantes da estrada.

Portanto, o bueiro de seção retangular duplo de 4 pés por 13 pés é a melhor escolha, porque resulta em uma elevação na lâmina d'água a montante de apenas 0,3 pé acima da existente e requer um aterro de estrada significativamente menor, em comparação para o necessário com o bueiro mais alto. A Figura 13-9 mostra um perfil do projeto aceito para o bueiro.

Se a NA foi determinada de maneira a não permitir aumento na lâmina d'água a montante sobre as condições existentes, como exigido em alguns locais, o bueiro de seção retangular duplo de 4 pés por 13 pés será quase adequado. Nesse caso, o menor bueiro, mais adequado, seria um de seção retangular duplo com 4 pés por 14 pés.

Em seguida, é determinado o plano horizontal. A Figura 13-10 mostra três alternativas de planos que se ajustam às condições do local. A primeira alternativa, exibida na Figura 13-10(a), é a mais simples e menos dispendiosa. Ela é perpendicular à via proposta e possui extensão de 50 pés. Por causa da sinuosidade do curso d'água, um realinhamento do canal de 160 pés lineares deve ser realizado a jusante para se combinar ao canal existente. No entanto, em decorrência de razões ambientais, esse tipo de modificação do curso d'água pode ser proibido pela agência reguladora.

> ***Observação:*** um pé linear é uma unidade de medida horizontal que pode seguir uma linha curva ou reta.

A próxima alternativa, exibida na Figura 13-10(b), é uma tentativa de seguir o caminho do curso d'água para evitar um extenso realinhamento do canal. Mas, mesmo com essa disposição, é necessário um pequeno realinhamento de 60 pés lineares. A intensidade da curvatura do bueiro é mantida em um mínimo, porque, quanto maior a curvatura, mais longo é o bueiro. (O ângulo de curvatura é definido como o ângulo formado pelo mais longo eixo do bueiro e uma linha perpendicular à via.) Neste caso, o comprimento do bueiro é de 95 pés — quase o dobro da extensão da alternativa (a), aumentando significativamente o custo. As extremidades do bueiro são quadradas, porque uma curvatura de 45 graus na extremidade de um bueiro é muito grave, criando problemas estruturais e aumentando o custo do projeto.

A terceira alternativa, (c), também é uma tentativa de seguir o caminho do curso d'água, mas emprega apenas um ângulo de curvatura de 25 graus. Neste caso, um realinhamento de canal de 50 pés lineares é necessário na extremidade a montante para se combinar ao curso d'água existente. Um problema significativo com este esquema é a orientação do bueiro com o canal a jusante. O escoamento é forçado a virar bruscamente à esquerda do bueiro ao curso d'água. Isso pode criar um problema de erosão e resultar até em um nível mais alto de água a jusante, sob o risco de ser necessário um aumento do tamanho da abertura do bueiro.

Outra alternativa seria realinhar a via proposta em uma direção a oeste para cruzar o curso d'água em uma seção mais reta. Provavelmente, isso exigiria uma mudança do ponto de interseção na avenida Oakwood, algo talvez impossível por causa de outras restrições, como uma propriedade.

A escolha do esquema pode afetar de duas maneiras a abertura do bueiro. Primeira, como já mencionamos, condições diferentes do canal a jusante levam a diferentes lâminas d'água a jusante; segunda, diferentes extensões dos condutos podem afetar a lâmina d'água a montante. Esses dois efeitos aplicam-se a bueiros que operam sob controle de saída; se o bueiro operar sob controle de entrada, o esquema exercerá um pequeno efeito no tamanho da abertura.

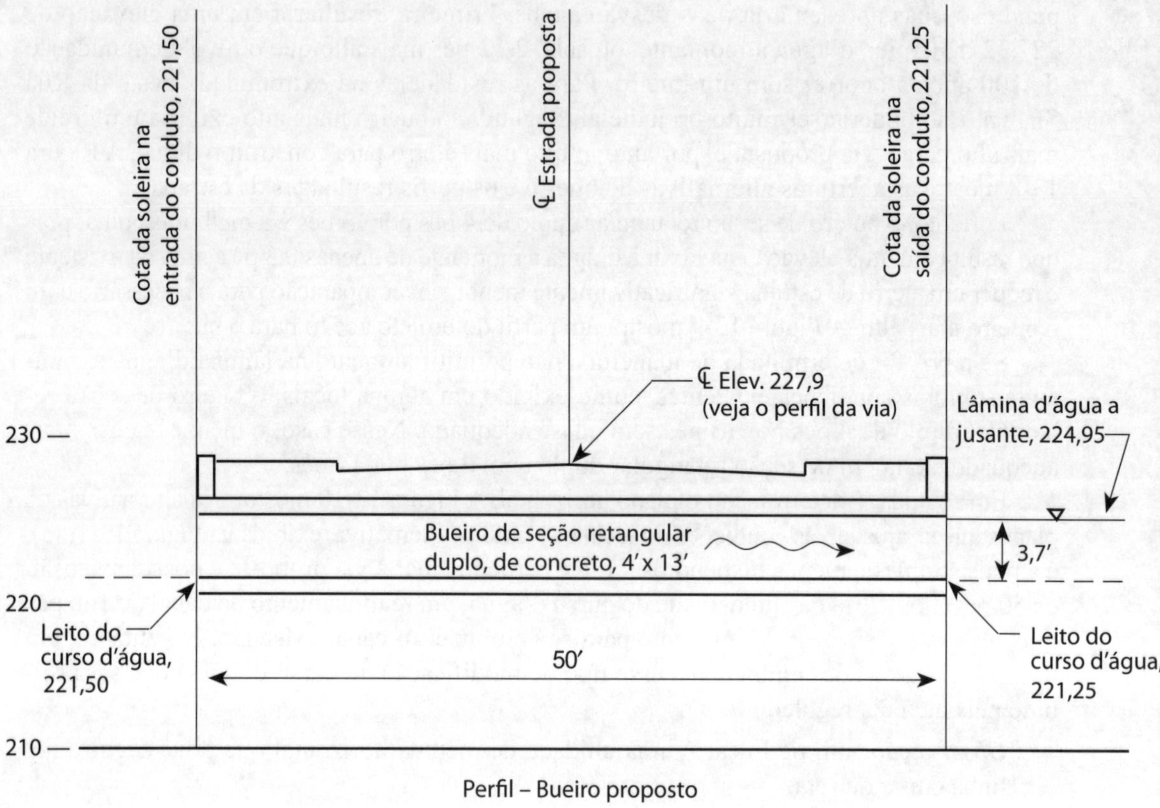

FIGURA 13-9 Perfil do curso d'água para o Exemplo 13-2.

Para os propósitos deste exemplo, escolhemos a alternativa (a).

Finalmente, a velocidade do projeto é calculada, e a necessidade de quaisquer plataformas, a montante e a jusante, é avaliada. A velocidade na saída é calculada por meio da equação de continuidade, $Q = va$. A área de seção transversal, a, é a área de um retângulo no qual a largura é de 13,0 pés e a altura é de 3,7 pés. TW é usado para a altura em vez de D_c porque TW é o maior desses valores:

$$a = (13,0)(3,7) = 48,1 \text{ pés}^2$$

$$v = \frac{Q}{a} = \frac{240}{48,1} = 5,0 \text{ pés/s}$$

Consultando o Apêndice A-2 para canais de terra, vemos que a velocidade admissível para greda de cascalho para pedregulho é de 5,0 pés/s. Como o canal a jusante será construído para uma extensão de 160 pés lineares como parte do projeto, o material do solo pode ser especificado como solo estratificado ou silte, e então não é necessária nenhuma plataforma adicional.

A velocidade na entrada do bueiro é encontrada da mesma maneira, mas usando HW para a altura. Assim,

$$a = (4,0)(13,0) = 52,0 \text{ pés}^2$$

$$v = \frac{Q}{a} = \frac{240}{52} = 4,6 \text{ pés/s}$$

Portanto, também não é necessária uma plataforma na extremidade a montante do bueiro.

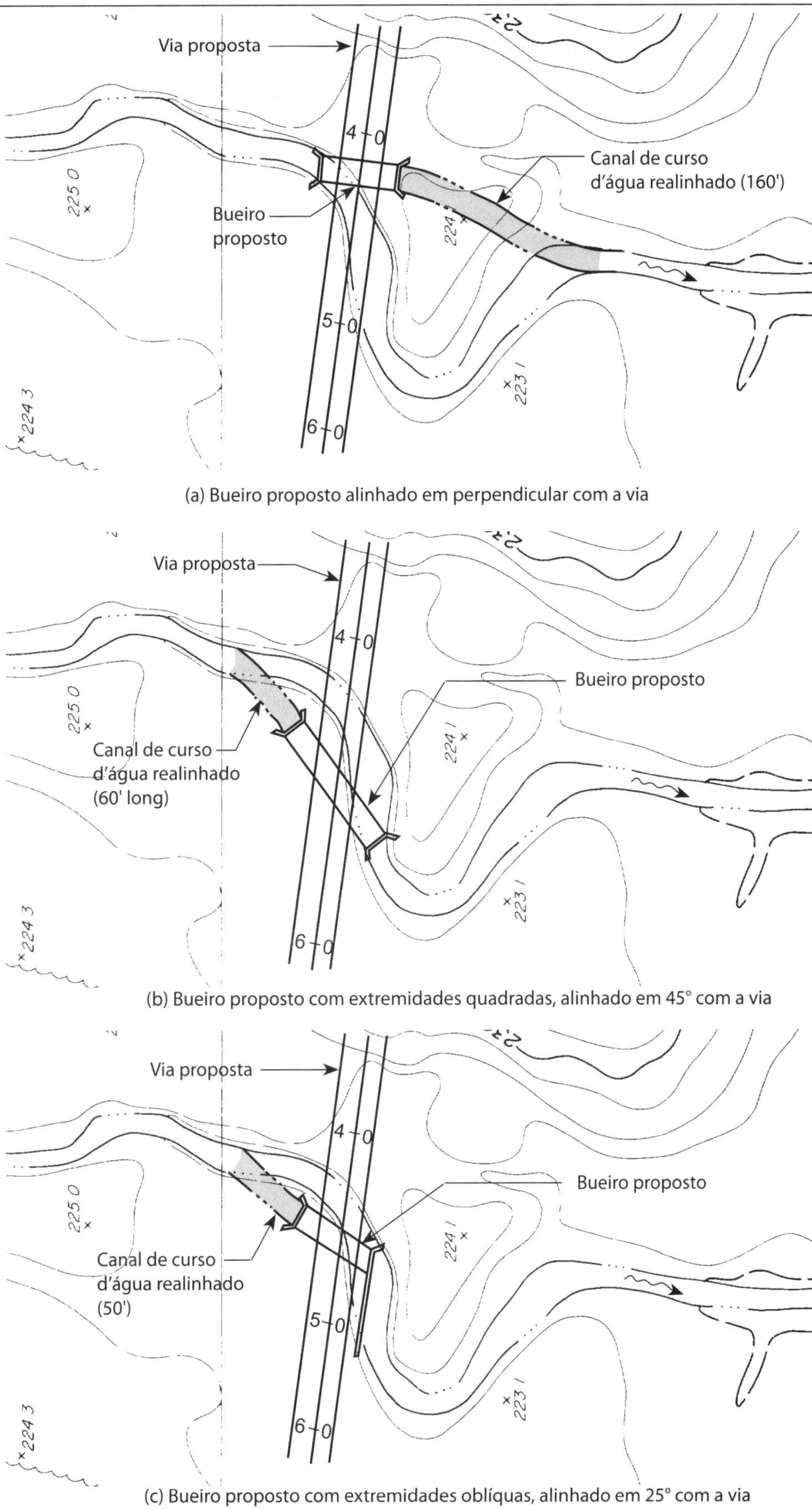

(a) Bueiro proposto alinhado em perpendicular com a via

(b) Bueiro proposto com extremidades quadradas, alinhado em 45° com a via

(c) Bueiro proposto com extremidades oblíquas, alinhado em 25° com a via

FIGURA 13-10 Três alternativas de planos de bueiro para o Exemplo 13-2. *(Mapa adaptado de Aero Service)*

13.4 SUBSTITUIÇÃO DE BUEIRO

Agora, considere o caso de uma estrada já existente, com um bueiro que é alvo de uma proposta de substituição. Em muitas substituições de bueiros, aquele existente é hidraulicamente inadequado, em razão de diversos fatores. A construção do bueiro pode ter ocorrido quando os padrões de projeto não eram tão conservadores ou rigorosos quanto os atuais; a ocupação na bacia hidrográfica pode ter causado um aumento da vazão de pico; ou a reorientação dos condutos e dos canais a montante do bueiro pode ter aumentado a área de contribuição.

O trabalho do engenheiro ao projetar uma substituição de bueiro frequentemente é dificultado pelas restrições físicas nas quais o projeto deve ser executado. Por exemplo, pode haver pouca folga vertical da parte inferior da calha do curso d'água até o alto da estrada existente. Isso significa que o bueiro não pode ser feito mais alto — apenas mais largo. Em alguns casos, a estrada pode ser erguida, mas isso adiciona um custo considerável ao projeto.

Outra restrição comum é a presença de melhorias e instalações de serviços de utilidade pública adjacentes ao bueiro e ao curso d'água existentes. Isso elimina a opção de alterar a forma do mesmo.

Ao projetar a substituição de um bueiro, aquele existente costuma ser analisado primeiro em relação à sua adequação hidráulica, para determinar se a abertura existente deve ser ampliada. Então, deve-se verificar se há previsão, para a estrada, de um futuro alargamento, e, se for o caso, o novo bueiro poderá ser projetado mais longo.

Essas considerações de projeto para um projeto de substituição de bueiro são ilustradas no exemplo a seguir.

Exemplo 13-3

Problema

O bueiro tubular de concreto armado (*reinforced concrete pipe* — RCP) de 36 polegadas existente sob a estrada Washington, como exibido na Figura 13-11, é alvo de uma proposta de substituição. Projete um bueiro para esta substituição.

Solução

Primeiro, o bueiro existente é avaliado em termos de adequação hidráulica. Se a conclusão for de que ele é inadequado, um novo bueiro é calculado, seguindo-se o contorno apresentado na Figura 13-1.

A precipitação do projeto é determinada por normas locais: precipitação de 100 anos e 24 horas, como foi calculado pelo Método NRCS. Esse cálculo é então realizado e resulta em uma vazão de projeto de 131 cfs.

O nível d'água (NA) máximo a montante é determinado por normas locais: é a inundação da estrada ou a elevação na qual as águas começarão a escoar sobre a estrada. Essa elevação é determinada, a partir da topografia, em 415,0. (Observação: embora a elevação do ponto baixo do perfil da estrada seja 411,50, a elevação de controle de 415,0 ocorre a oeste do bueiro no lado norte da estrada, em um ponto baixo na margem do curso d'água.)

A estrada existente e os perfis de bueiro são descritos na Figura 13-12(a) e 13-13(a), respectivamente.

Como exibido na Figura 13-13(a), o bueiro existente consiste em um RCP de 36 polegadas na extremidade a montante, com um CMP de 48 polegadas na extremidade a jusante. A extremidade a montante não possui alas, e a extremidade a jusante está em uma elaborada plataforma de concreto e em uma estrutura com alas. A evidência de uma erosão considerável na extremidade a jusante é manifestada pela queda na parte inferior da calha do curso d'água na extremidade da plataforma.

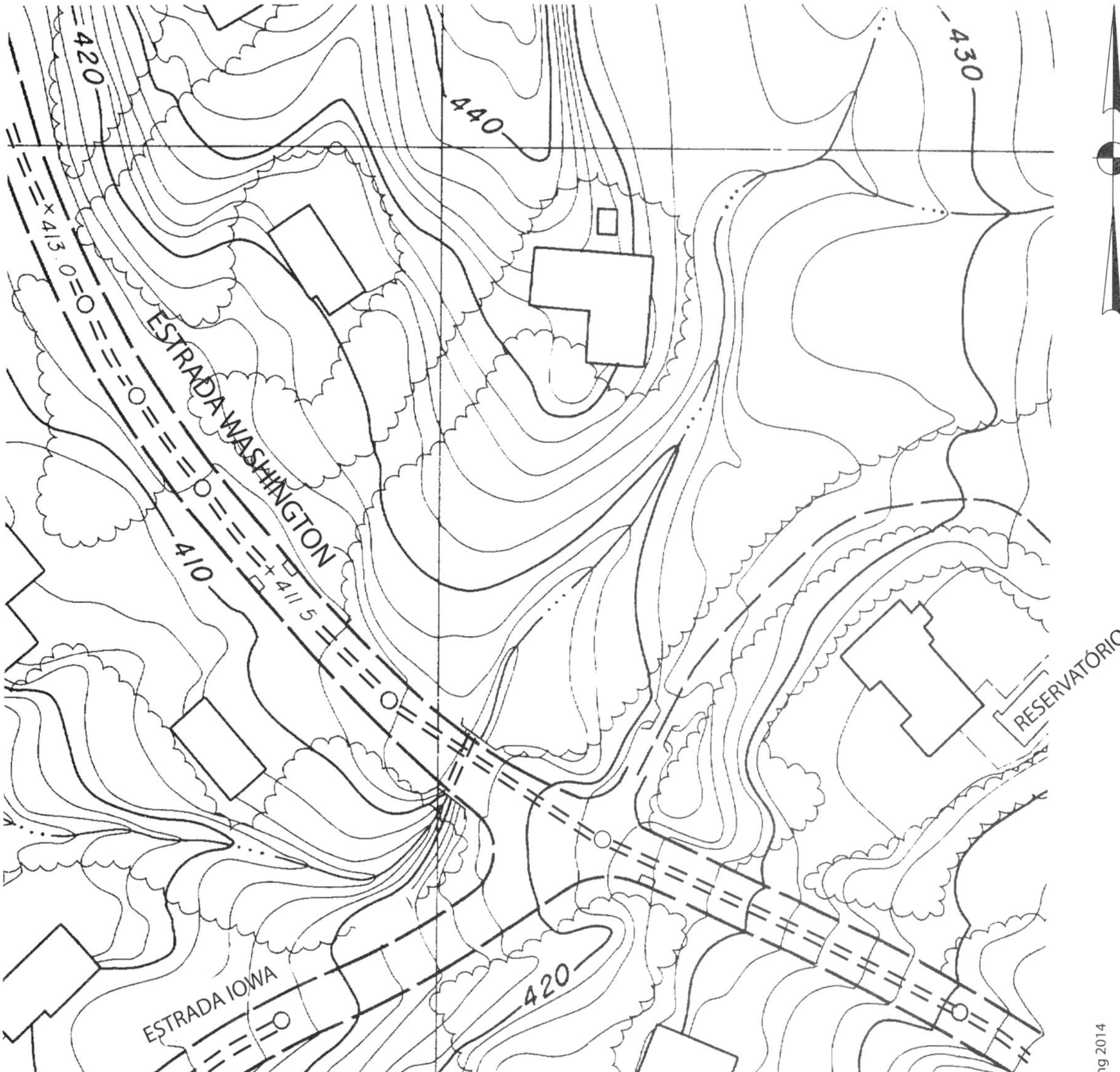

Mapa topográfico
Escala: 1″ = 100′
Intervalo de contorno 2′

FIGURA 13-11 Mapa topográfico usado no Exemplo 13-3. *(Mapa adaptado de Aero Service)*

Aparentemente, o bueiro original RCP de 36 polegadas foi previamente estendido para um alargamento da estrada colocando-se um CMP de 48 polegadas sobre o conduto de concreto.

Para avaliar a adequação hidráulica do bueiro existente, primeiro verifique o controle de entrada. Usando o Gráfico 2 no Apêndice B-1 para um tubo de 36 polegadas de diâmetro e uma vazão de projeto de 131 cfs, HW/D é encontrado em escala (3) no valor de 4,7. Portanto,

$$HW = (4{,}7)(4{,}0) = 18{,}8 \text{ pés}$$

e a elevação da água a montante é igual à parte inferior da calha a montante mais HW, ou

$$411{,}7 + 18{,}8 = 430{,}5$$

o que claramente excede a NA de 415,0. Portanto, o bueiro existente é inadequado.

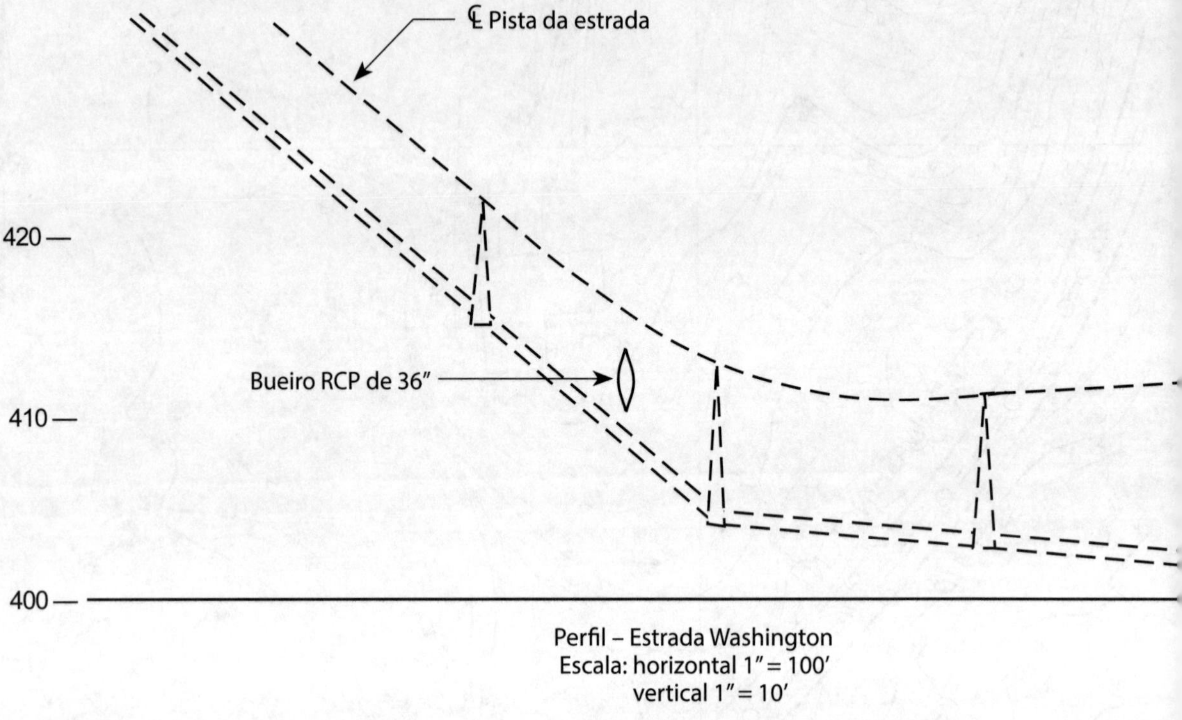

(a) Condições atuais

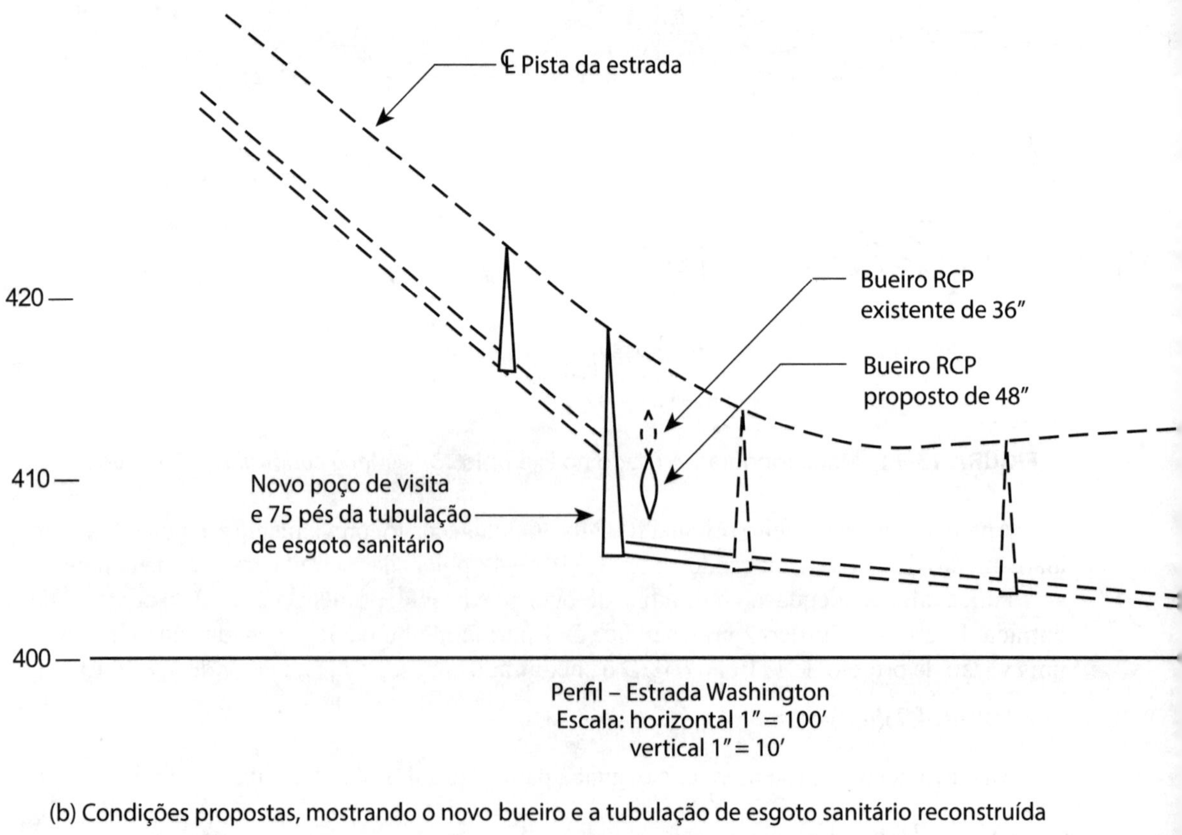

(b) Condições propostas, mostrando o novo bueiro e a tubulação de esgoto sanitário reconstruída

FIGURA 13-12 Perfis da estrada Washington para as condições atuais e as condições propostas.

Normalmente, o primeiro passo no projeto de uma substituição de bueiro é a determinação do tamanho da abertura. No entanto, neste caso, como o alinhamento vertical pode afetar a capacidade, a forma será analisada primeiro. O plano horizontal seguirá o bueiro existente, em razão de restrições na propriedade. No entanto, como podemos observar no perfil, Figura 13-13(a), há uma considerável variação vertical. No momento, a parte inferior da calha a jusante está aproximadamente 4,5 pés acima da parte inferior da calha do curso d'água, por isso todo o bueiro poderia ser rebaixado para se combinar com a parte inferior da calha do curso d'água. Entretanto, isso criaria um conflito com a tubulação de esgoto sanitário existente, que cruza embaixo do bueiro, embora pudesse ser rebaixada, como mostramos na Figura 13-12(b).

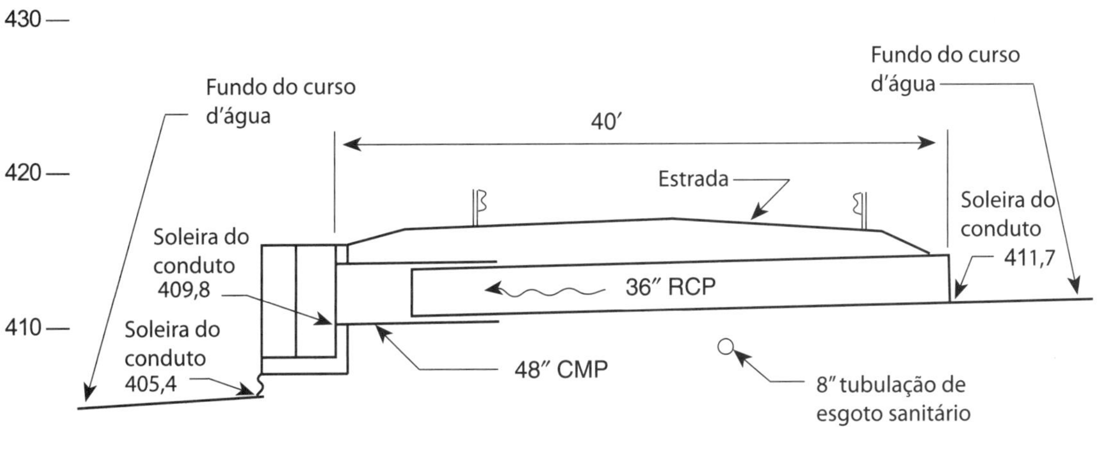

Perfil – Bueiro atual

(a) Condições atuais

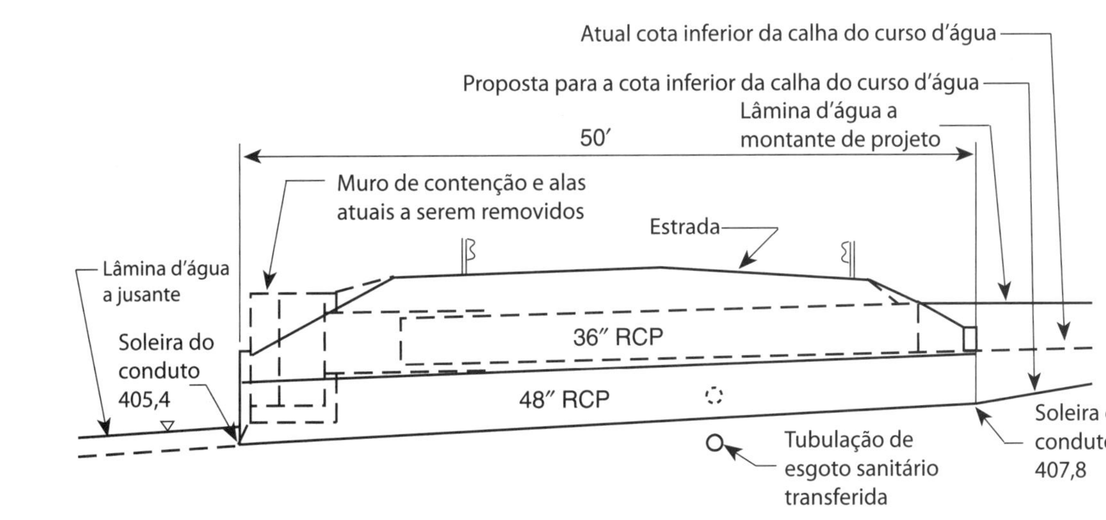

Perfil – Bueiro proposto

(b) Condições propostas, mostrando o novo bueiro e o canal do curso d'água rebaixado na extremidade a montante

FIGURA 13-13 Perfis do bueiro atual e do bueiro proposto, referentes ao Exemplo 13-3.

Se o novo bueiro estivesse rebaixado na extremidade de saída, poderia ser rebaixado também na extremidade de entrada, como exibido na Figura 13-13(b), o que criaria a vantagem de possibilitar o desenvolvimento de armazenamento a montante durante a precipitação do projeto, aumentando, assim, a sua capacidade. No entanto, isso é válido apenas se o bueiro operar sob controle de entrada. Se o controle de saída prevalecer, o rebaixamento da extremidade de entrada não exercerá efeito nenhum na capacidade.

Seguindo essa perspectiva, escolha um RCP de 36 polegadas no perfil mais baixo exibido na Figura 13-13(b) para a Tentativa 1. Faça o novo bueiro ter alas e uma borda quadrangular. Para verificar o controle de entrada, use o Gráfico 2 no Apêndice B-1. Para um tubo de 36 polegadas, com tipo de entrada (1),

$$\frac{HW}{D} = 5{,}6$$

$$HW = (5{,}6)(3{,}0) = 16{,}8 \text{ pés}$$

e a lâmina d'água a montante é

$$407{,}8 + 16{,}8 = 424{,}6$$

Como essa cota excede a NA, a Tentativa 1 é rejeitada.

Para a Tentativa 2, escolha um RCP de 48 polegadas no perfil mais baixo usado na Tentativa 1. Para verificar o controle de entrada, use o Gráfico 2 no Apêndice B-1. Para um tubo de 48 polegadas com entrada tipo (1),

$$\frac{HW}{D} = 1{,}8$$

$$HW = (1{,}8)(4) = 7{,}2 \text{ pés}$$

e a lâmina d'água a montante é

$$407{,}8 + 7{,}2 = 415{,}0$$

Como essa cota é igual à NA, verifique o controle de saída.

Para verificar o controle de saída, calcule primeiro a lâmina d'água a jusante, *TW*. Como o curso d'água não possui obstruções a jusante, é usada a equação de Manning. Pelo mapa topográfico, a declividade da linha d'água é calculada em 5,0%, e uma observação de campo é usada para determinar um valor n de 0,04 (curso d'água de montanha, canal sem vegetação, margens íngremes, pedras de pavimentação no fundo). A seção transversal do canal (olhando a jusante) é exibida na Figura 13-14. Usando a equação de Manning, a profundidade normal é determinada em 1,25 pé. Essa profundidade é considerada *TW*. Observe que essa profundidade muito rasa se explica pela declividade acentuada do curso d'água.

Em seguida, calcule a profundidade crítica. Pelo Gráfico 45 no Apêndice A-4,

$$D_c = 3{,}4 \text{ pés}$$

Portanto, *TW'* é calculado como

$$TW' = \frac{(D_c + D)}{2}$$

$$= \frac{3{,}4 + 4}{2} = 3{,}7 \text{ pés}$$

Como $TW' > TW$, use TW' para calcular a lâmina d'água a montante. Depois, determine H, usando o Gráfico 9 no Apêndice B-2. Para $Q = 131$ cfs, $k_e = 0{,}5$,

$H = 2{,}9$ pés

Portanto, a lâmina d'água a montante é

$405{,}4 + 3{,}7 + 2{,}9 = 412{,}0$

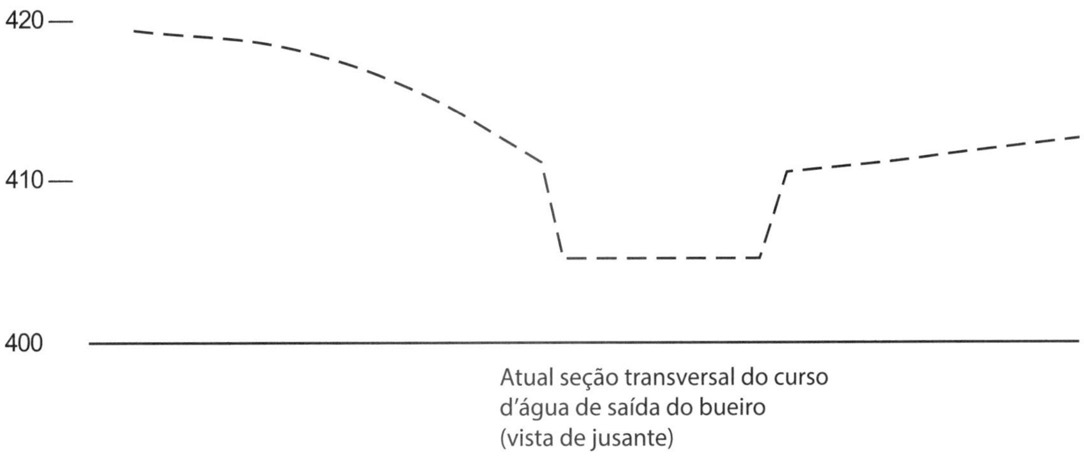

(a) Atual seção transversal do curso d'água

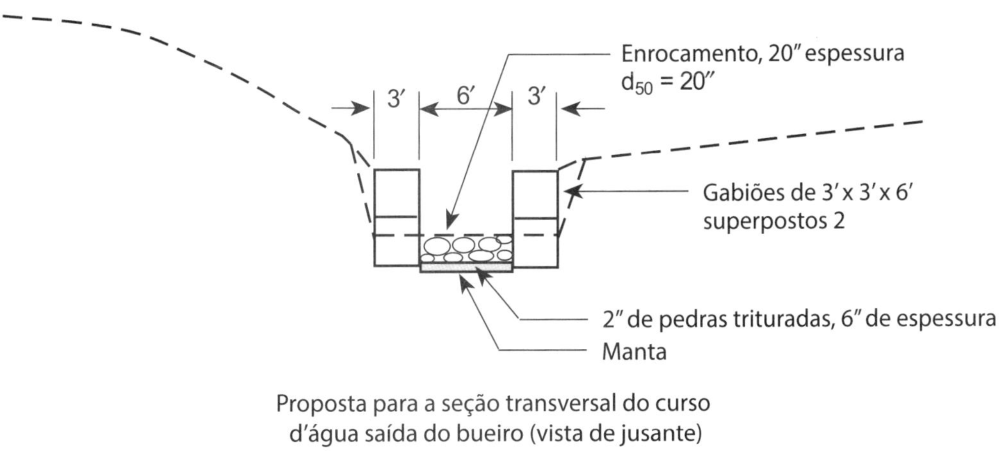

(b) Proposta para a seção transversal do curso d'água, mostrando gabiões e enrocamento

FIGURA 13-14 Seção transversal de jusante do curso d'água do bueiro para as condições atuais e propostas no Exemplo 13-3.

Considerando que uma maior lâmina d'água a montante é calculada para o controle de entrada, como neste caso, a lâmina d'água a montante é de 415,0.

Portanto, o bueiro definido na Tentativa 2 é adequado.

Como vimos no Exemplo 13-2, outras disposições de bueiro podem ser adequadas hidraulicamente. Então, considere outras tentativas. O fato de o atual bueiro já consistir em um CMP de 48 polegadas na extremidade de saída sugere a possibilidade de simplesmente substituir o RCP de 36 polegadas e estender o CMP de 48 polegadas até a extremidade de entrada. Essa alternativa seria muito menos dispendiosa que a Tentativa 2, pois as alas atuais poderiam ser preservadas e a tubulação de esgoto sanitário inalterada. Assim, a Tentativa 3 é um CMP de 48 polegadas na cota existente. Infelizmente, podemos ver de imediato que, se a extremidade de entrada estiver em uma cota mais alta que a da Tentativa 2, a lâmina d'água a montante excederá a NA, e a tentativa deverá ser rejeitada.

Outro problema com a Tentativa 3 é que a preservação da ala a jusante não permitiria, no futuro, um alargamento da estrada — o que seria realizado pela Tentativa 2.

Para a tentativa 4, vamos considerar um bueiro de seção quadrada de concreto, com 4 por 4 pés, na cota mais baixa usada na Tentativa 2. Para verificar o controle de entrada, use o Gráfico 1 no Apêndice B-1:

$$\frac{Q}{B} = \frac{131}{4} = 32,75 \text{ cfs/pés}$$

Assim,

$$\frac{HW}{D} = 1,33$$

$$HW = (1,33)(4,0) = 5,3 \text{ pés}$$

Portanto, a lâmina d'água a jusante é

$$407,8 + 5,3 = 413,1$$

Para verificar o controle de saída, primeiro determine a profundidade crítica a partir do Gráfico 3 no Apêndice A-3, ou pela Equação 6-3:

$$D_c = 3,2 \text{ pés}$$

Portanto, TW' é calculado como

$$TW' = \frac{(D_c + D)}{2}$$

$$= \frac{3,2 + 4}{2} = 3,6 \text{ pés}$$

Como $TW' > TW$, use TW' para calcular a lâmina d'água a jusante. Em seguida, determine H, usando o Gráfico 8 no Apêndice B-2:

$$H = 1,7 \text{ pé}$$

Então, a lâmina d'água a jusante é

$$405,4 + 3,6 + 1,7 = 410,7$$

Como uma lâmina d'água mais alta a montante é calculada para o controle de entrada, como no caso, a lâmina d'água a montante é 413,1.

Portanto, o bueiro definido na tentativa 4 é adequado.

De fato, como a lâmina d'água a jusante para a tentativa 4 é 1,9 pé abaixo da NA, a extremidade de entrada do bueiro poderia ser aumentada nessa magnitude, diminuindo, assim, a escavação necessária para a instalação. No entanto, aumentar o bueiro em 1,9 pé para a cota 409,7 não eliminaria a necessidade de reconstruir a tubulação principal de esgoto sanitário, como na Tentativa 2.

Considerados todos os fatores de custo, notamos que a tentativa 4 é significativamente mais cara que a Tentativa 2. Por isso, a Tentativa 2 é aceita como o projeto hidráulico de substituição do bueiro.

Finalmente, a velocidade do projeto é calculada, e é avaliada a necessidade de plataformas, a montante e a jusante. A velocidade na saída é encontrada por meio da equação de continuidade. A área de seção transversal, a, é a área de um segmento de um círculo com diâmetro de 4,0 pés. A profundidade do escoamento é a profundidade crítica, 3,4 pés, pois $D_c > TW$. Usando a Figura 7-3, inserimos 3,4 pés como uma porcentagem do diâmetro, ou

$$\frac{3,4}{4,0} = 100\% = 85\%$$

e a área correspondente é lida como uma porcentagem — ou 90% da área total. Portanto,

$$a = (0,90)(12,57) = 11,3 \text{ pés}^2$$

e a velocidade é

$$v = \frac{Q}{A} = \frac{131}{11,3} = 11,6 \text{ pés/s}$$

De acordo com o Apêndice A-2, todas as velocidades permissíveis para canais de terra são excedidas. Assim, um revestimento de enrocamento é projetado como uma plataforma de saída. Pela Equação 12-1,

$$\begin{aligned} d_{50} &= \frac{0,02}{1,25}\left(\frac{131}{4}\right)^{4/3} \\ &= 1,67 \text{ pé} = 20 \text{ pol} \end{aligned}$$

Pela Equação 12-2,

$$\begin{aligned} L_a &= \frac{(3)(131)}{4^{3/2}} \\ &= 49 \text{ pés} \quad \text{(use 50 pés)} \end{aligned}$$

Como há um canal a jusante do bueiro, o enrocamento vai se alinhar à seção transversal do canal a uma altura de 1,0 pé acima da lâmina d'água a jusante. Mas, um exame atento da Figura 13-14(a) revela inclinações laterais muito acentuadas. O enrocamento não deve ser colocado em uma inclinação mais acentuada que dois na horizontal para um na vertical. Portanto, para acomodar o enrocamento, as margens do canal a jusante devem ser reniveladas com inclinações de 2 na horizontal para 1 na vertical. Infelizmente, não há espaço suficiente no canal para esses nivelamentos sem que se atinjam severamente as propriedades adjacentes. Assim, vamos propor uma combinação de enrocamento no fundo do canal e gabiões nas laterais por 50 pés ao longo do canal, como exibido na Figura 13-14(b).

A espessura do enrocamento é de apenas 20 polegadas porque o tamanho relativamente grande da pedra deve ser estável e um leito de pedras trituradas com uma manta sintética é fornecido abaixo do enrocamento. Em seguida, a velocidade do projeto é calculada na extremidade de entrada do bueiro. Como o bueiro opera em uma condição submersa, a área de seção transversal é a de toda a abertura: 12,57 pés^2. Portanto,

$$v = \frac{131}{12{,}57} = 10{,}4 \text{ pés/s}$$

Com referência ao Apêndice A-2, observamos que todas as velocidades permissíveis para canais de terra são mais uma vez excedidas. Então, é necessário um revestimento de proteção para o canal que chegue ao bueiro. Parte de todo o projeto do bueiro envolve um canal de curso d'água reconstruído para uma distância de 25 pés lineares, para baixar a parte inferior da calha do curso d'água até a nova e mais baixa parte inferior da calha do bueiro. Isso resulta em uma declividade de canal acima de 10%, o que causará velocidades excessivas sob condições de baixo escoamento. Ou seja, as condições mais erosivas não ocorrem durante a precipitação de 100 anos, mas durante eventos menores que não provocam acúmulo de água na entrada do bueiro. O projeto do enrocamento para essa condição está além dos objetivos deste livro.

Em termos de proteção contra erosão no lado a montante desse bueiro, a melhor solução é o uso de gabiões, de enrocamento de argamassa ou de um revestimento de placa de concreto.

13.5 ESTUDO DE CASO 1

Neste estudo de caso, é proposta a reconstrução de uma estrada ao longo de uma extensão de 2.200 pés lineares, incluindo pavimento mais largo, novos meios-fios, galerias pluviais e duas substituições de bueiros. A estrada, cujo nome é Southern Boulevard, localiza-se a leste de Massachusetts.–

Este estudo de caso se concentra em uma das substituições de bueiro, o bueiro nº 1, localizado no ponto 182 + 70. O bueiro atual é um de seção quadrada com 4 pés por 4 pés, transportando um rio afluente até Córrego Negro, como exibido na Figura 13-15. Considerando que a estrada será alargada de 22 pés para 36 pés e que a construção do bueiro atual está abaixo do padrão, a decisão foi substitui-lo completamente.

O primeiro passo no processo de projeto foi determinar a precipitação do projeto e o método de cálculo. São informações baseadas nas exigências da agência reguladora e revisora. Neste caso, o bueiro pertence ao município no qual se localiza e, portanto, deve ser revisto e aprovado pelo departamento de engenharia do município. As normas do município exigiram uma precipitação de projeto de 100 anos a ser calculada pelo método NRCS.

A lâmina d'água admissível a montante foi definida pelas normas do município para não serem mais altas que o ponto mais baixo do perfil da estrada. Ou seja, a estrada não poderia ser excedida pelo armazenamento a montante.

Vazão do Projeto

O passo seguinte foi calcular a vazão do projeto. A bacia hidrográfica afluente ao bueiro foi delineada usando-se uma folha de quadrangulares da US Geological Survey (USGS) para cobrir a área do projeto, junto com informações oriundas de um reconhecimento do local.

A área de contribuição foi medida por um planímetro: 231 acres. Portanto,

$$A_m = 234 \text{ acres} = 0{,}361 \text{ s.m.}$$

O número de escoamento, CN (*curve number*), foi calculado em 68, com base nos solos delineados no mapa de pesquisa de solo do município, em condições de cobertura mostradas na folha de quadrangulares e em observações feitas durante uma visita ao local.

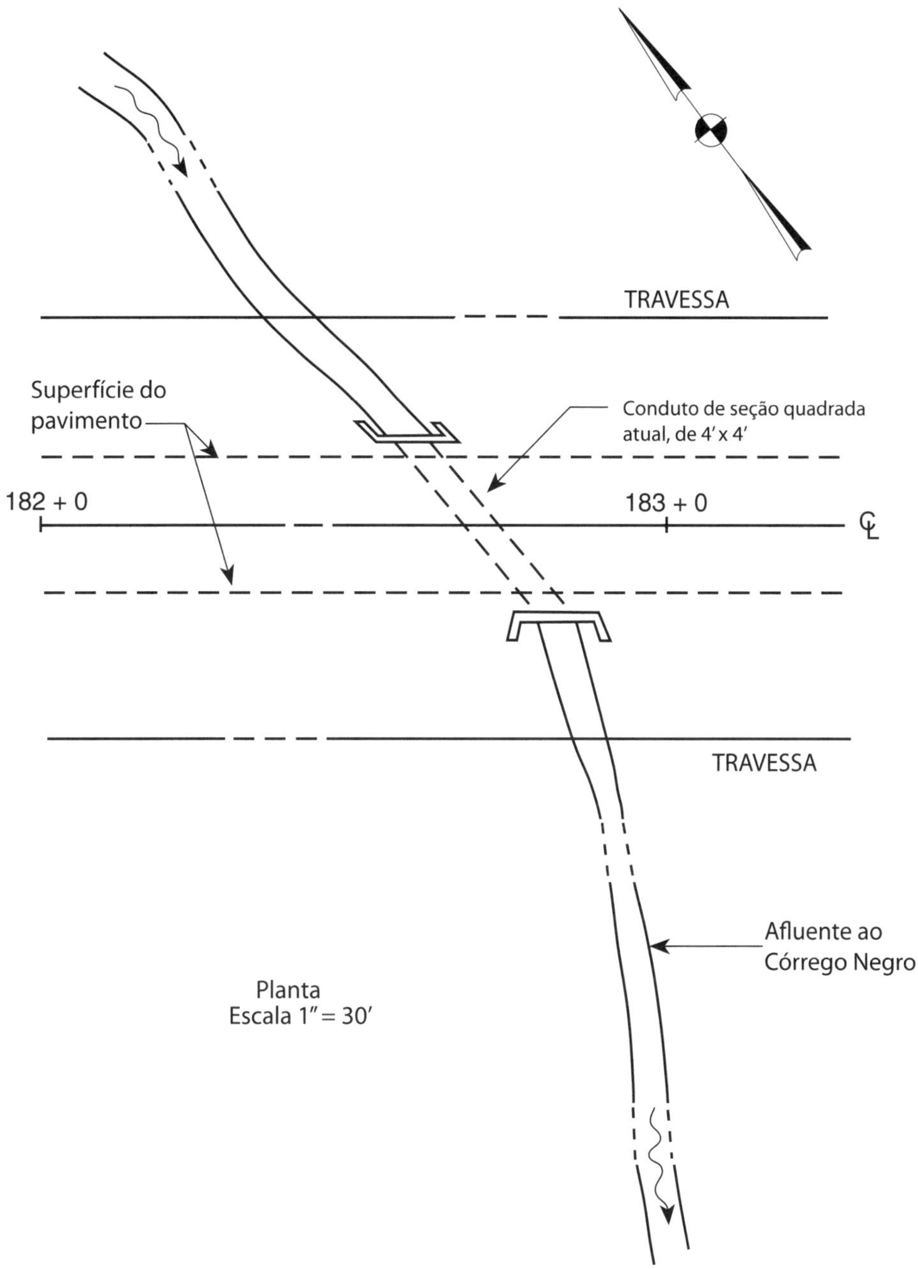

FIGURA 13-15 Bueiro atual sob a Southern Boulevard.

A precipitação de 100 anos e 24 horas no leste de Massachusetts foi encontrada no Apêndice D-3:

$P = 6{,}7$ pol

Em seguida, a profundidade do escoamento, Q, foi determinada por meio da Figura 11-9:

$Q = 3{,}2$ pol

O tempo de concentração foi determinado em 1,10 hora.

A distribuição pluviométrica encontra-se no Apêndice D-4:

Tipo III

Depois, a vazão máxima unitária, q_u, foi determinada para uma distribuição pluviométrica tipo III:

$$I_a = 0{,}941 \quad \text{(pela Tabela 11-2)}$$

$$\frac{I_a}{P} = \frac{0{,}941}{6{,}7} = 0{,}14$$

Usando o Apêndice D-5 (chuva tipo III), obtemos

$$q_u = 270 \text{ csm/pol}$$

Finalmente, a vazão de pico, q_p, foi calculada por meio da Equação 11-10:

$$\begin{aligned} q_p &= q_u A_m Q \\ &= (270)(0{,}361)(3{,}2) \\ &= 312 \text{ cfs} \end{aligned}$$

Adequação do Bueiro Atual

Uma vez determinada a vazão do projeto, o bueiro existente pode ser verificado em termos de adequação hidráulica. Primeiro, o controle de entrada foi suposto. Usando o Gráfico 1 no Apêndice B-1, temos

$$\frac{Q}{B} = \frac{312}{4} = 78{,}0 \text{ cfs/pés}$$

e

$$\frac{HW}{D} = 4{,}2$$

$$HW = (4{,}2)(4{,}0) = 16{,}8 \text{ pés}$$

Portanto, a lâmina d'água a montante foi calculada como igual à cota inferior da calha na entrada mais *HW*, ou

$$244{,}0 + 16{,}8 = 260{,}8$$

que estava bem acima do ponto baixo da linha central da estrada, cuja cota era de 249,72, como exibido na Figura 13-16. A real lâmina d'água a montante seria muito menor que o valor calculado de 260,8, mas maior que 249,72, porque, conforme a lâmina d'água a montante se eleva além da estrada, o armazenamento de remanso começa a escoar sobre a estrada como se ela fosse um grande vertedor. Portanto, a descarga real seria uma combinação do escoamento do bueiro e do vertedor, resultando em uma lâmina d'água a montante de aproximadamente 8 polegadas acima da estrada, ou cerca de 250,4.

Esse cálculo demonstrou que o bueiro existente era hidraulicamente inadequado porque a estrada seria sobreposta. Como a estrada não pode ser sobreposta, o nível d'água (NA) máximo admissível passou a ser aquele do proposto ponto baixo da estrada ou 249,42.

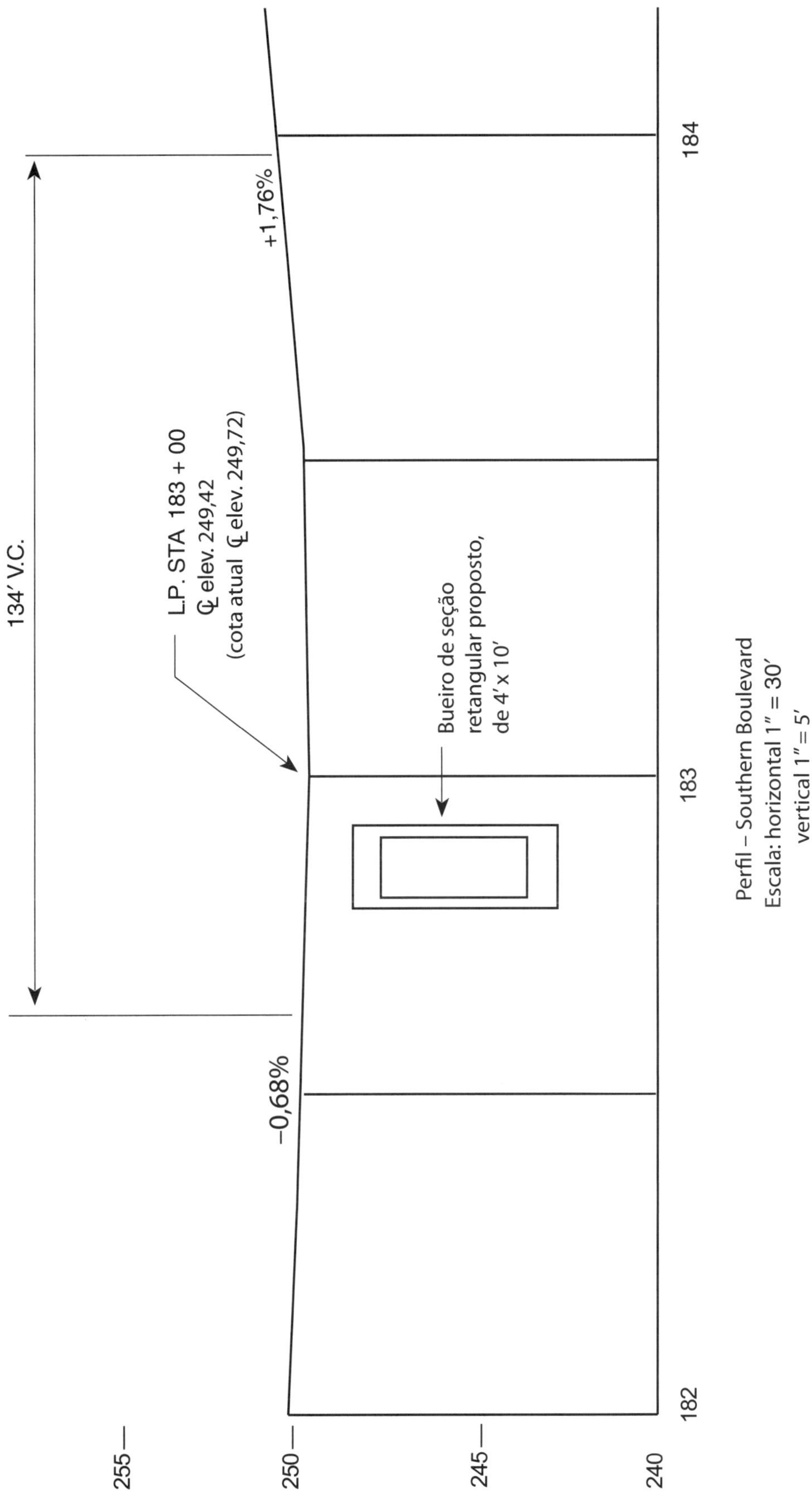

FIGURA 13-16 Perfil da Southern Boulevard mostrando o bueiro proposto.

Projeto Hidráulico

Determinada o nível d'água máximo admissível, o projeto hidráulico do bueiro proposto pode começar. Primeiro, a lâmina d'água a jusante foi calculada pela equação de Manning, pois o canal a jusante não tinha obstruções significativas que pudessem criar uma condição de remanso. Uma seção transversal do curso d'água na saída do bueiro é mostrada na Figura 13-17. A profundidade normal foi determinada em 4,13 pés, dando uma lâmina d'água a jusante de 247,80, que estava acima da coroa do bueiro. O que isso lhe diz sobre o controle de entrada?

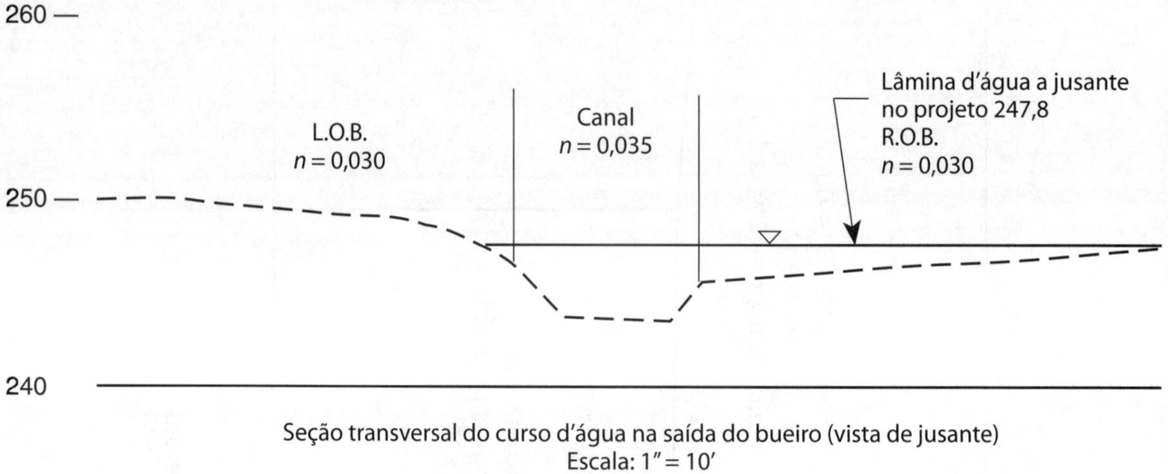

FIGURA 13-17 Seção transversal do curso d'água na extremidade de saída do bueiro.

Para uma primeira tentativa na seleção de um tamanho de bueiro, foi suposto um bueiro de seção retangular com 4 pés de altura, considerando que a elevação da estrada proposta não permitiria um bueiro com altura maior. Então, a Tentativa 1 foi considerada como um bueiro de seção retangular de 4 pés por 8 pés.

Como a lâmina d'água a jusante estava acima da coroa, assumimos controle de saída. O coeficiente de entrada, k_e, encontra-se no Apêndice B-3: 0,4 para alas alargadas e borda quadrangular. Então, usando o Gráfico 8 do Apêndice B-2, temos

$H = 2{,}3$ pés

Portanto, a lâmina d'água a montante foi igual à de jusante mais H, ou

$247{,}8 + 2{,}3 = 250{,}1$

Essa lâmina d'água excede a NA de 249,42, por isso a Tentativa 1 foi rejeitada.

Para a Tentativa 2, considerou-se um bueiro de seção retangular de 4 pés por 10 pés. Mais uma vez, usando o Gráfico 8 do Apêndice B-2, temos

$H = 1{,}5$ pés

Então, a lâmina d'água a montante foi igual à de jusante mais H, ou

$247{,}8 + 1{,}5 = 249{,}3$

Essa lâmina d'água é menor que a NA, por isso a Tentativa 2 foi aceita, e o tamanho do bueiro foi definido em 4 pés por 10 pés.

Layout

O passo seguinte foi o *layout* do bueiro. Como a área fora da estrada não pertencia ao município, qualquer redirecionamento do curso d'água foi impedido; a única opção para o *layout* do bueiro foi uma curvatura similar à do bueiro atual. A Figura 13-18 ilustra o processo usado para determinar o *layout*.

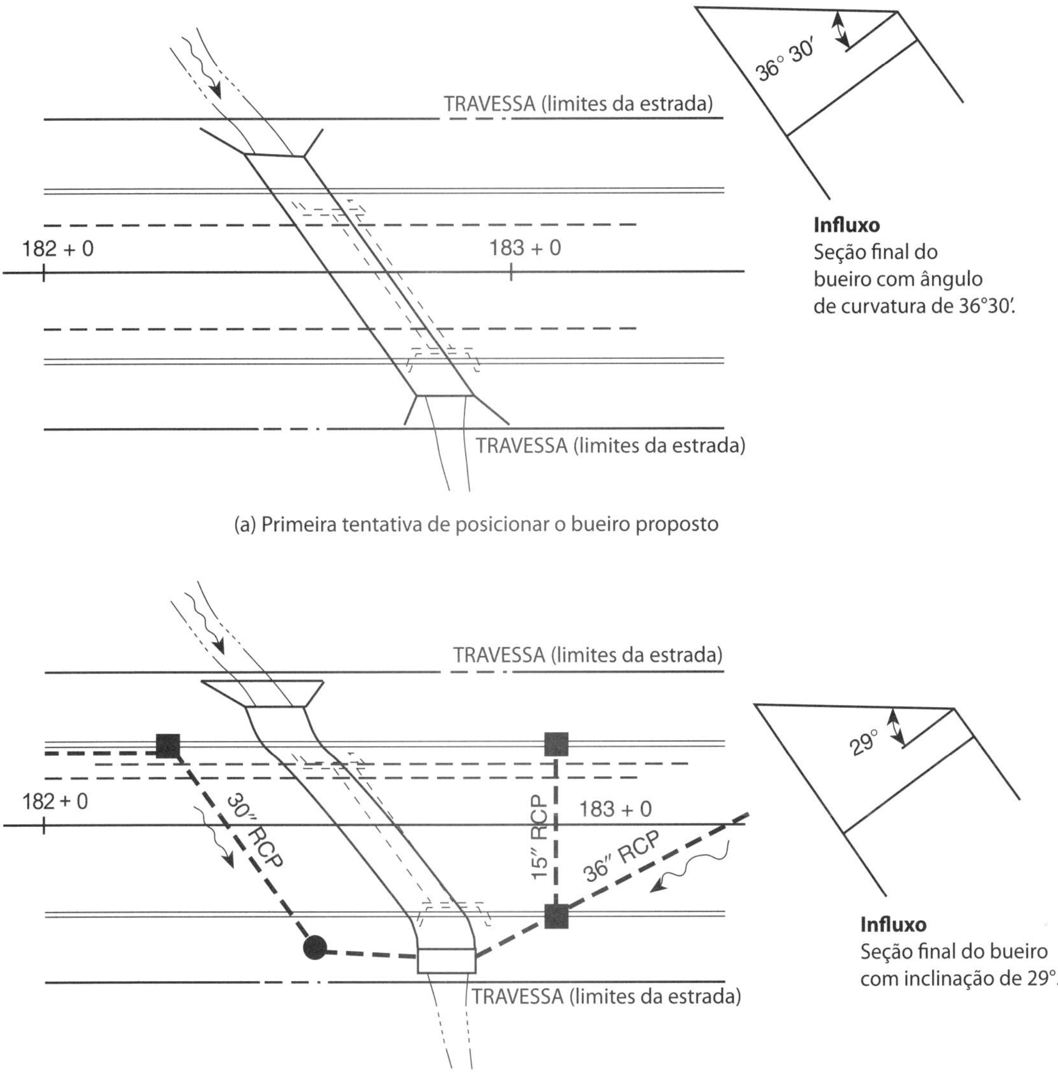

(a) Primeira tentativa de posicionar o bueiro proposto

(b) Posição final do bueiro proposto

FIGURA 13-18 Local do bueiro proposto em uma área de estrada.

Na Figura 13-18(a), um bueiro de seção retangular, pré-moldado e de concreto foi disposto com extensão suficiente para adicionar à estrada proposta um espaço extra para calçadas em ambos os lados. Isso resultou em um ângulo de curvatura de 36°30', que originou dificuldades na criação das duas extremidades. Uma solução para isso foi a adição de seções de curvas perto das duas extremidades, como exibido na Figura 13-18(b). Uma leve dobra no bueiro resultou em extremidades com ângulos de curvatura de 29° — dentro dos limites aceitáveis de fabricação. As seções curvadas são ilustradas mais claramente na Figura 13-19, que mostra o projeto final do bueiro. A leve curva do bueiro não alteraria significativamente o seu funcionamento hidráulico.

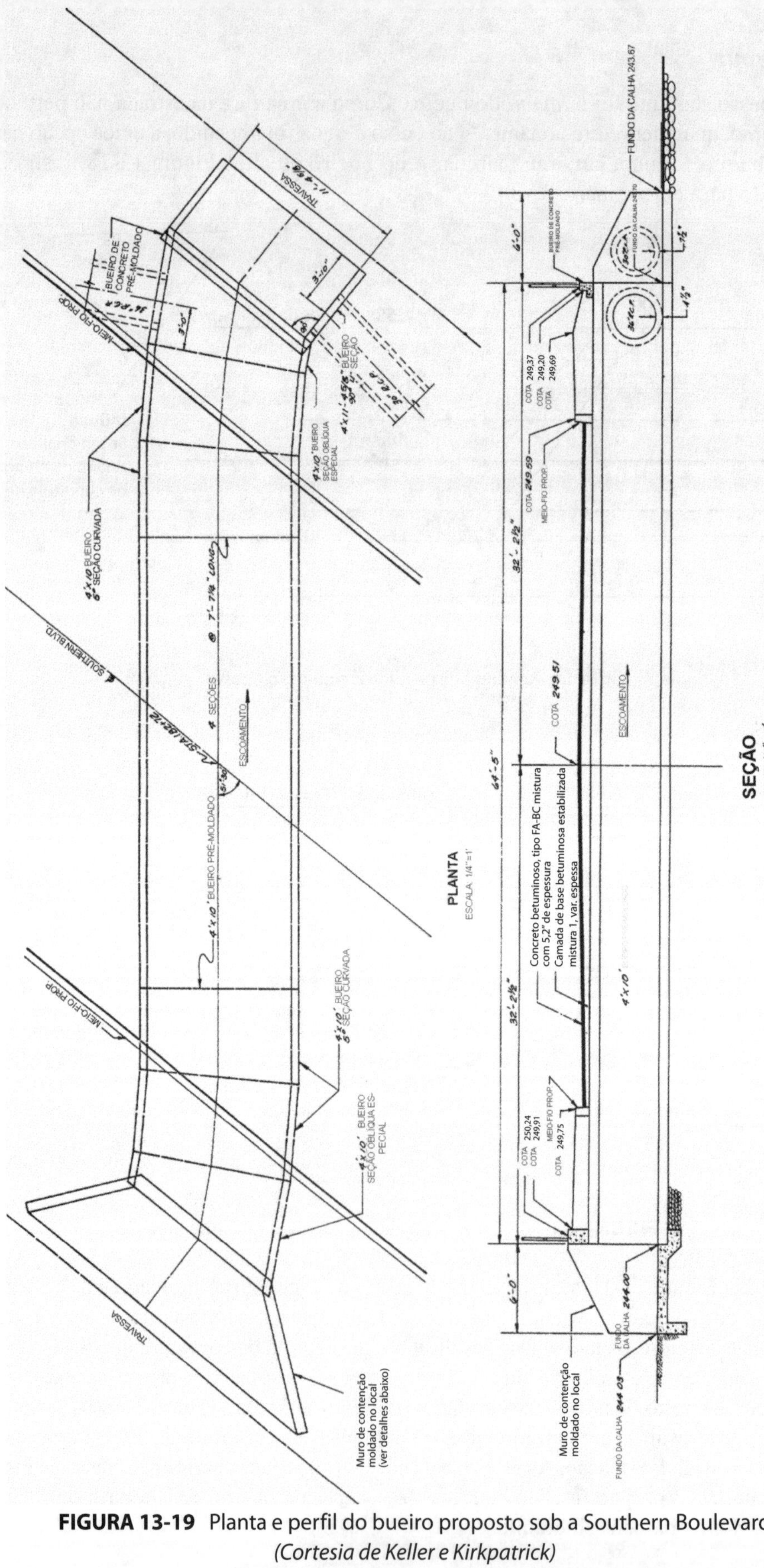

FIGURA 13-19 Planta e perfil do bueiro proposto sob a Southern Boulevard. *(Cortesia de Keller e Kirkpatrick)*

Projeto da Plataforma

Finalmente, foi projetado um revestimento de enrocamento para o curso d'água. A velocidade de saída foi calculada pela equação de continuidade, tomando toda a abertura do bueiro para a área de seção transversal, porque a lâmina d'água a jusante estava acima da coroa. Então,

$$\begin{aligned} v &= \frac{Q}{a} \\ &= \frac{312}{40} \\ &= 7{,}8 \text{ pés/s} \end{aligned}$$

Essa velocidade excede todas as velocidades admissíveis incluídas no Apêndice A-2, por isso o enrocamento foi escolhido como um revestimento adequado para o canal. O tamanho das pedras foi calculado pela Equação 12-1:

$$\begin{aligned} d_{50} &= \frac{0{,}02}{TW}\left(\frac{Q}{D_0}\right)^{4/3} \\ &= \frac{0{,}2}{4{,}13}\left(\frac{312}{10}\right)^{4/3} \\ &= 0{,}48 \text{ pés} = 5{,}7 \text{ pol} \quad (\text{use } d_{50} = 6 \text{ pol}) \end{aligned}$$

A extensão do revestimento de enrocamento foi calculada pela Equação 12-2:

$$\begin{aligned} L_a &= \frac{3Q}{D_0^{\;3/2}} \\ &= \frac{(3)(315)}{10^{3/2}} \\ &= 29{,}9 \text{ pés} \quad (\text{use } L_a = 30{,}0 \text{ pés}) \end{aligned}$$

Portanto, foi proposto o enrocamento para uma extensão de 30 pés a jusante do bueiro, usando-se um tamanho médio de pedra de 6 polegadas e espessura de 12 polegadas com manta no fundo. A proposta foi estender o enrocamento até o topo da margem direita, que tem apenas 2 pés de altura, e até o topo da margem esquerda, de aproximadamente 3 pés de altura.

O enrocamento a jusante envolveria uma faixa de servidão existente às margens do curso d'água. Na extremidade a montante do bueiro, não se propôs enrocamento pela inexistência de faixa de servidão disponível ou possível de se obter ao longo das margens da estrada. No entanto, como exibido na Figura 13-19, foi providenciada uma plataforma de concreto a montante.

13.6 ESTUDO DE CASO 2

Neste estudo de caso, um novo empreendimento está propondo que uma estrada cruze um curso d'água existente. Um novo bueiro deve ser construído para comportar o curso d'água sob a nova estrada. Esta, denominada Estrada Kinnelon, está localizada fora de Chicago, Illinois. O bueiro, apresentado na Figura 13-20, está localizado no ponto 51+ 59,45 da estrada.

A precipitação do projeto e o método de cálculo foram especificados pelo município ao qual pertence o bueiro. A precipitação do projeto era de 100 anos de tempo de retorno calculada pelo Método NRCS. O NA máximo admissível, foi determinado pela legislação do município para ser a coroa do bueiro, ou seja, o NA do reservatório a montante não poderia ser mais alto do que a cota da gerariz superior interna do bueiro durante a precipitação do projeto.

FIGURA 13-20 Bueiro para o Estudo de Caso 2.

Vazão do Projeto

O próximo passo é calcular a vazão do projeto. O afluente da bacia hidrográfica para o bueiro foi delineado usando-se uma folha de quadrangulares da US Geological Survey para cobrir a área do projeto, junto com informações oriundas de um reconhecimento do local. A medição da área de drenagem resultou em

A_m – 196 acres = 0,306 s.m.

O coeficiente de escoamento composto foi calculado em CN = 67, com base nos solos da região, nas condições de cobertura apresentadas na folha de quadrangulares e nas observações feitas durante a visita. Para estimar a ocupação futura da bacia hidrográfica, o mapa de zoneamento da área foi utilizado para prever a área impermeável.

A precipitação de 100 anos de tempo de retorno e 24 horas que se encontra no Apêndice D-3 é:

$P = 5{,}7$ pol

Em seguida, a profundidade do escoamento, Q, determinada por meio da Figura 11-9:

$Q = 2{,}3$ pol

O tempo de concentração foi determinado em

$t_c = 0{,}55$ horas

A distribuição da precipitação foi obtida no Apêndice D-4 como Tipo II:
Em seguida, a vazão de pico unitária, q_u, para distribuição de precipitação Tipo II:

$$I_a = 0{,}985 \qquad \text{(pela Tabela 11-2)}$$

$$\frac{I_a}{P} = \frac{0{,}985}{5{,}7} = 0{,}173$$

Usando o Apêndice D-5 (chuva Tipo II), obtemos

$q_u = 475$ csm/pol

Finalmente, a vazão de pico, q_p, foi calculada por meio da Equação 11-10:

$$\begin{aligned} q_p &= q_u A_m Q \\ &= (475)(0{,}306)(2{,}3) \\ &= 334 \text{ cfs} \end{aligned}$$

Layout

Antes de iniciar o projeto hidráulico, deve-se determinar o layout horizontal e vertical do bueiro. O layout horizontal segue a direção do curso d'água (figura 13-21). O alinhamento vertical não corresponde ao perfil do curso d'água como tem sido a prática. Em vez disso, a soleira do bueiro foi colocada aproximadamente 3,0 pés abaixo da soleira existente no curso d'água. Veja Figura 13-22. Ao colocar o bueiro abaixo do curso d'água, as condições do curso d'água permanecerão tão naturais quanto possível e a passagem de peixes não será interrompida. A proteção do enrocamento do curso d'água foi implantada nas duas extremidades do bueiro.

Projeto hidráulico

Com o NA admissível, o estabelecimento do pico de vazão e o layout definido, o projeto hidráulico para o bueiro proposto pode começar. Inicialmente, a lâmina d'água a jusante foi calculada pela equação de Manning, pois o canal a jusante não tinha obstruções significativas que pudessem criar uma condição de remanso. A seção transversal do curso d'água na saída do bueiro foi calculada e, então, usada para calcular a profundidade normal que foi determinada em 4,2 pés. Essa profundidade foi usada como uma lâmina d'água a jusante, *TW*.

O tamanho do bueiro foi determinado por tentativa e erro. O tipo de bueiro é de seção retangular de concreto. Ao se selecionar os tamanhos de bueiro para as tentativas, duas restrições foram consideradas. Primeira restrição, a cota superior do bueiro deve ficar abaixo da estrada; segunda, a cota de fundo do bueiro deve estar 3,0 pés abaixo do leito do curso d'água. Considerando-se a espessura da parede do bueiro e a espessura da estrada proposta, a altura máxima do bueiro, D, deveria ser 8,5 pés. Isso significa uma altura de 5,5 pol. do escoamento. Portanto, nível d'água máximo admissível 570,40 + 5,50 = 576,90 pés.

Antes de iniciar as tentativas, dois parâmetros centrais foram definidos, k_e e n. O coeficiente de perda de carga na entrada foi obtido no Apêndice B-3 como $k_e = 0{,}4$ porque o bueiro de seção retangular tem alas alargadas e borda quadrangular na coroa. O coeficiente de rugosidade, no entanto, mais do que um problema, pois as superfícies interiores do bueiro poderiam ser misturadas: três lados de concreto e um de curso d'água natural. Um valor composto de $n = 0{,}015$ foi calculado utilizando-se 0,012 para concreto e 0,025 para o leito do curso d'água.

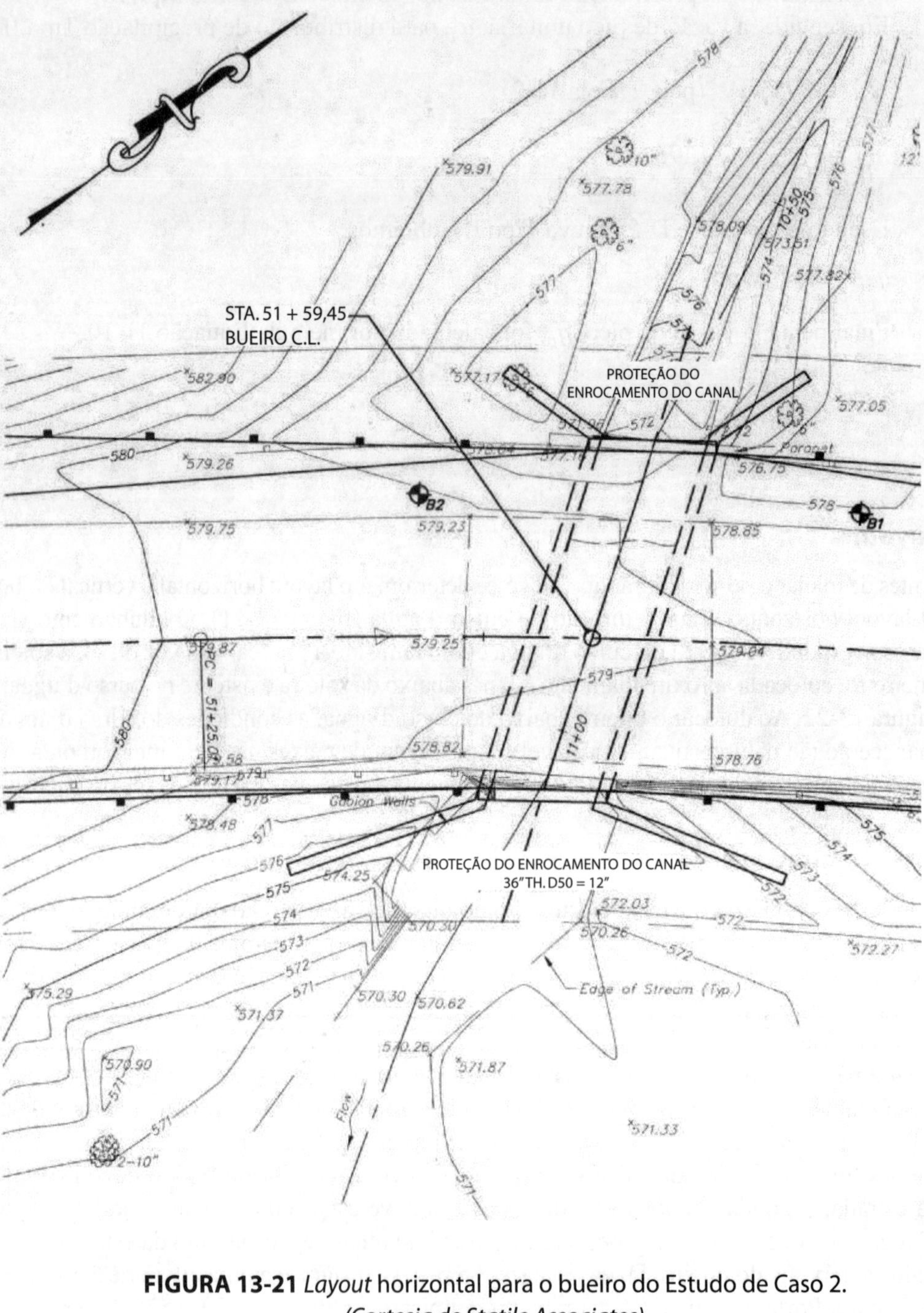

FIGURA 13-21 *Layout* horizontal para o bueiro do Estudo de Caso 2.
(Cortesia de Statile Associates)

Para a Tentativa 1, foi considerado um bueiro de 5,5 pés por 6,0 pés. Primeiro, o controle de entrada foi observado. Utilizando-se o Gráfico 1 do Apêndice B-2, com $Q/B = 55,7$, temos

$HW/D = 1,4$ ou

$HW = 8,4$ pés

STA . 51 + 59,45

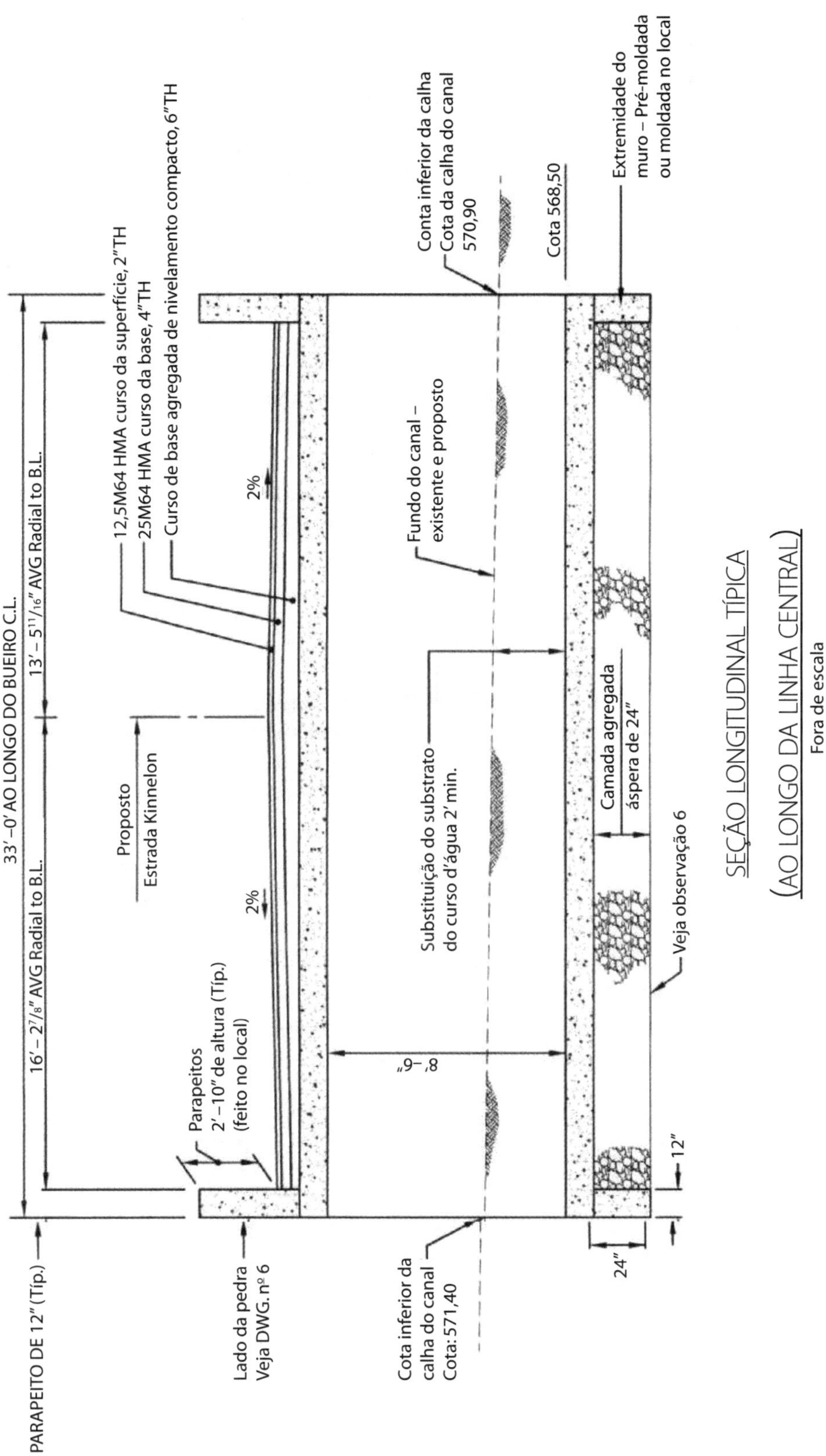

FIGURA 13-22 Perfil para o bueiro do Estudo de Caso 2.
(Cortesia de Statile Associates)

Portanto, a lâmina d'água a montante era igual à cota inferior do curso d'água na entrada do bueiro mais *HW*, ou 571,40 pés + 8,4 pés = 579,80 pés. Essa elevação excedeu o NA máximo admissível de 579,80 pés, então, a Tentativa 1 foi rejeitada. Por que não se tentou o controle de saída?

Para a Tentativa 2, foi considerado um bueiro de 5,5 pés por 8,0 pés. Primeiro, o controle de entrada foi observado. Utilizando-se o Gráfico 1 do Apêndice B-2, com $Q/B = 41{,}75$, temos

$HW/D = 1{,}1$ ou

$HW = 6{,}05$ pés

Portanto, a lâmina d'água a montante era igual à cota inferior do curso d'água na entrada do bueiro mais *HW*, ou 571,40 pés + 6,05 pés = 577,45 pés. Essa cota excedeu o NA máximo admissível de 576,90 pés, então, a Tentativa 2 foi rejeitada. Por que não se tentou o controle de saída dessa vez?

Para a Tentativa 3, foi considerado um bueiro de 5,5 pés por 9,0 pés. Primeiro, o controle de entrada foi observado. Utilizando-se o Gráfico 1 do Apêndice B-2, com $Q/B = 37{,}1$, temos

$HW/D = 1{,}0$ ou

$HW = 5{,}5$ pés

Portanto, a lâmina d'água a montante era igual 571,40 pés + 5,50 pés = 576,90 pés. Essa cota era igual ao NA máximo admissível de 576,90 pés, então, a Tentativa 3 foi aceita para o controle de entrada.

Em seguida, o controle de saída foi considerado para a Tentativa 3. A profundidade crítica foi calculada utilizando-se a Equação 6-3.

$$D_c = 3{,}49 \text{ pés}$$

$$TW' = \frac{3{,}49 + 5{,}5}{2} = 4{,}5 \text{ pés}$$

Sendo $TW' > TW$, usaremos TW' para a profundidade da lâmina d'água a jusante. Para corrigir o valor de n, calculamos L_1 constante no Apêndice B-2.

$$L_1 = L\left(\frac{n_1}{n}\right)^2$$

$$L_1 = 33\left(\frac{0{,}015}{0{,}012}\right)^2 = 52 \text{ pés}$$

Então, usando o Gráfico 8 do Apêndice B-2,

$H = 1{,}1$ pé

A profundidade da lâmina d'água a montante é obtida usando-se a Equação 9-2b.

$HW = 4{,}5 + 1{,}1 - 0{,}5$ ou

$HW = 5{,}1$ pés

Sendo o *HW* calculado no controle de saída menor do que o *HW* calculado no controle de entrada, o bueiro opera sob o controle de entrada e

$HW = 5{,}5$ pés

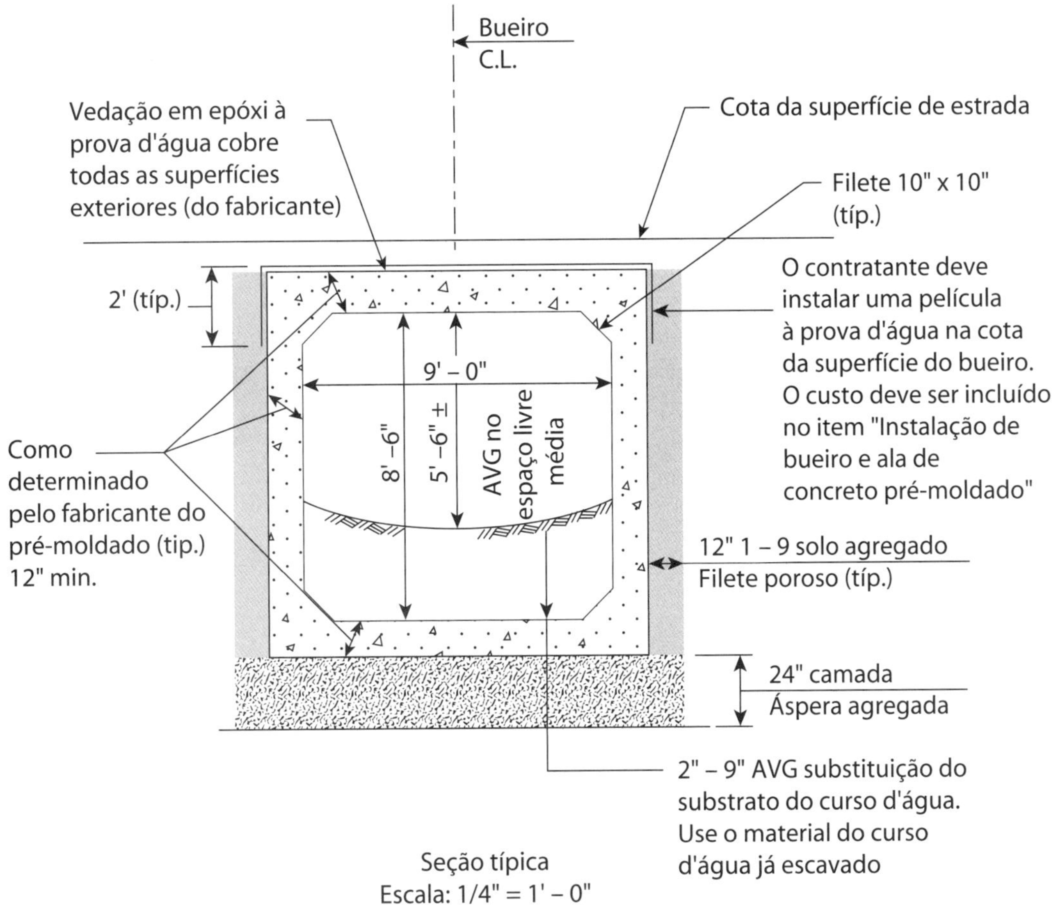

FIGURA 13-23 Seção transversal para o bueiro do Estudo de Caso 2. A abertura do bueiro é 5,5′ x 9,0′. *(Cortesia de Statile Associates)*

como já calculado. Então, a Tentativa 3 foi aceita e o projeto do bueiro pode ser resumido da seguinte forma:

Abertura do bueiro: 5,5’ x 9’
Bueiro: seção retangular de concreto de 8,5’ x 9’
Alas: alargadas em vários ângulos
Borda de entrada: quadrada
Fundo: fundo do bueiro abaixo do fundo do curso d’água para permitir o perfil natural do curso ao longo do bueiro.

A Figura 13-23 apresenta uma seção transversal do bueiro.

EXERCÍCIOS PROPOSTOS

1. Propõe-se a construção de uma estrada com 30 pés de largura sobre um curso d’água existente, como exibido na Figura 13-24. Determine o melhor *layout* para um bueiro de seção retangular com 10 pés de largura, de maneira a se ajustar às seguintes restrições:
   a. O bueiro deve se estender 10 pés além de cada borda da estrada proposta.
   b. O custo do bueiro proposto é de US$ 2.000 por pé linear.

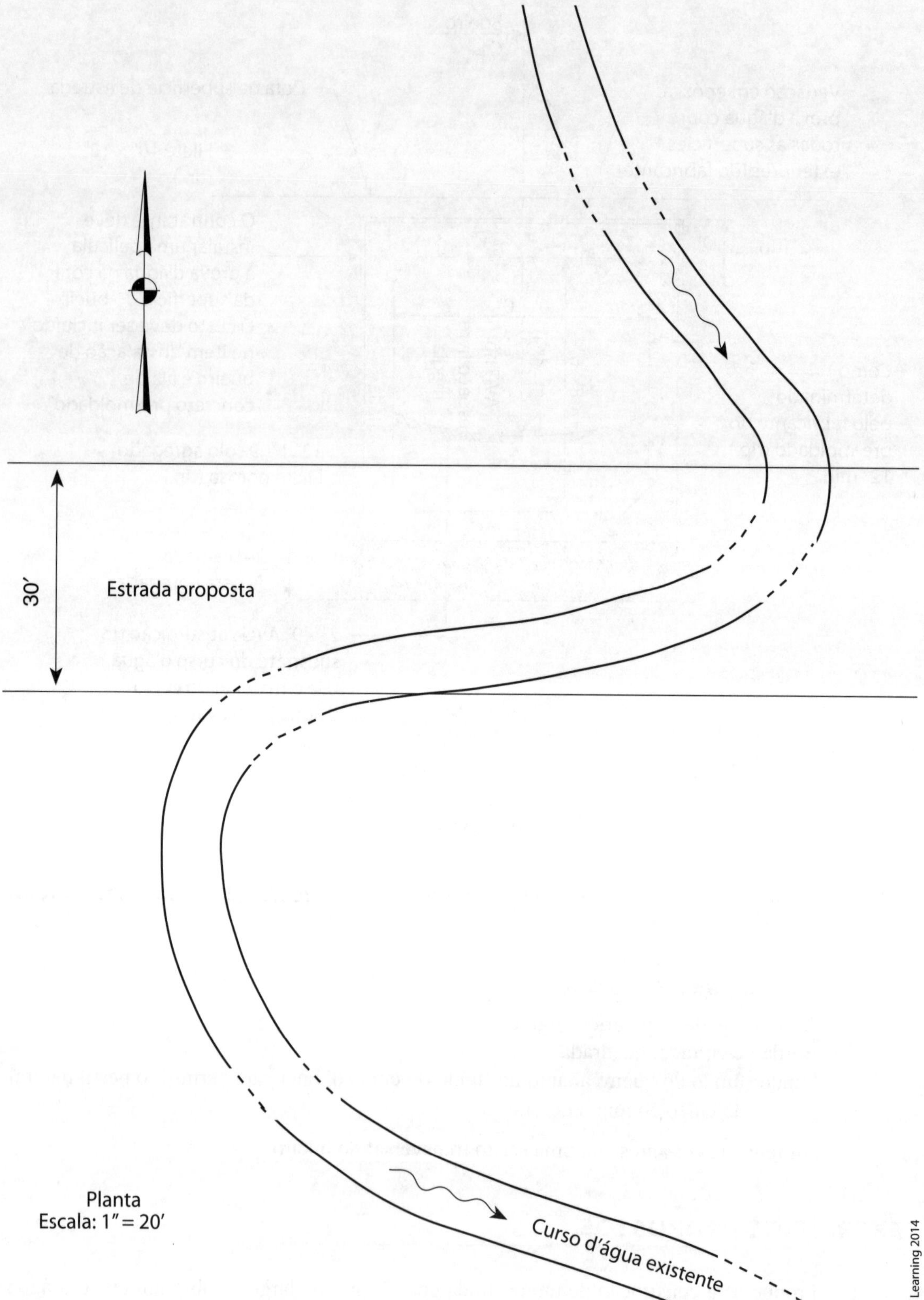

FIGURA 13-24 Planta mostrando o curso d’água existente e a estrada proposta para a questão 1.

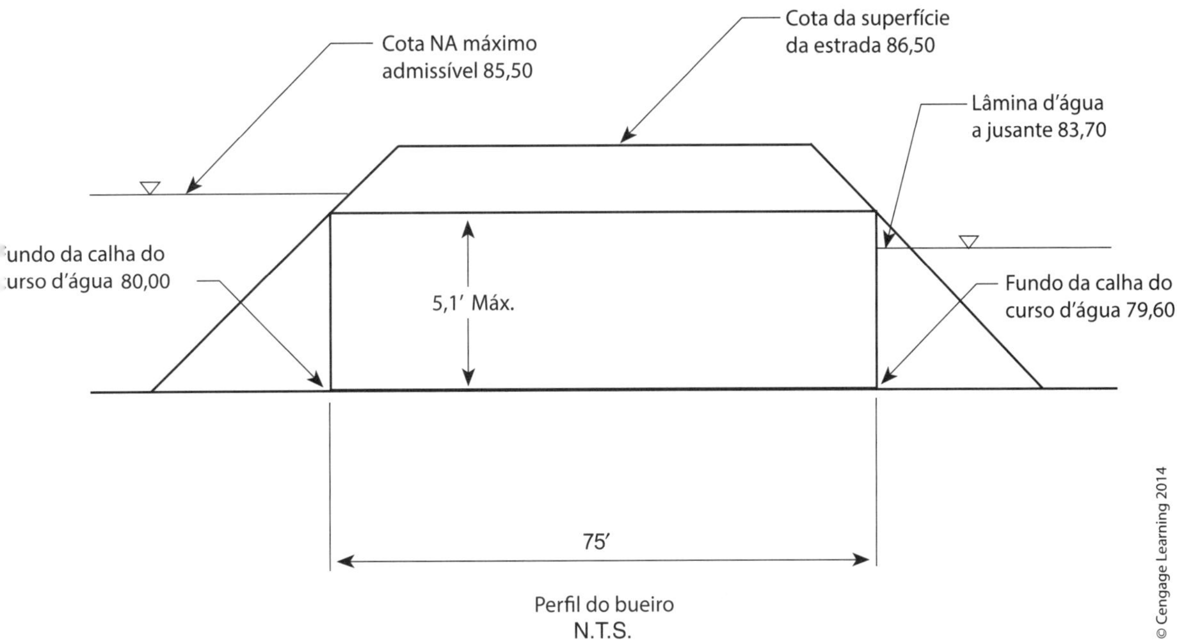

FIGURA 13-25 Perfil esquemático do bueiro para a questão 2.

c. O custo da transferência do curso d'água é de US$ 250 por pé linear.
d. O ângulo máximo de curvatura do bueiro é de 24°.
Para analisar esta questão, faça várias cópias da Figura 13-24. Depois, trace nas cópias o bueiro proposto.

2. O tamanho da abertura de um bueiro proposto, sob uma nova estrada, está para ser definido. O bueiro, exibido esquematicamente na Figura 13-25, terá uma altura não maior que 5,1 pés. A vazão do projeto foi calculada em 420 cfs. Calcule as dimensões da abertura do bueiro para as seguintes formas:
   a. Tubo circular de concreto.
   b. Seção retangular de concreto.

   Observação: tubos múltiplos podem ser usados, e cada bueiro possui alas de 45° e uma entrada com borda quadrangular. Qual forma você escolhe?

3. O tamanho da abertura de um bueiro proposto, sob uma nova estrada, está para ser definido. O aterro é apresentado em escala na Figura 13-26. O bueiro deve ser alinhado com o perfil do curso d'água e se moldar na parte inferior da estrada proposta. A vazão do projeto foi calculada em 750 cfs. A lâmina d'água a jusante é de 4,0 pés. O NA máximo admissível é a cota da superfície do aterro. Calcule as dimensões de abertura do bueiro para as seguintes formas:
   a. Tubo circular de concreto.
   b. Seção retangular de concreto.

   Observação: tubos múltiplos podem ser usados, e cada bueiro possui alas de 45° e uma entrada com borda retangular. Qual forma você escolhe?

4. A Figura 13-27 mostra uma rua e um bueiro existentes. Avalie a adequação hidráulica do bueiro para uma vazão de projeto de 860 cfs e NA máximo admissível igual ao topo da estrada, ou elevação de 184,5. A lâmina d'água a jusante calculada é de 3,9 pés, originando uma cota d'água a jusante de 181,3.

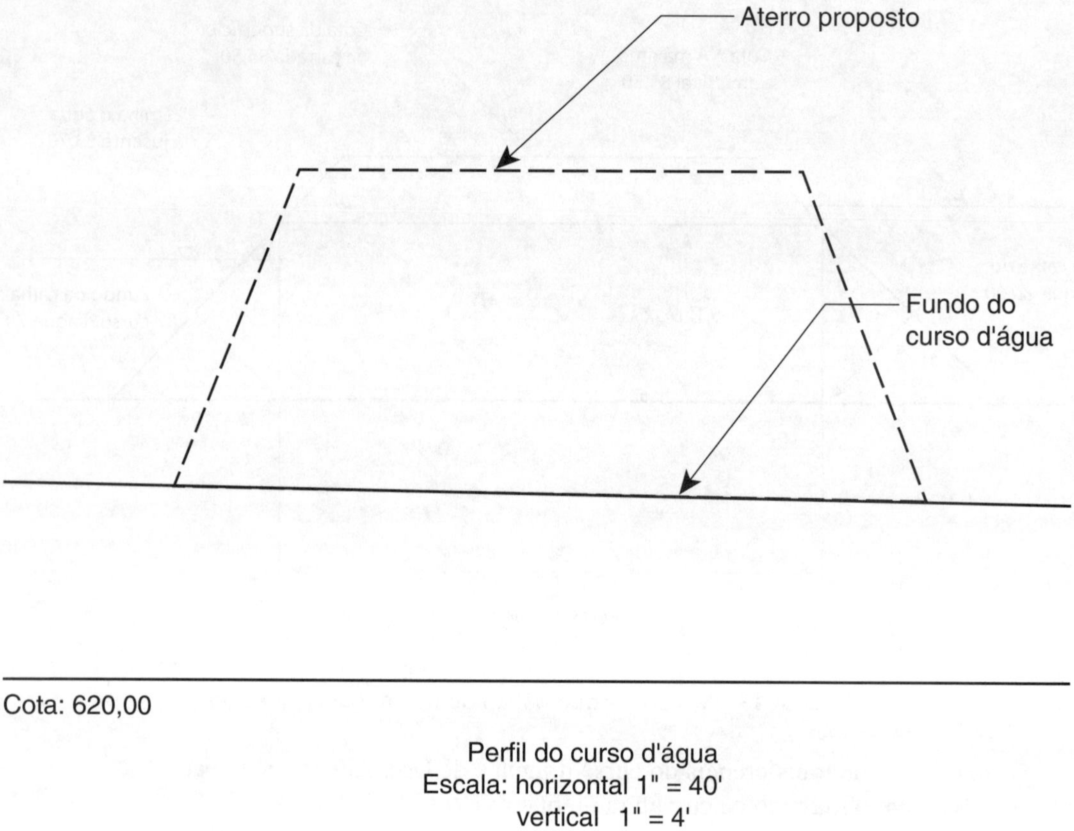

FIGURA 13-26 Perfil do curso d'água e aterro proposto para a questão 3.

Se o bueiro for inadequado, projete um bueiro para a substituição, usando alas alargadas e uma entrada de borda quadrangular. Além disso, projete, se necessário, a proteção para a saída de enrocamento. A Figura 13-28 mostra o atual perfil do curso d'água.

5. A Figura 13-29 mostra uma estrada e um bueiro existentes, sendo este constituído de três tubos de concreto de 30 polegadas. Avalie a adequação hidráulica do bueiro para uma vazão de projeto de 152 cfs e NA máximo admissível igual ao topo da estrada, ou cota de 320,9. A lâmina d'água a jusante calculada é de 3,25 pés, resultando em uma cota da água a jusante de 320,00.

   Se o bueiro for inadequado, projete um substituto usando alas alargadas e uma entrada com borda quadrangular. Projete também, se necessário, uma proteção para a saída de enrocamento. Tenha em mente que a coroa do bueiro não pode ser feita muito mais alta, por causa da estrada existente. As Figuras 13-30 e 13-31 mostram perfis da avenida Brickel e do curso d'água, respectivamente.

6. A Figura 13-32 mostra o local de uma estrada proposta para ligar a praça Carol à rua Dwight. Projete um bueiro para transportar o curso d'água existente sob a estrada proposta. A vazão do projeto foi calculada em 340 cfs. As Figuras 13-33 e 13-34 mostram os perfis da estrada proposta e do curso d'água existente, respectivamente.

   Observe o perfil da lâmina d'água exibido na Figura 13-34. O perfil mostra uma profundidade de escoamento de 3,25 pés a montante do bueiro proposto e 3,0 pés a jusante. A lâmina d'água a montante é necessária para avaliar o NA máximo admissível, que é definido como não mais alto que 0,2 pé acima do nível atual de água.

   Se necessário, desenhe também uma proteção para a saída de enrocamento.

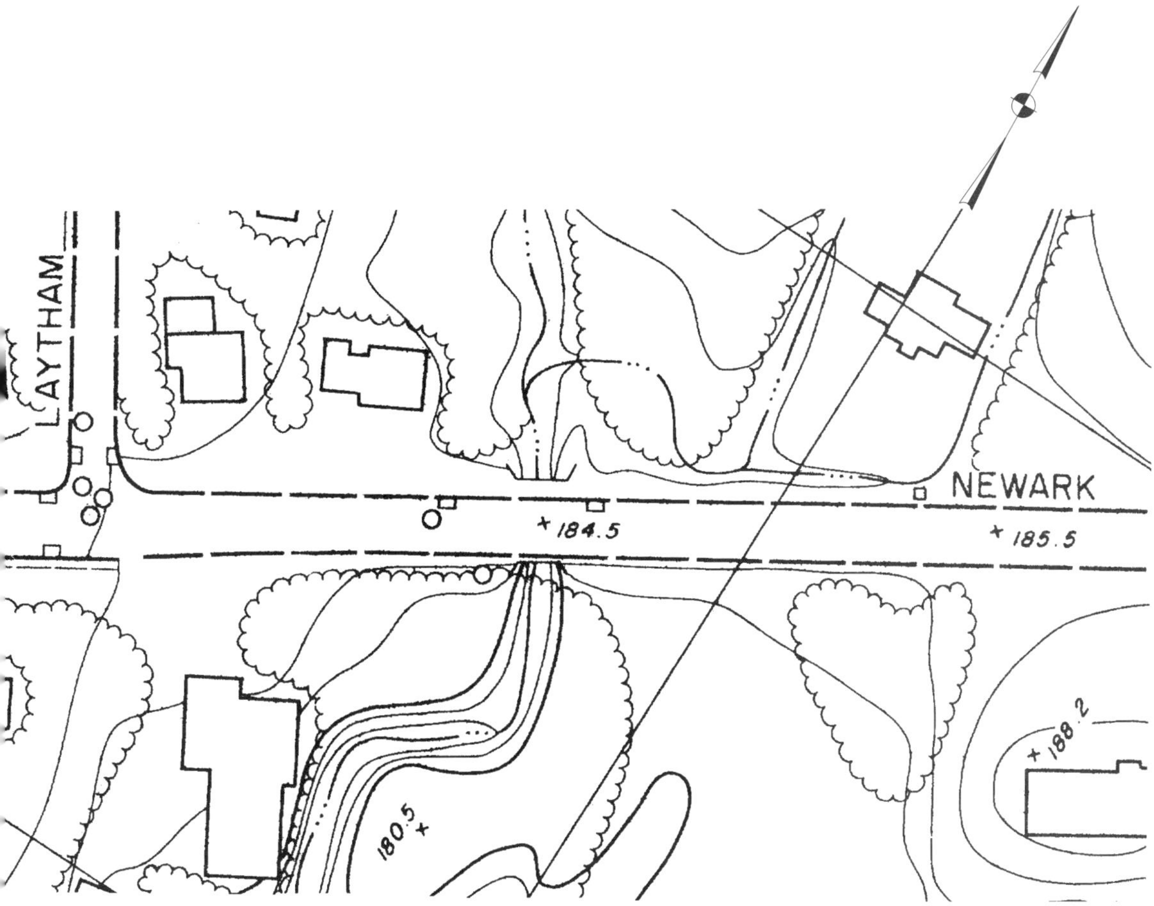

Mapa topográfico
Escala: 1″ = 100′
Intervalo de contorno 2′

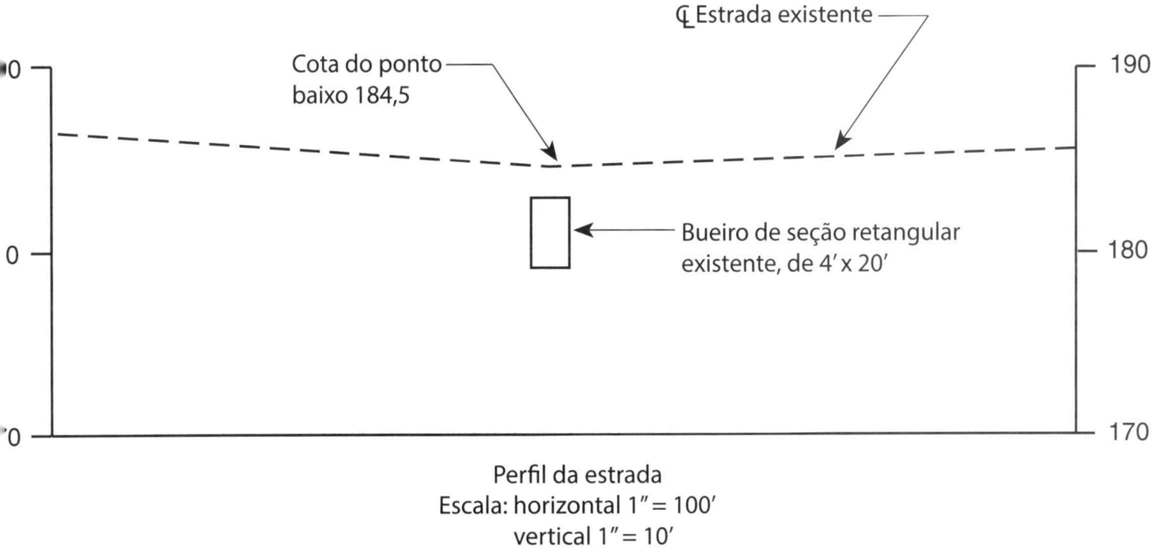

Perfil da estrada
Escala: horizontal 1″ = 100′
vertical 1″ = 10′

FIGURA 13-27 Planta e perfil da estrada, mostrando o bueiro de seção retangular existente para a questão 3. *(Mapa adaptado de Aero Service)*

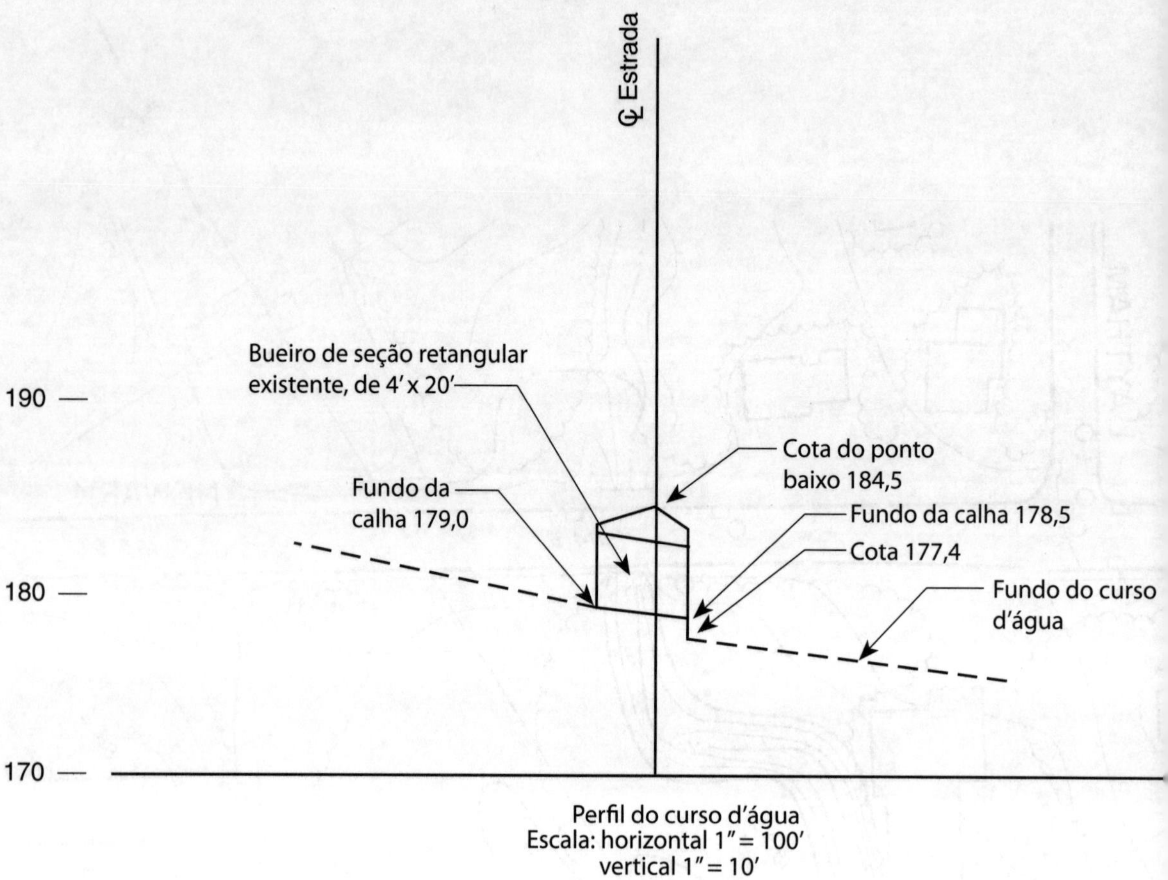

FIGURA 13-28 Perfil do curso d'água mostrando o bueiro atual para a questão 4.

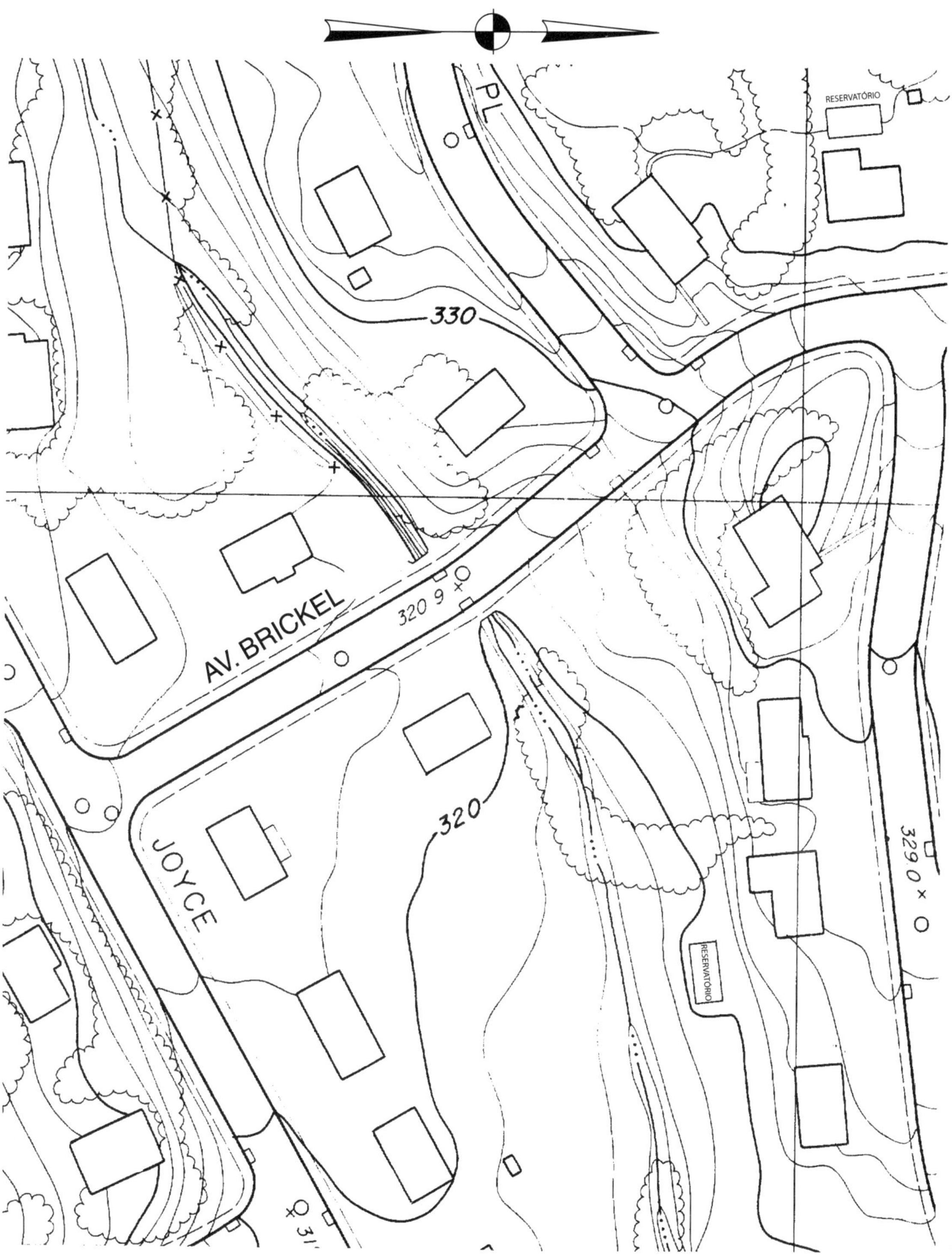

Mapa topográfico
Escala: 1″ = 100′
Intervalo de contorno: 2′

FIGURA 13-29 Planta do bueiro existente para a questão 5.
(Mapa adaptado de Aero Service)

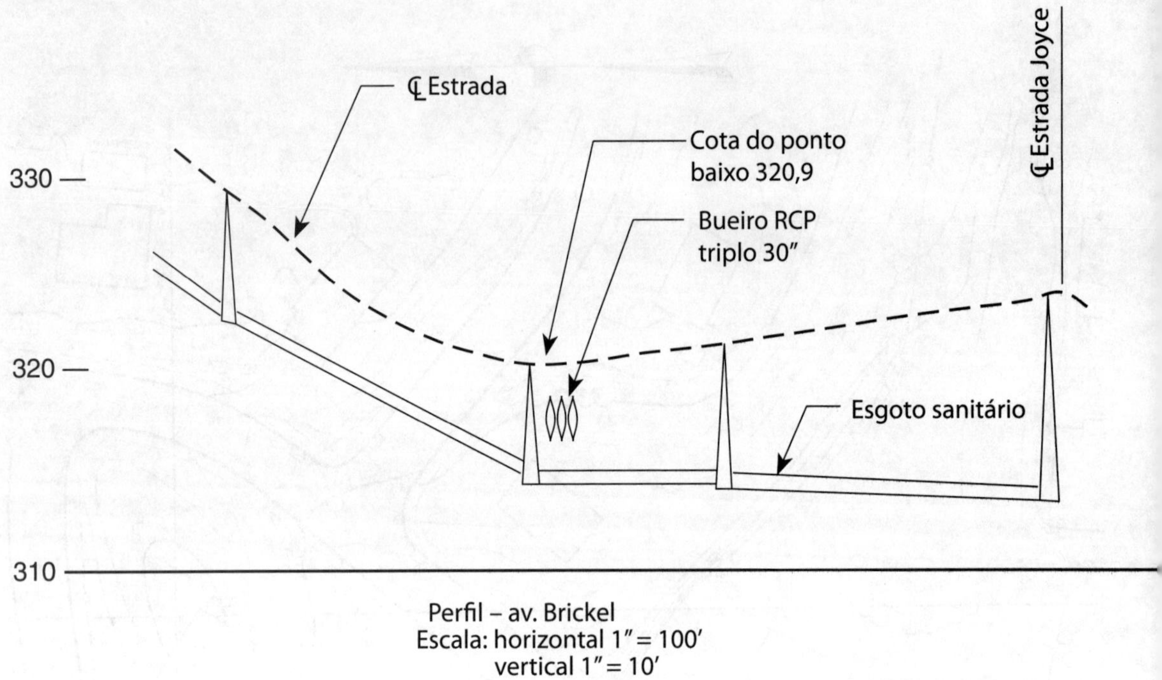

FIGURA 13-30 Perfil da estrada mostrando o bueiro existente para a questão 5.

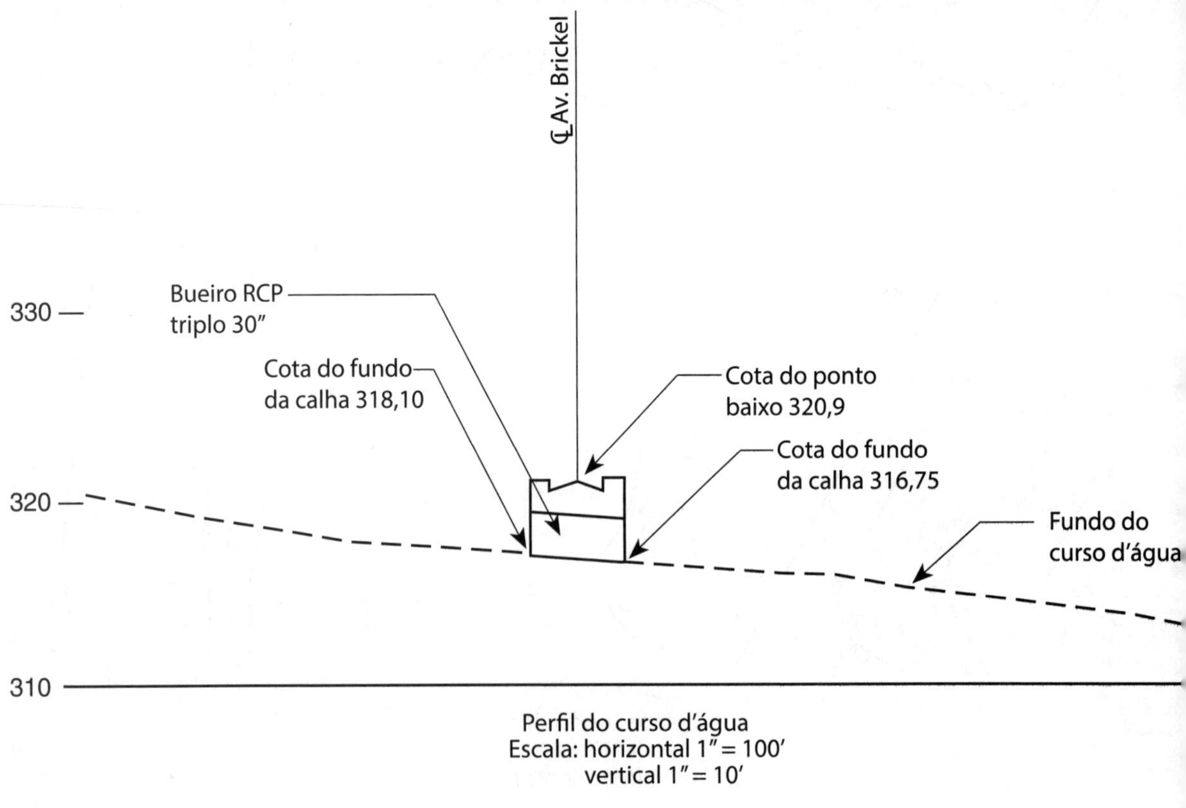

FIGURA 13-31 Perfil do curso d'água mostrando o bueiro existente para a questão 5.

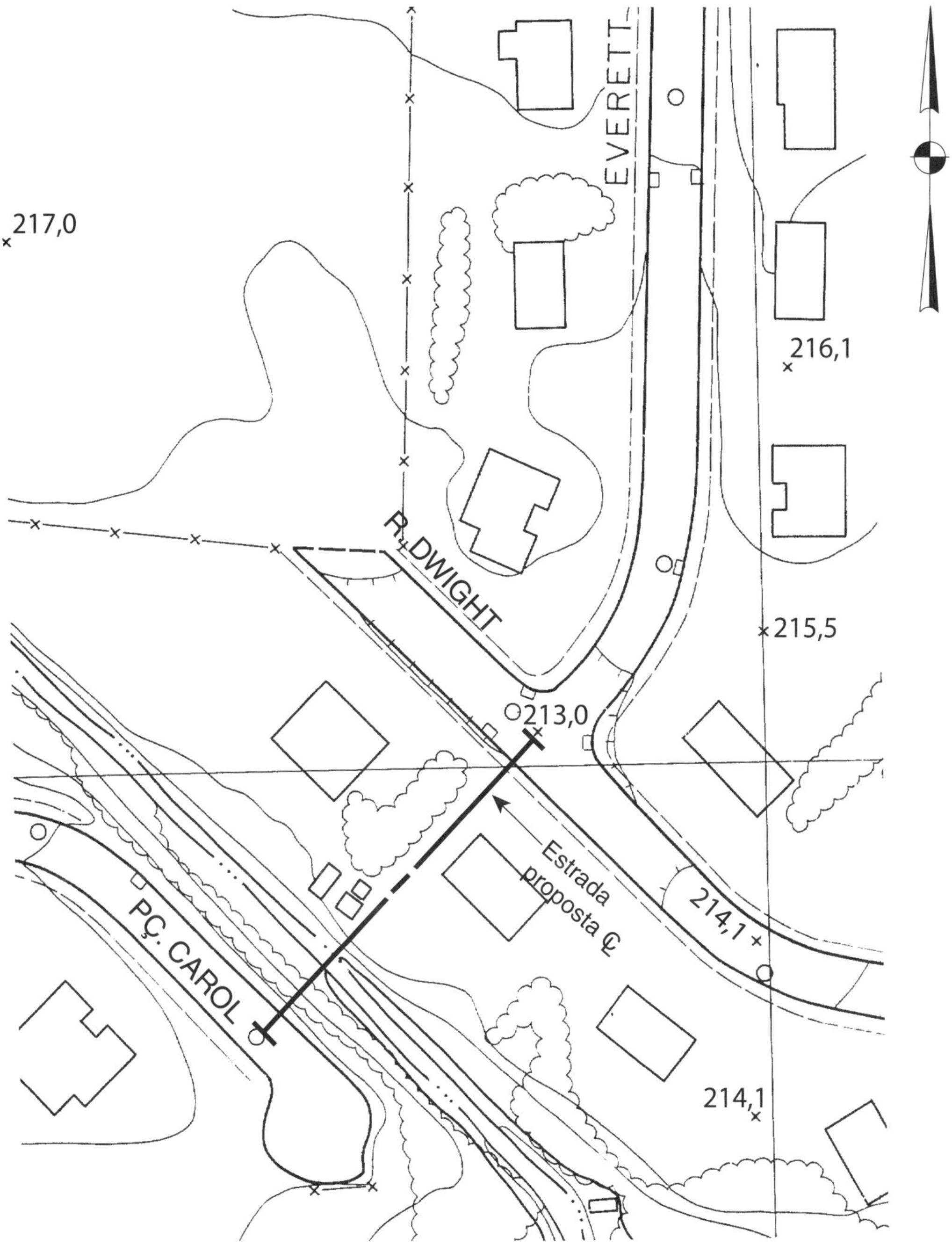

FIGURA 13-32 Planta do local proposto para a estrada na questão 6. *(Mapa adaptado de Aero Service)*

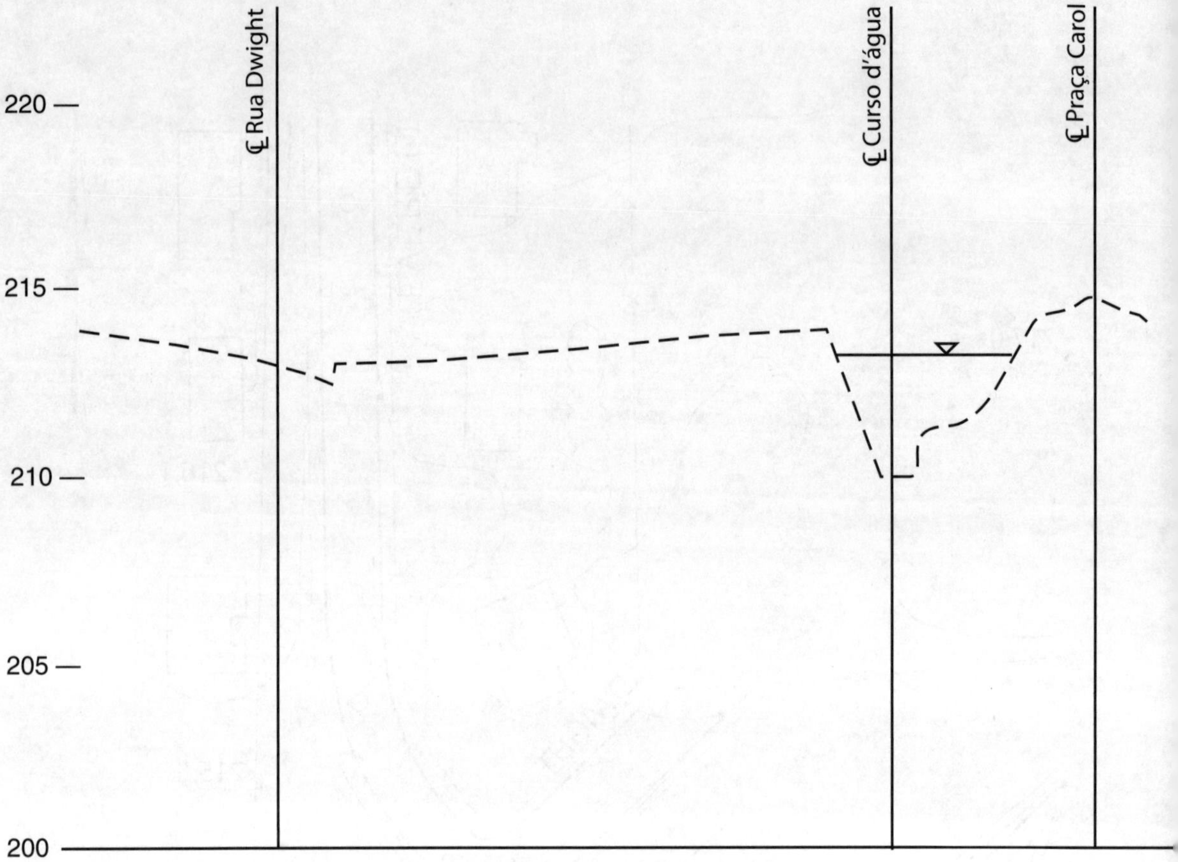

Perfil – ℄ estrada proposta
Escala: horizontal 1″ = 50′
vertical 1″ = 5′

FIGURA 13-33 Perfil da estrada proposta para a questão 5.

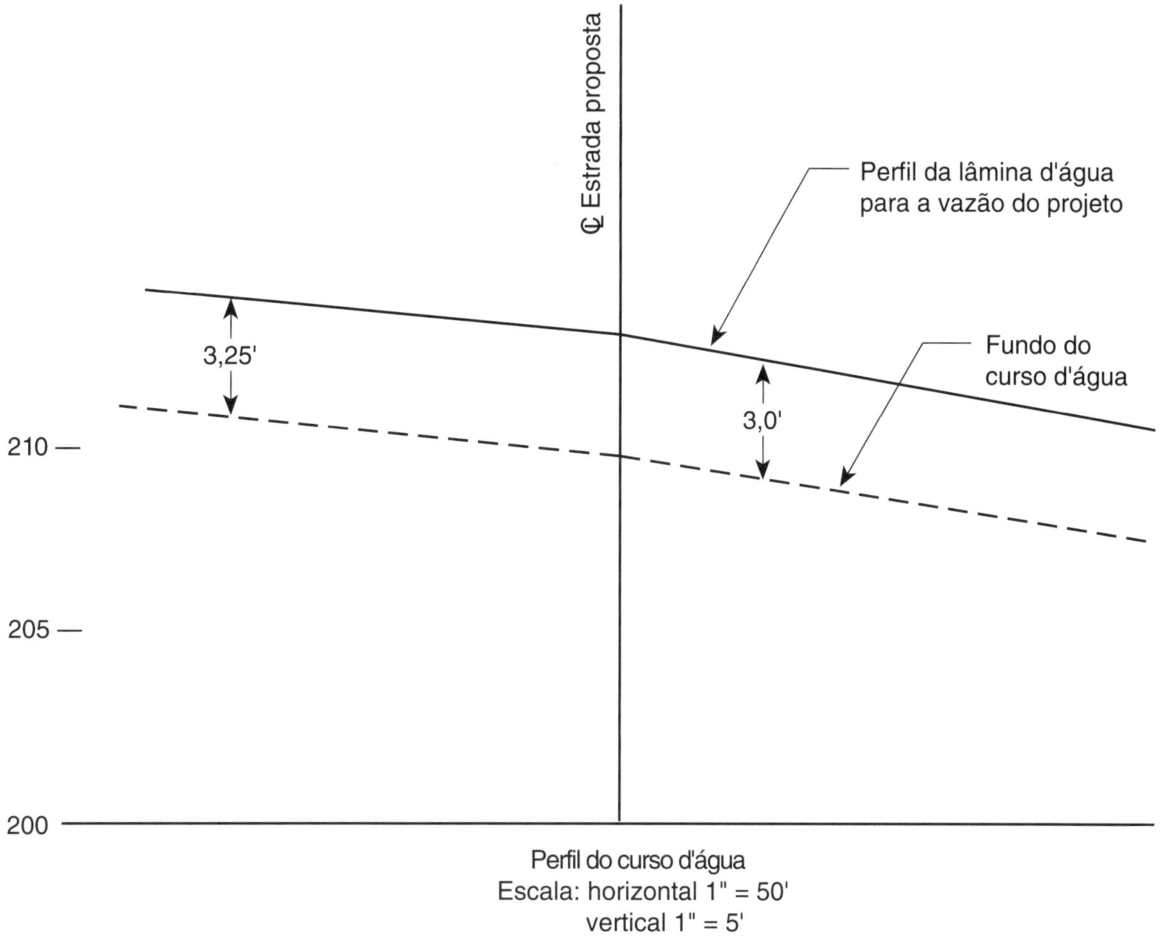

FIGURA 13-34 Perfil do curso d'água existente para a questão 6.

BIBLIOGRAFIA COMPLEMENTAR

HERR, L. *Hydraulic charts for the selection of highway culverts.* N. 5. Washington, DC: U.S. Department of Commerce, Bureau of Public Roads, 1980. (revisão). Hydraulic Engineering Circular

MAREK, M. *Hydraulic design manual.* Texas Department of Transportation, Design Division, 2011.

NORMAN, J. et al. *Hydraulic design of highway culverts.* 2. ed. Washington, D.C.: U. S. Department of Transportation, Federal Highway Administration, 2001. Hydraulic Design Series N. 5.

U.S. DEPARTMENT OF TRANSPORTATION; FEDERAL HIGHWAY ADMINISTRATION. *Use of riprap for bank protection.* Washington, DC: Department of Transportation, 1967. Hydraulic Engineering Circular n. 11.

U.S. DEPARTMENT OF TRANSPORTATION; FEDERAL HIGHWAY ADMINISTRATION. *Design of stable channels with flexible linings*, Washington, DC: Department of Transportation, 1975. Hydraulic Engineering Circular n. 15.

CAPÍTULO

14

Retenção de Águas Pluviais

A retenção de águas pluviais baseia-se no conceito de armazenar um escoamento temporariamente para, então, liberá-los de maneira controlada de modo a limitar vazão afluente a uma área ocupada e abrandar seus efeitos destrutivos. Outros objetivos da retenção de águas pluviais incluem controle de qualidade da água e recarga dos aquíferos.

Neste capítulo, aprenderemos os princípios fundamentais que controlam o processo de retenção e os métodos usados para calcular os resultados. O armazenamento e a liberação controlada de águas pluviais são descritos matematicamente como a propagação de um hidrograma de escoamento. O conceito de propagação foi introduzido na seção 10.7, aplicado a cursos d'água. Agora, será aplicado a represamentos ou reservatórios de águas pluviais. Também são discutidos os principais componentes das bacias de detenção, incluindo a estrutura de saída e o vertedor de emergência.

OBJETIVOS

Ao concluir este capítulo, o leitor deverá ser capaz de:

- Calcular o volume de represamento pelo método cota-área.
- Calcular a vazão de saída de um reservatório com orifício e vertedor.
- Calcular à mão uma propagação cheia quando há reservatório.

14.1 RESERVATÓRIO DE ÁGUAS PLUVIAIS

Reservatório é o volume de água temporariamente armazenado em uma bacia de detenção durante um evento de chuva. No caso de uma bacia alagada, é o volume de água armazenado acima do nível permanente de água, ou seja, sem incluir o reservatório permanente. O reservatório habitual é feito cavando-se uma abertura no solo para que as águas pluviais se acumulem nela. Em alguns casos, uma **berma** de terra deve ser construída em uma extremidade da bacia de detenção para fornecer volume de armazenamento suficiente . A Figura 14-1 mostra dois casos de reservatórios a céu aberto – um com necessidade de uma berma de terra, e o outro, sem.

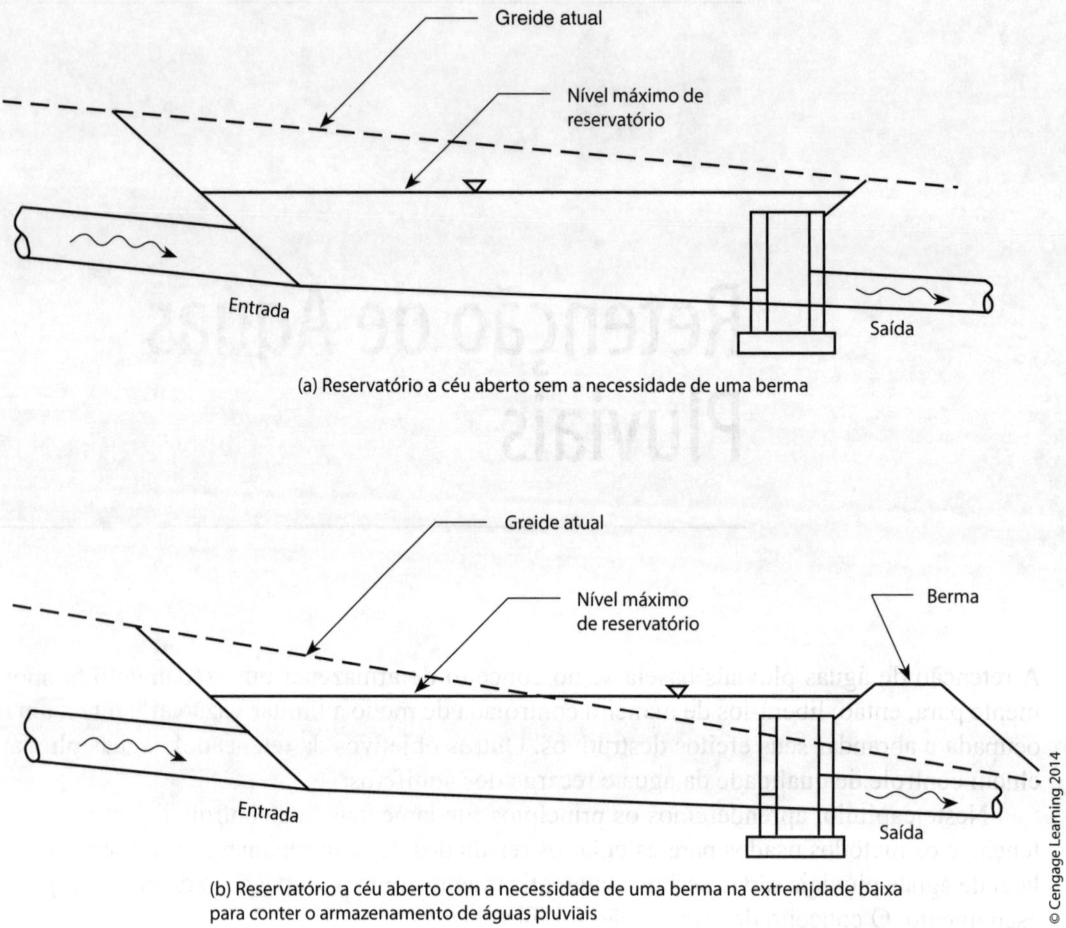

FIGURA 14-1 Seções transversais de dois exemplos de reservatórios a céu aberto.

O método usual para calcular o volume de armazenamento é o cota-área. No caso, linhas de contorno são traçadas ao redor da bacia proposta, e então é medida a área em cada contorno. Uma tabela de cotas e suas áreas correspondentes é elaborada. O volume contido entre quaisquer dois contornos adjacentes é estimado como a média das duas áreas multiplicada pela distância vertical entre elas. Cada volume assim calculado é um volume incremental, e o volume total é a soma dos volumes incrementais.

O método cota-área é ilustrado no exemplo a seguir.

Exemplo 14-1

Problema

Calcule o volume contido na bacia de detenção a céu aberto exibida na Figura 14-2 até a cota 236. As áreas contidas nos contornos foram medidas por planímetro:

Cota (pés)	Área (pés²)
230	0
231	250
232	840
233	1.350
234	2.280
235	3.680
236	5.040

Solução

Prepare uma tabela com quatro colunas, como exibido a seguir. As primeiras duas colunas são uma cópia dos dados já fornecidos.

(1) Cota (pés)	(2) Área (pés²)	(3) Volume Incremental (pés³)	(4) Volume Acumulado (pés³)
230	0	0	0
231	250	125	125
232	840	545	670
233	1.350	1.095	1.765
234	2.280	1.815	3.580
235	3.680	2.980	6.560
236	5.040	4.360	10.920

Cada volume na coluna 3 representa aquele contido entre aquela cota e a próxima cota mais baixa. O primeiro valor é zero porque a cota 230 é a mais baixa e não há nenhum volume contido abaixo dela. O segundo valor na coluna 3 é calculado pela média dos dois primeiros valores na coluna 2 e multiplicação pela diferença entre as duas primeiras cotas na coluna 1:

$$\frac{250+0}{2}\times 1 = 125 \text{ pés}^3$$

O terceiro valor na coluna 3 é calculado pela média do segundo e do terceiro valores na coluna 2 e multiplicação pela diferença entre a segunda e a terceira cotas na coluna 1:

$$\frac{840+250}{2}\times 1 = 545 \text{ pés}^3$$

O restante dos valores na coluna 3 é calculado de maneira similar.

Cada valor na coluna 4 representa a soma de todos os valores na coluna 3, até essa cota, inclusive. O primeiro valor é zero porque o primeiro valor na coluna 2 é zero. O segundo valor é calculado adicionando-se os primeiros dois valores na coluna 3:

$0 + 125 = 125$ pés³

O terceiro valor é calculado adicionando-se os três primeiros valores na coluna 3:

$0 + 125 + 545 = 670$ pés³

Os valores restantes na coluna 4 são calculados de maneira similar.

O volume total até a cota 236 é o valor na coluna 4 fronteiro à cota 236, ou 10.920 pés³. (Resposta)

Para bacias de detenção subterrâneas que usam tubulações para armazenagem, o método cota-área para calcular o volume não é conveniente, por isso, deve ser usado um outro método. O cálculo mais fácil é pelo método cota-área médio, ilustrado no exemplo a seguir.

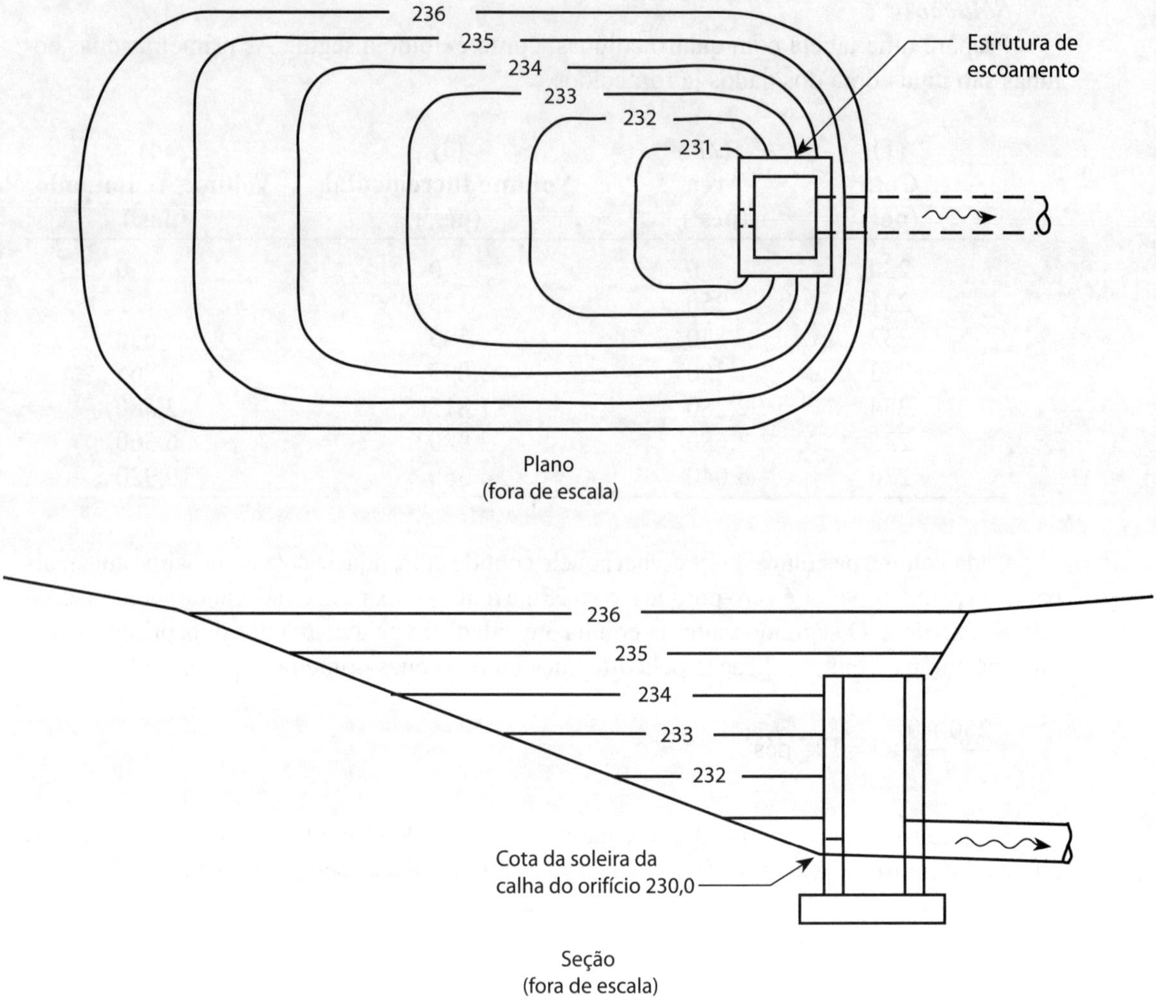

FIGURA 14-2 Ilustração esquemática de uma bacia de contenção a céu aberto proposta, mostrando contorno de 1 pé.

Exemplo 14-2

Problema

Calcule o volume contido na bacia de detenção tubular exibida na Figura 14-3.

Solução

Prepare uma tabela com quatro colunas:

(1) Cota (pés)	(2) Área a Jusante (pés^2)	(3) Área a Montante (pés^2)	(4) Volume (pés^3)
520	0	0	0
521	2,39	0	239
522	6,29	2,39	868
523	10,1	6,29	1.639
524	12,6	10,1	2.270
525	12,6	12,6	2.520

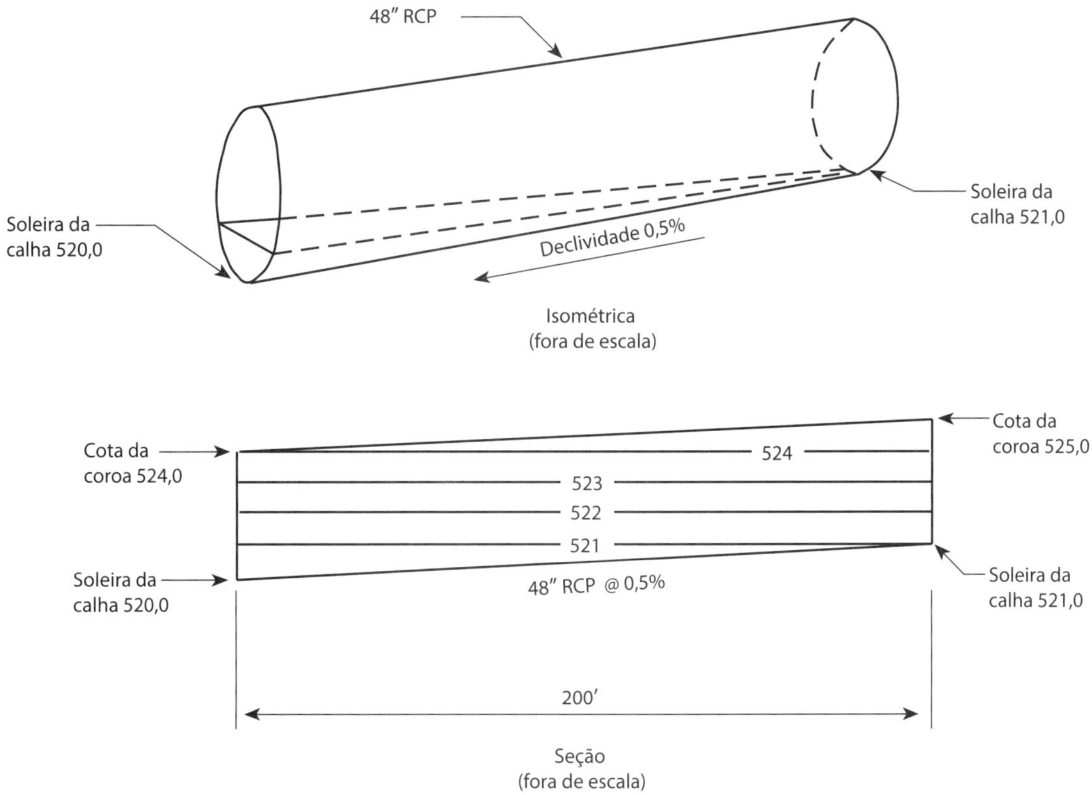

FIGURA 14-3 Ilustração esquemática de uma bacia de detenção tubular proposta.

Cada valor na coluna 2 representa a área do segmento de um círculo relacionado com a lâmina d'água na extremidade a jusante do tubo. (O tubo é projetado com uma suave declividade para que seja completamente esgotado depois de cada precipitação.)

O primeiro valor é zero porque a cota 520 está na geratriz inferior da tubulação. Para determinar o segundo valor na coluna 2, use a Figura 7-3. A cota 521 representa uma profundidade de 1,0 pé, que é 25% do diâmetro do tubo. Portanto, observando o eixo "profundidade do escoamento" na Figura 7-3, insira 25% e projete uma linha horizontal à direita até ela cruzar a linha da "área". A partir dessa interseção, trace uma linha reta para baixo e leia a porcentagem na escala "elementos hidráulicos". A área resultante é 19% da área de seção transversal total, que é de 12,57 pés^2. Portanto, a área é

$$(12{,}57)(0{,}19) = 2{,}39 \text{ pés}^2$$

O terceiro valor na coluna 2 corresponde à cota 522, que representa uma profundidade de 2,0 pés, 50% do diâmetro do tubo. Portanto, insira a Figura 7-3 a 50% e leia 50% na escala "elementos hidráulicos". Assim, a área é

$$(12{,}57)(0{,}50) = 6{,}29 \text{ pés}^2$$

O quarto valor corresponde à cota 523, que representa uma profundidade de 3,0 pés, 75% do diâmetro do tubo. Usando a Figura 7-3, insira 75% no eixo "profundidade do escoamento" e projete transversalmente na linha "área", então, projete para baixo na escala "elementos hidráulicos", a qual resultará em 80%. Portanto, a área é

$$(12{,}57)(0{,}80) = 10{,}1 \text{ pés}^2$$

O quinto valor corresponde à cota 524, que representa a profundidade total na extremidade de jusante da tubulação. Portanto, a área é 12,6 pés².

O sexto valor corresponde à cota 525, que também representa a profundidade total na extremidade de jusante da tubulação. Portanto, a área, mais uma vez, é 12,6 pés².

Cada valor na coluna 3 representa a área do segmento de um círculo relacionado com a lâmina d'água na extremidade a montante da tubulação. O primeiro valor é zero porque não há água no tubo. O segundo valor também é zero porque, quando o nível de água atinge a cota 521, atinge apenas a soleira da calha na extremidade a montante, que representa uma profundidade de zero pé naquela extremidade.

O terceiro valor na coluna 3 corresponde à cota 522, que representa uma profundidade de 1,0 pé. Usando a Figura 7-3, a área é 19% da área total, ou 2,39 pés².

Os valores restantes na coluna 3 são calculados como os da coluna 2.

Cada valor na coluna 4 é determinado pelo cálculo da média das duas áreas de extremidade correspondentes nas colunas 2 e 3, multiplicando-se então pela distância entre as extremidades. O primeiro valor é

$$\frac{0+0}{2} \times 200 = 0 \text{ pé}^3$$

O segundo valor é

$$\frac{2{,}39+0}{2} \times 200 = 239 \text{ pés}^3$$

O terceiro valor é

$$\frac{6{,}29+2{,}39}{2} \times 200 = 868 \text{ pés}^3$$

Os valores restantes são determinados pelo mesmo método. O volume total é o valor na coluna 4 correspondente à mais alta cota da tubulação, ou 2.520 pés³. (Resposta)

Observação: seria muito mais rápido calcular o volume total como você faria para um cilindro: área da extremidade multiplicada pela extensão. No entanto, o formato tabular completo é necessário para cálculos subsequentes do projeto da bacia de detenção.

14.2 ESTRUTURA DE SAÍDA

A água de reservatório em uma bacia de detenção é liberada lentamente através da estrutura de saída, que usualmente consiste em um orifício ou em uma combinação de orifício e vertedor. A estrutura de saída mais simples consiste em um único tubo com a soleira posicionada na cota mais baixa da bacia, chamado *saída de único estágio*, porque a água pode escoar para fora através de apenas uma abertura. Mas uma outra saída mais elevada geralmente é estabelecida para liberação de emergência, a ser usada somente se a estrutura de saída não suportar todo o escoamento decorrente da precipitação. Vertedores de emergência são analisados separadamente na próxima seção.

A Figura 14-4 mostra uma saída de único estágio na forma de um tubo instalado na berma de uma bacia de detenção. Embora uma bacia a céu aberto seja descrita, saídas de único estágio podem ser usadas também com detenção subterrânea.

O esboço mostrado na Figura 14-4 sugere que essa saída de único estágio se assemelha a um bueiro, e, realmente, ela age hidraulicamente como um bueiro, em geral com controle de entrada. No entanto, essa disposição em único estágio usualmente é modelada como um orifício, porque o modelo do orifício produz descargas muito similares a um bueiro agindo com controle de entrada, especialmente para profundidades de reservatório acima da coroa do tubo. Nesses casos, o tubo submete-se a fluxo Tipo B, como exibido na Figura 9-6.

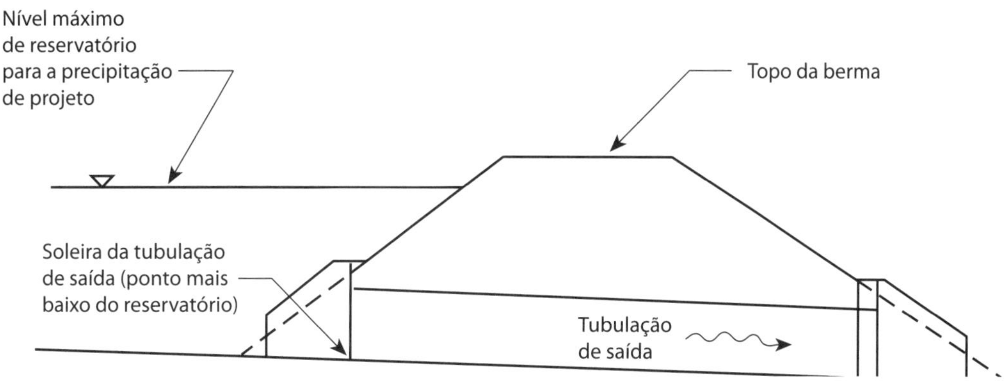

FIGURA 14-4 Típica saída de estágio único.

Como parte dos cálculos da bacia de detenção, a **vazão** de saída é calculada. Ou seja, para uma série de níveis hipotéticos de água no reservatório, é determinada uma vazão correspondente através do orifício. O exemplo seguinte ilustra esse cálculo.

Exemplo 14-3

Problema

Uma saída consistindo em um tubo de 12 polegadas é proposta para a bacia de detenção exibida na Figura 14-4. A cota da soleira da tubulação é de 322,0 e o topo da berma é posicionado na cota 327,0. Calcule a vazão de saída.

Solução

Suponha que a abertura do tubo seja um orifício de 12 polegadas e que a vazão seja calculada pela Equação 5-3. Então, calcule a vazão para as cotas de nível de água 322, 323, 324, 325, 326 e 327.

Para a cota do nível da água 322, a altura é igual a zero, porque o nível da água está na soleira do orifício. A vazão, portanto, também é zero.

Para a cota do nível da água 323, a altura é determinada em 0,5 pé, como exibido na figura a seguir.

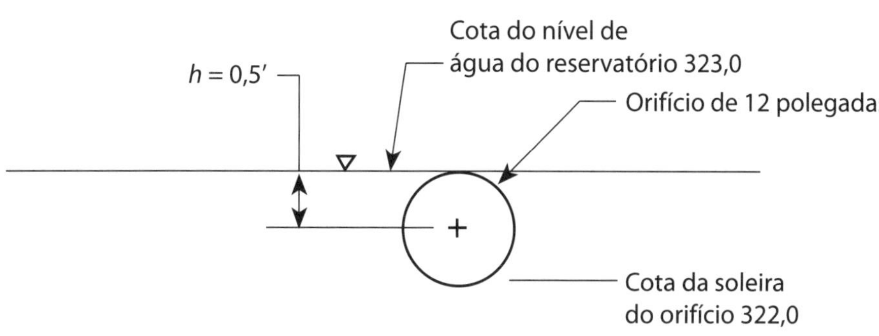

A área do orifício é

$$a = \frac{\pi(1,0)^2}{4} = 0,785 \text{ pé}^2$$

e a vazão, Q, é

$$\begin{aligned} Q &= ca\sqrt{2gh} \\ &= (0,62)(0,785)\sqrt{2(32,2)(0,5)} \\ &= 2,76 \text{ cfs} \quad \text{(Resposta)} \end{aligned}$$

Para a cota do nível da água 324, a altura é determinada em 1,5 pé, como exibido nesta Figura:

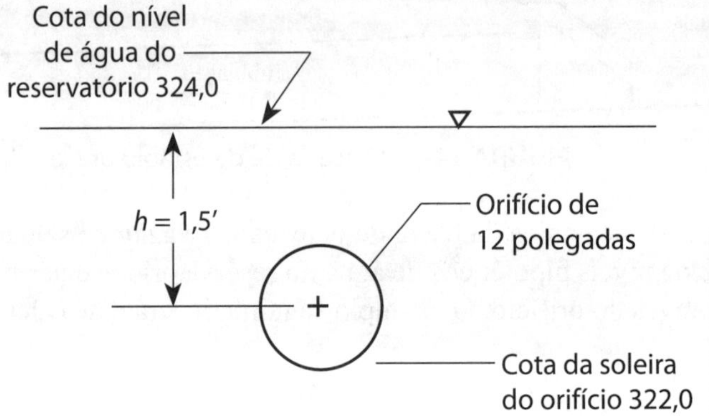

Portanto, a vazão é

$$\begin{aligned} Q &= ca\sqrt{2gh} \\ &= (0,62)(0,785)\sqrt{2(32,2)(1,5)} \\ &= 4,78 \text{ cfs} \quad \text{(Resposta)} \end{aligned}$$

Para a cota do nível da água 325, a altura é determinada como 2,5 pés. Portanto, a vazão é

$$\begin{aligned} Q &= (0,62)(0,785)\sqrt{2(32,2)(2,5)} \\ &= 6,18 \text{ cfs} \quad \text{(Resposta)} \end{aligned}$$

Para a cota do nível da água 326, a altura é determinada como 3,5 pés. Portanto, a vazão é

$$\begin{aligned} Q &= (0,62)(0,785)\sqrt{2(32,2)(3,5)} \\ &= 7,31 \text{ cfs} \quad \text{(Resposta)} \end{aligned}$$

Finalmente, para a cota do nível da água 327, a altura é determinada como 4,5 pés, e a vazão é calculada como

$$\begin{aligned} Q &= (0,62)(0,785)\sqrt{2(32,2)(4,5)} \\ &= 8,29 \text{ cfs} \quad \text{(Resposta)} \end{aligned}$$

Os resultados são resumidos na seguinte tabela:

Cota Nív. Água (pés)	12″ Orifício h (pés)	Q (cfs)
322	0	0
323	0,5	2,76
324	1,5	4,78
325	2,5	6,18
326	3,5	7,31
327	4,5	8,29

Saídas de Vários Estágios

Frequentemente, um projeto de bacia de detenção requer uma saída de dois estágios, ou múltiplos estágios além de dois, para criar uma distribuição especial de descargas para se adequar a condições particulares do projeto. As Figuras 14-5 e 14-6 mostram típicas estruturas de saída de dois e de três estágios, respectivamente.

Para calcular uma vazão para esse tipo de estrutura de saída, cada estágio é considerado separadamente, e então todas as vazões são somadas para resultarem na descarga total.

O exemplo a seguir ilustra cálculos típicos para uma estrutura de saída de vários estágios.

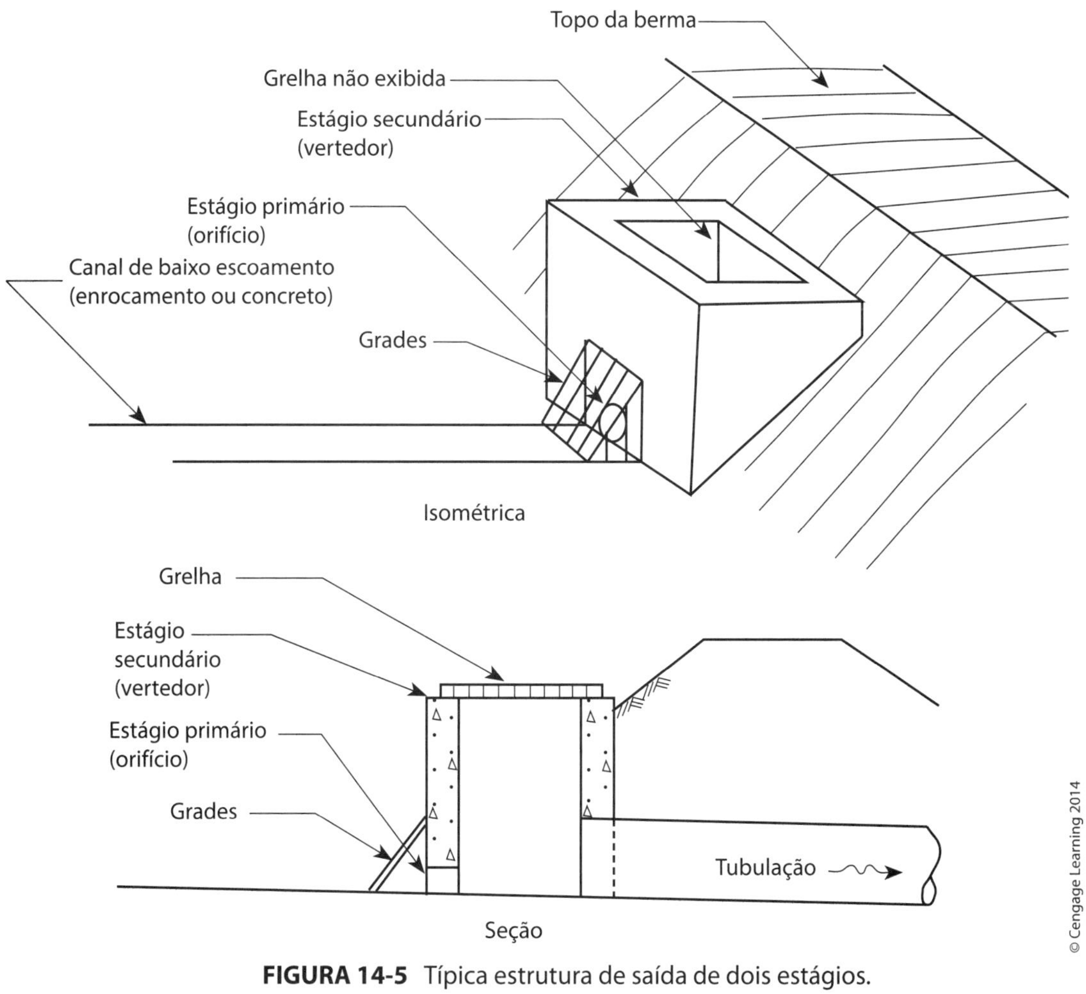

FIGURA 14-5 Típica estrutura de saída de dois estágios.

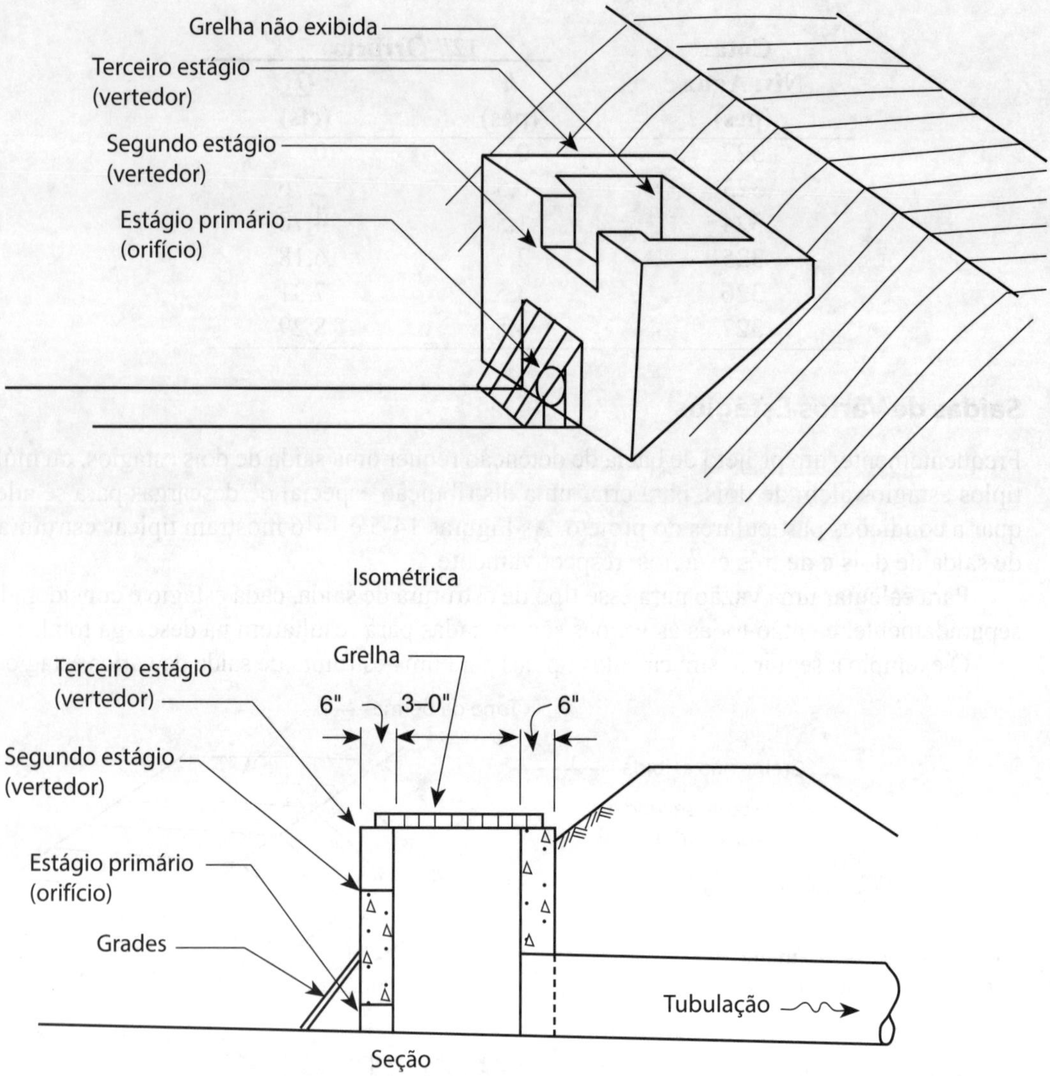

FIGURA 14-6 Típica estrutura de saída de três estágios.

Exemplo 14-4

Problema

Uma estrutura de saída de três estágios, similar à exibida na Figura 14-6, é proposta para o projeto de uma bacia de detenção. Estas são as principais cotas:

1. Estágio primário (orifício de 4 polegadas): cota da soleira do orifício 560,0
2. Segundo estágio (vertedor de 1,5 pé): cota da crista do vertedor 562,67
3. Terceiro estágio (vertedor de 12,5 pés): cota da crista do vertedor 563,67
4. Topo da berma: cota 565,0
5. Tubulação: (48 polegadas de diâmetro) – Cota da soleira da tubulação

Observação: para este exemplo, considere que não há vertedor de emergência.

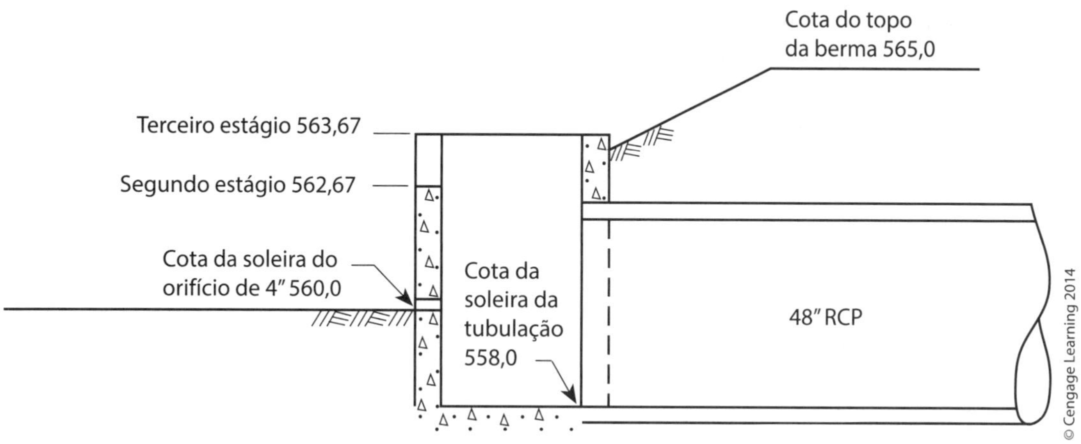

Calcule a vazão para a estrutura de saída.

Solução

Para simular uma vazão, calcule-a para uma série de cotas, variando do fundo da bacia de detenção (cota 560,0) até o topo da berma (cota 565,0). As cotas podem ser cada pé de medida, mas devem incluir cada estágio ao longo do percurso. Assim, as cotas do nível da água a serem consideradas são 560, 561, 562, 562,67, 563,67, 564 e 565.

Para a cota do nível da água 560, a altura para o orifício é igual a zero, porque o nível de água está na soleira do orifício. A vazão, portanto, também é zero.

Para a cota do nível da água 561, a altura é determinada em 0,83 pé, como mostrado a seguir.

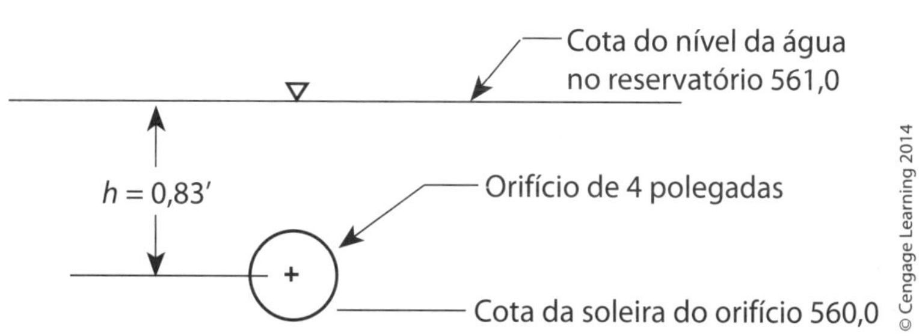

A área do orifício é

$$a = \frac{\pi(0,333)^2}{4}$$
$$= 0,087 \text{ pé}^2$$

e a vazão, Q, é

$$Q = ca\sqrt{2gh}$$
$$= (0,62)(0,087)\sqrt{2(32,2)(0,83)}$$
$$= 0,39 \text{ cfs}$$

Para a cota do nível da água 562, a altura é determinada em 1,83 pé, porque está 1,0 pé acima do valor da altura anterior. Portanto, a vazão é

$$Q = (0,62)(0,087)\sqrt{2(32,2)(1,83)}$$
$$= 0,59 \text{ cfs}$$

Para a cota do nível da água 562,67, a altura é determinada em 2,5 pés. Portanto, a vazão é

$$Q = (0,62)(0,087)\sqrt{2(32,2)(2,5)}$$
$$= 0,68 \text{ cfs}$$

Para a cota do nível da água 563,67, a altura é determinada em 3,5 pés. Portanto, a vazão é

$$Q = (0,62)(0,087)\sqrt{2(32,2)(3,5)}$$
$$= 0,81 \text{ cfs}$$

Para a cota do nível da água 564, a altura é determinada em 3,83 pés. Portanto, a vazão é

$$Q = (0,62)(0,087)\sqrt{2(32,2)(3,83)}$$
$$= 0,85 \text{ cfs}$$

Para a cota do nível da água 565, a altura é determinada em 4,83 pés. Portanto, a vazão é

$$Q = (0,62)(0,087)\sqrt{2(32,2)(4,83)}$$
$$= 0,95 \text{ cfs}$$

Em seguida, a vazão sobre o vertedor de segundo estágio é calculada por meio da Equação 5-4. Para as cotas do nível da água 560, 561 e 562, a vazão é zero, porque a água está abaixo da crista do vertedor. Na cota 562,67, o nível da água está exatamente na crista, por isso a altura é igual a zero e, mais uma vez, a vazão é zero.

Para a cota do nível da água 563,67, a altura é determinada em 1,0 pé. Como a espessura da parede da estrutura de saída é de 0,5 pé, o coeficiente de descarga, c, é encontrado no Apêndice A-5: 3,32 para todos os valores de altura iguais e superiores a 1,0 pé. Portanto, a vazão é

$$Q = cLH^{3/2}$$
$$= (3,32)(1,5)(1,0)^{3/2}$$
$$= 4,98 \text{ cfs}$$

Para a cota do nível da água 564, a altura é determinada em 1,33 pé. Portanto, a vazão é

$$Q = (3,32)(1,5)(1,33)^{3/2}$$
$$= 7,64 \text{ cfs}$$

Para a cota do nível da água 565, a altura é determinada em 2,33 pés. Portanto, a vazão é

$$Q = (3,32)(1,5)(2,33)^{3/2}$$
$$= 17,7 \text{ cfs}$$

Em seguida, é calculada a vazão sobre o vertedor de três estágios. A vazão é zero para as cotas de nível da água 560, 561, 562, 562,67 e 563,67.

Para a cota do nível da água 564, a altura é determinada em 0,33 pé. Portanto, a vazão é

$$Q = (3{,}32)(12{,}5)(0{,}33)^{3/2}$$
$$= 7{,}87 \text{ cfs}$$

Para a cota do nível da água 565, a altura é determinada em 1,33 pé. Portanto, a vazão é

$$Q = (3{,}32)(12{,}5)(1{,}33)^{3/2}$$
$$= 63{,}7 \text{ cfs}$$

Esses resultados são, então, resumidos na seguinte tabela:

Cota	4″ Orifício		Vertedor 1,5″		Vertedor 12,5″		
N.Água (pés)	*h* (pés)	*Q* (cfs)	*H* (pés)	*Q* (cfs)	*H* (pés)	*Q* (cfs)	Total *Q* (cfs)
560	0,0	0,0	—	—	—	—	0,0
561	0,83	0,39	—	—	—	—	0,39
562	1,83	0,59	—	—	—	—	0,59
562,67	2,5	0,68	0,0	0,0	—	—	0,68
563,67	3,5	0,81	1,0	4,98	0,0	0,0	5,79
564	3,83	0,85	1,33	7,64	0,33	7,87	16,36
565	4,83	0,95	2,33	17,7	1,33	63,7	82,4

Finalmente, verifique o escoamento na tubulação para certificar-se de que ele possui capacidade para transportar a vazão afluente à estrutura. Tratando a tubulação como um bueiro operando com controle de entrada, a lâmina d'água a montante para a Q máxima de 82,4 cfs é encontrada no Gráfico 2 do Apêndice B-1: 4,44 pés. Na estrutura de saída, isso resulta em uma cota do nível da água de

$$558{,}0 + 4{,}44 = 562{,}44$$

como exibido a seguir.

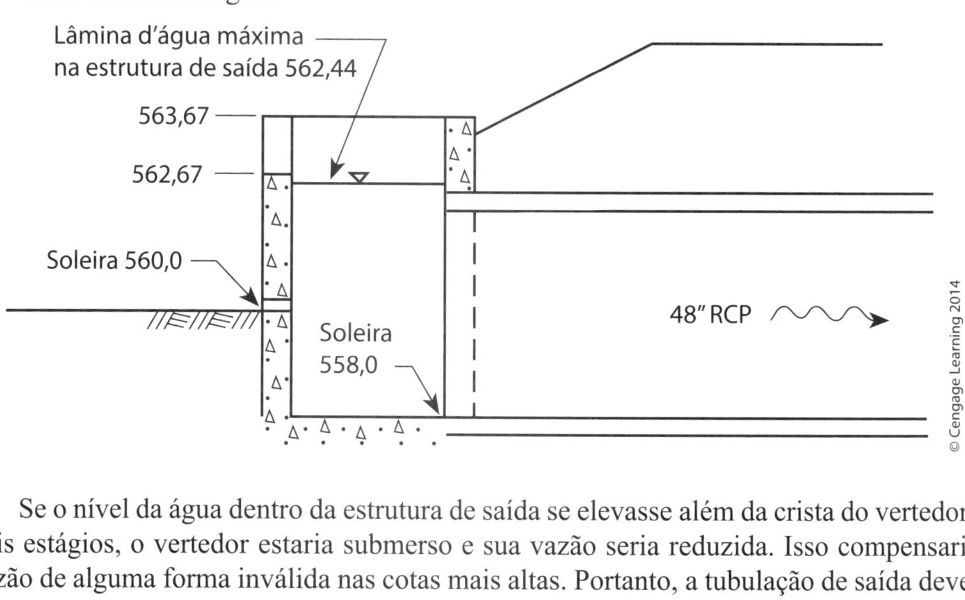

Se o nível da água dentro da estrutura de saída se elevasse além da crista do vertedor de dois estágios, o vertedor estaria submerso e sua vazão seria reduzida. Isso compensaria a vazão de alguma forma inválida nas cotas mais altas. Portanto, a tubulação de saída deveria ser projetada para transportar a vazão máxima sem causar um armazenamento excessivo na estrutura de saída.

A tubulação de saída RCP de 48 polegadas, posicionada com a soleira a 558,0, é adequada.

Contudo, deve-se observar que, quando o nível da água se eleva na estrutura de saída, a vazão através do orifício é alterada. Quando o orifício torna-se submerso, a altura é medida até o nível de água a jusante, não até o centro do orifício, reduzindo, assim, h e, consequentemente, reduzindo Q.

Então, os valores calculados de Q para o orifício nos níveis mais altos de água foram mais elevados. No entanto, neste caso, esse tipo de erro não é significativo, porque a redução de Q é inferior a 1 cfs quando Q total está na faixa de 30 cfs a mais.

14.3 VERTEDOR DE EMERGÊNCIA

Como recurso de segurança para prevenir transbordamentos em bacias de detenção, um **vertedor de emergência** é incluído na maioria dos projetos. Vertedores de emergência consistem em uma saída adicional em uma cota mais alta que todas as outras saídas para que a água verta apenas quando o nível do reservatório tenha se elevado acima do previsto para a precipitação do projeto.

O nível do reservatório pode exceder a cota máxima do projeto por causa de uma variedade de razões; as principais são:

1. Uma precipitação pode exceder a precipitação de tempestade do projeto.
2. A estrutura de saída pode ficar bloqueada, impedindo que a água armazenada saia da bacia rápido o bastante.

A primeira função de um vertedor de emergência é fornecer um meio para a água em excesso no reservatório sair com segurança, prevenindo uma elevação excessiva da berma. Se a berma estiver muito elevada, ela pode se romper ou se destruir pela ação da água, possibilitando que a água represada inunde repentinamente áreas a jusante da bacia. Se uma bacia de contenção não tiver berma e uma elevação excessiva das margens não for capaz de causar nenhum rompimento ou falha das laterais da bacia, será menor a necessidade de um vertedor de emergência.

Um objetivo secundário de um vertedor de emergência é controlar qualquer eventual elevação excessiva da bacia de detenção ao direcionar o escoamento em uma direção inofensiva, impedindo um escoamento descontrolado mesmo se não houver rompimento.

A maioria dos projetos de bacia de detenção incorpora um entre dois tipos gerais de vertedor de emergência:

1. Canal gramado ou um curso de água navegável localizado à parte da estrutura de escoamento.
2. Permissão para a água escoar até o topo da estrutura de saída e através da tubulação de saída.

Canais separados revestidos de grama são usados para grandes bacias de detenção com grandes volumes de armazenamento porque esse é o tipo mais seguro de vertedor de emergência. Mesmo se a tubulação ficar totalmente entupida, o canal de grama estará livre para funcionar e transportar com segurança o excesso de vazão para fora da bacia. O canal deve ter uma soleira de entrada abaixo do topo da berma, e ele deve estar em solo virgem além da berma. Normalmente, o canal não pode ser formado por uma abertura escavada na berma. Isso seria possível apenas se medidas especiais fossem empregadas para proteger a berma contra erosão.

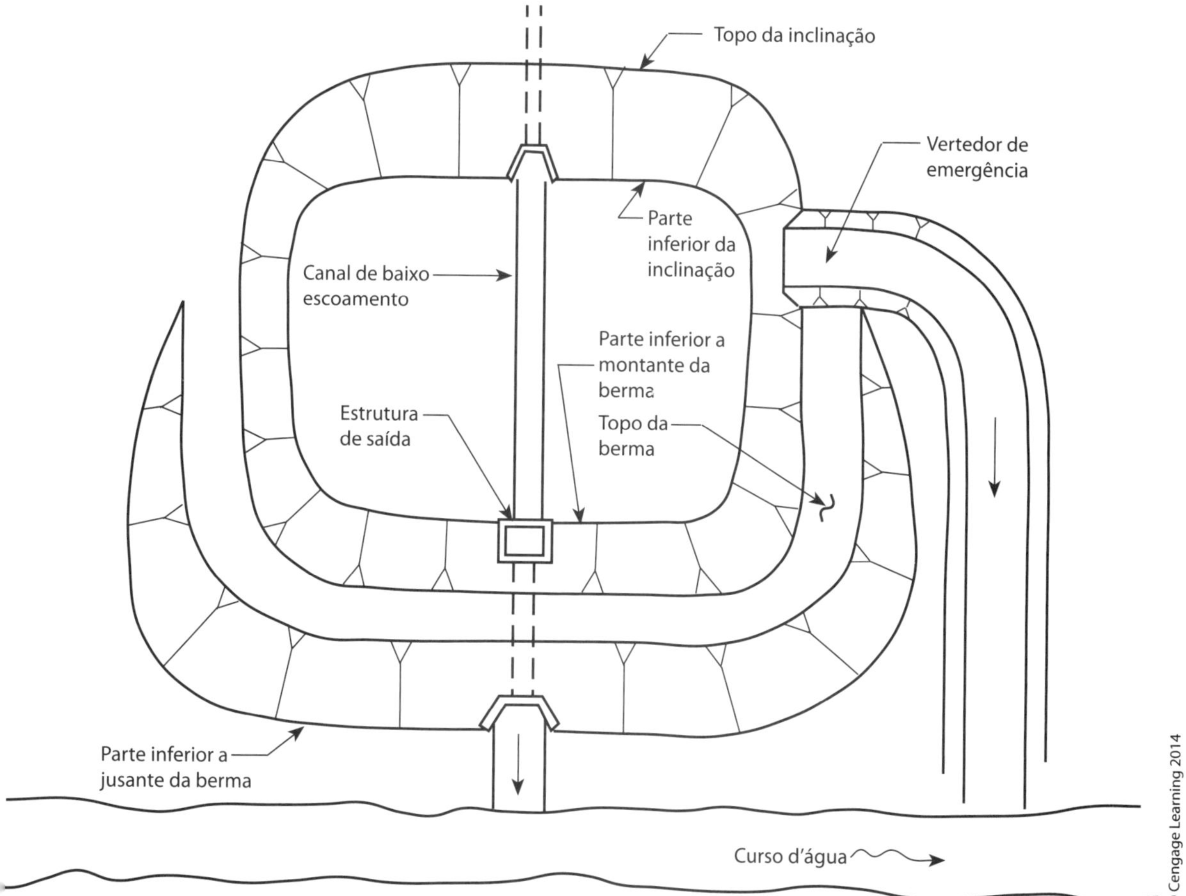

FIGURA 14-7 Uma típica bacia de contenção com vertedor de emergência de canal gramado.

A Figura 14-7 mostra um típico sistema de vertedor de emergência usando uma vala gramada.

O critério para o projeto de um vertedor de emergência varia consideravelmente, mas pode ser assim resumido:

1. A soleira ou a crista do vertedor de emergência é posicionada na cota máxima do reservatório (ou acima dela) calculada para a precipitação de projeto. Com esse arranjo, o vertedor de emergência não começará a funcionar até que o reservatório esteja completamente cheio.

2. A capacidade hidráulica é baseada em um dos dois seguines critérios:

   a) Transportar uma precipitação mais intensa que a precipitação do projeto. Essa precipitação mais intensa usualmente é denominada precipitação de projeto de vertedor de emergência. O vertedor de emergência transportaria o que não fosse controlado pela estrutura de saída.
   b) Transportar a descarga máxima da precipitação do projeto com escoamento nulo da estrutura de saída. Isso simula uma situação na qual a estrutura de emergência é bloqueada e todo o escoamento sai da bacia através do vertedor de emergência.

3. O topo da elevação da berma está na cota da vazão máxima através do vertedor de emergência, mais uma distância vertical adicional, chamada **borda livre**.

A borda livre fornece uma medida extra de segurança para considerar todas as contingências, como uma precipitação mais intensa que a precipitação do projeto, ou erros nos cálculos ou erros na construção. A altura da borda livre pode variar de zero a um pé ou mais.

A Figura 14-8(a) mostra uma típica saída de bacia de detenção com um vertedor de emergência separado. Embora o vertedor de emergência apareça na mesma seção transversal da estrutura de saída, na verdade ele está em um local diferente ao longo da berma. Observe que a crista do vertedor de emergência está na mesma cota do nível de água máximo do projeto. Esse é o nível do reservatório resultante se a precipitação do projeto ocorrer e a bacia funcionar apropriadamente.

Assim que o nível máximo de reservatório do projeto é excedido, a água começa a entrar no vertedor de emergência. Então, a cota do vertedor de emergência não pode ser determinada até que os cálculos da bacia tenham determinado o nível máximo de reservatório. E o topo da elevação da berma não pode ser determinado até que seja calculado o nível da água no vertedor de emergência. Cálculos da bacia de detenção são apresentados na próxima seção.

Como já mencionamos, o vertedor de emergência, em certos casos, pode ser incorporado na estrutura de saída. A Figura 14-8(b) descreve esse tipo de arranjo. Observe que o topo da estrutura de saída está na mesma cota do nível máximo de água do projeto. A razão é que a abertura no topo da estrutura está sendo usada como vertedor de emergência. Quando o reservatório se eleva acima desse nível, a água começa a verter-se no topo da estrutura, que atua como vertedor de emergência.

Nesse tipo de arranjo, a tubulação de saída deve ser capaz de transportar todo o escoamento, incluindo o normal e o de emergência. Portanto, como se pode esperar, a tubulação deve ser projetada para ser maior que no caso de um vertedor de emergência separado.

No Exemplo 14-4, como a estrutura de escoamento teve de lidar com níveis de reservatório até o topo da berma, a tubulação de saída era tão grande quanto teria de ser se o vertedor de emergência fosse incorporado na estrutura de saída.

14.4 PROPAGAÇÃO DE CHEIA EM RESERVATÓRIO

Quando o escoamento entra em uma bacia de detenção e é temporariamente armazenado e depois sai através da estrutura de saída, a vazão máxima efluente é menor que a vazão máxima afluente. Essa redução na vazão máxima efluente é denominada *atenuação* ou *laminação*, e o procedimento para calcular o hidrograma de saída quando o hidrograma de entrada é conhecido denomina-se *propagação*. Esse termo descreve um procedimento matemático, não o mapeamento de uma cheia de movimento.

O termo *atenuação* foi discutido primeiro na seção 10.7, em relação às águas pluviais afluindo a um curso d'água. Independentemente de as águas pluviais afluírem a um curso d'água ou através de uma bacia de detenção, seu hidrograma é atenuado; ou seja, o hidrograma é reduzido e espalhado, como exibido na Figura 11-14.

Vários métodos foram desenvolvidos ao longo dos anos para calcular a propagação em curso d'água e em reservatório (bacia de detenção). Para propagações em curso d'água, o Método Muskingum e o Método de Onda Cinemática são amplamente usados. Para a propagação em reservatório, usa-se comumente o Método Puls Modificado.

Esse método de propagação apoia-se na assim chamada equação de continuidade, fundamentada na conservação da massa de água entrando e saindo do reservatório. (A equação de continuidade não deve ser confundida com $Q = va$, conhecida pelo mesmo nome em um contexto diferente.)

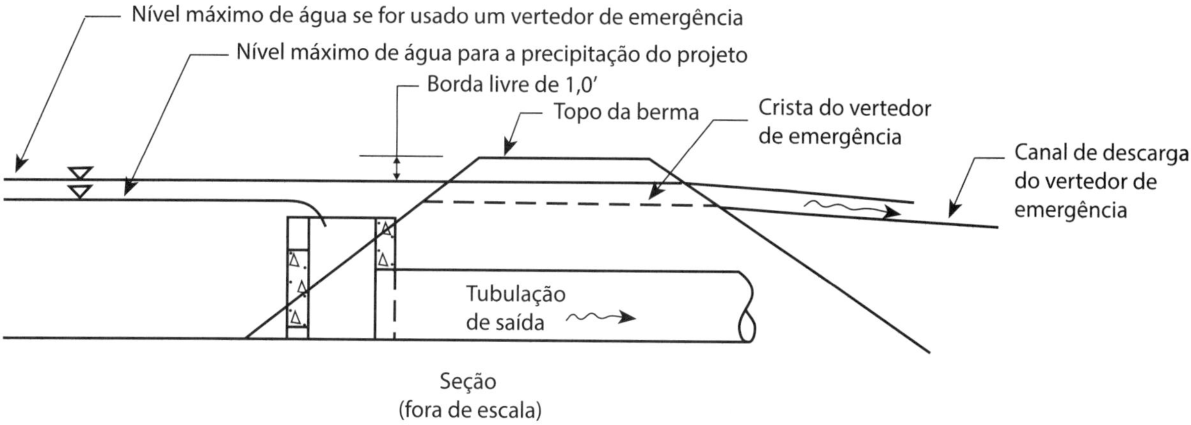

(a) Vertedor de emergência separado da estrutura de saída

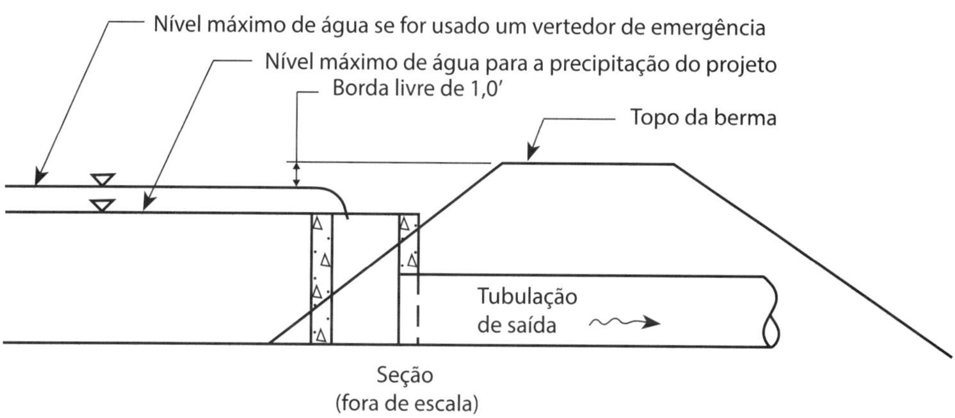

(b) Vertedor de emergência incorporado na estrutura de saída

FIGURA 14-8 Dois exemplos de vertedores de emergência.

A equação de continuidade é expressa como

$$\bar{I} - \bar{O} = \frac{\Delta S}{\Delta t} \qquad (14\text{-}1)$$

onde $\bar{I}$ = vazão média afluente ao reservatório durante o tempo Δt, cfs (m³/s)
$\bar{O}$ = vazão média efluente do reservatório durante o tempo Δt, cfs (m³/s)
ΔS = variação no volume do reservatório durante o tempo Δt, pés³ (m³)
Δt = período incremental, s

A equação pode ser considerada como um livro-caixa que mantém um balanço da água que entra, da água que sai e da água armazenada, em um processo bem parecido com o de um inventário em constante mudança de um depósito de mercadorias, onde os bens chegam e saem e são armazenados. Uma solução numérica da equação de continuidade é um processo de iteração no qual um pequeno incremento de tempo é escolhido e o balanço do volume é calculado no final de cada período.

Para usar a analogia de um depósito de mercadorias, com um incremento de tempo de um dia, se, durante o primeiro dia, 1.000 caixas entrarem e 400 saírem, a alteração no estoque é positiva em 600 caixas. Se, durante o segundo dia, 500 caixas entrarem e 700 saírem, a mudança no estoque será negativa em 200 caixas, e o inventário remanescente será de 400 caixas.

Para resolver a Equação 14-1, primeiro reescreva a equação em uma forma mais prática:

$$\frac{I_1 + I_2}{2} - \frac{O_1 + O_2}{2} = \frac{S_2 - S_1}{\Delta t} \tag{14-2}$$

onde os subscritos 1 e 2 denotam o início e o fim, respectivamente, do período Δt escolhido. Os termos na Equação 14-2 podem agora ser reorganizados como

$$(I_1 + I_2) + \left[\frac{2S_1}{\Delta t} - O_1\right] = \frac{2S_2}{\Delta t} + O_2 \tag{14-3}$$

Na Equação 14-3, todos os termos à esquerda são conhecidos de cálculos anteriores de propagação, enquanto os termos à direita são desconhecidos e devem ser determinados pela propagação em reservatório.

Supõe-se implicitamente nesse método de propagação que:

1. A superfície da água do reservatório é horizontal.
2. A vazão efluente é uma função única do volume de armazenamento.
3. A vazão efluente varia linearmente com o tempo, durante cada período Δt.

No projeto de uma bacia de detenção, a Equação 14-3 é usada no cálculo do hidrograma de saída quando se conhece o hidrograma de entrada. Esse cálculo constitui uma propagação. Se a bacia de detenção não produzir os resultados pretendidos, os parâmetros devem ser revisados, procedendo-se então a uma outra propagação. Assim, o processo é de tentativa e erro, como no projeto de bueiro.

Observemos agora a Equação 14-3 para ver como esse tipo de equação pode ser solucionado. A primeira questão é: qual resultado esperamos da equação? A resposta é: um hidrograma de saída, ou seja, uma lista completa de vazões efluentes da bacia de detenção durante a precipitação de projeto. Esses valores são produzidos pelo termo O_2 na Equação 14-3. Lembre-se de que a equação será resolvida muitas vezes, uma vez para cada período escolhido durante a precipitação. Cada solução da equação fornece um outro valor de O_2, e a lista completa de tais valores forma o hidrograma de saída.

Mas S_2 e O_2 são incógnitas cada vez que a Equação 14-3 é resolvida. Para superar esse problema, tiramos vantagem do fato de S_2 e O_2 serem relacionados entre si, o que, com efeito, fornece uma segunda equação, necessária para resolver duas incógnitas.

Agora, observando novamente a Equação 14-3, o primeiro termo $(I_1 + I_2)$ origina-se do hidrograma de entrada, que é o hidrograma de saída para a precipitação do projeto para a bacia hidrográfica afluente à bacia de detenção. O valor escolhido para Δt é um período arbitrário, que deve ser o menor e mais prático, lembrando que, quanto menor o Δt, mais períodos e mais cálculos haverá. O Δt deve ser o bastante para criar ao menos quatro ou cinco pontos no ramo ascendente do hidrograma de entrada, com um ponto coincidindo com a vazão afluente máxima.

O parâmetro S_1 representa o volume de armazenamento na bacia de detenção no início de cada período. Ele é determinado simplesmente pelo volume final de armazenamento do período anterior.

Finalmente, o parâmetro O_1 representa a vazão efluente no início de cada período e é determinado simplesmente pela vazão efluente no final do período anterior.

Série	(1) Tempo (h)	(2) I_1 (cfs)	(3) $I_1 + I_2$ (cfs)	(4) $\frac{2S}{\Delta t} - O$ (cfs)	(5) $\frac{2S}{\Delta t} + O$ (cfs)	(6) O_2 (cfs)
1						
2						
3						

FIGURA 14-9 Cabeçalhos da tabela para uma propagação em reservatório feita à mão.

Para finalizar a solução de tentativa e erro da Equação 14-3, você deve, portanto, começar com três elementos:

1. Hidrograma de entrada.
2. Relação do volume de armazenamento com a elevação do nível d'água na bacia de detenção proposta.
3. Relação da vazão efluente com a elevação do nível da água na bacia de detenção proposta.

Com base na duração do ramo ascendente do hidrograma de entrada, escolha um período, Δt. Então, combine a informação nos itens 2 e 3 para criar duas relações: gráficos de O *versus* $2S/\Delta t + O$ e *versus* de $2S/\Delta t - O$.

Depois, monte uma tabela com cabeçalhos como os da Figura 14-9.

Na coluna 1, todos os valores de tempo, gerados como múltiplos de Δt, são listados. Na coluna 2, são listados valores do hidrograma de entrada correspondentes aos valores de tempo na coluna 1. Na coluna 3, pares sucessivos de valores de vazão afluente são somados e listados; ou seja, na série 1, a soma dos dois valores I_1 nas séries 1 e 2 é listada, e assim por diante. Nas colunas 4 e 5, valores de $2S/\Delta t - O$ e de $2S/\Delta t + O$ são gerados a partir do gráfico apropriado ou da Equação 14-3. Na coluna 6, são gerados valores de O_2, ou seja, o valor de O_2 na série 2 representa a vazão efluente no final do período que começa com a série 1 e termina com a série 2. O uso dessa tabela de propagação é demonstrado no exemplo a seguir.

Exemplo 14-5

Problema

Uma bacia de detenção está especificada na Figura 14-10, e um hidrograma de entrada é exibido na Tabela 14-1. Propague o hidrograma através da bacia para produzir o hidrograma de saída resultante.

Solução

Como exibido na Tabela 14-1, o período incremental foi escolhido como $\Delta t = 0{,}40$ hora, o que é igual a 1.440 segundos. Agora, usando a informação na Figura 14-10, crie uma tabela de valores de vazão efluente, O *versus* $2S/\Delta t - O$ e *versus* $2S/\Delta t + O$. Isso é descrito na Tabela 14-2.

Em seguida, faça um esboço de um gráfico desses valores. O gráfico é exibido na Figura 14-11. Agora crie uma tabela como a exibida na Figura 14-9, com o hidrograma de entrada listado nas colunas 1 e 2. A tabela é descrita na Tabela 14-3.

TABELA 14-1 Hidrograma de entrada para o Exemplo 14-5

Tempo (h)	Vazão afluente (cfs)
0,0	4
0,4	6
0,8	9
1,2	23
1,6	84
2,0	48
2,4	20
2,8	14
3,2	11
3,6	9
4,0	8
4,4	7
4,8	7

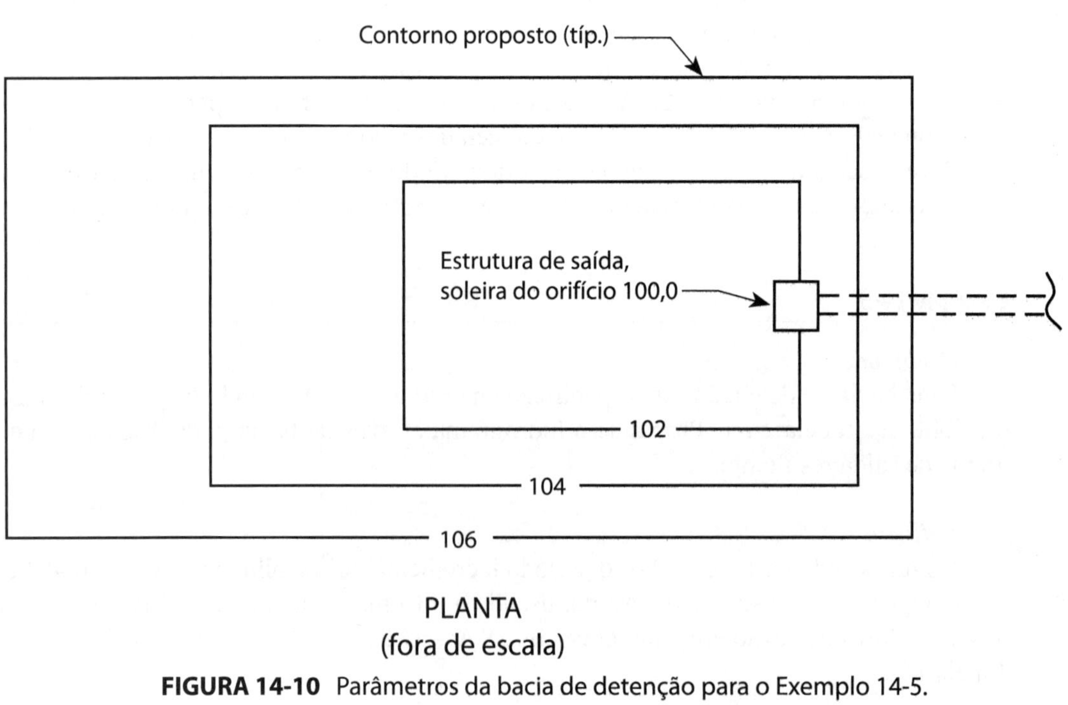

FIGURA 14-10 Parâmetros da bacia de detenção para o Exemplo 14-5.

(*Continua*)

Volume de armazenamento		Taxa de escarga	
Cota (pés)	Volume ($pés^3$)	Cota (pés)	Vazão de saída (cfs)
100	0	100	0
102	7.500	102	2,5
104	36.000	104	24,9
105	60.000	105	67,5
106	90.000	106	122

FIGURA 14-10 Parâmetros da bacia de detenção para o Exemplo 14-5.
(Continuação)

Insira os números apropriados para a coluna 3 simplesmente adicionando pares sucessivos de números na coluna 2. Por exemplo, o valor na coluna 3, série 5, é a soma dos números na coluna 2, séries 5 e 6.

As três colunas remanescentes devem ser geradas uma série por vez. Para começar, considere o primeiro período, que se inicia na série 1 e termina na série 2. Os dois termos à esquerda na Equação 14-3 são encontrados na série 1, colunas 3 e 4, e possuem valores 10 e 0, respectivamente. De acordo com a Equação 14-3, esses termos são somados para resultar em $2S_2/\Delta t + O_2$, que é a coluna 5, série 2, para o primeiro período de tempo estabelecido. Portanto, o valor 10 vai para esse local.

No entanto, de acordo com a Figura 14-11, quando $2S/\Delta t + O$ é 10, $O = 2$ cfs. Portanto, o valor 2 vai para a coluna 6, série 2. A Figura 14-11 também mostra que, quando $O = 2$ cfs, $2S/\Delta t - O = 6$ cfs. Portanto, o valor 6 vai para a coluna 4, série 2.

Agora, proceda ao segundo período, que começa na série 2 e termina na série 3. Para esse período, os dois termos à esquerda na Equação 14-3 são encontrados na série 2, colunas 3 e 4, e possuem valores 15 e 6, respectivamente. Portanto, a soma desses termos (15 + 6 = 21) vai para a coluna 5, série 3. Pela Figura 14-11, quando $2S/\Delta t + O = 21$ cfs, $O = 5$ cfs e $2S/\Delta t - O = 10$ cfs. Esses valores são então escritos nas colunas apropriadas da série 3.

TABELA 14-2 Parâmetros necessários para o cálculo da propagação no Exemplo 14-5

O (cfs)	$\frac{2S}{\Delta t} - O$ (cfs)	$\frac{2S}{\Delta t} + O$ (cfs)
0,0	0,0	0,0
2,5	7,9	12,9
24,9	25,1	74,9
67,5	15,8	151
122	3,0	247

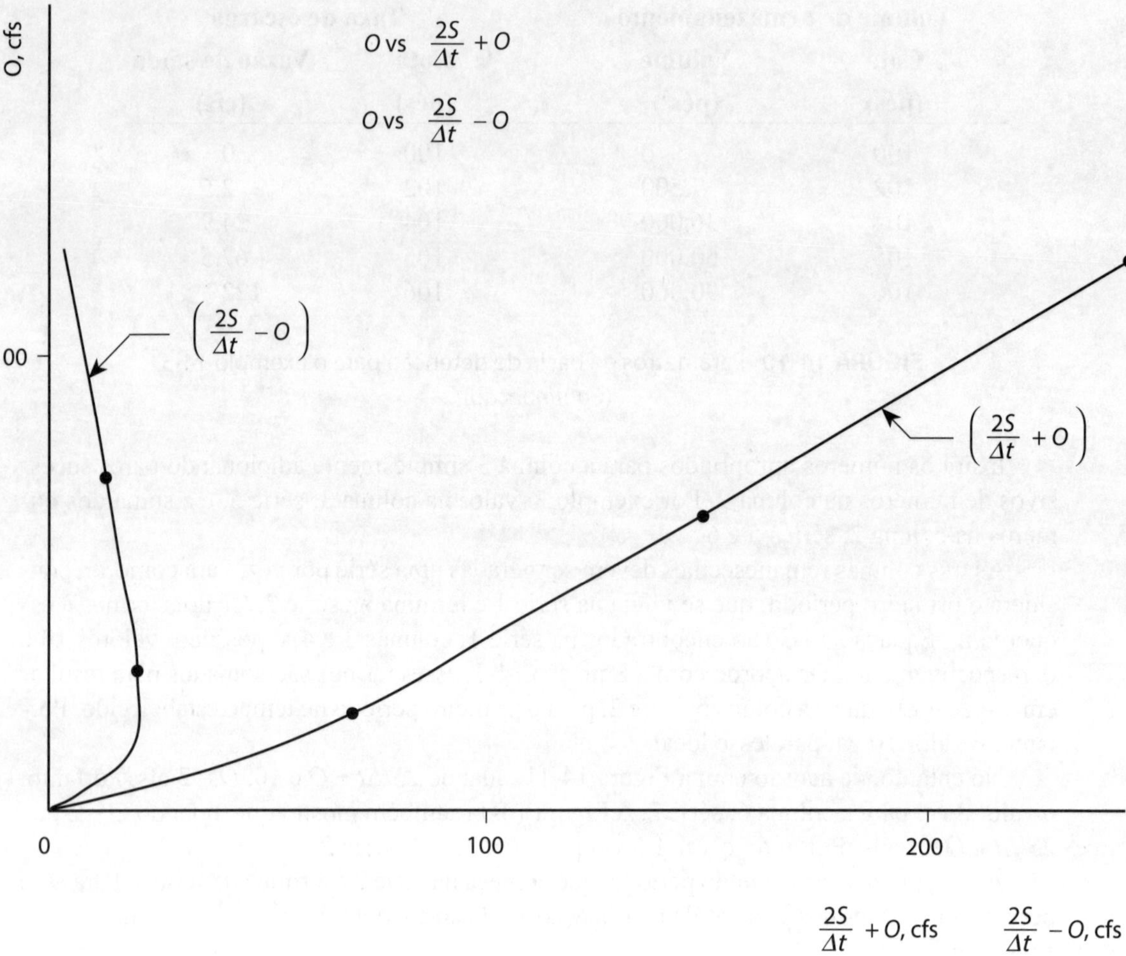

FIGURA 14-11 Gráfico de *O versus* $2S/\Delta t + O$ e de *O versus* $2S/\Delta t - O$.

TABELA 14-3 Tabela de propagação para o Exemplo 14-5

	(1) Tempo (h)	(2) I_1 (cfs)	(3) $I_1 + I_2$ (cfs)	(4) $\frac{2S}{\Delta t} - O$ (cfs)	(5) $\frac{2S}{\Delta t} + O$ (cfs)	(6) O_2 (cfs)
(1)	0,0	4	10	0	0	—
(2)	0,4	6	15	6	10	2
(3)	0,8	9	32	10	21	5
(4)	1,2	23	107	18	42	11
(5)	1,6	84	132	20	125	53
(6)	2,0	48	68	15	152	68
(7)	2,4	20	34	25	83	30
(8)	2,8	14	25	22	59	18
(9)	3,2	11	20	19	47	12
(10)	3,6	9	17	16	39	9
(11)	4,0	8	15	15	33	8
(12)	4,4	7	14	12	30	7
(13)	4,8	7	13	10	26	5

Prossiga abaixo na tabela, e os valores na coluna 6 se tornarão o hidrograma de saída para a propagação. O hidrograma de entrada e o de saída são representados na Figura 14-12. (Resposta)

Um exame atento da Figura 14-12 revela muitos fatos sobre a propagação no Exemplo 14-5. Primeiro, observe que a vazão de pico foi desenhada como aproximadamente 69 cfs, embora o valor máximo de O_2 da propagação seja 68 cfs. É por isso que o esboço revela que a vazão efluente máxima ocorre entre os pontos calculados.

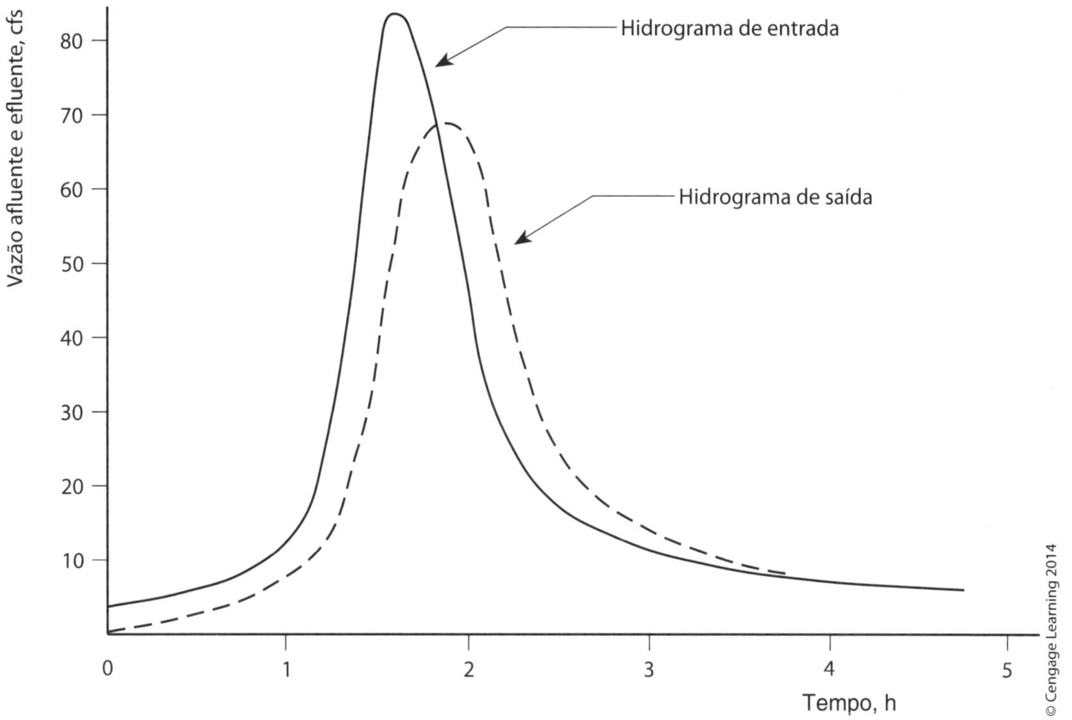

FIGURA 14-12 Hidrogramas de entrada e de saída para o Exemplo 14-5.

Em seguida, observe que a vazão efluente máxima ocorre no ponto onde o hidrograma de saída cruza o hidrograma de entrada. Essa é uma característica das propagações de reservatório.

Observe também que a vazão efluente máxima de 69 cfs corresponde a uma elevação máxima de reservatório de 105,03, o que é determinado se interpolando a taxa de descarga na Figura 14-10. Essa elevação se tornaria então o nível de água de projeto na bacia de detenção.

Finalmente, observe que a propagação resultou em uma redução da vazão efluente máxima de 84 cfs (entrada) para 69 cfs (saída). Isso é uma atenuação de 18%.

O Exemplo 14-5 ilustra um meio de resolver a Equação 14-3 e nele uma propagação de reservatório é feita à mão. Na prática, entretanto, as propagações de reservatórios são raramente – talvez nunca – calculadas à mão; em vez disso, usa-se um dos vários softwares disponíveis.

EXERCÍCIOS PROPOSTOS

1. Elabore um gráfico da vazão efluente para um orifício de 6 polegadas de diâmetro, com elevação da soleira de 200,00 pés. Calcule os valores da vazão efluente a incrementos de 1 pé para uma elevação máxima de 205,00 pés.

2. Elabore um gráfico da vazão efluente para um vertedor de 5 pés a céu aberto, em uma estrutura vertente de concreto com parede de 1,0 pé de espessura. A crista do vertedor está em uma cota de 100,00 pés. Calcule os valores da vazão efluente a incrementos de 1 pé para uma elevação máxima de 104,00 pés.

3. Elabore um gráfico da vazão efluente para a estrutura de saída exibida a seguir. Calcule os valores da vazão efluente a incrementos de 1 pé a partir da soleira do orifício até o topo da estrutura. Considere uma possível constrição causada pelo escoamento na tubulação de saída. Trate esse escoamento como lâmina d'água a montante entrando em um bueiro que opera sob controle de entrada.

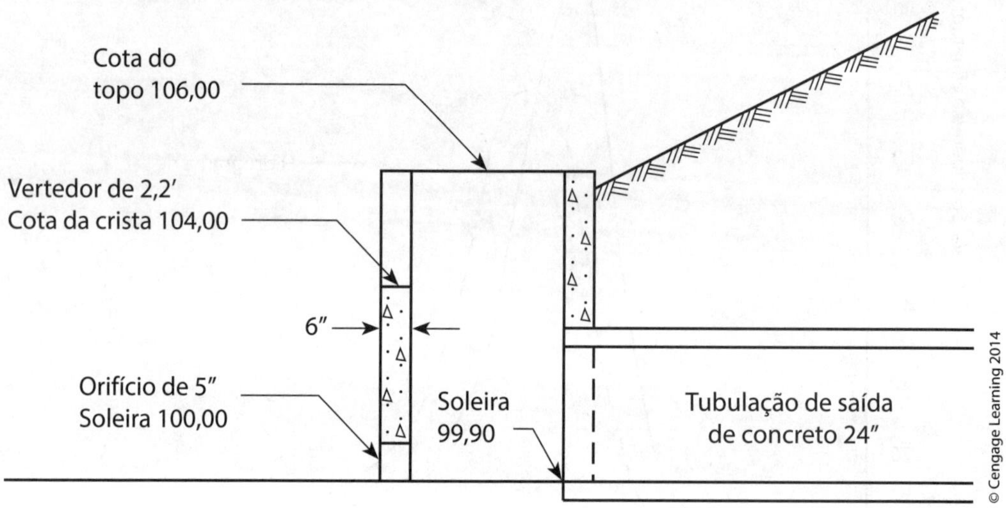

4. Elabore um gráfico da vazão efluente para o vertedor de emergência mostrado a seguir. Calcule os valores da vazão efluente a incrementos de 1 pé a partir da crista do vertedor até o topo da berma. Trate o escoamento como uma entrada para um canal. O vertedor de emergência é um canal trapezoidal revestido de grama, com largura de fundo de 10,0 pés e inclinações laterais 3 horizontal para 1 vertical (n = 0,030).

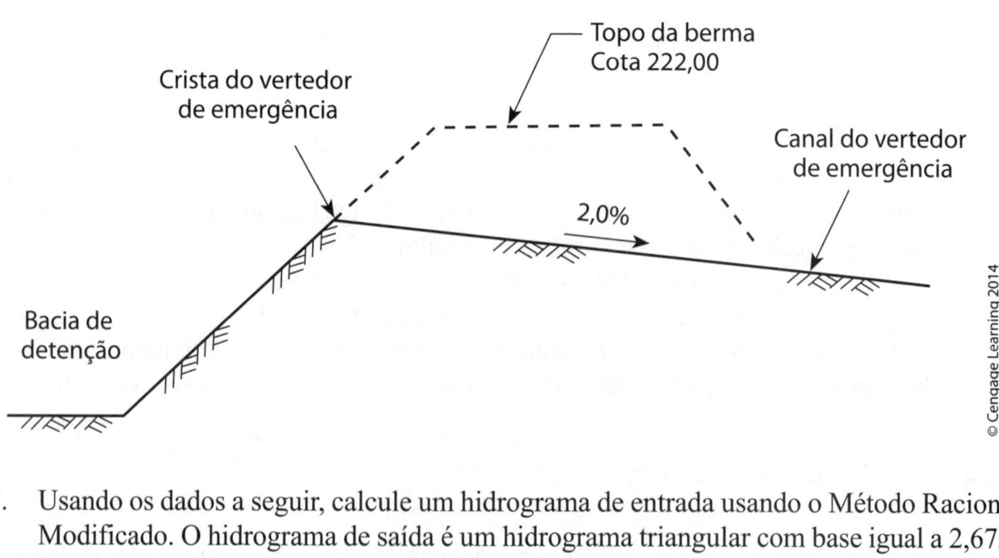

5. Usando os dados a seguir, calcule um hidrograma de entrada usando o Método Racional Modificado. O hidrograma de saída é um hidrograma triangular com base igual a $2{,}67t_c$. Propague o hidrograma de entrada através da bacia de detenção descrita a seguir. Determine os valores máximos das vazões afluente e efluente.

Hidrograma de Entrada
Área de drenagem = 5,0 acres
c = 0,30
t_c = 15 min
i = 6,6 pol/h

Bacia de Detenção

Cota (pés)	Volume Acumulado (c.f.)	Vazão Efluente (cfs)
100,00	0	0
102,00	1.000	2,5
104,00	2.000	3,5
106,00	4.000	4,2
108,00	6.000	4,9
110,00	8.000	5,5

6. Usando os dados a seguir, calcule um hidrograma de entrada usando o Método NRCS. Propague o hidrograma de entrada através da bacia de detenção descrita a seguir. Determine os valores máximos das vazões afluente e efluente.

Hidrograma de Entrada
Área de drenagem = 15,0 acres
CN = 60
t_c = 0,50 h
P = 4,4 pol
Distribuição da chuva = Tipo II

Bacia de Detenção

Cota (pés)	Volume Acumulado (c.f.)	Vazão Efluente (cfs)
100,00	0	0
102,00	1.000	2,5
104,00	2.000	3,5
106,00	4.000	4,2
108,00	6.000	4,9
110,00	8.000	5,5

BIBLIOGRAFIA COMPLEMENTAR

DEBO, T.; REESE, A. *Municipal storm water management.* 2. ed. Boca Raton, FL: Lewis Publishers, 2002.

DAVIS, A. P.; MCCUEN, R. M. *Stormwater management for smart growth.* Nova York: Springer Science & Business Media, Inc., 2005.

MAYS, L. W. (ed.). *Stormwater collection systems design handbook.* Nova York: McGraw-Hill, 2001.

MAYS, L. W. *Urban stormwater management tools.* Nova York: McGraw-Hill, 2003.

U.S. NATURAL RESOURCES CONSERVATION SERVICE. *National engineering handbook*, U. S. Department of Agriculture, 2012 (Hydrology), parte 630.

U. S. SOIL CONSERVATION SERVICE. *Urban hydrology for small watersheds*. Springfield, VA: U.S. Department of Agriculture, 1986. (Technical Release, 55.)

URBAN WATER RESOURCES RESEARCH COUNCIL OF ASCE; WATER ENVIRONMENT FEDERATION. *Design and construction of urban stormwater management systems*. Nova York e Alexandria, VA: ASCE, 2000.

CAPÍTULO

15

Projeto de Unidades de Detenção de Águas Pluviais

Gerenciamento de águas pluviais é um termo usado para descrever todos os esforços no sentido de controlar o escoamento em áreas afetadas pela ocupação urbana. Estruturas comumente usadas no gerenciamento de águas pluviais – como galerias, bueiros e canalizações de fundo de vale – foram descritas em detalhes neste livro. São usadas para ajudar a transportar o escoamento de modo seguro e eficiente para longe da área construída. Já uma outra estrutura, a bacia de detenção, é usada para reduzir a vazão máxima efluente. Além disso, as bacias de detenção desempenham um papel crucial no controle de sólidos suspensos nas águas pluviais, bem como promovem recarga dos aquíferos. No Capítulo 14, aprendemos as funções das principais partes de uma bacia de detenção.

Neste capítulo, veremos como as bacias de detenção são empregadas nos projetos de gerenciamento de águas pluviais. Os estudos de caso apresentados não abrangem o conjunto completo dos problemas relacionados a projetos de bacias de detenção para áreas urbanas, mas dão uma ideia razoável das aplicações mais comuns. Como nos capítulos anteriores, considerações sobre o projeto limitam-se mais ao projeto hidráulico e não enfatizam outros fatores relacionados ao projeto, como estabilidade estrutural e custo.

OBJETIVOS

Ao concluir este capítulo, o leitor deverá ser capaz de:

- Explicar a diferença entre o uso da bacia hidrográfica para detenção local e para detenção regional.
- Projetar uma bacia de detenção básica.
- Relacionar um projeto de detenção de águas pluviais a estudos de casos reais.

15.1 CONCEITOS FUNDAMENTAIS

O uso de uma bacia de detenção para o gerenciamento de águas pluviais objetiva amenizar os efeitos adversos da ocupação urbana, das seguintes maneiras:

1. Controlar a vazão de pico.
2. Controlar o volume decorrente do escoamento superficial.
3. Controlar a qualidade das águas pluviais.
4. Promover a recarga dos aquíferos pelas águas pluviais.

Quando a bacia de detenção armazena temporariamente as águas pluviais e então as libera lentamente, o efeito principal é a redução da vazão efluente máxima que sai da bacia, o que se refere ao item 1. Mas o processo de armazenamento e de liberação também tende a reter sólidos suspensos nas águas pluviais, o que se refere ao item 3. Durante o período de armazenamento, parte das águas pluviais infiltra-se no solo, o que está relacionado com o item 4. Conforme as águas pluviais recarregam os aquíferos, o volume total é reduzido, o que se relaciona ao item 2.

Os conceitos de controle de qualidade da água e de recarga dos aquíferos serão descritos em mais detalhes adiante, nesta seção.

Uma bacia de detenção funciona armazenando água em um poço ou reservatório, que é, geralmente, uma área aberta no solo ou uma série de câmaras ou tubulações subterrâneas. A liberação lenta da água é feita por uma estrutura de saída ou um vertedor que utiliza-se de um orifício ou vertedor ou uma combinação de dispositivos de controle de escoamento. A Figura 15-1 mostra desenhos esquemáticos de bacias de detenção comuns.

Instalações de bacias de detenção geralmente são exigidas pelas leis locais como parte das medidas de gerenciamento de águas pluviais para toda a área urbanizada. Para nossa análise, consideraremos dois tipos de ocupação: residencial e comercial.

A maioria das bacias de detenção é projetada em modelo a céu aberto no solo, com ou sem um reservatório no fundo. O modelo a céu aberto fornece o volume necessário para armazenar temporariamente as águas pluviais durante uma precipitação. No entanto, quando não há espaço em determinado local, algumas bacias de detenção são constituídas de tubos de grande diâmetro ou de outros tipos de câmaras no subsolo. O volume fornecido pelas tubulações ou pelas câmaras assume o papel da bacia a céu aberto. Esses tipos de bacias são menos desejáveis porque, geralmente, oferecem um volume muito menor que o do modelo a céu aberto e, portanto, o custo pode subir significativamente. Além disso, bacias subterrâneas não possuem capacidade de retenção de poluentes como a de céu aberto, o que requer medidas adicionais de controle de poluição. Isso causa outro aumento nos custos.

Detenção Local

A detenção local serve para proteger as áreas circunvizinhas dos efeitos da ocupação urbana. Um escoamento mais intenso sobre o solo para uma propriedade vizinha pode provocar danos por meio de erosão ou inundação. Um escoamento mais intenso em uma galeria de águas pluviais pode exceder a capacidade da tubulação. E um escoamento mais intenso em um curso d'água pode exceder a capacidade deste a certa distância a jusante do local.

A Figura 15-2 mostra uma pequena bacia de detenção, vista comumente em áreas de ocupação comercial e residencial. Considerações específicas sobre o projeto de detenção local serão discutidas na próxima seção.

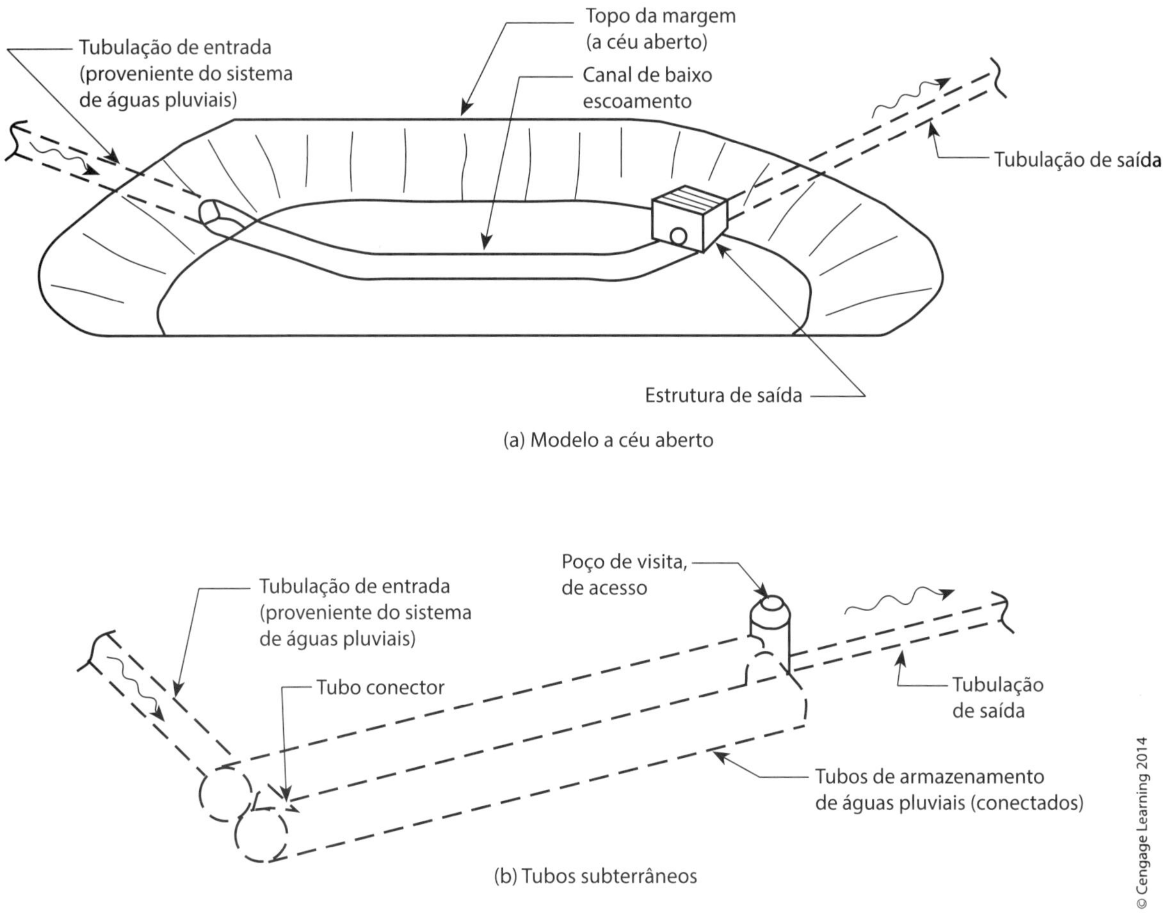

FIGURA 15-1 Instalações de bacias de detenção comuns.

FIGURA 15-2 Uma pequena bacia de detenção local. Um canal de baixo escoamento, com enrocamento, corre ao longo do centro da bacia.

Detenção Regional

A maioria das bacias de detenção é construída em locais específicos e projetada para controlar o escoamento daquele local em particular. No entanto, cálculos baseados em ampla região mostram que locais específicos nem sempre são o melhor lugar para controlar o escoamento a jusante. Ao avaliarmos o melhor local para instalações de detenção, devemos nos concentrar no ponto de impacto, onde desejamos atenuar o escoamento de águas pluviais. Imediatamente a jusante do local ou a uma milha de distância?

Considere a área industrial exibida na Figura 15-3. O escoamento de águas pluviais proveniente da área é canalizado diretamente para o rio Negro sem afetar qualquer propriedade adjacente. A tubulação de lançamento final, que descarrega no rio, é projetada para transportar o escoamento decorrente da precipitação de 100 anos. Uma bacia de detenção deve ser construída no local, de acordo com as leis locais? Para responder a questão, considere o impacto fora do local. O rio Negro possui capacidade de transportar o escoamento de 100 anos na vizinhança do projeto, mas, a 0,75 milha a jusante, as margens baixas resultam em uma condição de cheia. A contribuição do escoamento da área para o rio Negro no ponto de cheia é delineada no hidrograma mostrado na Figura 15-4. Se não for construída uma bacia de detenção, o escoamento proveniente do local chegará ao máximo prematuramente, e sua contribuição no ponto de impacto será relativamente baixa. No entanto, se for construída uma bacia de detenção, o escoamento chegará ao máximo mais tarde no rio Negro e, embora o escoamento atenuado tenha uma menor contribuição máxima em relação ao escoamento sem detenção, é maior sua contribuição no tempo t_1 quando o escoamento do rio chega ao máximo. Assim, a presença de uma bacia de detenção, neste caso, realmente agrava a condição de cheia no ponto mais vulnerável a jusante. Por essa razão, a área industrial não deve incluir uma bacia de detenção para controle das águas pluviais.

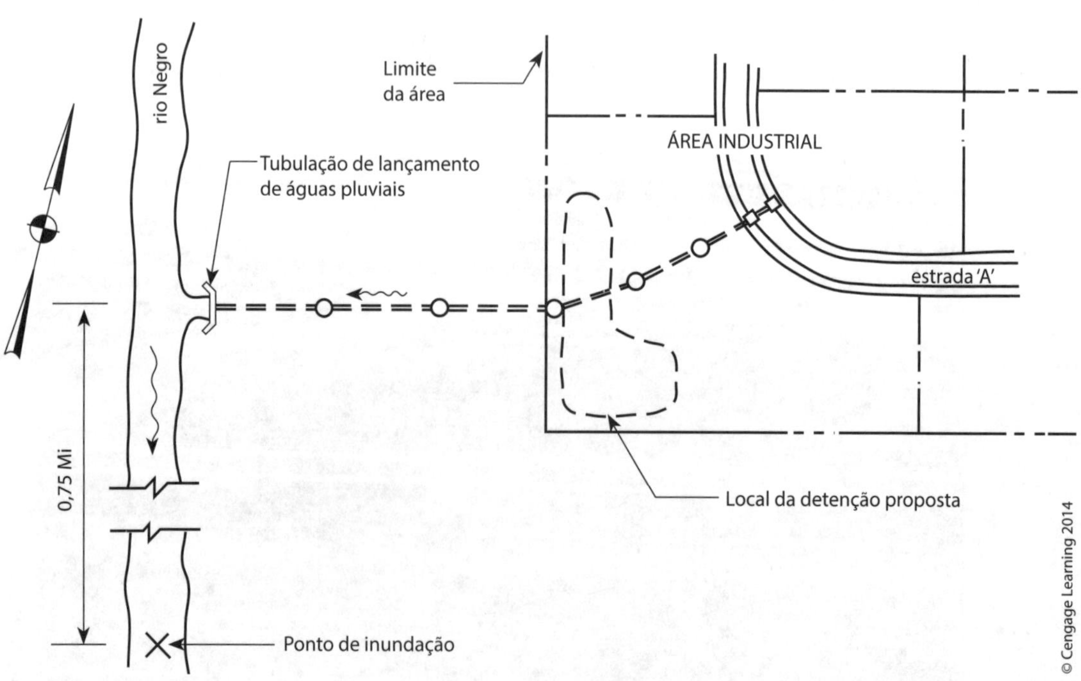

FIGURA 15-3 Planta de um desenvolvimento industrial com o escoamento descarregando em um rio adjacente. Qual o propósito da bacia de detenção local neste caso?

Outros locais de ocupação urbana não apresentarão as mesmas condições a jusante como as dessa região industrial descrita. Algumas vezes, a detenção no local é a que faz mais sentido; em outras, a detenção regional é preferível. Como mostrado na Figura 15-5, por exemplo, uma bacia hidrográfica afluente ao Rio Azul poderia ser controlada por 12 bacias de detenção local. Mas as bacias de detenção 1 a 6 poderiam ser substituídas por uma bacia regional R1, e as bacias 7 a 11 poderiam ser substituídas pela bacia regional R2. Ou todas as 12 bacias poderiam ser substituídas pela bacia regional R3. Essa consolidação de instalações de bacias detenção poderia ser menos dispendiosa, exigir menos espaço e oferecer manutenção mais fácil se comparada com bacias individuais locais. Evidentemente, antes de iniciar um sistema de gerenciamento regional de águas pluviais como o da Figura 15-5, devem ser analisados todos os locais vulneráveis. Talvez uma inundação local na bacia hidrográfica exigisse inúmeras pequenas bacias de detenção. Além disso, talvez as bacias R1 e R3, que estão no curso d'água, provocassem efeitos adversos no habitat dos peixes.

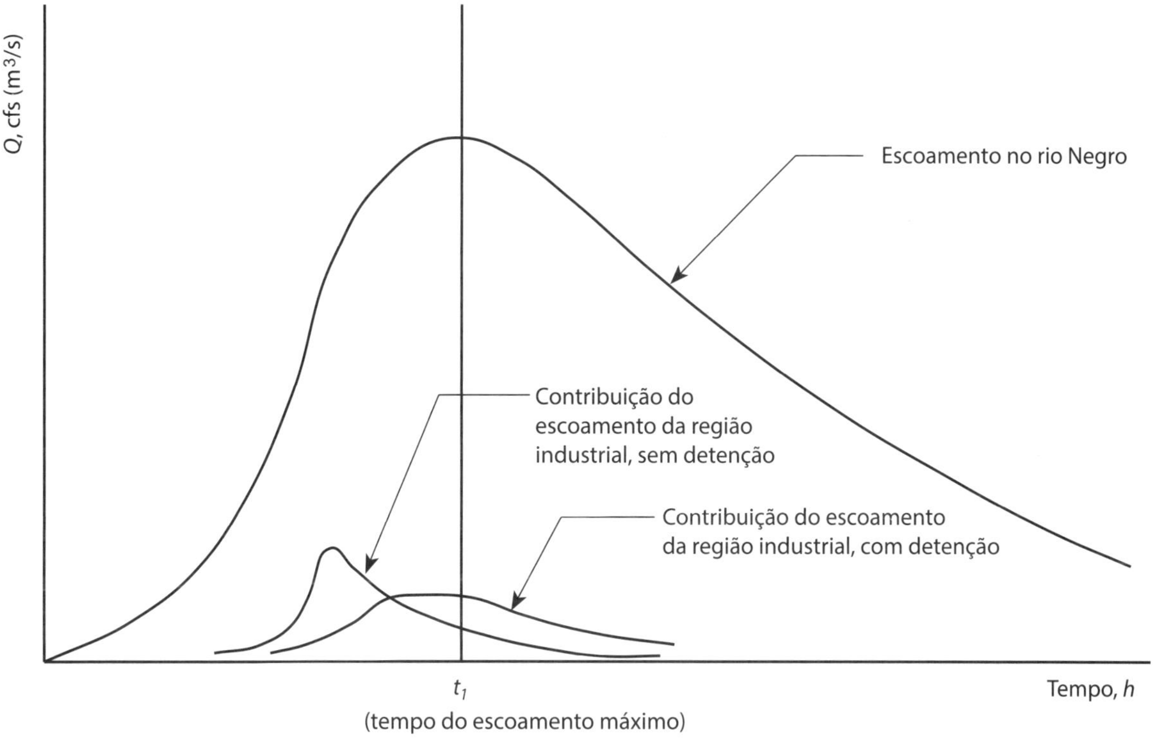

FIGURA 15-4 Hidrograma do volume no ponto de cheia no rio Negro, como exibido na Figura 15-3.

A detenção regional é difícil de ser concretizada, mas costuma ser mais eficiente e menos dispendiosa que permitir a proliferação de pequenas instalações locais. No entanto, o projetista tem poucas opções na maioria dos casos e deve seguir as leis locais.

Controle de Qualidade das Águas Pluviais

Além de controlar a vazão, as bacias de detenção podem efetivamente servir para controlar também a qualidade das águas pluviais. Quando estas escoam através das superfícies impermeáveis feitas pelo homem, levam junto poluentes suspensos. Os poluentes consistem, em geral, em hidrocarbonos, fosfatos, nitratos, sais, pesticidas e metais pesados. O mecanismo de transporte para a maioria dos poluentes é aderir às partículas de silte conforme este é transportado em suspensão nas águas pluviais.

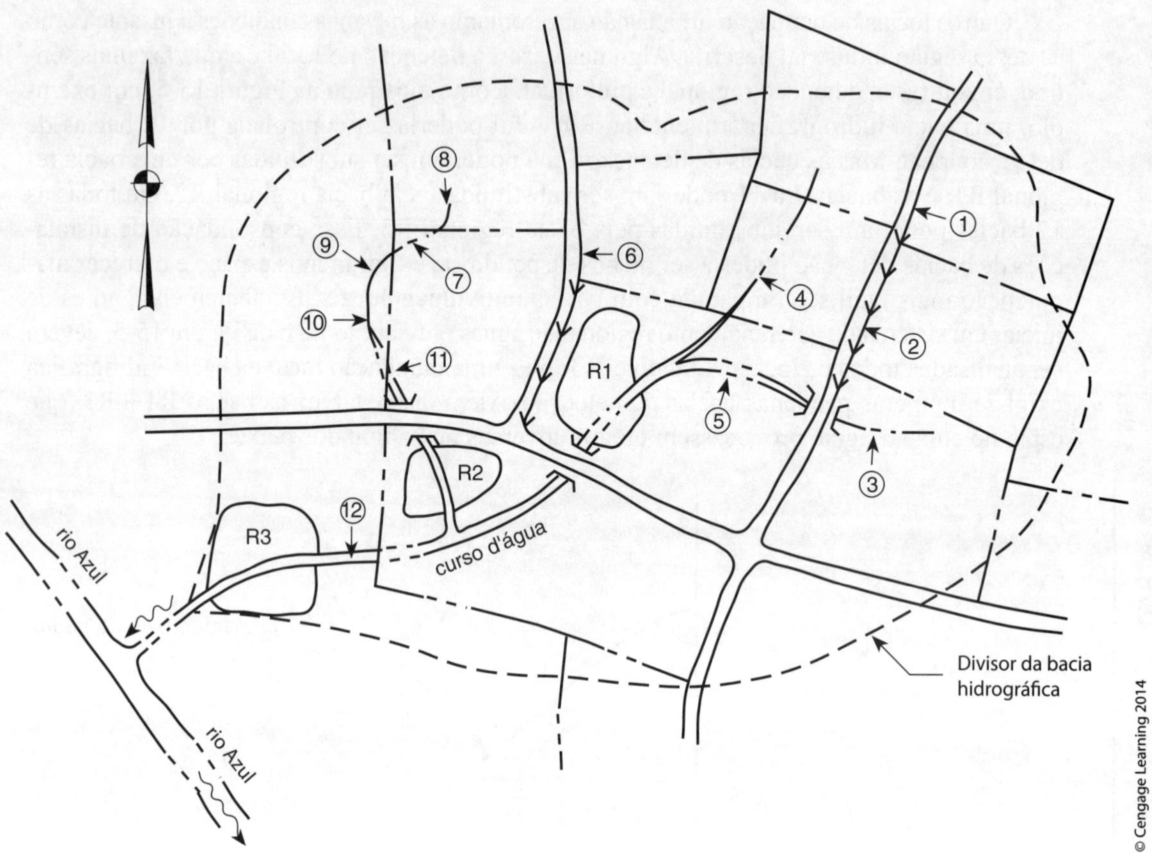

FIGURA 15-5 Bacias de detenção locais *versus* instalações regionais.

A maior parte do transporte de poluentes ocorre no estágio inicial de um evento de chuva. Seguindo as perdas iniciais, o primeiro escoamento, chamado **primeiro fluxo**, carrega a poeira solta que reveste o solo desde a última chuva. Conforme a precipitação progride e ocorrem escoamentos mais intensos, a quantidade de poluentes transportados diminui, o que torna esse último escoamento mais limpo que o primeiro. Essa descarga inicial transportadora de poluentes é relativamente baixa em vazão, ela não precisa de uma grande precipitação para transportar a maioria dos poluentes. É essa a razão, portanto, de as precipitações menores – como as de um ano de tempo de retorno – serem, de modo geral, controladas com objetivo de reduzir a poluição.

Uma bacia de detenção controla poluentes detendo o silte ao qual os poluentes aderem. Conforme o primeiro escoamento entra em uma bacia de detenção revestida de grama, o silte suspenso é filtrado pela grama; então, conforme a água começa a se juntar ou a formar uma poça, as partículas de silte sedimentam-se enquanto se deslocam em direção à saída. Os poluentes detidos têm um desses destinos possíveis: eles infiltram-se no solo e depositam-se nos espaços vazios entre as partículas dele, ou são absorvidos pelas raízes da grama e então armazenados com ela, ou, se voláteis, evaporam.

Nem todos os poluentes são detidos pela bacia de detenção comum. Se ela for construída para ter um tanque permanente em seu fundo, a eficiência da captação de poluentes aumenta, pois o processo de sedimentação é melhorado. Esse tipo de bacia de detenção é chamado **bacia alagada**, **bacia de retenção** ou **bacia de sedimentos**. No entanto, estudos mostram que, para bacias alagadas comuns sem artifícios extraordinários, a redução da poluição pode variar de 50% a 90%, dependendo da diversidade de fatores. A Figura 15-6 mostra um desenho esquemático de uma bacia alagada.

O controle da qualidade da água pode ser alcançado parcialmente por meio do uso de separadores de sedimentos. Esses dispositivos consistem em câmaras instaladas no sistema de galerias de águas pluviais a montante da bacia de detenção. Os poluentes presentes nas águas pluviais entram na câmara, que os intercepta por meio de escoamento de vórtice, filtração ou absorção. Tais dispositivos geralmente são usados junto com outras estratégias de controle de qualidade da água.

Recarga

A recarga de águas subterrâneas, que diminui pela impermeabilização da área, pode ser restabelecida por meio de várias medidas de retenção das águas pluviais. Uma das mais efetivas é a bacia de infiltração, que promove a recarga do aquífero pelo armazenamento de águas pluviais. A vantagem da recarga é que ela ajuda a prevenir a depleção do armazenamento de água subterrânea, medida muito importante para o abastecimento de água potável. A bacia de infiltração pode ser projetada tanto para o controle de quantidade de vazão (atenuação do escoamento) quanto para a recarga.

Uma das consequências da ocupação do solo ainda não mencionada é que um maior volume geral de água é convertido em escoamento superficial e menos água se infiltra no solo para se tornar água subterrânea. Na Figura 10-2 vimos que a precipitação possui três principais destinos: escoamento superficial, escoamento subsuperficial e água subterrânea.

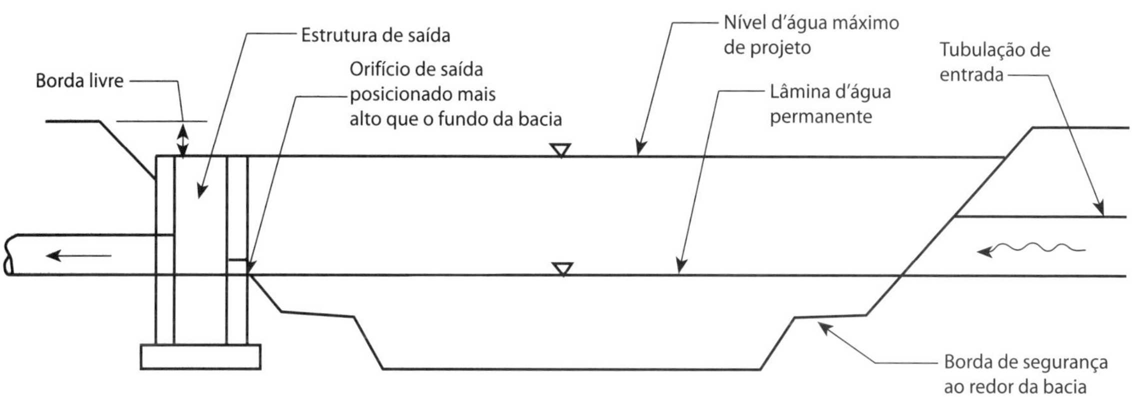

FIGURA 15-6 Seção transversal de uma típica bacia de detenção alagada.

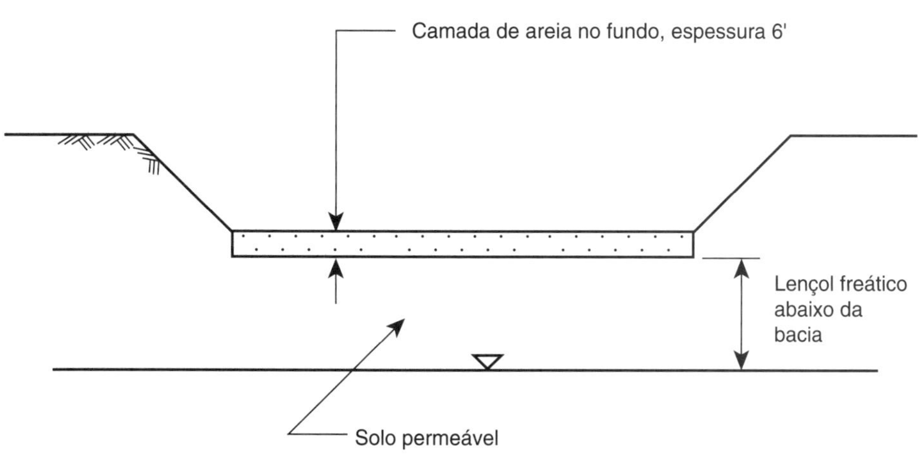

FIGURA 15-7 Seção transversal de uma típica bacia de infiltração.

O uso e a ocupação do solo, por causa da adição de superfície impermeável, desarranjam essa distribuição aumentando a porcentagem de escoamento e diminuindo o escoamento subterrâneo e a recarga da água subterrânea.

Assim, para ajudar a restabelecer a distribuição natural da precipitação, as bacias de infiltração empregam medidas especiais para interceptar parte do escoamento e levá-la à água subterrânea. Todas as bacias de detenção a céu aberto executam alguma recarga de água subterrânea, mas a porcentagem geralmente é menor, a menos que medidas especiais sejam empregadas. Essas medidas consistem, tipicamente, em definir a fundo da bacia abaixo da cota de saída e dispor solo poroso abaixo da bacia para provocar a infiltração. Dessa forma, o escoamento de qualquer precipitação será aproveitado na bacia e haverá a recarga. A Figura 15-7 mostra um diagrama esquemático de seção transversal de uma bacia de infiltração comum.

Adicionalmente às estratégias estruturais para satisfazer os objetivos de gerenciamento de águas pluviais que já foram discutidos, estratégias não estruturais também podem ser empregadas. Veja a seção “Foco adicional” para saber mais sobre esse tópico.

Foco adicional

Muitas estratégias não estruturais para minimizar os efeitos do uso e ocupação do solo, no que diz respeito ao escoamento, foram desenvolvidas ao longo dos anos. Tais estratégias consistem em medidas que vão de prevenir a entrada de poluentes no escoamento de águas pluviais a minimizar a impermeabilização das superfícies. Para ilustrar essas estratégias, focaremos algumas medidas específicas apresentadas a seguir:

- Prevenir a entrada de poluentes nas águas pluviais
- Minimizar a compactação do solo
- Utilizar sistemas de transporte de águas pluviais em canais abertos com vegetação
- Minimizar a impermeabilização das superfícies

Prevenção

A melhor forma de limitar a presença de poluentes em águas pluviais é, inicialmente, evitar o aporte no escoamento. Isso pode ser feito especialmente em áreas comerciais, tornando obrigatório o armazenamento de lixo e detritos, e assegurando planos adequados de varrição de ruas.

Minimizar a compactação do solo

Durante uma construção, para evitar a compactação do solo, pode se fazer com que o escoamento superficial infiltre mais rapidamente. Isso é possível por meio do uso de maquinário mais leve e realização das escavações fora das bacias de detenção e das valas.

Transporte por canais com vegetação

A qualidade da água pode ser melhorada e a recarga favorecida pela presença de valas de grama, em vez do transporte de toda a água pluvial por tubulações. Ao escoar por tubulações, as águas pluviais não experimentam nenhum benefício em relação à limpeza ou à infiltração. Assim, reservar um local para a condução do escoamento através de valas aumenta a possibilidade de contato das águas pluviais com o solo e com a vegetação.

Minimizar superfícies impermeáveis

Em razão de as superfícies impermeáveis favorecerem o escoamento das águas pluviais, minimizar tais superfícies pode diminuir o impacto decorrente. Isso pode ser realizado por meio da redução de áreas pavimentadas e das áreas de estacionamento de veículos e pelo uso de pavimento permeável.

15.2 PROJETO DE DETENÇÃO LOCAL

O objetivo principal da instalação de uma bacia de detenção local é reduzir a vazão máxima efluente a um nível igual ou inferior à vazão máxima antes da ocupação. Esse conceito pode se referir ao escoamento agregado total, ou ao escoamento que sai do local em um lugar específico. A Figura 15-8 mostra um lugar hipotético, antes e depois da ocupação. Embora o escoamento máximo total seja reduzido de 25 cfs para 20 cfs, o fluxo que deixa o local foi concentrado. O projeto descrito na Figura 15-8(b) satisfaz o conceito de reduzir o escoamento agregado, mas resulta em um aumento deste no ponto onde o efluente da bacia de detenção sai do local.

Esse projeto não seria escolhido se a saída descarregasse diretamente sobre o solo, como descrito, porque ele resultaria em danos, decorrentes de erosão ou de inundação no local adjacente. No entanto, se o escoamento pudesse ser conectado a uma galeria de águas pluviais existente, ou se uma área de servidão para drenagem pudesse ser obtida na área adjacente, o projeto poderia ser escolhido, porque o efeito geral é reduzir a vazão máxima a jusante.

Portanto, o projetista deve ter em mente duas questões sobre o projeto:

1. Ele reduz a vazão máxima total?
2. É capaz de evitar o aumento da vazão máxima em qualquer ponto?

O projeto resultante deve satisfazer essas duas questões, simultaneamente.

Observação: ao calcular o escoamento para as condições antes e depois da ocupação, você pode observar que o procedimento estrito para o cálculo do escoamento, como descrito no Capítulo 11, pode ser violado. Por exemplo, na Figura 15-8, ao calcular o escoamento antes da ocupação, o ponto de análise é escolhido como um ponto na fronteira leste da área. O escoamento gerado no local não flui totalmente para um ponto específico; em vez disso, flui, em geral, para a fronteira leste. Apesar dessa anomalia, os cálculos de escoamento no projeto de detenção seguem os procedimentos descritos no Capítulo 11 em todos os outros meios.

As precipitações de projetos devem ser escolhidas de modo a refletir o potencial de danos. Embora grandes áreas urbanizadas, em geral, precisem de proteção contra a precipitação de 100 anos, a proteção contra grandes precipitações raramente tem custo compensador. No entanto, a proteção contra precipitações menores é, com frequência, muito importante, porque as bacias de detenção projetadas para a precipitação de 100 anos devem, necessariamente, ter dispositivos de saída relativamente grandes (orifícios e vertedores) que permitam que precipitações menores atravessem quase sem ser afetadas. Precipitações pequenas, como as de 2 anos, podem causar danos significativos e ocorrem com muito mais frequência. Por isso precipitações de projetos múltiplos são utilizadas com frequência.

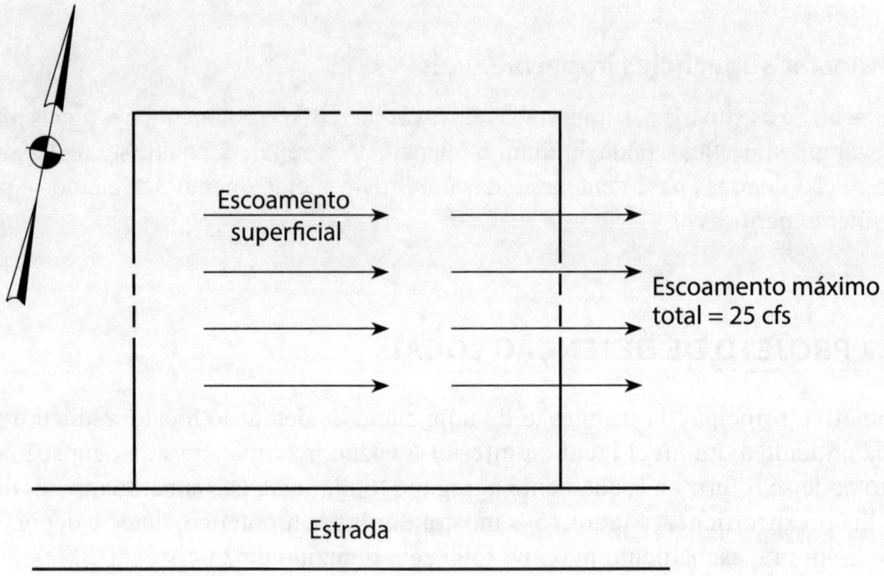

(a) Condições antes da ocupação

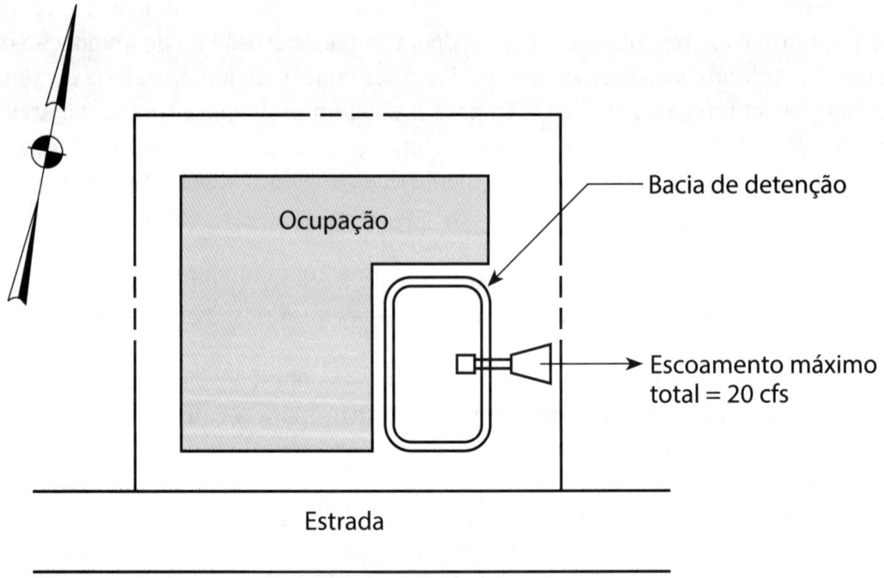

(b) Condições após a ocupação

FIGURA 15-8 Comparação do escoamento que sai de um local, antes e depois da ocupação.

Condições do Local

As condições topográficas peculiares a lugares específicos afetam a abordagem do projeto de detenção. Embora as variações encontradas nos lugares específicos sejam tão numerosas quanto os lugares, alguns exemplos de condições do local importantes podem ser identificados.

Primeira, uma parte significativa de um local pode não ser afluente à bacia de contenção, devido a fatores topográficos, como exibido na Figura 15-9. A área não afluente – e, portanto, que contorna – à bacia de detenção pode ser considerada de diversas maneiras. O projeto poderia se basear apenas na área afluente à bacia de detenção, ignorando a área secundária. Portanto, os hidrogramas de escoamento para as condições antes e depois da ocupação seriam baseados em uma área menor que o local todo. Isso é possível porque a área de desvio não sofre nenhuma mudança e não contribui para a comparação da análise do escoamento antes e depois da ocupação.

Outro meio de proceder com o projeto para o local na Figura 15-9 seria basear o hidrograma de pré-ocupação no local todo, enquanto o escoamento da pós-ocupação seria baseado em dois hidrogramas: um para a área afluente à bacia de detenção e outro para a que contorna a bacia de detenção. O hidrograma de desvio seria então combinado (por superposição) com o hidrograma de saída originário da bacia de detenção, para comparar com o escoamento de antes da ocupação. Esse método de projeto é especificamente relevante se, por causa de restrições topográficas, parte da ocupação estiver incluída na área de desvio.

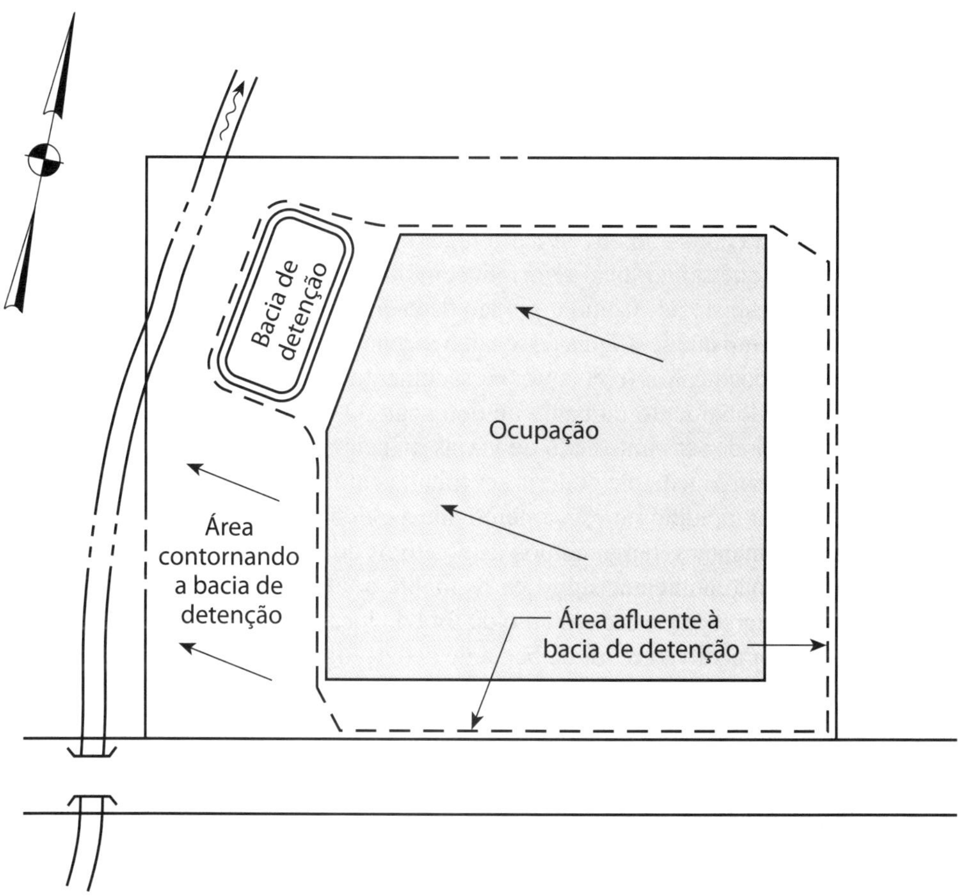

FIGURA 15-9 Local com parte do escoamento contornando a bacia de detenção.

Uma segunda condição envolve um divisor topográfico passando através de um local, forçando-o a drenar em duas direções diferentes, como mostrado na Figura 15-10. Nesse caso, se for colocada uma bacia de detenção no canto sudeste do local, ela pode controlar o escoamento da metade a leste, mas não da metade a oeste. Talvez seja, necessário colocar uma bacia de detenção adicional no canto a noroeste. Outra solução possível é mover o divisor para a porção oeste do local, por nivelamento. No entanto, pode ser uma solução muito cara. Além disso, se as duas metades do lugar estiverem em diferentes bacias hidrográficas, o divisor para as bacias não deve ser significativamente alterado. Os Estudos de Caso 1 e 2, neste capítulo, referem-se à condição de um local que drena em duas direções.

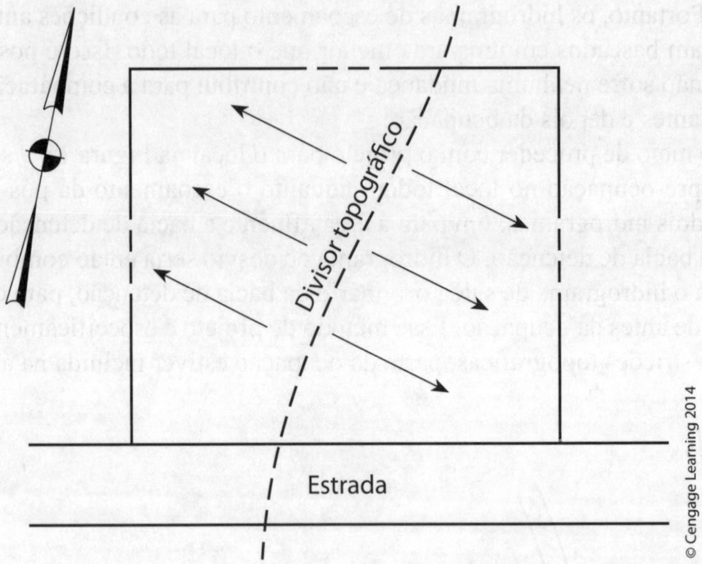

FIGURA 15-10 Local com divisor forçando o escoamento em duas direções opostas.

Uma terceira condição envolve um lugar onde, em razão de fatores topográficos, parte do escoamento que sai do local se origina em um local em cota topográfica superior, como mostrado na Figura 15-11. Como o projeto de bacia de detenção geralmente é limitado a controlar o escoamento que se origina do local, o escoamento fora do local não precisa ser incluído na análise do escoamento. No entanto, o escoamento fora do local é real, e deve ser considerado no dimensionamento da bacia de detenção. O escoamento fora do local, exibido na Figura 15-11, pode ser controlado de várias maneiras, incluindo os exemplos a seguir. Em uma primeira abordagem, ele poderia ser tratado como uma parte não desenvolvida do local na qual ele seria incluído no escoamento antes e depois da ocupação. O efeito dessa abordagem seria aumentar o tamanho dos dispositivos de saída (orifício e vertedor) na bacia de detenção, mas não aumentar significativamente o tamanho do reservatório. Uma segunda abordagem é interceptar o escoamento de fora do local por um fundo de vale ou galeria e direcionar o escoamento ao redor da bacia de detenção. Assim, o escoamento de fora do local não seria incluído nos cálculos da detenção. No entanto, seria necessário o projeto da estrutura de interceptação das águas pluviais.

15.3 ESTUDO DE CASO 1

Este estudo de caso concentra-se na mesma área localizada em Atlanta, Georgia, como discutido na seção 12.6 em relação ao projeto de galeria de água pluvial. A área, chamada Pinheiros Altos, é descrita na Figura 12-18. Depois de completado o projeto da galeria, uma instalação de detenção foi então projetada para completar o aspecto do gerenciamento de águas pluviais do projeto.

Requerimentos do Projeto

De acordo com leis locais, os critérios do projeto da bacia de detenção foram:

1. A vazão máxima total que sai da área após a ocupação não pode exceder a vazão máxima total que sai da área antes da ocupação para as precipitações de 2 anos, de 25 anos e de 100 anos, cada uma considerada separadamente.

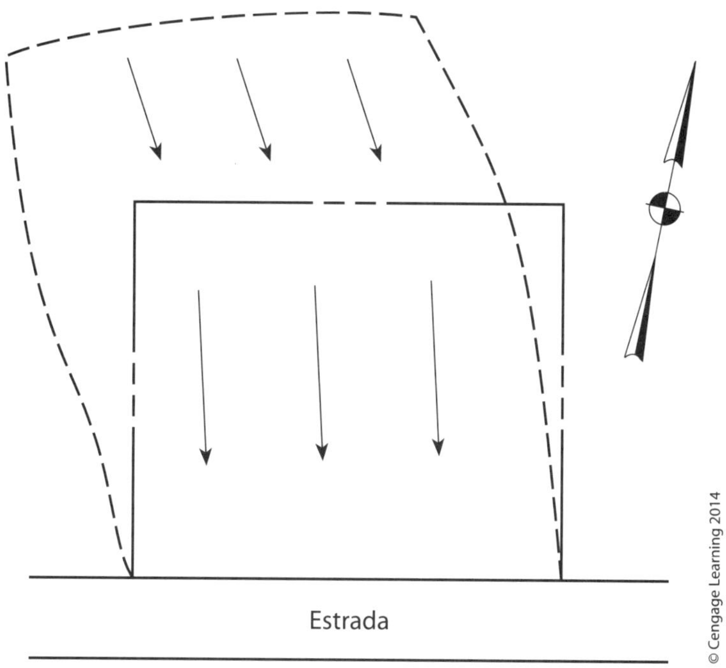

FIGURA 15-11 Local com escoamento de fora contribuindo com o escoamento que sai do local.

2. O método de cálculo e os parâmetros do projeto devem estar de acordo com a boa prática da engenharia.

O Método Racional Modificado foi escolhido como método de cálculo, porque o projeto é relativamente pequeno e descomplicado. Cálculos foram realizados em um computador pessoal, com um software hidrológico chamado Hydraflow by Intelisolve. O programa foi usado para calcular os hidrogramas de entrada e as propagações da bacia de detenção.

Antes do início do cálculo, foi planejado um traçado geral. Como o escoamento antes da ocupação percorreu o local em duas direções gerais, norte e sul, o processo do projeto foi um pouco mais complicado do que deveria. A vazão máxima sob condições de pré-ocupação teria sido calculada em duas partes: uma para todo o escoamento em uma direção a norte e uma para todo o escoamento a sul. A Figura 15-12 mostra a região sob condições de pré-ocupação dividida nas duas áreas de contribuição direcionalmente opostas.

Cálculos de Escoamento: pré-ocupação

O escoamento máximo para cada área foi calculado pelo Método Racional de maneira usual, exceto que as áreas de contribuição não foram delineadas dessa maneira. As áreas de contribuição foram definidas por limites de região, e não por linhas de contorno, como descrito na seção 10.2. Isso resulta em áreas de contribuição artificiais, mas se trata de uma prática aceita para determinação do escoamento máximo de uma área cuja fronteira não coincide com uma bacia de drenagem natural.

O percurso hidráulico foi delineado considerando o início no ponto mais remoto na área de contribuição, seguindo ao ponto mais distante abaixo. Esse procedimento também é um pouco diferente daquele comentado na seção 10.2, porque, neste caso, não temos um exutório fixo. O escoamento cruza as fronteiras da área em vários pontos, mas somente um é escolhido como exutório – o que resulta no percurso hidráulico mais longo.

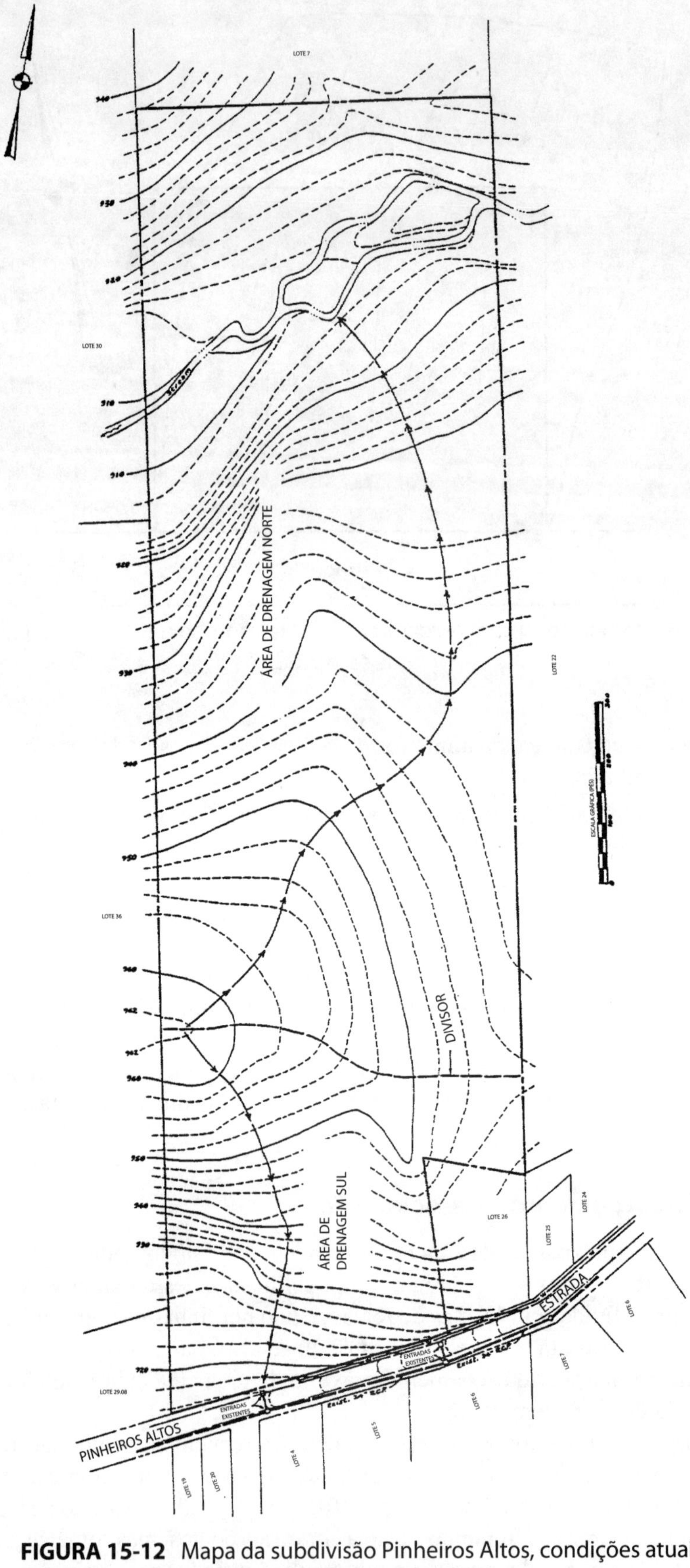

FIGURA 15-12 Mapa da subdivisão Pinheiros Altos, condições atuais. *(Cortesia de Jaman Engineering)*

Portanto, o escoamento máximo sob condições pré-ocupação foi assim calculado:

A. Área Sul
A = 6,23 acres (medida pela planta)
c = 0,20 (área completamente arborizada)
t_c = 14,5 min Por terra 100' @ 2,4%, t = 12,5 min
Conc. raso 530' @ 7,7%, t = 2,0 min

Precipitação (anos)	*i* (pol/h)	Q_p (cfs)
2	3,6	4,5
25	6,3	7,8
100	7,5	9,4

Valores de *i* foram determinados com o uso de curvas I-D-F, para Atlanta, no Apêndice C-3. Valores de *Qp* foram determinados pela Equação 11-2.

B. Área Norte
A = 22,27 acres (medida pela planta)
c = 0,20 (área completamente arborizada)
t_c = 19,2 min Por terra 100' @ 3%, t = 12,0 min
Conc. raso 1.300' @ 3,5%, t = 7,2 min

Precipitação (anos)	*i* (pol/h)	Q_p (cfs)
2	3,1	13,9
25	5,4	24,1
100	6,5	28,9

O escoamento máximo total que sai da região, para as condições de pré-ocupação, foi então considerado como a soma dos escoamentos a norte e a sul.

Precipitação (anos)	Q_p (cfs)
2	18,4
25	31,9
100	38,3

Esses valores de Q_p tornaram-se os valores máximos permitidos de escoamento sob condições de pré-ocupação.

O local da bacia de detenção foi escolhido perto da extremidade norte da área, como mostrado na Figura 15-13, porque esse é um ponto baixo, e a maior parte das áreas ocupadas drena para esse ponto. Outra razão foi a proximidade do curso d'água para receber o escoamento.

A bacia de detenção foi projetada como uma bacia a céu aberto porque havia área disponível suficiente, e o modelo a céu aberto é muito menos dispendioso que os tubos subterrâneos.

Cálculos de Escoamento: pós-ocupação

A Figura 15-13 mostra que a área ocupada está dividida em três áreas de contribuição:

1. Escoamento fluindo a sul.
2. Escoamento afluente à bacia de detenção.
3. Escoamento fluindo a norte, mas contornando a bacia de detenção.

O escoamento máximo do pós-ocupação é a soma dos escoamentos máximos dessas três áreas. O escoamento das áreas 1 e 3 é calculado como foi o existente, enquanto o escoamento da área 2 é igual ao oriundo da bacia de detenção.

O escoamento máximo de todas as três áreas aumenta em consequência da ocupação porque as áreas impermeáveis causam um aumento do valor de c, e o reduzido tempo de concentração faz o valor de i aumentar. Como a área 2 é a única que pode ter escoamento máximo reduzido (devido à bacia de detenção), é possível que as áreas 1 e 3 aumentem o suficiente para exceder o escoamento total pré-ocupação por conta própria, sem a contribuição da área 2. Se isso acontecer, a bacia de detenção tornar-se-á inadequada porque, mesmo se ela reduzir o escoamento da área 2 para zero, o escoamento pós-ocupação ainda excederá o escoamento pré-ocupação.

Infelizmente, foi exatamente o que aconteceu quando o escoamento máximo foi calculado para as áreas 1 e 3. Isso apresentou um problema maior, que precisou ser resolvido para se dar sequência ao projeto. As soluções possíveis foram listadas, como a seguir:

1. Eliminar algumas das casas propostas.
2. Reconsiderar a ocupação de modo que mais lotes drenem para a bacia de detenção, ou seja, aumentar o tamanho da área 2 e reduzir as áreas 1 e 3.
3. Incluir cisternas em cada lote para interceptar o escoamento proveniente dos telhados propostos. Isso, com efeito, eliminaria os telhados das áreas de contribuição.

A solução 1 foi deixada como último recurso. A solução 2 foi considerada muito cara, em razão da grande terraplenagem. A solução 3 provou ser eficiente porque leva a uma redução do escoamento máximo das áreas 1 e 3, o suficiente para levar a soma dos dois abaixo do escoamento máximo total pré-ocupação.

Portanto, duas cisternas foram propostas para cada lote, e a área dos telhados propostos foi subtraída dos valores da área de contribuição no cálculo do escoamento máximo.

O escoamento máximo sob condições de pós-ocupação foi assim calculado:

A. Área Sul

A = 6,88 acres (medida pelo mapa menos nove telhados)

c = 0,33 Impermeável: 0,66 acre @ c = 0,9
Gramados: 2,26 acres @ c = 0,3
Mata: 3,95 acres @ c = 0,2

t_c = 13,4 min (veja o projeto do esgoto para águas de tempestade, seção 12.6)

Precipitação (anos)	i (pol/h)	Q_p (cfs)
2	3,7	8,4
25	6,5	14,7
100	7,75	17,6

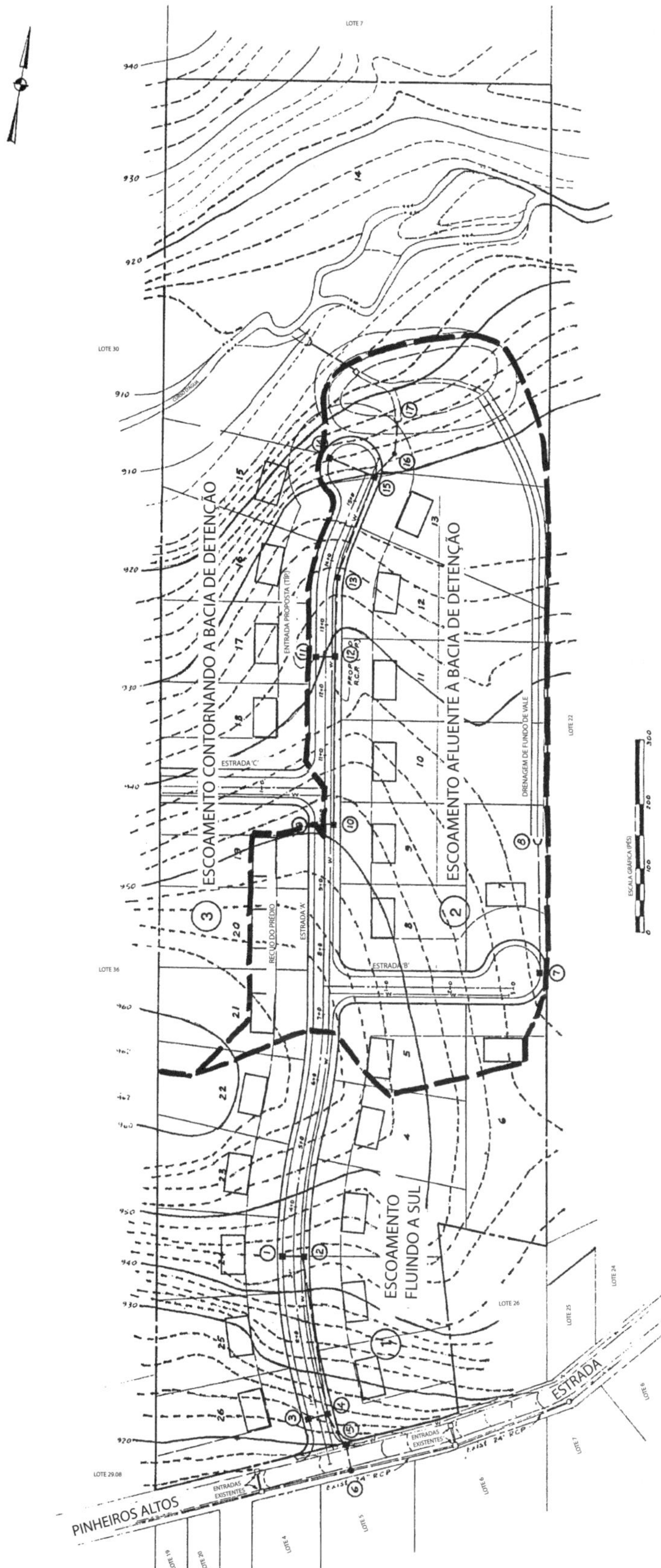

FIGURA 15-13 Mapa da subdivisão Pinheiros Altos, condições propostas. *(Cortesia de Jaman Engineering)*

B. Afluente à Bacia de Detenção

$A = 9{,}46$ acres	(medida pelo mapa menos 11 telhados)		
$c = 0{,}33$	Impermeável:	1,31 acre	@ $c = 0{,}9$
	Gramados:	2,93 acres	@ $c = 0{,}3$
	Matas:	5,22 acres	@ $c = 0{,}2$
$t_c = 21{,}0$ min	t_c para a entrada 7 = 12,2 min		
	Trecho de Tubulação 7-8, $t = 0{,}3$ min		
	Canalização de fundo de vale 250' @ 1,0%, $v = 1{,}1$ fps, $t = 3{,}8$ min		
	Canalização de fundo de vale 420' @ 2,1%, $v = 2{,}1$ fps, $t = 4{,}7$ min		
	total = 21,0 min		

Precipitação (anos)	i (pol/h)	Q_p (cfs)
2	3,0	9,3
25	5,15	16,1
100	6,2	19,3

Observação: o hidrograma de escoamento da área 2 foi calculado pelo software Hydraflow, da Intelisolve, usando o Método Modificado Racional.

C. Área a Norte da Bacia de Detenção

$A = 11{,}25$ acres	(medida pela planta menos quatro telhados)	
$c = 0{,}21$	Impermeável:	0,11 acre @ $c = 0{,}9$
	Gramados:	0,54 acre @ $c = 0{,}3$
	Matas:	10,6 acres @ $c = 0{,}2$
$t_c = 15{,}6$ min	Por terra 100' @ $c = 3\%$, $t = 12{,}0$ min	
	Conc. raso 780' @ 5%, $t = 3{,}6$ min	

Precipitação (anos)	i (pol/h)	Q_p (cfs)
2	3,3	7,8
25	6,0	14,2
100	7,1	16,8

O escoamento máximo total sob condições de pós-ocupação (antes de considerar a bacia de detenção) pode ser resumido desta maneira para as três precipitações do projeto:

Precipitação	Q_p (cfs)			Q_p total
(anos)	Área 1	Área 2	Área 3	(cfs)
2	8,4	9,3	7,8	25,5
25	14,7	16,1	14,2	45,0
100	17,6	19,3	16,8	53,7

Esses valores são, como esperado, maiores que os valores correspondentes do escoamento pré-ocupação, mas podem ser reduzidos a valores pré-ocupação pela redução dos valores da área 2 por meio do uso da bacia de detenção.

Por exemplo, se o escoamento de 2 anos para a área 2 for reduzido de 9,3 cfs para 2,2 cfs, o escoamento máximo total pós-ocupação será reduzido para 18,4 cfs, o que combina com o escoamento máximo pré-ocupação. Reduções similares podem ser feitas para as precipitações de 25 anos e de 100 anos.

Cálculos de Bacia de Detenção

Portanto, o próximo passo foi escolher um tamanho de bacia de detenção e calcular as propagações apropriadas para determinar a vazão efluente máxima. Depois de algumas tentativas de propagação, foi selecionada uma bacia de detenção como a exibida na Figura 15-14. Parâmetros para essa bacia estão listados nas Tabelas 15-1 e 15-2.

Os hidrogramas de propagação para essa bacia de detenção são exibidos na Figura 15-15.

Os cálculos de propagação mostram que a bacia de detenção, como a escolhida, é muito eficiente em atenuar o hidrograma de entrada. Para a precipitação de 100 anos, a entrada máxima de 19,3 cfs é reduzida para escoamento máximo de 2,2 cfs, uma atenuação de 89%. Atenuações similares são realizadas para as outras duas precipitações do projeto.

TABELA 15-1 Cálculos do volume de armazenamento para o Estudo de Caso 1

Cota (pés)	Área (pés^2)	Volume incremental (pés^3)	Volume acumulado (pés^3)
916	0	0	0
917	7.000	3.500	3.500
918	15.000	11.000	14.500
919	16.500	15.750	30.250
920	18.000	17.250	47.500

TABELA 15-2 Cálculos de escoamento para o Estudo de Caso 1

Cota (pés)	Orifício de 4"(cfs)	Vertedor de 6" (cfs)	Vertedor de emergência (cfs)	Escoamento total (cfs)
916	0	—	—	0
917	0,4	—	—	0,4
918	0,6	—	—	0,6
919	0,7	1,7	—	2,4
920	0,8	4,7	38	44

O resumo do projeto da bacia de detenção pode ser expresso como mostrado na seguinte tabela:

Precipitação (anos)	Escoamento máximo total (pré-ocupação) (cfs)	Escoamento máximo total (pós- ocupação) Área 1 (cfs)	Área 2* (cfs)	Área 3 (cfs)	Total (cfs)
2	18,4	8,4	0,6	7,8	16,8
25	31,9	14,7	1,7	14,2	30,6
100	38,3	17,6	2,2	16,8	36,6

**Vazão máxima efluente da bacia de detenção.*

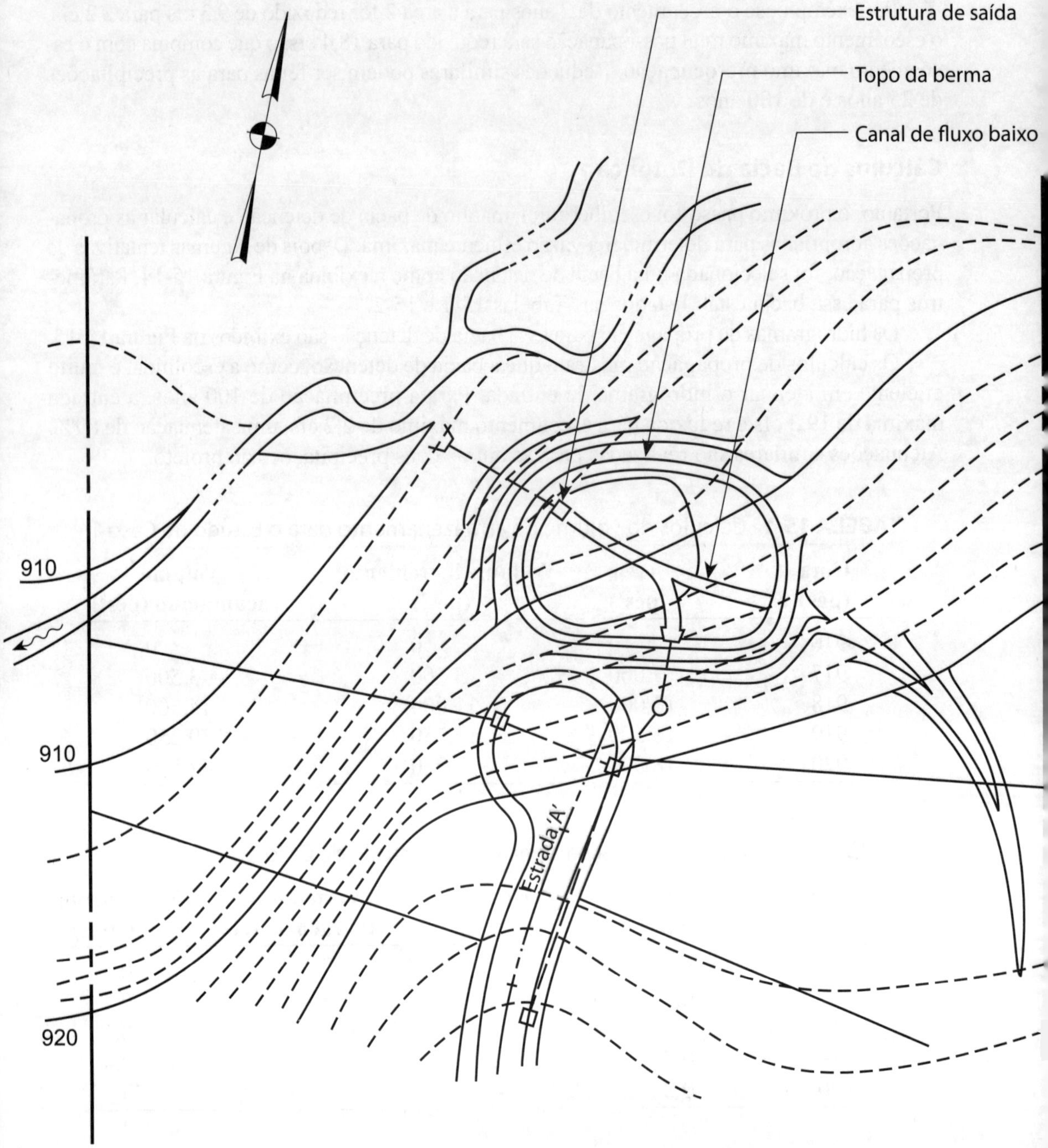

FIGURA 15-14 Planta de nivelamento da bacia de detenção proposta para a subdivisão Pinheiros Altos. *(Cortesia de Jaman Engineering)*

Para satisfazer o critério do projeto de aumento nulo no escoamento máximo, valores na última coluna devem ser iguais ou inferiores aos valores na segunda coluna. Como é esse o caso, o projeto da bacia de detenção foi aceito.

Neste ponto, restaram duas outras tarefas do projeto: o vertedor de emergência e o controle de erosão.

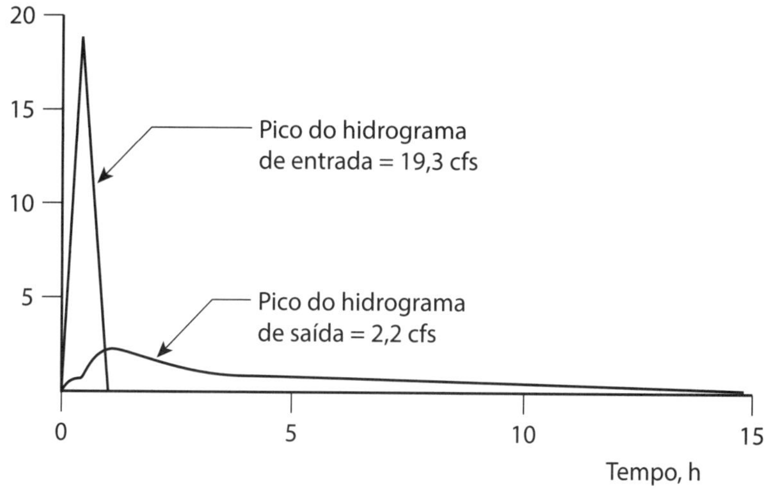

(a) Precipitação de 100 anos

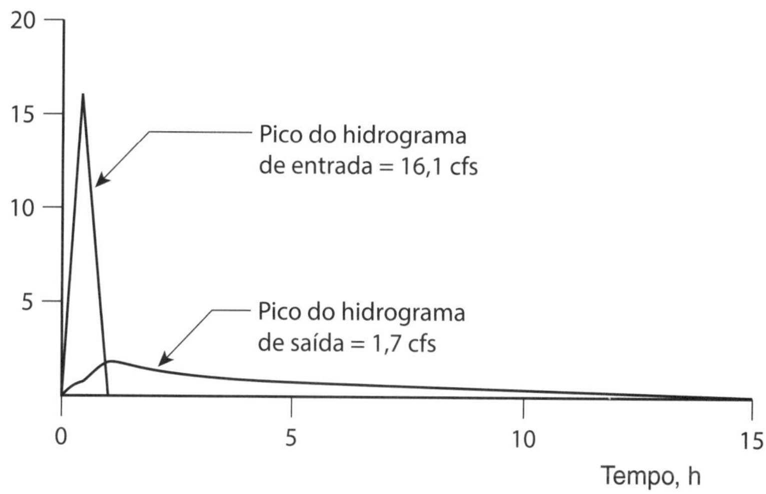

(b) Precipitação de 25 anos

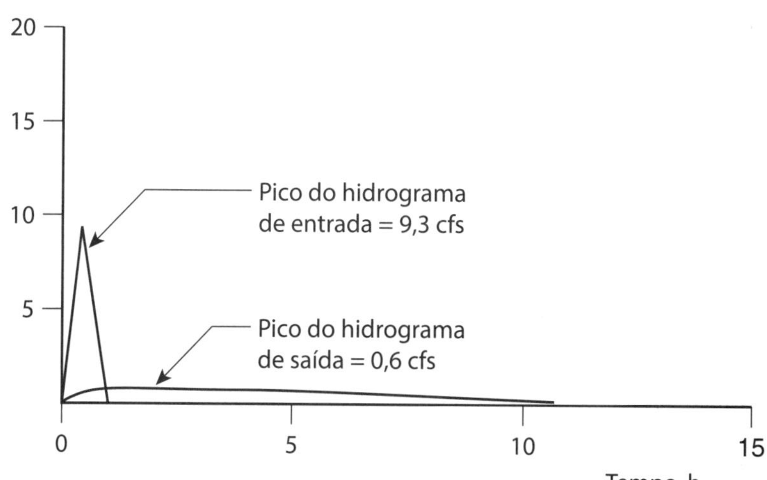

(b) Precipitação de 2 anos

FIGURA 15-15 Hidrogramas de propagação para o Estudo de Caso 1. Os hidrogramas de entrada representam o escoamento da área 2 afluente à bacia de detenção.

Vertedor de Emergência

Foi decidido que, em razão do baixo potencial de dano a jusante da bacia de detenção, o vertedor de emergência poderia ser incorporado na estrutura de saída. Portanto, o topo da estrutura de saída, que funciona como um vertedor, foi designado como vertedor de emergência.

Para determinar a lâmina d'água sobre o vertedor de emergência, considerou-se que a vazão afluente máxima de 100 anos, de 19,3 cfs, entraria no vertedor de emergência com escoamento nulo através do orifício e do vertedor. Com o topo da estrutura de saída tratado como um vertedor, a lâmina d'água para 19,3 cfs foi calculada em 0,50 pé.

O topo da estrutura de saída foi colocado na cota 919,0 para estar acima do nível de água propagada de 100 anos, de 918,9. Portanto, a lâmina d'água do vertedor de emergência seria 919,5. O topo da berma foi posicionado 1,0 pé acima do nível de água de emergência, que é a elevação 920,5. A Figura 15-16 mostra um desenho esquemático da estrutura de saída e do vertedor de emergência.

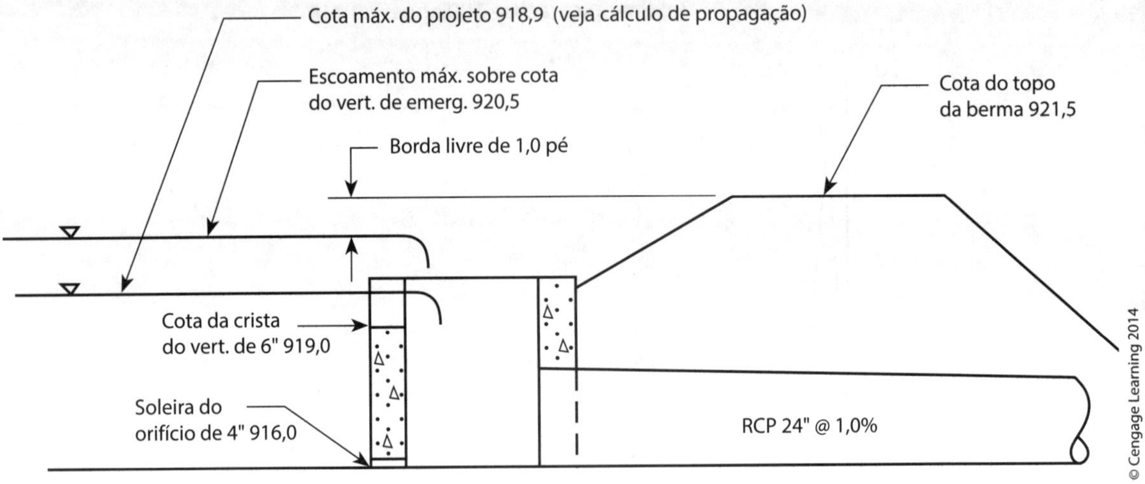

FIGURA 15-16 Desenho esquemático da saída da bacia de detenção, mostrando as principais cotas do projeto.

Tubulação de Lançamento Final

Observe que a tubulação de lançamento final foi projetada como um tubo de concreto de 24 polegadas. Isso porque a tubulação de lançamento final deve ser grande o bastante para que, se a vazão total do projeto entrar no vertedor de emergência, ela tenha suficiente capacidade para o escoamento adequado.

Finalmente, foi considerada a proteção contra erosão na tubulação de lançamento final de 24 polegadas. Para isso, primeiro foi determinada a velocidade de saída para um escoamento máximo de 100 anos de 2,2 cfs. (A tubulação final do vertedor de emergência de 19,3 cfs não foi usada, em razão da remota possibilidade de esse escoamento ocorrer.) Usando o Gráfico 39 no Apêndice A-4, a velocidade do projeto foi determinada em 4,9 fps. (O valor n de Manning foi suposto em 0,012.)

A velocidade permissível, verificada no Apêndice A-2 para canais de terra com revestimento de marga siltosa, foi determinada em 3,0 fps. Como a velocidade declarada excedeu o valor permissível, uma plataforma de enrocamento foi proposta.

Para projetar o revestimento de enrocamento, primeiro foi determinada a lâmina d'água a jusante: 0,4 pé, usando o Gráfico 39 no Apêndice A-4. Então, com a Equação 10-1, obtemos

$$d_{50} = \frac{0{,}02}{0{,}4}(2{,}2/2{,}0)^{4/3}$$
$$= 0{,}057 \text{ pé } (0{,}7 \text{ pol})$$

Apesar do resultado de 0,7 polegada de diâmetro, o projetista propôs pedra triturada de 2 polegadas de diâmetro, 6 polegadas de espessura, para fornecer um revestimento mais estável. O comprimento da plataforma foi calculado com a Equação 12-2:

$$L_a = \frac{3(2{,}2)}{2{,}0^{3/2}}$$
$$= 2{,}3 \text{ pés}$$

Apesar do resultado mínimo de 2,3 pés, o comprimento da plataforma foi proposto como 5,0 pés para fornecer um projeto mais cauteloso a um mínimo custo extra.

15.4 ESTUDO DE CASO 2

Neste estudo de caso, um centro comercial é proposto para uma região de 11,6 acres no município de Randolph, área central da Pensilvânia. O terreno está localizado entre a rodovia estadual 25, do lado sul, e a rodovia Quaker Church, do lado norte. A ocupação, denominada Centro Comercial de Randolph, inclui três prédios comerciais, um banco e um restaurante *fast-food*, como mostra a Figura 15-17.

A topografia do local tem um divisor de águas no centro, o que faz com que o escoamento ocorra em duas direções opostas, como mostra a Figura 15-18. Quando as águas pluviais deixam o local, elas escoam por galerias até duas bacias hidrográficas distintas.

Requisitos do Projeto

Os requisitos do gerenciamento de águas pluviais em áreas ocupadas incluem o controle da quantidade e qualidade das águas, bem como a recarga do aquífero. Para satisfazer os critérios de qualidade, é preciso controlar os sólidos em suspensão. Isso pode ser feito por meio de separadores de sedimento instalados no sistema de águas pluviais. Para satisfazer os critérios de recarga do aquífero, uma bacia de infiltração no lugar habitual da bacia de detenção. A bacia de infiltração armazena parte do volume escoado no fundo, o que permite a recarga.

Neste estudo de caso, enfatizar-se-á a magnitude da vazão, cujos critérios de projeto são:

1. O escoamento máximo total que deixa a área após a ocupação não pode exceder o anterior à ocupação para precipitações de 2, 10 e 100 anos, cada uma considerada separadamente.

2. Os cálculos do escoamento e da propagação na bacia devem estar de acordo com o Método NRCS.

3. O projeto do vertedor de emergência deve se basear na propagação de uma precipitação de 100 anos sem escoamento de saída. Em outras palavras, a hipótese é de que não há escoamento da bacia, exceto pelo vertedor de emergência.

4. A cota do topo da berma deve-se basear em uma borda livre de 1 pé acima da profundidade do escoamento de emergência calculada no critério 3.

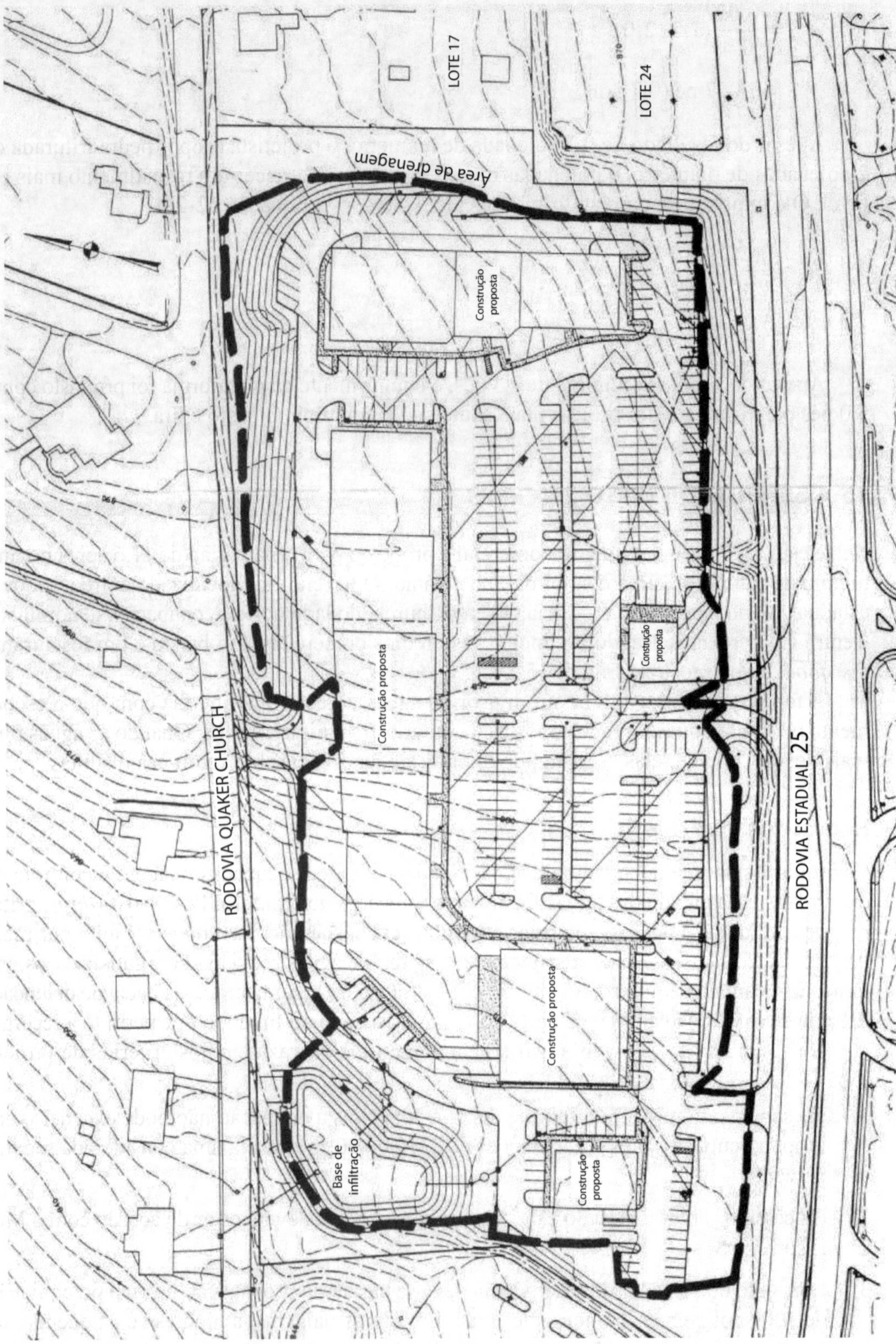

FIGURA 15-17 Mapa topográfico mostrando o *layout* do local para o Estudo de Caso 2, Centro Comercial de Randolph, e a área de drenagem afluente à base de infiltração. (*Cortesia de Jaman Engineering Associates*)

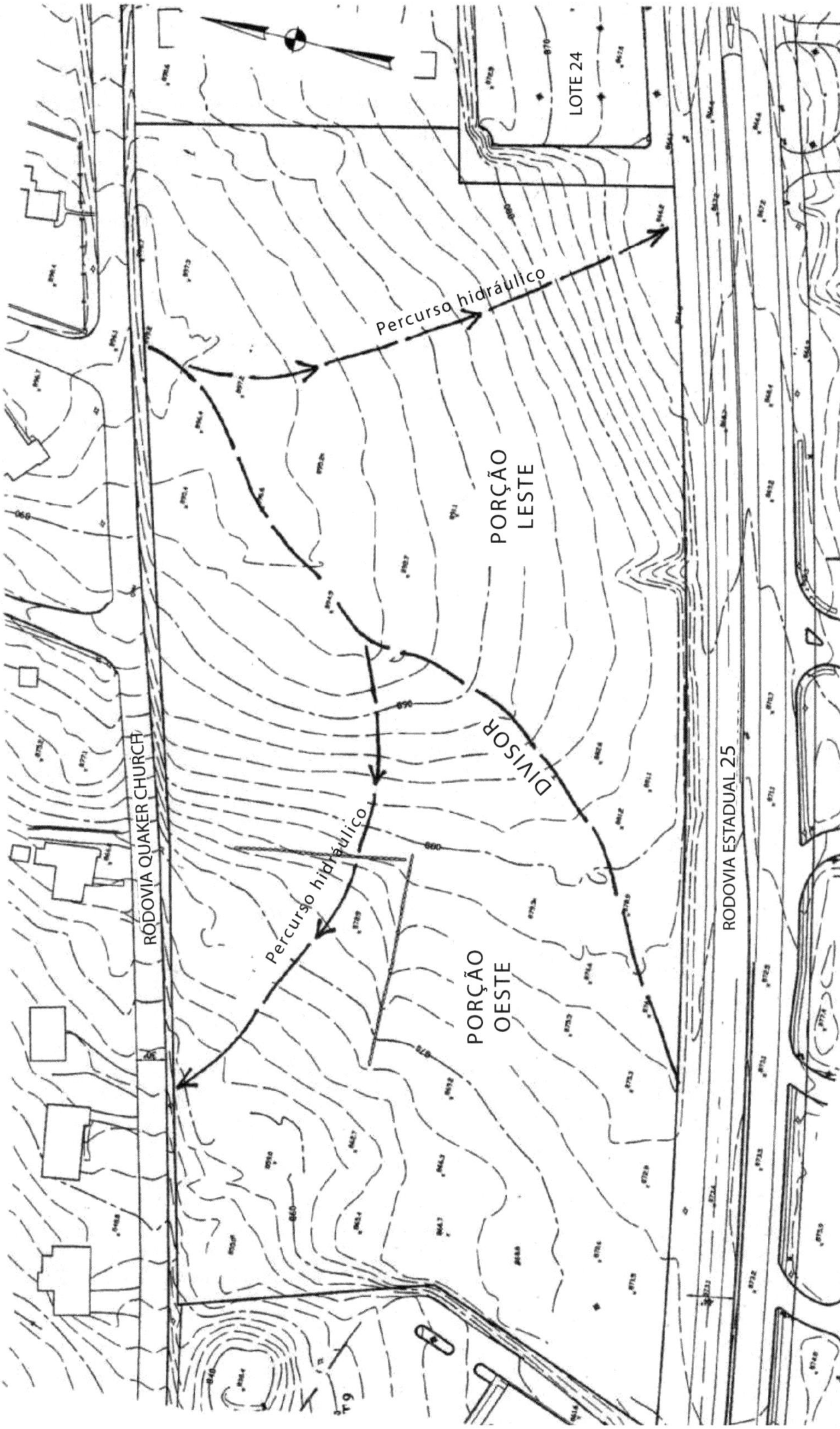

FIGURA 15-18 Mapa topográfico mostrando as condições existentes para o Estudo de Caso 2
(*Cortesia de Jaman Engineering Associates*)

Cálculos para o projeto de detenção foram realizados em computador por meio de software patenteado.

Antes do início dos cálculos, foi delineada uma linha geral do projeto. O escoamento deve ser controlado pela bacia de infiltração que deve estar localizada ao norte, adjacente à rodovia Quaker Church. Esse é o ponto mais baixo no local e fica próximo do sistema existente de drenagem de águas pluviais. A bacia de infiltração é mostrada na Figura 15-19. Para compararmos a magnitude do escoamento, apenas 9,3 acres de área ocupada foi considerada. A área não ocupada de 2,3 acres em torno do perímetro do local não foi levada em conta porque o escoamento desse ponto seria o mesmo tanto no caso das existentes quanto no caso das propostas.

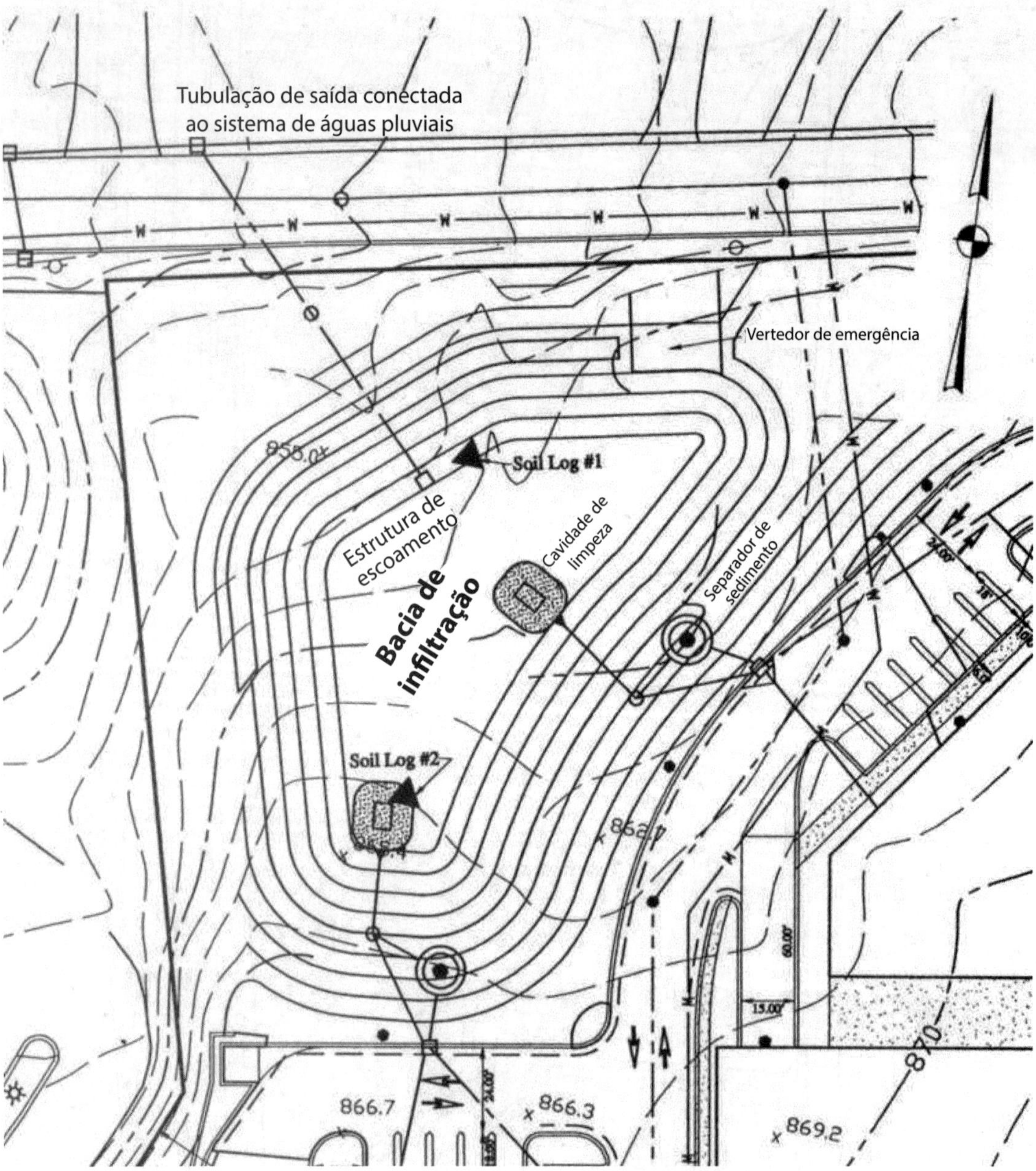

FIGURA 15-19 Planta da bacia de infiltração mostrando contornos existentes e propostos.

(*Cortesia de Jaman Engineering Associates*)

A área ocupada deve ser nivelada para forçar o escoamento à bacia de infiltração. Contudo, o divisor de águas que separa o escoamento existente em duas direções criou um problema distinto. Em razão do plano de nivelamento, uma grande porção do terreno que originalmente escoaria para o leste agora escoa para o oeste em direção à bacia de infiltração.

Sob as condições existentes 3,6 acres escoam na direção leste e 5,7 acres na direção oeste, num total de 9,3 acres. Para satisfazer os critérios de controle do escoamento, a vazão máxima dos 9,3 acres da área ocupada deve ser menor do que a vazão máxima da área de 5,7 acres afluente a oeste. Trata-se de uma condição mais crítica do que a usual, em que toda a área contribui para a mesma bacia hidrográfica.

Cálculo de Escoamento: pré-ocupação

Para calcular o escoamento máximo sob condições existentes (pré-ocupação), a área de drenagem usada foi a área de 5,7 acres afluente à direção oeste. O percurso hidráulico foi delineado iniciando do ponto mais remoto da bacia hidrográfica até o ponto mais distante abaixo, similar ao método usado no Estudo de Caso 1. Como mostrado na Figura 15-18, o percurso hidráulico não termina em um ponto bem definido para análise, mas possibilita um tempo mais longo para o cálculo do escoamento. Assim, a vazão em condições de pré-ocupação foi calculada por meio do Método NRCS, como segue:

A_m = 5,7 acres = 0,0089 s.m. (medido a partir da planta)

Número da curva: os tipos de solo foram identificados como Solo Hidrológico grupo B. Os tipos de cobertura do solo são grama e mata (condição precária).

Grama: 1,70 acres @ CN = 79
Mata: 4,03 acres @ CN = 73
CN = 75

Tempo de concentração: pelo percurso hidráulico delineado,

t_c = 15 min.

Precipitação: usando os vários mapas do Apêndice D-3, a magnitude da precipitação foi determinada para cada precipitação de projeto e local.

Precipitação (anos)	Chuva (pol)
100	6,00
10	4,10
2	2,80

Distribuição da precipitação: pelo Apêndice D-4, a distribuição da precipitação foi determinada como Tipo III.

Escoamento máximo: usando os parâmetros fornecidos, o programa de computador calculou o escoamento máximo assim:

Precipitação (anos)	q_p (cfs)
100	14,9
10	7,8
2	3,5

Esses valores de escoamento máximo tornaram-se, então, os valores máximos permitidos do escoamento sob condições de pós-ocupação.

Cálculos de Escoamento: pós-ocupação

Em seguida, os hidrogramas de escoamento pós-ocupação foram calculados pelo computador e armazenados para uso em cálculos de propagação. Os parâmetros de escoamento NRCS foram estes:

A_m = 9,3 acres = 0,0145 s.m. (medido a partir da planta)

Número da curva: os tipos de cobertura do solo são impermeável e gramados.

Impermeável: 6,95 acres @ CN = 98

Gramados = 2,37 acres @ CN = 61

CN = 89

Tempo de concentração: pelo percurso hidráulico delineado,

t_c = 11,5 min.

Precipitação: a mesma do escoamento pré-ocupação

Distribuição da precipitação: a mesma do escoamento pré-ocupação

Escoamento máximo: usando os parâmetros fornecidos, o programa de computador calculou o escoamento de pico:

Precipitação (anos)	q_p (cfs)
100	33,6
10	21,2
2	12,7

Esses valores de escoamento de pico são aproximadamente de duas a três vezes o escoamento máximo nas condições pré-ocupação. Por que escoamentos de precipitações de 2 anos têm maiores múltiplos do que escoamentos de precipitações de 100 anos?

Cálculos de Bacias de Infiltração

Propagando pela bacia de infiltração, as taxas de escoamento foram atenuadas para taxas abaixo dos valores de escoamento verificados nas condições de pré-ocupação. A estrutura de saída da bacia de infiltração é mostrada na Figura 15-20 e os parâmetros da bacia listados na Tabela 15-3. As propagações resultaram nas seguintes vazões efluentes máximas e níveis de água:

(1) Precipitação (anos)	(2) Vazão efluente permissível (cfs)	(3) Vazão afluente máxima (cfs)	(4) Vazão efluente máxima (cfs)	(5) Cota do nível d'água máximo (pés)
100	14,9	33,6	14,7	857,92
10	7,8	21,2	6,5	856,51
2	3,5	12,7	3,4	854,99

Para satisfazer o critério do projeto de aumento nulo no escoamento máximo, os valores na coluna 4 devem ser iguais ou inferiores aos valores da coluna 2. Como esse critério foi satisfeito, a precipitação projetada foi aceita. Os hidrogramas de entrada e saída para precipitações de 100 anos são apresentados na Figura 15-21. Os hidrogramas para as precipitações restantes são similares.

TABELA 15-3 Cálculos de escoamento para o Estudo de Caso 2

Cota (pés)	Orifício de 10" (cfs)	Vertedor de 12" (cfs)	Vertedor de emergência (cfs)	Escoamento total (cfs)
852	0	0	0	0
853	0	0	0	0
855	3,4	0	0	3,4
856	4,4	0	0	4,4
857	5,1	3,3	0	8,4
858	5,8	9,4	0	15,2
859	6,4	17,3	82	106

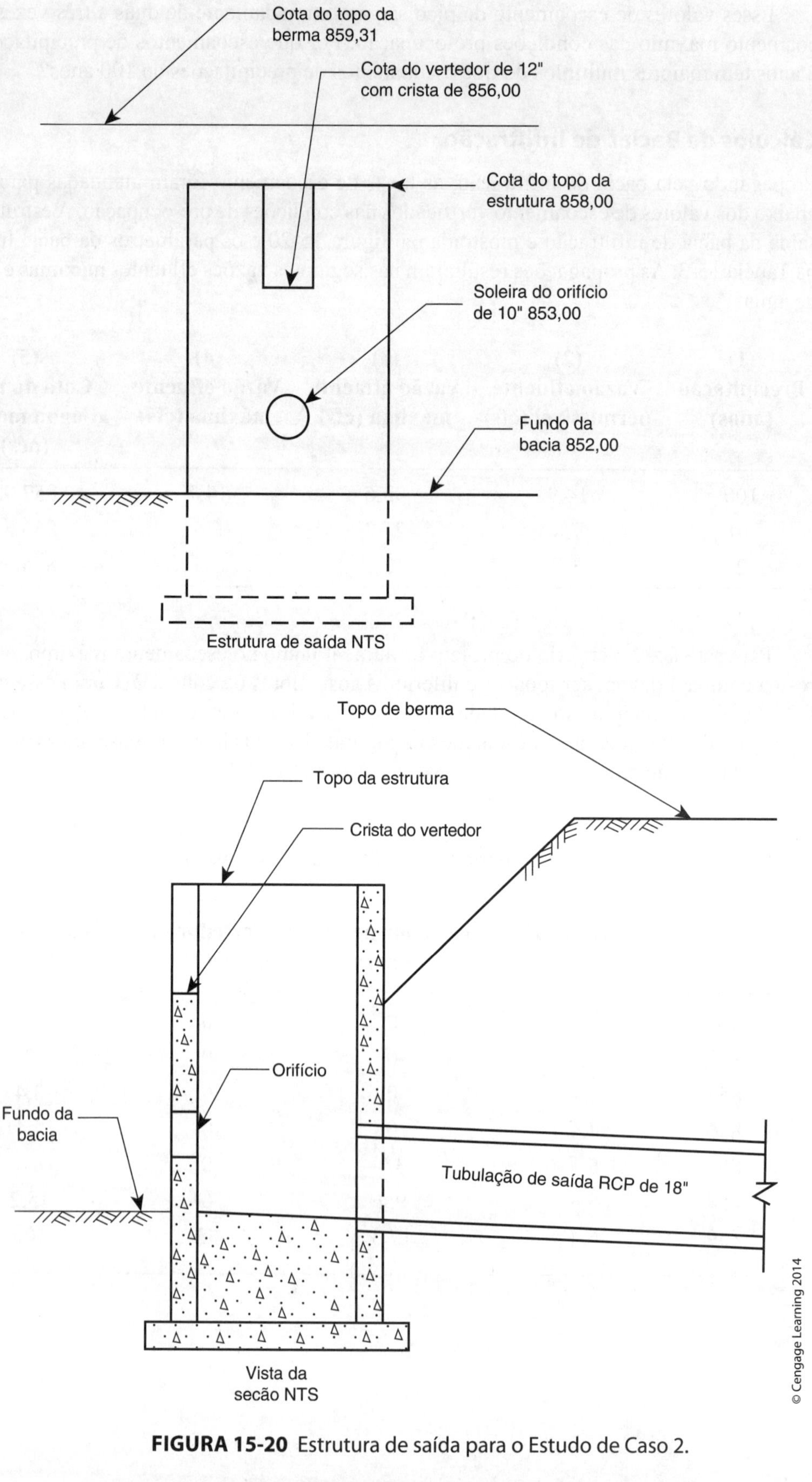

FIGURA 15-20 Estrutura de saída para o Estudo de Caso 2.

Um exame atento da Figura 15-21 revela que a estrutura de saída apresenta dois estágios. O primeiro estágio é um orifício de 10 polegadas com cota inferior da calha de 853,00 pés, que está 1 pé acima do fundo da bacia. Isso significa que as águas pluviais vão preencher o primeiro pé de profundidade da bacia antes que qualquer escoamento escoe pela estrutura de saída. Essa condição foi inserida na bacia de infiltração para permitir a recarga das águas subterrâneas. O segundo estágio consiste em um vertedor de 1 pé com crista de 856,00 pés. O topo da estrutura está em 856,00 pés. Múltiplos estágios foram usados devido às múltiplas propagações de precipitação. A vazão efluente deve ser ajustada de modo a resultar em um aumento nulo do escoamento para cada uma das três precipitações. Isso pode ser feito pela manipulação da vazão efluente com estágios múltiplos.

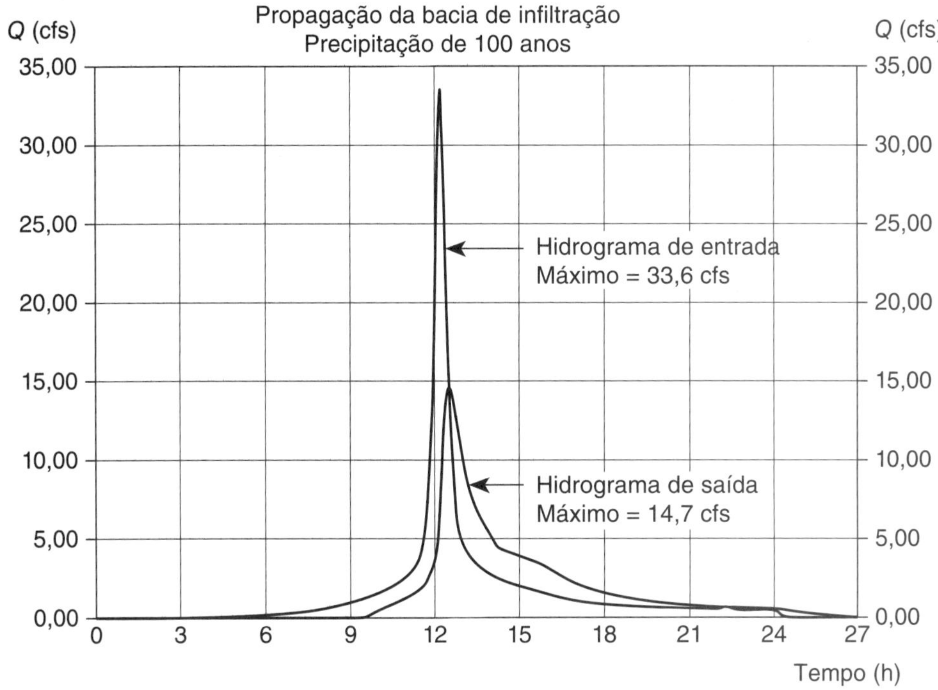

FIGURA 15-21 Hidrograma de propagação para precipitações de 100 anos para o Estudo de Caso 2.

Vertedor de emergência

O vertedor de emergência foi definido como um canal trapezoidal atravessado em solo virgem adjacente à base da berma (Figura 15-19). A cota da crista do vertedor de emergência é de 858,00, que corresponde à cota do topo da estrutura de saída. Assim, se o nível da água na bacia aumenta acima da estrutura de saída, iniciaria o escoamento pelo vertedor de emergência para evitar a submersão da berma.

Para definir a profundidade do escoamento no vertedor de emergência, o escoamento da precipitação de 100 anos foi propagado na bacia considerando-se a hipótese de que a estrutura de saída estava inoperante. A vazão efluente pelo vertedor de emergência foi calculada; assim, modela a vazão na entrada do canal, como descrito no Capítulo 8. O canal apresentava declividade suficiente para causar escoamento supercrítico; assim, a Equação 8-6 foi usada. O traçado da bacia resultou em uma profundidade de 0,31 pé sobre a crista do vertedor de emergência. A cota da berma foi determinada pela adição de 1 pé de borda livre à profundidade. Tal cota foi calculada em 859,31.

Tubulação de lançamento final de águas pluviais

Nenhuma proteção para a tubulação de lançamento final de águas pluviais foi exigida para esse projeto porque o efluente da bacia de infiltração foi canalizado diretamente para o sistema de drenagem existente na rodovia Quaker Church. O canal conectado ao vertedor de emergência foi considerado estável, sem necessidade de proteção por enrocamento.

Resumo

A bacia de infiltração para esse projeto serve a dois propósitos: detenção e recarga. A recarga é feita por meio de armazenagem da vazão no fundo de 1 pé da bacia em toda ocorrência de precipitação. A superfície de fundo da bacia é nivelada para ficar plana porque não são necessários canais de baixo escoamento. Por quê? Isso ajuda a armazenar maior volume na bacia. A bacia é maior do que normalmente costuma ser para um local de 11,6 acres porque o escoamento máximo pós-ocupação deve ser comparado ao escoamento máximo de apenas metade da área (não da área total), uma vez que o divisor de águas encaminha o escoamento para duas bacias hidrográficas separadas.

EXERCÍCIOS PROPOSTOS

1. Referindo-se à bacia de detenção mostrada na Figura 15-22, elabore um gráfico de valores de volume para as cotas 100, 101, 102, 102,5, 104 e 106.
2. Calcule a vazão efluente para a bacia de detenção exibida na Figura 15-22. Use as mesmas cotas listadas na questão 1. Ignore a constrição causada pela tubulação de lançamento final.
3. Usando os resultados das questões 1 e 2, elabore gráficos de *O versus* $2S/\Delta t + O$ e *O versus* $2S/\Delta t - O$.
4. Usando os resultados das questões 1 a 3, propague o hidrograma de entrada listado na Tabela 15-4 através da bacia de detenção exibida na Figura 15-22. A partir da propagação, determine a vazão efluente máxima e o nível máximo de água.
5. Conceba uma bacia de detenção para o projeto a seguir. As precipitações do projeto são de 100 anos e de 10 anos. O projeto localiza-se em Memphis, Tennessee. Use o Método NRCS para calcular o escoamento.

   Critério do Projeto:

   Para cada precipitação do projeto, a vazão efluente máxima para as condições propostas é igual ou inferior à vazão afluente máxima para as condições atuais. O nível máximo de água na bacia de detenção não pode exceder a crista do vertedor de emergência.

   Condições Atuais:

   Área de contribuição à bacia de detenção = 20,0 acres

   CN = 60

   t_c = 0,50 hora

TABELA 15-4 Hidrograma de entrada para a propagação da bacia de detenção

Tempo (h)	Entrada (cfs)
0,0	1,2
0,25	1,5
0,50	2,1
0,75	3,2
1,00	11,6
1,25	22,1
1,50	9,8
1,75	4,5
2,00	3,2
2,25	2,7
2,50	2,4
2,75	2,0
3,00	1,8

Condições Propostas:

Área de contribuição à bacia de detenção = 20,0 acres

CN = 70

t_c = 0,45 hora

Bacia de Detenção:
A céu aberto, revestida de grama
Declividade do fundo = 2,0%
Inclinações laterais = 3 horizontal para 1 vertical
Saída primária: orifício de 4 polegadas, cota da soleira 650,00 pés
Saída secundária: vertedor (cota e extensão a serem escolhidas)
Cota da crista do vertedor de emergência: (escolha uma cota no nível máximo de água de 100 anos).
Seu projeto consistirá em calcular os hidrogramas de entrada e, então, por tentativa e erro, escolher um tamanho de bacia de detenção e uma saída secundária de modo que os hidrogramas de entrada propagados se ajustem ao critério do projeto. O tamanho da bacia de detenção pode variar pela área e pela profundidade.

6. Projete uma bacia de detenção para o projeto a seguir. Precipitações de projeto são as de 100 anos e de 10 anos. O projeto localiza-se em Atlanta, Geórgia. Use o Método Racional Modificado para calcular o escoamento. O hidrograma de saída é um hidrograma triangular com base igual a 2,67 t_c.

Critério do Projeto:

Para cada precipitação do projeto, a vazão efluente máxima para as condições propostas é igual ou inferior à vazão afluente máxima para as condições atuais. O nível máximo de água na bacia de detenção não pode exceder a crista do vertedor de emergência.

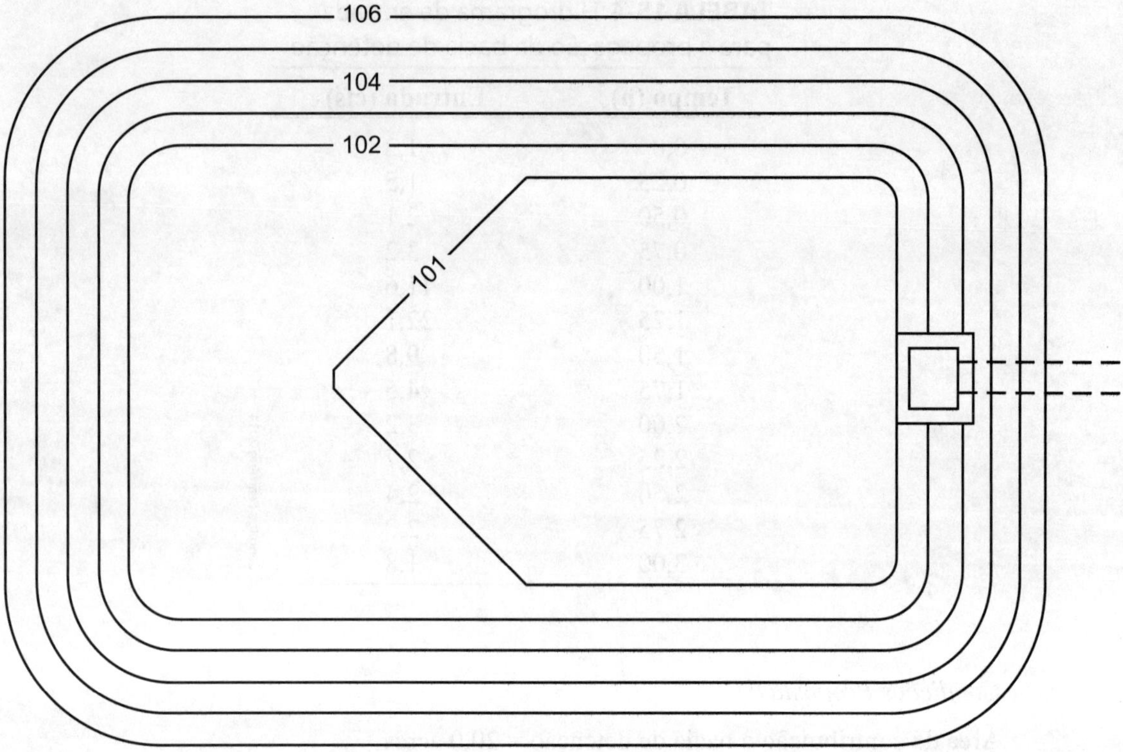

Planta
Escala : 1" = 30'

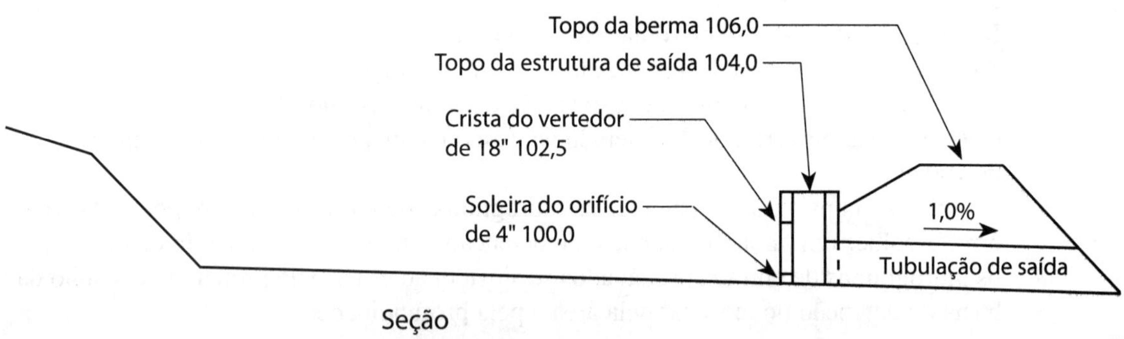

Seção
(fora de escala)

FIGURA 15-22 Planta e seção da bacia de detenção para as questões 1 a 4.

Condições Atuais:

Área de contribuição à bacia de detenção = 10,0 acres

$c = 0{,}25$

$t_c = 20$ min

Condições Propostas:

Área de contribuição à bacia de detenção = 10,0 acres

$c = 0{,}50$

$t_c = 15$ min

Bacia de Detenção:

A céu aberto, revestida de grama
Declividade do fundo = 2,0%
Inclinações laterais = 3 horizontal para 1 vertical
Saída primária: orifício de 4 polegadas, soleira 400,00 pés
Saída secundária: vertedor (cota e extensão a serem escolhidas)
Cota da crista do vertedor de emergência: (escolha uma cota no nível máximo de água de 100 anos).
Seu projeto consistirá em calcular os hidrogramas de entrada e, então, por tentativa e erro, escolher um tamanho de bacia de detenção e uma saída secundária de modo que os hidrogramas de entrada propagados se ajustem ao critério do projeto. O tamanho da bacia de detenção pode variar quanto à área e profundidade.

7. Projete uma bacia de detenção a céu aberto para a região ocupada que aparece na Figura 15-23, para que resulte nulo o aumento na vazão efluente máxima para a precipitação de 100 anos.

   Os cálculos serão feitos pelo Método NRCS, por computador ou à mão. Localize a bacia a sul do estacionamento e a descarga em um dos cursos d'água do local. Faça todas as inclinações como três horizontal para um vertical. Use as seguintes suposições:

   1. Local do projeto: perto de St. Paul, Minnesota
   2. Solo hidrológico grupo B
   3. Cobertura do solo pré-ocupação no local: arborizado, boa condição
   4. Cobertura do solo pós-ocupação no local:
      Impermeável
      Gramados, boa condição
      Mata, condição regular

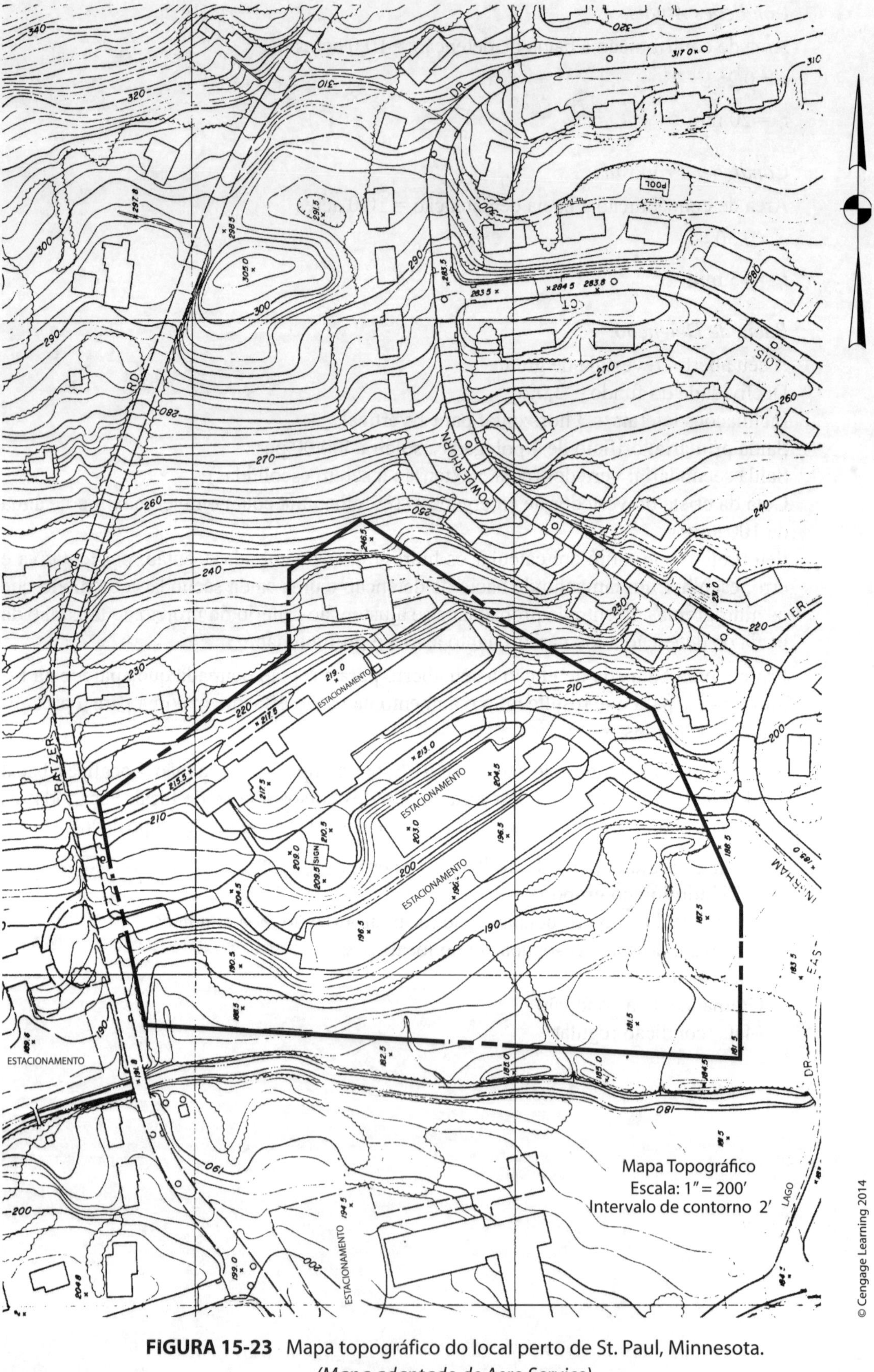

FIGURA 15-23 Mapa topográfico do local perto de St. Paul, Minnesota.
(Mapa adaptado de Aero Service)

BIBLIOGRAFIA COMPLEMENTAR

BLICK, S.; KELLY, F.; SKUPIEN, J. *New Jersey stormwater best management practices manual. N. J.* Department of Environment Protection. Division of Watershed Management, 2004.

DAVIS, A. P.; MCCUEN, R. M. *Stormwater management for smart growth*. Nova York: Springer Science & Business Media, 2005.

DEBO, T.; REESE, A. *Municipal storm water management.* Boca Raton: Lewis Publishers, 1995.

MAYS, L. W. (ed.). *Stormwater collection systems design handbook.* Nova York: McGraw-Hill, 2001.

MAYS, L. W. *Urban stormwater management tools.* Nova York: McGraw-Hill, 2003.

U.S. NATURAL RESOURCES CONSERVATION SERVICE. *National Engineering Handbook.* U. S. Department of Agriculture, 2012. (Hydrology). Parte 630.

U.S. SOIL CONSERVATION SERVICE. *Urban hydrology for small watersheds*. Springfield, VA: U.S. Department of Agriculture, 1986. (Technical Release 55.)

URBAN WATER RESOURCES RESEARCH COUNCIL OF ASCE; WATER ENVIRONMENT FEDERATION. *Design and construction of urban stormwater management systems*. Nova York e Alexandria: ASCE, 2000.

Conteúdo dos Apêndices

Apêndice A

Gráficos de Projetos para Escoamento em Canais Abertos 419

A-1 Coeficientes de Rugosidade (*n* de Manning) 420
A-2 Velocidades Permissíveis 422
A-3 Gráficos de Canais para a Solução da Equação de Manning 422
A-4 Gráficos de Tubulações para a Solução da Equação de Manning 444
A-5 Coeficientes de Descarga, *c*, para Vertedores de Parede Espessa 456

Apêndice B

Gráficos de Projetos para Bueiros 457

B-1 Bueiros com Controle de Entrada 458
B-2 Bueiros com Controle de Saída 463
B-3 Coeficientes de Perda de Carga na Entrada 467

Apêndice C

Gráficos de Projetos para o Método Racional 469

C-1 Valores de *c*, Coeficiente de Deflúvio (Coeficiente de Escoamento Superficial) 470
C-2 Nomógrafo para o Tempo do Escoamento sobre o Solo 471
C-3 Curvas de Intensidade-Duração-Frequência (I-D-F) 472

Apêndice D

Gráficos de Projetos para o Método NRCS 477

D-1 Números de Escoamento 478
D-2 Grupos de Solo para Tipos Selecionados de solo 480
D-3 Quantidades de Precipitação de 24 Horas pelo Período de Retorno 481
D-4 Fronteiras Geográficas Aproximadas para as Distribuições de Precipitação NRCS 490
D-5 Vazão (Descarga) Máxima Unitária (q_u) 491
D-6 Vazões (Descargas) Unitárias do Hidrograma Tabular (csm/pol) para as Distribuições de Precipitação Tipo II 495

Apêndice E

Símbolos 501

Apêndice F

Conversões de Unidades 505

APÊNDICE

A

Gráficos de Projetos para Escoamento em Canais Abertos

A-1 Coeficientes de Rugosidade (*n* de Manning)

A-2 Velocidades Permissíveis

A-3 Gráficos de Canais para a Solução da Equação de Manning

A-4 Gráficos de Tubulações para a Solução da Equação de Manning

A-5 Coeficientes de Descarga, *c*, para Vertedores de Parede Espessa

A-1 COEFICIENTES DE RUGOSIDADE (*n* DE MANNING)

I. BUEIROS FECHADOS:
- A. Tubo de concreto 0,012-0,015
- B. Tubo de metal corrugado ou arco tubular (não pavimentado, anular):
  1. Tubo de rebite corrugado de $2^{2/3}$ por ½ pol 0,024
  2. Corrugação de 3 pol por 1 pol 0,027
  3. Corrugação de 5 pol por 1 pol 0,025
  4. Corrugação de 6 pol por 2 pol (aparafusado no campo) 0,033
- C. Tubo de argila vitrificada 0,012-0,014
- D. Tubo de ferro fundido, não revestido 0,013
- E. Tubo de aço 0,009-0,011
- F. Tijolo 0,014-0,017
- G. Concreto monolítico:
  1. Formas de madeira, rugosa 0,015-0,017
  2. Formas de madeira, lisa 0,012-0,014
  3. Formas de aço 0,012-0,013
- H. Paredes de alvenaria com cascalho acimentado:
  1. Chão e topo de concreto 0,017-0,022
  2. Chão natural 0,019-0,025
- I. Madeira tratada laminada 0,015-0,017
- J. Chapas com revestimento de argila vitrificada 0,015
- K. Cloreto de polivinil (PVC) 0,007-0,011
- L. Tubulação de polietileno de alta densidade (HDPE) com interior liso ... 0,010-0,012

II. CANAIS ABERTOS, REVESTIDOS (Alinhamento Plano):
- A. Concreto, com superfícies como indicado:
  1. Formada, sem acabamento 0,013-0,017
  2. Acabamento com trolha 0,012-0,014
  3. Acabamento plano 0,013-0,015
  4. Acabamento plano, um pouco de cascalho no fundo 0,015-0,017
  5. Gunite, boa seção 0,016-0,019
  6. Gunite, seção ondulada 0,018-0,022
- B. Concreto, fundo com acabamento plano, superfícies como indicado:
  1. Pedra talhada em argamassa 0,015-0,017
  2. Pedras aleatórias em argamassa 0,017-0,020
  3. Alvenaria ciclópica de cimento 0,020-0,025
  4. Alvenaria ciclópica de cimento, emboçada 0,016-0,020
  5. Cascalho seco (enrocamento) 0,020-0,030
- C. Fundo de cascalho, superfícies como indicado:
  1. Concreto formado 0,017-0,020
  2. Pedras aleatórias em argamassa 0,020-0,023
  3. Cascalho seco (enrocamento) 0,023-0,033
- D. Tijolo 0,014-0,017
- E. Asfalto:
  1. Regular 0,013
  2. Rugoso 0,016
- F. Madeira, plana, lisa 0,001-0,013
- G. Rocha escavada revestida de concreto:
  1. Seção uniforme 0,017-0,020
  2. Seção irregular 0,022-0,027

III. CANAIS ABERTOS, ESCAVADOS (Alinhamento Plano, Revestimento Natural):
   A. Terra, seção uniforme:
      1. Lisa, completada recentemente 0,016-0,018
      2. Lisa, após desgaste 0,018-0,020
      3. Com grama baixa, algumas ervas 0,022-0,027
      4. Em solo cascalhoso, seção uniforme, lisa 0,022-0,025
   B. Terra, seção razoavelmente uniforme:
      1. Sem vegetação 0,022-0,025
      2. Grama, algumas ervas 0,025-0,030
      3. Ervas densas ou plantas aquáticas em canais profundos 0,030-0,035
      4. Paredes sem vegetação, fundo de cascalho 0,025-0,030
      5. Paredes sem vegetação, fundo de pedras para pavimentação 0,030-0,040
   C. Escavado por draga:
      1. Sem vegetação 0,028-0,033
      2. Mato esparso nas margens 0,035-0,050
   D. Rocha
      1. Baseada na seção do projeto 0,035
      2. Baseada na seção intermediária atual:
         a. Suave e uniforme 0,035-0,040
         b. Denteada e irregular 0,040-0,045
   E. Canais sem manutenção, ervas e mato não cortado
      1. Ervas densas, altas como a profundidade do escoamento 0,080-0,120
      2. Fundo limpo, mato nas laterais 0,050-0,080
      3. Fundo limpo, mato nas laterais, estágio máximo de escoamento 0,070-0,140
      4. Mato denso, estágio alto 0,100-0,140

IV. CANAIS DE RODOVIAS E VALAS COM VEGETAÇÃO SOB MANUTENÇÃO (Os valores mostrados são para as velocidades de 2 e de 6 fps):
   A. Profundidade de escoamento de até 0,7 pé:
      1. Grama-bermuda, capim-do-campo, capim-colonião:
         a. Cortada para 2 polegadas 0,070-0,045
         b. Tamanho de 4 a 6 polegadas 0,090-0,050
      2. Boa resistência, qualquer grama:
         a. Tamanho de aproximadamente 12 polegadas 0,180-0,090
         b. Tamanho de aproximadamente 24 polegadas 0,200-0,100
      3. Tamanho considerável, qualquer grama:
         a. Tamanho de aproximadamente 12 polegadas 0,140-0,080
         b. Tamanho de aproximadamente 24 polegadas 0,250-0,130
   B. Profundidade de escoamento de 0,7-1,5 pé:
      1. Grama-bermuda, capim-do-campo, capim-colonião:
         a. Cortada para 2 polegadas 0,050-0,035
         b. Tamanho de 4 a 6 polegadas 0,060-0,040
      2. Boa resistência, qualquer grama:
         a. Tamanho de aproximadamente 12 polegadas 0,120-0,070
         b. Tamanho de aproximadamente 24 polegadas 0,020-0,100
      3. Tamanho considerável, qualquer grama:
         a. Tamanho de aproximadamente 12 polegadas 0,100-0,060
         b. Tamanho de aproximadamente 24 polegadas 0,170-0,090

V. SARJETAS DE RUA E DE VIA EXPRESSA
   A. Canaleta de concreto, acabamento com trolha 0,012

B. Pavimento de asfalto:
1. Textura lisa 0,013
2. Textura rugosa 0,016
C. Canaleta de concreto com pavimento de asfalto:
1. Lisa 0,013
2. Rugosa 0,015
D. Pavimento de concreto:
1. Acabamento em trolha 0,014
2. Acabamento em giesta 0,016
E. Para sarjetas com pequena declividade, onde sedimentos podem se acumular, aumente os valores de *n* acima em 0,002

VI. CANAIS NATURAIS (CURSOS D'ÁGUA)
A. Cursos d'água menores (extensão da planície de inundação menor que 100 pés):
1. Seção razoavelmente regular:
a. Um pouco de gramas e de ervas, pouco ou nenhum mato 0,030-0,035
b. Crescimento denso de ervas, profundidade de escoamento significativamente maior que a altura das ervas 0,030-0,050
c. Algumas ervas, mato esparso nas margens 0,035-0,050
d. Algumas ervas, mato denso nas margens 0,050-0,070
e. Algumas ervas, salgueiros densos nas margens 0,060-0,080
f. Para árvores no canal, com partes submersas no estágio alto, aumente todos os valores acima em 0,010-0,020
2. Seções irregulares, com empoçamentos, com pequenas sinuosidades do canal; aumente os valores fornecidos em 1.a.-e. em aproximadamente 0,010-0,020
3. Cursos d'água de montanha, sem vegetação nas margens do canal geralmente íngremes, árvores e arbustos ao longo das margens submersos no estágio alto:
a. Fundo de cascalho, pedras para pavimentação e algumas pedras ..0,040-0,050
b. Fundo de pedras para pavimentação, com grandes pedras 0,050-0,070
B. Planícies inundadas (adjacentes a cursos d'água naturais):
1. Pastagem, sem mato:
a. Grama curta 0,030-0,035
b. Grama alta 0,035-0,050
2. Áreas cultivadas:
a. Sem cultura 0,030-0,040
b. Culturas maduras em linhas 0,035-0,045
c. Grandes culturas maduras 0,040-0,050
3. Ervas densas, mato disperso 0,050-0,070
4. Pouco mato e poucas árvores:
a. Inverno 0,050-0,060
b. Verão 0,060-0,080
5. Mato médio a denso:
a. Inverno 0,070-0,110
b. Verão 0,100-0,170

(Cortesia de New Jersey Department of Transportation, Design, Manual, Roadway)

A-2

VELOCIDADES PERMISSÍVEIS

TEXTURA DE SOLO	VELOCIDADE PERMISSÍVEL (pés/s)
Areia e marga arenosa (não coloidal)	2,5
Marga siltosa (também barro arenoso)	3,0
Marga de argila arenosa	3,5
Marga de argila	4,0
Argila, pedregulho fino, marga progressiva para pedregulho	5,0
Pedras para pavimentação	5,5
Xisto	6,0

(Cortesia de New Jersey State Soil Conservation Committee, Standards for Soil Erosion and Sediment Control in New Jersey)

A-3

GRÁFICOS DE CANAIS PARA A SOLUÇÃO DA EQUAÇÃO DE MANNING

A seguinte seleção de gráficos de projetos fornece uma solução gráfica direta da equação de Manning para canais abertos de vários tamanhos, com seções transversais retangulares e trapezoidais. Assume-se que os canais possuem declividade uniforme, seção transversal e rugosidade, e que não são afetados pelo remanso.

Os gráficos 1 a 14 (canais retangulares) são calibrados para um valor de rugosidade de 0,015; e os gráficos 15 a 23 (canais trapezoidais), para uma rugosidade de 0,030. No entanto, com o uso da escala Qn, qualquer valor de n pode ser utilizado. O uso da escala Qn é explicado a seguir.

Você pode utilizar os gráficos para determinar vazão (descarga), velocidade, profundidade normal e profundidade crítica. Veja um resumo que descreve o uso básico dos gráficos:

1. **Como Usar a Escala *Qn*.** Se $n = 0{,}015$ para um canal retangular ou $n = 0{,}030$ para um canal trapezoidal, não use a escala Qn, mas leia a vazão diretamente na escala Q. No entanto, para todos os outros valores de n, multiplique n pela vazão, Q, e leia o valor resultante de Qn na escala Qn diretamente abaixo da escala Q.

2. **Como Determinar a Profundidade Normal.** Se você souber a vazão, a rugosidade e a declividade, determine a profundidade normal inserindo o valor de Q (ou Qn), então projete uma linha reta para cima no gráfico, até uma interseção com a linha de declividade apropriada. Usando o ponto de interseção, leia a profundidade normal utilizando a série de linhas diagonais identificadas como *PROFUNDIDADE NORMAL DE ESCOAMENTO – PÉS*. Talvez você precise interpolar entre as linhas.

3. **Como Determinar a Profundidade Crítica.** A profundidade crítica é independente da rugosidade, por isso não use a escala Qn. Se você souber a vazão, insira o valor de Q e

projete diretamente para cima, até haver uma interseção com a curva *CRÍTICA* (linha tracejada). Usando esse ponto de interseção, leia a profundidade normal como no item 2. O valor resultante da profundidade normal é a profundidade crítica. (Lembre-se de que a profundidade crítica é também uma profundidade normal.)

4. **Como Calcular a Velocidade.** Se você souber a vazão, a rugosidade e a declividade, calcule a velocidade inserindo o valor de Q (ou Qn) e projete uma linha reta diretamente para cima, até uma interseção com a linha de declividade apropriada. Utilizando o ponto de interseção, leia a velocidade usando a série de curvas que correm para baixo e para a esquerda, identificadas como *VELOCIDADE – FPS*. Talvez você precise interpolar entre as linhas.
5. **Como Calcular a Vazão (Descarga).** Se você souber a inclinação, a profundidade normal e a rugosidade, calcule a vazão localizando primeiro a interseção da declividade apropriada e das linhas de profundidade normal (interpolando, se necessário). Do ponto de interseção, projete uma linha diretamente para baixo, até a escala Qn, e leia o valor de Qn. Finalmente, divida o valor de Qn por n para obter a vazão.

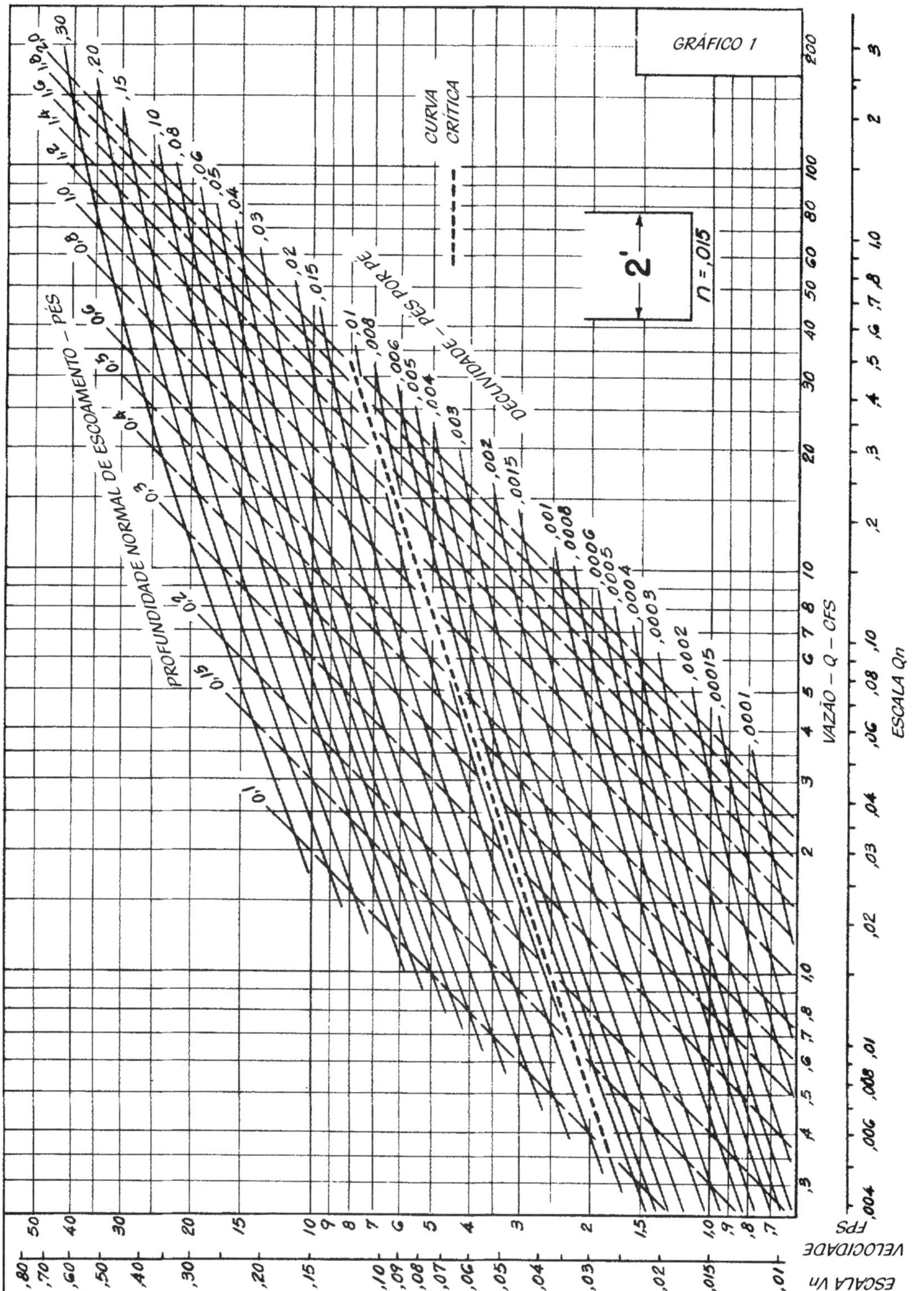

GRÁFICO DE CANAIS VERTICAL b = 2 PÉS.

FIGURA A-3 (GRÁFICO 1) Gráficos de canais para a solução da equação de Manning. *(Cortesia de U.S. Department of Commerce, Bureau of Public Roads, Design Charts for Open-Channel Flow)*

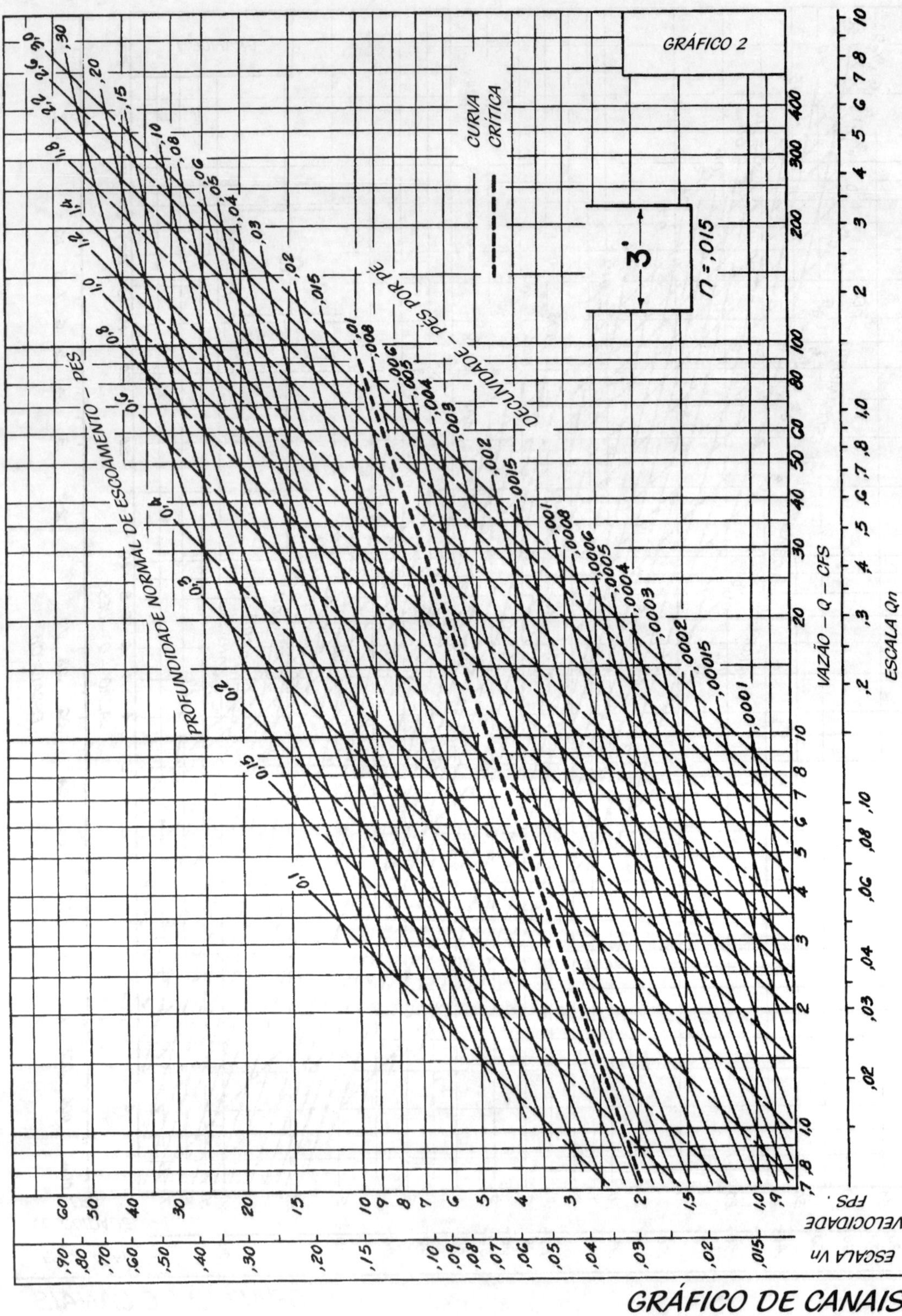

GRÁFICO DE CANAIS VERTICAL b = 3 PÉS.

FIGURA A-3 (GRÁFICO 2) Gráficos de canais para a solução da equação de Manning. *(Cortesia de U.S. Department of Commerce, Bureau of Public Roads, Design Charts for Open-Channel Flow)*

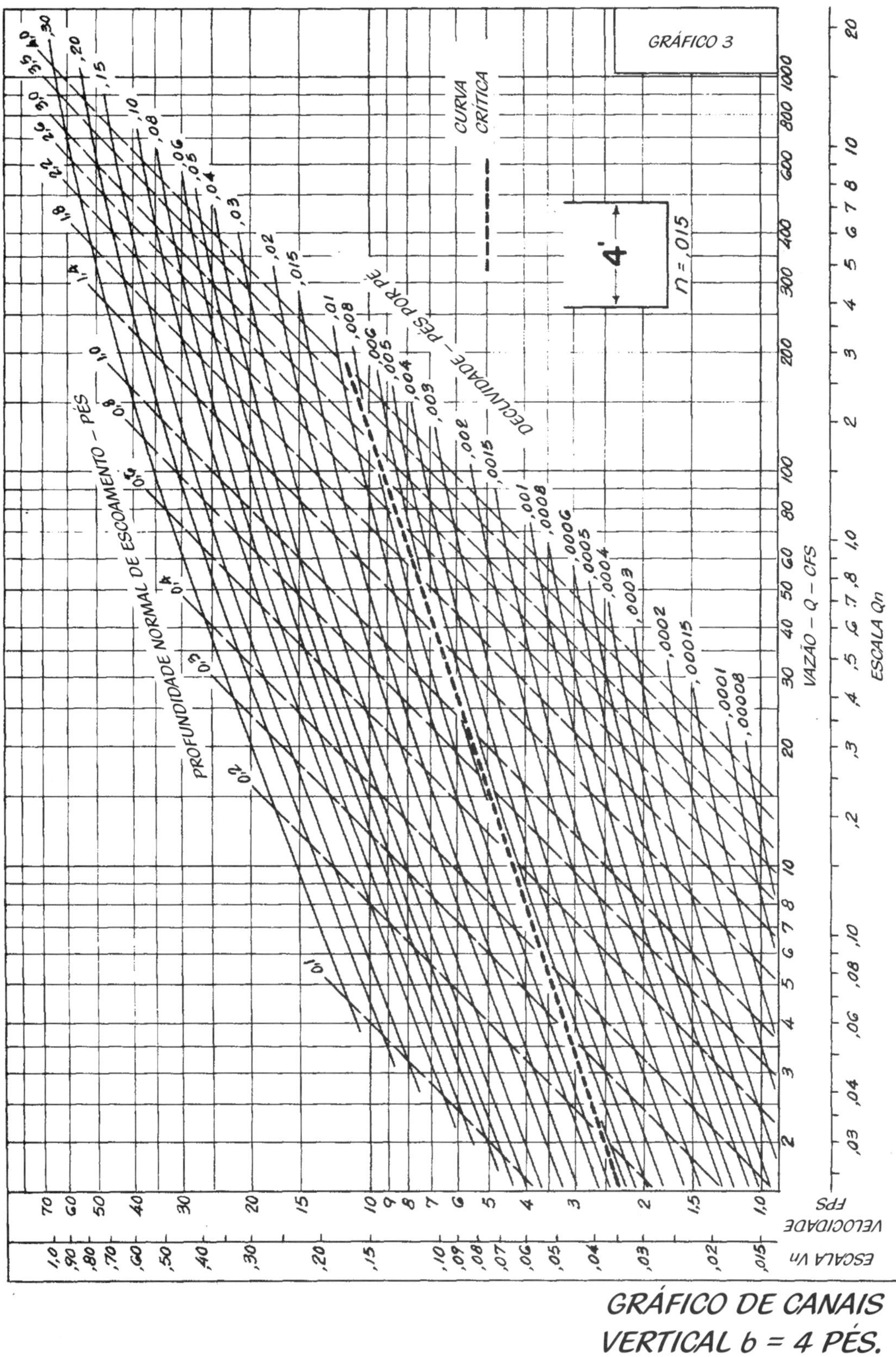

FIGURA A-3 (GRÁFICO 3) Gráficos de canais para a solução da equação de Manning. *(Cortesia de U.S. Department of Commerce, Bureau of Public Roads, Design Charts for Open-Channel Flow)*

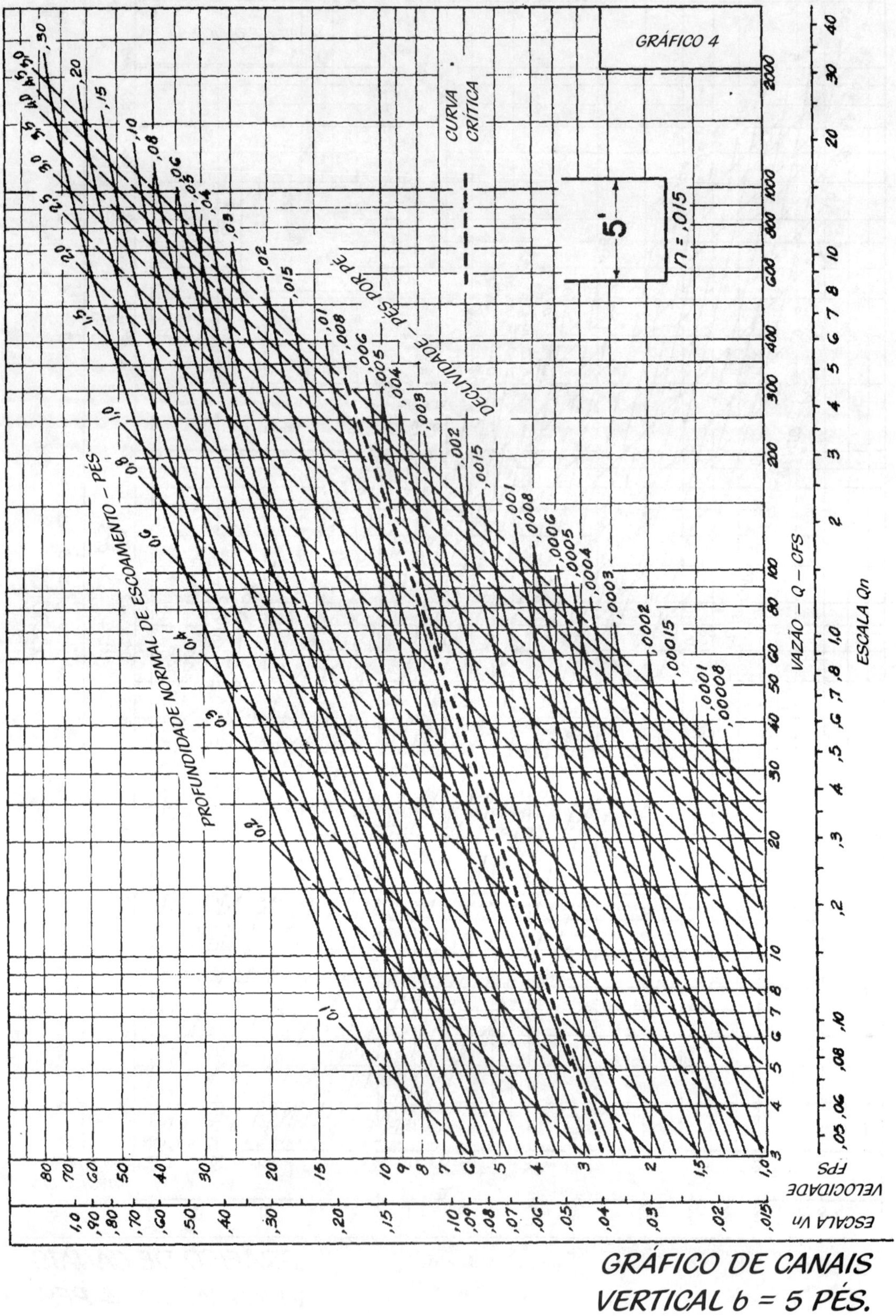

FIGURA A-3 (GRÁFICO 4) Gráficos de canais para a solução da equação de Manning. *(Cortesia de U.S. Department of Commerce, Bureau of Public Roads, Design Charts for Open-Channel Flow)*

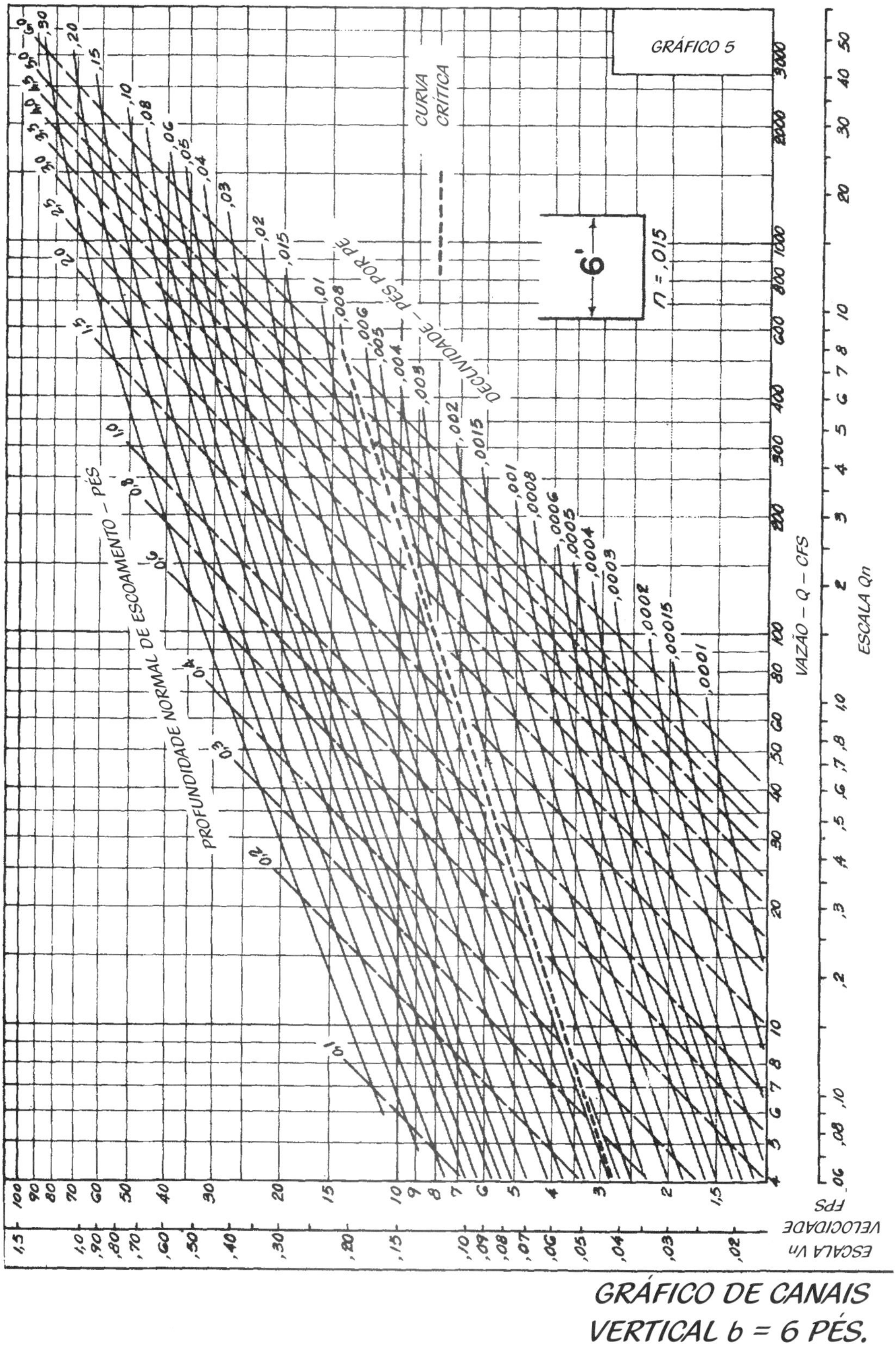

FIGURA A-3 (GRÁFICO 5) Gráficos de canais para a solução da equação de Manning. *(Cortesia de U.S. Department of Commerce, Bureau of Public Roads, Design Charts for Open-Channel Flow)*

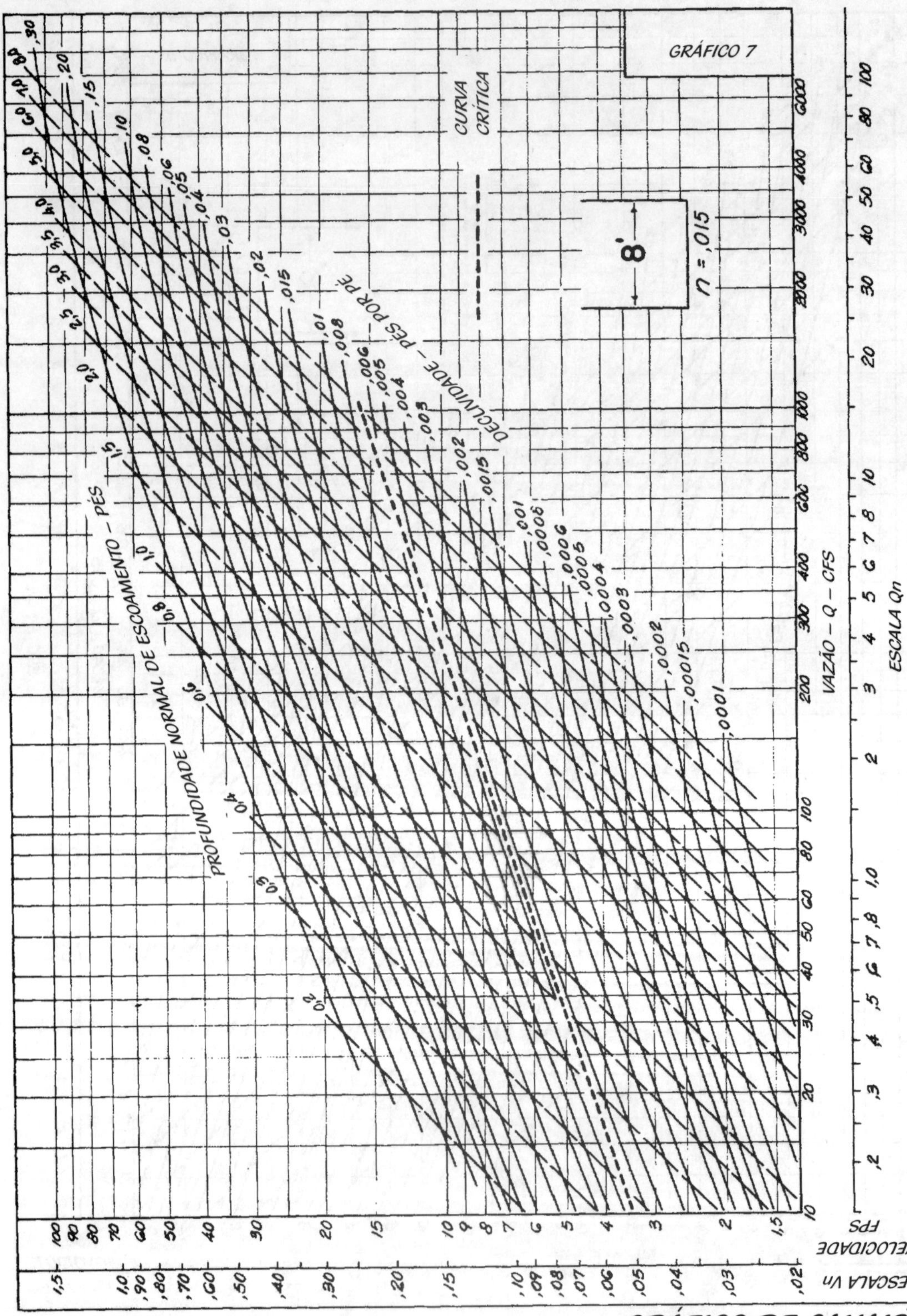

GRÁFICO DE CANAIS
VERTICAL b = 8 PÉS.

FIGURA A-3 (GRÁFICO 7) Gráficos de canais para a solução da equação de Manning. *(Cortesia de U.S. Department of Commerce, Bureau of Public Roads, Design Charts for Open-Channel Flow)*

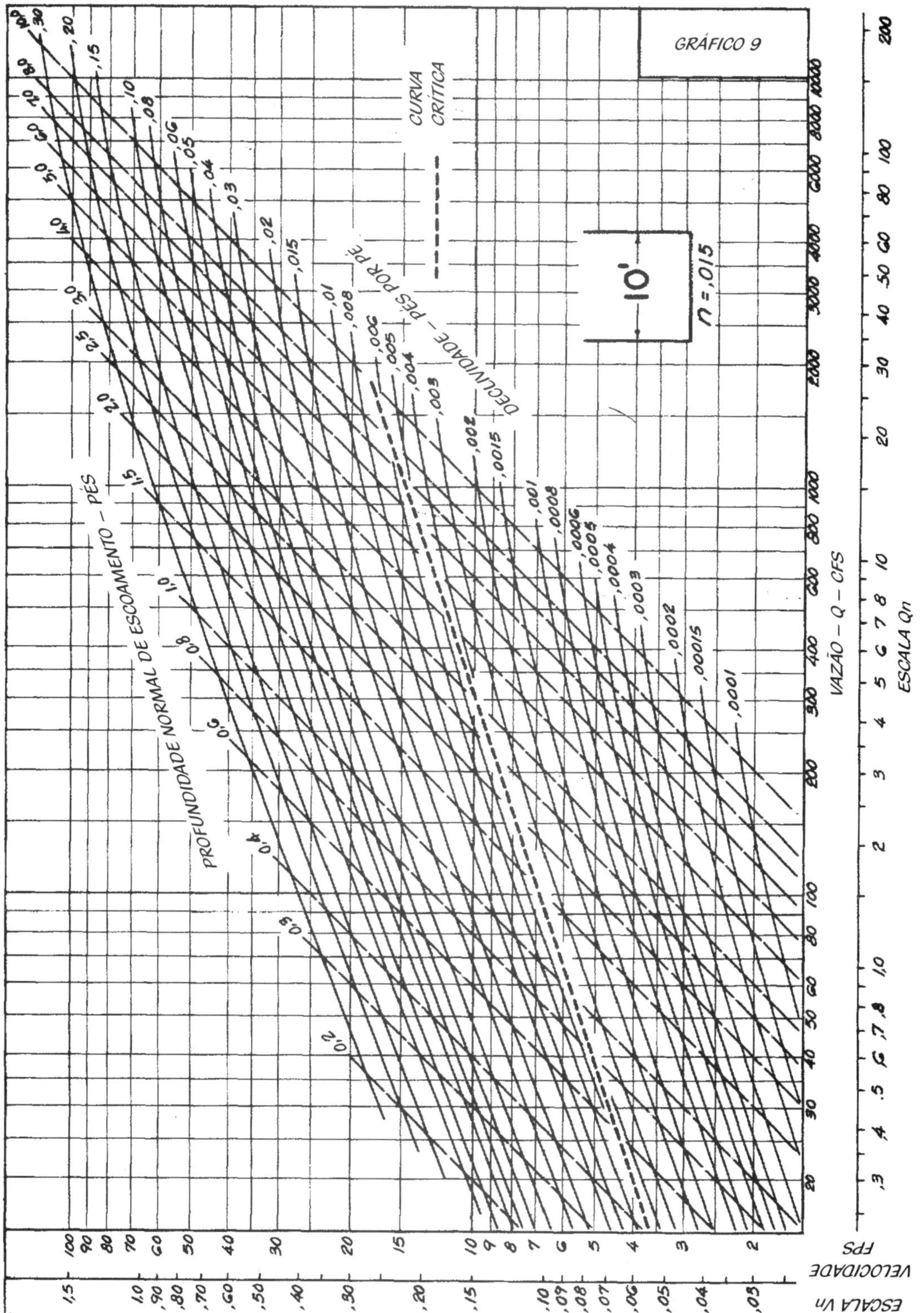

GRÁFICO DE CANAIS VERTICAL b = 10 PÉS.

FIGURA A-3 (GRÁFICO 9) Gráficos de canais para a solução da equação de Manning. *(Cortesia de U.S. Department of Commerce, Bureau of Public Roads, Design Charts for Open-Channel Flow)*

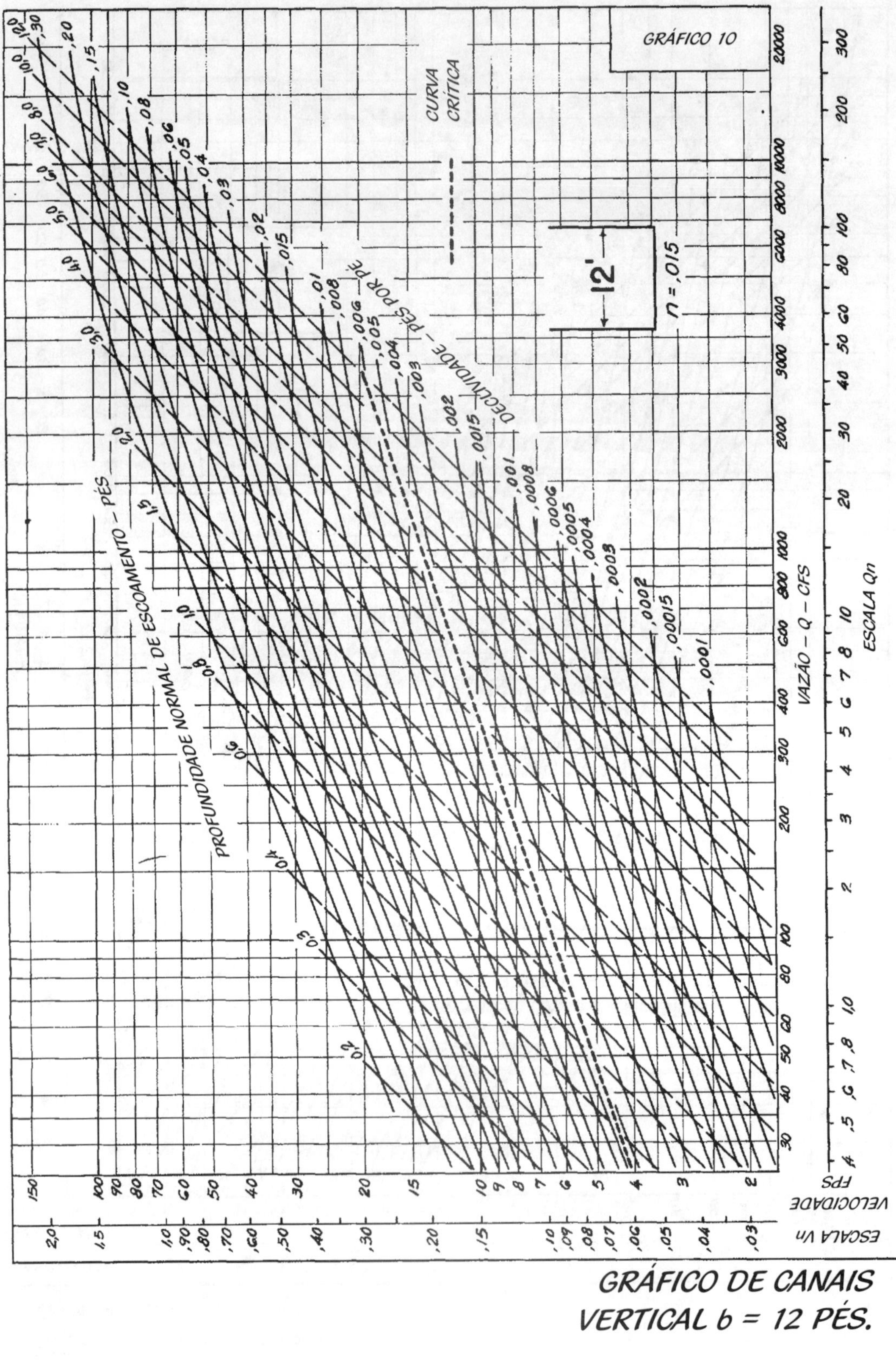

FIGURA A-3 (GRÁFICO 10) Gráficos de canais para a solução da equação de Manning. *(Cortesia de U.S. Department of Commerce, Bureau of Public Roads, Design Charts for Open-Channel Flow)*

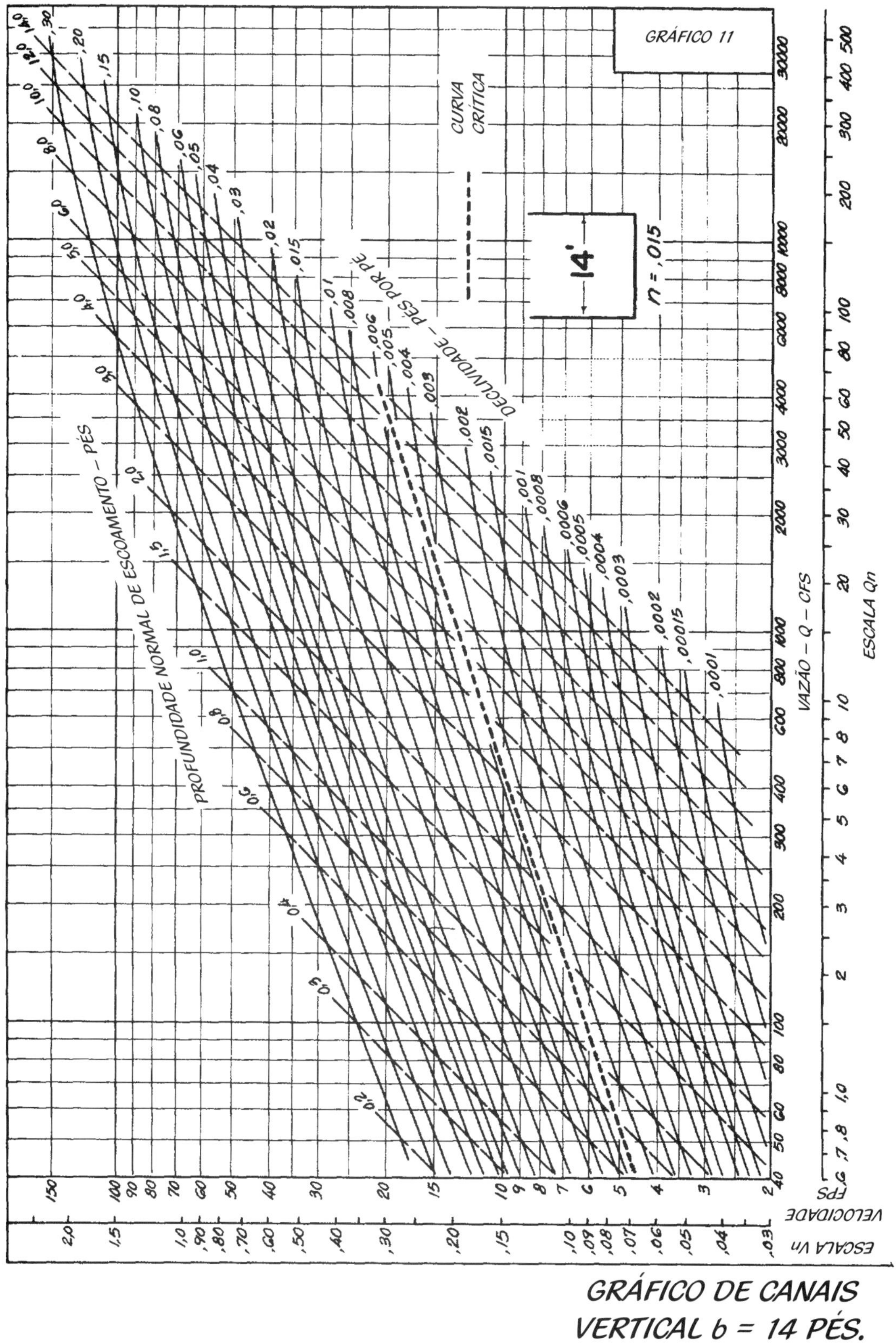

FIGURA A-3 (GRÁFICO 11) Gráficos de canais para a solução da equação de Manning. *(Cortesia de U.S. Department of Commerce, Bureau of Public Roads, Design Charts for Open-Channel Flow)*

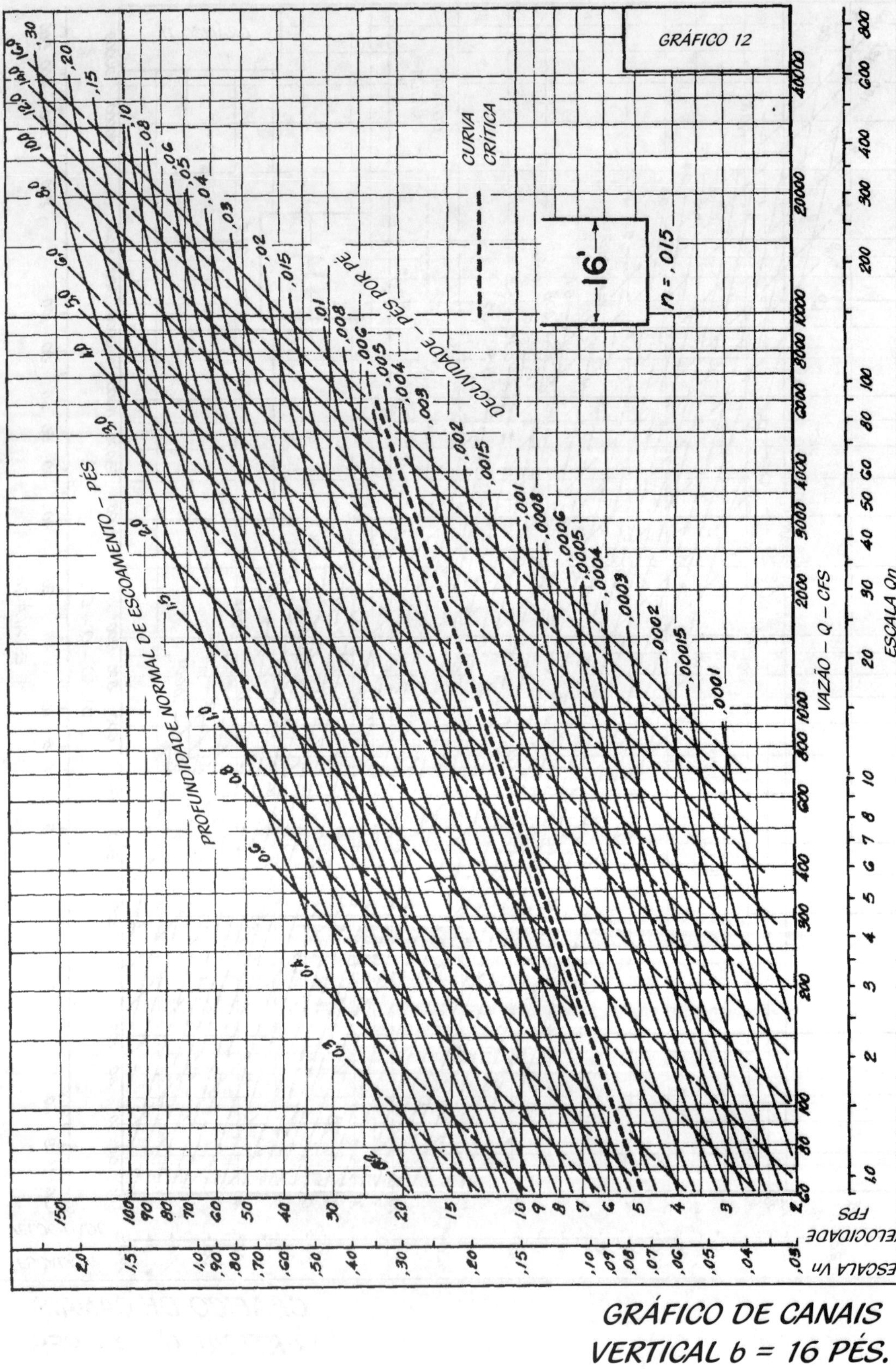

FIGURA A-3 (GRÁFICO 12) Gráficos de canais para a solução da equação de Manning. *(Cortesia de U.S. Department of Commerce, Bureau of Public Roads, Design Charts for Open-Channel Flow)*

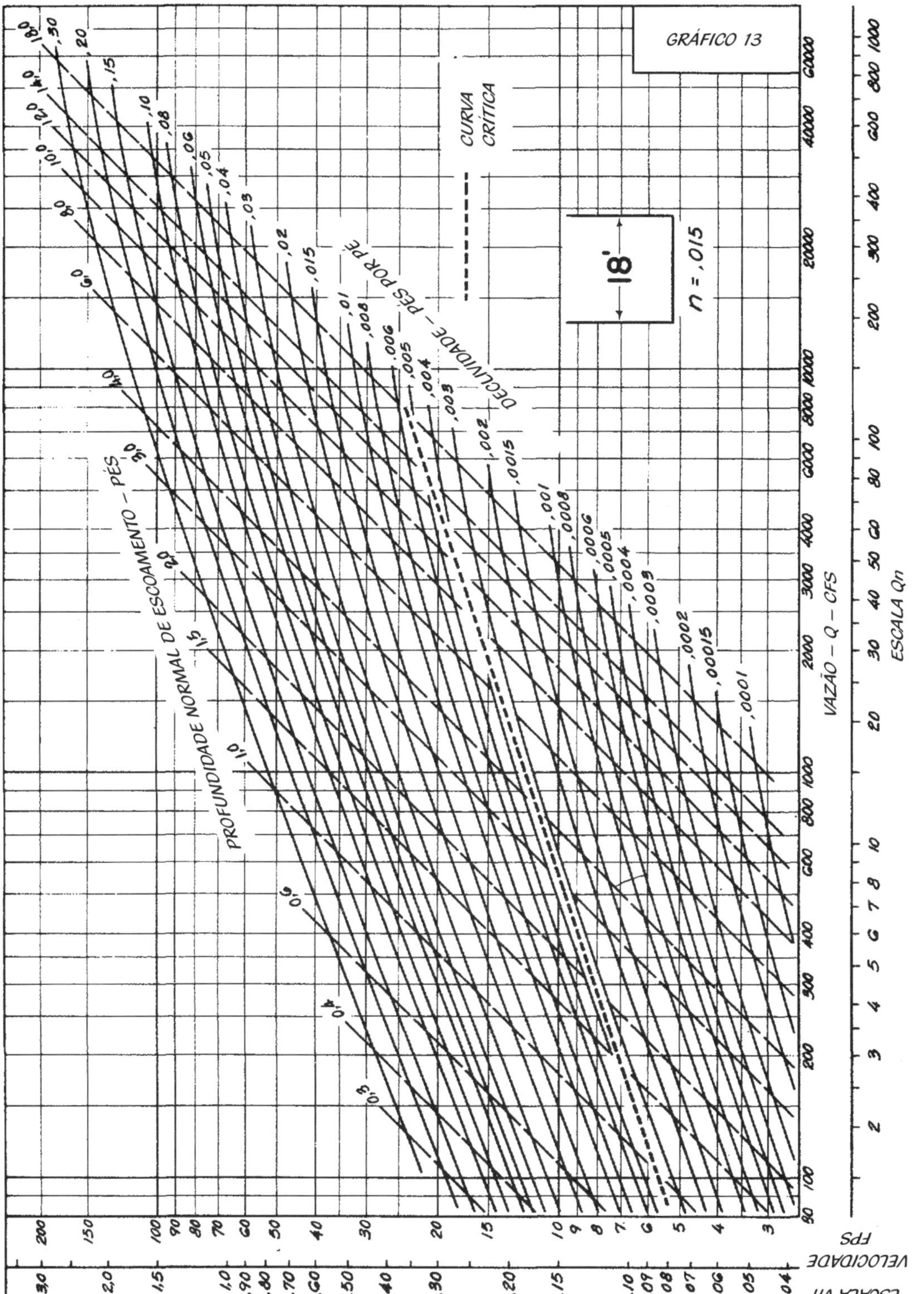

GRÁFICO DE CANAIS
VERTICAL b = 18 PÉS.

FIGURA A-3 (GRÁFICO 13) Gráficos de canais para a solução da equação de Manning. *(Cortesia de U.S. Department of Commerce, Bureau of Public Roads, Design Charts for Open-Channel Flow)*

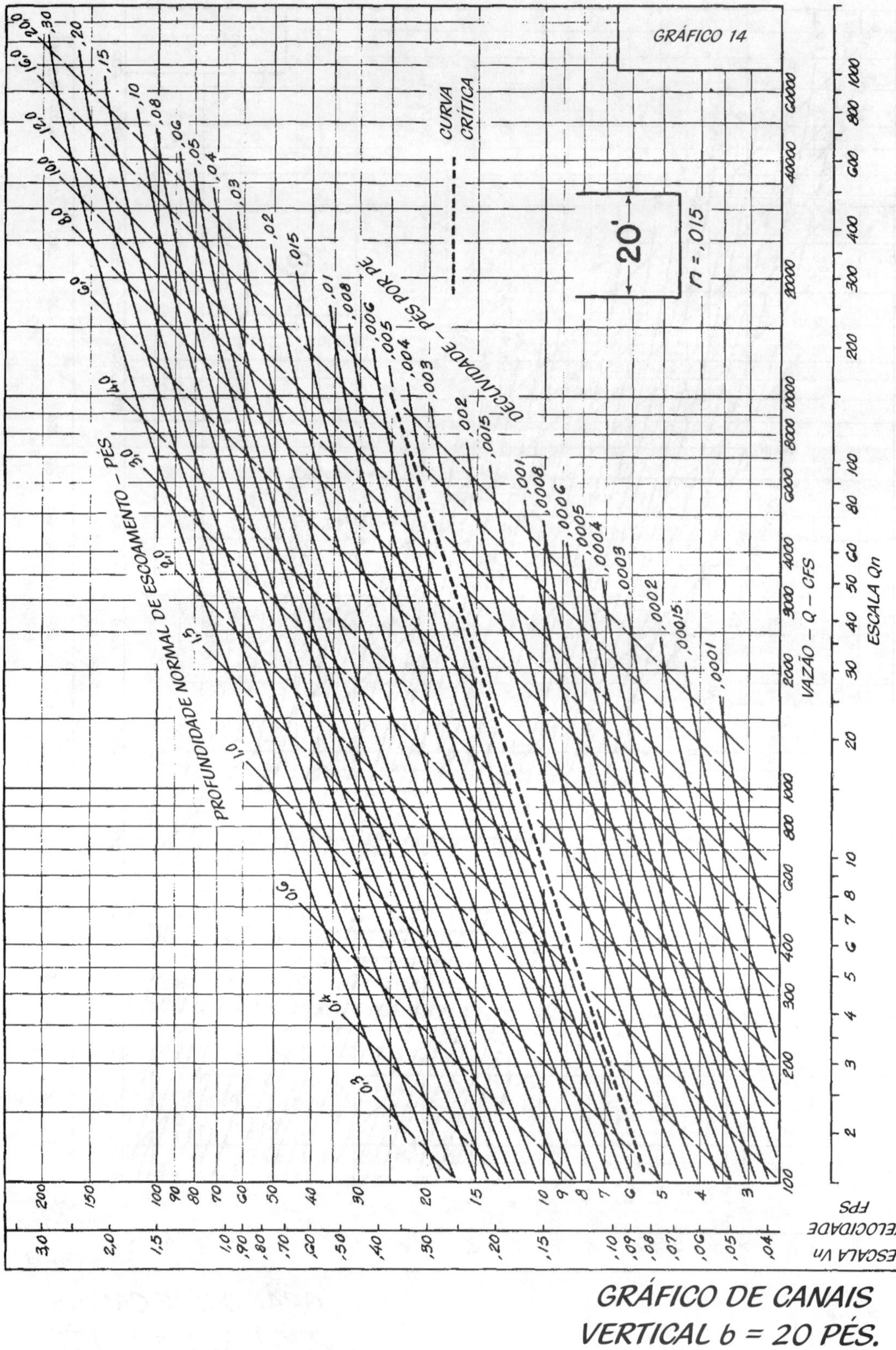

FIGURA A-3 (GRÁFICO 14) Gráficos de canais para a solução da equação de Manning. *(Cortesia de U.S. Department of Commerce, Bureau of Public Roads, Design Charts for Open-Channel Flow)*

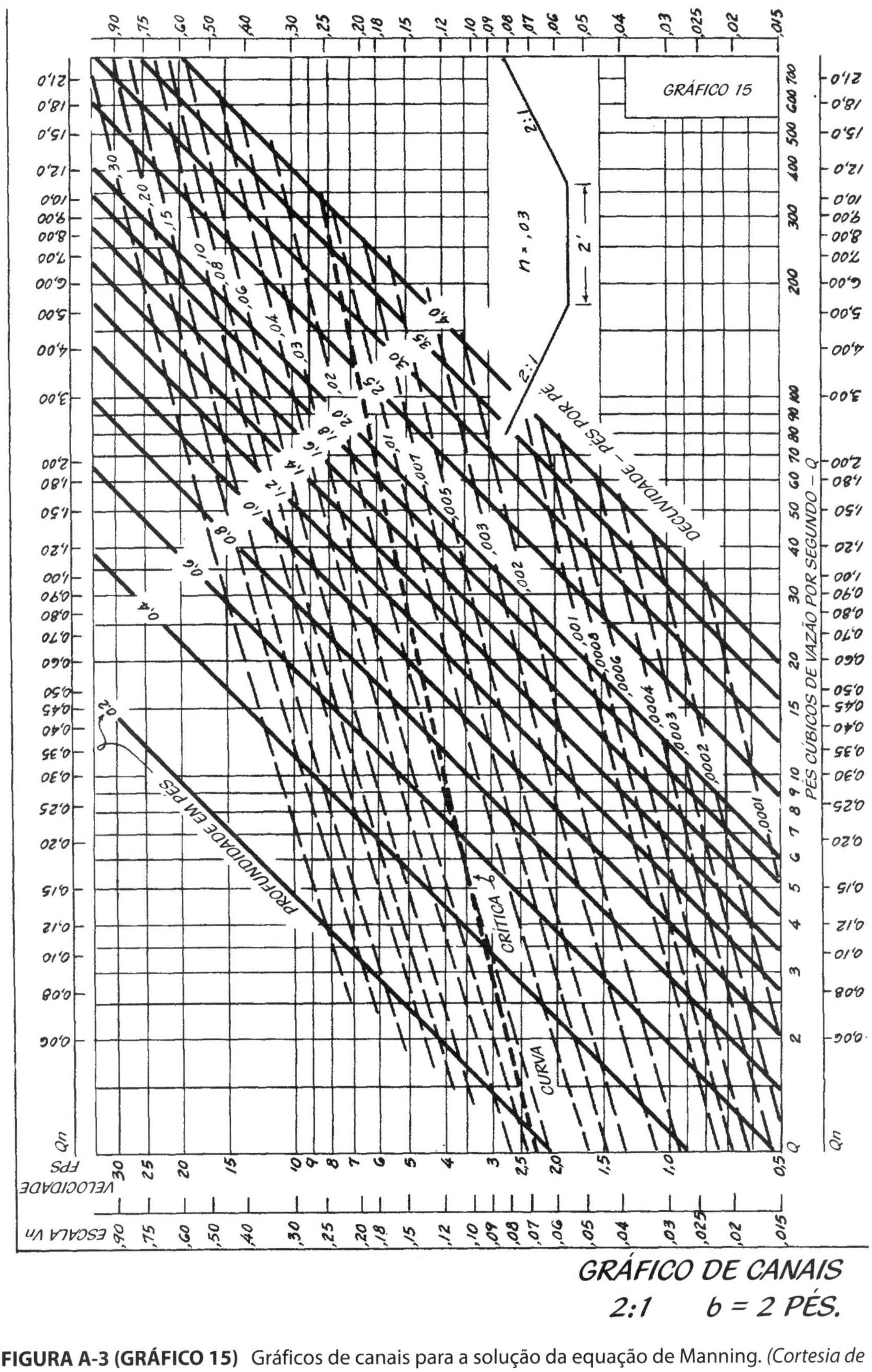

FIGURA A-3 (GRÁFICO 15) Gráficos de canais para a solução da equação de Manning. *(Cortesia de U.S. Department of Commerce, Bureau of Public Roads, Design Charts for Open-Channel Flow)*

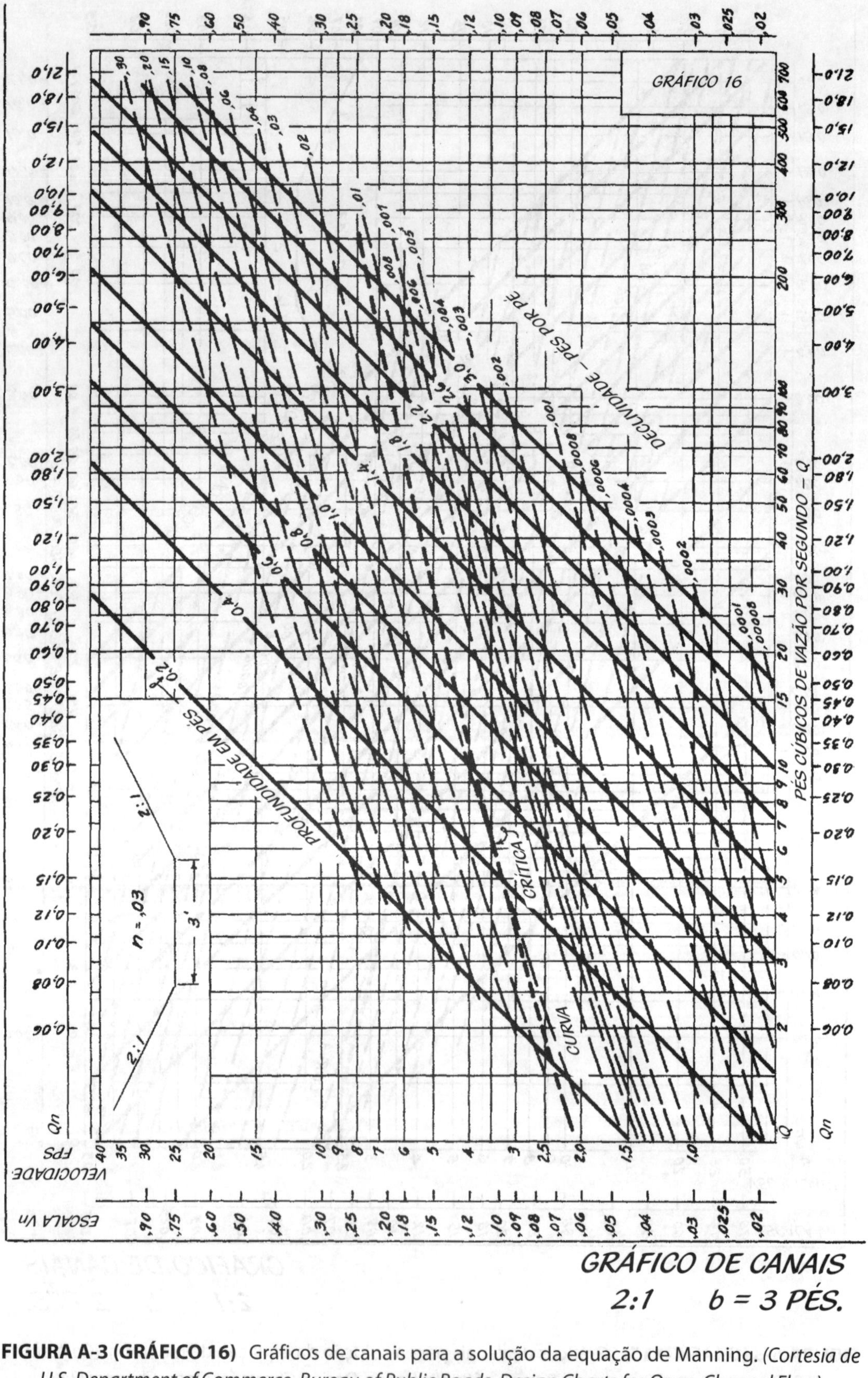

FIGURA A-3 (GRÁFICO 16) Gráficos de canais para a solução da equação de Manning. *(Cortesia de U.S. Department of Commerce, Bureau of Public Roads, Design Charts for Open-Channel Flow)*

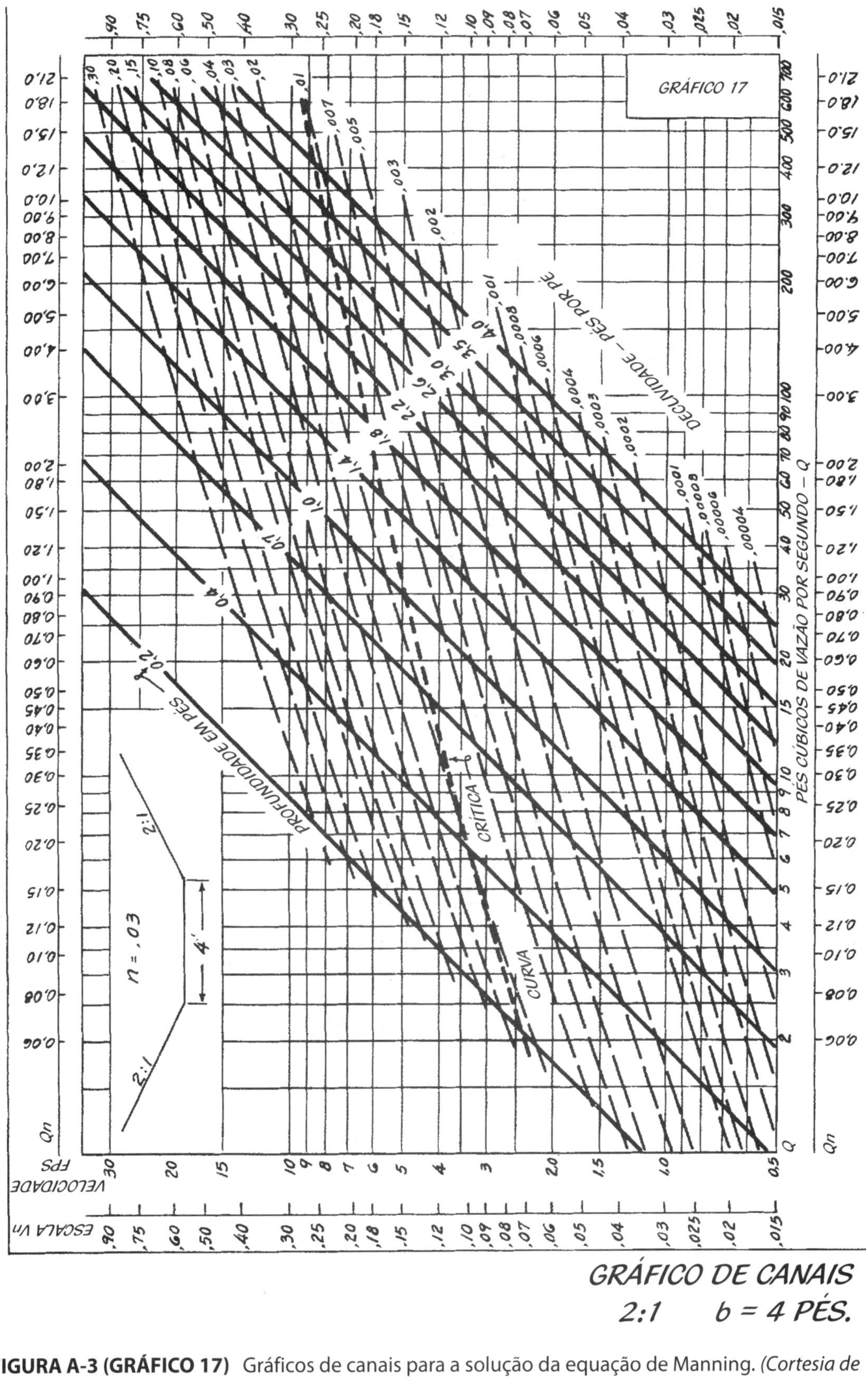

FIGURA A-3 (GRÁFICO 17) Gráficos de canais para a solução da equação de Manning. *(Cortesia de U.S. Department of Commerce, Bureau of Public Roads, Design Charts for Open-Channel Flow)*

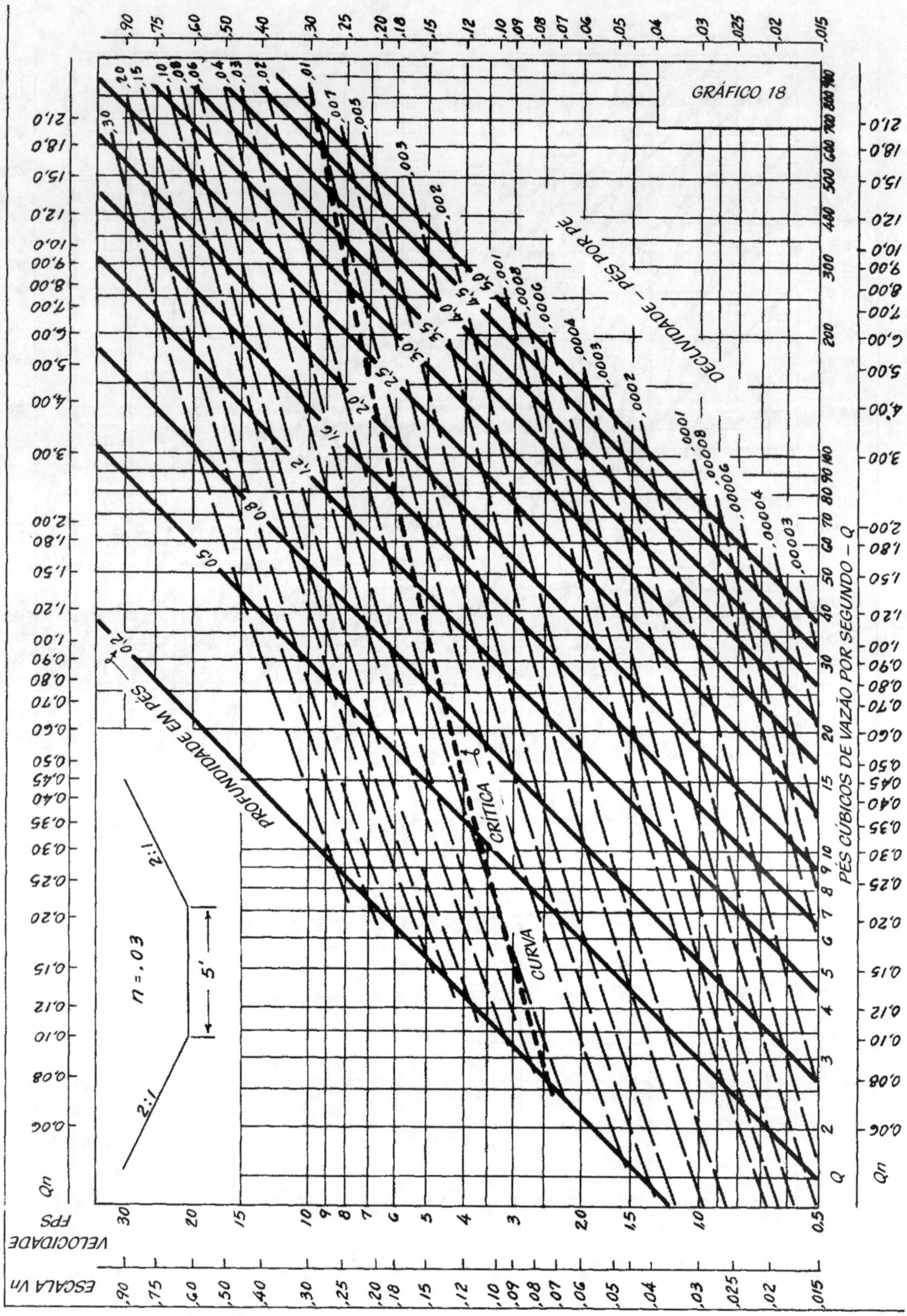

GRÁFICO DE CANAIS

2:1 b = 5 PÉS.

FIGURA A-3 (GRÁFICO 18) Gráficos de canais para a solução da equação de Manning. *(Cortesia de U.S. Department of Commerce, Bureau of Public Roads, Design Charts for Open-Channel Flow)*

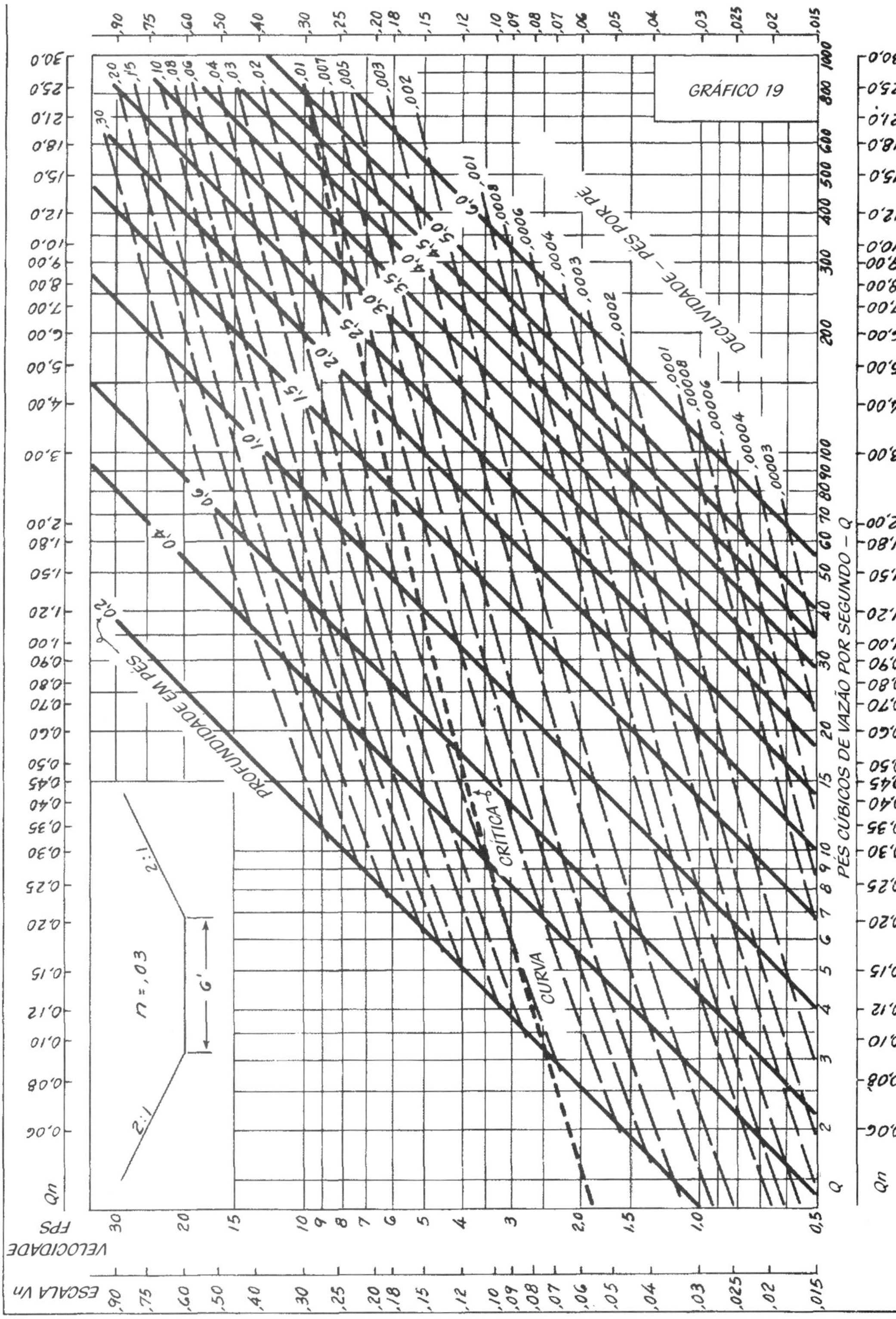

GRÁFICO DE CANAIS
2:1 b = 6 PÉS.

FIGURA A-3 (GRÁFICO 19) Gráficos de canais para a solução da equação de Manning. *(Cortesia de U.S. Department of Commerce, Bureau of Public Roads, Design Charts for Open-Channel Flow)*

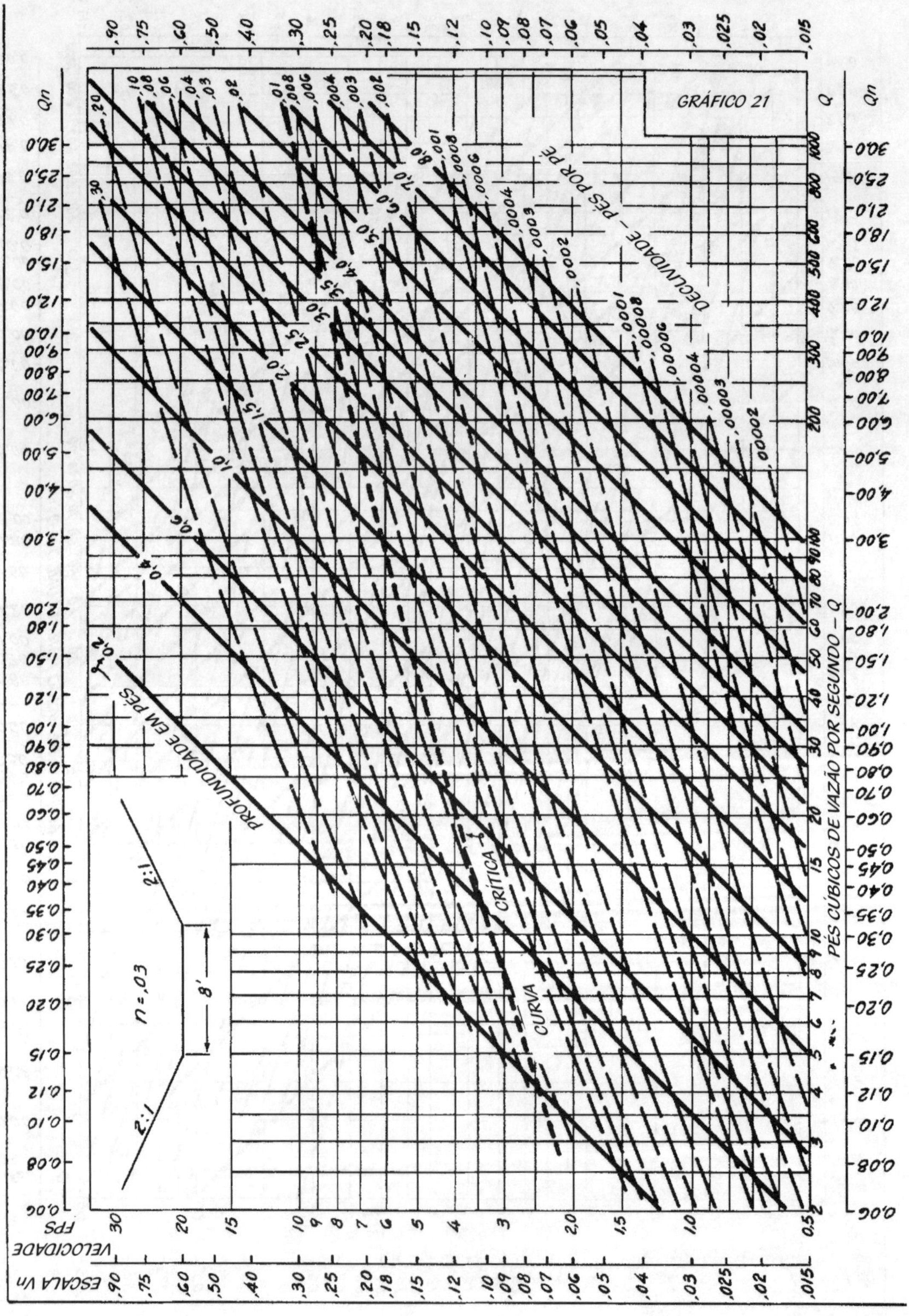

GRÁFICO DE CANAIS
2:1 b = 8 PÉS.

FIGURA A-3 (GRÁFICO 21) Gráficos de canais para a solução da equação de Manning. *(Cortesia de U.S. Department of Commerce, Bureau of Public Roads, Design Charts for Open-Channel Flow)*

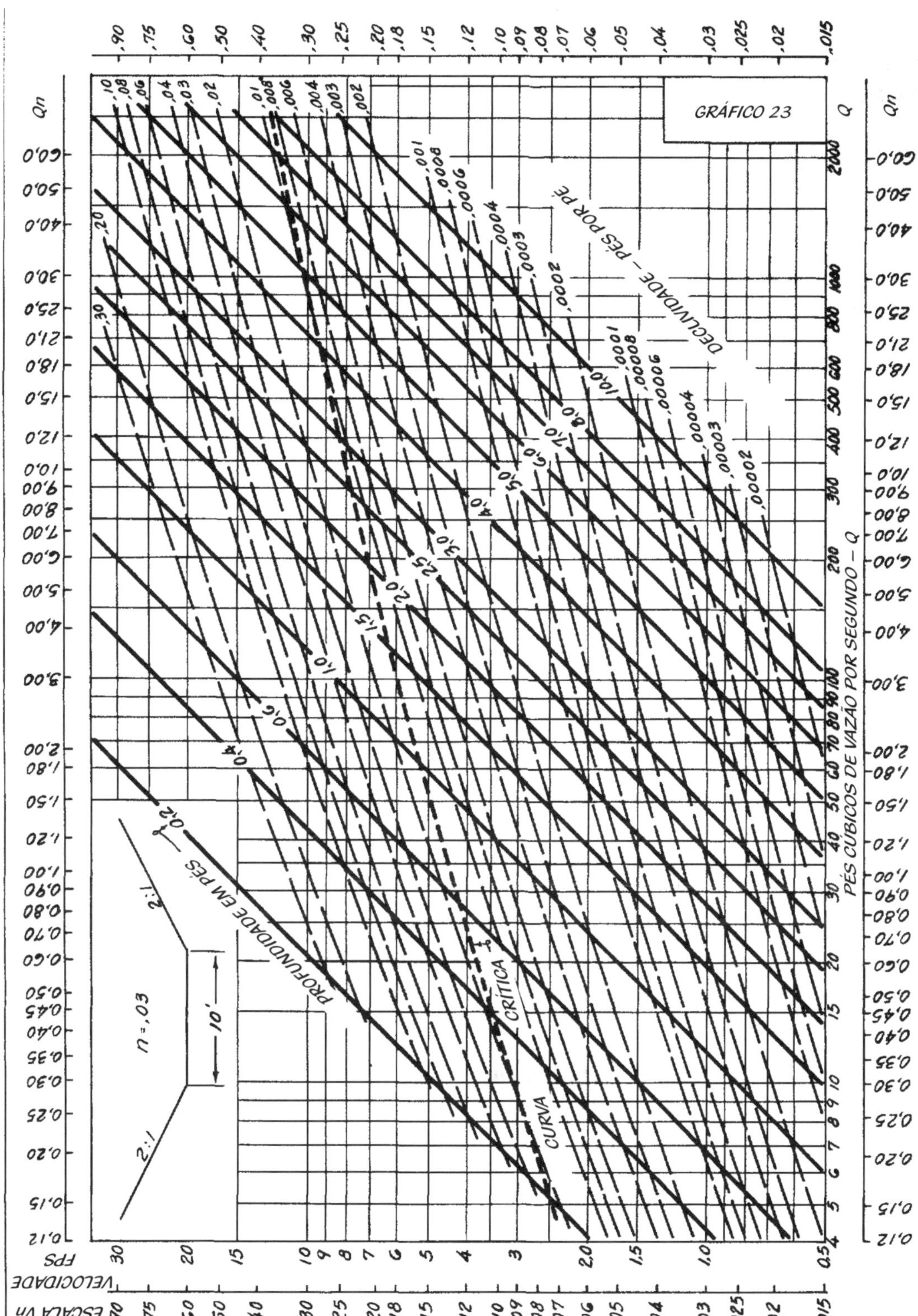

GRÁFICO DE CANAIS
2:1 b = 10 PÉS.

FIGURA A-3 (GRÁFICO 23) Gráficos de canais para a solução da equação de Manning. *(Cortesia de U.S. Department of Commerce, Bureau of Public Roads, Design Charts for Open-Channel Flow)*

A-4

GRÁFICOS DE TUBULAÇÕES PARA A SOLUÇÃO DA EQUAÇÃO DE MANNING

Os gráficos 35 a 47 fornecem uma solução gráfica direta da equação de Manning para condutos circulares que operam como um canal aberto (sem pressão). Assume-se que os tubos possuem declividade uniforme, seção transversal e rugosidade, e que não são afetados pelo remanso.

Os gráficos são calibrados para valores de rugosidade de 0,015, 0,012 e 0,024. No entanto, como explicado no item 1, a seguir, qualquer valor de n pode ser usado.

Você pode usar os gráficos para determinar vazão, velocidade, profundidade normal e profundidade crítica. Veja, a seguir, um resumo que descreve o uso básico dos gráficos:

1. **Como Usar os Gráficos para Qualquer Valor de *n*.** Se a rugosidade da tubulação não for uma das três listadas (0,015, 0,012 e 0,024), siga este procedimento simples:

   A. Ajuste seu valor conhecido de Q multiplicando-o pela razão $\frac{n}{0{,}015}$ para obter um valor ajustado, Q'.

   B. Insira Q' na escala de vazão para $n = 0{,}015$ e proceda como de costume.

   Caso esteja tentando determinar a vazão, siga este simples procedimento:

   A. Utilizando o procedimento usual, desça uma linha reta até a escala de vazão para $n = 0{,}015$.

   B. Esse valor é, na verdade, Q', a vazão ajustada.

   C. Determine a vazão efetiva multiplicando Q' pela razão $\frac{0{,}015}{n}$.

2. **Como Determinar a Profundidade Normal.** Caso você conheça a vazão, a rugosidade e a declividade, determine a profundidade normal inserindo o valor de Q (ou Q') e projete uma linha reta para cima no gráfico, até uma interseção com a linha de declividade apropriada. (Talvez você precise interpolar entre as linhas de declividade.) No ponto de interseção, leia a profundidade normal usando a série de linhas diagonais identificadas como *PROFUNDIDADE NORMAL DO ESCOAMENTO NA TUBULAÇÃO – PÉS*. (Você pode precisar interpolar entre as linhas.)

3. **Como Determinar a Profundidade Crítica.** A profundidade crítica é independente da rugosidade, por isso não use as escalas mais baixas de Q ($n = 0{,}012$, $0{,}024$). Caso você saiba a vazão, insira o valor de Q e projete diretamente para cima, até a interseção com a *CURVA CRÍTICA* (linha tracejada). Usando esse ponto de interseção, leia a profuididade normal como no item 2 anterior. O valor resultante da profundidade normal é a profundidade crítica. (Lembre-se de que a profundidade crítica é também uma profundidade normal.)

4. **Como Calcular a Velocidade.** Caso você conheça a vazão, a rugosidade e a declividade, calcule a velocidade inserindo o valor de Q (ou Q') e projete uma linha reta para cima, até haver uma interseção com a linha apropriada de declividade. (Você pode precisar interpolar entre as linhas de declividade.) Utilizando esse ponto de interseção, leia a velocidade usando a série de curvas que correm abaixo e à esquerda, identificadas como *VELOCIDADE – V – FPS*. (Você pode precisar interpolar entre as linhas.)

5. **Como Calcular a Descarga.** Se você souber a declividade, a profundidade normal e a rugosidade, calcule a vazão primeiro localizando a interseção da declividade apropriada e das linhas de profundidade normal (interpolando, se necessário). Do ponto de interseção, projete uma linha reta para baixo, até a escala *Q*, e leia o valor de vazão. (Se necessário, ajuste para um diferente valor de *n*, de acordo com o item 1 anterior.)

6. **Como Calcular a Capacidade do Cano.** A capacidade da tubulação na verdade é o mesmo que calcular a vazão quando a profundidade normal é igual ao diâmetro do tubo. Esse valor de profundidade normal corresponde à última linha na série de linhas de profundidade normal, e ocorre no final do *gancho* (ponto mais alto da curva) da linha de declividade, como exibido a seguir.

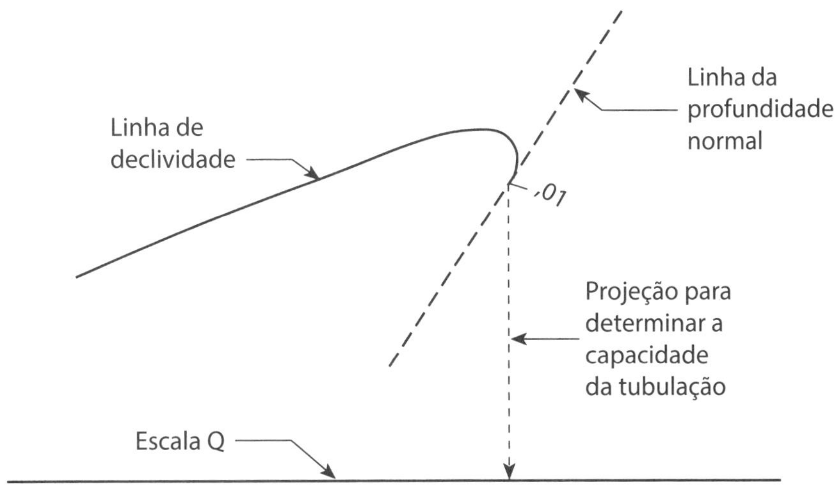

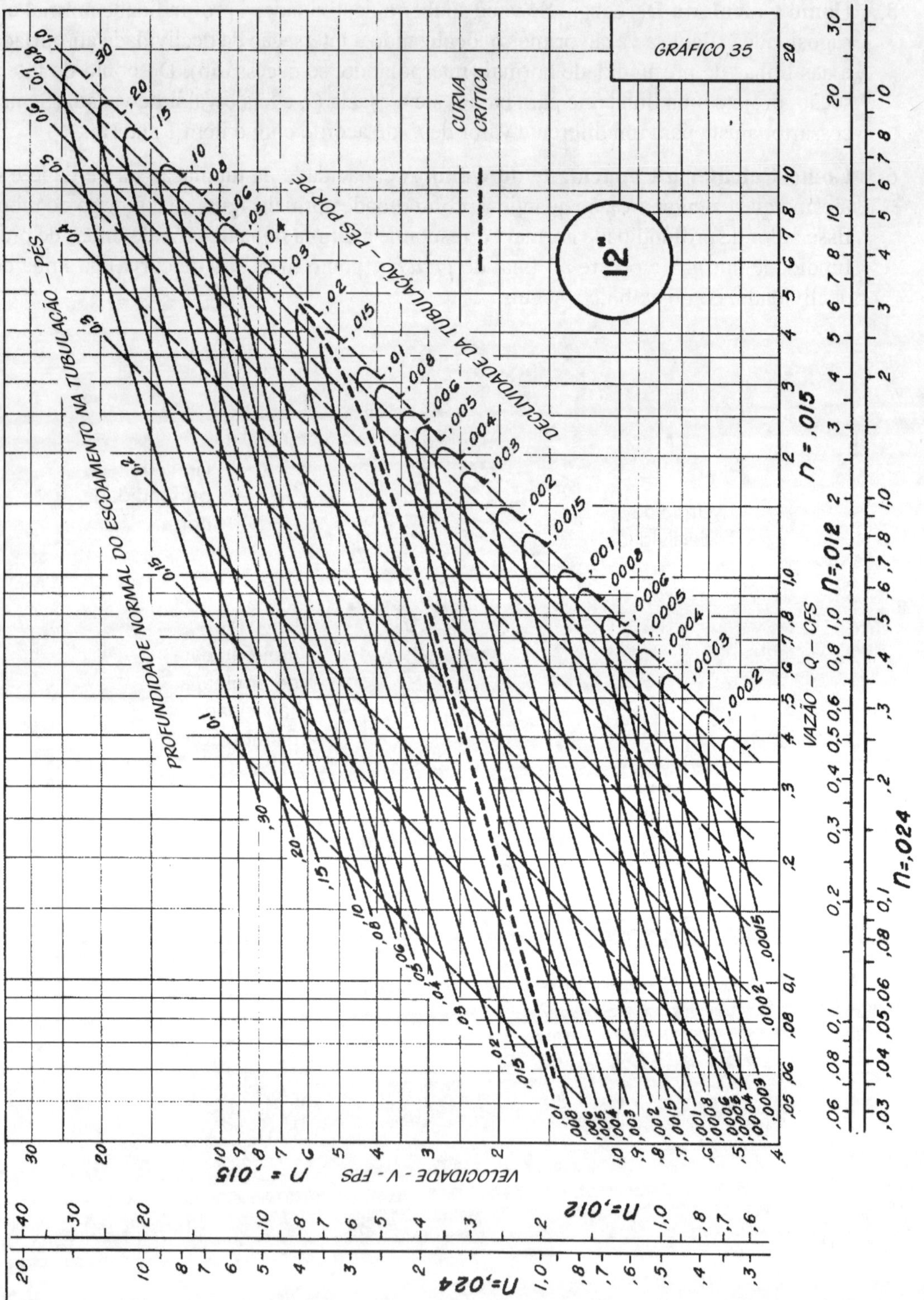

GRÁFICO DE ESCOAMENTO EM TUBULAÇÕES
DIÂMETRO DE 12 POLEGADAS

FIGURA A-4 (GRÁFICO 35) Gráficos de tubulações para a solução da equação de Manning. *(Cortesia de U.S. Department of Commerce, Bureau of Public Roads, Design Charts for Open-Channel Flow)*

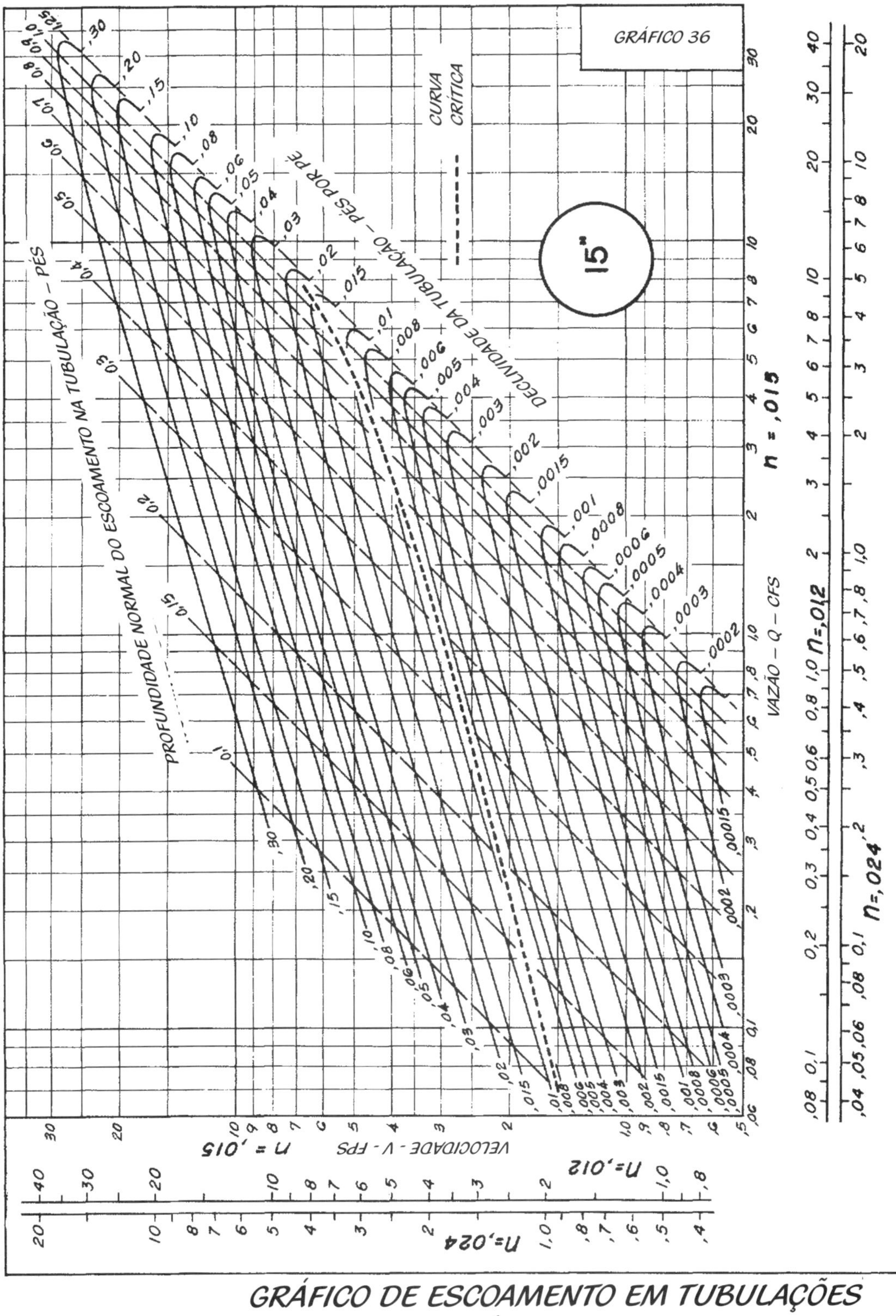

GRÁFICO DE ESCOAMENTO EM TUBULAÇÕES
DIÂMETRO DE 15 POLEGADAS

FIGURA A-4 (GRÁFICO 36) Gráficos de tubulações para a solução da equação de Manning. *(Cortesia de U.S. Department of Commerce, Bureau of Public Roads, Design Charts for Open-Channel Flow)*

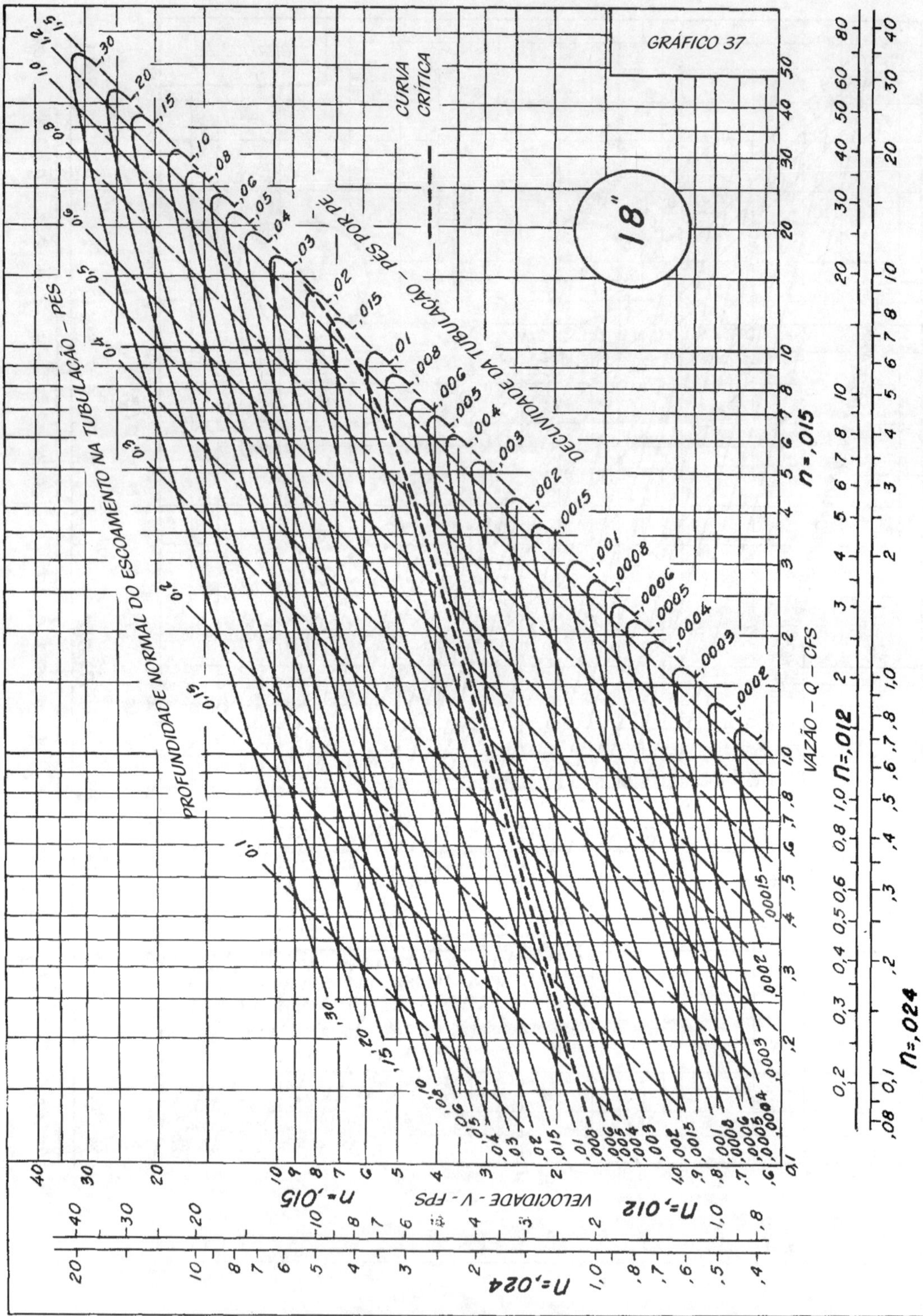

GRÁFICO DE ESCOAMENTO EM TUBULAÇÕES
DIÂMETRO DE 18 POLEGADAS

FIGURA A-4 (GRÁFICO 37) Gráficos de tubulações para a solução da equação de Manning. *(Cortesia de U.S. Department of Commerce, Bureau of Public Roads, Design Charts for Open-Channel Flow)*

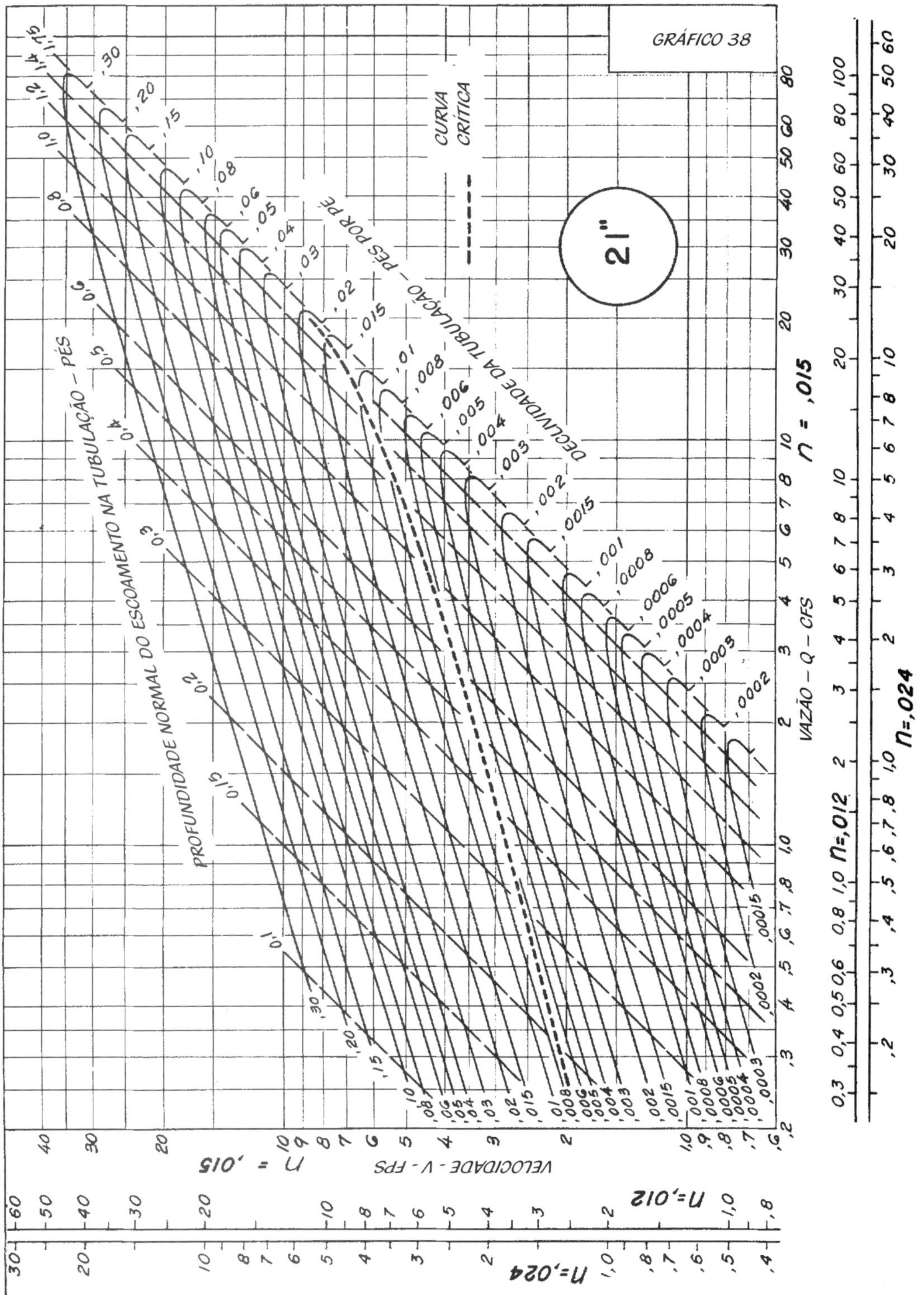

GRÁFICO DE ESCOAMENTO EM TUBULAÇÕES
DIÂMETRO DE 21 POLEGADAS

FIGURA A-4 (GRÁFICO 38) Gráficos de tubulações para a solução da equação de Manning. *(Cortesia de U.S. Department of Commerce, Bureau of Public Roads, Design Charts for Open-Channel Flow)*

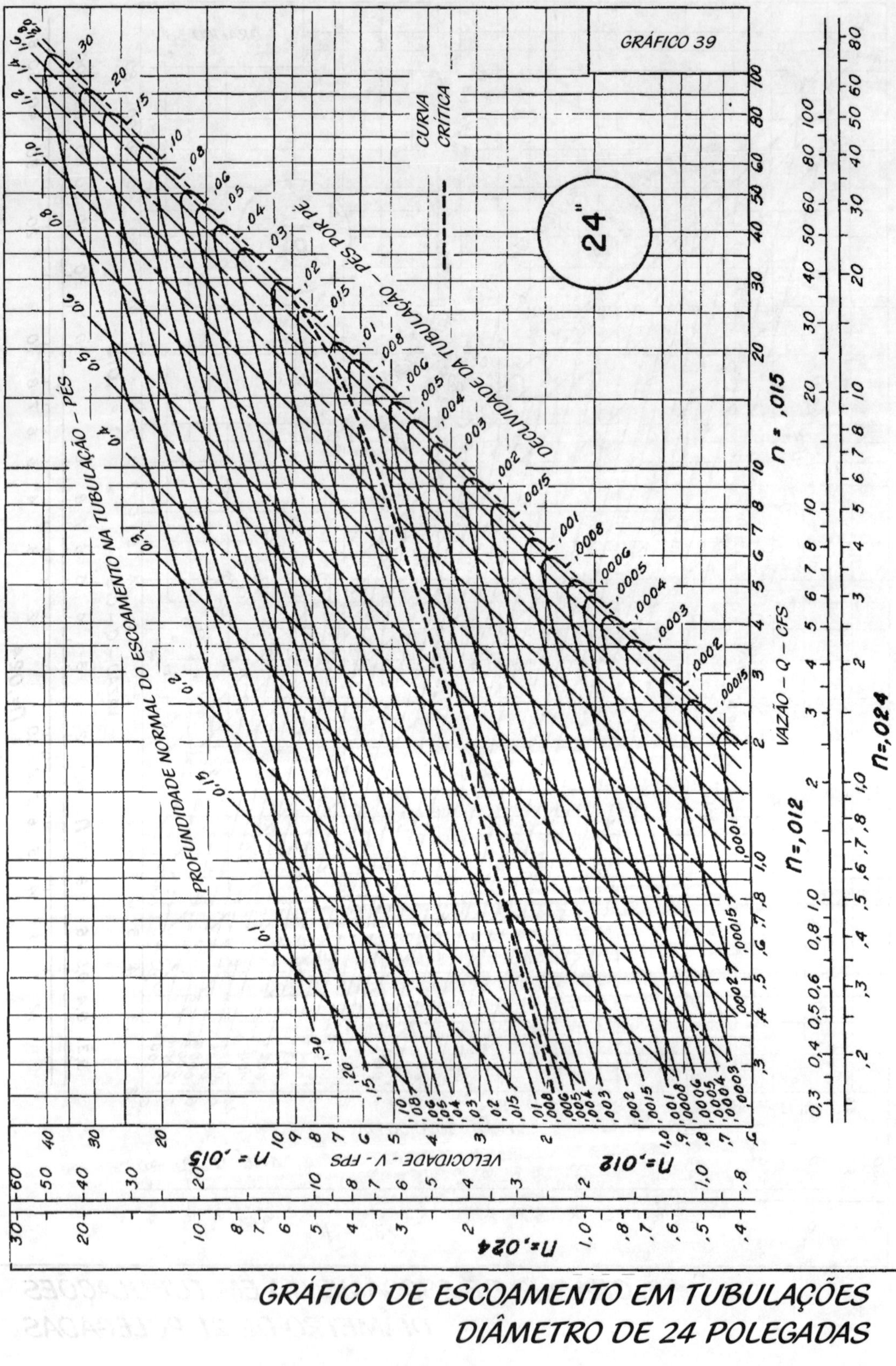

FIGURA A-4 (GRÁFICO 39) Gráficos de tubulações para a solução da equação de Manning. *(Cortesia de U.S. Department of Commerce, Bureau of Public Roads, Design Charts for Open-Channel Flow)*

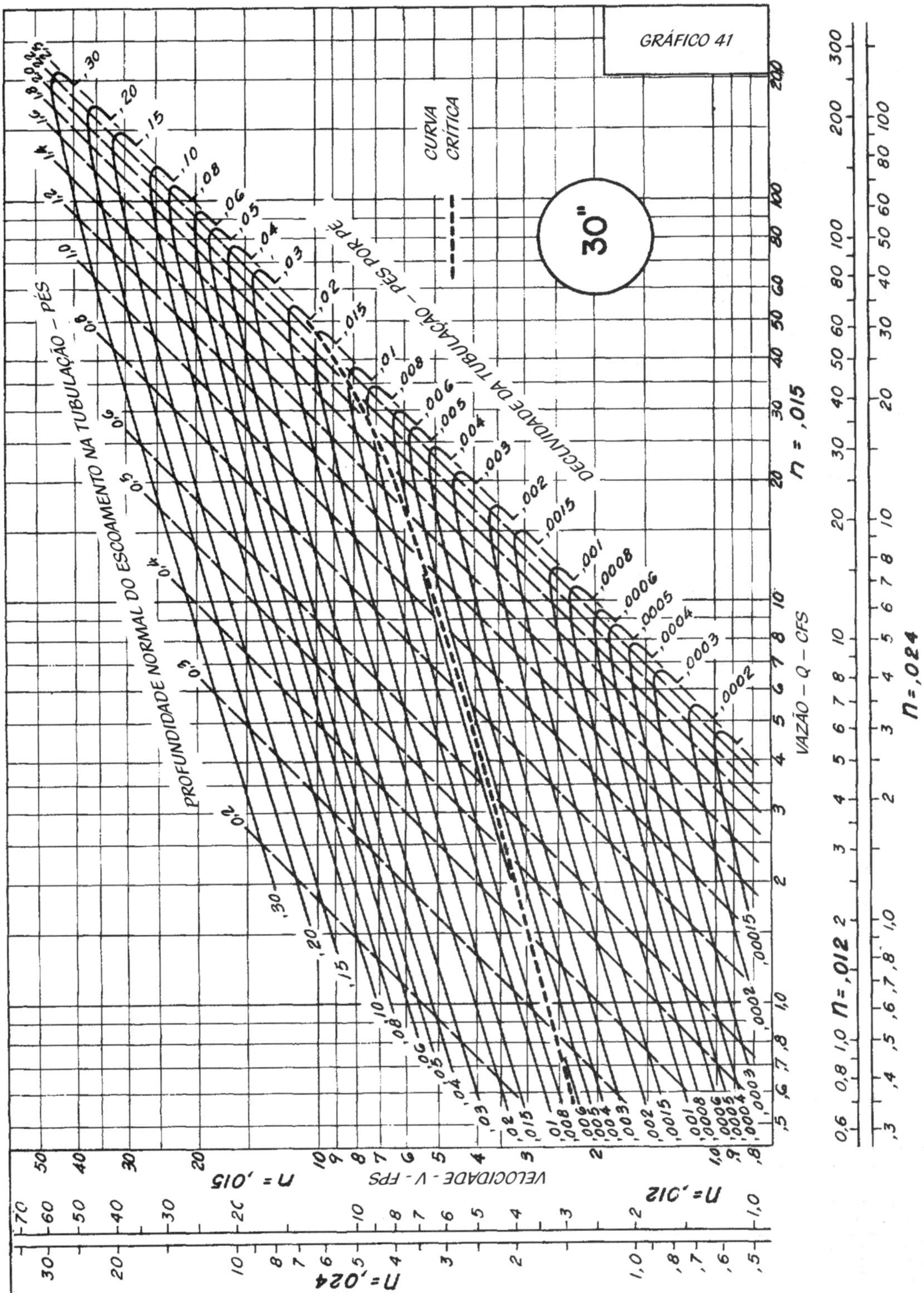

GRÁFICO DE ESCOAMENTO EM TUBULAÇÕES DIÂMETRO DE 30 POLEGADAS

FIGURA A-4 (GRÁFICO 41) Gráficos de tubulações para a solução da equação de Manning. *(Cortesia de U.S. Department of Commerce, Bureau of Public Roads, Design Charts for Open-Channel Flow)*

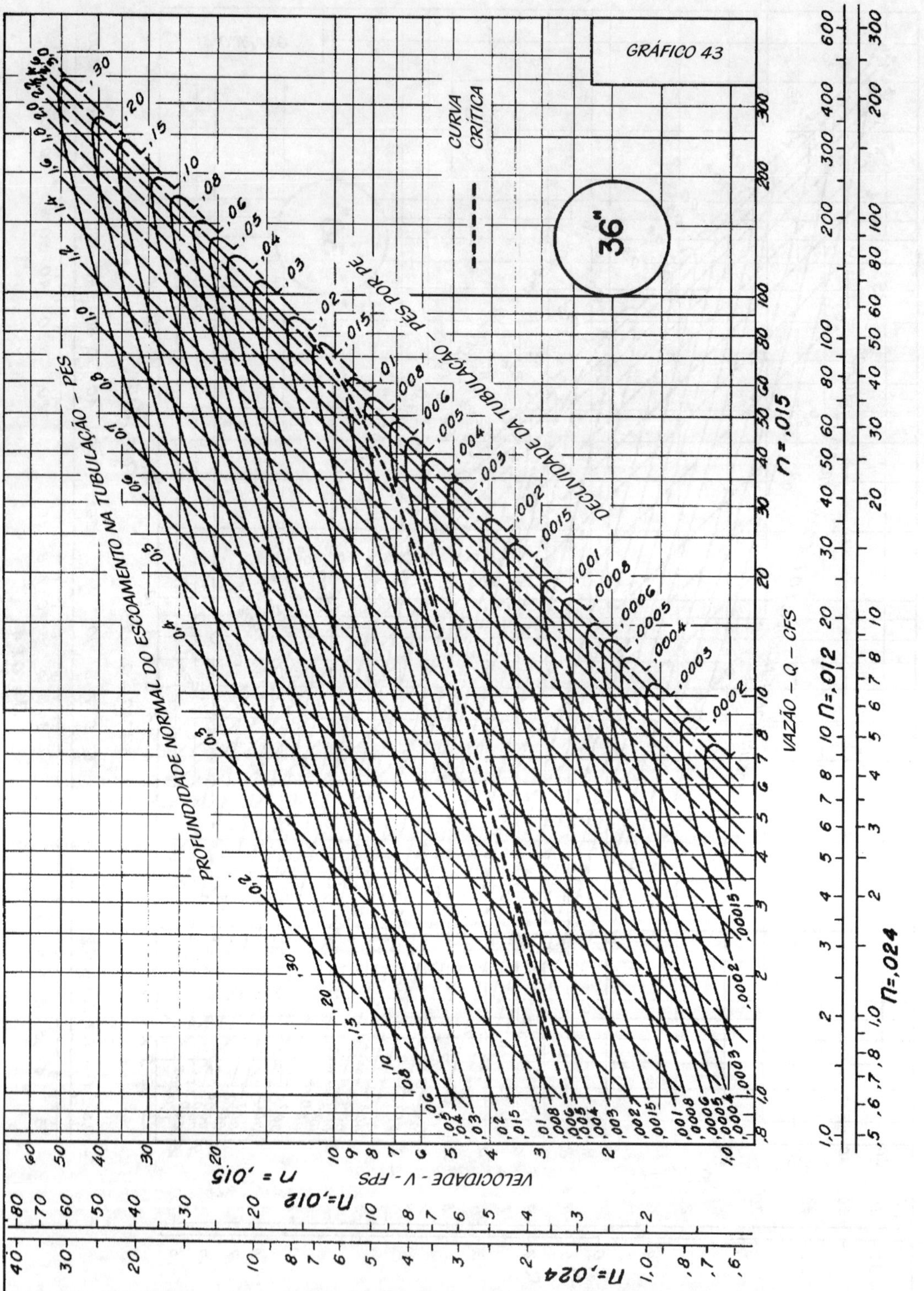

GRÁFICO DE ESCOAMENTO EM TUBULAÇÕES
DIÂMETRO DE 36 POLEGADAS

FIGURA A-4 (GRÁFICO 43) Gráficos de tubulações para a solução da equação de Manning. *(Cortesia de U.S. Department of Commerce, Bureau of Public Roads, Design Charts for Open-Channel Flow)*

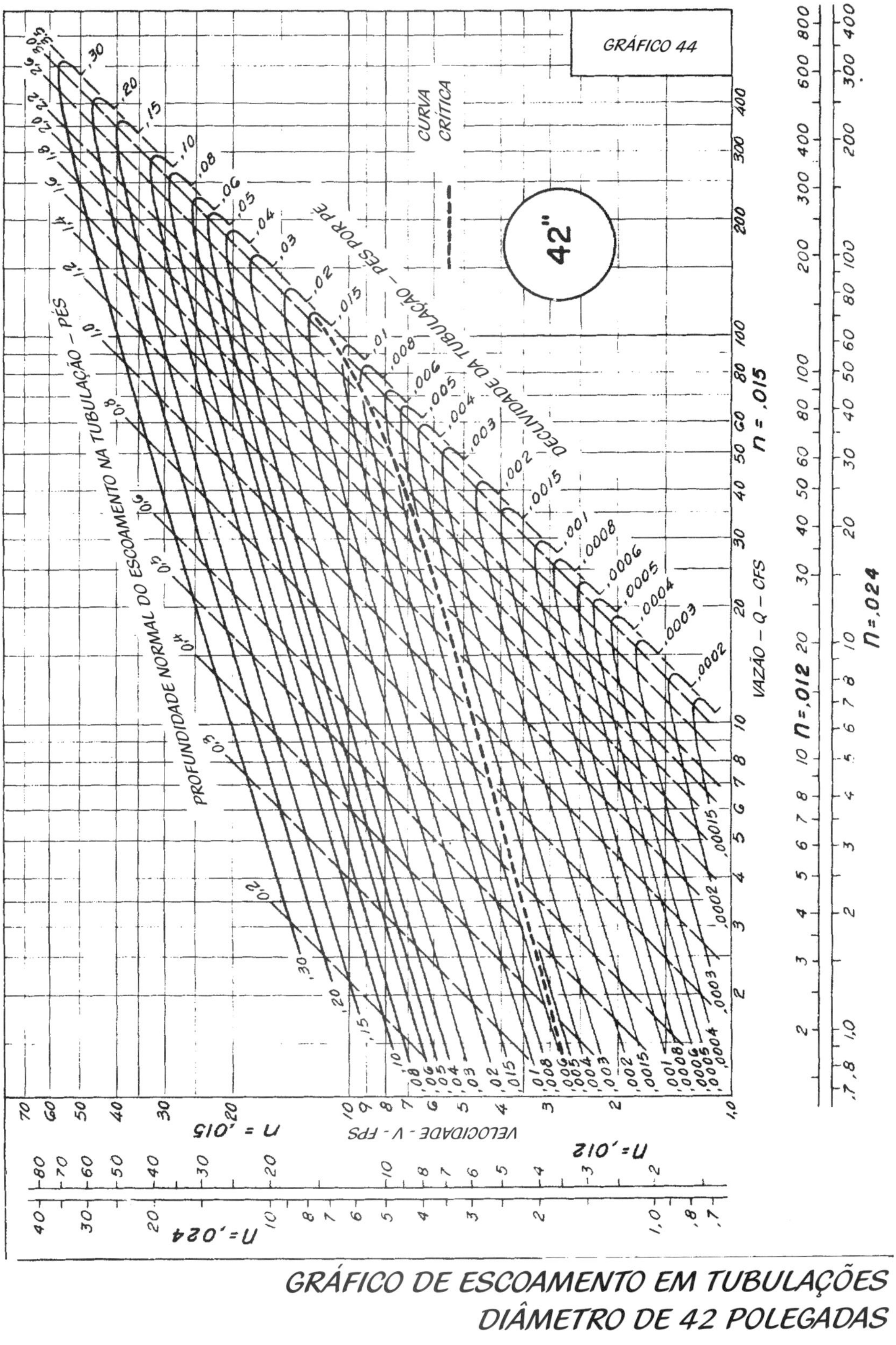

FIGURA A-4 (GRÁFICO 44) Gráficos de tubulações para a solução da equação de Manning. *(Cortesia de U.S. Department of Commerce, Bureau of Public Roads, Design Charts for Open-Channel Flow)*

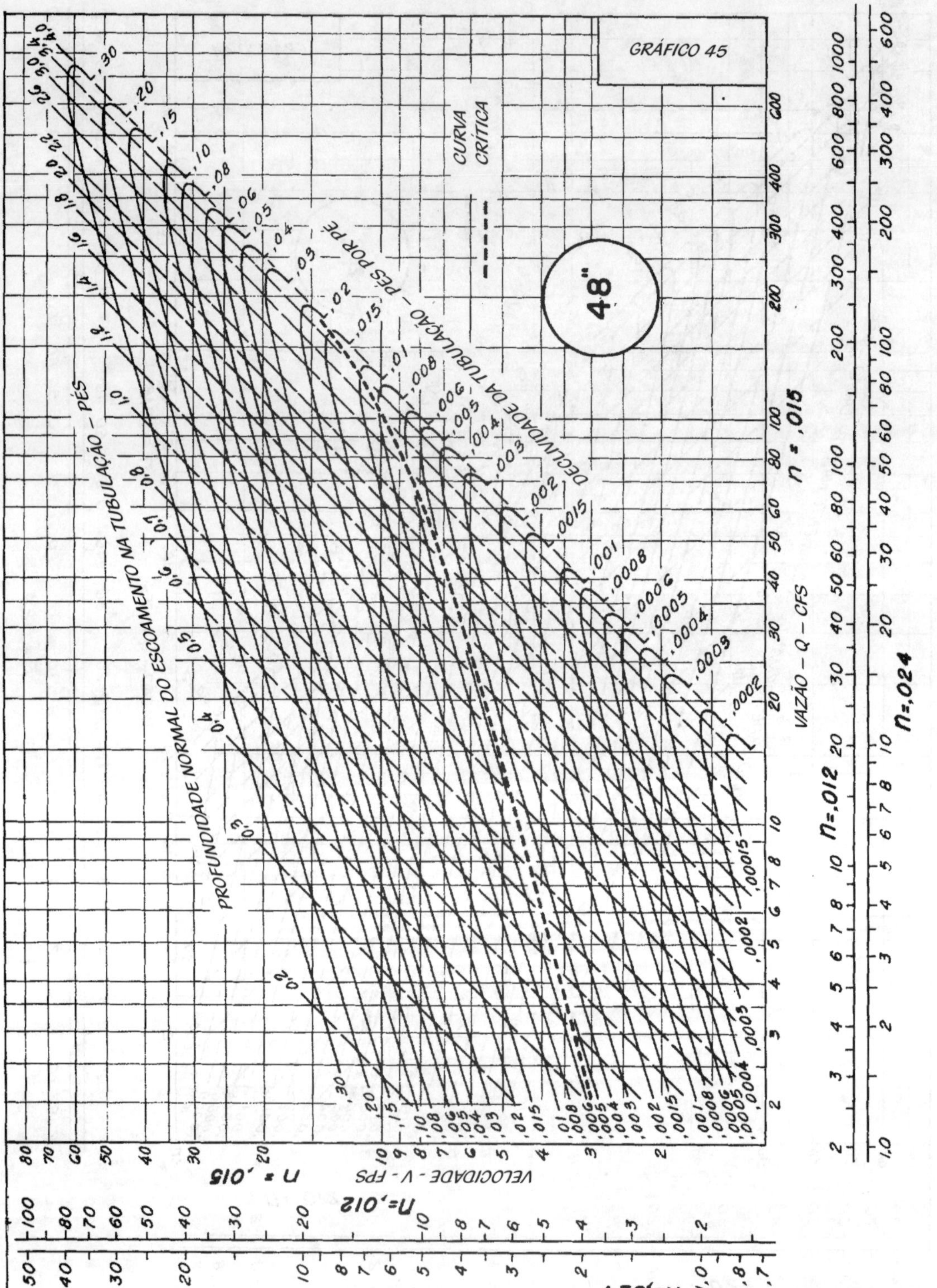

GRÁFICO DE ESCOAMENTO EM TUBULAÇÕES
DIÂMETRO DE 48 POLEGADAS

FIGURA A-4 (GRÁFICO 45) Gráficos de tubulações para a solução da equação de Manning. *(Cortesia de U.S. Department of Commerce, Bureau of Public Roads, Design Charts for Open-Channel Flow)*

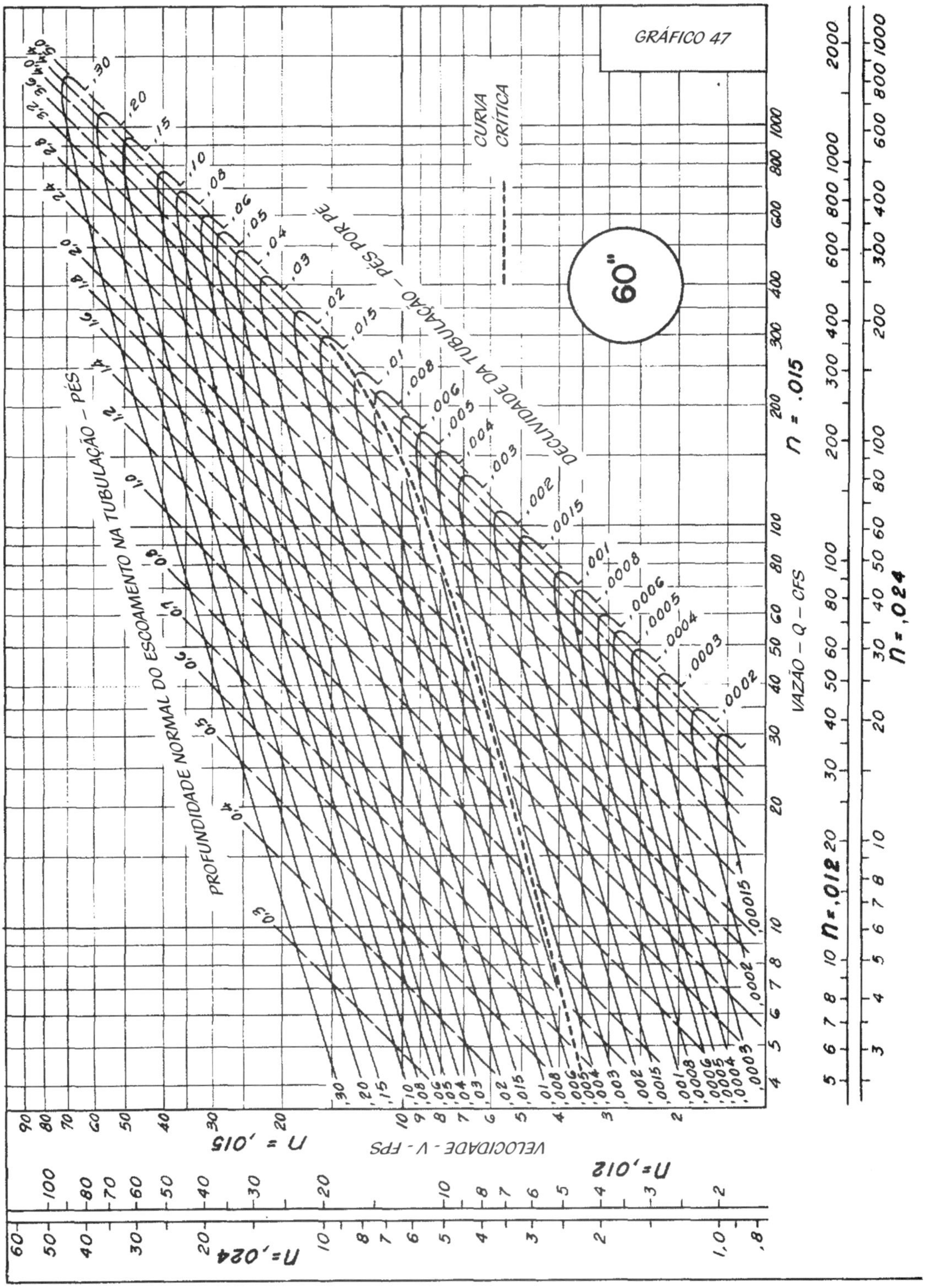

GRÁFICO DE ESCOAMENTO EM TUBULAÇÕES
DIÂMETRO DE 60 POLEGADAS

FIGURA A-4 (GRÁFICO 47) Gráficos de tubulações para a solução da equação de Manning. *(Cortesia de U.S. Department of Commerce, Bureau of Public Roads, Design Charts for Open-Channel Flow)*

A-5

COEFICIENTES DE DESCARGA, *C*, PARA VERTEDORES DE PAREDE ESPESSA

Carga Hidráulica Medida, *H* (pés)	Largura da crista do vertedor (pés)										
	0,50	0,75	1,00	1,50	2,00	2,50	3,00	4,00	5,00	10,00	15,00
0,2	2,80	2,75	2,69	2,62	2,54	2,48	2,44	2,38	2,34	2,49	2,68
0,4	2,92	2,80	2,72	2,64	2,61	2,60	2,58	2,54	2,50	2,56	2,70
0,6	3,08	2,89	2,75	2,64	2,61	2,60	2,68	2,69	2,70	2,70	2,70
0,8	3,30	3,04	2,85	2,68	2,60	2,60	2,67	2,68	2,68	2,69	2,64
1,0	3,32	3,14	2,98	2,75	2,66	2,64	2,65	2,67	2,68	2,68	2,63
1,2	3,32	3,20	3,08	2,86	2,70	2,65	2,64	2,67	2,66	2,69	2,64
1,4	3,32	3,26	3,20	2,92	2,77	2,68	2,64	2,65	2,65	2,67	2,64
1,6	3,32	3,29	3,28	3,07	2,89	2,75	2,68	2,66	2,65	2,64	2,63
1,8	3,32	3,32	3,31	3,07	2,88	2,74	2,68	2,66	2,65	2,64	2,63
2,0	3,32	3,31	3,30	3,03	2,85	2,76	2,72	2,68	2,65	2,64	2,63
2,5	3,32	3,32	3,31	3,28	3,07	2,89	2,81	2,72	2,67	2,64	2,63
3,0	3,32	3,32	3,32	3,32	3,20	3,05	2,92	2,73	2,66	2,64	2,63
3,5	3,32	3,32	3,32	3,32	2,32	3,19	2,97	2,76	2,68	2,64	2,63
4,0	3,32	3,32	3,32	3,32	3,32	3,32	3,07	2,79	2,70	2,64	2,63
4,5	3,32	3,32	3,32	3,32	3,32	3,32	3,32	2,88	2,74	2,64	2,63
5,0	3,32	3,32	3,32	3,32	3,32	3,32	3,32	3,07	2,79	2,64	2,63
5,5	3,32	3,32	3,32	3,32	3,32	3,32	3,32	3,32	2,88	2,64	2,63

APÊNDICE

B

Gráficos de Projetos para Bueiros

B-1 Bueiros com Controle de Entrada

B-2 Bueiros com Controle de Saída

B-3 Coeficientes de Perda de Carga na Entrada

B-1
BUEIROS COM CONTROLE DE ENTRADA

Instruções de uso:

1. Como calcular a lâmina d'água a montante, *HW*, conhecidos *Q* e o tamanho e o tipo de bueiro:
   a) Localize a altura ou diâmetro, *D*, do bueiro na escala à esquerda.
   b) Localize a vazão, *Q*, ou *Q/B* para bueiros de seção retangular, na escala central.
   c) Conecte os dois pontos em (a) e (b), mencionados anteriormente, e estenda a linha à direita, até haver uma interseção com a escala *HW/D* marcada (1).
   d) Se a escala *HW/D* marcada (1) representa o tipo de entrada usado, leia *HW/D* na escala (1).
   e) Se um dos outros três tipos de entrada listados no nomógrafo for usado, estenda o ponto de interseção feito em (c), horizontalmente, para a escala (2) ou (3), e leia *HW/D*.
2. Como calcular a vazão, *Q*, por barril, conhecidos *HW* e o tamanho e o tipo de bueiro:
   a) Calcule *HW/D* para as condições fornecidas.
   b) Localize *HW/D* na escala (1), (2) ou (3) para o tipo apropriado de entrada.
   c) Se for usada a escala (2) ou (3), estenda o ponto *HW/D* horizontalmente até a escala (1).
   d) Conecte o ponto na escala *HW/D* (1) e o tamanho do bueiro, *D*, na escala esquerda. Leia *Q* ou *Q/B* na escala de vazão.
   e) Se *Q/B* for lido em (d), mencionado anteriormente, multiplique por *B* para encontrar *Q*.

GRÁFICO 1

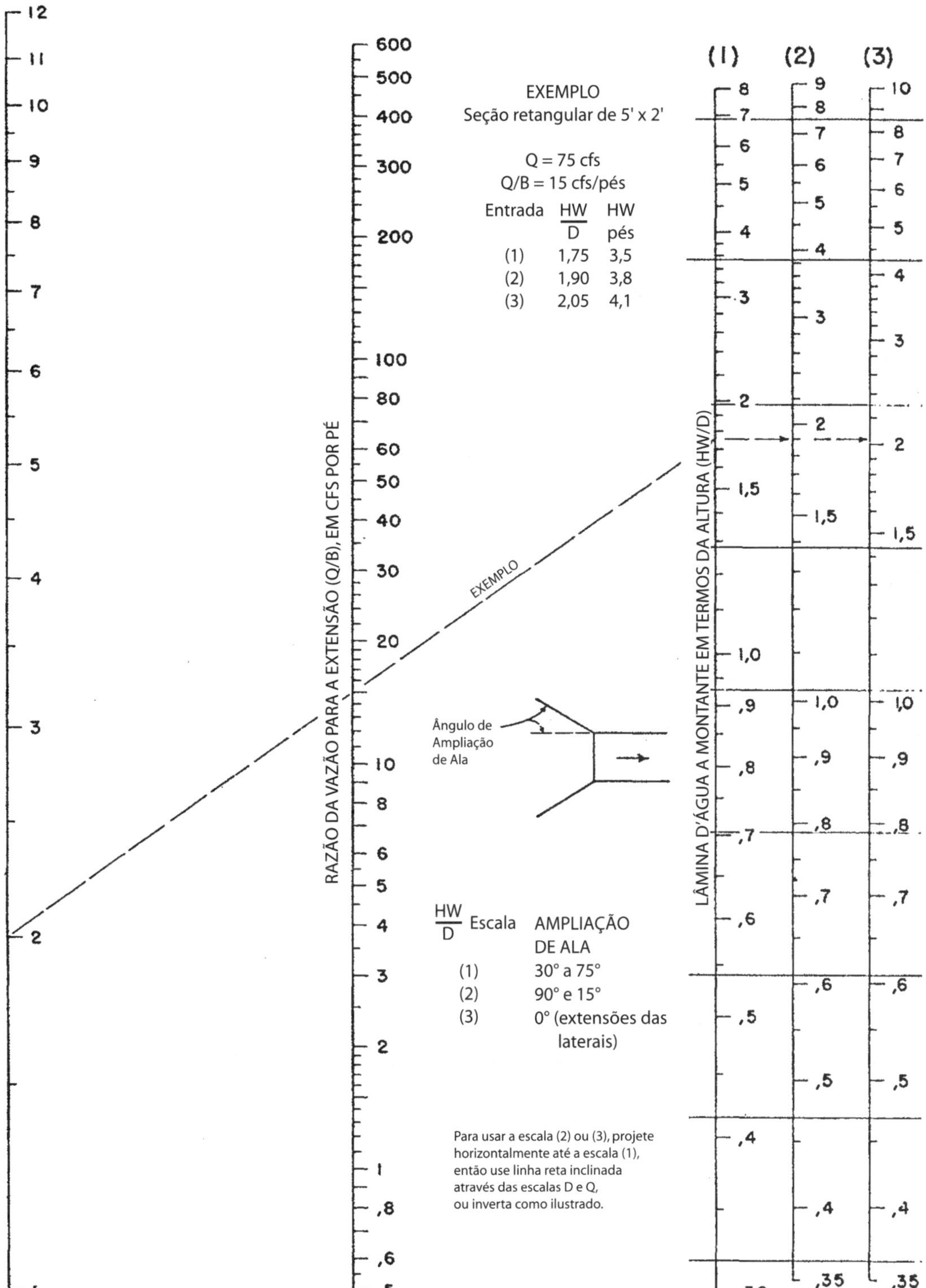

LÂMINA D'ÁGUA A MONTANTE PARA BUEIROS DE SEÇÃO RETANGULAR COM CONTROLE DE ENTRADA

FIGURA B-1 (GRÁFICO 1) Bueiros com controle de entrada. *(Cortesia de U.S. Department of Transportation, Federal Highway Administration, Hydraulic Charts for the Selection of Highway Culverts)*

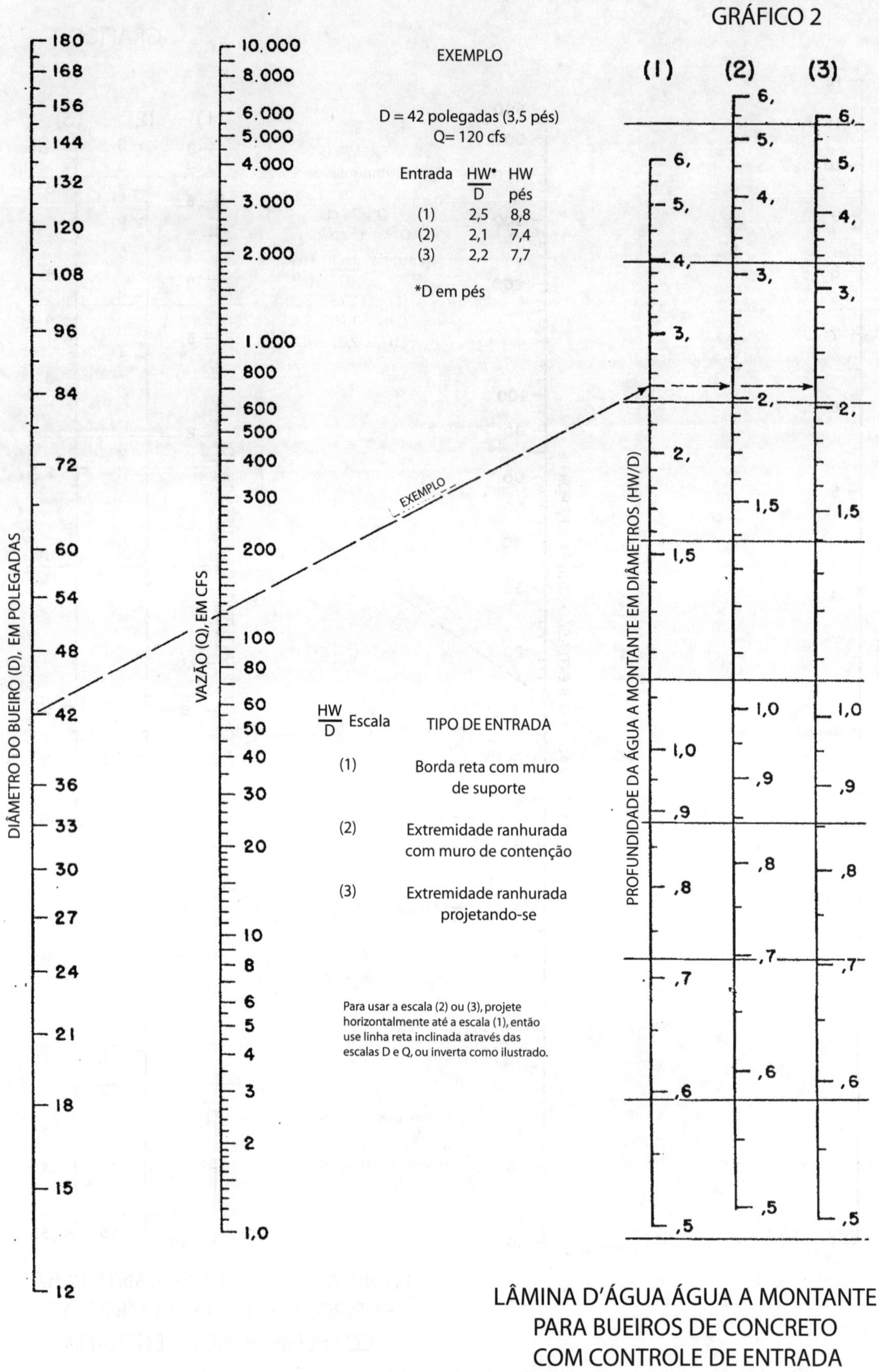

FIGURA B-1 (GRÁFICO 2) Bueiros com controle de entrada. *(Cortesia de U.S. Department of Transportation, Federal Highway Administration, Hydraulic Charts for the Selection of Highway Culverts)*

GRÁFICO 5

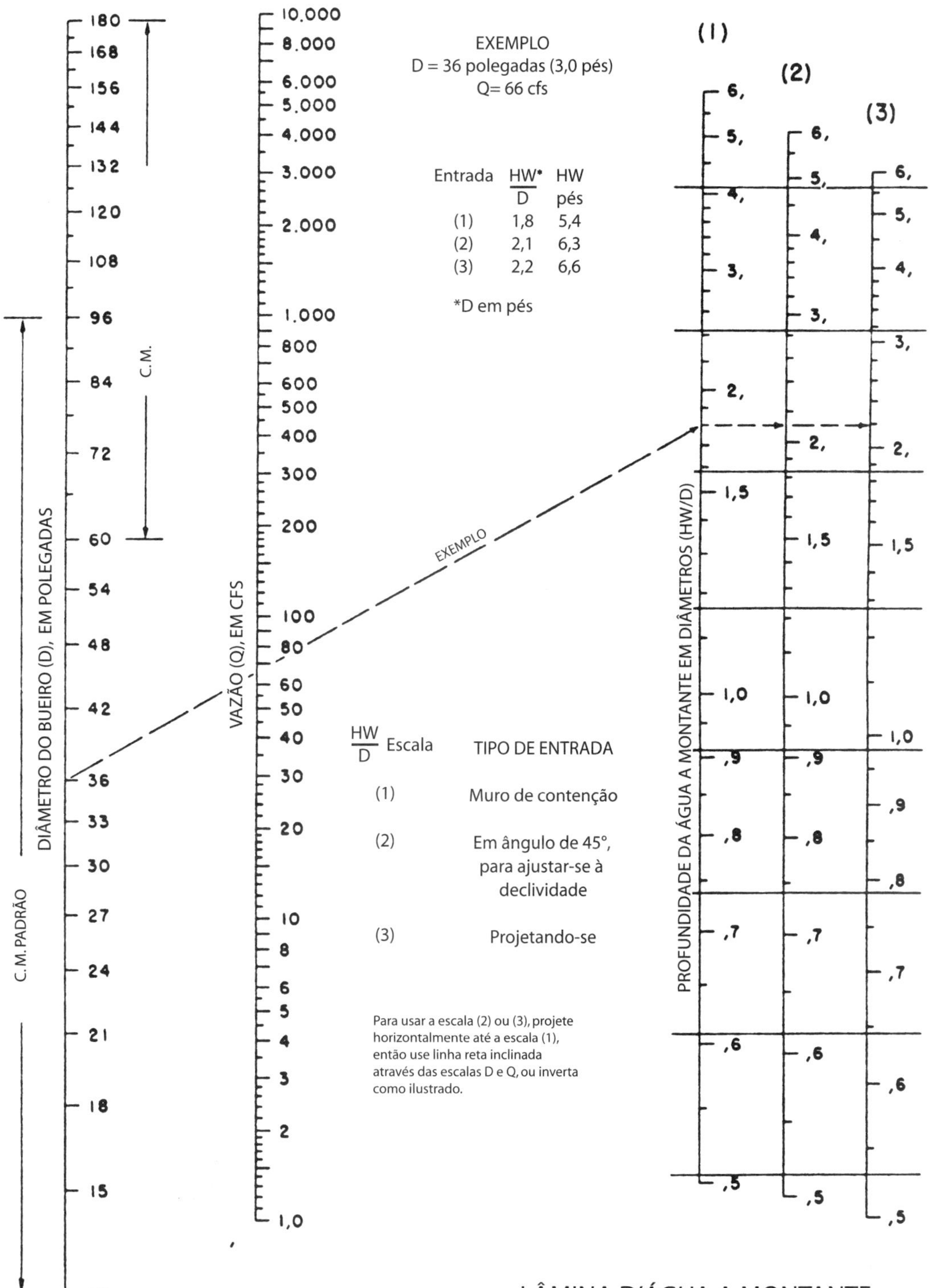

LÂMINA D'ÁGUA A MONTANTE
PARA BUEIROS DE CANO
C. M. COM CONTROLE DE ENTRADA

FIGURA B-1 (GRÁFICO 5) Bueiros com controle de entrada. *(Cortesia de U.S. Department of Transportation, Federal Highway Administration, Hydraulic Charts for the Selection of Highway Culverts)*

GRÁFICO 7

b/D	a/D	c/D	d/D	TIPO DE ENTRADA
0,042	0,063	0,042	0,083	A
0,083	0,125	0,042	0,125	B

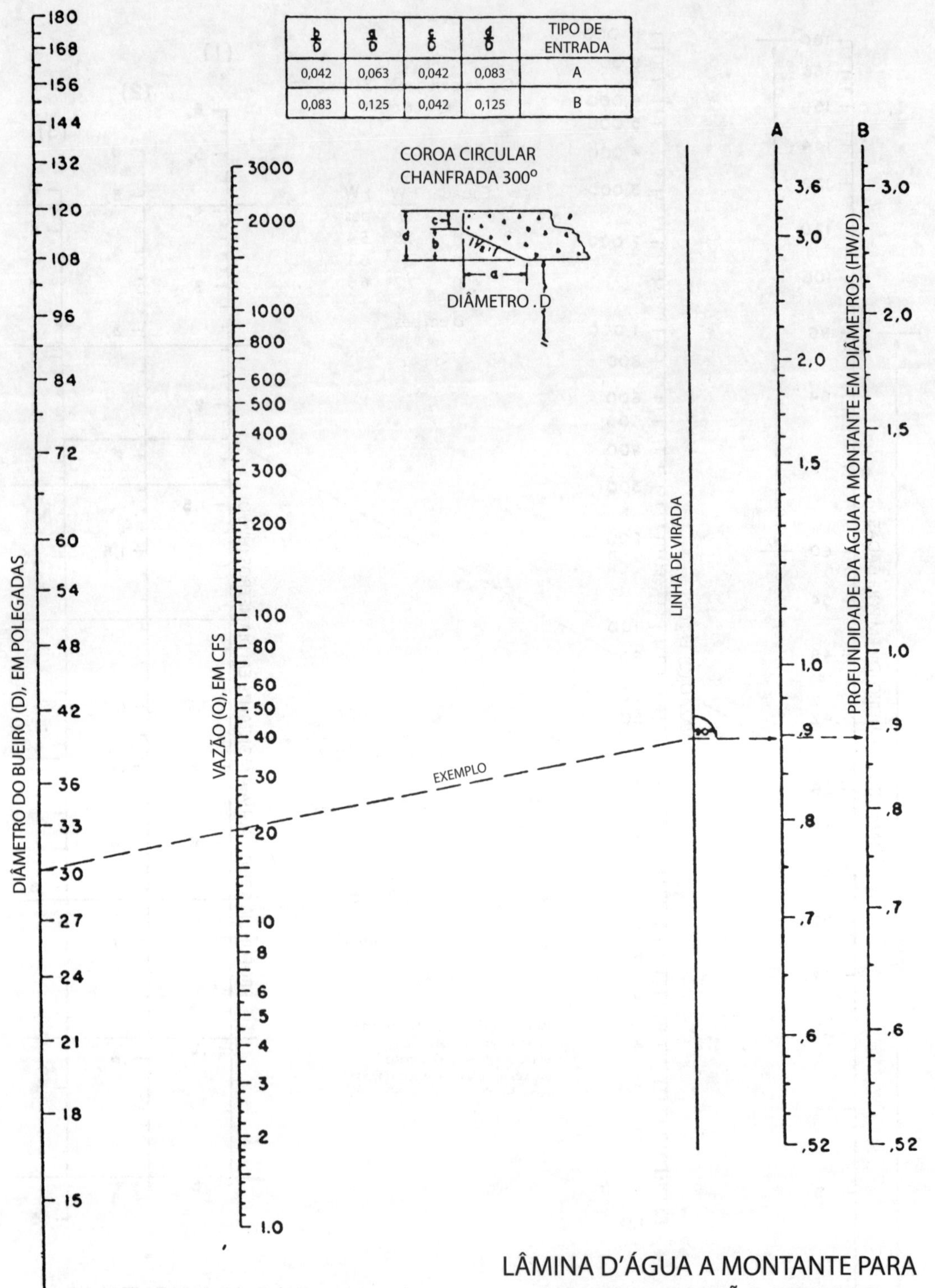

LÂMINA D'ÁGUA A MONTANTE PARA BUEIROS DE SEÇÃO CIRCULAR COM CONTROLE DE ENTRADA DE COROA CIRCULAR CHANFRADA

FIGURA B-1 (GRÁFICO 7) Bueiros com controle de entrada. *(Cortesia de U.S. Department of Transportation, Federal Highway Administration, Hydraulic Charts for the Selection of Highway Culverts)*

B-2
BUEIROS COM CONTROLE DE SAÍDA

Instruções de uso:

1. Como calcular a carga, *H*, para um bueiro e uma vazão, *Q*, fornecidos:
   a) Localize o nomógrafo apropriado para o tipo de bueiro selecionado. Determine k_e para o tipo de entrada, no Apêndice B-3.
   b) Localize o ponto de partida na escala de comprimento. Para localizar o ponto de partida apropriado nas escalas de comprimento, siga estas instruções:
      (1) Se o valor de *n* para o nomógrafo corresponde ao do bueiro em uso, selecione a curva de extensão para o k_e apropriado e localize o ponto de partida na extensão de bueiro fornecida. Se uma curva k_e não for exibida para o k_e selecionado, veja (2) a seguir. Se o valor de *n* para o bueiro selecionado for diferente em relação ao do nomógrafo, veja (3) a seguir.
      (2) Para k_e intermediar entre as escalas fornecidas, conecte a extensão fornecida nas escalas adjacentes, usando uma linha reta, e selecione um ponto nessa linha espaçada entre as duas escalas de gráfico em proporção aos valores de k_e.
      (3) Para um coeficiente diferente de rugosidade, n_1, em relação ao do gráfico *n*, use as escalas de extensão exibidas com uma extensão L_1 ajustada, calculada pela fórmula

$$L_1 = L(n_1/n)^2$$

   c) Localize o tamanho do conduto do bueiro na escala de tamanhos de bueiros (segunda escala à esquerda).
   d) Conecte o ponto na escala de tamanhos com o ponto na escala de extensão e observe onde a linha passa através da *linha de virada*. (Veja a instrução 3 para considerações sobre tamanhos para bueiro de seção retangular.)
   e) Localize a vazão fornecida, *Q*, na escala de vazão.
   f) Conecte o ponto de vazão com o ponto da linha de virada, e estenda a linha até a escala de cargas no lado mais à direita do nomógrafo. Leia a carga, *H*, em pés na escala de cargas.
2. Valores de *n* para materiais de bueiros comumente usados:
   Concreto – Tubo: 0,012
   Seção retangular: 0,012
   Metal Ondulado

	Pequenas Ranhuras ($2^2/_3$" x $^1/_2$")	**Ranhuras Médias (3" x 1")**	**Grandes Ranhuras (6" x 2")**
Não pavimentado	0,024	0,027	Varia*
25% pavimentado	0,021	0,023	0,026
Totalmente pavimentado	0,012	0,012	0,012

*n *varia com o diâmetro exibido nos gráficos. Os variados valores de* n *foram incorporados nos nomógrafos, e não é necessário ajuste para a extensão do bueiro.*

3. Para usar o nomógrafo do bueiro de seção retangular, Gráfico 8, para um escoamento a seção plena completo que não seja o de seções retangulares:
   a) Calcule a área de seção transversal da seção retangular.
   b) Localize a área na escala de áreas.
   c) Conecte o ponto na escala de áreas ao ponto na escala de extensões, e observe onde a linha passa através da linha de virada.

d) Conecte a vazão com o ponto na linha de virada, e estenda a linha até a escala de alturas de queda. Leia a altura de queda em pés na escala de alturas de queda.

GRÁFICO 8

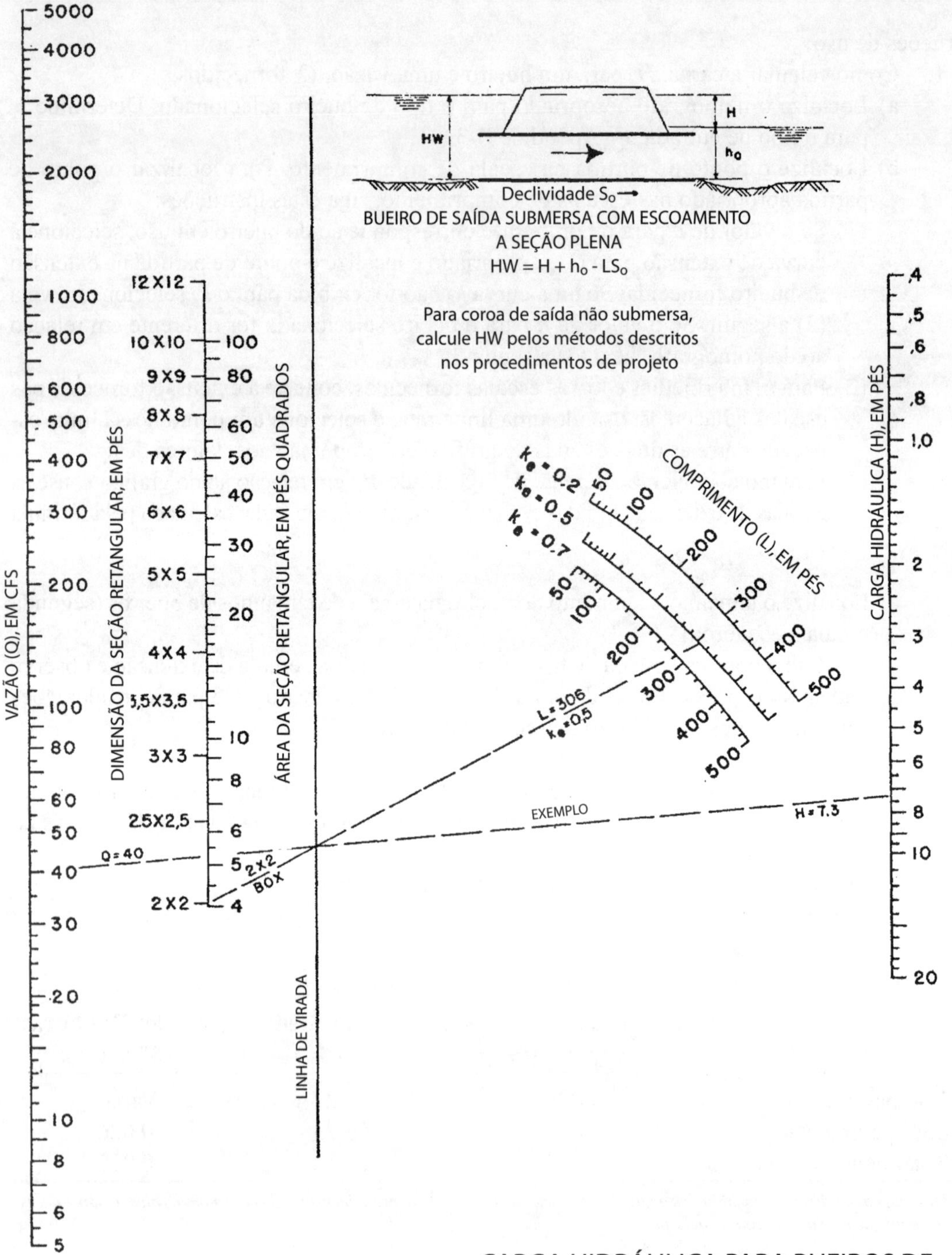

CARGA HIDRÁULICA PARA BUEIROS DE SEÇÃO RETANGULAR DE CONCRETO COM ESCOAMENTO A SEÇÃO PLENA
$n = 0{,}012$

FIGURA B-2 (GRÁFICO 8) Bueiros com controle de saída. *(Cortesia de U.S. Department of Transportation, Federal Highway Administration, Hydraulic Charts for the Selection of Highway Culverts)*

GRÁFICO 9

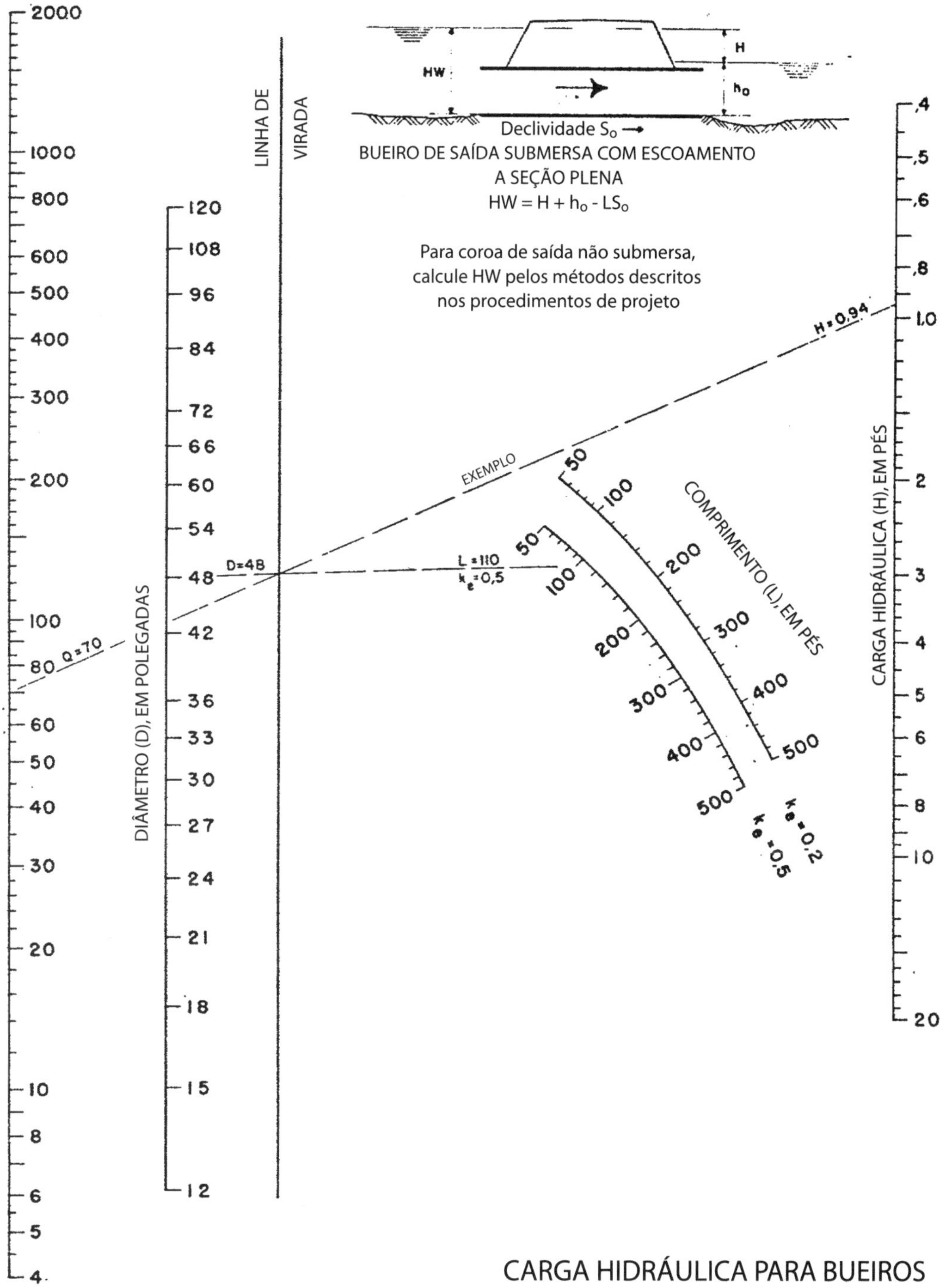

CARGA HIDRÁULICA PARA BUEIROS TUBULARES DE CONCRETO COM ESCOAMENTO A SEÇÃO PLENA

$n = 0,012$

FIGURA B-2 (GRÁFICO 9) Bueiros com controle de saída. *(Cortesia de U.S. Department of Transportation, Federal Highway Administration, Hydraulic Charts for the Selection of Highway Culverts)*

GRÁFICO 11

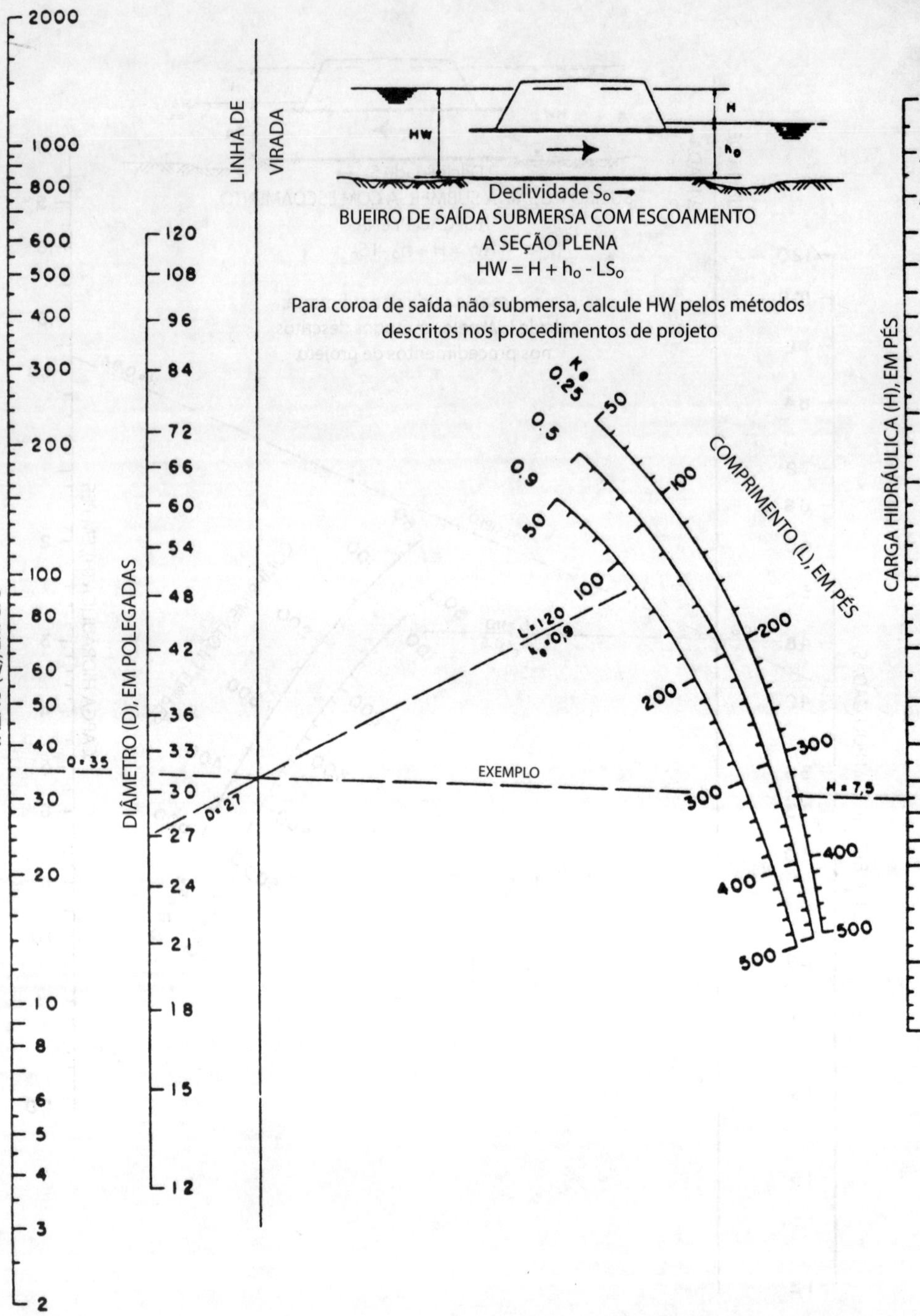

CARGA HIDRÁULICA PARA BUEIROS
TUBULARES DE C. M. PADRÃO
COM ESCOAMENTO A SEÇÃO PLENA
n = 0,024

FIGURA B-2 (GRÁFICO 11) Bueiros com controle de saída. *(Cortesia de U.S. Department of Transportation, Federal Highway Administration, Hydraulic Charts for the Selection of Highway Culverts)*

B-3
COEFICIENTES DE PERDA DE CARGA NA ENTRADA

Coeficiente k_e para aplicar à carga de velocidade $\frac{V^2}{2g}$ para determinar a perda de carga na entrada de uma estrutura, como um bueiro ou um conduto, operando em capacidade total ou parcial, com controle na saída.

$$\text{Perda de carga na entrada} \quad H_e = k_e \frac{V^2}{2g}$$

Tipo de Estrutura e Projeto da Entrada	Coeficiente k_e
Tubo, Concreto	
Projetando-se do preenchimento, extremidade oca (extremidade com ranhuras)	0,2
Projetando-se do preenchimento, extremidade com corte em esquadria	0,5
Muro de contenção ou muro de contenção e alas	
Extremidade oca de tubo (extremidade com ranhuras)	0,2
Borda reta	0,5
Arredondado (raio = $^1/_{12}D$)	0,2
Em esquadria para ajustar-se à declividade do preenchimento	0,7
Seção final ajustando-se à declividade do preenchimento*	0,5
Tubo, ou Tubulação Principal, Metal Corrugado	
Projetando-se do preenchimento (sem muro de suporte)	0,9
Muro de contenção ou muro de contenção e alas	
Borda reta	0,5
Em esquadria para ajustar-se à declividade do preenchimento	0,7
Seção final ajustando-se à declividade do preenchimento*	0,5
Seção Retangular, Concreto Reforçado	
Muro de contenção paralelo ao reservatório (sem alas)	
De borda quadrada em 3 bordas	0,5
Arredondado em 3 bordas para um raio de $^1/_{12}$ da dimensão do conduto	0,2
Alas a 30° a 75° do conduto	
Borda quadrada na coroa	0,4
Borda da coroa arredondada para um raio de $^1/_{12}$ da dimensão do conduto	0,2
Alas a 10° a 25° do conduto	
Borda quadrada na coroa	0,5
Alas paralelas (extensão das laterais)	
Borda quadrada na coroa	0,7

*"Seção final ajustando-se à declividade do preenchimento", feita de metal ou de concreto, são as seções comumentes oferecidas pelos fabricantes. Com base em testes hidráulicos limitados, equivalem, em operação, a um muro de contenção no controle de *entrada* e no controle de *saída*. Algumas seções finais, incluindo um cone fechado em seu projeto, possuem performance hidráulica superior. Essas seções podem ser projetadas pelo uso da informação dada para a entrada biselada.

FIGURA B-3 Coeficientes de perda de carga na entrada. *(Cortesia de U.S. Department of Transportation, Federal Highway Administration, Hydraulic Charts for the Selection of Highway Culverts)*

COEFICIENTES DE PERDA DE CARGA NA ENTRADA

Tipo de Estrutura e Projeto da Entrada	Coeficiente
Tubo, Concreto	
Tubo, ou Tubo-arco, Chapa de Metal Ondulado	

TABELA B-5

APÊNDICE

C

Gráficos de Projetos para o Método Racional

C-1 Valores de *c*, Coeficiente de Deflúvio (Coeficiente de Escoamento Superficial)

C-2 Nomógrafo para o Tempo do Escoamento sobre o Solo

C-3 Curvas de Intensidade-Duração-Frequência (I-D-F)

- Arizona (Zona 6)
- Orange County, Califórnia
- Atlanta, Geórgia
- Nova Jersey
- Pensilvânia (Região 1)

C-1
VALORES DE C, COEFICIENTE DE DEFLÚVIO (COEFICIENTE DE ESCOAMENTO SUPERFICIAL)

Característica da Superfície	Coeficientes de Deflúvio
Pavimento	
Asfalto e concreto	0,70 a 0,95
Tijolo	0,70 a 0,85
Telhados	0,75 a 0,95
Gramados, solo arenoso	
Plano (2 %)	0,05 a 0,10
Médio (2 a 7 %)	0,10 a 0,15
Íngreme (> 7 %)	0,15 a 0,20
Gramados, solo arenoso	
Plano (2 %)	0,13 a 0,17
Médio (2 a 7 %)	0,18 a 0,22
Íngreme (> 7 %)	0,25 a 0,35
Valores compostos de *c*:	
Comercial	
Centro	0,70 a 0,95
Vizinhança	0,50 a 0,70
Residencial	
Uma família	0,30 a 0,50
Multiunidades, separadas	0,40 a 0,60
Multiunidades, unidas	0,60 a 0,75
Residencial (suburbana)	0,25 a 0,40
Apartamento	0,50 a 0,70
Industrial	
Leve	0,50 a 0,80
Pesada	0,60 a 0,90
Estacionamentos, cemitérios	0,10 a 0,25
Áreas de lazer	0,20 a 0,35
Pátios de estrada de ferro	0,20 a 0,35
Sem melhorias	0,10 a 0,30

Observação: as variações de valores de *c* apresentadas são típicas de períodos de retorno de 2-10 anos. Valores maiores são apropriados para precipitações de projetos maiores. Fatores multiplicadores sugeridos para precipitações de projetos maiores são

Precipitação	Multiplicador
25 anos	1,15
50 anos	1,20
100 anos	1,25

Observação: valor ajustado de *c* não pode exceder 1,00.

FIGURA C-1 Valores de *c*, coeficiente de deflúvio. *(Cortesia de ASCE & Water Environmental Federation, Design and Construction of Urban Stormwater Management Systems)*

C-2
NOMÓGRAFO PARA O TEMPO DE ESCOAMENTO SOBRE O SOLO

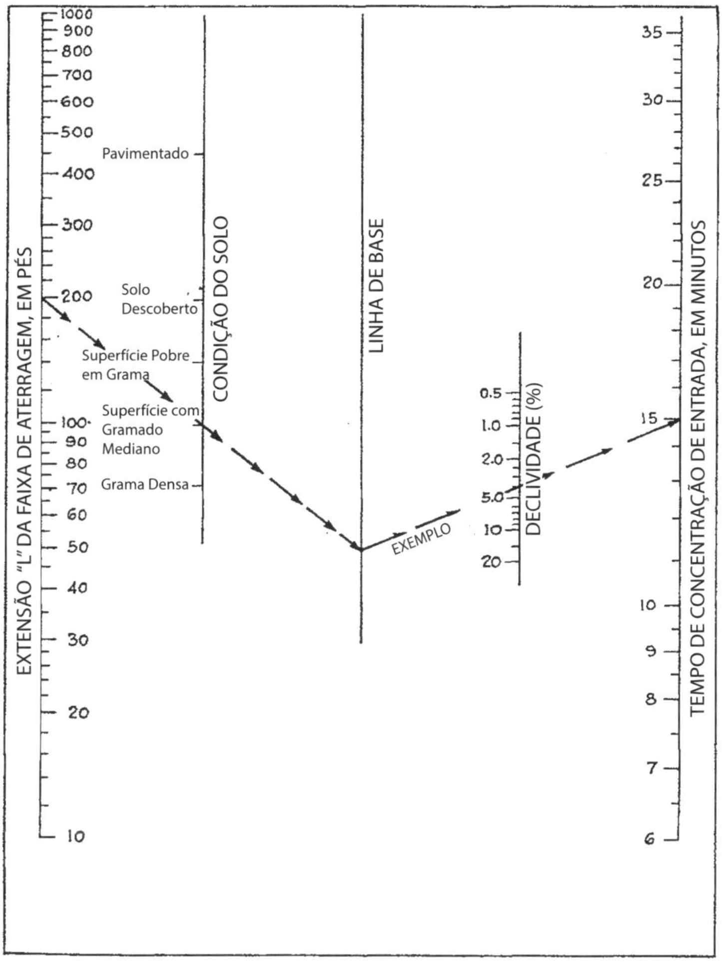

FIGURA C-2 Nomógrafo para o tempo de escoamento sobre o solo.

C-3
CURVAS DE INTENSIDADE-DURAÇÃO-FREQUÊNCIA (I-D-F)

Exemplo: para um período selecionado de retorno de 10 anos, P_1 = 2,0 polegadas. T_c é calculado como 20 minutos. Portanto, (i) = 4,25 pol/h.

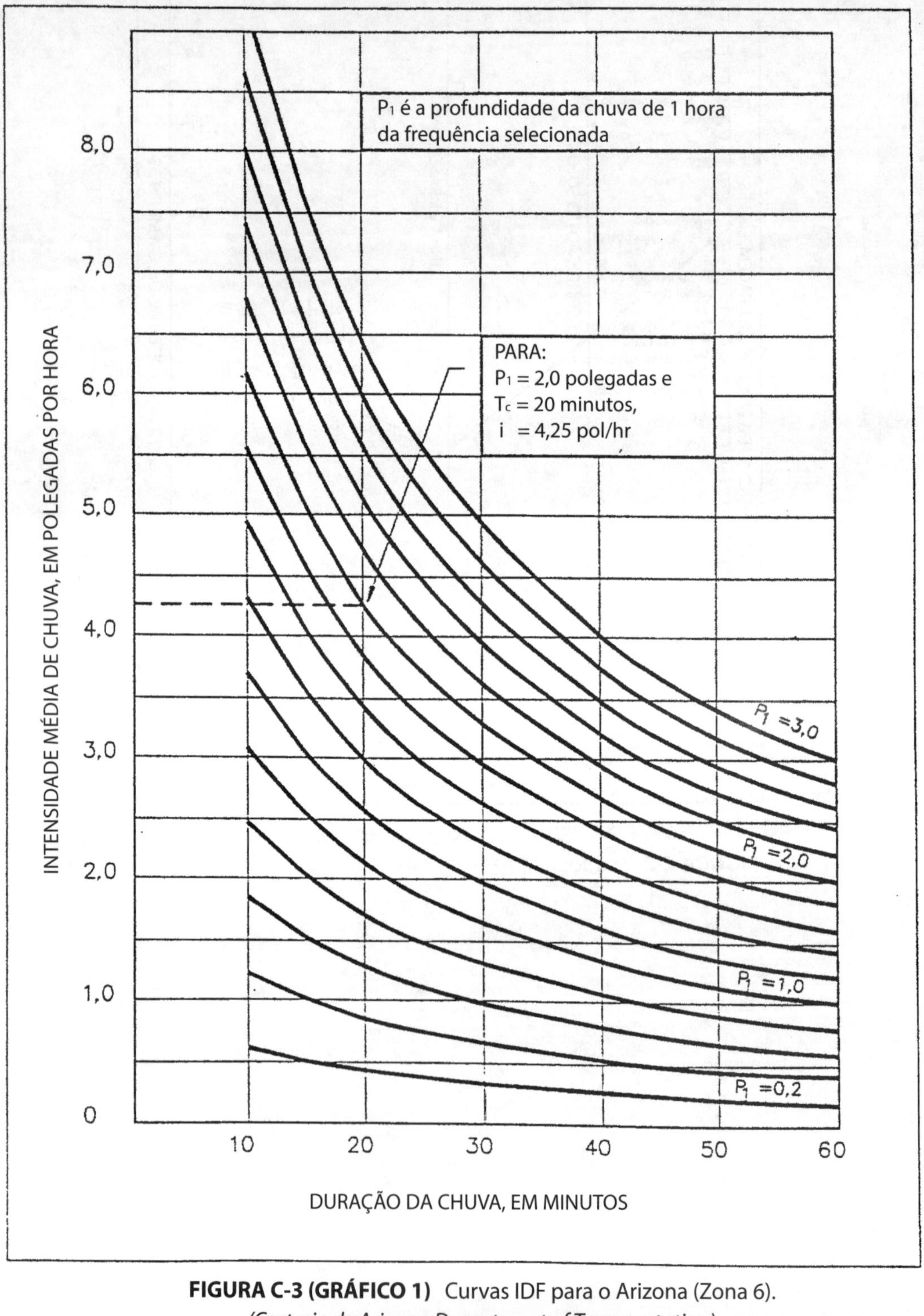

FIGURA C-3 (GRÁFICO 1) Curvas IDF para o Arizona (Zona 6).
(Cortesia de Arizona Department of Transportation)

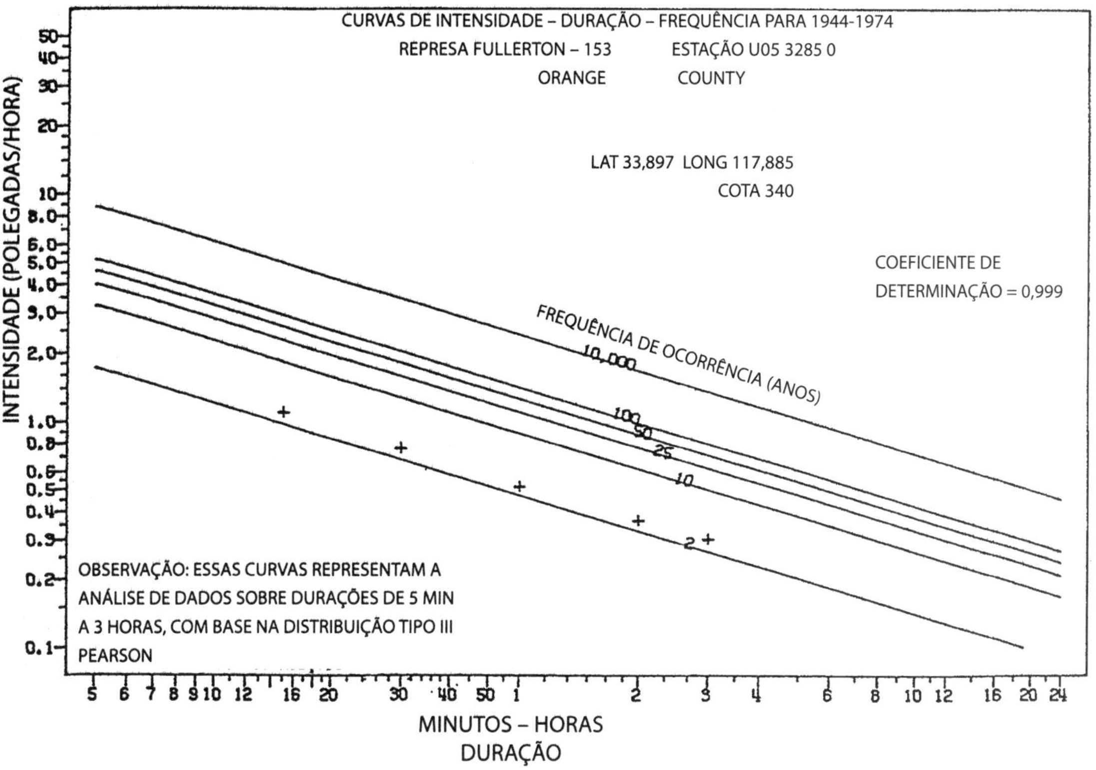

FIGURA C-3 (GRÁFICO 2) Curvas IDF para Orange County, Califórnia.
(Cortesia de California Department of Transportation)

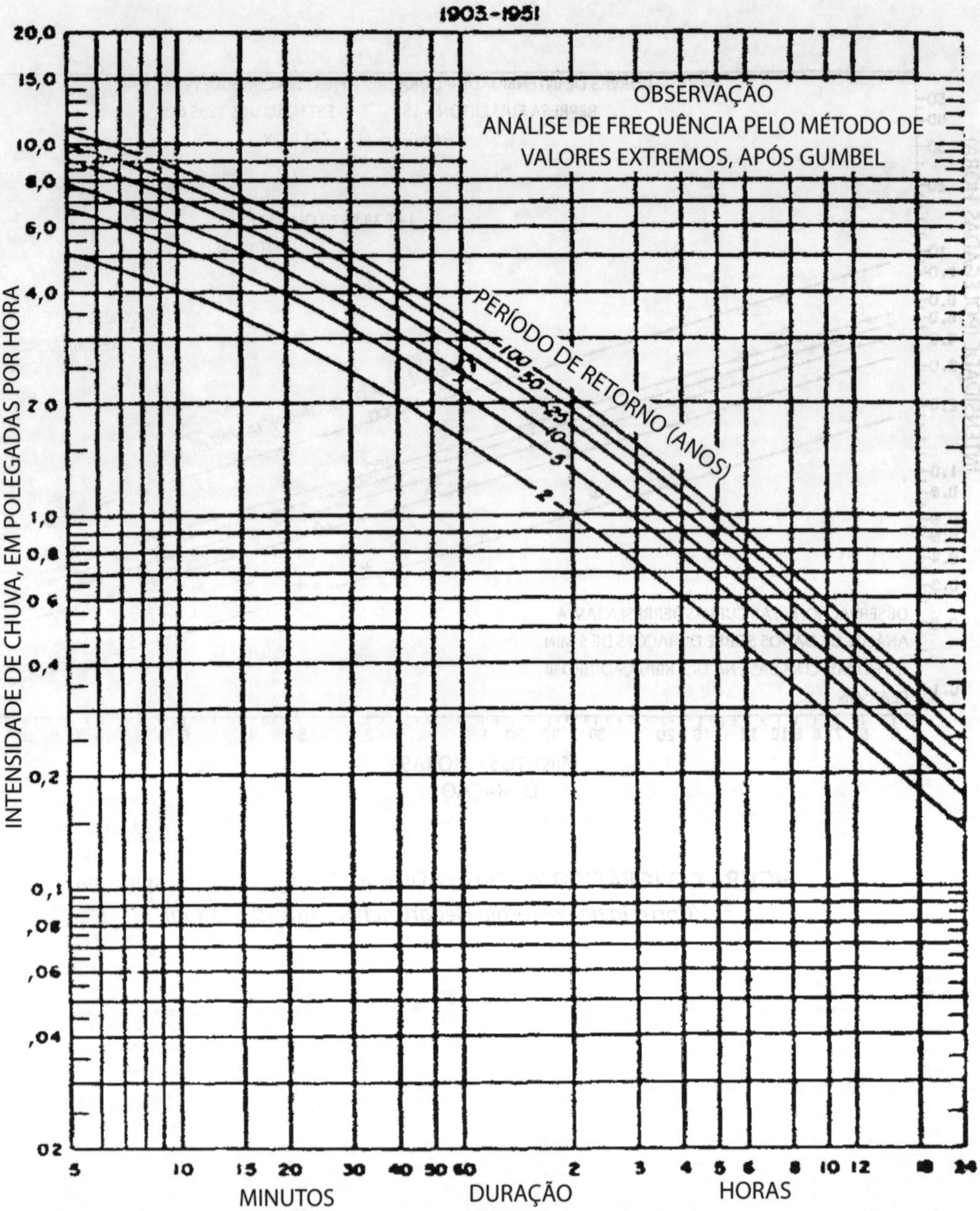

FIGURA C-3 (GRÁFICO 3) Curvas IDF para Atlanta, Geórgia.
(Cortesia de Georgia Department of Transportation)

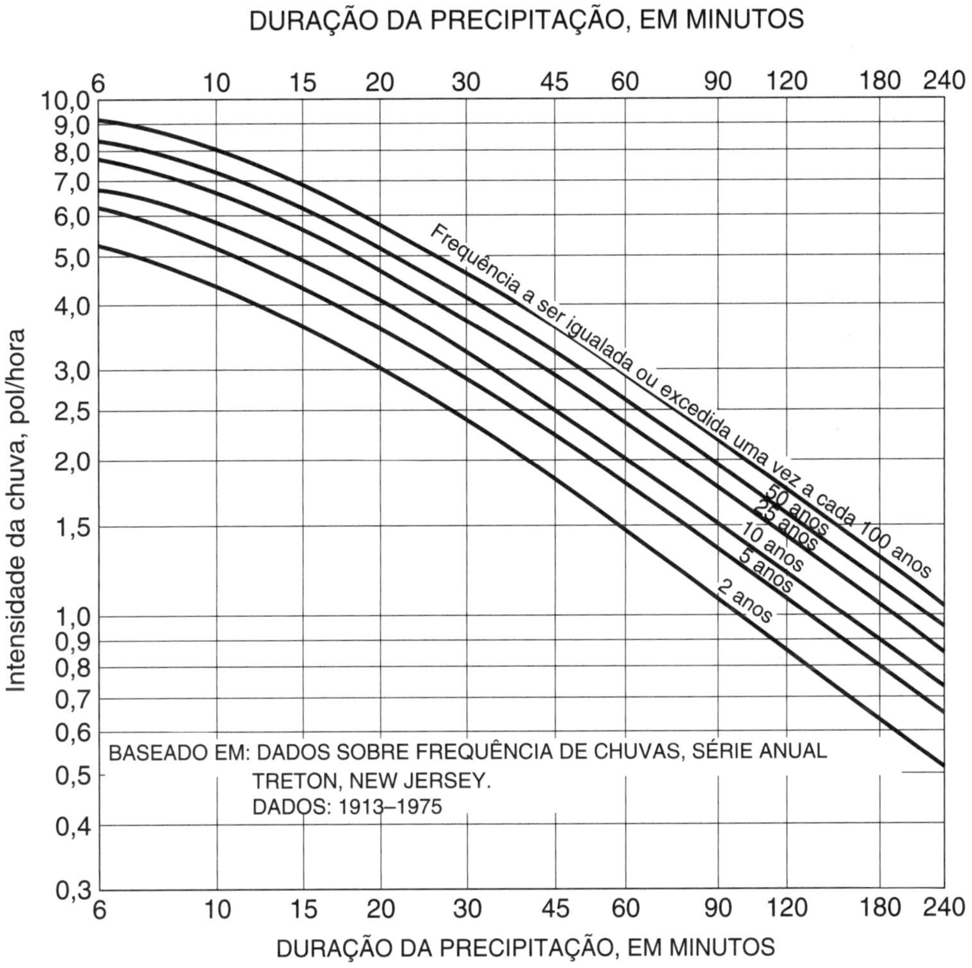

Observação: Adaptado da Figura 2.1-2 de *Technical Manual for Stream Encroachment Permits do NJDEP.*

FIGURA C-3 (GRÁFICO 4) Curvas IDF para Nova Jersey.
(Cortesia de New Jersey Department of Environmental/Protection)

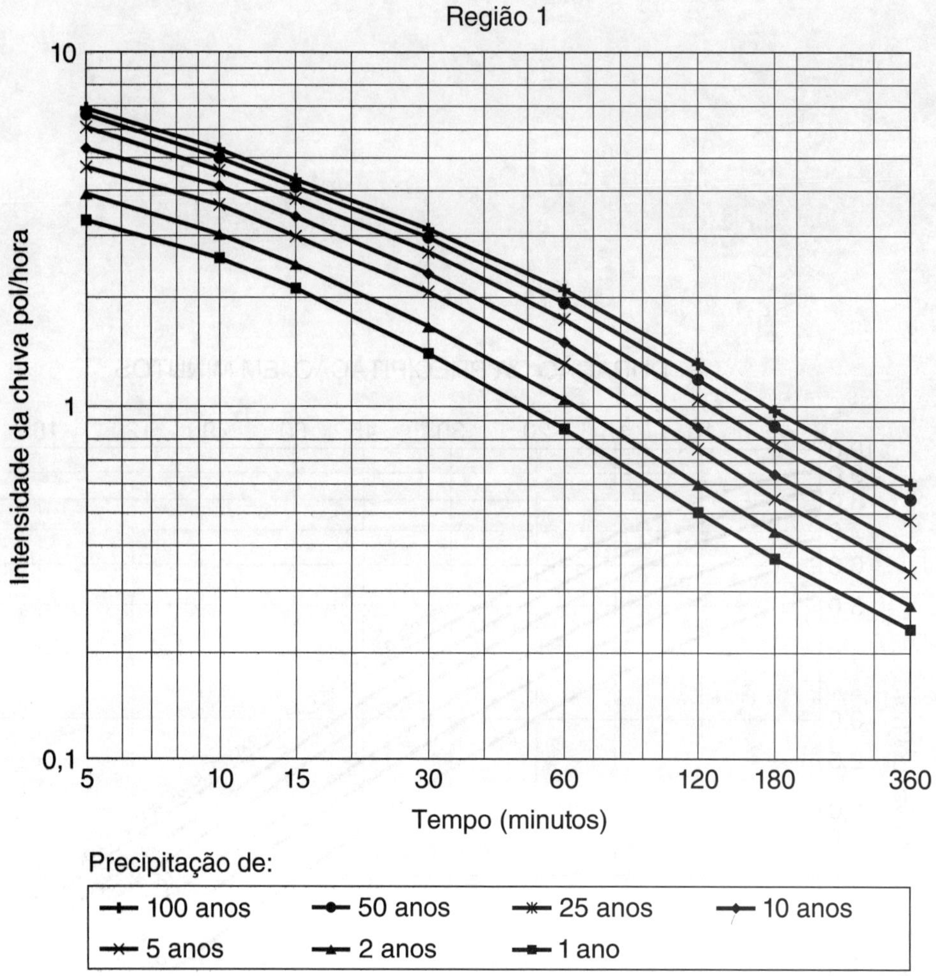

FIGURA C-3 (GRÁFICO 5) Curvas IDF para a Pensilvânia (Região 1). *(Cortesia de Pennsylvania Department of Transportation)*

APÊNDICE

D

Gráficos de Projetos para o Método NRCS

D-1 Números de Escoamento

D-2 Grupos de Solo para Tipos Selecionados de Solo

D-3 Quantidades de Precipitação de 24 Horas pelo Período de Retorno

D-4 Fronteiras Geográficas Aproximadas para as Distribuições de Precipitação NRCS

D-5 Vazão (Descarga) Máxima Unitária (q_u)

D-6 Vazões (Descargas) Unitárias do Hidrograma Tabular (csm/pol) para as Distribuições de Precipitação Tipo II

Observação: os gráficos de projeto exibidos nas páginas a seguir originam-se de *Technical Release 55*, publicado pelo Serviço de Conservação do Solo (SCS – Soil Conservation Service) em 1986. TR-55 foi substituído por WinTR-55, publicado pelo Serviço de Conservação dos Recursos Naturais (NRCS – Natural Resources Conservation Service) em 2002. WinTR-55 está disponível on-line em http://www.wcc.nrcs.usda.gov/hydro. Os gráficos TR-55 são exibidos para fins de ilustração.

D-1
NÚMEROS DE ESCOAMENTO

Descrição da cobertura		Números de escoamento para o grupo de solo			
Tipo de cobertura e condição hidrológica	Porcentagem média de área impermeável[2]	A	B	C	D
Áreas urbanas totalmente ocupadas (vegetação existente)					
Espaço aberto (gramados, estacionamentos, campos de golfe, cemitérios etc.)[3]:					
Condição precária (cobertura de grama < 50%)		68	79	86	89
Condição regular (cobertura de grama 50% a 75%)		49	69	79	84
Condição boa (cobertura de grama > 75%)		39	61	74	80
Áreas impermeáveis:					
Lotes de estacionamento pavimentado, telhados, estradas para carros etc. (excluindo direito de passagem por propriedade particular)		98	98	98	98
Ruas e estradas:					
Pavimentadas; meios-fios e tubulações de águas pluviais (excluindo direito de passagem por propriedade particular)		98	98	98	98
Pavimentadas; valas abertas (incluindo direito de passagem por propriedade particular)		83	89	92	93
De cascalho (incluindo direito de passagem por propriedade particular)		76	85	89	91
Sujas (incluindo direito de passagem por propriedade particular)		72	82	87	89
Áreas urbanas desertas ocidentais:					
Paisagem de deserto natural (apenas áreas permeáveis)[4]		63	77	85	88
Paisagem de deserto artificial (barreira impermeável de ervas, arbusto de deserto com as raízes cobertas de areia ou grama em 1 a 2 polegadas e bordas em depressão de terreno).		96	96	96	96
Distritos urbanos:					
Comerciais e de negócios	85	89	92	94	95
Industriais	72	81	88	91	93
Distritos residenciais, por tamanho médio de lote:					
1/8 acre ou menos (casas em cidades)	65	77	85	90	92
1/4 acre	38	61	75	83	87
1/3 acre	30	57	72	81	86
1/2 acre	25	54	70	80	85
1 acre	20	51	68	79	84
2 acres	12	46	65	77	82
Áreas urbanas em processo de ocupação					
Áreas recentemente qualificadas (apenas áreas permeáveis, sem vegetação)[5]		77	86	91	94
Terras paradas (números de escoamento são determinados pelo uso de tipos de cobertura similares aos da Tabela 2-2c).					

[1] Condição de escoamento médio, e $I_a = 0{,}2S$.

[2] A porcentagem média de área impermeável mostrada foi usada para desenvolver os CNs. Outras suposições foram: áreas impermeáveis estão diretamente conectadas ao sistema de drenagem; áreas impermeáveis possuem um CN de 98; e áreas permeáveis são consideradas equivalentes a um espaço aberto em boas condições hidrológicas. CNs para outras combinações de condições podem ser calculadas por meio da Figura 2-3 ou 2-4.

[3] Os CNs mostrados são equivalentes aos de pasto. CNs compostos podem ser calculados para outras combinações de tipo de cobertura de espaço aberto.

[4] CNs compostos para paisagem natural deserta devem ser calculados pela Figura 2-3 ou pela 2-4, com base na porcentagem de área impermeável (CN = 98) e no CN da área permeável. Os CNs da área permeável são considerados equivalentes ao arbusto de deserto em condições hidrológicas precárias.

[5] CNs compostos para uso no projeto de medidas temporárias durante nivelamento e construção devem ser calculados pela Figura 2-3 ou pela 2-4, com base no grau de ocupação (porcentagem de área impermeável) e nos CNs para as áreas permeáveis recentemente niveladas.

FIGURA D-1 (TABELA1) Números de escoamento.
(Cortesia de Soil Conservation Service, Technical Release 55)

Descrição da cobertura		Números de escoamento para o grupo de solo			
Tipo de cobertura	**Condição hidrológica**	**A**	**B**	**C**	**D**
Pasto, gramado ou pastagem – forragem contínua para pasto.[2]	Precária	68	79	86	89
	Razoável	49	69	79	84
	Boa	39	61	74	80
Prado – grama contínua, protegida de pasto e geralmente cortada para feno.	—	30	58	71	78
Mato – mistura de grama, mato e ervas, com mato como o principal elemento.[3]	Precária	48	67	77	83
	Razoável	35	56	70	77
	Boa	[4]30	48	65	73
Bosque – combinação de gramas (pomar ou árvores para fins comerciais).[5]	Precária	57	73	82	86
	Razoável	43	65	76	82
	Boa	32	58	72	79
Bosque.[6]	Precária	45	66	77	83
	Razoável	36	60	73	79
	Boa	[4]30	55	70	77
Fazendas – prédios, caminhos, entradas para carros e lotes ao redor.	—	59	74	82	86

[1] Condição média de escoamento, e $I_a = 0{,}2S$.

[2] *Precária:* < 50% de cobertura de solo ou fortemente pastoreado, sem cobertura de camadas de matéria vegetal.
Razoável: 50% a 75% de cobertura de solo e não fortemente pastoreado.
Boa: > 75% de cobertura de solo e pouco ou apenas ocasionalmente pastoreado.

[3] *Precária:* < 50% de cobertura de solo.
Razoável: 50% a 75% de cobertura de solo.
Boa: > 75% de cobertura de solo.

[4] O número real de escoamento é inferior a 30; use CN = 30 para cálculos de escoamento.

[5] Os CNs exibidos foram calculados para áreas com cobertura de 50% de bosque e 50% de grama (pasto). Outras combinações de condições podem ser calculadas a partir de CNs para bosques e pastos.

[6] *Precária:* pequenas árvores e mato são destruídos por grande pastoreamento ou queimadas regulares.
Razoável: bosques são pastoreados mas não queimados, e um pouco de mato cobre o solo.
Boa: bosques são protegidos de pastoreamento, e matos cobrem adequadamente o solo.

FIGURA D-1 (TABELA 2) Números de escoamento.
(Cortesia de Soil Conservation Service, Technical Release 55)

D-2

GRUPOS DE SOLO PARA TIPOS SELECIONADOS DE SOLO

Aabab	D
Alluvial land	C
Amwell	C
Avoca	B
Bartley	C
Belmill	B
Bigbee	A
Boonton	C
Broadwell	B
Bucks	B
Califon	C
Chancelor	C
Chesire	B
Conic	C
Continental	C
Custer	D
Delaney	A
Dickerson	D
Dundee	C
Eastland	B
Edneyville	B
Exeter	C
Fairchild	C
Freedom	C
Fulerton	B
Georgetown	D
Gleason	B
Goosebury	B
Gravel pits	A
Grigston	B
Haledon	C
Hamel	C
Haven	B
Herty	D
Hotsprings	B
Hungry	C
Idlewild	D
Isabella	B
Jardin	D
Jigsaw	C
Jonesville	B
Joplin	C
Kaplan	D
Kehar	D
Kilkenny	B
Kirkville	C
Kreamer	C
Lambert	B

Lamington	D
Lansing	B
Lehigh	C
Linkville	B
Louisa	B
Lynchburg	C
Madden	C
Madrid	B
Maplecrest	B
McDaniel	B
Menlo	D
Minoa	C
Mirkwood	D
Modesto	C
Moundhaven	A
Muskingum	C
Narragansett	B
Netcong	B
Nobscot	A
Nuff	C
Okeetee	D
Outlet	C
Oxbow	C
Parker	B
Penn	C
Pompton	B
Preakness	C
Punsit	C
Rayburn	D
Reading	B
Riverhead	B
Rodessa	D
Santa Fe	D
Scarboro	D
Shellbluff	B
Snelling	B
Summers	B
Tarrytown	C
Terril	B
Troutdale	C
Urban land	(varia)
Utica	B
Vercliff	C
Vinsad	C
Washington	B
Whitecross	D
Yardley	C
Zynbar	B

FIGURA D-2 Grupos de solo hidrológicos para tipos selecionados de solo.
(Cortesia de Soil Conservation Service, Technical Release 55)

D-3
QUANTIDADES DE PRECIPITAÇÃO DE 24 HORAS PELO PERÍODO DE RETORNO

Os mapas, a seguir, são reproduzidos de *Rainfall atlas of the United States*, Technical Paper n. 40, do U.S. Weather Bureau.Tais mapas mostram linhas de isoprecipitações (linhas de igual altura de chuva) para precipitações de 100, 50, 25, 10, 5 e 2 anos, e de 24 horas, através dos 37 estados contíguos a leste de 103° W de longitude.

Também estão incluídos mapas selecionados do *atlas* 2 da Administração Nacional Oceânica e Atmosférica (NOAA – National Oceanic and Atmospheric Administration) para o Arizona e sul da Califórnia para precipitações de 100 anos e de 24 horas.

O TP40 e o *atlas* 2 foram superados pelo NOAA *atlas* 14, que está disponível apenas eletronicamente. O NOAA *atlas* 14 pode ser acessado on-line em http:// hdsc.nws.noaa.gov.

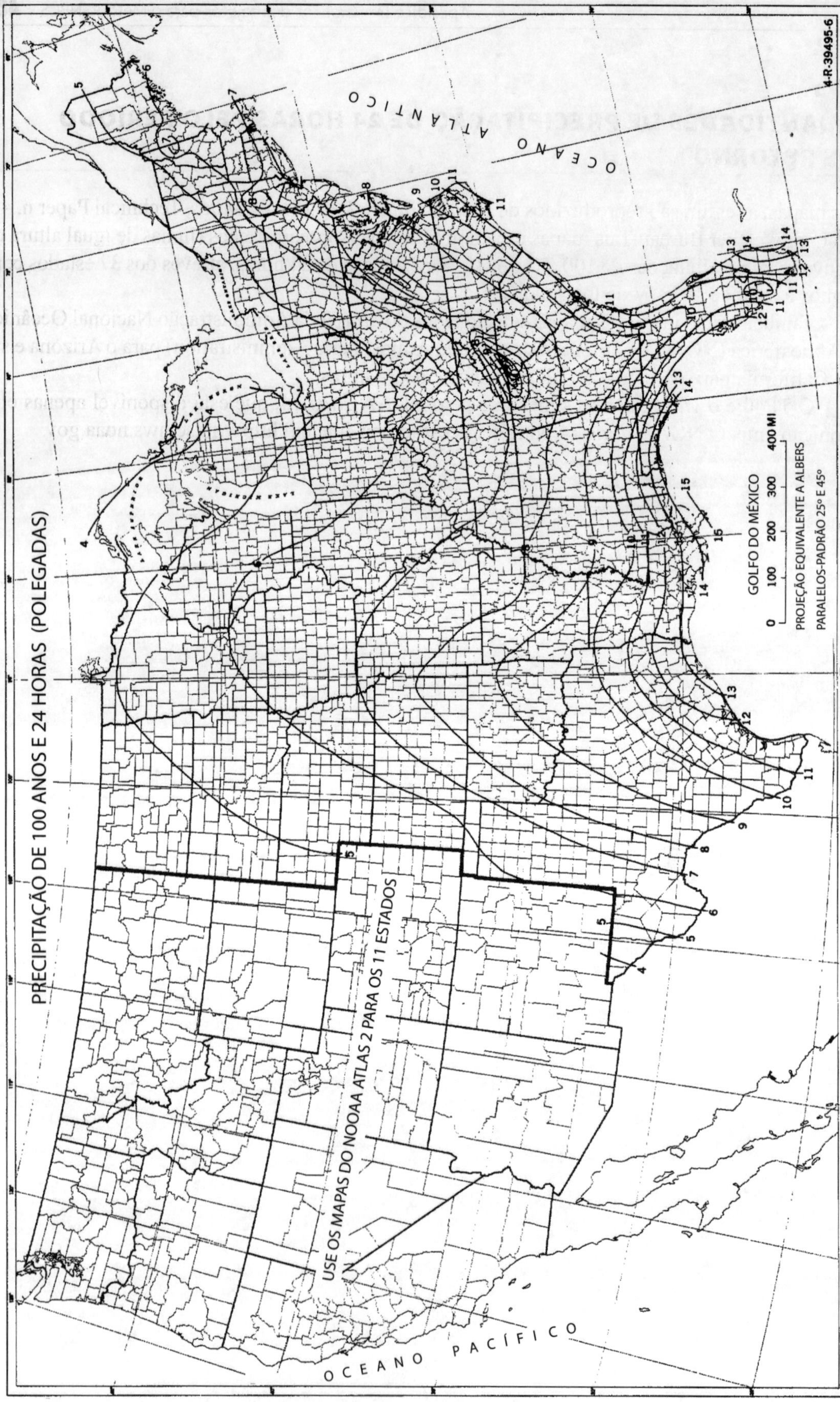

FIGURA D-3 (MAPA 1) Estados Unidos continental, precipitação de 100 anos e 24 horas (em polegadas). *(Cortesia de U.S. Weather Bureau, Rainfall Atlas of the United States)*

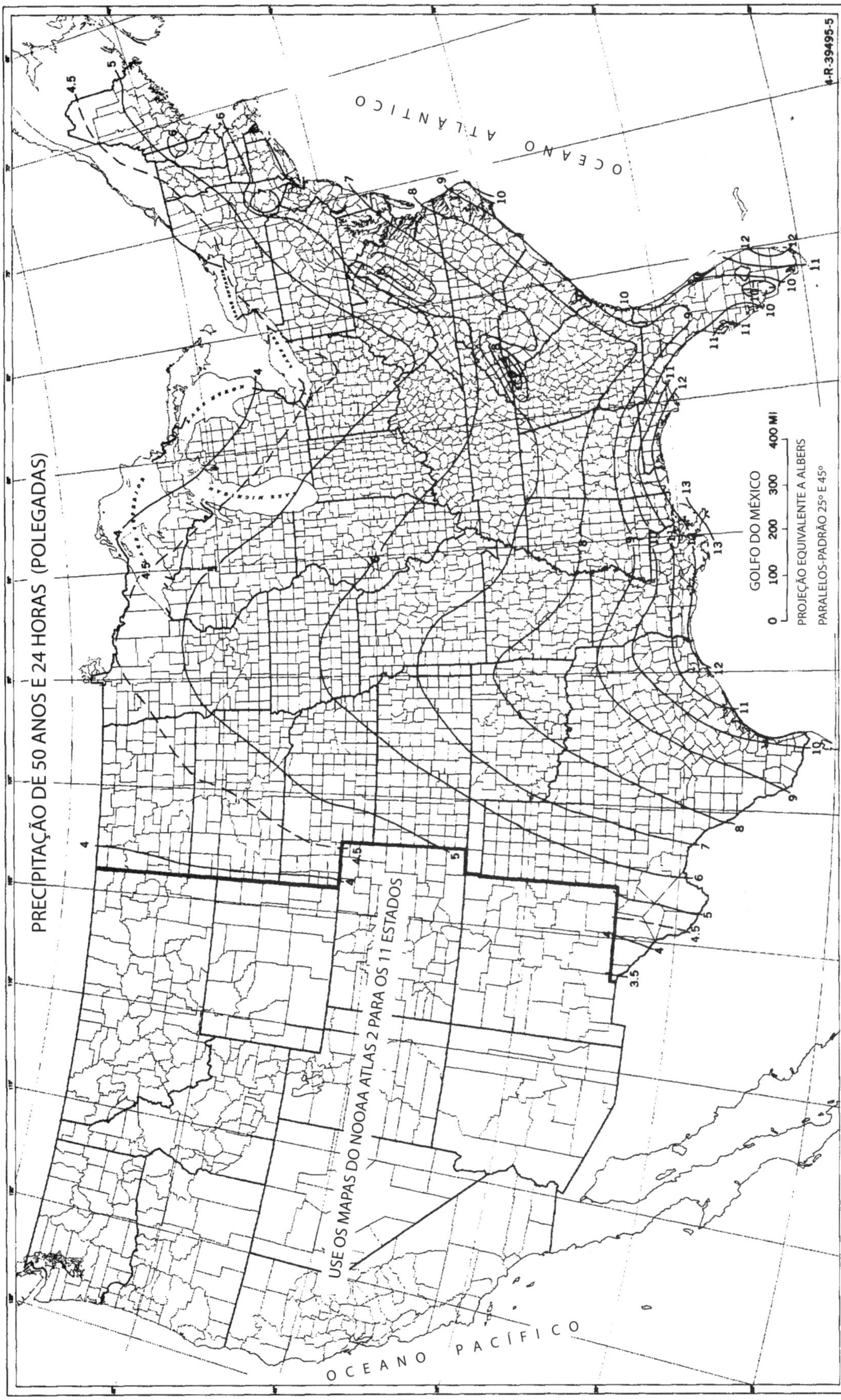

FIGURA D-3 (MAPA 2) Estados Unidos continental, precipitação de 50 anos e 24 horas (em polegadas). *(Cortesia de U.S. Weather Bureau, Rainfall Atlas of the United States)*

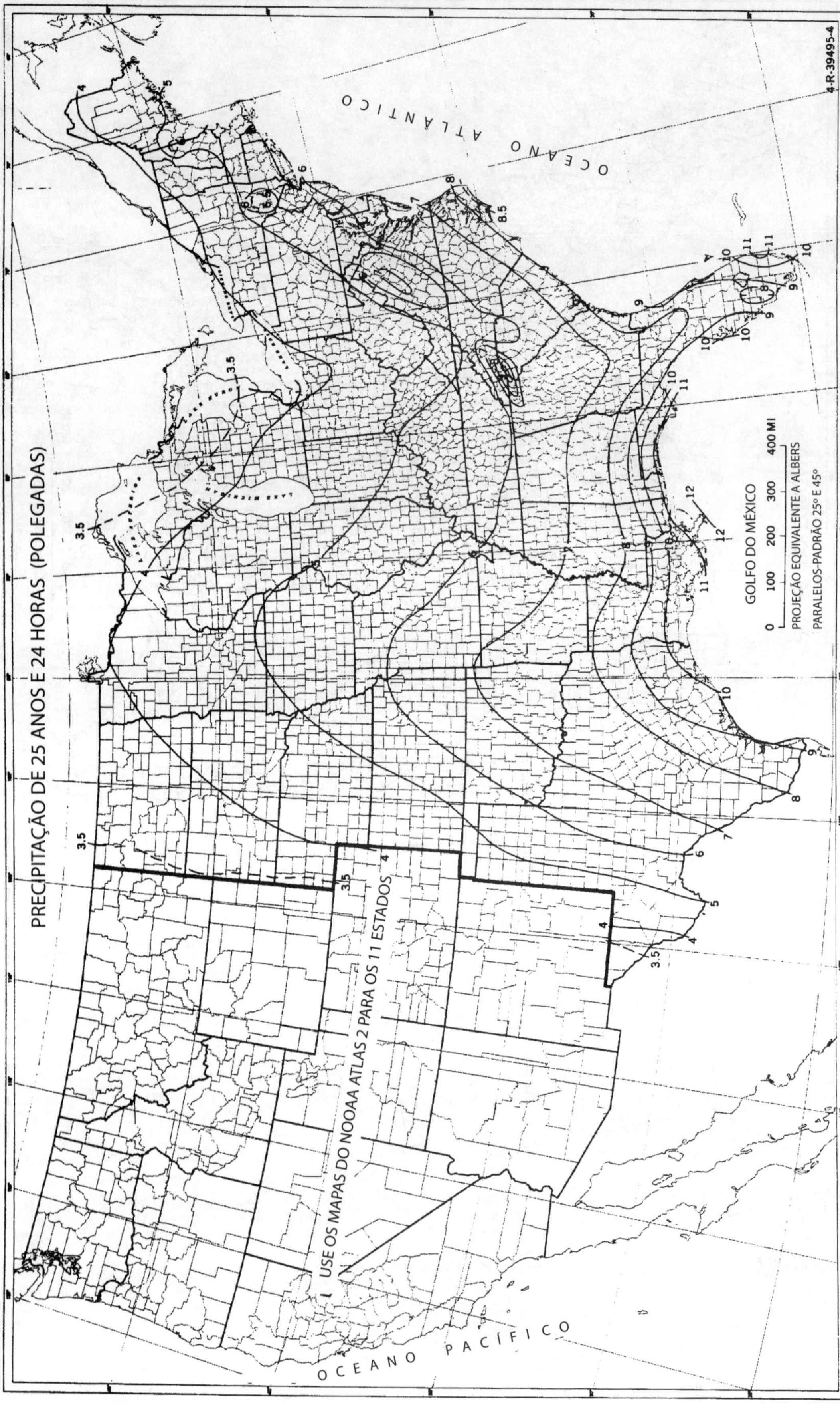

FIGURA D-3 (MAPA 3) Estados Unidos continental, precipitação de 25 anos e 24 horas (em polegadas). *(Cortesia de U.S. Weather Bureau, Rainfall Atlas of the United States)*

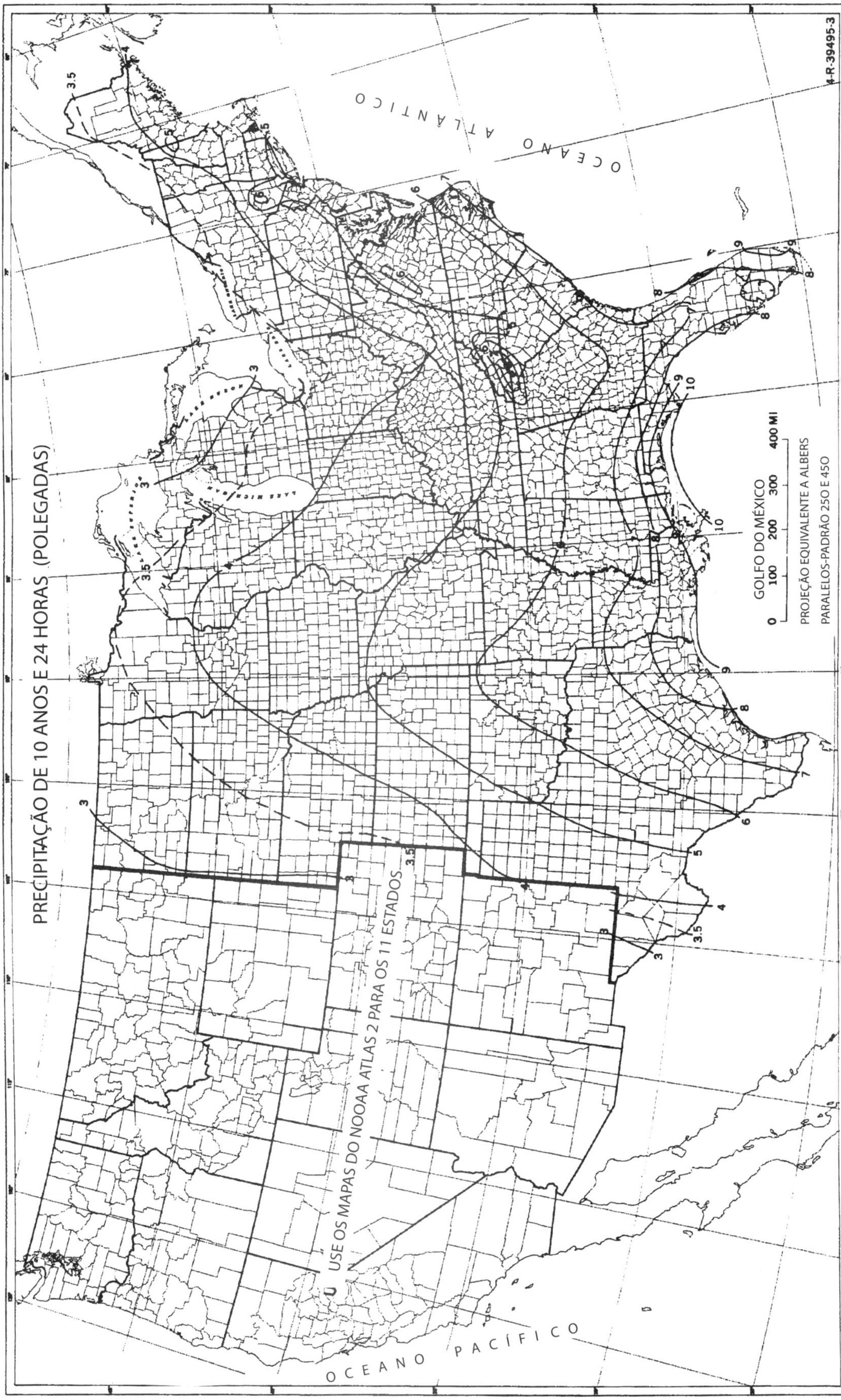

FIGURA D-3 (MAPA 4) Estados Unidos continental, precipitação de 10 anos e 24 horas (em polegadas). *(Cortesia de U.S. Weather Bureau, Rainfall Atlas of the United States)*

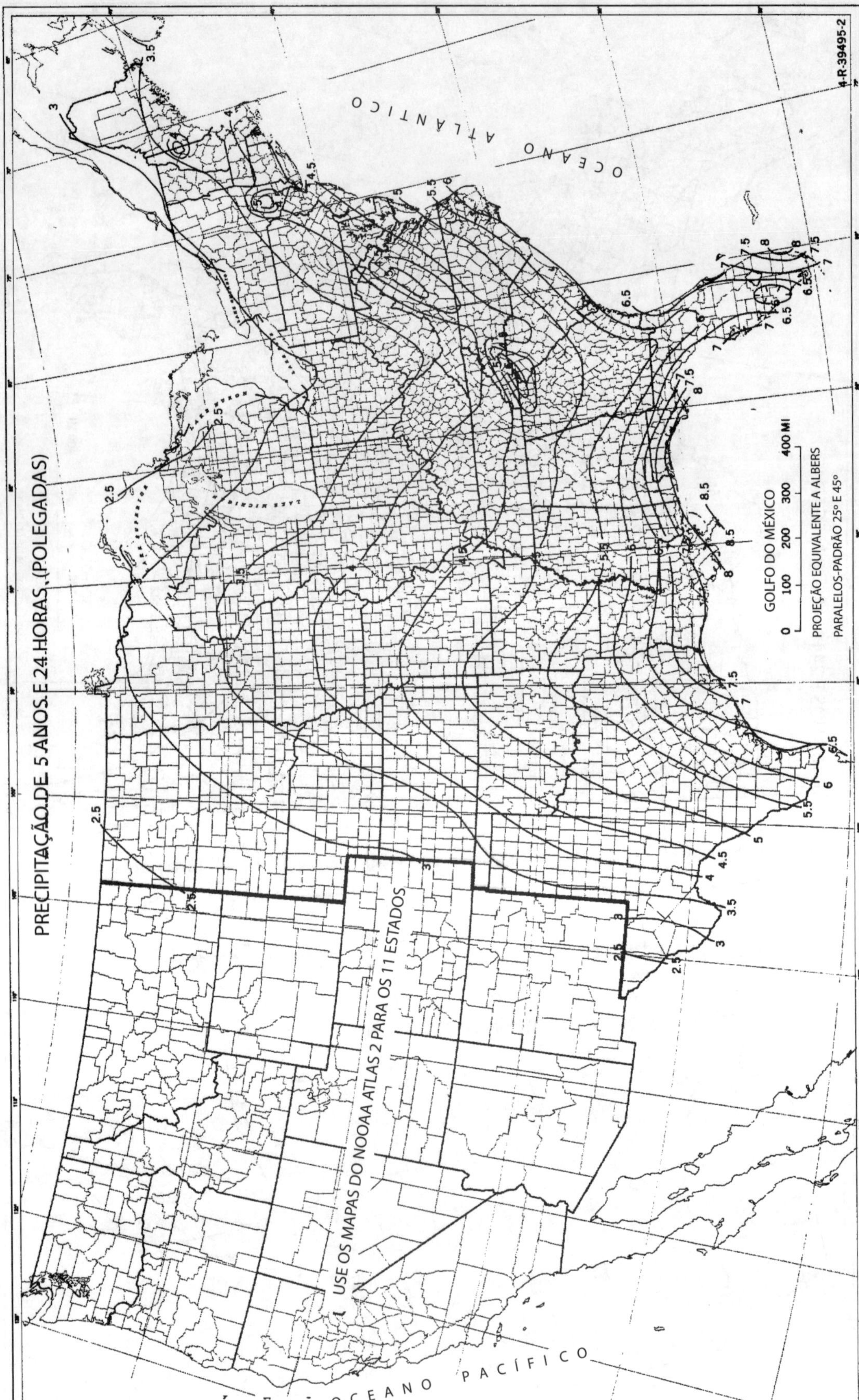

FIGURA D-3 (MAPA 5) Estados Unidos continental, precipitação de 5 anos e 24 horas (em polegadas). *(Cortesia de U.S. Weather Bureau, Rainfall Atlas of the United States)*

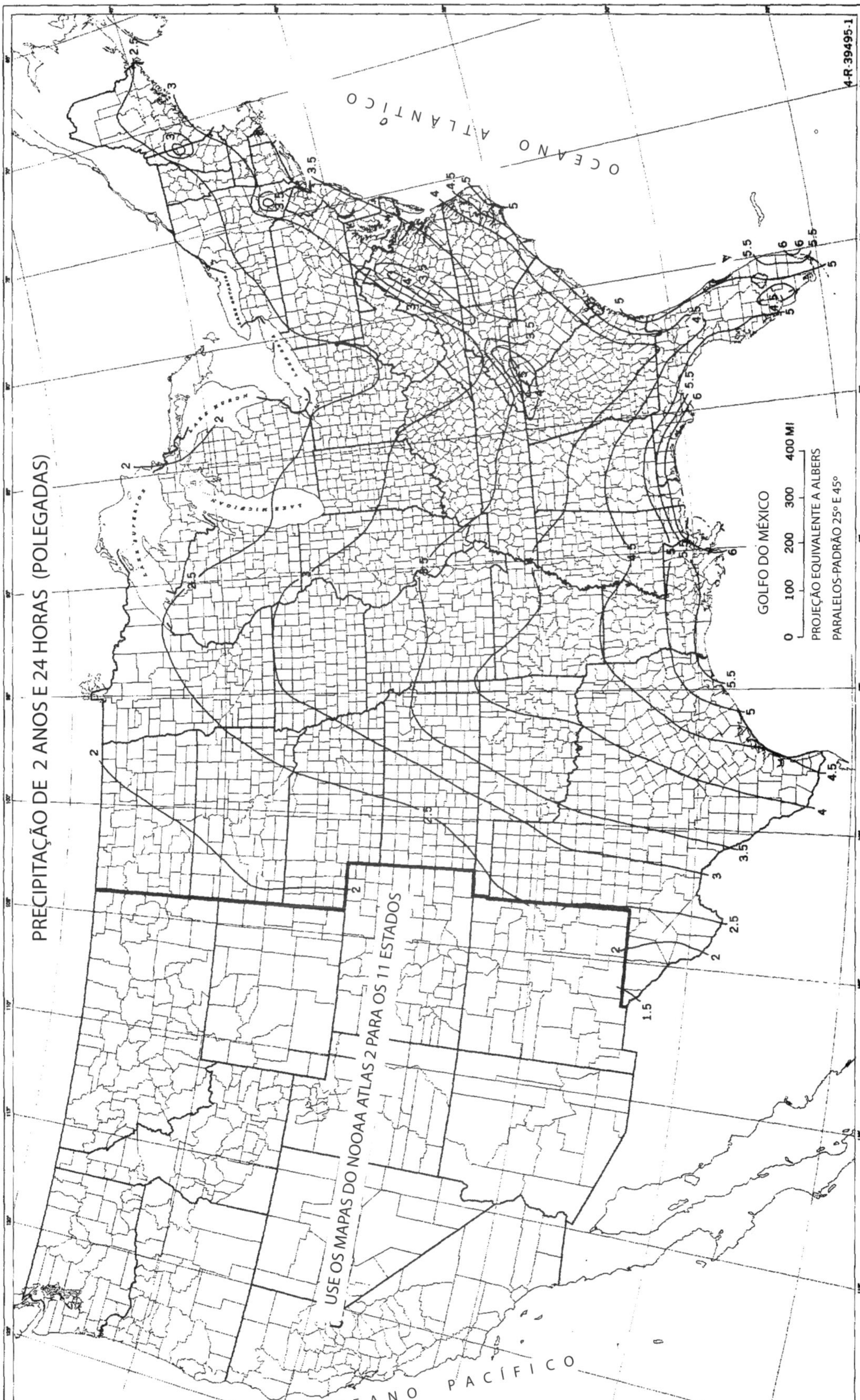

FIGURA D-3 (MAPA 6) Estados Unidos continental, precipitação de 2 anos e 24 horas (em polegadas). *(Cortesia de U.S. Weather Bureau, Rainfall Atlas of the United States)*

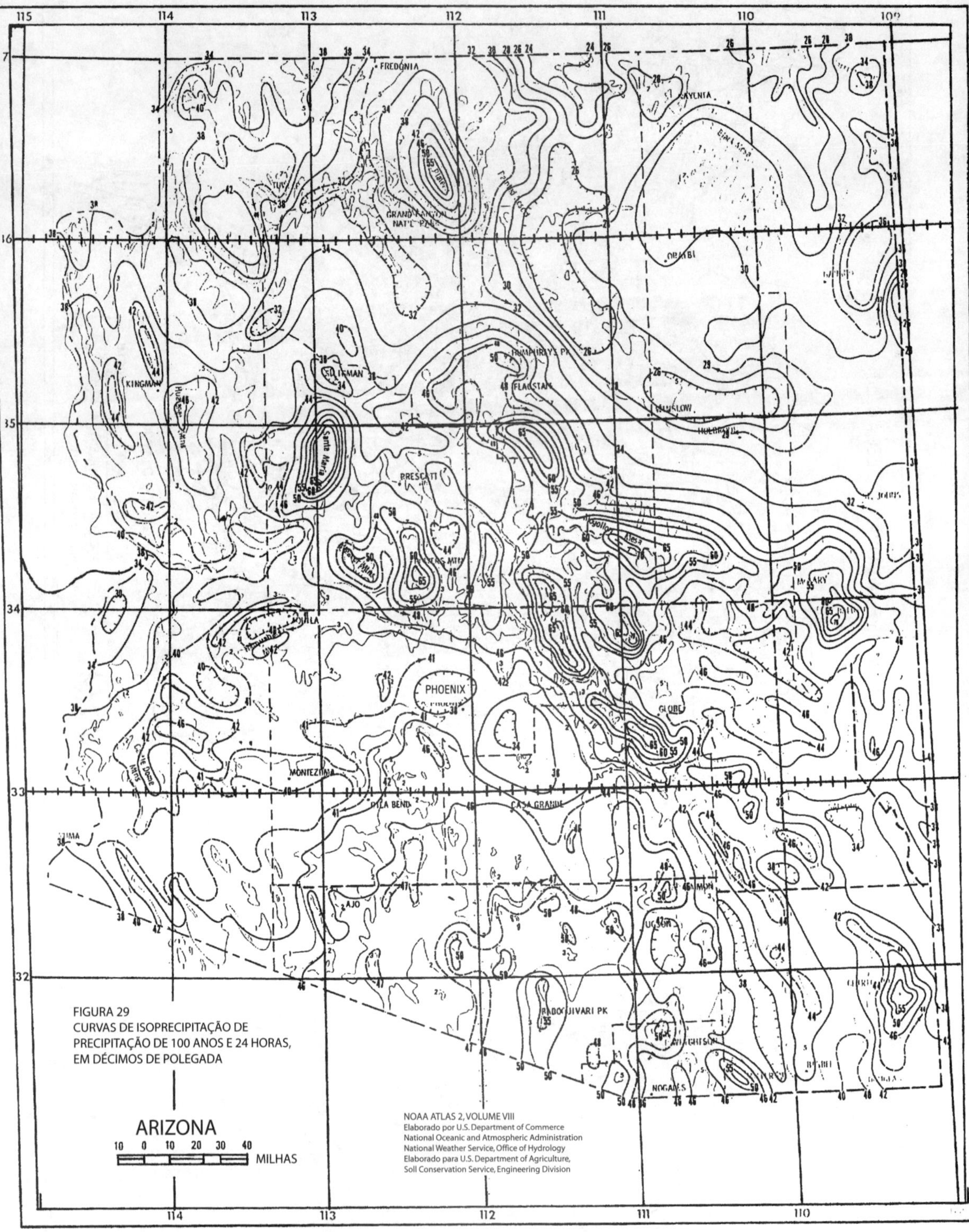

FIGURA D-3 (MAPA 7) Arizona, precipitação de 100 anos e 24 horas (décimos de uma polegada). *(Cortesia de NOAA Atlas 2, Volume VIII)*

FIGURA D-3 (MAPA 8) Sul da Califórnia, precipitação de 100 anos e 24 horas (décimos de uma polegada). *(Cortesia de NOAA Atlas 2, Volume XI)*

D-4
FRONTEIRAS GEOGRÁFICAS APROXIMADAS PARA AS DISTRIBUIÇÕES DE PRECIPITAÇÃO NRCS

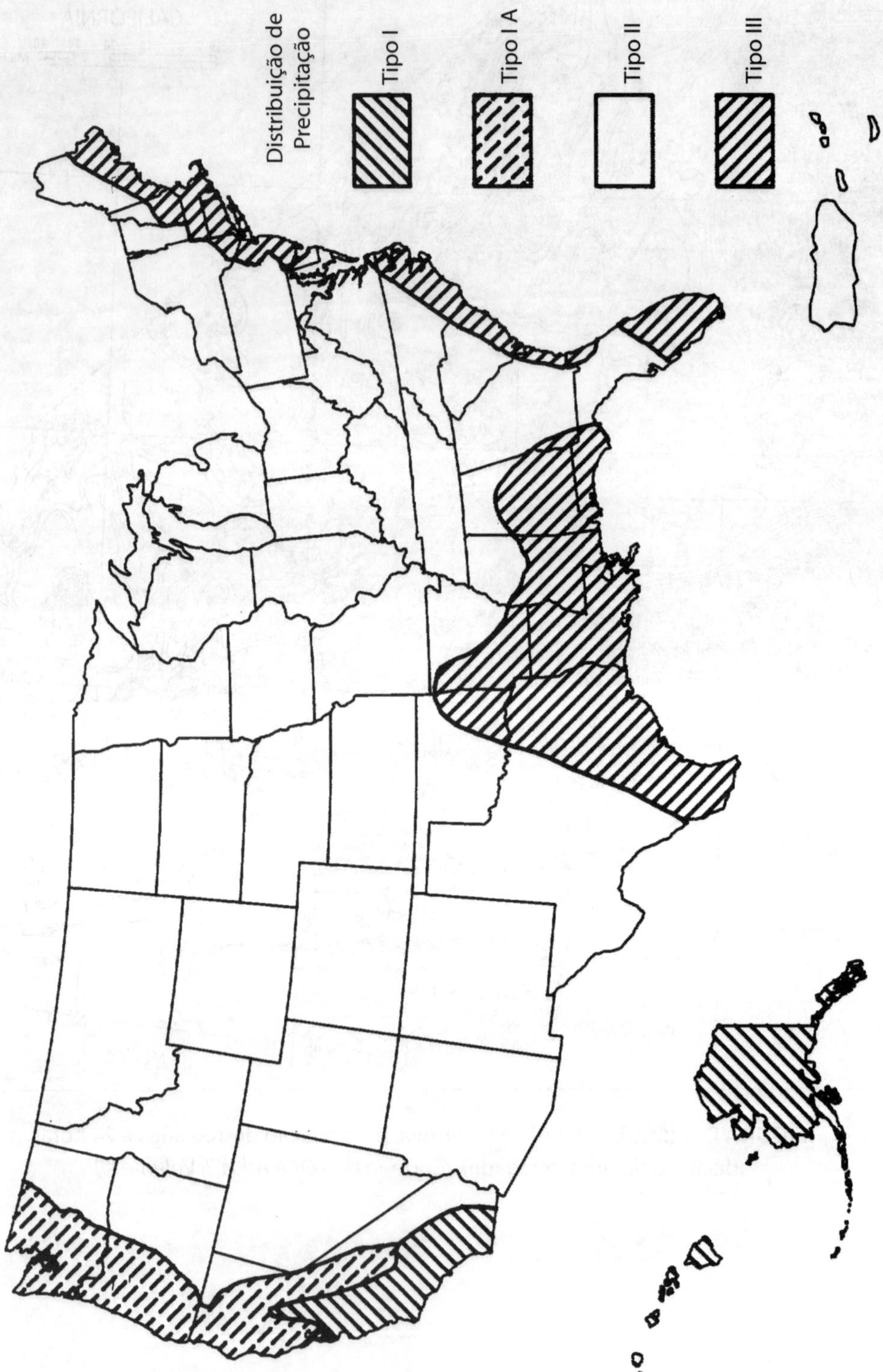

FIGURA D-4 Fronteiras geográficas aproximadas para as distribuições de precipitação NRCS. *(Cortesia de Soil Conservation Service, Technical Release 55)*

D-5
VAZÃO (DESCARGA) MÁXIMA UNITÁRIA (q_u)

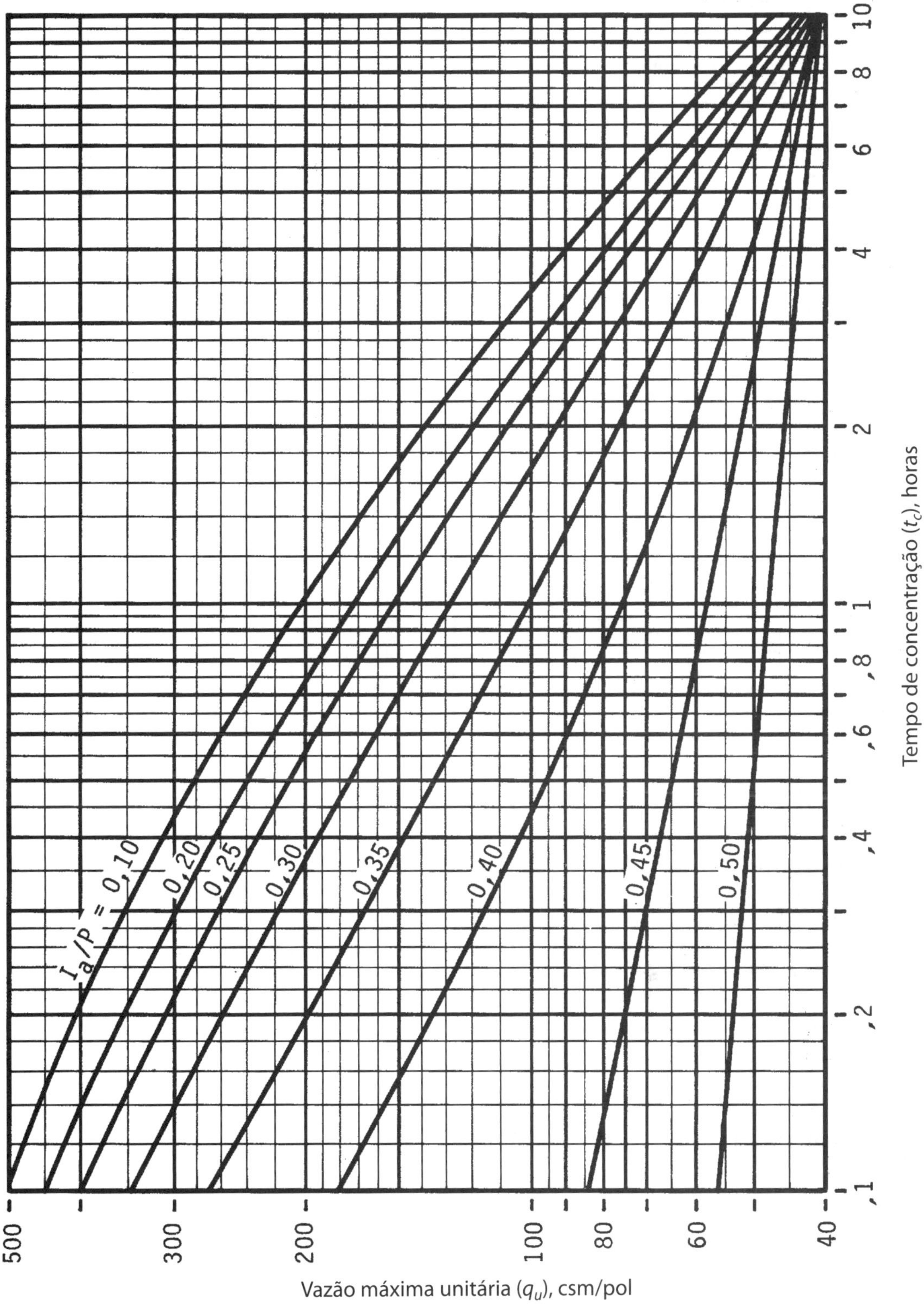

FIGURA D-5 (GRÁFICO 1) Vazão máxima unitária (q_u) para a distribuição de precipitação tipo I NRCS. *(Cortesia de Soil Conservation Service, Technical Release 55)*

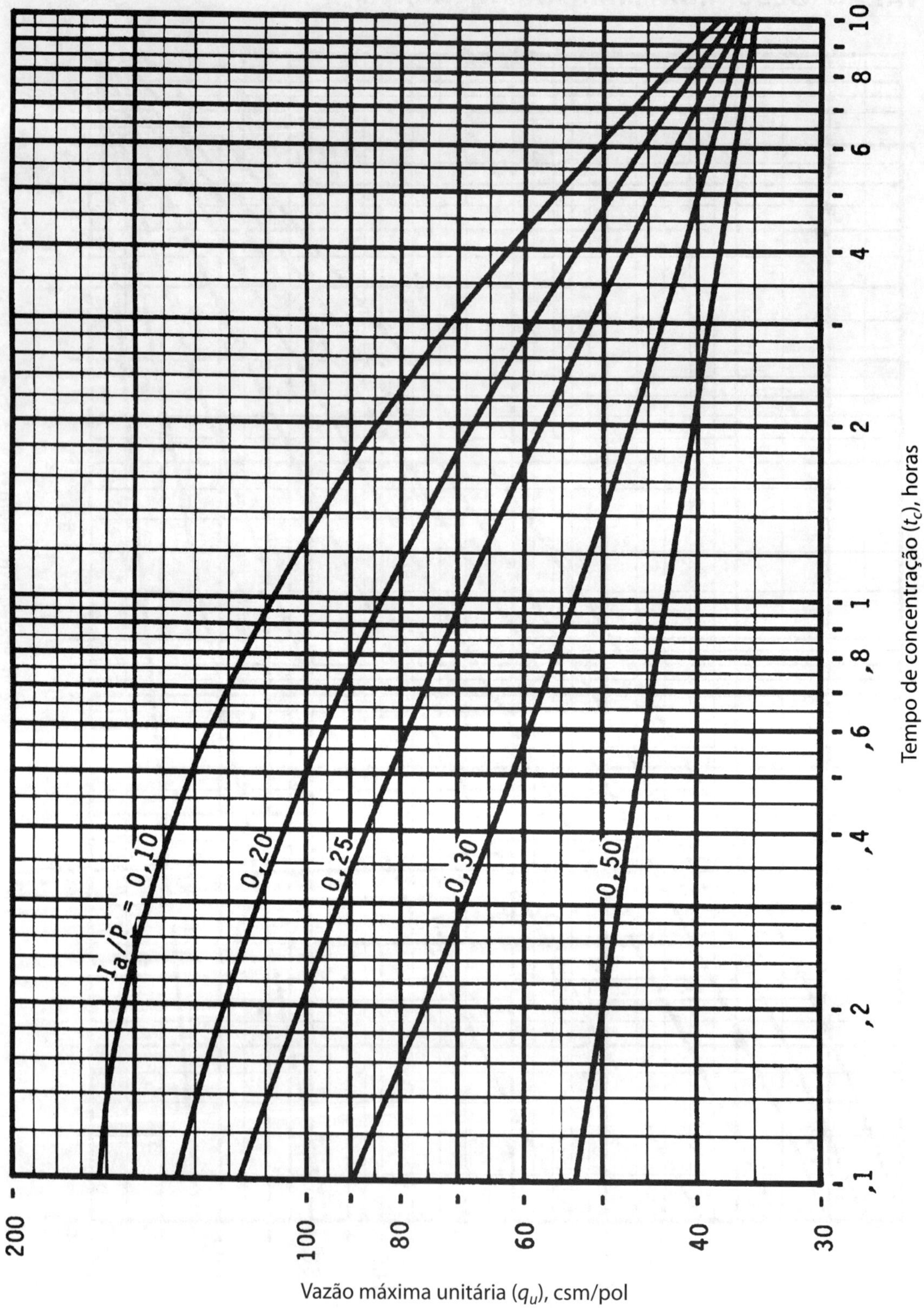

FIGURA D-5 (GRÁFICO 2) Vazão máxima unitária (q_u) para a distribuição de precipitação tipo IA NRCS. *(Cortesia de Soil Conservation Service, Technical Release 55)*

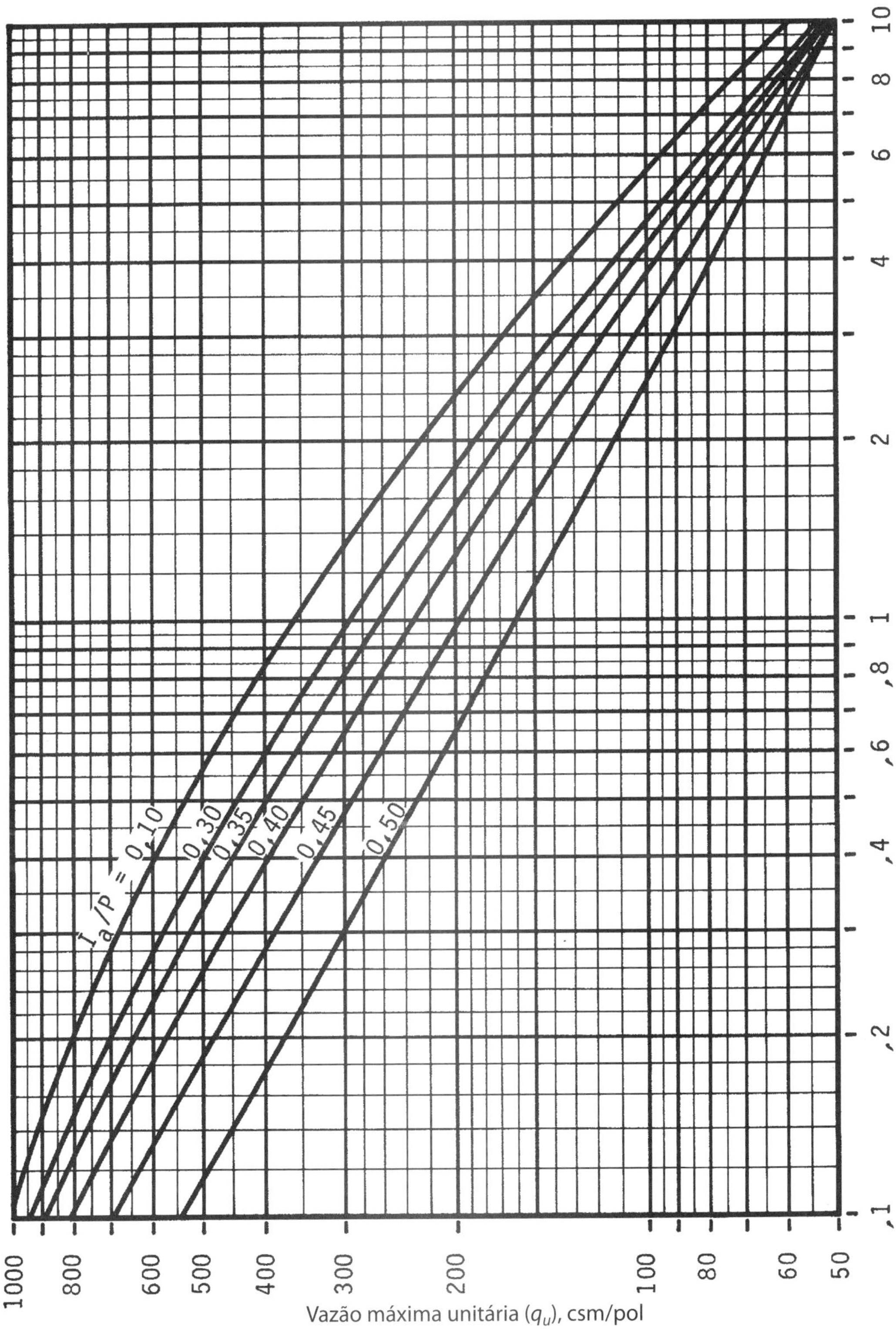

FIGURA D-5 (GRÁFICO 3) Vazão máxima unitária (q_u) para a distribuição de precipitação tipo II NRCS. *(Cortesia de Soil Conservation Service, Technical Release 55)*

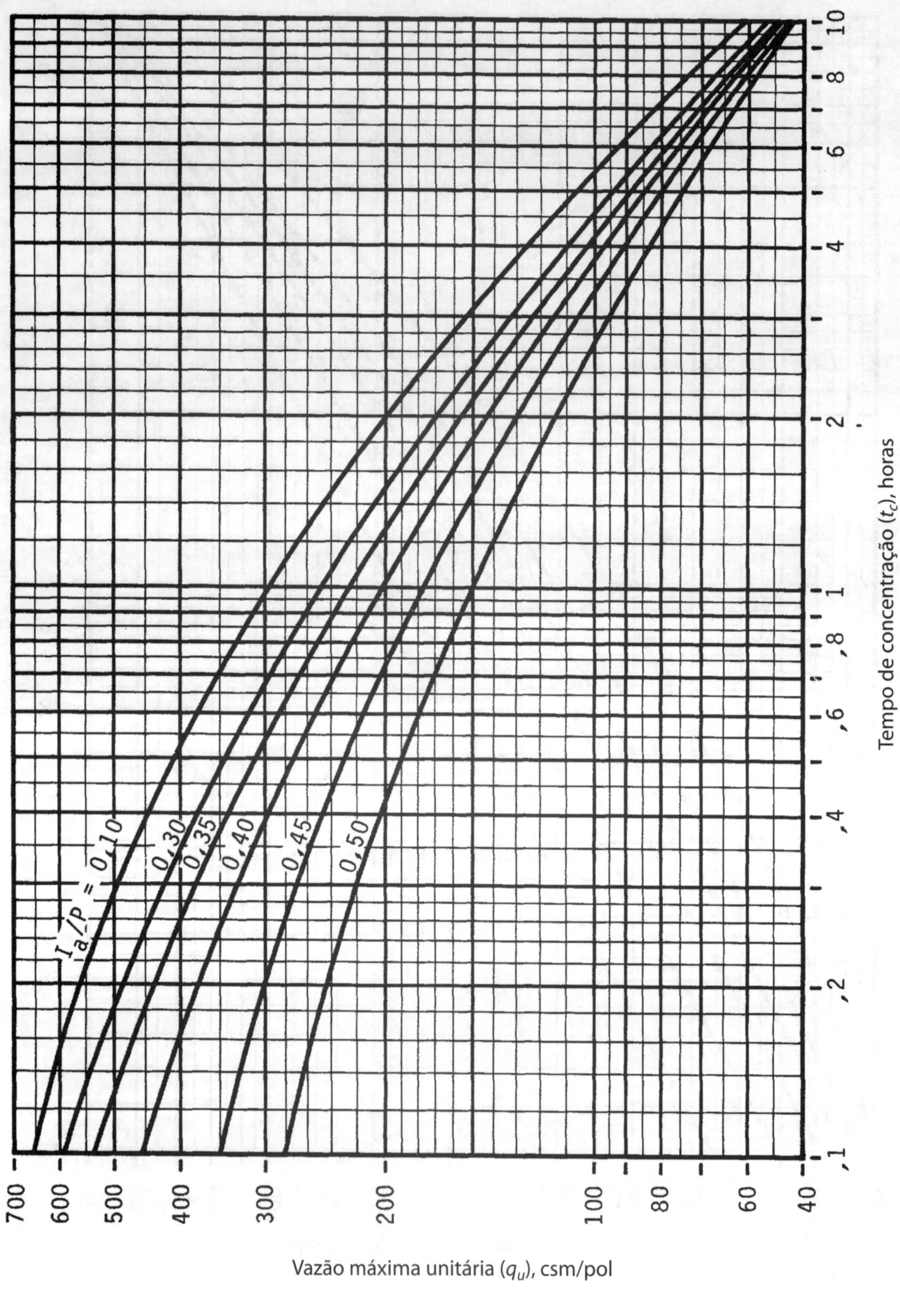

FIGURA D-5 (GRÁFICO 4) Vazão máxima unitária (q_u) para a distribuição de precipitação tipo III NRCS. *(Cortesia de Soil Conservation Service, Technical Release 55)*

D-6
VAZÕES (DESCARGAS) UNITÁRIAS DO HIDROGRAMA TABULAR (CSM/POL) PARA AS DISTRIBUIÇÕES DE PRECIPITAÇÃO TIPO II

TEMPO DE PERCURSO (HR)	11,0	11,3	11,6	11,9	12,0	12,1	12,2	12,3	12,4	12,5	12,6	12,7	12,8	13,0	13,2	13,4	13,6	13,8	14,0	14,3	14,6	15,0	15,5	16,0	16,5	17,0	17,5	18,0	19,0	20,0	22,0	26,0
IA/P = 0,10														* * * TC =0,4 HR * * *														IA/P = 0,10				
0,0	18	25	36	77	141	271	468	592	574	431	298	216	163	104	77	63	55	49	44	38	34	31	28	25	22	21	20	18	16	14	12	0
,10	18	24	34	67	116	219	385	523	557	473	357	263	196	119	84	67	57	51	46	39	35	32	29	25	22	21	20	19	16	14	12	0
,20	15	20	28	44	59	97	179	316	454	523	489	401	309	178	112	81	65	56	49	42	37	33	30	26	23	21	20	19	17	14	12	0
,30	15	20	27	41	53	82	147	260	389	478	486	429	349	210	129	89	69	58	51	43	38	33	30	27	24	21	20	19	17	14	12	0
,40	13	17	23	33	38	48	71	121	214	331	429	467	442	308	189	120	85	66	56	47	41	35	31	28	24	22	20	19	17	15	12	0
,50	12	16	22	31	36	44	62	102	176	279	379	438	440	339	218	137	94	71	59	49	42	35	31	28	25	22	21	19	17	15	12	0
,75	10	13	17	24	26	30	35	45	65	106	170	251	326	393	341	245	164	112	81	59	48	39	33	30	26	23	21	20	18	15	12	0
1,0	8	10	13	17	19	21	24	27	31	37	50	75	118	251	360	376	292	205	138	83	60	45	36	32	28	25	22	21	18	16	12	1
1,5	6	7	9	12	13	14	15	17	19	21	23	26	31	56	121	224	311	333	293	192	115	66	45	36	31	28	25	22	19	17	13	4
2,0	4	5	6	8	8	9	10	10	11	12	14	15	16	20	27	43	85	159	243	306	264	154	74	47	37	32	28	25	21	18	14	9
2,5	2	3	4	5	6	6	7	7	8	9	9	10	11	13	16	20	27	46	85	184	285	262	147	74	47	37	32	28	22	19	15	11
3,0	1	2	2	3	4	4	4	5	5	6	6	7	7	8	10	12	14	17	23	47	109	227	268	160	83	50	38	32	25	21	16	11
IA/P = 0,30														* * * TC =0,4 HR * * *														IA/P = 0,30				
0,0	0	0	0	4	26	113	296	480	495	413	306	234	186	127	100	84	74	67	61	54	49	45	41	37	33	31	29	28	25	21	19	0
,10	0	0	0	0	2	18	81	224	395	462	430	347	272	172	121	96	82	73	66	57	51	46	42	38	34	31	30	28	25	22	19	0
,20	0	0	0	0	2	13	59	169	320	414	424	373	305	196	134	103	85	75	67	59	52	47	43	39	34	32	30	28	25	22	19	0
,30	0	0	0	0	0	1	9	42	127	255	361	403	383	274	181	127	99	83	73	63	55	48	44	40	36	32	30	29	26	23	19	0
,40	0	0	0	0	0	1	6	30	94	202	308	372	379	298	203	141	106	87	76	65	56	49	44	40	36	32	31	29	26	23	19	0
,50	0	0	0	0	0	0	0	4	21	70	158	258	334	364	270	187	133	102	85	70	60	51	46	41	37	33	31	30	26	23	19	0
,75	0	0	0	0	0	0	0	2	8	30	76	145	219	321	305	241	177	130	102	78	65	55	47	43	38	34	32	30	27	24	19	0
1,0	0	0	0	0	0	0	0	0	0	1	4	15	42	150	267	308	272	209	154	103	79	62	51	45	41	37	33	31	28	25	19	1
1,5	0	0	0	0	0	0	0	0	0	0	0	0	1	10	51	136	226	274	263	195	131	85	62	51	45	41	36	33	29	26	20	6
2,0	0	0	0	0	0	0	0	0	0	0	0	0	0	0	1	6	31	86	162	252	239	162	93	64	52	45	41	37	31	28	21	15
2,5	0	0	0	0	0	0	0	0	0	0	0	0	0	0	0	0	1	9	33	112	202	235	155	92	64	52	45	41	33	29	23	18
3,0	0	0	0	0	0	0	0	0	0	0	0	0	0	0	0	0	0	0	2	21	76	182	221	148	90	63	51	45	36	31	24	18
IA/P = 0,50														* * * TC =0,4 HR * * *														IA/P = 0,50				
0,0	0	0	0	0	0	7	59	168	245	257	213	186	163	128	109	96	88	81	75	67	62	58	54	50	45	43	41	39	35	31	28	0
,10	0	0	0	0	0	0	5	41	125	205	240	222	198	154	123	106	94	86	79	71	64	60	56	51	46	43	42	40	36	32	28	0
,20	0	0	0	0	0	0	3	28	93	168	216	220	205	164	131	110	97	88	81	72	65	60	56	51	46	43	42	40	36	32	28	0
,30	0	0	0	0	0	0	0	2	20	69	135	189	209	192	155	126	107	95	86	77	69	62	57	53	48	44	42	41	37	33	28	0
,40	0	0	0	0	0	0	0	1	14	50	106	161	193	202	163	133	112	98	89	78	70	62	58	53	48	44	42	41	37	33	28	0
,50	0	0	0	0	0	0	0	1	9	37	83	135	174	194	171	140	117	102	91	80	71	63	58	54	49	45	43	41	37	33	28	0
,75	0	0	0	0	0	0	0	0	0	3	15	40	76	147	177	169	146	124	107	90	79	68	60	56	51	47	43	42	38	34	28	0
1,0	0	0	0	0	0	0	0	0	0	0	1	7	21	78	141	173	167	146	125	101	86	73	63	58	53	48	45	42	39	35	28	1
1,5	0	0	0	0	0	0	0	0	0	0	0	0	0	5	26	71	121	153	159	139	113	89	72	63	57	53	48	44	40	37	29	7
2,0	0	0	0	0	0	0	0	0	0	0	0	0	0	0	0	3	16	45	86	138	150	125	93	74	64	58	53	48	42	39	31	20
2,5	0	0	0	0	0	0	0	0	0	0	0	0	0	0	0	0	1	4	17	59	112	143	121	91	73	63	57	53	45	40	32	26
3,0	0	0	0	0	0	0	0	0	0	0	0	0	0	0	0	0	0	0	1	11	40	101	138	117	90	73	63	57	48	42	34	27

TEMPO DO HIDROGRAMA (HORAS)

TIPO DE PRECIPITAÇÃO = II * * * = 0,4 HR * * *

FIGURA D-6 (GRÁFICO 1) Vazões unitárias do hidrograma tabular (csm/pol) para a distribuição de precipitação tipo II (t_c = 0,4 hora). *(Cortesia de Soil Conservation Service, Technical Release 55)*

TEMPO DO HIDROGRAMA (HORAS)

TEMPO DE PERCURSO (HR)	11,0	11,3	11,6	11,9	12,0	12,1	12,2	12,3	12,4	12,5	12,6	12,7	12,8	13,0	13,2	13,4	13,6	13,8	14,0	14,3	14,6	15,0	15,5	16,0	16,5	17,0	17,5	18,0	19,0	20,0	22,0	26,0
IA/P = 0,10														* * * TC = 0,5 HR * * *														IA/P = 0,10				
0,0	17	23	32	57	94	170	308	467	529	507	402	297	226	140	96	74	61	53	47	41	36	32	29	26	23	21	20	19	16	14	12	0
,10	16	22	30	51	80	140	252	395	484	499	434	343	265	162	108	80	65	55	49	42	36	33	29	26	23	21	20	19	16	14	12	0
,20	14	19	25	38	47	69	116	207	332	434	477	449	378	238	149	101	77	62	53	45	39	34	30	27	24	22	20	19	17	14	12	0
,30	13	18	24	35	43	60	97	170	278	382	446	448	401	270	171	114	83	66	56	46	40	34	31	27	24	22	20	19	17	15	12	0
,40	12	15	21	29	33	40	53	83	141	233	332	408	434	361	243	157	107	79	64	51	43	36	32	28	25	22	21	20	17	15	12	0
,50	11	15	20	28	31	37	48	71	118	194	286	367	412	378	271	178	119	86	68	53	44	37	32	29	25	23	21	20	17	15	12	0
,75	9	11	14	19	21	24	27	31	37	49	74	118	182	319	374	328	244	169	117	76	56	43	35	31	28	25	22	21	18	16	12	1
1,0	7	9	12	16	17	19	21	24	27	32	40	55	83	188	309	359	322	245	172	102	68	49	38	32	29	26	23	21	19	16	12	1
1,5	5	7	8	11	12	13	14	15	17	19	21	23	27	43	89	175	269	322	309	225	140	77	49	38	32	29	25	23	20	17	13	5
2,0	3	4	6	7	8	8	9	10	10	11	12	14	15	18	23	35	65	123	202	297	280	181	88	52	39	33	29	26	21	19	14	10
2,5	2	3	4	5	5	6	6	7	7	8	9	9	10	12	15	18	24	36	66	150	244	278	171	87	52	39	33	29	23	20	15	11
3,0	1	1	2	3	3	4	4	4	5	5	6	6	7	8	9	11	13	16	20	37	86	198	263	182	96	56	40	33	26	21	16	11
IA/P = 0,30														* * * TC = 0,5 HR * * *														IA/P = 0,30				
0,0	0	0	0	1	9	53	157	314	433	439	379	299	237	159	118	95	81	71	65	56	50	46	42	38	34	31	30	28	25	22	19	0
,10	0	0	0	0	1	6	37	117	248	372	416	391	330	218	150	113	92	79	70	60	53	47	43	39	35	32	30	29	26	22	19	0
,20	0	0	0	0	1	4	26	87	194	313	382	388	349	244	167	122	97	82	72	62	54	48	43	39	35	32	30	29	26	22	19	0
,30	0	0	0	0	0	0	3	19	64	151	259	341	372	316	223	156	117	94	80	67	58	50	45	41	36	33	31	29	26	23	19	0
,40	0	0	0	0	0	0	2	13	47	116	211	298	354	328	245	172	127	100	83	69	59	51	45	41	37	33	31	29	26	23	19	0
,50	0	0	0	0	0	0	0	1	9	34	89	170	255	341	303	225	161	120	96	76	64	54	47	42	38	34	31	30	27	24	19	0
,75	0	0	0	0	0	0	0	1	4	14	41	89	152	270	305	268	207	155	118	87	70	57	48	44	39	35	32	30	27	24	19	0
1,0	0	0	0	0	0	0	0	0	0	0	2	7	22	98	212	295	285	237	181	120	88	67	53	46	42	38	34	31	28	25	19	2
1,5	0	0	0	0	0	0	0	0	0	0	0	0	0	5	30	95	183	249	265	217	152	96	66	53	46	41	37	34	30	26	20	8
2,0	0	0	0	0	0	0	0	0	0	0	0	0	0	0	0	3	18	59	125	221	245	182	105	69	54	47	42	38	32	28	22	16
2,5	0	0	0	0	0	0	0	0	0	0	0	0	0	0	0	0	1	5	21	84	174	230	172	103	69	54	46	42	34	30	23	18
3,0	0	0	0	0	0	0	0	0	0	0	0	0	0	0	0	0	0	0	1	13	56	157	217	163	101	68	53	46	37	31	25	18
IA/P = 0,50														* * * TC = 0,5 HR * * *														IA/P = 0,50				
0,0	0	0	0	0	0	2	26	89	170	217	229	200	179	144	119	104	93	85	78	70	64	59	55	51	46	43	41	40	36	32	28	0
,10	0	0	0	0	0	0	1	18	65	135	190	216	205	170	137	115	101	91	83	74	67	61	56	52	47	44	42	40	36	32	28	0
,20	0	0	0	0	0	0	1	12	47	106	162	198	203	178	145	121	105	94	85	76	68	61	57	52	48	44	42	40	37	32	28	0
,30	0	0	0	0	0	0	0	1	8	34	82	135	177	194	168	139	117	102	92	80	71	63	58	54	49	45	43	41	37	33	28	0
,40	0	0	0	0	0	0	0	0	6	25	63	111	155	189	174	146	122	106	94	82	73	64	58	54	50	45	43	41	37	33	28	0
,50	0	0	0	0	0	0	0	0	4	18	48	90	133	184	177	152	128	110	97	84	74	65	59	55	50	45	43	41	38	33	28	0
,75	0	0	0	0	0	0	0	0	1	7	22	47	80	142	169	164	144	124	108	91	79	68	61	56	51	47	44	42	38	34	28	0
1,0	0	0	0	0	0	0	0	0	0	0	1	3	11	51	112	155	166	154	134	109	91	76	65	59	54	49	45	43	39	35	28	2
1,5	0	0	0	0	0	0	0	0	0	0	0	0	0	2	16	50	97	136	154	145	121	95	75	64	58	54	49	45	41	37	29	10
2,0	0	0	0	0	0	0	0	0	0	0	0	0	0	0	0	4	18	47	86	134	146	125	94	75	64	58	53	49	42	39	31	21
2,5	0	0	0	0	0	0	0	0	0	0	0	0	0	0	0	0	0	3	11	44	95	140	127	97	77	65	58	54	45	41	33	26
3,0	0	0	0	0	0	0	0	0	0	0	0	0	0	0	0	0	0	0	1	7	29	86	135	122	95	76	65	58	49	43	35	27

TIPO DE PRECIPITAÇÃO = II * * * = 0,5 HR * * *

FIGURA D-6 (GRÁFICO 2) Vazões unitárias do hidrograma tabular (csm/pol) para a distribuição de precipitação tipo II (t_c = 0,5 hora). *(Cortesia de Soil Conservation Service, Technical Release 55)*

TEMPO DO HIDROGRAMA (HORAS)

IA/P = 0,10 * * * TC =1,0 HR * * * IA/P = 0,10

TEMPO DE PERCURSO (HR)	11,0	11,3	11,6	11,9	12,0	12,1	12,2	12,3	12,4	12,5	12,6	12,7	12,8	13,0	13,2	13,4	13,6	13,8	14,0	14,3	14,6	15,0	15,5	16,0	16,5	17,0	17,5	18,0	19,0	20,0	22,0	26,0
0,0	11	15	20	29	35	47	72	112	168	231	289	329	357	313	239	175	133	103	83	63	50	40	33	29	26	23	21	20	17	15	12	0
,10	10	13	17	24	27	33	42	62	95	144	202	260	306	340	293	222	165	126	98	72	56	43	35	30	27	24	22	20	18	15	12	0
,20	10	13	17	23	26	30	38	54	82	123	176	232	281	332	303	238	179	136	105	76	59	45	35	30	27	24	22	20	18	16	12	1
,30	9	12	16	22	24	28	35	48	70	105	152	205	256	323	310	254	193	146	113	81	61	46	36	31	27	24	22	20	18	16	12	1
,40	8	11	14	19	21	23	27	32	42	61	91	132	181	276	318	294	237	181	138	95	70	51	39	32	28	25	23	21	18	16	12	1
,50	8	10	13	18	20	22	25	30	38	53	78	114	159	253	311	300	251	195	149	102	74	53	40	33	29	25	23	21	18	16	12	1
,75	7	8	11	14	16	17	19	21	25	30	38	53	76	146	228	284	293	256	208	143	99	66	46	36	31	27	24	22	19	17	13	2
1,0	5	7	8	11	12	13	14	16	17	19	22	25	31	57	111	188	256	286	272	208	144	90	56	41	33	29	26	23	20	17	13	4
1,5	4	5	6	8	8	9	10	11	12	13	14	15	17	22	33	59	107	171	231	268	235	157	88	56	41	33	29	25	21	18	14	8
2,0	2	3	4	5	5	6	6	7	7	8	9	9	10	12	15	19	27	44	78	157	231	252	167	96	59	42	34	29	23	20	15	11
2,5	1	2	2	3	4	4	4	5	5	6	6	7	7	8	10	12	15	19	27	58	120	214	241	159	94	59	42	34	26	21	16	11
3,0	0	1	1	2	2	3	3	3	4	4	4	5	5	6	7	8	10	12	14	22	44	113	214	231	152	91	58	42	29	23	17	12

IA/P = 0,30 * * * TC =1,0 HR * * * IA/P = 0,30

TEMPO DE PERCURSO (HR)	11,0	11,3	11,6	11,9	12,0	12,1	12,2	12,3	12,4	12,5	12,6	12,7	12,8	13,0	13,2	13,4	13,6	13,8	14,0	14,3	14,6	15,0	15,5	16,0	16,5	17,0	17,5	18,0	19,0	20,0	22,0	26,0
0,0	0	0	0	0	1	4	16	42	83	137	195	243	271	292	227	178	143	117	98	79	66	55	47	42	38	34	31	30	27	23	19	0
,10	0	0	0	0	0	0	3	12	32	66	113	168	218	279	260	213	169	136	113	88	72	59	49	43	39	35	32	30	27	24	19	1
,20	0	0	0	0	0	0	2	9	24	52	93	143	193	271	271	225	180	145	119	92	75	60	50	44	39	35	32	30	27	24	19	1
,30	0	0	0	0	0	0	1	6	18	41	75	120	169	246	264	234	191	153	125	96	78	62	51	44	40	36	33	31	27	24	19	1
,40	0	0	0	0	0	0	0	1	4	14	32	61	100	190	251	259	222	181	146	109	86	67	53	46	41	37	33	31	28	25	19	2
,50	0	0	0	0	0	0	0	1	3	10	24	49	83	168	237	254	230	191	155	115	90	69	54	47	42	37	34	31	28	25	19	2
,75	0	0	0	0	0	0	0	0	0	1	4	12	25	76	150	213	239	228	198	149	112	82	61	50	44	39	35	32	29	26	20	4
1,0	0	0	0	0	0	0	0	0	0	0	0	1	2	15	51	113	182	226	234	197	150	104	72	56	47	42	38	34	30	27	20	7
1,5	0	0	0	0	0	0	0	0	0	0	0	0	0	0	4	18	51	104	162	220	210	158	102	71	56	47	42	37	31	28	22	13
2,0	0	0	0	0	0	0	0	0	0	0	0	0	0	0	0	1	5	20	49	121	187	209	152	100	70	55	47	41	34	29	23	17
2,5	0	0	0	0	0	0	0	0	0	0	0	0	0	0	0	0	0	2	7	32	87	171	199	146	98	69	54	46	37	31	24	18
3,0	0	0	0	0	0	0	0	0	0	0	0	0	0	0	0	0	0	0	0	2	13	62	158	192	151	103	73	56	41	34	26	18

IA/P = 0,50 * * * TC =1,0 HR * * * IA/P = 0,50

TEMPO DE PERCURSO (HR)	11,0	11,3	11,6	11,9	12,0	12,1	12,2	12,3	12,4	12,5	12,6	12,7	12,8	13,0	13,2	13,4	13,6	13,8	14,0	14,3	14,6	15,0	15,5	16,0	16,5	17,0	17,5	18,0	19,0	20,0	22,0	26,0
0,0	0	0	0	0	0	0	1	7	21	42	71	101	126	160	154	138	123	110	100	87	77	67	60	55	50	46	43	41	38	34	28	1
,10	0	0	0	0	0	0	0	1	5	15	33	58	87	134	156	149	134	120	108	93	82	71	62	57	52	47	44	42	38	34	28	1
,20	0	0	0	0	0	0	0	1	4	12	26	48	74	123	153	153	137	123	111	95	84	72	63	57	52	47	44	42	38	34	28	1
,30	0	0	0	0	0	0	0	0	3	9	20	38	62	111	143	150	140	127	114	98	86	73	63	58	53	48	45	42	39	35	28	1
,40	0	0	0	0	0	0	0	0	0	2	6	16	31	75	120	145	148	137	123	106	91	77	66	59	54	49	45	43	39	35	29	2
,50	0	0	0	0	0	0	0	0	0	1	5	12	25	64	109	139	146	139	127	108	94	79	67	60	55	50	46	43	39	36	29	3
,75	0	0	0	0	0	0	0	0	0	0	2	5	12	39	78	115	136	140	134	117	101	84	70	62	56	51	47	44	40	36	29	4
1,0	0	0	0	0	0	0	0	0	0	0	0	0	1	7	26	59	96	125	139	133	117	97	78	66	59	54	49	46	41	37	29	8
1,5	0	0	0	0	0	0	0	0	0	0	0	0	0	0	2	9	26	54	86	123	133	119	95	77	66	59	54	49	43	39	31	17
2,0	0	0	0	0	0	0	0	0	0	0	0	0	0	0	0	0	3	10	25	64	104	129	116	93	76	65	58	53	45	41	33	24
2,5	0	0	0	0	0	0	0	0	0	0	0	0	0	0	0	0	0	0	2	10	34	84	125	117	96	78	66	59	49	43	35	27
3,0	0	0	0	0	0	0	0	0	0	0	0	0	0	0	0	0	0	0	0	1	6	32	89	122	114	94	77	66	53	45	37	27

TIPO DE PRECIPITAÇÃO = II * * * = 1,0 HR * * *

FIGURA D-6 (GRÁFICO 3) Vazões unitárias do hidrograma tabular (csm/pol) para a distribuição de precipitação tipo II (t_c = 1,0 hora). *(Cortesia de Soil Conservation Service, Technical Release 55)*

TEMPO DE PERCURSO (HR)	TEMPO DO HIDROGRAMA (HORAS) 11,0	11,3	11,6	11,9	12,0	12,1	12,2	12,3	12,4	12,5	12,6	12,7	12,8	13,0	13,2	13,4	13,6	13,8	14,0	14,3	14,6	15,0	15,5	16,0	16,5	17,0	17,5	18,0	19,0	20,0	22,0	26,0
		IA/P = 0,10												* * * TC =1,25 HR * * *														IA/P = 0,10				
0,0	10	13	18	25	29	38	54	81	118	163	213	256	284	311	266	212	163	129	104	78	61	47	37	31	27	24	22	20	18	16	12	1
,10	10	13	17	23	27	34	47	69	102	143	189	234	267	297	274	226	175	138	111	82	64	48	38	31	27	24	22	20	18	16	12	1
,20	9	11	15	20	22	26	31	42	60	88	124	168	212	280	292	261	212	166	131	95	72	53	40	33	28	25	23	21	18	16	12	1
,30	8	11	14	19	21	24	29	38	53	76	108	148	190	263	288	268	224	177	140	101	76	55	41	34	29	25	23	21	18	16	12	2
,40	8	10	13	18	20	23	27	34	46	66	94	130	170	245	282	273	235	188	149	107	80	58	42	34	29	26	23	21	19	16	12	2
,50	7	9	12	16	17	19	22	25	31	41	58	82	114	190	256	279	262	222	178	127	93	65	46	36	31	27	24	22	19	17	13	2
,75	6	8	10	14	15	17	19	21	25	31	41	56	78	139	207	254	265	245	208	152	110	75	51	39	32	28	25	22	19	17	13	3
1,0	5	6	8	10	11	13	14	15	17	19	22	26	33	60	109	173	230	261	255	208	153	100	64	46	36	30	26	24	20	18	13	5
1,5	3	4	5	7	7	8	9	9	10	11	12	13	15	19	27	45	79	130	186	247	239	180	108	68	48	37	31	27	22	19	14	10
2,0	2	3	4	5	6	6	7	7	8	8	9	10	11	13	16	22	35	59	98	171	236	236	156	95	62	44	35	30	23	20	15	11
2,5	1	2	2	3	4	4	4	5	5	5	6	6	7	8	10	12	14	19	28	58	114	197	226	163	102	65	46	36	26	21	16	11
3,0	0	1	1	2	2	2	2	3	3	3	4	4	4	5	6	7	9	10	13	19	35	88	184	218	169	109	70	49	31	24	18	12
		IA/P = 0,30												* * * TC =1,25 HR * * *														IA/P = 0,30				
0,0	0	0	0	0	0	2	9	25	50	86	130	174	208	253	235	201	164	136	115	92	76	61	51	44	39	35	32	30	27	24	19	1
,10	0	0	0	0	0	0	1	6	19	40	71	110	153	217	247	227	191	157	131	103	84	66	53	46	41	36	33	31	28	24	19	2
,20	0	0	0	0	0	0	1	4	14	31	58	93	133	202	239	231	199	165	138	108	87	68	55	47	41	37	33	31	28	25	19	2
,30	0	0	0	0	0	0	0	1	3	10	24	46	77	152	210	236	222	190	158	122	97	74	58	49	43	38	34	32	28	25	20	3
,40	0	0	0	0	0	0	0	0	2	8	19	37	64	134	196	232	225	198	166	127	101	77	59	50	43	38	35	32	28	25	20	3
,50	0	0	0	0	0	0	0	0	0	2	6	14	30	82	151	206	228	217	189	146	113	85	64	52	45	40	36	33	29	26	20	5
,75	0	0	0	0	0	0	0	0	0	1	2	7	15	49	105	164	205	218	205	166	129	95	69	55	47	41	37	33	29	26	20	6
1,0	0	0	0	0	0	0	0	0	0	0	0	0	1	9	32	77	134	185	214	203	166	120	83	63	52	45	39	35	30	27	21	10
1,5	0	0	0	0	0	0	0	0	0	0	0	0	0	0	2	11	33	72	121	184	203	171	117	82	62	51	44	39	32	29	22	15
2,0	0	0	0	0	0	0	0	0	0	0	0	0	0	0	0	0	1	7	21	67	132	194	174	123	86	64	52	45	35	31	24	18
2,5	0	0	0	0	0	0	0	0	0	0	0	0	0	0	0	0	0	0	2	13	46	121	187	166	119	84	63	52	39	32	25	18
3,0	0	0	0	0	0	0	0	0	0	0	0	0	0	0	0	0	0	0	0	1	8	44	129	180	160	116	83	63	44	35	27	18
		IA/P = 0,50												* * * TC =1,25 HR * * *														IA/P = 0,50				
0,0	0	0	0	0	0	0	1	5	13	26	44	68	91	125	142	142	128	117	107	94	83	72	63	57	52	47	44	42	38	34	28	2
,10	0	0	0	0	0	0	0	0	3	10	20	36	57	100	129	140	136	125	114	100	88	76	65	59	54	49	45	43	39	35	29	3
,20	0	0	0	0	0	0	0	0	2	7	16	30	48	90	122	139	139	127	117	102	90	77	66	60	54	49	45	43	39	35	29	3
,30	0	0	0	0	0	0	0	0	0	2	5	12	24	59	98	126	137	134	125	109	96	82	69	61	56	51	46	44	40.	36	29	4
,40	0	0	0	0	0	0	0	0	0	1	4	10	19	51	89	119	134	136	127	112	98	83	70	62	56	51	47	44	40	36	29	5
,50	0	0	0	0	0	0	0	0	0	1	3	7	15	43	79	112	131	135	129	114	100	85	71	63	57	52	47	44	40	36	29	6
,75	0	0	0	0	0	0	0	0	0	0	0	1	3	15	39	71	102	123	130	125	112	94	78	67	60	54	49	46	41	37	29	9
1,0	0	0	0	0	0	0	0	0	0	0	0	0	1	4	17	40	71	101	121	129	121	103	84	71	62	56	51	47	42	38	30	13
1,5	0	0	0	0	0	0	0	0	0	0	0	0	0	0	0	3	10	26	51	92	119	125	105	86	72	63	57	52	44	40	32	23
2,0	0	0	0	0	0	0	0	0	0	0	0	0	0	0	0	0	1	3	11	35	72	112	122	103	85	71	63	56	47	42	34	26
2,5	0	0	0	0	0	0	0	0	0	0	0	0	0	0	0	0	0	0	1	7	24	66	111	119	1C1	83	71	62	51	44	36	27
3,0	0	0	0	0	0	0	0	0	0	0	0	0	0	0	0	0	0	0	0	1	4	23	71	110	116	99	82	70	55	46	37	27

TIPO DE PRECIPITAÇÃO = II * * * = 1,25 HR * * *

FIGURA D-6 (GRÁFICO 4) Vazões unitárias do hidrograma tabular (csm/poI) para a distribuição de precipitação tipo II (t_c = 1,25 hora). *(Cortesia de Soil Conservation Service, Technical Release 55)*

TEMPO DE PERCURSO (HR)	TEMPO DO HIDROGRAMA (HORAS) 11,0	11,3	11,6	11,9	12,0	12,1	12,2	12,3	12,4	12,5	12,6	12,7	12,8	13,0	13,2	13,4	13,6	13,8	14,0	14,3	14,6	15,0	15,5	16,0	16,5	17,0	17,5	18,0	19,0	20,0	22,0	26,0
IA/P = 0,10														* * * TC =1,5 HR * * *														IA/P = 0,10				
0,0	9	11	15	21	25	31	41	58	32	112	147	184	216	255	275	236	198	159	129	98	76	57	43	35	30	25	23	21	18	16	12	1
,10	8	10	13	18	20	23	28	37	51	72	98	131	166	226	265	254	226	187	151	113	86	63	46	37	31	26	23	21	19	16	13	2
,20	8	10	13	17	19	22	26	33	45	63	87	116	149	212	259	259	233	197	160	119	90	66	48	38	32	27	24	22	19	16	13	2
,30	7	9	12	16	18	21	24	30	40	55	76	103	134	197	244	255	238	206	169	125	95	68	49	38	32	27	24	22	19	17	13	2
,40	7	8	11	14	15	17	19	23	28	36	49	67	91	151	208	247	252	230	196	146	109	77	54	41	34	29	25	22	19	17	13	3
,50	6	8	10	13	15	16	18	21	26	33	43	59	80	136	194	238	249	235	204	154	115	81	56	42	34	29	25	23	20	17	13	3
,75	5	7	8	11	12	13	14	16	18	21	25	32	42	76	125	179	222	240	233	193	148	102	67	48	38	32	27	24	20	18	13	5
1,0	4	5	7	8	9	10	11	12	13	14	16	18	22	34	59	101	152	201	236	230	193	135	86	59	44	35	30	26	21	18	14	7
1,5	3	4	5	6	6	7	8	8	9	10	11	12	13	16	22	34	58	95	141	203	226	197	131	84	58	43	35	29	23	20	15	10
2,0	1	2	3	4	4	5	5	6	6	7	7	8	9	10	12	16	22	34	56	110	172	218	187	126	82	57	43	34	25	21	16	11
2,5	1	1	2	2	3	3	3	4	4	4	5	5	6	7	8	9	11	14	18	34	69	141	210	190	133	87	60	44	30	23	17	12
3,0	0	0	1	1	2	2	2	2	3	3	3	3	4	5	5	6	8	9	11	16	27	66	149	204	181	128	85	58	35	25	18	12
IA/P = 0,30														* * * TC =1,5 HR * * *														IA/P = 0,30				
0,0	0	0	0	0	0	1	6	15	31	53	80	112	144	193	225	208	186	157	134	108	89	70	56	48	42	37	34	31	28	25	20	2
,10	0	0	0	0	0	0	1	4	12	25	43	68	97	157	198	219	203	178	151	120	98	77	60	50	44	38	35	32	28	25	20	3
,20	0	0	0	0	0	0	0	1	3	9	19	35	57	114	168	201	213	196	171	135	108	84	64	53	46	40	36	33	29	26	20	4
,30	0	0	0	0	0	0	0	1	2	7	15	29	48	100	155	193	210	200	177	140	113	87	66	54	46	41	36	33	29	26	20	5
,40	0	0	0	0	0	0	0	0	2	5	12	23	39	87	141	184	207	202	182	146	117	89	68	55	47	41	36	33	29	26	20	5
,50	0	0	0	0	0	0	0	0	0	1	4	9	18	51	101	153	190	205	197	164	131	99	73	58	49	43	38	34	30	26	20	7
,75	0	0	0	0	0	0	0	0	0	0	2	4	9	30	68	116	160	189	197	179	147	110	80	62	52	45	39	35	30	27	21	8
1,0	0	0	0	0	0	0	0	0	0	0	0	0	1	5	20	49	92	138	175	195	178	137	97	72	57	48	42	37	31	28	21	12
1,5	0	0	0	0	0	0	0	0	0	0	0	0	0	0	1	7	21	47	85	145	187	178	133	95	71	57	48	42	34	29	23	16
2,0	0	0	0	0	0	0	0	0	0	0	0	0	0	0	0	0	1	4	13	45	97	162	180	138	99	74	58	49	38	32	25	18
2,5	0	0	0	0	0	0	0	0	0	0	0	0	0	0	0	0	0	0	1	8	31	89	161	174	133	97	72	58	42	34	26	18
3,0	0	0	0	0	0	0	0	0	0	0	0	0	0	0	0	0	0	0	0	1	5	29	98	160	169	129	95	71	48	37	28	19
IA/P = 0,50														* * * TC =1,5 HR * * *														IA/P = 0,50				
0,0	0	0	0	0	0	0	0	3	8	16	27	42	59	92	116	128	130	121	112	100	90	78	67	60	55	50	46	43	39	35	29	4
,10	0	0	0	0	0	0	0	2	6	12	22	35	51	84	110	125	128	123	114	102	91	79	68	61	55	50	46	43	39	35	29	4
,20	0	0	0	0	0	0	0	0	1	4	10	18	29	60	91	114	126	128	120	108	97	83	71	63	57	52	47	44	40	36	29	5
,30	0	0	0	0	0	0	0	0	1	3	8	14	24	52	83	108	123	126	122	110	98	85	72	63	57	52	48	44	40	36	29	6
,40	0	0	0	0	0	0	0	0	0	1	2	6	12	31	60	90	112	124	126	116	104	90	75	66	59	54	49	45	41	37	29	8
,50	0	0	0	0	0	0	0	0	0	0	2	4	9	26	53	83	106	121	125	118	106	91	77	67	60	54	49	46	41	37	29	8
,75	0	0	0	0	0	0	0	0	0	0	1	2	5	16	36	62	88	108	119	122	112	97	81	69	62	56	51	47	42	38	30	11
1,0	0	0	0	0	0	0	0	0	0	0	0	0	0	3	10	26	49	75	98	118	121	108	90	76	66	59	54	49	43	39	31	16
1,5	0	0	0	0	0	0	0	0	0	0	0	0	0	0	1	3	11	25	45	80	107	118	106	89	75	65	59	53	45	41	32	23
2,0	0	0	0	0	0	0	0	0	0	0	0	0	0	0	0	0	1	4	11	32	63	100	115	104	87	74	65	58	48	42	34	26
2,5	0	0	0	0	0	0	0	0	0	0	0	0	0	0	0	0	0	1	4	16	48	94	113	105	89	76	66	53	45	36	27	
3,0	0	0	0	0	0	0	0	0	0	0	0	0	0	0	0	0	0	0	0	3	15	54	96	111	103	88	75	58	48	38	28	

TIPO DE PRECIPITAÇÃO = II   * * * = 1,5 HR * * *

FIGURA D-6 (GRÁFICO 5) Vazões unitárias do hidrograma tabular (csm/pol) para a distribuição de precipitação tipo II (t_c = 1,5 hora). *(Cortesia de Soil Conservation Service, Technical Release 55)*

TEMPO DE PERCURSO (HR)	TEMPO DO HIDROGRAMA (HORAS) 11,0	11,3	11,6	11,9	12,0	12,1	12,2	12,3	12,4	12,5	12,6	12,7	12,8	13,0	13,2	13,4	13,6	13,8	14,0	14,3	14,6	15,0	15,5	16,0	16,5	17,0	17,5	18,0	19,0	20,0	22,0	26,0
IA/P = 0,10														* * * TC =2,0 HR * * *														IA/P = 0,10				
0,0	7	9	12	16	18	21	27	36	49	64	82	104	127	171	201	226	208	193	171	132	105	79	58	45	36	30	26	23	20	17	13	3
,10	6	8	10	14	15	17	20	25	33	43	57	74	94	139	179	204	218	205	188	150	118	88	63	48	38	32	27	24	20	17	13	4
,20	6	8	10	13	14	16	19	23	29	39	51	66	84	128	169	198	213	207	192	157	123	91	65	49	39	33	28	24	20	17	13	4
,30	6	7	9	12	14	15	18	21	27	35	45	59	76	117	159	191	211	208	196	163	128	95	68	51	40	33	28	25	20	18	13	4
,40	5	6	8	11	12	13	15	17	20	24	31	41	53	87	128	167	197	209	205	180	145	106	75	55	43	35	30	26	21	18	14	5
,50	5	6	8	10	11	13	14	16	18	22	28	37	48	78	118	158	190	208	208	185	151	111	77	57	44	36	30	26	21	18	14	5
,75	4	6	7	9	10	11	12	13	15	18	22	27	35	58	91	129	164	191	202	194	167	125	87	63	48	38	32	27	22	18	14	6
1,0	3	4	6	7	8	8	9	10	11	12	14	16	18	28	46	74	110	147	178	201	193	156	108	76	56	43	35	30	23	19	14	8
1,5	2	3	3	5	5	5	6	6	7	8	8	9	10	12	16	23	36	57	86	137	178	195	160	113	79	58	45	36	26	21	16	11
2,0	1	2	2	3	3	4	4	4	5	5	6	6	7	8	10	12	16	23	35	67	112	169	190	154	110	78	57	44	30	23	17	11
2,5	0	1	1	2	2	2	3	3	3	4	4	4	5	6	7	8	9	12	16	28	52	105	170	185	149	107	76	56	35	26	18	12
3,0	0	0	1	1	1	1	1	2	2	2	2	3	3	3	4	5	6	7	8	12	18	41	99	161	180	152	112	80	45	30	19	12
IA/P = 0,30														* * * TC =2,0 HR * * *														IA/P = 0,30				
0,0	0	0	0	0	0	1	3	8	15	25	38	54	74	115	148	168	185	170	159	131	110	89	70	57	49	42	38	34	29	26	20	5
,10	0	0	0	0	0	0	0	2	6	12	21	32	47	85	124	153	169	180	168	145	120	96	75	60	51	44	39	35	30	26	20	6
,20	0	0	0	0	0	0	0	2	4	10	17	27	41	75	114	146	165	175	170	149	124	99	76	62	52	45	39	35	30	27	21	6
,30	0	0	0	0	0	0	0	0	1	3	7	14	23	49	86	122	151	170	174	160	136	107	82	66	54	47	41	37	31	27	21	8
,40	0	0	0	0	0	0	0	0	1	2	6	11	19	43	77	113	144	165	173	163	140	111	85	67	55	47	41	37	31	27	21	8
,50	0	0	0	0	0	0	0	0	1	2	4	9	16	37	68	104	136	160	171	165	144	114	87	69	56	48	42	37	31	27	21	9
,75	0	0	0	0	0	0	0	0	0	0	1	2	5	15	34	62	96	127	152	167	160	132	100	77	62	52	45	40	32	28	22	11
1,0	0	0	0	0	0	0	0	0	0	0	0	0	0	3	10	24	48	79	111	150	166	153	118	90	71	58	49	43	34	29	23	14
1,5	0	0	0	0	0	0	0	0	0	0	0	0	0	0	1	3	10	24	45	88	130	161	148	115	88	70	57	48	37	31	24	17
2,0	0	0	0	0	0	0	0	0	0	0	0	0	0	0	0	0	1	4	10	32	68	122	157	143	113	87	68	56	42	34	26	18
2,5	0	0	0	0	0	0	0	0	0	0	0	0	0	0	0	0	0	0	1	4	16	51	114	153	144	116	89	70	49	38	27	19
3,0	0	0	0	0	0	0	0	0	0	0	0	0	0	0	0	0	0	0	0	0	3	15	59	118	150	140	113	88	57	42	29	19
IA/P = 0,50														* * * TC =2,0 HR * * *														IA/P = 0,50				
0,0	0	0	0	0	0	0	0	1	4	8	13	20	28	51	73	92	104	111	112	106	97	86	75	66	60	54	49	46	41	37	30	7
,10	0	0	0	0	0	0	0	1	3	6	11	17	24	45	68	87	101	109	112	107	98	88	76	67	60	55	50	46	41	37	30	8
,20	0	0	0	0	0	0	0	1	2	5	9	14	21	40	62	82	98	107	111	108	100	89	77	68	61	55	50	47	41	37	30	8
,30	0	0	0	0	0	0	0	0	0	2	4	7	12	26	46	67	86	100	108	111	104	93	80	70	63	57	52	48	42	38	30	10
,40	0	0	0	0	0	0	0	0	0	1	3	6	10	22	41	62	81	96	106	110	105	94	81	71	63	57	52	48	42	38	30	11
,50	0	0	0	0	0	0	0	0	0	0	1	2	4	13	27	46	67	85	99	110	108	98	85	74	66	59	54	49	43	39	31	13
,75	0	0	0	0	0	0	0	0	0	0	0	1	2	7	18	33	52	71	88	104	108	102	89	77	68	61	55	50	44	39	31	15
1,0	0	0	0	0	0	0	0	0	0	0	0	0	0	1	5	13	25	43	62	87	103	108	97	84	73	65	59	53	45	41	32	20
1,5	0	0	0	0	0	0	0	0	0	0	0	0	0	0	0	2	5	12	24	48	74	99	106	95	83	72	64	58	48	43	34	25
2,0	0	0	0	0	0	0	0	0	0	0	0	0	0	0	0	0	0	2	5	17	37	69	99	104	94	82	72	64	52	45	36	27
2,5	0	0	0	0	0	0	0	0	0	0	0	0	0	0	0	0	0	0	0	2	8	27	65	95	102	95	83	73	58	49	38	28
3,0	0	0	0	0	0	0	0	0	0	0	0	0	0	0	0	0	0	0	0	0	1	8	32	68	95	101	93	82	64	52	40	28

TIPO DE PRECIPITAÇÃO = II * * * = 2,0 HR * * *

FIGURA D-6 (GRÁFICO 6) Vazões unitárias do hidrograma tabular (csm/pol) para a distribuição de precipitação tipo II (t_c = 2,0 horas). *(Cortesia de Soil Conservation Service, Technical Release 55)*

APÊNDICE

E

Símbolos

A seguir, os símbolos que representam grandezas matemáticas são definidos segundo a forma em que são usados neste texto. As unidades são fornecidas no sistema inglês, seguidas das unidades métricas em parênteses. Os parâmetros usados no Método NRCS são definidos apenas em unidades inglesas.

a = área da seção transversal, ft^2 (m^2)

A = área de drenagem (área de contribuição), acres (m^2), usada no Método Racional

= área sobre a qual a pressão age, ft^2 (m^2)

A_m = área de drenagem da bacia hidrográfica, mi^2, usada no Método NRCS

B = largura do fundo de um canal ou bueiro, ft (m)

c = coeficiente de entrada (adimensional) usado em equação de orifício

= coeficiente de deflúvio ou de escoamento superficial (adimensional) usado no Método Racional

= coeficiente de descarga (adimensional) usado em equação de vertedor

CN = número de escoamento (adimensional) usado no Método NRCS

d = distância, ft (m)

d_{50} = tamanho médio de pedra, ft (m), usada para enrocamento

D = diâmetro de tubo, ft (m)

= duração de uma precipitação unitária, horas

D_c = profundidade crítica, ft (m)

D_e = lâmina d'água na entrada de um canal, ft (m)

D_h = profundidade hidráulica, ft (m)

D_n = profundidade normal, ft (m)

D_r = lâmina d'água em um reservatório usado para escoamento afluindo a um canal, ft (m)

D_0 = extensão máxima de tubo ou de bueiro, ft (m)

E = energia específica, ft (m)

ε = rugosidade, ft (m), usada em conexão com a equação de Bernoulli (ε é a letra grega *épsilon*)

f = fator de atrito (adimensional) usado na equação de Bernoulli

F = força, libras (N)

F_B = força de empuxo, libras (N)

g = aceleração da gravidade, 32,2 ft/s² (9,81 m/s²)

γ = peso específico da água, 62,4 lb/ft³ ($9{,}8 \times 10^3$ N/m³) (γ é a letra grega *gama*)

h = altura vertical da superfície da água acima de um plano de referência arbitrário ft (m)

h_e = perda de carga na entrada, ft (m)

h_f = perda de carga por atrito, ft (m)

h_i = perda de carga turbulenta, ft (m)

h_l = perda de carga total, ft (m)

H = carga hidráulica acima da crista, ft (m), usada na equação de vertedor

HW = profundidade a montante, ft (m)

i = intensidade de precipitação, pol/h (m/s), usada no Método Racional

I = escoamento em direção a um reservatório, cfs (m³/s)

I_a = perdas ou abstrações iniciais, polegadas, usadas no Método NRCS

k_e = coeficiente de perda de carga na entrada (adimensional) usado para bueiros

K = energia cinética, ft-libras (N-m)

L = comprimento do tubo ou do bueiro, ft (m)

= extensão do escoamento, ft, usado no tempo de percurso sobre o solo do Método NRCS

= largura efetiva da crista, ft (m), usada em equação de vertedor

= comprimento de um ressalto hidráulico, ft (m)

L' = largura medida da crista, ft (m), usada com vertedores de parede delgada

L_a = largura da soleira, ft (m)

m = massa, *slugs* (kg)

μ = viscosidade absoluta, lb-s/ft² (kg-s/m²) (μ é a letra grega *mu*)

n = fator de rugosidade (adimensional) usado na equação de Manning

= coeficiente de rugosidade (adimensional) usado no tempo de percurso sobre o solo do Método NRCS

= número de contrações (adimensional) usado para vertedores de parede delgada

υ = viscosidade cinemática, ft²/s (m²/s) (υ é a letra grega *nu*)

= viscosidade da água, 1×10^{-5} ft²/s ($9{,}29 \times 10^{-7}$ m²/s) (υ é a letra grega *nu*)

N_R = número de Reynold (adimensional)

O = escoamento de um reservatório, cfs (m^3/s)

p = pressão da água, libras/pol² (N/m^2)

= perímetro molhado, ft (m)

P = precipitação, pol (m)

= altura da crista, ft (m), usada com vertedores de parede delgada

P_2 = precipitação para 2 anos e 24 horas, polegadas, usada no Método NRCS

q_p = escoamento máximo (vazão máxima), cfs, usado no Método NRCS (nota: cfs é a abreviação de ft^3/s)

q_t = vazão unitária no tempo *t*, csm/pol, usada no Método NRCS (nota: csm é a abreviação de cfs/mi^2)

q_u = vazão unitária máxima, csm/pol, usada no Método NRCS (nota: csm é a abreviação de cfs/mi^2)

Q = vazão, cfs (m^3/s) (nota: cfs é a abreviação de ft^3/s)

= escoamento, polegadas, usado no Método NRCS

Q_p = escoamento máximo (vazão máxima), cfs (m^3/s), usado no Método Racional (nota: cfs é a abreviação de ft^3/s)

R = raio hidráulico, ft (m)

ρ = densidade, *slugs*/ft^3 (kg/m^3) (ρ é a letra grega *rho*)

s = declividade da linha do gradiente de energia de um canal, ft/ft (m/m)

= declividade do terreno para o escoamento sobre o solo e concentrado raso, ft/ft (m/m)

s_o = declividade do fundo de um canal, ft/ft (m/m)

s_w = declividade da superfície da água em um canal, ft/ft (m/m)

S = retenção potencial máxima depois que o escoamento começa, polegadas, usada no Método NRCS

ΔS = mudança na armazenagem de um reservatório durante o tempo Δt, ft^3 (m^3)

T = largura do topo de um canal, ft (m)

τ = força de cisalhamento, lb/ft^2 (N/m^2) (τ é a letra grega *tau*)

t_c = tempo de concentração, min

T_t = tempo de percurso sobre o solo, horas, usado no Método NRCS

T_p = tempo de pico (tempo para se atingir vazão máxima) de um hidrograma, horas

TW = lâmina d'água a jusante, ft (m)

TW' = distância vertical da soleira (geratriz inferior para tubos) de um bueiro (na saída) até a linha de gradiente hidráulico, ft (m)

Δt = período de tempo incremental, min, para propagação em reservatório

θ = ângulo, graus, feito por um vertedor triangular (θ é a letra grega *theta*)

U = energia potencial, ft-libras (N-m)

v = velocidade máxima de uma seção transversal, ft/s (m/s)

V = volume, ft³ (m³)

W = peso, libras (N)

= largura da plataforma, ft (m)

z = profundidade vertical abaixo de uma superfície livre de água, ft (m)

APÊNDICE

F

Conversões de Unidades

CONVERSÕES MÉTRICAS-INGLESAS

A tabela a seguir exprime a equivalência entre as grandezas selecionadas expressas no sistema inglês e no sistema métrico (SI). O seguinte exemplo ilustra como usar a tabela.

Exemplo

Para converter 25 cfs em m^3/s, primeiro localize a relação equivalente entre cfs e m^3/s.

1 cfs = 0,02832 m^3/s.

Então, multiplique 25 cfs por uma fração que consiste nos dois números iguais acima, com cfs no denominador:

$$25 \text{ cfs} \times \frac{0{,}02832 \text{ m}^3/\text{s}}{1 \text{ cfs}} = 0{,}71 \text{ m}^3/\text{s} \quad \text{(Resposta)}$$

Extensão

1 polegada = 0,02540 metro
1 pé = 0,3048 metro
1 milha = 1.609 metros

Área

1 polegada quadrada	= $6{,}452 \times 10^{-4}$ m^2
1 pé quadrado	= 0,0929 m^2
1 acre	= 4.046,9 m^2
1 acre	= 0,40469 hectare

Volume

1 polegada cúbica	$= 1{,}64 \times 10^{-5}$ m³
1 pé cúbico	$= 0{,}0283$ m³

Velocidade

1 pé/segundo = 0,3048 m/s

Força

1 libra = 4,448 N

Pressão

1 libra/polegada quadrada	= 6.895 N/m² (pascal)
1 libra/pé quadrado	= 4,788 N/m² (pascal)

Vazão

1 ft³/s (cfs) = 0,02832 m³/s
1 ft³/s (cfs) = 28,32 L/s

OUTRAS CONVERSÕES DE UNIDADES

Área

1 acre	= 43.560 ft²
1 s.m.	= 640 acres
1 hectare	= 10.000 m²

Volume

1 ft³ = 7,48 galões

Vazão

1 cfs = 449 GPM

Glossário

Os termos a seguir são definidos de acordo como são usados neste livro.

Abóboda – Uma linha que percorre a metade superior da seção transversal do tubo.

Abstração – *Ver* Perdas iniciais.

Adesão – Uma propriedade da água que permite que ela se prenda a um outro corpo.

Água subterrânea – Um grande reservatório de água subterrânea preenchendo os vazios entre o solo e as partículas de rocha.

Águas pluviais – Água que cai na terra como precipitação e então escoa ao longo do solo, impelida pela gravidade.

Ala – Muro de contenção, colocado em cada extremidade de um bueiro, para estabilizar a inclinação do maciço do reservatório ou bacia de detenção e ajudar a direcionar o escoamento.

Área de captação – Sinônimo de *bacia de drenagem* ou *bacia hidrográfica.*

Atenuação – Uma redução da vazão realizada por uma bacia de detenção, que armazena temporariamente águas pluviais e então as libera lentamente. Pode também se referir à alteração em um hidrograma que ocorre conforme a água escoa a jusante.

Atraso – Um parâmetro usado em análise de escoamento; a separação de tempo entre o centro de gravidade do excesso de chuva e o máximo de um hidrograma. Relacionado empiricamente ao tempo de concentração.

Bacia alagada – Uma bacia de detenção construída para se apresentar como uma permanente lâmina d'água. Também chamada *bacia de retenção* ou *bacia de sedimentos*, é especialmente eficaz na captação de poluentes.

Bacia de amortecimento – Uma depressão na superfície do solo em uma saída projetada para captar água e absorver o excesso de energia da descarga.

Bacia de captação – Estrutura de entrada de águas pluviais com retenção de sedimentos no fundo.

Bacia de detenção – Uma instalação projetada para armazenar águas pluviais temporariamente, durante um evento de chuva, para então liberar a água a uma vazão mais baixa.

Bacia de drenagem – Área de terra sobre a qual a chuva escoa por gravidade a um único ponto chamado exutório.

Bacia de infiltração – Uma bacia de detenção que promove recarga de águas pluviais para o armazenamento de água subterrânea.

Bacia de retenção – Uma bacia de detenção que retém parte da água sob condições normais sem escoamento. Serve como uma bacia de sedimentos e como uma bacia de detenção.

Bacia de sedimentos – Uma depressão projetada no solo, mais baixa que a soleira da tubulação de saída, para que as águas pluviais que passem por ali depositem seu silte e seus sedimentos na água empoçada resultante.

Bacia hidrográfica – Sinônimo de *bacia de drenagem.*

Berma – Reservatório de terra construído no lado descendente de uma bacia de detenção, para ajudar a conter a água armazenada.

Boca de lobo – Componente de um sistema de águas pluviais, é uma estrutura de concreto pré-fabricada colocada no solo com uma grelha de aço fundido (ou concreto armado) no topo. As águas pluviais entram através da grelha e seguem em direção ao sistema de águas pluviais.

Borda livre – A distância vertical que vai do nível máximo ou de projeto até o topo da estrutura que contém ou transporta a água.

Bueiro – Conduto para transportar um curso d'água ou um escoamento através de um obstáculo (por exemplo, estrada).

Capilaridade – Propriedade de líquidos que faz com que estes se elevem ou baixem em um tubo fino.

Carga – *Ver* Carga de energia.

Carga de energia – Energia de água por massa unitária, expressa em medida de comprimento (comumente, coluna d'água).

Centro de pressão – Ponto em uma superfície submersa no qual age a força de pressão resultante.

Ciclo hidrológico – O padrão natural de evaporação, condensação, precipitação e escoamento de água.

CMP – Tubo de metal corrugado (CMP, *corrugated metal pipe*) composto de alumínio ou aço usado para águas pluviais e bueiros.

Coeficiente de deflúvio (coeficiente de escoamento superficial) – Fator de proporcionalidade adimensional usado no Método Racional para considerar a infiltração e a evapotranspiração.

Coeficiente de descarga – Uma constante adimensional que considera um número de vários fatores hidráulicos. Usada no cálculo da vazão sobre um vertedor retangular.

Coeficiente de entrada – Uma constante de proporcionalidade adimensional que considera a redução do fluxo em razão de perda de carga na entrada. Usado no cálculo do escoamento de orifício.

Coesão – Uma propriedade da água que lhe permite resistir a uma suave força de cisalhamento.

Confluência – A interseção de dois braços de um curso d'água.

Contração – Uma perda de energia que acontece conforme a água escoa pelos lados verticais de um vertedor.

Coroa – O topo da parte interna de um tubo (geratriz superior) ou bueiro.

Corpo d'água receptor – Um corpo d'água no qual um sistema de drenagem descarrega. Geralmente consiste em um curso d'água, lago ou outro sistema de drenagem de águas pluviais.

CPP – Tubo de plástico corrugado (CPP, *corrugated plastic pipe*) usado para águas pluviais e bueiros composto de polietileno de alta densidade.

Curva de Intensidade-Duração-Frequência (IDF) – Essenciais para o Método Racional no cálculo do escoamento máximo, as curvas IDF são desenvolvidas por várias agências governamentais, com base em dados dos registros de precipitação. Mostram a relação entre a intensidade de chuva e a duração de vários períodos de retorno em determinados locais.

Curva de remanso – Uma variação no perfil da superfície da água de um canal ou curso d'água, causada por uma obstrução, como uma ponte que cruza um local.

Curva-chave – Um gráfico de vazão *versus* cota da superfície da água usado para analisar escoamento em curso d'água.

Declividade – A razão da queda vertical para a extensão ao longo de um canal, multiplicada por 100 e expressa como uma porcentagem.

Declividade crítica – Uma declividade que faz a profundidade normal coincidir com a profundidade crítica.

Densidade – Uma medida de massa por unidade de volume.

Dissipador de energia – Uma obstrução especialmente projetada (bloco ou blocos) colocada em uma saída para criar perda de carga em situações de velocidade muito alta.

Divisor – A linha em um mapa que delineia a bacia hidrográfica. Toda a chuva que cai fora do divisor não escoa para o exutório (saída da bacia). Também chamado *divisor de bacia* ou *divisor de bacia hidrográfica*.

Divisor de bacia – *Ver* Divisor.

Dreno de combinação – Tubulação de águas pluviais perfurada preenchida com cascalhos, para interceptar água subterrânea, além de transportar águas pluviais.

Elevação – Uma formação de terra que faz o escoamento se desviar conforme flui abaixo. O oposto de talveque ou vala. Um divisor da bacia de drenagem corre ao longo de uma elevação.

Energia específica – Uma formulação matemática igual à profundidade em um canal aberto, mais a carga de velocidade. É a carga de energia total acima do leito do canal.

Engenharia civil – Uma especialização da engenharia relacionada ao projeto e construção de edificações e obras de infraestrutura urbana.

Enrocamento – Pedras colocadas no solo, usadas como revestimento protetor em entradas e saídas de sistemas de drenagem e bueiros.

Equação de Bernoulli – Equação que formula a conservação de energia em hidráulica.

Escoamento – A vazão escoada sobre a superfície resultante de uma precipitação.

Escoamento concentrado raso – A forma assumida pelo escoamento de águas pluviais conforme ele flui ao longo do solo e converge em ribeirões, decorrente de irregularidades na superfície do solo.

Escoamento de base – O constante escoamento subterrâneo aos cursos d'água, devido a sua manutenção (armazenamento) abaixo da superfície.

Escoamento de canal aberto – Água que escoa por gravidade através de um conduto que apresenta sua superfície exposta à atmosfera.

Escoamento estável – Quando a vazão não varia significativamente em relação ao tempo em qualquer ponto ao longo do curso d'água.

Escoamento instável – Quando há uma alteração na vazão em qualquer ponto ao longo de um curso d'água.

Escoamento laminar – Escoamento de água em um conduto, suave e não turbulento, usualmente com baixa velocidade.

Escoamento sobre o solo – O escoamento de águas pluviais fluindo sobre a superfície do solo na forma de escoamento laminar. Costuma ocorrer no início do percurso hidráulico.

Escoamento subsuperficial – Água que se origina como precipitação e se infiltra a uma pequena profundidade no solo, a qual então percorre lateralmente no solo, finalmente alcançando o curso d'água.

Escoamento superficial – A forma assumida pelas águas pluviais conforme elas fluem ao longo de uma superfície plana e lisa. Linhas de corrente permanecem paralelas e não convergem.

Escoamento turbulento – Água fluindo a uma velocidade rápida o bastante para desenvolver contracorrentes e correntes cruzadas. O escoamento turbulento resulta em mais perda por atrito.

Escoamento uniforme – Escoamento de água em um conduto com forma e declividade constantes.

Estágio – Um termo para elevação do nível de água em um curso d'água ou bacia de detenção.

Esteira de controle de erosão – Esteira colocada no solo para proteger a superfície do solo e ancorar uma cobertura vegetal.

Evapotranspiração – Quando a chuva atinge o solo, parte dela é absorvida por plantas, e outra parte se evapora imediatamente. Essa água de chuva perdida não está disponível para escoamento.

Extravasor – Uma estrutura para regular o fluxo de um reservatório ou bacia de detenção. Geralmente, consiste em um vertedor ou orifício, ou ambos.

Exutório – Qualquer ponto no solo ao longo de um curso d'água no qual a vazão da área de captação a montante vai ser determinada.

Fator de rugosidade – Um parâmetro adimensional usado na equação de Manning, descrevendo a aspereza da superfície de um canal ou tubo.

Fundo do vale – Um recurso topográfico que marca a transição entre duas elevações e dois talvegues.

Fluido – Material, como gás ou líquido, que escoa sob a mais tênue força.

Flutuabilidade – A força de elevação exercida pela água em um objeto sólido submerso.

Gabião – Uma cesta de fios retangular preenchida com rochas e colocada no solo como revestimento protetor similar ao enrocamento.

Galeria de águas pluviais – Um tubo, geralmente subterrâneo, usado para transportar o escoamento de águas pluviais.

Gerenciamento de águas pluviais – Todos os esforços empreendidos para controlar a quantidade e a qualidade do escoamento em áreas afetadas pela ocupação.

Golpe de aríete – A variação extrema na pressão em um tubo, causada por uma parada abrupta no escoamento.

Gradiente – Uma medida da declividade de um canal ou conduto, expressa em ft/ft (m/m).

Hidráulica – O estudo da mecânica da água e de outros fluidos em repouso e em movimento.

Hidrograma – Um gráfico de quantidade de escoamento ou vazão *versus* o tempo no exutório de uma bacia de drenagem.

Hidrograma unitário – Um hidrograma generalizado resultante de uma precipitação efetiva de uma unidade (1 polegada ou 1 centímetro).

Hidrologia – O estudo da chuva e o subsequente movimento da água de chuva, incluindo o escoamento.

Impermeável – Uma condição de cobertura de solo na qual a chuva não se infiltra no solo. Em geral, pavimentos e telhados são considerados impermeáveis.

Infiltração – A absorção de chuva pelo solo.

Lâmina d'água a jusante – Profundidade da água imediatamente a jusante de um bueiro ou tubulação de lançamento de águas pluviais.

Linha de gradiente hidráulico – Uma linha desenhada ao longo de um sistema hidráulico unidimensional, descrevendo a energia potencial expressa como posição mais carga de pressão em todos os pontos ao longo do sistema.

Linha do gradiente de energia – Linha traçada ao longo de um sistema hidráulico unidimensional que representa a energia total ou a carga total em todos os pontos ao longo do sistema.

Manômetro – Um dispositivo, similar ao piezômetro, para medição de pressão da água.

Margem – Terra imediatamente adjacente a cada lado do canal de um curso d'água. Quando o escoamento no curso d'água excede o topo da margem, ele se derrama na área da margem.

Medidor de Parshall – Dispositivo usado para medir vazão em um canal.

Medidor de Venturi – Dispositivo usado para medição direta da vazão em qualquer ponto ao longo de uma tubulação.

Método de passos padrão – Um método usado para calcular uma curva ou perfil de remanso.

Método NRCS – Procedimento para calcular o escoamento máximo ou um hidrograma de escoamento sintético, com base em um método empírico desenvolvido pelo Soil Conservation Service, agora chamado Natural Resources Conservation Service.

Método racional – Procedimento para calcular o escoamento máximo, utilizando racionalismo teórico.

Método racional modificado – Procedimento para calcular um hidrograma sintético de escoamento usando uma modificação do Método Racional.

Molinete – Dispositivo usado para medir a velocidade da água em escoamento.

Muro de contenção – Pequeno muro de contenção colocado na extremidade de um tubo ou bueiro (entrada ou saída).

Número Froude – Parâmetro usado para distinguir o escoamento subcrítico do supercrítico.

Onda de cheia – Uma rápida oscilação em um curso d'água em razão de um escoamento de um evento de precipitação.

Orifício – Uma abertura em um recipiente ou reservatório através da qual a água armazenada pode fluir.

PEAD – Tubo de polietileno de alta densidade; usado para tubulação de águas pluviais.

Percurso hidráulico – Caminho percorrido pela gota de chuva, chegando ao ponto mais remoto na bacia de drenagem, conforme escoa ao exutório da bacia.

Perda de carga na entrada – Uma pequena, mas repentina, queda da linha do gradiente de energia no ponto onde a água entra em um tubo de um grande corpo d'água, causada pela perda de energia conforme a água em turbulência entra no tubo mais restritivo.

Perda por atrito – A queda constante na energia de água conforme ela escoa ao longo de um tubo, causada pelo contato com a superfície interna do tubo.

Perdas iniciais – A quantidade de chuva, em polegadas, que se infiltra no solo antes de qualquer escoamento começar. Também chamada abstração inicial.

Perímetro molhado – A distância ao longo da seção transversal de um canal ou conduto onde a superfície está em contato com a água em escoamento.

Período de retorno – O número médio de anos entre dois eventos de chuva que igualam ou excedem um dado número de polegadas sobre uma determinada duração.

Peso específico – O peso da água por volume unitário. O peso específico da água é considerado como 62,4 lb/ft^3 (9,8 x 10^3 N/m^3).

Piezômetro – Um dispositivo simples para medir pressão de água – estática e dinâmica.

Planímetro – Um dispositivo para medir a área contida em uma linha que marca uma figura fechada em um mapa.

Plataforma – Revestimento do solo, de concreto ou de enrocamento, na entrada ou na saída de uma tubulação final de águas pluviais ou de um bueiro.

Ponto de análise – Sinônimo de exutório.

Precipitação – Água que cai no solo vinda do céu, como parte do ciclo hidrológico.

Precipitação de projeto – A mais intensa precipitação prevista em um dado período especificado nos parâmetros de um projeto hidráulico.

Precipitação efetiva (excesso de chuva) – O remanescente de chuva que alcança o ponto de análise (ou o exutório da bacia) depois das perdas iniciais e da infiltração.

Pressão – Força exercida pela água contra uma área unitária causada pelo peso da água acima do ponto.

Pressão manométrica – Pressão da água superior à pressão atmosférica.

Primeiro fluxo – O primeiro fluxo de escoamento que capta a sujeira perdida que revestiu o solo desde a última chuva. O primeiro fluxo é responsável pela maior parte do transporte de poluentes.

Profundidade crítica – Profundidade do escoamento em um canal aberto para a qual a energia específica é mínima.

Profundidade da água (Lâmina d'água) a montante – Profundidade da água a montante, que fornece a energia potencial para conduzir a água através de um bueiro. Pode, portanto, tornar-se uma medida de capacidade de um determinado bueiro.

Profundidade normal – Distância vertical da parte inferior de um canal ou conduto até a superfície livre de água quando ela está escoando sem a influência de remanso.

Propagação – Em hidráulica, um procedimento matemático para calcular um hidrograma de saída de um reservatório ou curso d'água quando o hidrograma de entrada é conhecido.

PVC – Tubo de cloreto polivinil; geralmente usado para drenagens de telhados e coleta de esgoto sanitário.

Raio hidráulico – Termo matemático definido pela razão da área de seção transversal para o perímetro molhado; uma medida da eficiência hidráulica de um canal aberto.

RCP – Tubo de concreto reforçado (*reinforced concrete pipe*), usado para sistemas de drenagem de águas pluviais e bueiros.

Recarga – Esforço da engenharia para redirecionar parte do escoamento no solo, onde ele se infiltra no lençol subterrâneo.

Reservatório – Volume de água armazenada em uma bacia de detenção.

Ressalto hidráulico – Uma transição abrupta do escoamento no canal, de supercrítico para subcrítico.

Saída – Extremidade a jusante de um bueiro.

Seção de bordo alargado – Uma seção pré-moldada de tubo feita em formato de bordo alargado para uso na entrada ou na tubulação de lançamento (final) de águas pluviais ou um bueiro no lugar de um muro de contenção.

Seção de controle – Seção transversal de canal usada para iniciar o cálculo de um perfil de superfície da água.

Sifão – Tubo usado para transportar o fluxo de um reservatório até uma elevação mais baixa, primeiro erguendo-se acima do nível de reservatório.

Sistema métrico – Padrão de unidade de medida usado na maior parte do planeta. Os Estados Unidos ainda não completaram uma mudança para as unidades métricas, por isso os engenheiros civis precisam lidar com os sistemas de medida métrico e inglês. Também conhecido como Sistema Internacional de Unidades (SI).

Sistema unitário – Um sistema obsoleto uma vez usado para transportar esgotos e águas pluviais através dos mesmos tubos. Praticamente eliminados em favor dos sistemas separadores de esgotos e de águas pluviais.

Soleira – O ponto mais baixo na seção transversal de um conduto, como um tubo, um canal ou um bueiro.

Sub-bacia – Uma parte de uma bacia de drenagem que funciona como uma bacia de drenagem completa durante o cálculo de escoamento. Se uma bacia de drenagem não for homogênea, ela deve ser particionada em duas ou mais sub-bacias. Também chamada *subárea*.

Subcrítico – Quando a profundidade do escoamento é maior que a profundidade crítica, o escoamento é relativamente tranquilo e é chamado subcrítico.

Supercrítico – Profundidades de escoamento abaixo da profundidade crítica que flui rapidamente.

Superfície livre – A superfície de água em um contêiner ou conduíte exposta à atmosfera.

Superposição – Um princípio usado pra adicionar dois ou mais hidrogramas para obter o hidrograma total resultante.

Talvegue – Uma formação de terra que faz o escoamento convergir conforme flui abaixo. O oposto de elevação. Um divisor de bacia nunca percorre ao longo de um talvegue.

Tempo de concentração – O tempo necessário para o escoamento fluir do ponto mais remoto na bacia de drenagem até o exutório.

Tensão superficial – Propriedade da água que aumenta a coesão e a adesão.

Tubo – Um cilindro vazio usado em sistemas de drenagem de águas pluviais para transportar estas em direção a um curso d'água receptor.

Tubo de Pitot – Um dispositivo simples para medir a vazão em um tubo.

Tubulação final – O ponto de um sistema de drenagem de águas pluviais onde a vazão sai do sistema para o corpo d'água receptor.

Vazão – Uma tabela em projeto de bacia de contenção, que mostra a descarga através da estrutura de saída como uma função do nível de água no reservatório.

Vazão (Descarga) – Fluxo de águas pluviais sobre o solo ou em um conduto (cfs ou m^3/s).

Vazão afluente – Vazão de águas pluviais que adentram uma bacia de detenção.

Vazão efluente – Vazão de água que deixa uma bacia de contenção.

Velocidade crítica – A velocidade da água a uma profundidade crítica.

Velocidade de autolimpeza – A velocidade mínima de escoamento através de um tubo para evitar depósitos de silte e fragmentos.

Vertedor – Uma estrutura, geralmente horizontal, colocada em um curso d'água ou reservatório sobre o qual a água flui.

Vertedor cimácio – Um vertedor retangular de superfície arredondada e lisa projetada para reduzir perda de energia por contração.

Vertedor Cipoletti – Uma variação trapezoidal do vertedor de parede delgada, desenvolvida para compensar a perda de vazão por causa de concentrações nas bordas verticais de um vertedor retangular.

Vertedor de emergência – Um recurso de segurança para prevenir cheias em bacias de detenção, consistindo em uma saída adicional instalada acima das outras saídas. A água entrará apenas se o nível do reservatório se elevar acima do esperado no projeto original.

Vertedor de parede espessa – Um vertedor comumente empregado para represas e bacias de detenção. O vertedor multiestágios, uma variação do vertedor de parede espessa, é usado para regular a vazão de forma mais precisa.

Viscosidade – A habilidade das moléculas de fluido fluírem uma após a outra.

Viscosidade absoluta – Uma medida da influência do movimento de uma camada de um fluido sobre uma outra camada a uma curta distância.

Viscosidade cinemática – Viscosidade absoluta dividida pela densidade; uma medida útil em problemas hidráulicos afetados pela densidade.

Respostas para os Exercícios Propostos

CAPÍTULO 1

1. $A = 7{,}26$ pés^2 (3 algarismos significativos)
3. Profundidade = 0,54 pé (2 algarismos significativos)
5. Soma = 188 pés
7. a) $A = 5.625$ pé^2 (4 algarismos significativos)
   b) $A = 0{,}1291$ acres (4 algarismos significativos)
   c) $A = 522{,}6$ m^2 (4 algarismos significativos)
   d) $A = 0{,}05226$ hectare (4 algarismos significativos)

CAPÍTULO 2

1. $W = 7{,}26$ lb.
3. $\gamma = 47$ lb/pé^3
5. S. G. = 0,92
7. A água sobe mais alto no tubo de 2 mm de diâmetro.
9. $v = 1{,}57 \times 10^{-5}$ pé^2/s

CAPÍTULO 3

1. $p = 21.800$ lb/pé^2
3. $p = 2.780$ lb/pé^2
5. $F_R = 20.000$ lb $\gamma_R = 2{,}7$ pés
7. $F_R = 32.000$ lb $l_R = 4{,}00$ pés
9. $F_R = 5.928$ lb $\gamma_R = 1{,}86$ pé
11. $F_R = 43.393$ lb $\phi_R = 24{,}6°$
13. a) Peso = 0,886 lb b) Flutuação
15. Peso = 12 t Flutuação
17. Peso = 1,0 pé
19. Peso = 1,55 pé

CAPÍTULO 4

1. $N_R = 1.242.000$ Turbulento
3. $N_R = 1.530$ Laminar
5. Carga de velocidade = 0,60 pé
7. Carga de velocidade = 0,28 pé
9. Perda de carga de fricção = 2,73 pés
11. $v_2 = 49{,}14$ pés/s $Q = 17{,}15$ cfs
13. $v_2 = 19{,}08$ pés/s $Q = 15$ cfs
15. Elev. = 239,84 pés
17. $v_2 = 10{,}67$ pés/s $Q = 0{,}929$ cfs
19. $v_2 = 1{,}91$ pé/s $Q = 0{,}38$ cfs
21. a) $v = 12{,}4$ pés/s
    b) $p = 250$ lb/pé^2
    c) Carga de velocidade de entrada = 0,8 pé
    d) Perda de carga de fricção = 5,7 pés
23. $Q = 114$ cfs
25. $v = 7{,}2$ pés/s
27. $Q = 1{,}5$ cfs
29. $Q = 0{,}603$ cfs

CAPÍTULO 5

1. $Q = 17$ cfs
3. $Q = 4{,}90$ cfs
5. $Q = 0{,}35$ cfs
7. $Q = 0{,}131$ m^3/s
9. $Q = 0{,}77$ cfs
11. $Q = 5{,}55$ cfs
13. $Q = 6{,}0$ cfs
15. $Q = 22{,}1$ cfs
17. a) $Q_1 = 121$ cfs
    b) $Q = 364$ cfs
    c) $Q = 990$ cfs
19. a) $Q = 0{,}038$ cfs
    b) Tempo = 3,23 horas

CAPÍTULO 6

1. Declive = 18,8%
3. a) $a = 14,7$ pés²
   b) $p = 10,9$ pés
   c) $R = 1,35$ pé
5. a) $a = 9,75$ pés²
   b) $p = 9,5$ pés
   c) $R = 1,03$ pé
7. a) $D_n = 2,5$ pés
   b) $a = 33$ pés²
   c) $p = 23,6$ pés²
   d) $R = 1,40$ pé
9. a) $D_n = 3,8$ pés
   b) $a = 30,4$ pés²
   c) $p = 15,6$ pés
   d) $R = 1,95$ pé
11. a) $D_n = 3,7$ pés
    b) $a = 33,9$ pés²
    c) $p = 20,1$ pés
    d) $R = 1,69$ pé
13. a) $D_n = 5,6$ pés
    b) $a = 134$ pés²
    c) $p = 65,3$ pés
    d) $R = 2,05$ pés
15. $D_c = 2,0$ pés
17. $D_c = 2,78$ pés
19. $D_c = 3,90$ pés
21. $v = 6,4$ pés/s $F = 0,80$ Subcrítico
23. $F = 2,28$ Supercrítico
25. $D_c = 2,3$ pés

CAPÍTULO 7

1. a) $Q = 93,1$ cfs
   b) $v = 14,9$ pés/s
3. a) $Q = 154$ cfs
   b) $v = 7,31$ pés/s
5. $D_n = 1,49$ pé
7. a) $Q = 626$ cfs
   b) $v = 19$ pés/s
9. $a = 38,5$ pés²
11. $D_n = 1,54$ pé
13. a) $Q = 1,487$ cfs
    b) $v = 11,1$ pé/s
15. $D_n = 2,0$ pés
17. $v = 4,2$ pés/s
19. $Q = 64,8$ cfs
21. $D_n = 1,7$ pé
23. $D_n = 0,35$ pé
25. $D_n = 7,0$ pés (Elevação = 1.208,80)

CAPÍTULO 8

1. Subcrítico ($F < 1$)
3. Crítico ($F = 1$)
5. (Perfil de água represada)
7. (Gráfico da elevação *versus* vazão)
9. (Gráfico da elevação *versus* vazão)

CAPÍTULO 9

1. $HW = 3,0$ pés
3. $HW = 8,00$ pés
5. $HW = 3,87$ pés
7. $HW = 7,75$ pés
9. Controle de saída $HW = 2,76$ pés
11. $HW = 2,8$ pés
13. $HW = 7,2$ pés
15. Controle de saída $HW = 4,27$ pés

CAPÍTULO 10

1. a) $A = 45,0$ acres
   b) $A = 182.000$ m²
3. a) 11,4 acres
   b) 46.100 m²
5. $A = 17,1$ acres
7. $A = 1.670$ acres
9. $t_c = 18,4$ min
11. $t_c = 12,4$ min
13. (Percurso hidráulico no mapa topográfico)
15. (Hidrograma), Máximo = 56 cfs
17. Volume = $2,70 \times 10^6$ pés³
    Profundidade = 3,0 polegadas
19. Máximo da vazão = 217 cfs

CAPÍTULO 11

1. $c = 0,27$
3. $c = 0,46$
5. $t_c = 15$ min
7. $t_c = 0,37$ hora
9. $i = 1,6$ pol/h
11. $Q_p = 18$ cfs
13. CN = 74
15. $Q = 2,7$ pol
17. $q_p = 1.340$ cfs

19. Q_p = 1,45 cfs
21. q_p = 2,3 cfs
23. q_p = 809 cfs
25. q = 4,64 q_t
27. (Hidrograma)
29. Q_p = 110 cfs

CAPÍTULO 12

1. d_{50} = 4" L_a = 22 pés W = 15 pés
3. d_{50} = 8" L_a = 30 pés
5. Segmento 1 – 2 Tamanho = 12 pol
   Segmento 2 – 3 Tamanho = 15 pol
   Segmento 3 – 4 Tamanho = 21 pol
7. Segmento 1 – 3 Tamanho = 12 pol
   Segmento 2 – 3 Tamanho = 12 pol
   Segmento 3 – 5 Tamanho = 18 pol
   Segmento 4 – 5 Tamanho = 12 pol
   Segmento 5 – 6 Tamanho = 18 pol
   Segmento 6 – 7 Tamanho = 18 pol

CAPÍTULO 13

1. Solução A: $ 122.500
   Solução B: $122.500
3. a) Quádruplo 60" RCP
   b) 5' × 15' retangular
5. 2,5' × 10' retangular

CAPÍTULO 14

1.

Cota (pés)	Q (cfs)
200	0
201	0,85
202	1,29
203	1,62
204	1,89
205	2,13

3.

Cota (pés)	Q (cfs)
100	0
101	0,60
102	0,91
103	1,13
104	1,32
105	8,56
106	21,8

5. (Hidrograma)

CAPÍTULO 15

1. (Tabela de valores de volume)
3. (Gráfico)
5. (Projeto da bacia de detenção)
7. (Projeto da bacia de detenção)

Índice Remissivo

A

Acurácia, 8
Adesão, 14
Água
  deslocamento da, 45-46
  peso específico da, 16
Água marítima, peso específico da, 16
Alagamento, 214
Algarismos significativos, 9, 11
Análise geométrica de escoamento de condutos circulares, 114-115
Ângulo de curvatura, 317
Aquedutos, 2
Área de captação. *Veja* Bacia de drenagem
Área de drenagem, 163-167, 261
Área de estacionamento, desenho de sistema de coleta de águas pluviais, 257-258
Área de seção transversal, 95
Arquimedes, 2
Atenuação, 186-187, 368
Atlas da Frequência de chuvas dos Estados
Atlas NOAA 14, 174

B

Bacia alagada, 507
Bacia de detenção, 379-410
  cálculos de bacia, 397-399, 407-409
  cálculos de escoamento, 391-397, 405-407
  conceitos fundamentais, 380-387
  condições do local, 388-390
  estudos de caso, 390-410
  no local, 386-390
  precipitações de projeto e, 387
  tubulação final, 400, 410
  Veja também Detenção
  vertedor de emergência, 400, 409-410
Bacia de drenagem
  definição, 163
  delineamento de, 164-165
  medição de, 163-164, 167
  sub-bacias, 184-186
  vista plana, 163
Bacia de infiltração, 385
Bacia de retenção. *Veja* Bacia alagada
Bacia de sedimentos. *Veja* Bacia alagada
Bacias de amortecimento, 140
Bacias de captação, 250
Bacias hidrográficas
  Método NRCS para hidrogramas de escoamento, 217-236
  Método Racional Modificado para hidrogramas de escoamento, 216-217
  Veja também Bacia de drenagem
Bermas, 353-354, 366-368, 401, 409
Bernoulli, Daniel, 2, 52
Borda livre, 280, 367
Bueiros, 145-147
  conceitos fundamentais, 145-148
  controle de saída, 152-156, 463-466
  controle na entrada, 150-152, 156-157, 458-462
  definição, 145
  eficiência na entrada, 156
  tipos de escoamento, 147-149
  Veja também Projeto de bueiro

C

Cálculos
  apresentação, 10
  computadores, 9-10
  definição, 10
  em processo de projeto, 5
  informação fornecida com, 10
  precisão, 8
  regras, 6
Cálculos de vazão, 203-237
  Método NRCS, 217-237
  Método Racional, 203-215
  Método Racional Modificado, 215-217
  projeto de detenção, 390-396, 405-411
Calha de Parshall, 66-67
Canais
  entrada para, 136-140
  tipos de, 96
Canais não prismáticos, 96
Canais prismáticos, 93
Capilaridade, 14-15
Características de cobertura, 220, 236
Carga, 48-50
Carga de energia, 48-50
Carga de posição, 49
Carga de pressão, 49
Carga de velocidade, 49
Centro de pressão, 24
Chezy, Antoine, 107
Ciclo hidrológico, 161-162
Coeficientes de deflúvio, 204, 206, 470
Coeficientes de descarga, 77, 456
Coeficientes de perda de carga na entrada, 467
Coeficientes de Rugosidade, 420-423
Coesão, 14
Comporta basculante, 84-85
Comportas, escoamento sob, 84-85
Computadores
  papel dos, 9-10
Confluência, 184
Considerações ambientais
  controle de qualidade da água, bacias de detenção e, 383-384
  no projeto de bueiro, 311-312
Contração, 79
Controle de entrada, 148, 150-152, 156-157, 458-462
Controle de erosão, 273, 277, 294-298
Controle de jusante, 148, 152-156, 463-466
Conversões de unidades, 505-506
Conversões, unidade, 505-506
Corpo de Engenheiros do Exército dos Estados Unidos, 187
Cursos d'água, alimentação de, 162-163
Curva da variação da vazão, 123
Curva de remanso. *Veja* Perfis de remanso
Curvas de Intensidade-Frequência-Duração, 174-175, 472-475

D

Declividade, 95
  adversa, 128
  crítica, 99, 128
  forte, 128-129
  fraca, 128-129
  nula, 128
Declividade adversa, 128-129
Declividade crítica, 99, 129
Declividade forte, 128-129
Declividade fraca, 127, 129-130
Declividade horizontal, 129
Densidade, 15-16
Departamento de Transportes, 10
Descarga, 46-47
  bacias de detenção, 359-366
  projeto de bueiro, 306
  projeto de coleta de águas pluviais, 255-256
  trechos de tubulação, cálculos para, 258-268
  tubulação final, 272-282
Descargas (vazões) máximas unitárias, 491-494
Desenhos, no processo de projeto, 5
Detenção
  a céu aberto, 380-381
  controle da qualidade das águas, 383-384
  estrutura de saída, 358-366
  hidrogramas de escoamento, 215-218
  infiltração, 385
  local, 380-381, 386-390
  propagação em reservatório, 368-375
  propósitos de, 353, 379-380

regional, 382-383
reservatório, 353-358, 366
tubos subterrâneos, 381
Veja também Projeto de Unidades de Detenção
vertedor de emergência, 366-368
Detenção local, 380-381, 386-390
Diagrama Moody, 55
Dispositivos hidráulicos, 73-88
comportas, 84-85
orifícios, 73-77
sifões, 85-87
vertedores, 77-83
Dissipadores de energia, 140, 273
Divisor de bacia, 164

E

Ecole des Ponts et Chaussèes, 2
Elevação, 166
Elevação permissível da água a montante (AHE), 306, 308
Empuxo, 36-37
Energia, conservação de, 49-54
Energia específica, 98
Engenheiro civil, 3
Enrocamento, 277-282, 327-328
Entrada em um canal, 136-139
bueiros, 150
eficiência, 156
Entradas
como componente do sistema de drenagem, 250-252
considerações sobre o projeto envolvendo, 256-257
seleção de, 256
Veja também Controle de entrada
Equação de Bernoulli, 2, 52, 73, 76, 85, 136
Equação de continuidade, 56, 368-369
Equação de Darcy-Weisbach, 54
Equação de Manning, 107-109, 113, 137-138
gráficos de canais para solução de, 423-443
gráficos de canos para solução de, 444-455
Equação do orifício, 75
Equações de Chezy, 107
Escoamento
área de seção transversal, 95
bueiros e, 147-149
comportas e, 84-85
concentrado raso, 169
curso d'água, 119-125, 168
de base, 163, 176
definição, 161
hidrogramas, 176-186, 215-217
instável, 47
laminar, 47-48, 95
medição de, 61-66
orifício, 73-77
por sifão, 85-87
profundidade do, 95
projeto de detenção e, 385-390
propagação, 186-187
sobre o solo, 169
superficial, 163, 176
taxa de mudança, 46
tipos de, 47-48
tubulações, 113-119
turbulento, 47-48, 95
uniforme, 48, 107-124
variado, 127-142
Veja também Cálculos de escoamento
Veja também Deflúvio
Veja também Hidrodinâmica
velocidade de, 46
vertedores e, 83
vertente, 168
Escoamento através de orifícios, 73-77
Escoamento concentrado raso, 169
Escoamento de base, 163, 176
Escoamento de canais abertos, 93
Escoamento em canais
uniforme, 107-124
variado, 127-142
Escoamento em cursos d'água, 119-124, 168
Escoamento em tubos, 114-115
Escoamento em tubulações, 113-119
cálculos, 118
circular, análise geométrica de, 114-116
vazão máxima, 118
velocidade, 118
Escoamento instável, 54
Escoamento laminar, 47, 95
Escoamento máximo, Método Racional para cálculo, 203-214

Escoamento permanente, 48
Escoamento por sifão, 85-87
Escoamento sobre o solo, 169, 471
Escoamento subcrítico, 99
Escoamento supercrítico, 99
Escoamento superficial, 163, 176
Escoamento transiente, 48
Escoamento turbulento, 47-48, 95
Escoamento uniforme, 107-124
  definição, 48
  equação de Manning, 107-109
  escoamento em canal, 109-112
  escoamento em cursos d'água, 119-124
  escoamento em tubulações, 113-119
Escoamento variado, 127-142
  conceitos fundamentais, 127-131
  entrada em um canal, 136-139
  gradual versus rápido, 127
  perfil de remanso, 131-136
  ressaltos hidráulicos, 139-142
Escritório Norte-Americano do Clima, 172
Esgotos sanitários, 249
Especificações, em processo de projeto, 5
Estados, regulamentação por, 5
Estrutura de saída, para bacia de detenção, 358-366
  estágio único, 358-361
  vários estágios, 361-365
Evapotranspiração, 162
Excesso de precipitação, 180-183, 199-200, 216
  gráficos de projeto, 491-494

F

Fluido, características do, 13-18
Fluidos newtonianos, 21
Fronteiras geográficas, para distribuições de chuva NRCS, 490
Fundo de vale, 165-166

G

Gabiões, 277
Gás, 13
Gestão de águas pluviais
  definição, 3
  papéis públicos e privados em, 3
  prática moderna da, 2-3
Golpe de aríete, 48
Gráficos de canais, para solução da equação de Manning, 423-443
Gráficos de projeto, 112
  bueiros, 338-351
  escoamento em canais abertos, 419-455
  Método NRCS, 477-500
  Método racional, 469-477
Gráficos de tubos, para solução da equação de Manning, 444-455
Gramado, para controle de erosão, 277
Grandezas matemáticas, símbolos para, 501-505
Grupos de solo Ver Grupos de solo hidrológicos
Grupos de solo hidrológicos, 480

H

Hidráulica
  canal aberto, 93-104
  história da, 1
  questões ambientais em, 3-4
  questões legais em, 3
Hidráulica de canais abertos, 93-104
  conceitos fundamentais, 93-95
  profundidade crítica, 98-102
  profundidade normal, 98
  tipos de canal, 96-97
Hidrocinética. *Veja* Hidrodinâmica
Hidrodinâmica, 45-67
  carga de energia, 48-49
  definição, 46
  deslocamento da água, 45-47
  leis de conservação, 49-55
  medindo a vazão, 61-67
  tipos de escoamento, 47-48
  Veja também Fluxo
Hidrogramas, 176-186
  escoamento, 215-217
  medição direta, 179
  Método Racional versus Método NRCS, 236
  propagação de curso d'água, 184-186
  propagação de reservatório, 368-375
  sintético, 179

sub-bacias, 184-186
unitário, 179-182
unitário adimensional, 180, 218-220
Hidrogramas de medição direta, 179
Hidrogramas sintéticos, 179
Hidrograma unitário, 179-186
Hidrologia, 161-186
área de drenagem, 163-167
ciclos hidrológicos, 161-162
hidrogramas de escoamento, 176-186
precipitação, 172-175
propagação, 186-187
sub-bacias, 184-186
tempo de concentração, 168-172
Hidrostática, 21-41
definição, 21
empuxo, 36-37
medindo pressão, 33-35
origens de, 2
pressão, 21-24
superfícies curvas, pressão em, 29-33
superfícies planas, pressão em, 24-29

I

Infiltração, chuva, 177
Inundações, projeto de bueiro e, 312
Irrigação, 1-2

L

Leis de conservação
energia, 49-54
massa, 54-61
Leis municipais, 255
Levantamentos topográficos, 254-255
Linha do gradiente de energia (EGL), 53, 60
Linha do gradiente hidráulico, 53-54, 60
Líquidos, características dos, 14
Local, hidrogramas de bacias hidrográficas e, 220

M

Malhas para controle de erosão, 277
Manômetro de Bourdon, 35
Manômetros, 15, 34-35
mecânicos, 35
Mapa básico, 4
Mapas. *Veja* Mapas topográficos
Mapas topográficos, 255, 313
Massa, conservação de, 54-55
Medidor de Venturi, 64-65
Medidores de regime crítico, 66
Método cota-área, 354-358
Método de elevação cota-área de cálculo de volume de armazenamento, 354-355
Método de Muskingum, 187
Método de passos padrão, 131
Método NRCS, 217-237
gráficos de projeto, 477-500
versus Método Racional, 236-237
Método Racional, 203-214, 258
Método Racional Modificado, 215-217, 236, 273
limitações, 214
Método NRCS versus, 236
projeto hidráulico, 258-260
Métodos de passos, 131-136
Molinetes, 61-64
Muro de contenção, 250, 273-275

N

n de Manning, 420-423
Nivelamento, 256
Normas, projeto de bueiro e, 313
Número Froude, 99, 140
Números de escoamento (CN), 219, 478-479 Ver também Números de curva escoamento
Números puros, 6

O

Onda de cheia, 186-187
Orifício, em bacia de detenção, 359
Orifício submerso, 76

P

Pântanos, 4
Pé linear, 317

Perda de carga, 49
Perda de carga na entrada, 54, 74-75
Perda por atrito, 53-54, 86
Perdas por turbilhonamento, 134
Perfis de remanso, 127, 131-136
Perfis de superfície da água, 129
Perímetro molhado, 95
Período de retorno, 172
    quantidades de chuva por, 481-489
Peso específico, 15-16
Pesquisa de divisas, 254, 313
Piezômetros, 15, 33-34, 64
Planímetro, 167
Plataforma
    projeto de bueiro, 308-310
    projeto de coleta de águas pluviais, 277, 280-281
Poluição, qualidade de controle da água e, 384
Ponto de concentração, 164
Ponto exutório, 164
Precipitação, 172-175
    frequência, 172-175
    fronteiras geográficas por distribuições NRCS, 490
    infiltração, 177
    perdas, 190, 236
    perdas iniciais, 177
    precipitação efetiva, 177, 179
    quantidades, por período de retorno, 485-489
    relação intensidade-duração, 174-176, 472-476
    uso e ocupação do solo, 385
Precipitação. *Veja* Precipitações
Precipitação de projeto de vertedor de emergência, 367
Precipitações
    categorização de, 172
    período de retorno de, 172
Precisão, 8
Pressão
    em superfícies curvas, 29-33
    em superfícies planas, 24-29
    hidrostática, 21-24
    medição, 33-35
Pressão efetiva, 24
Primeiro escoamento, 384
Produção/habitat de peixes, 310-311
Profundidade a montante, 147, 150, 306, 308
Profundidade crítica, 98-102, 129
Profundidade da água a jusante, 147, 152-156
Profundidade de jusante, 141
Profundidade do escoamento, 95
    a jusante, 147-148, 152-156
    a montante, 147, 150
    crítica, 98-102, 129
    inicial, 141
    normal, 98, 129
    subsequente, 142
Profundidade inicial, 141
Profundidade normal, 98, 129
Programa computacional (software) HEC-RAS, 131, 136, 156
Programas de computador
    HEC-RAS, 131, 136, 156
Projeto
    processo, 4-5
    resultado, 5
Projeto de bueiro, 305-351
    adequação atual, 330-331
    alinhamento, 308-309
    alinhamento de plataforma, 308-309
    cheia, 312
    conceitos fundamentais, 305-312
    construção, 305-306
    estudo de caso, 282-298, 328-336
    gráfico de escoamento para, 306
    investigação, 312
    layout, 334-335
    novo dique, 306, 313-320
    projeto da plataforma, 336
    projeto hidráulico, 306, 308, 332
    resultado, 305
    substituição, 306, 320-328
    tamanho/número de condutos, 308
    vazão, 328-330
Projeto de drenagem, 249-298
    cálculos de descarga e de diâmetro de tubo, 258-272
    conceitos fundamentais, 250-253
    esboço do sistema, 255-258
    gráfico de cálculo de drenagem, 271
    importância do, 249
    investigação, 253-255, 284
    projeto hidráulico, 258-272, 284-294

tubulação final, 294-298
Projeto hidráulico, para sistemas de drenagem, 258-272, 284-294
Propagação
curso d'água, 184-186
definição de propagação, 513
reservatório, 390-396
Propagação em reservatório, 368-375

Q

Qualidade da água, 383-384
Quantidade de precipitação em 24 horas, 481-489

R

Raio hidráulico, 95-96, 108
Recarga de águas subterrâneas, 385-386
Remanso, projeto de bueiro e, 306
Reservatório, 353-358, 366
Ressaltos hidráulicos, 139-142
Reuniões sobre projeto, 253-254, 313
Revestimento, de canal, 96-97
Reynolds, Osborns, 48
Rios, alimentação de, 162
Rugosidade, 55, 108

S

Saída de um estágio, 358-361
Saídas de vários estágios, 361
Seção de controle, 130
Sensores piezoelétricos, 35
Série anual, 174
Séries de duração parcial, 173
Serviço de Conservação do Solo (SCS), 217
Serviço de Conservação dos Recursos Naturais, 5, 229
Sherman, L. K., 179
Símbolos, matemáticos, 501-504
Sistema Internacional de Unidades (SI), 10, 505-506
Smeaton, John, 2
Sólidos, 13
Sub-bacias, 184-186, 231-236
Superfície livre, 24
Superfícies curvas, pressão em, 29-33
Superfícies inclinadas, pressão em, 26-29
Superfícies planas, pressão em, 24-29
Superfícies verticais, pressão em, 25-26

T

Taxa de escoamento. *Ver descarga*
Temperatura, peso específico e, 16
Tempo de concentração, 168-172
esboço de coleta de água pluvial, 258
hidrogramas de bacias hidrográficas, 220
tempo de escoamento sobre o solo, 471
Tensão superficial, 14
TR-55, 217
Trecho, 187
Tubo de Pitot, 61
Tubos
cálculo de diâmetro, 268-272
cálculos de vazão máxima, 258-268
como componente do sistema de drenagem, 250
fatores do projeto, 252-254
história de, 1
materiais, 250, 268
mudança de direção em, 256
seções transversais, 250-251
subterrâneos, para bacias de detenção, 380-381
Veja também Escoamento em tubos
Tubos, capilaridade e diâmetro de, 15
Tubulações para lançamento final de águas pluviais, 272-282
configurações, 273, 276
controle de erosão, 273
projeto da estrutura, 273-275
projeto de detenção, 397, 400, 410
projeto de galeria de água pluvial, 294-298

U

U.S. Bureau of Reclamation, 140
U.S. Geological Survey, 62
Unidades SI. *Veja* Sistema Internacional de Unidades

Unidos, 172, 482-489
Uso e ocupação do solo, escoamento e, 385

V

Vazão, 359-366
Vazão. *Veja* Descarga
Vazões unitárias de hidrograma tabular, 495-500
Veia contraída (*Vena contracta*), 73
Velocidade, 46
  controle de erosão e, 273
  de autolimpeza, 253
  projeto de tubulação e, 253
Velocidade crítica, 99
Velocidade de Autolimpeza, 253
  algarismos significativos, 6-8
Velocidade do escoamento, 46
Velocidades, permissíveis, 423
Vertedor Cipoletti, 79, 81
Vertedor de dois estágios, 81-83
Vertedor de ogiva, 79, 83
Vertedor de parede delgada, 78-80
Vertedor de parede espessa, 81, 89, 456
Vertedores, 77-83
  Cipoletti, 79, 81
  definição, 76
  de parede delgada, 78-80
  de parede espessa, 79, 81-83, 456
  dois estágios, 81-83
  em bacia de detenção, 358
  ogiva, 79, 83
  retangular, 77-79
  triangular, 79, 81
Vertedor retangular, 77-78
Vertedor triangular, 79, 81
Vertente, 168
Via, desenho de galeria de águas pluviais, 256-257
Viscosidade, 17-18
Viscosidade absoluta, 17-18
Viscosidade cinemática, 17
Viscosímetro de placas paralelas, 17
Visitas ao local, 255, 313
Volume de armazenamento, cálculo de, 354-356

W

WinTR-55, 217, 218, 221, 477

Z

Zonas, em perfis da superfície líquida, 129

Impressão e Acabamento

brasilform

gráfica | editora

Rua Rosalina de Moraes Silva, 71
Cotia-SP - Tel: 4615 1111 - Fax: 4615 1117
www.brasilform.com.br
e-mail: brasilform@brasilform.com.br